ABS 树脂生产实践及应用

（第二版）

主　编　索延辉
副主编　陆书来　张传贤

中国石化出版社

内 容 提 要

本书由中国合成树脂协会ABS分会组织编写。全书共分六章，比较系统地介绍了目前国内ABS树脂的特性及用途、生产工艺、研发热点、分析测试方法、改性技术以及加工成型技术等；具有贴近生产实际、信息量大、数据翔实、参考价值较大的特点。

本书既能满足从事ABS树脂研发、生产、销售、二次加工等人员的培训需求，又可供高等院校相关专业的师生参考。

图书在版编目(CIP)数据

ABS树脂生产实践及应用／索延辉主编. —2版.
—北京：中国石化出版社，2022.8
ISBN 978-7-5114-6735-5

Ⅰ.①A… Ⅱ.①索… Ⅲ.①ABS树脂-生产工艺
Ⅳ.①TQ325.2

中国版本图书馆CIP数据核字(2022)第130510号

中国石化出版社出版发行
地址：北京市东城区安定门外大街58号
邮编：100011 电话：(010)57512500
发行部电话：(010)57512575
http://www.sinopec-press.com
E-mail:press@sinopec.com
北京柏力行彩印有限公司印刷
全国各地新华书店经销
*
787×1092毫米 16开本 25印张 626千字
2022年8月第2版 2022年8月第1次印刷
定价：128.00元

《ABS树脂生产实践及应用》

编委会

主　任：索延辉

副主任：张传贤

编　委：索延辉　张传贤　辛敏琦　赵旭涛　杨会林

修订委员会

主　任：索延辉

副主任：陆书来　张传贤

编　委：索延辉　陆书来　张传贤　孙春福　宋振彪
康　宁

主要编写人员

第1章　张传贤　杨会林

第2章　宋振彪　张守汉　孙春福　李国锋　付　愉

第3章　梁成锋　韩　强

第4章　辛敏琦　周　霆　李　强　李文强　邱卫美
宋治乾　徐建荣　罗明华　崔　伟　李　辉

第5章　王　斌　黄崇明　胡　沁　李　焱　朱富朝
范玉东　费　军　高　阔　陈　阳　王　峰
许本刚　陈晓东　杨　涛

第6章　程　庆　宋振彪　付锦锋　王　亮　何超雄

附　录　杨会林　崔　伟　程　庆　梁成锋　宋振彪
武爱军　张丽丽　孙春福　应爱峰　江华英
陈伟峰　刘连海　张延涛　石正金

主编简介

索延辉，男，1965 年 5 月出生，1986 年毕业于长春工业大学化学工程专业，硕士学历，历任中国石油吉林石化合成树脂厂厂长、中海油乐金化工有限公司总经理，现任道恩集团有限公司总裁、中国合成树脂协会 ABS 分会名誉理事长。长期从事乙烯、橡胶和 ABS 树脂等化工行业的生产、技术、科研和管理工作。

2001 年 1 月至 2005 年 3 月担任中国石油吉林石化合成树脂厂厂长。

2005 年晋升教授级高级工程师，聘为中国石油集团公司高级技术专家。

2005 年被吉林省人事厅授予"吉林省第八批有突出贡献的中青年专业技术人才""吉林省技术拔尖人才"。

2007 年被国务院授予"中华人民共和国政府特殊津贴人才"。

2008 年 7 月至 2015 年 11 月，历任中海油炼化公司 ABS 合资项目总经理、中海油乐金化工有限公司总经理。

2015 年 11 月至 2017 年 1 月，任道恩集团有限公司常务副总裁，2017 年 1 月至今，任道恩集团有限公司总裁。

先后获得吉林省科技进步一等奖 1 项、二等奖 1 项；获得中国石油天然气股份有限公司科技创新一等奖 2 项、二等奖 1 项。

发表《高品质 ABS 树脂合成新工艺开发》《ABS 产品质量攻关》《ABS 新产品开发》《ABS 树脂合成技术研究与高性能系列产品开发》等数十篇论文。

再版说明

近年来国内大型民营炼化项目陆续开工建设，预计到“十四五”末，ABS树脂的产能将由411.5万吨/年增加到1200万吨/年以上。随着ABS产能的增加，各行业对ABS树脂的发展必将提出更高要求，ABS树脂行业市场也将会不断优化整合，产品逐步向专业化、功能化过渡。对于ABS树脂生产企业而言，在提高ABS树脂产品质量、生产技术水平和科研开发能力等方面将提出更高的要求。ABS树脂行业的研发人员、技术人员和管理人员要提高自身的专业技术水平，迫切需要真正能指导生产实践的ABS树脂应用书籍。

《ABS树脂生产实践及应用》第一版自2015年出版以来，备受专业技术人员欢迎，早已售罄。为此，中国合成树脂协会ABS分会在名誉理事长索延辉先生提议下，对本书进行修订再版。本书重点对ABS树脂发展趋势、生产工艺、共混改性、加工成型技术及应用、产品分析与测试等方面进行了介绍，既有理论基础，又有具体的应用案例，为ABS树脂的生产工艺实践提供参考和指导。本次修订重点内容是将生产企业、产能等数据由2015年更新至2021年，增加“十四五”期间拟新建装置介绍；工艺技术中补充2015年以来最新开发的先进生产技术，产品中补充完善了新开发的专用料产品等。

本书的修订工作由中国合成树脂协会ABS分会承担，ABS分会常务副理事长兼秘书长陆书来同志牵头组织，副秘书长孙春福和秘书康宁、中国石油ABS技术中心宋振彪同志具体修订。本书的成功再版，得力于中国石化出版社的精心策划组织以及业内广大同仁的鼎力支持，在此表示衷心的感谢。

由于我们经验不足，知识面尚有缺陷，修订过程中难免存在遗漏和不足，还恳请读者批评指正！

第一版前言

从20世纪40年代美国橡胶公司(USR)首先采用机械共混法生产ABS树脂算起，ABS树脂已经经历了近70年的发展历程。截至2015年，全球ABS树脂产能接近千万吨/年，成为产能、产量及用量仅次于聚乙烯、聚丙烯、聚氯乙烯、聚苯乙烯的第五大通用合成树脂。ABS生产装置遍布亚洲、欧洲、北美、南美等数十个国家和地区；在产能、产量及应用方面，中国(含台湾)已经占据半壁江山。ABS树脂以其优良的综合物理机械性能和低廉的价格优势，在汽车、电器电子、建材、机械仪表、办公设备、玩具等诸领域得到了广泛应用。

经过对各种工艺技术路线的实践及反复比对，ABS树脂生产工艺日臻成熟，形成了乳液接枝-本体SAN掺混工艺和连续本体聚合两种主要生产工艺。乳液接枝-本体SAN掺混工艺因其技术成熟、产品适应性强，生产了90%左右的ABS产品。连续本体聚合生产工艺以其“三废”排放少、投资低引起了人们的广泛关注。通过挤出、注塑、二次加工的巧妙应用，ABS树脂已被制作成品种丰富、结构复杂、色彩斑斓的精美塑料制品。通过添加多种特色助剂，采用多种改性技术而实现的ABS树脂的专用化、功能化、复合化，已经可以为用户提供多种性能优异的合金材料，进一步为聚碳酸酯、聚氨酯、聚酰胺、聚酯等工程塑料拓宽了市场。节能、节水、减少“三废”排放技术的应用，使ABS生产及加工工艺向清洁化、绿色化迈进。

国内ABS树脂虽然经过60多年的发展，生产和技术取得了长足进步和巨大发展，国内生产能力达到387万吨。但从目前国内ABS树脂生产技术水平状况来看，由于企业自身体制问题及近些年先进的国外技术不对外转让，使得从业人员对国外ABS先进技术水平发展缺乏整体性了解、对国内ABS产业和发展方向认识不够清晰，从而导致低技术水平的装置重复建设、通用类产品无序竞争诸多问题日益暴露：如生产规模偏大，产能过剩，价格疲软；发展地域不平衡，生产企业距离消费市场远，运输成本高，市场反馈迟缓，售后技术服务滞后；引进技术水平参差不齐，能耗、物耗高，产品单一且档次偏低，高档通用料及阻燃级、电镀级、耐热级、板材级等专用料市场占有率少，产品竞争力差；技术消化吸收能力偏弱等。

随着国内经济向着一体化和专业化的发展需求，各行业势必对ABS树脂的发展提出更高要求，ABS树脂行业市场将会不断优化整合，产品势必逐步向专用化、功能化过渡。对提高ABS树脂产品质量、生产技术和科研开发等方面也提出了更高的要求，因此ABS树脂行业的研发人员、技术人员、管理人员等也迫切需要提高自身的专业技术水平，从而对真正能指导生产实践的ABS树脂应用类书籍提出了迫切需求。为此，中国合成树脂供销协会ABS树脂分会理事长索延辉先生提议并组织中国ABS树脂分会成员单位相关专家，历经三年，编写了本书。本书重点对ABS树脂发展趋势、生产工艺、共混改性、加工成型技术及应用、产品分析与测试等方面进行了介绍，既有理论基础，又有具体的应用案例，为ABS树脂的生产实践提供参考和指导；既能满足从事ABS树脂生产、销售、二次加工及研发人员的培训需求，又可供高等院校相关专业的师生参考。

编者于1986年化学工程专业毕业后，一直从事化工生产、技术、科研和管理工作，先后从事了乙烯、橡胶和ABS树脂等专业的研发、生产和组织管理工作。特别最近二十年从事ABS树脂专业的技术引进、建设、生产、科研、管理，考察、交流国外先进技术及产品研发。近十几年以来，即使从事ABS树脂企业管理工作，也一直以技术进步为主线，推动企业发展和国内ABS树脂行业的技术消化、吸收、改进工作，对国内外ABS树脂行业有比较深刻的理解，深感国内ABS树脂行业从业人员在技术进步和产业发展方面还有很多的工作要做，还有很长的路要走。为此编者希望通过这本书抛砖引玉，真正引导国内ABS树脂技术人才进一步深入研究ABS树脂生产技术，吸收消化国外技术，解决目前生产高端通用料和专用料的技术瓶颈，形成一套技术精湛、物耗能耗科学合理、产品领先世界的工艺技术。

本书的策划得到了ABS树脂分会秘书处和各ABS树脂生产商的大力支持和帮助，尤其是中国合成树脂供销协会ABS树脂分会副理事长兼秘书长张传贤同志对本书进行了悉心编撰修订与校对，同时也得到了邹永春、赵旭涛、辛敏琦和ABS树脂分会秘书处的所在单位兰州石化公司杨会林、葛蜀山、周健、刘吉平、王勇等同志的大力支持。长春工业大学张会轩教授为本书的最后定稿给予了指导，在此一并表示衷心的感谢！本书的成功出版，得力于中国石化出版社的精心策划组织以及业内广大同仁的鼎力支持，在此表示衷心的感谢。由于我们经验不足，知识面尚有缺陷，本书难免存在缺点和不足，还恳请读者批评指正！

目　录

第1章 概 述

ABS树脂是丙烯腈(acrylonitrile)、1,3-丁二烯(butadiene)、苯乙烯(sryrene)三种单体的接枝共聚物。最常见的比例是A:B:S=22:14:64，随着三种成分比例的调整，树脂的物理性能会有一定的变化。1,3-丁二烯为ABS树脂提供低温延展性和抗冲击性，但是过多的丁二烯会降低树脂的硬度、光泽及流动性；丙烯腈为ABS树脂提供硬度、耐热性、耐酸碱盐等化学腐蚀的性质；苯乙烯为ABS树脂提供加工的流动性及产品的表面光洁度。

ABS树脂具有强度高、韧性好、易于加工成型的显著特点，同时可与尼龙(PA)、聚碳酸酯(PC)、聚对苯二甲酸丁二醇酯(PBT)等特种材料进行共混改性，衍生出一系列专用化、精细化和功能化的复合材料和ABS树脂合金材料，进一步拓宽了ABS树脂的应用领域，被广泛应用于汽车工业、电子、电器、纺织、器具和建材等领域，已成为社会生活中不可或缺的五大通用合成树脂[聚丙烯(PP)、聚乙烯(PE)、聚氯乙烯(PVC)、聚苯乙烯(PS)、ABS]之一。

1.1 ABS树脂简介

1.1.1 ABS树脂特性及用途

ABS树脂具有卓越的综合性能[2]，其抗冲击性、耐热性、耐低温性、耐化学药品性及电气性能优良，还具有易加工、制品尺寸稳定、表面光泽良好等特点，除容易注塑、挤出、模压外，还可以进行表面喷镀金属、电镀、焊接、粘接、涂装、着色等二次加工。ABS树脂属无规、非结晶型接枝共聚物，可直接注塑、模塑、挤塑成各种制品；可与其他热塑性工程塑料[如聚碳酸酯(PC)、聚酰胺(PA)、聚对苯二甲酸丁二醇酯(PBT)等]共混制成合金；可用苯乙烯-丙烯酸甲酯共聚物(SMA)、聚甲基丙烯酸甲酯(PMMA)、PVC、PS通过共混改进其耐热性、加工流动性；可与玻璃纤维及纳米材料共混做成增强材料。ABS树脂应用灵活多样，成为工程塑料高性能化、通用树脂工程化不可或缺的材料，被广泛应用于电子电器、机械、交通运输、仪器仪表、纺织、建筑、通信器材、橡塑改性等领域。

1.1.2 ABS树脂生产现状

美国是ABS树脂研发最早、在各种技术路线创立上贡献最大的国家[4]，自从其1946年采用共混法[4]制备ABS树脂以来，1953年用接枝法制备ABS树脂申请了专利，1979年本体法ABS树脂面世，为世界提供了三种主要ABS树脂生产工艺。继美国之后，因ABS树脂优异的综合性能和较低的生产成本优势，在欧洲和亚洲相继建厂，逐渐成为上规模的产业。

近些年来，伴随着各国产业结构调整和产业转移，国外ABS树脂并购、重组十分活跃[1]。2000年，美国Spartech公司购得Uniroyal公司高性能塑料业务，作为ABS树脂生产创始人的Uniroyal公司，从此不再从事ABS树脂生产；2007年8月，沙特SABIC购并美国GE Plastics，将其更名为SABIC Innovative Plastics，作为接枝工艺的创始者GE，也不再具有ABS树脂生产业务；2004年，德国Bayer公司剥离包括ABS树脂在内的化学品业务，并入新成立的 Lanxess 公司，2007 年，INEOS 公司购入其与 Lanxess 公司合资企业大部分股权，命名为 INEOS ABS；2010 年 3 月，美国 Dow 公司出售其全部苯乙烯系树脂业务，成立 Styron 公司；2010 年 10 月，BASF 公司与 INEOS 公司的苯乙烯树脂业务合并，合并后成立的 Styrolution 公司的 ABS 产能接近 1200kt/a。近年来得益于中国家电、汽车、日用品等工业的快速发展，ABS 产业链不断完善和延伸，盈利能力增强，逐步向良性发展，快速发展中的中国 ABS 树脂产业处于高景气周期中[17]。由于专利技术壁垒，中国拥有自主知识产权的成熟工艺比较少，目前中国 ABS 装置多以技术引进形式为主，且以合资和外资企业占比较高。1994 年中国第一套 ABS 装置投入商业化运营后，中国 ABS 市场化程度快速发展，在目前塑料原料市场中占据重要位置。

截至 2020 年底，世界 ABS 树脂总产能约为 12000kt/a。全球最大 ABS 树脂生产商是中国台湾奇美实业公司，总产能为 2100kt/a，包括台南装置 1350kt/a、镇江装置 750kt/a；第二是 LG 化学公司，总产能 1950kt/a，包括韩国装置 900kt/a、中国宁波 750kt/a、中国惠州 300kt/a；第三是英力士苯领公司，装置分布在 9 个国家，总产能 1350kt/a；第四是中国台塑集团下的台湾化学纤维股份有限公司，总产能 910kt/a，其中台湾地区 410kt/a、宁波 500kt/a；第五是中国石油天然气股份有限公司，总产能为 700kt/a，包括吉林石化公司 600kt/a、大庆石化公司 100kt/a。五大生产商产能达 7010kt/a，占全球总产能的 58.3%。2021 年全球主要 ABS 树脂生产企业及产能见表 1-1。

表 1-1　2020 年全球主要 ABS 树脂生产企业及产能

序号	生产厂家	装置所在地	生产能力/(kt/a)
1	台湾奇美实业公司	中国台湾、中国大陆	2100
2	LG 化学公司	韩国、中国	1950
3	英力士苯领公司(INEOS Styrolution)	韩国、比利时、美国、德国、墨西哥、泰国、西班牙、印度、巴西	1350
4	台湾化学纤维股份有限公司	中国台湾、中国大陆	910
5	中国石油	中国	700
6	乐天化学(三星)	韩国	550
7	Techno-UMG	日本	430
8	日本东丽株式会社	日本、马来西亚	420
9	天津大沽化工股份有限公司	中国	400
10	SABIC 创新塑料公司	美国、墨西哥	355
11	TPC(JSR)	日本	330
12	盛禧奥(Trinsco)	美国、荷兰、中国	325
13	锦湖石油化学	韩国	250
14	伊朗石化商业公司	伊朗	200
15	中国石化上海高桥公司	中国	200
16	中化国际	西班牙	180
17	泰国 IRPC 公司	泰国	180
18	其他		1100
合计			12025

世界 ABS 树脂产能严重过剩，但是仍有新建成扩建的装置，近期，国外 ABS 树脂在建或拟建装置能力约 310kt/a，见表 1-2。

表 1-2 国外 ABS 树脂在建或拟建装置

公司	地点	产能/(kt/a)
英力士苯领	墨西哥	70(扩能)
	美国得克萨斯州	100(新建)
韩国三星	韩国丽水	40(扩能)
韩国 LG 化学	韩国丽水	100(扩能)
合计		310

中国大陆是世界 ABS 树脂生产的消费中心，2021 年产能 4520kt/a，产量 4132kt，具体情况见表 1-3。

表 1-3 2021 年中国 ABS 树脂生产企业产能及产量

序号	单位名称	产能/(kt/a)	产量/kt	开工率/%
1	镇江奇美化工有限公司	800	630	78.8
2	宁波乐金甬兴化工有限公司	750	799	106.5
3	中国石油吉林石化分公司	600	586.7	97.8
4	台化塑胶(宁波)有限公司	450	510	113.3
5	漳州奇美化工有限公司	450	80	17.8
6	天津大沽化工股份有限公司	400	426	106.5
7	乐金化学(惠州)化工有限公司	300	360	120.0
8	中国石化上海高桥石油化工有限公司	200	187	93.5
9	山东海力化工股份有限公司	200	208	104.0
10	北方华锦化学工业股份有限公司	140	120	85.7
11	中国石油大庆石化分公司	100	115.8	115.8
12	盛禧奥石化(张家港)有限公司	80	69	86.3
13	广西科元新材料有限公司	50	40	80.0
	合计	4520	4131.5	91.4

从供需情况看，为满足下游家电产品强劲需求，中国 ABS 产品产能进一步增长。2017—2021 年 ABS 产品产能、产量、消费复合增长率分别在 5.7%、2.7%、3.5%，终端需求量的增加引来了新装置的集中投产[19]。目前，已经确定并开工建设的 ABS 项目有中国石油吉林石化揭阳 600kt/a ABS 项目、台化江业(宁波)250kt/a ABS 扩建项目、漳州奇美 150kt/a、辽宁宝来 600kt/a ABS 项目，共计 1600kt/a。正在进行前期工作和规划建设项目也颇多，未来五年，国内 ABS 新增装置产能有望超过 10000kt/a，具体如表 1-4 所示。由此可见，ABS 新建产能将在短期内超过现有产能的两倍，可谓是迅猛发展、飞速发展、井喷式发展。

表 1-4 国内拟新增或扩建 ABS 产能情况

序号	公司名称	生产能力/(kt/a)	备注
1	中国石油吉林石化公司(揭阳)	600	
2	中国石油吉林石化公司(吉林)	600	
3	台化兴业(宁波)有限公司	250	

续表

序号	公司名称	生产能力/(kt/a)	备注
4	乐金化学(惠州)化工有限公司	150	
5	辽宁金发科技有限公司	600	辽宁宝来新材料
6	利华益集团股份有限公司	400	
7	英力士苯领高新材料(宁波)有限公司	600	
8	中国石油大庆石化公司	200	
9	浙江石油化工有限公司(一期)	400	
10	浙江石油化工有限公司(二期)	1200	
11	中化国际聚合物(连云港)有限公司	400	
12	新浦化学(泰兴)有限公司	210	台湾丰宏，本体法
13	科元控股(嵊州)	600	总规划1100kt/a。一期600kt/a，本体法(ABS四条线，400kt/a；SAN一条线，100kt/a；HIPS一条线，100kt/a)
14	广西长科新材料有限公司	600	总规划1100kt/a。一期100kt/a，二期500kt/a(两条高胶粉，各50kt/a，其余本体法)
15	中国石化上海高桥石化	75	
16	山东裕龙石化有限公司	600	
17	万华化学集团股份有限公司	600	
18	山东科鲁尔化学	400	齐鲁石化与万达集团合资
19	山东海右石化集团有限公司	220	山东垄塑新材料有限公司
20	茂名南海新材料有限公司	600	东华能源与广州工控新材料合资
21	山东海科化工有限公司	200	埃尼技术，本体法
22	大连恒力石化集团有限公司	500	大工本体法200kt/a，乳液法300kt/a
23	浙江麦堆科技股份有限公司(原浙江赛铬能源有限公司)	220	大工技术，本体法，2条110kt/a ABS/HIPS生产线
	总　计	10225	

1.1.3 ABS树脂产业现状

2022—2026年中国ABS产品将从供不应求进入过剩周期，ABS产能复合增长率在14.3%，产量复合增长率在9.2%，而下游消费的增速仅在3.2%左右，需求增速小于产能产量的增速，所以导致行业开工率在未来5年复合增长率为-4.5%，进口量为-5.7%，出口量将会出现大幅增加(表1-5)。

表1-5　2017—2026年中国ABS供需平衡表　　kt

年份	2017年	2018年	2019年	2020年	2021年	五年复合增长率/%	2022年预计	2026年预计	未来五年复合增长率/%
产能	372.3	400.5	420.5	420.5	465.5	5.7	696.5	1190.0	14.3
产量	359.0	370.0	390.0	394.0	400.0	2.7	626.9	892.5	9.2
开工率	96.4%	92.4%	92.8%	93.7%	85.9%	-2.8	90.0%	75.0%	-4.5
进口	178.5	201.2	204.5	201.6	180.0	0.2	190.0	150.0	-5.7
出口	3.5	4.5	3.8	4.8	7.5	21.0	5.5	16.0	30.6
下游消费	548.5	569.5	583.8	613.0	630.0	3.5	635.0	720.0	3.2

现阶段，ABS 行业供需格局由“十三五”期间的供不应求、利润可观，已经转变为供过于求、普遍处于亏损的局面。但由于前期投资吸引力较大，预计到 2026 年 ABS 总产能将达到千万吨级别。同时 ABS 进口量大，进口依存度高(表 1-6)。

表 1-6 中国 ABS 行业发展特点

行业特点项	特点判定	关键指标描述
生命周期	成长向成熟期过渡	目前 ABS 产品处于成长期向成熟期过渡阶段，产品市场增长率高，生产技术较为稳定，行业盈利性高，企业竞争数量不多
行业集中度	寡头垄断充分竞争	目前 ABS 产品厂家产能较大，LG 甬兴、中国石油、镇江奇美处于三足鼎立局面，三家企业的产能占到总产能的 50%
行业话语权	话语权高	ABS 产品在原料采购、产品销售方面具有较强话语权
发展驱动因素	政策/技术(装备)/消费	目前 ABS 行业利润较高，整体利润在 5000 元/t 左右，行业的高盈利引来装置的集中投产
投资吸引力	高	拟在建项目多，未来拟在建企业 10 余家，预计到 2026 年 ABS 总产能将达到千万吨级别
产业布局形式	完善产业链一体化发展趋势	未来新投产装置比如浙石化、山东利华益等厂家都具备上游，产业一体化程度越来越高
企业交易活动	资产剥离	目前暂无企业从资产中剥离

我国 ABS 树脂行业的迅猛发展，有三个主要原因：一是我国经济快速增长，实行了原油进口放开、审批权限下放、放松对外资油企限制等一系列改革，带动了我国炼油行业产能迅速扩张。二是 2015 年，我国提出打造七大石化产业基地，大型炼化基地建设掀起高潮。三是在转型升级的背景下，我国炼油行业向“减油整化”方向发展，带动了我国化工和新材料产业快速发展，而 ABS 树脂近几年一直保持高效益，从而成为炼油转型升级的热门选择。

1.1.4 面临挑战

未来我国 ABS 行业将面临两类压力和挑战：一类源于产业自身，主要包括供需压力、竞争压力和效益压力三方面压力和挑战。另一类源于国家政策，主要包括环保压力和“双碳”“双控”压力。另外，ABS 行业发展还可能面临一些不确定因素。

① 供需压力。因为 ABS 树脂未来的产能暴增和集中释放，将出现严重的供过于求局面，谁能抓住市场，谁将是产业发展的胜者。

② 竞争压力。未来 ABS 市场竞争将十分激烈，短期内将形成无序秩序局面，新增产能释放初期将进入低价竞争阶段。

③ 效益压力。市场的激烈竞争将势必导致价格下滑、效益下降，部分企业将面临严重亏损局面。

④ 环保压力。随着国家环保政策越来越严苛，ABS 生产企业“三废”达标排放压力陡增。2017 年，丙烯腈的排放标准由 22μg/g 降低到 0. 5μg/g，提高了 44 倍。同时，工艺废水废渣减排的压力也很大，尤其是乳液法产生工业废水不可避免。

⑤ “双碳”“双控”压力。在“双碳”“双控”严苛要求下，ABS 产品的能耗将是生产企业必须高度重视的指标。能否达到碳排放的配额限制，将决定 ABS 企业的生命力。

⑥ 不确定因素。任何领域的发展都将面临诸多不确定因素，如疫情、贸易战、重大安全事件、国际政治危机甚至战争等都将对 ABS 行业发展产生难以预计的影响。

1.2 ABS 树脂生产工艺演进和现状

1.2.1 ABS 树脂生产工艺演进

ABS 树脂是采用固体合成橡胶或合成胶乳，在脆性合成树脂如聚苯乙烯(PS)和苯乙烯-丙烯腈共聚物(SAN)增韧改性的基础上发展起来的。20 世纪 20 年代中期，即采用共混或共凝聚工艺，用天然橡胶增韧 PS 制备高抗冲聚苯乙烯(HIPS)[3]，到 50 年代，共混法及悬浮、乳液、本体接枝聚合工艺已经陆续用于 HIPS 和 ABS 树脂生产。

20 世纪 40 年代，美国橡胶公司(USR)首次利用丁腈橡胶和苯乙烯-丙烯腈共聚物混技术制得 ABS 树脂；50 年代，美国 Borg-warner 公司采用乳液接枝法制得性能优异的 ABS 树脂，首次实现了工业化生产；70 年代，日本东丽和美国 GE(ABS 业务已被 SABIC 收购)公司先后成功开发出了乳液接枝-本体法 ABS 生产技术。同期，美国 Dow 化学及日本三井东压公司成功开发了连续本体法 ABS 生产技术。随后，德国、日本、中国(包括台湾省)、韩国纷纷引进、消化、开发 ABS 树脂生产技术并建设工厂，创新出各具特点的 ABS 树脂生产技术，并取代美国成为 ABS 树脂生产的中坚力量。

国内 ABS 树脂生产技术始于 20 世纪 60 年代，1962 年兰州化学工业公司橡胶厂专家已在 ABS 用橡胶合成方面解决了冷冻附聚法增大胶乳粒径技术难点；1966 年，掌握 NBR 与 SAN 共混法 ABS 制备的关键技术。

70 年代中期，兰化公司合成橡胶厂根据国防需要，以自身掌握的技术建起了 2000t/a 乳液接枝法 ABS 装置，生产能耐零下 30℃的 ABS 树脂，作为军用原料。同期，上海高桥化工厂也建起了 1000t/a 乳液接枝-乳液 SAN 掺混法 ABS 装置。

80 年代，随着改革开放的步伐不断迈进，为满足中国 ABS 树脂市场需求，中国打开国门逐步引进外国技术与设备。1982 年，兰州石化引进日本三菱人造丝公司(ABS 接枝技术)和瑞翁公司(聚丁二烯胶乳技术)10kt/a ABS 成套生产技术和设备，并建成国内首套万吨级 ABS 装置；1983 年，上海高桥石化引进美国钢铁公司(U. S. S)技术和闲置设备，迁建成一套 10kt/a ABS 生产装置；1986 年，吉林化学工业公司有机合成厂从日本东洋工程公司-三井东压化学公司(TEC-MTC)引进 10kt/a 连续本体聚合技术 ABS 生产装置。

90 年代，为满足国内市场快速增长的需求，中国正式把 ABS 树脂列入鼓励外商投资的重点项目，以激发内、外资投资建设 ABS 生产装置。中国 ABS 产业发展驶入快车道，一是对原有技术的消化吸收、技术改造，如高桥石化与兰州石化先后在原有基础上增加 10kt/a 生产线，使装置能力达到 20kt/a；二是直接引进技术，建设 ABS 生产装置。如大庆石油化工总厂引进韩国味元公司技术，建设一套 50kt/a ABS 生产装置，于 1997 年 8 月建成投产；吉林石化引进日本合成橡胶公司技术，建成 100kt/a 乳液接枝-本体 SAN 掺混法 ABS 生产装置，于 1997 年 10 月建成投产。盘锦乙烯工业公司引进韩国新湖油化公司技术，建设一套 50kt/a ABS 生产装置，于 1998 年 10 月建成投产；三是通过中外合资的形式在内地建设 ABS 装置。如韩国 LG 化学与宁波甬兴化工厂合资建设年产 130kt 的宁波 LG 甬兴化工有限公司，于 1998 年建成投产；中国台湾国乔公司在镇江建设年产 40kt 的镇江国亨有限公司，于 1998 年建成投产；中国台湾奇美公司在镇江建设年产 125kt 的 ABS 装置，于 2000 年建成投产。

2000 年之后，国内 ABS 树脂生产迎来发展高峰期，一批多元投资、大生产规模的装置陆续建成投产，形成了生产地主要集中在东北地区和华东地区的格局。其中北方地区以天津大沽和中国石油旗下的吉林石化、大庆石化及兵器工业部辽宁华锦集团 ABS 装置为主，产能达到 1280kt/a；华东地区以 LG 甬兴、上海高桥以及台湾奇美 ABS 装置为主，产能达到 2308kt/a。作为消费主要市场的华南地区一直没有 ABS 生产装置，这为中国海洋石油与株式会社韩国 LG 化学合资企业中海油乐金化工 300kt/a ABS 装置建设提供了发展机遇。中海油乐金 ABS 项目(一期)于 2014 年 3 月顺利投产。

中国引进技术主要以乳液接枝-本体 SAN 掺混及连续本体 ABS 工艺为主。乳液接枝-本体 SAN 掺混法工艺较为成熟，占国内 ABS 树脂生产量的 88%以上。装置单元主要分为 PBL(丁二烯聚合)、ABS 聚合与干燥、SAN 本体聚合及掺配混炼四大单元，由于各单元相对独立，且影响程度小，具有生产灵活、生产产品种类较多的优势。连续本体工艺是新发展的 ABS 生产工艺，该技术包括溶胶、聚合、脱挥、造粒等工序，流程短，设备数量少，能耗物耗低，环境污染小，但产品种类少，以低光泽牌号为主，胶含量低，适用于消光性制件或对抗冲击性要求不高的制品，同时生产操作控制难度大，目前国内使用连续本体法生产 ABS 的量约占 12%。近 20 年欧美国家 ABS 树脂技术发展缓慢，综合竞争力偏低。日本和韩国技术发展迅猛，尤其是韩国的技术已成为国际主流的 ABS 树脂生产技术。

1.2.2 机械共混工艺

早期采用 SAN 树脂与丁腈橡胶(NBR)或丁苯橡胶(SBR)在塑炼机上共混生产 ABS 树脂，但橡塑组分相容不够彻底，共混产品外观及耐老化性能差，使该工艺少有使用。但共混(掺混)工艺作为乳液接枝 ABS-本体 SAN 掺混工艺生产 ABS 全流程的一个工序以及 ABS 合金生产的主要工艺手段仍然在广泛使用，并赋予其许多新的内容[10]。

现代共混工艺已经具有相当高的技术水平。主要表现在：螺杆挤出机的广泛应用[11]，与塑炼机相比，双螺杆、高长径比挤出机会使物料共混更彻底、均匀，在共混过程中还会发生交联，促进组分界面相容，改善产品性能；广泛使用湿粉挤出机，省略了干燥工序，提高了工艺安全性，使产品外观得以改善；共混过程中广泛使用并不断更新热稳定剂、防老剂、润滑剂、填料、着色剂，以保护并改善产品性能，降低生产成本[2]；共混过程中使用并尽量采用新型相容剂，使相容性差、甚至不相容组分相容，改善产品聚集状态，提高产品性能[1]。

1.2.3 乳液接枝 ABS-本体 SAN 掺混工艺

ABS 树脂主要采用乳液接枝 ABS-本体 SAN 掺混工艺生产。应用乳液聚合工艺，采用一步或附聚方法得到大粒径(0.3μm 左右)聚丁二烯胶乳(PBL)，再采用乳液聚合工艺将苯乙烯、丙烯腈接枝在 PBL 上，制得 ABS 接枝胶乳(ABSL)，经过凝聚、洗涤、离心、干燥，得到粉末状 ABS 接枝物[12]。应用连续本体聚合工艺生产 SAN 树脂[14,15]，再将 ABS 粉末与 SAN 树脂共混后挤出造粒[11]，制得 ABS 树脂成品。

该工艺的难点及进展主要有：用较短时间生产粒径大、适宜凝胶含量、分散好、稳定的 PBL；采用大小粒径胶乳接枝、生产“双峰”ABS 接枝粉，改善接枝工艺，缩短聚合时间，提高接枝体系稳定性，增加产品收率，延长聚合釜清洗间隔时间；在湿粉干燥工序推广氮气循环干燥工艺，确保干燥工序安全运行；各种胶含量 ABS 高胶粉生产工艺开发，进而使其系列化、商品化；加强水资源的综合利用，实现节能减排。通用型产品采用湿法挤出，消除粉料干燥安全隐患。

1.2.4 连续本体聚合工艺

连续本体聚合工艺，作为ABS树脂生产工艺后起之秀，继其开发者Dow化学公司之后，该工艺已经为许多国家的厂商应用并具有较好的发展前景[16,20]。先将PB橡胶切碎并溶解于苯乙烯和丙烯腈混合单体中配制成一定浓度的PB溶液；然后将PB溶液、苯乙烯、丙烯腈、溶剂(乙苯等)、引发剂(也可以不用)、分子量调节剂等连续加入单个或多个串联聚合釜中，在搅拌下进行聚合反应至规定转化率；经脱挥器脱除未反应单体、乙苯等；熔融聚合物经高黏度泵增压，挤出造粒得到ABS树脂产品。除采用釜式反应器外，也可采用平推流式反应器。

该工艺难点在于：为保证成品质量，选择适用的合成橡胶；为降低生产成本，重点致力于国产合成橡胶的开发及应用；改进产品性能(尤其外观)，进一步加强本体ABS树脂的推广应用，逐步提高市场占有率；提高已经投产装置的开工率，保证生产稳定运行，实施工艺优化。通过这些措施的落实，尽快突破本体聚合装置开工率低、成本高、产品推广应用难的被动局面。

1.3 ABS树脂研究开发热点

在石油化工、汽车、电子电器等行业快速发展的推动下，ABS树脂在中国等新兴经济体用量不断增加，新建生产装置增多，旧生产装置规模不断扩大，应用领域逐步拓展，环保及节能减排政策渐趋严格，市场竞争日显激烈，这使ABS树脂工艺优化、质量改进升级、降本增效、环保减排逐渐成为研究重点。这些热点可以归纳为ABS树脂用橡胶的选择或开发、橡胶粒径的调控、改进组分的相容性与新型相容剂应用、产品质量改进、专用设备及其国产化、节能减排与环保六个方面。

1.3.1 ABS树脂用橡胶的开发

乳液接枝ABS-本体SAN掺混生产ABS树脂工艺使用大粒径PBL，间或将PBL与丁苯胶乳(SBL)并用作接枝主干。这种专用橡胶研究主要集中在缩短聚合反应时间的工艺创新、未反应单体的高效回收、提高聚合釜生产效率等方面。

到2021年底，连续本体聚合工艺生产ABS树脂的生产能力已占我国ABS树脂总生产能力的10%。五年来，由于高桥石化公司等单位的努力，连续本体法ABS树脂的产量及用量在逐年增加。但是由于国内连续本体法ABS树脂所用橡胶的生产技术有待提高，所以不得不大量使用进口合成橡胶。进口专用橡胶价格昂贵，导致连续本体法ABS树脂生产成本较高。可以说橡胶的来源已经成为影响连续本体ABS树脂生产装置正常运行、制约其经济效益的关键因素[1]。可喜的是国内本体ABS树脂生产商正与相关生产或研发单位合作开发适用的合成橡胶，并已取得一些进展。

1.3.2 橡胶粒径调控

使用乳液接枝ABS-本体SAN掺混工艺生产ABS树脂，通常需使用大粒径橡胶胶乳，或将大小粒径胶乳混合使用，保证在宽接枝度范围制得高冲击强度、易加工、光泽好的ABS产品。制备大粒径胶乳，是研究人员兴趣所在。传统的大粒径胶乳制备采用一步法，即聚合过程中采用低皂配方、分批加皂工艺生产粒径为 0.22~0.30μm 的胶乳。但此工艺聚合时间至少 20h 以上[2]。近年来，采用先制备小粒径胶乳，再采用高分子胶乳附聚法生产大粒径胶乳，缩短了聚合时间，增大了胶乳粒径调节的灵活性，已经成为生产大粒径橡胶胶乳的又一种成熟方法。

连续本体聚合工艺生产 ABS 树脂，橡胶粒径大，产品外观差，光泽欠佳，为此选择适用胶种，调整聚合工艺，使橡胶粒径小一些，从而改善产品外观，是连续本体聚合工艺重点研究的课题。

1.3.3 改进组分相容性及新型相容剂应用

由于 ABS 树脂具有接枝橡胶分散相和 SAN 树脂连续相的双相聚集状态，两相间通过化学键合、或形成氢键、或极性相近促进相容。如果两(多)组分共混时不具备以上三种任何一种情况，就需使用相容剂促进相容。组分相容性及相容剂应用研究，有助于改善 ABS 树脂及其合金性能，开发更多更好的 ABS 复合材料。有关此方面的研究方兴未艾，正深入发展，非反应型和反应型相容剂的开发、引入纳米级无机填料[21]、利用双螺杆挤出机将马来酸酐引入聚合物制备相容剂等成为研发热点[1,2]。

1.3.4 改进产品质量，创新品牌，提高 ABS 树脂商品竞争力

历经 60 余年的研发，30 余年的引进、消化、吸收，我国一些企业的 ABS 产品已经有一定知名度，成为省优、国优名牌产品，如吉林石化 0215A、LG 甬兴的 HI-121H、大庆石化的 750A 等[1]。但与国际知名品牌相比，我们还有许多路要走。国内产品市场占有率约 63%，有些国外品牌较好地解决了抗冲击和加工性能的矛盾，这都是国内 ABS 产业面临的挑战。我们要不断改进和提升产品质量，创新品牌，提高 ABS 商品竞争力。

针对 ABS 树脂应用领域的不断拓展和细分，通过研究和开发，生产更多高附加值的 ABS 树脂专用料，实现产品功能化、精细化、差别化，开发高质量、多功能、低成本的 ABS 合金，是目前 ABS 树脂深度开发和研究的热点，也是今后关注和发展的方向[22]。

1.3.5 关键设备国产化

国内已建或在建 ABS 树脂生产装置，不论引进技术还是采用自有技术，关键设备或部件大多为进口，如聚合釜及凝聚釜用搅拌器、本体聚合反应器及其螺带(螺旋)式搅拌器、造粒设备等，甚至在乳液聚合装置中常用的布尔马金式搅拌器也要引进。这种状况使装置建设或产品制造的成本上升、维护和维修费用增加，不利于国内 ABS 树脂产业的发展。

国内在设备国产化方面也有研究和制造，如 SAN 树脂生产装置中的增压泵、水下切粒机、乳液接枝 ABS 装置的离心机等，但产品质量有待改进，推广应用有一定难度。《石油和化学工业“十二五”发展指南》将挤压造粒机列入装备制造业研发的重要内容[23]。湿粉挤出造粒机已经在国内外普遍应用，我国在 20 世纪 70 年代也曾经进行过开发[1~3]并在千吨级装置上应用，但后续的应用研究未能持续进行，应以此为基础，加快开发出国产湿粉挤压机。2021 年我国 ABS 树脂生产能力已达 4520kt/a，表观消费量为 5800kt/a 以上，已经形成一个有一定规模的产业，ABS 树脂生产和加工设备的国产化、高档化，研发及应用空间巨大，大有可为。

1.3.6 节能减排及环境保护

ABS树脂生产流程长、工序多、物耗能耗较大、产品制造成本高，为此，节能降耗成为ABS树脂提高竞争力的重要途径之一。近年来许多ABS树脂生产商做了大量节能降耗研究工作。如采用先合成小粒径胶乳再进行附聚生产大粒径胶乳，将传统的大粒径胶乳聚合反应时间从72h缩短到8h，提高了生产效率，降低了能耗物耗；采用连续本体聚合工艺，降低水消耗及排放，保护了环境；采用接枝湿粉与SAN树脂掺混工艺，省却粉料干燥工序，既节约能源，又改善了产品外观；采用ABS湿粉与脱挥后的熔融状SAN树脂直接掺混挤压，取消SAN树脂挤压造粒、冷却输送和贮存工序等，简化工序，节能降耗。这些工艺创新尽管有些尚处于尝试阶段，但都是节能降耗的有效措施，也是今后ABS树脂装置新工艺、新技术研究和发展的方向。

随着国家环境保护新的政策和法规不断出台，对化工装置环保要求日渐严格，绿色生产、清洁生产、环保化成为今后ABS树脂产业生存和发展的重要环节和制约点。目前各ABS树脂生产商在清洁化、环保化方面不断开展研究和工作，取得了一定的进展，如悬浮法SAN装置进行离心母液回收，PBL聚合釜洗涤清理时的洗涤水回收到ABS接枝聚合釜进行利用，ABS接枝釜清理洗涤水回收到ABS接枝胶乳贮槽，本体法SAN和ABS装置脱气闪蒸由蒸汽喷射泵改为电动真空泵等，都是节约物料、降低消耗、减少排放的重要措施。

连续本体聚合工艺生产ABS过程基本不产生污水，所以ABS树脂生产过程中产生的污水主要是乳液接枝ABS-本体SAN掺混工艺所产生的，污水中COD含量较高，一般在1000~2000mg/L之间。关于ABS污水的处理，国内各家没有统一的处理方法，处理程度也不尽一致，有的是单独处理，有的是和其他化工污水一起处理。

此外，ABS树脂生产过程中粉尘隐患治理、废气治理[蓄热式热力焚化炉(RTO)的推广应用]、丁二烯自聚物的防范及清除、ABS粉料干燥环节实施氮气循环保护、装置废气焚烧技术等已经成为产业共识，并投入相当研究力量开始进行深入研究。

1.4 ABS树脂产业发展的趋势

1.4.1 产品结构优化

国内ABS产品结构不尽合理，主要生产通用型产品，但各种专用料及ABS复合材料品种及生产规模都太小，一些上规模的国有ABS树脂生产企业专用料研发成果难以转化，生产微乎其微，产值低，缺乏竞争力，十分可惜。ABS树脂产业工作重点从通用型产品向专用料和高档化发展，提高产品技术含量和附加值，满足市场需要，提高市场占有率，势在必行[4]。除了提升已经开发并应用的专用料的水平，还要加快导电树脂、ABS与纳米材料复合技术的研究步伐。

在专用料和复合材料开发方面，应该理顺国有企业产供销体制，建立新产品开发激励机制，充分利用国有企业资源、人才优势，做好做实新产品开发工作。

1.4.2 警惕产业垄断

生产高度集中，进而产生垄断。垄断会造成市场经济畸形发展；资源、价格的垄断，侵害消费者利益，给垄断企业带来暴利，造成收入、资源分配不公；垄断排斥竞争，可能带来经营管理的低效率。

从全球看，ABS 树脂生产能力过剩，也有垄断的苗头。近年来，为了增加竞争力，全球 ABS 树脂生产企业进入资源、生产规模整合时期，合并重组没有停止过，年产 500kt、百万吨特大 ABS 生产企业不断涌现，生产集中度不断提高，如果没有一定限制，有可能出现产业垄断[1,5]。中国台湾奇美实业公司、LG 化学公司、英力士苯领公司、中国台湾化学纤维股份有限公司、中国石油等企业的产能将占世界产能的近 60%，其话语权可想而知[5]。

1.4.3 开发大型化成套技术

经过 70 多年的发展，ABS 生产工艺路线已经成熟和定型。目前，世界上 ABS 树脂生产工艺只有乳液法和本体法具有生命力。吉林石化公司为乳液法 ABS 成套技术的转化做过尝试并取得成功；目前国内本体法 ABS 技术均引自国外。近些年，ABS 树脂生工艺、自动控制、生产装备在发展，引进技术在消化吸收中不断创新，大型 ABS 成套技术的开发势在必行。

1.4.4 解决区域发展不平衡问题

自 20 世纪 90 年代中国 ABS 装置兴建开始，华东地区一直是 ABS 主要生产区域，其次是东北地区。2009 年之前，华东和东北地区占比绝对优势，但 2009 年开始区域分布明显变化。到 2019 年，华东、东北地区产能占比分别达到 59%和 20%，华北、华南地区占比先后有所上升。2009 年，天津大沽 ABS 装置投产后，华北地区有了第一套国内 ABS 装置。2018 年，山东海江化学有限公司年产 200kt 装置投产，华北地区所占比重提升。2014 年，惠州乐金投产之前，华南地区一直未有 ABS 装置。华南一直是 ABS 树脂主要消费地，近年来不少 ABS 生产企业开始布局华南地区建厂计划，解决区域发展不平衡的问题。

1.4.5 解决生产与市场问题

国内 ABS 树脂的生产和市场应用还存在产销脱节问题，产品生产以少数特定牌号为主，不能满足市场多样化、差异化的需求，用户应用过程中存在性能浪费和性能不足等问题。ABS 树脂分会应发挥自身沟通协调作用，建立相关机制，开展沟通交流，统一国内 ABS 树脂生产和应用过程中的相关技术标准，规范产品质量标准，促进 ABS 树脂用户的技术提升，解决生产与市场的衔接、对接，以市场发展为中心，指导用户正确使用 ABS 产品，ABS 生产企业及时开发符合市场需求的 ABS 新产品。

1.4.6 产业整合健康循环发展建议

中国化工学会副理事长兼秘书长华炜曾提到，二十多年来，国内有些油化一体化的企业出现了销售额的 70%~80%来自成品油、20%~30%来自化工产品，而利润分成的情况却刚好倒过来的现象。成品油的市场太饱和，2021 年我国油企平均开工负荷不到 71%。而一些新上的油化一体企业，成品油的生产比重依然达到 40%。要打破这种局面，一是在企业设计的时候就要有整体统筹，上游厂要多给化工供原料，打破厂和厂的界限，真正实现油化一体；二是上下游厂家产能接口不能过于严丝合缝，要允许某一环节的产品市场好的时候能够多生产，保持灵活性，新装置在设计的时候要留出富余量；三是开发高端品牌，增强企业盈利能力。“能够根据市场情况，采取原料灵活、产品灵活的策略，企业才有生存力和竞争力。”

国务院下发的国办发〔2016〕57号《国务院办公厅关于石化产业调结构促转型增效益的指导意见》指出：石化产业是国民经济重要的支柱产业，产品覆盖面广，资金技术密集，产业关联度高，对稳定经济增长、改善人民生活、保障国防安全具有重要作用。坚持立足当前与着眼长远相结合。严格控制新增过剩产能，加快淘汰落后产能，提高绿色安全发展水平。坚持调整存量与做优增量相结合。改造提升传统产业，推动企业兼并重组，巩固现有竞争优势。

参 考 文 献

[1] 王荣伟，杨为民，辛敏琦. ABS树脂及其应用[M]. 北京：化学工业出版社，2011.

[2] 黄立本，张立基，赵旭涛. ABS树脂及其应用[M]. 北京：化学工业出版社，2001.

[3] 王荣伟，白瑜. ABS的组成与性能研究进展[J]. 合成树脂及塑料，2009，26(6)：66.

[4] 张传贤. 中国ABS树脂四十年//第二届中国国际工程塑料展览会暨研讨会论文集(北京)，2001：223-237.

[5] 张传贤. ABS产业发展中一个值得注意的问题//第九届中国工程塑料工业协会ABS树脂专业委员会技术交流研讨会论文集(赤峰)，2011：1-4.

[6] 黄金霞，陆书来，曹立柱，等. 2020年ABS树脂生产与市场[J]. 化学工业，2021，39(04)：58-67.

[7] 张传贤，杨会林，武爱军. ABS树脂快讯(第45期). 2012. 1. 17.

[8] ABS 2021—2022年度报告. WWW. OILCHEM. NET.

[9] 杨伟才. ABS树脂发展概况// 中国工程塑料工业协会ABS树脂专业委员会第七届技术交流会(三亚)，2009：11.

[10] 杜强国，张传贤，何慧. 塑料工业手册：苯乙烯系树脂[M]. 北京：化学工业出版社，2004.

[11] 樊建民，唐仕廉. 2万吨/年ABS树脂装置的扩建改造[J]. 兰化科技，1994，12(4)：241.

[12] 张传贤. ABS接枝橡胶胶乳的制备[J]. 高分子材料科学与工程，1987，(4)：73.

[13] 韩洪义，李小军. 高胶ABS胶乳凝聚工艺研究//工程塑料工业协会ABS树脂专业委员会第九届技术交流研讨会论文集(赤峰)，2011：87.

[14] 张守汉. SAN装置生产工艺及产品质量的改进[J]. 兰化科技，1994，12(4)：235.

[15] 李克汉. SAN树脂简介[J]. 兰化科技，1992，10(4)：297.

[16] 张传贤. 东洋工程公司介绍连续本体法ABS树脂工艺[J]. 石油化工快报-合成树脂及塑料，1986. (9)：3.

[17] 侯衍哲. ABS装置改造技术方案及综合评价[J]. 辽宁化工，2022，51(03)：377-379. DOI：10. 14029/J. CNKI. ISSN1004-0935. 2022. 03. 012.

[18] 刘孟鹏，吕鹏，贾延星，等. ABS树脂现状与发展趋势[J]. 化工管理，2021，(25)：71-72. DOI：10. 19900/J. CNKI. ISSN1008-4800. 2021. 25. 032.

[19] 常敏. 全球ABS供需分析与预测[J]. 世界石油工业，2021，28(03)：30-36.

[20] 郑红兵，翟云芳，李波. 本体ABS中溶聚丁苯橡胶的接枝//中国工程塑料工业协会ABS树脂专业委员会第九届技术交流研讨会论文集(赤峰)，2011：9.

[21] 张红梅，孙文盛. 无机纳米粒子对回收ABS性能的影响[J]. 合成树脂及塑料，2011，28(3)：17.

[22] 张传贤. 部分ABS改性科研工作的最新探索//中国工程塑料工业协会ABS专委会第五届技术交流会论文集(宁波)，2006：3.

[23] 中国石油和化学工业联合会. 石油和化学工业“十二五”发展指南 // 石油和化学工业“十二五”规划汇编，2011.

[24] 吉林石化公司合成树脂厂，LG甬兴化学，等. ABS生产实绩情况//中国工程塑料工业协会ABS专委会第四届技术交流会会议资料(吉林)，2006：1.

第 2 章　乳液接枝-本体 SAN 掺混工艺

2.1 简　　介

2.1.1 ABS 树脂的组成、结构及其特点

ABS 树脂是丁二烯、苯乙烯和丙烯腈三种单体的共聚合物，其中丙烯腈对 ABS 树脂的耐化学性、刚性、耐热性、表面硬度和拉伸等性能贡献较大，苯乙烯对 ABS 树脂加工流动性、刚性、光泽和表面硬度等起主要作用，丁二烯对 ABS 树脂的韧性和低温耐冲击性能发挥作用，三者结合的结果使 ABS 产品具有良好的综合性能。

ABS 树脂的微观结构是由两相组成的，PB 胶粒为分散相，SAN 树脂为连续相，形成“海岛”型两相结构，结构示意如图 2-1 所示。

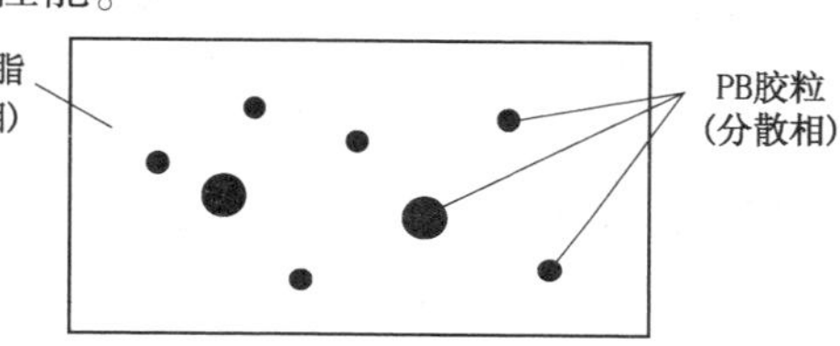

图 2-1　ABS 结构示意

在 ABS 树脂的“海岛”结构中，橡胶粒的中间是聚丁二烯橡胶，胶粒表层为橡胶链上通过化学接枝方法键合上去的 SAN 分子链，这样接枝在橡胶粒上的 SAN 分子与掺混的 SAN 树脂具有相容性，从而把橡胶粒分散到 SAN 树脂连续相中，这样的“海岛”结构比纯粹的橡胶粒子与 SAN 树脂简单掺混相容性更加良好，从而使 ABS 树脂的耐冲击性更佳。

2.1.2 ABS 树脂生产工艺分类

从 ABS 树脂研究起始到现在，先后出现了掺混法、连续本体法、乳液接枝法、乳液接枝-掺混法、本体-悬浮法、乳液接枝-悬浮法、乳液接枝-连续本体法等 ABS 生产技术[1]。其中乳液接枝-掺混法又可细分为乳液接枝-乳液 SAN 掺混法、乳液接枝-悬浮 SAN 掺混法和乳液接枝-本体 SAN 掺混法。随着 ABS 生产技术的发展，目前世界上 85%以上生产能力的 ABS 树脂采用乳液接枝-本体 SAN 掺混工艺，同时，连续本体法 ABS 生产工艺在近年兴起，发展迅速。该工艺具有生产成本低，环境污染小，产品质量稳定等优点[2~8]（详见第 3 章）。本章主要对乳液接枝-本体 SAN 掺混工艺进行阐述。

2.1.3 乳液接枝-本体 SAN 掺混工艺

乳液接枝-本体 SAN 掺混生产工艺开发时间较长，目前技术成熟，产品种类丰富，生产容易控制，成本适中。该工艺的主要方法是先合成聚丁二烯胶乳（PBL），再利用 PBL 和苯乙烯、丙烯腈进行接枝反应，在 PB 胶粒表面接枝上苯乙烯、丙烯腈的均聚物和共聚物，得到 ABS 接枝胶乳，然后将 ABS 接枝胶乳进行凝聚得到 ABS 接枝粉料，最后将 ABS 接枝粉料与先前用本体法制备的 SAN 树脂进行掺混，制得最终产品 ABS 树脂。简易流程示意如图 2-2 所示。

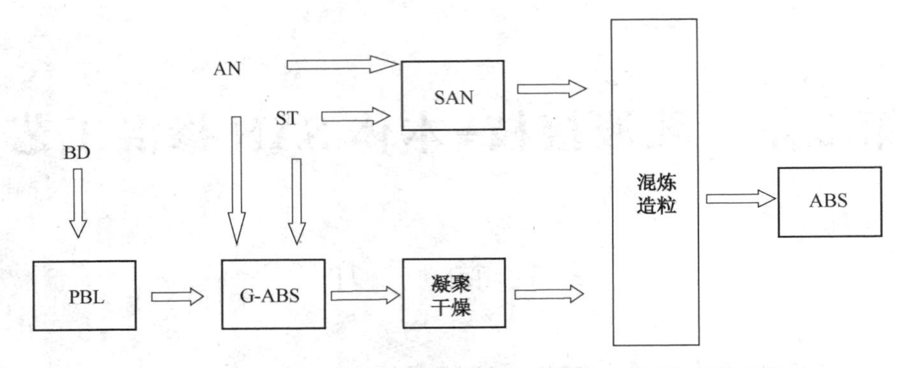

图 2-2　乳液接枝-本体 SAN 掺混工艺生产 ABS 树脂流程示意

2.2　乳液接枝-本体 SAN 掺混工艺理论基础

ABS 树脂合成、结构与性能的基础理论研究起步比较早，研究也比较全面，形成的 PBL 聚合反应与粒径控制、SAN 聚合反应与性能控制及橡胶增韧等理论均比较成熟。黄立本等早在 2001 年系统地对 ABS 树脂合成的基础理论进行全面的阐述[9]，王荣伟等在 2011 年又根据近年来 ABS 树脂合成、改性等方面的进展，对 ABS 树脂的生产技术进行了总结[10]，所以本节中对上述理论只进行简单阐述。

2.2.1　乳液接枝-本体 SAN 工艺中聚合反应自由基产生机理

关于自由基聚合的机理一般分为自由基产生、链引发、链增长、链终止(包括链转移)等四个阶段，关于这方面的文献和教科书比较多，在此不再赘述。对于乳液接枝-本体 SAN 掺混生产 ABS 树脂工艺来讲，PBL 制备、ABS 接枝胶乳制备、SAN 树脂制备均符合自由基聚合的规律，属自由基聚合。本书中主要针对本工艺涉及的自由基产生机理进行简单阐述。

2.2.1.1　丁二烯聚合制备聚丁二烯胶乳的链引发

聚丁二烯橡胶的制备采用引发剂分解产生的自由基，再由自由基引发单体实现链引发。一般采用过硫酸盐作引发剂。该引发剂在水相中进行热分解产生自由基的历程为：

$$^{-}O-\overset{\overset{\displaystyle O}{\|}}{\underset{\underset{\displaystyle O}{\|}}{S}}-O-O-\overset{\overset{\displaystyle O}{\|}}{\underset{\underset{\displaystyle O}{\|}}{S}}-O^{-}\longrightarrow 2SO_4^{-}\cdot$$

2.2.1.2　苯乙烯和丙烯腈制备本体 SAN 树脂的链引发

苯乙烯和丙烯腈进行本体法共聚合制备 SAN 树脂，多数情况下采用单体受热产生自由基，再由自由基热引发单体进行自由基聚合。一般认为先由两个 SM 分子形成 Diels-Alder 加成中间体，再与一个 SM 分子反应，生成两个自由基：

$$2\ CH_2{=}CH(C_6H_5) \longrightarrow \text{Diels-Alder 加成中间体} \xrightarrow{CH_2{=}CH-C_6H_5} \dot{C}H\text{(四氢萘自由基)} + CH_3-\dot{C}H-C_6H_5$$

2.2.1.3 ABS 接枝粉制备链引发

以 PBL、苯乙烯、丙烯腈为原料进行接枝聚合制备 ABS 接枝粉，使用的引发剂为过氧化氢异丙苯、叔丁基过氧化氢、二异丙苯过氧化氢等，由于其生成自由基的分解温度为 110~120℃，无法应用于乳液聚合，所以再引入还原剂硫酸亚铁，构成氧化还原引发体系，降低引发剂分解的活化能，在 30℃时过氧化氢异丙苯分解产生自由基：

$$ROOH + Fe^{2+} \longrightarrow OH\cdot + RO\cdot + Fe^{3+}$$

2.2.2 聚丁二烯胶乳合成理论

聚丁二烯胶乳采用乳液聚合的方式进行，乳液聚合理论在许多书中有详细论述[11]。PBL 聚合属间歇反应，按聚合时间与转化率关系，把聚合过程分成四个阶段，即分散阶段（扩散阶段）、乳胶粒生成阶段、乳胶粒长大阶段及聚合完成阶段。

2.2.2.1 分散阶段

把聚合所用的脱盐水、乳化剂、电解质、分子量调节剂、单体等组分加入反应器中，在搅拌的作用下，开始混合分散，乳化剂以单分子的形式溶解在水中，最终以真溶液、胶束及分布于单体液珠表面成为稳定体系三种形式存在。乳化剂浓度小于临界胶束（CMC）则以单分子形式存在，大于 CMC 浓度后乳化剂分子形成胶束，成为丁二烯聚合的主要场所，浓度继续增大，乳化剂分布于单体液滴表面，最终达成一种平衡，形成一个稳定的体系。

与此同时，单体也以三种形式存在，即极个别的单体以单分子形式溶解在水中、溶解在胶束中形成增溶胶束、单体液珠被乳化剂分散在水中，在聚合反应过程中，单体由液珠逐渐向胶束转移。

单体与乳化剂的存在形式如图 2-3 所示。

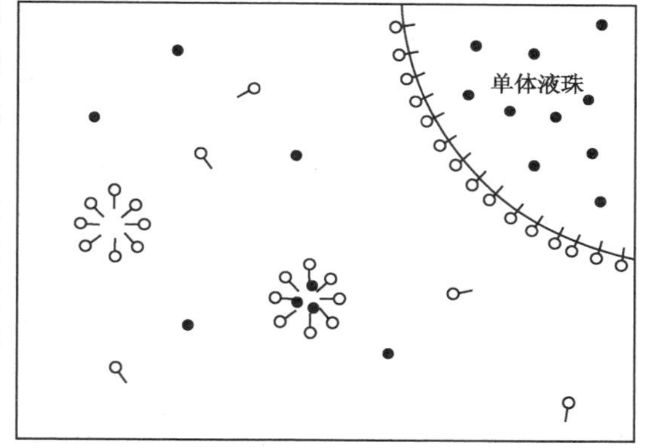

图 2-3　单体及乳化剂的存在形式

♀—乳化剂分子；●—单体分子

单体液珠表面上乳化剂分子的亲水端指向水相，而亲油端指向单体液珠中心，以使其稳定地悬浮在水相之中，胶束将一部分溶解在水中的单体由水相吸收到胶束中来，形成增溶胶束，胶束中乳化剂分子数量多，增溶作用强。体系中单体在单体液珠、水相及胶束之间建立起动态平衡。动态平衡关系可用图 2-4 表示。

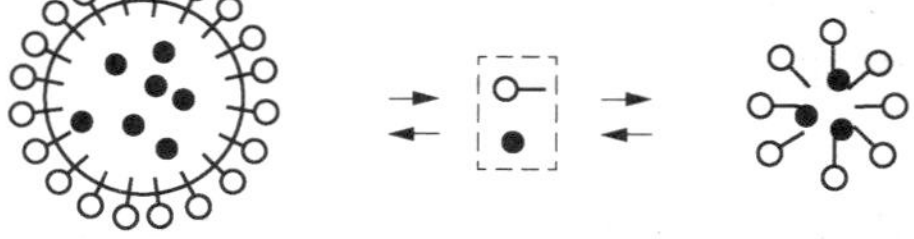

图 2-4　体系中乳化剂、单体分子的动态平衡

♀—乳化剂分子；●—单体分子

在分散过程中，适度的搅拌是很重要的，若无搅拌或搅拌强度不够，小的单体液珠倾向于聚结成大的液珠，直至分层。

2.2.2.2　乳胶粒生成阶段

丁二烯乳液聚合发生在胶束中。分散好的聚合体系通过升温，达到水溶性引发剂(一般为过硫酸钾)的分解温度，产生自由基引发聚合反应。由于引发剂溶解在水中且水中胶束浓度最大，因此自由基扩散到增溶胶束中引发单体聚合的几率最大。只有极少量的自由基与溶解在水中的单体反应，生成不溶于水的低聚物，低聚物又很快被乳化剂包围形成新的胶束。单体不断由单体液滴溶解在水中逐渐向胶束转移，使发生聚合反应的胶束由于体积增大，形成乳胶粒。胶束成长为乳胶粒过程中，单体、乳化剂、引发剂自由基形成动态平衡，同时，乳化剂形成的胶束、溶解在水中的乳化剂分子、吸附在单体液珠表面以及吸附在乳胶粒表面四种形态之间也建立起动态平衡，但在此过程中体系的总胶束浓度基本不变，如图 2-5 所示。

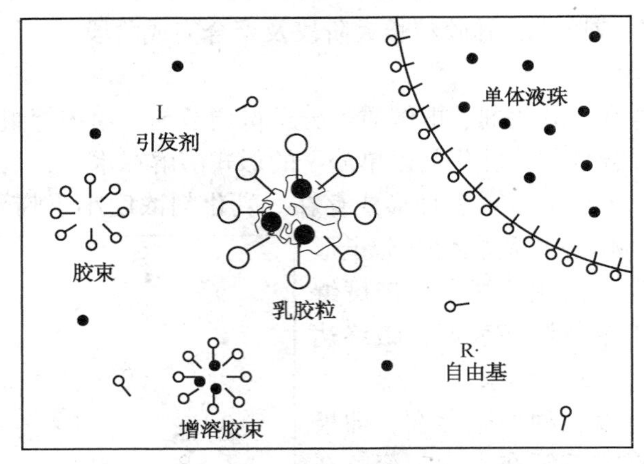

图 2-5　乳胶粒形成过程

—乳化剂分子；●—单体分子；R·—自由基；I—引发剂；——聚合物链

在反应过程中过硫酸盐分解会生成氢离子，随着聚合反应的进行，体系的 pH 值逐渐下降，在通常情况下可降到 pH＝1～3。为确保在反应过程中体系的 pH 值不变，需要加入 pH 值调节剂。

过硫酸盐类引发剂及其分解的自由基存在于水相，自由基由水相扩散到乳胶粒或胶束中引发聚合，强极性的硫酸根离子自由基及氢氧自由基在水相中的几率大于在乳胶粒中，乳化剂使乳胶粒表面带有负电荷，硫酸根离子自由基从水相进入乳胶粒，需克服水相-颗粒相界面上存在的双电层阻力。一般情况下，加入少量电解质(如碳酸钾、碳酸钠等)以改善胶束表面形态，有利于自由基的进入和乳液聚合的进行[12]。同时电解质加入后，形成的胶束粒子中包含的乳化剂分子数量增加，提高了胶束的增溶作用，进而提高胶束粒子的尺寸，降低乳液黏度，提高乳液稳定性。

随着自由基不断向胶束中扩散，形成乳胶粒的数量越来越多，同时随着乳胶粒尺寸不断长大，乳胶粒的表面积逐渐增大。这样，越来越多的乳化剂从水相转移到乳胶粒表面上，使溶解在水相中的乳化剂不断减少，破坏了乳化剂各种存在形式之间的平衡，乳化剂由未成核胶束及单体液滴表面向乳胶粒表面转移，体系中胶束数量逐渐减少，最终消失，全部转变为乳胶粒。在乳胶粒形成阶段，不同时期生成的乳胶粒存在尺寸差异，先生成的乳胶粒尺寸大于后生成的乳胶粒尺寸。但随着乳胶粒的长大，这种差异逐渐减小。乳胶粒生成阶段转化率随时间延长而迅速增加，如图 2-6 所示。随着乳胶粒数量的增加，聚合反应速度逐渐提高，因此转化率出现迅速增加的拐点。

2.2.2.3 乳胶粒长大阶段

由胶束耗尽到单体液珠消失这段时间称为乳胶粒长大阶段。图 2-7 为乳胶粒长大阶段的物理模型，该阶段乳胶粒的数目要比单体液珠的数目大得多，引发剂继续在水相中分解出的自由基主要向乳胶粒中扩散，使乳胶粒中的聚合反应继续进行，乳胶粒不断长大。

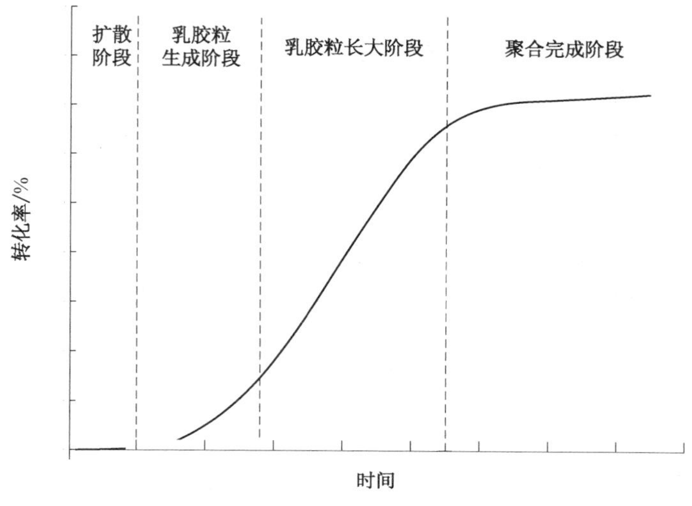

图 2-6 反应转化率与时间的关系

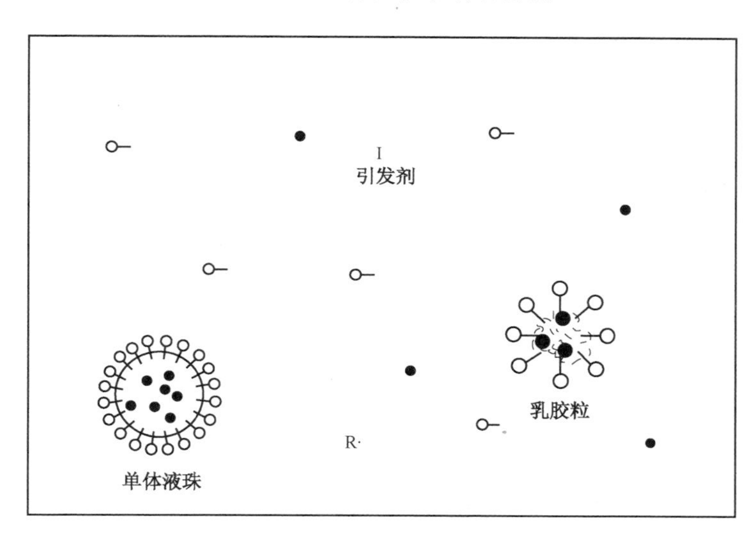

图 2-7 乳胶粒长大阶段体系模型

⚲—乳化剂分子；●—单体分子；R·—自由基

该阶段的聚合过程中，乳胶粒中的单体不断被消耗，水中的单体向乳胶粒粒子中扩散，同时单体液珠向水中溶解扩散，单体液珠不断减小，乳胶粒粒子逐渐增大。单体在乳胶粒、水相、单体液珠之间建立了动态平衡，保证聚合反应能够持续进行。由于胶束粒子消失，乳化剂以溶解在水中、包裹在乳胶粒外表面、分散在单体液珠表面三种形式存在。随着乳胶粒的逐渐长大，单体液珠的逐渐缩小，乳化剂从单体液珠表面向水中扩散，又由水中向正在长大的乳胶粒表面扩散。并且，随着乳胶粒逐渐长大，其表面积增大，需要从水相吸附更多的乳化剂分子，覆盖在新生成的表面上，致使在水相中的乳化剂浓度低于临界胶束浓度，甚至还会出现部分乳胶粒表面不能被乳化剂分子完全覆盖。这样就会导致乳液体系表面自由能提高，使乳液体系稳定性下降，以至破乳，因此在丁二烯聚合过程中后期补加乳化剂，使体系稳定。

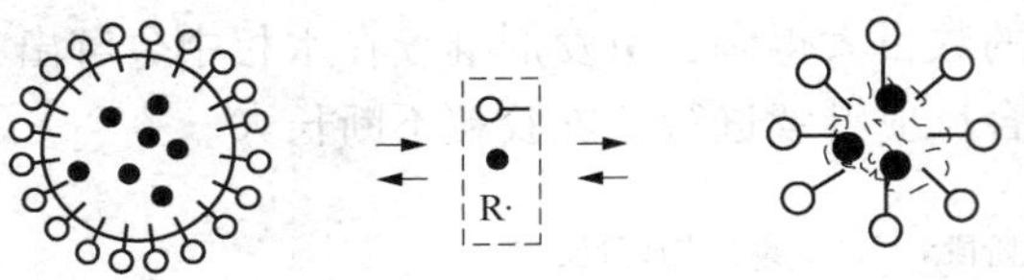

图 2-8　乳胶粒长大阶段体系平衡情况

♀—乳化剂分子；●—单体分子；R·—自由基

单体、乳化剂及自由基三者在单体液珠、乳胶粒、胶束和水相之间的平衡可用图 2-8 表示。胶束消失，生成乳胶粒的过程停止，该阶段乳胶粒的数目将保持一个定值。一般乳胶粒的浓度可达 10^{16}/mL。

通常情况下，一个乳胶粒粒子中只有一个活性自由基进行聚合反应，当引发剂分解的自由基溶解在水相并不断向乳胶粒粒子中扩散，第二个自由基进入乳胶粒粒子后与正在反应的自由基偶合使聚合反应终止，其他自由基再进入乳胶粒粒子中才能进行新的聚合反应，乳胶粒粒子中不断发生聚合反应而使乳胶粒逐渐长大，单体转化率不断提高。乳胶粒中的多个分子聚丁二烯随着转化率的提高发生交联，并且随着反应时间的延长交联的程度逐渐增加。聚丁二烯橡胶分子链交联度过低会影响 ABS 产品的光泽度，但过度交联，会降低 ABS 产品的冲击性能，通常要求交联度在 60%~80%之间。

2.2.2.4　聚合完成阶段

延长反应时间，提高单体转化率，在乳液体系中单体液珠已经消失的情况下继续进行聚合反应，反应进入完成阶段。该阶段的物理模型示意如图 2-9 所示。

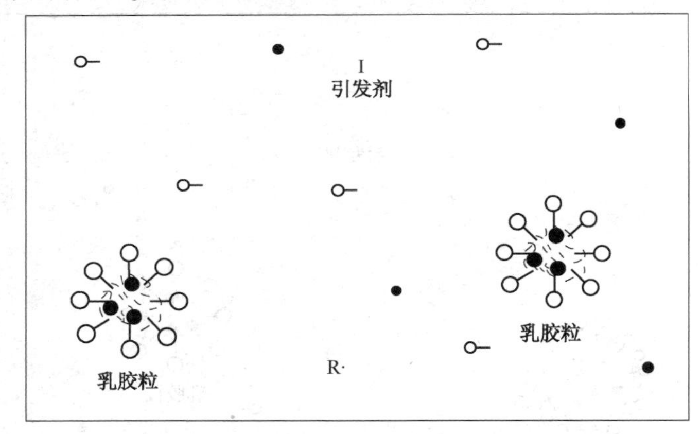

图 2-9　聚合完成阶段的物理模型

♀—乳化剂分子；●—单体分子；R·—自由基

单体液珠消失后，乳胶粒中进行的聚合反应只能消耗自身储存的单体，当自身内部的单体消耗接近完毕时，该阶段转化率随时间延长变化不大。乳胶粒中聚合物的浓度越来越大，内部黏度越来越高，大分子彼此缠结在一起，出现交联的几率大大增加，此时加入分子量调节剂及终止剂如酚类、硫醇类、亚硝基类、芳香多羟基化合物等，以控制分子量及聚合转化率，避免反应周期过长、转化率过高的情况。转化率一般不会高于 98%。

2.2.3　接枝聚合原理

ABS 接枝聚合的目的是合成核壳结构的聚合物，其中聚丁二烯橡胶粒子为核层，接枝上的苯乙烯-丙烯腈共聚物为壳层。接枝聚合的关键是保证苯乙烯、丙烯腈单体接枝到聚丁二烯分子链上，而不是产生新的聚合物。接枝聚合又称作种子聚合，即在已经形成的聚丁二烯橡胶粒子基础上进行聚合，聚合的场所在乳胶粒子中。为实现这一目的，通过采用油溶性引发剂，同时控制乳化剂用量，避免新胶束的生成，从而避免游离聚合物的产生。形成的 ABS 接枝聚合物以聚丁二烯为核，SAN 为壳的核壳结构，如图 2-10所示。

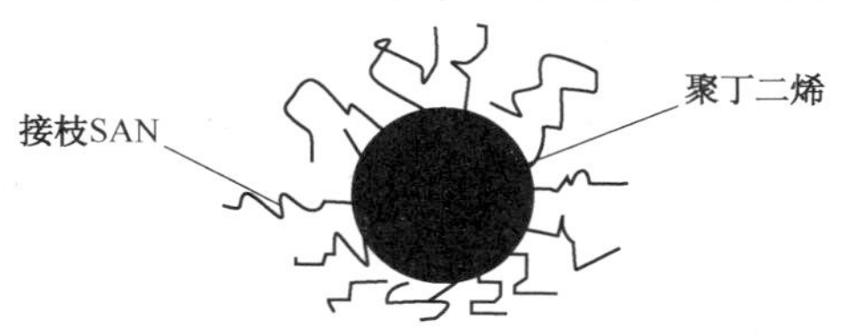

图 2-10　ABS 接枝聚合物结构

ABS 接枝聚合过程中，为抑制苯乙烯、丙烯腈单体形成游离 SAN，在聚合乳液中尽量控制乳化剂浓度，避免胶束的形成[13~15]。其聚合过程分为四个阶段。

2.2.3.1　分散过程

分散过程中，聚合体系的乳化剂以三种形式存在：大量的乳化剂分散在聚丁二烯乳胶粒周围；一部分乳化剂分散在苯乙烯、丙烯腈单体液珠的界面上；少量乳化剂溶解在水中，控制乳化剂浓度小于 CMC 值，使体系中没有形成胶束。在搅拌的作用下乳化剂存在的三种形式保持动态平衡。

苯乙烯、丙烯腈单体分散在水中也以三种形式存在：大量的单体被分散成单体液珠；少量的单体溶解在水中，25℃时苯乙烯在水中的溶解度是 0.027%，20℃时丙烯腈在水中的溶解度是 7.35%；还有一部分单体分子进入到聚丁二烯乳胶粒中，由于丙烯腈在水中的溶解度大，加料比例与产生的聚合物实际比例不一致，需要适当多加一些丙烯腈单体。见图 2-11。

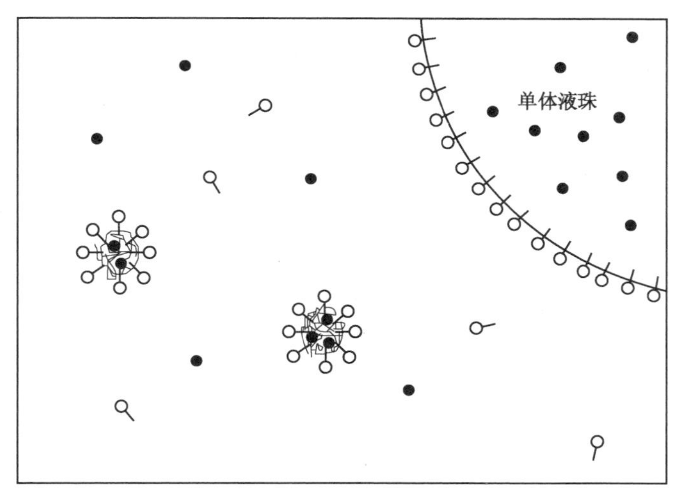

图 2-11　接枝聚合分散模型

♀—乳化剂分子；●—单体分子

2.2.3.2　引发聚合阶段

ABS 接枝聚合多采用油溶性引发剂——过氧化氢异丙苯、叔丁基过氧化氢、二异丙苯过氧化氢等，油溶性引发剂扩散到水中与水中的还原剂——Fe^{2+}相互作用产生自由基，由于聚合体系中乳胶粒浓度最大，产生的自由基向乳胶粒中扩散的几率最大，最终实现引发聚丁二烯接枝的聚合反应。随着引发剂不断地向水中扩散，产生的自由基也不断向乳胶粒中扩散，由于乳胶粒尺寸已经足够大，同一个乳胶粒中会出现多个自由基。同时由于自由基是连续不断地扩散到橡胶粒子中，乳胶粒中发生接枝引发-链增长-自由基终止-再引发接枝的循环，最终形成橡胶粒子被多个聚合物链接枝的现象。在聚合过程中聚丁二烯也不断发生交联，最终 ABS 接枝聚合物的交联度高于丁二烯聚合物的交联度，在丁二烯聚合过程中需要控制交联度，避免最终接枝聚合物交联度超过 80%。

体系中 Fe^{2+}的浓度是决定反应速度的关键因素：增加 Fe^{2+}浓度，提高反应速度；但在反应后期 Fe^{2+}浓度下降，聚合反应速度也变慢，使整个聚合过程温度出现波峰与波谷，增加反应控制的难度，生产出的产品性能也不均一。为避免这一现象，通过多种手段控制 2 价铁离子的浓度，使其在聚合过程中保持稳定。此外，自由基分解过程氧化生成的 Fe^{3+}残留在体系中影响最终产品的稳定性，同时还可能与自由基反应生成 Fe^{2+}，降低了自由基浓度。解决该问题的方法之一就是添加助还原剂，将 Fe^{3+}还原成 Fe^{2+}，助还原剂如葡萄糖、甲醛次硫酸盐等；方法之二是利用难溶盐少量分解产生 Fe^{2+}，随着 Fe^{2+}的消耗，难溶盐不断提供新的铁离子，从而控制体系中 Fe^{2+}浓度稳定，如硫酸亚铁、焦磷酸钠等；方法之三是添加络合剂，与 Fe^{2+}形成络合物，避免与引发剂接触，随着体系 Fe^{2+}浓度降低，络合物逐渐释放 Fe^{2+}，从而维持体系 Fe^{2+}浓度稳定；方法之四是在聚合过程连续补加氧化还原体系，使 Fe^{2+}随着反应消耗而不断补充，实现体系稳定。

如图 2-12 所示，聚合体系存在多种组分，油溶性引发剂由单体液珠向水相扩散；水相中引发剂与氧化还原体系作用产生自由基，自由基向乳胶粒中扩散；氧化还原体系中 Fe^{2+}被引发剂氧化成 Fe^{3+}，然后又被助还原剂还原成 Fe^{2+}；体系中络合剂对 Fe^{2+}吸收和释放形成平衡。

接枝 SAN 分子量的控制采用硫醇类分子量调节剂。

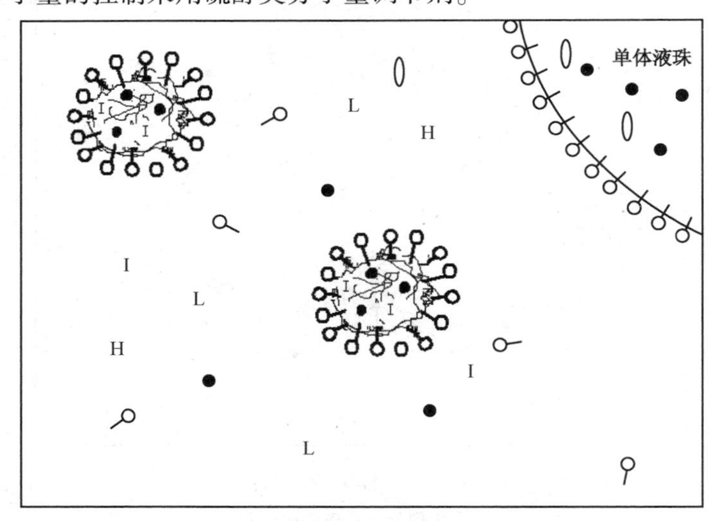

图 2-12　接枝聚合过程模型

I —引发剂；0—分子量调节剂；⚲—乳化剂分子；●—单体分子；H—氧化还原体系；L—络合剂

2.2.3.3　补加阶段

ABS 接枝聚合过程需要控制聚合引发的场所，避免新的胶束粒子的生成，为降低反应体系乳化剂浓度同时又保证体系稳定，采取连续补加乳化剂、单体、引发体系的方法。在反应高峰过后开始连续补加单体、乳化剂。在反应后期连续补加引发体系，以提高单体转化率。该阶段体系模型与引发聚合阶段相同，利用自由基引发聚丁二烯乳胶粒表面不同位置，形成对聚丁二烯橡胶粒子的全面包围即核壳结构。

随着乳胶粒子的长大，表面需要更多的乳化剂分子包围，此时补加乳化剂可以提高聚合乳液的稳定性，同时连续补加也避免了新的胶束形成而生成游离态的SAN。

反应过程中也难免有一部分接枝发生在聚丁二烯橡胶粒子内部，被称为内接枝。内接枝没有改善ABS产品中橡胶粒子与树脂相界面结合力的作用，但内接枝增大了橡胶粒子的尺寸，对提高产品冲击强度也有一定贡献。为提高接枝链对界面结合力的贡献，需要控制内接枝的比例。通过连续补加单体的方式可以有效减少内接枝。即橡胶内部有单体溶胀，则容易产生内接枝，后加单体，单体进入乳胶粒后依附在橡胶表面则不产生内接枝。

2.2.3.4 聚合完成阶段

该阶段又称熟化阶段，目的是尽可能使单体全部反应，减少产品中残留单体，提高ABS接枝聚合物的稳定性，减少最终产品的气味，降低环境污染。

2.2.4 橡胶增韧机理

ABS材料受到外力作用过程中经历了橡胶粒子空洞化、银纹、多重银纹、剪切带几个过程，通过将应力分散到更多的区域，产生较大范围的屈服，从而提高强度。

增韧机理与基体树脂的链缠结密度有关，链缠结密度低的，增韧机理为多重银纹；而链缠结密度高的，增韧机理为剪切屈服。ABS树脂的基体是苯乙烯-丙烯腈无规共聚物（SAN），其链缠结密度比聚苯乙烯要高一些，一般认为其增韧机理是多重银纹与空洞化-剪切屈服的共同作用[16~18]。剪切屈服增韧能够引发更大范围的塑性形变，能够获得更高的冲击强度。

2.2.4.1 空洞增韧机理

ABS受到外力作用时，橡胶粒子由于应力集中产生空洞形变，空洞吸收的能量占ABS韧性的很小一部分，但空洞的增韧作用主要是改变材料应变方向，从而引发更多的银纹和剪切带。橡胶粒子受到单轴方向的拉伸应力，橡胶发生应变产生空洞。橡胶粒子是球形，空洞引起空洞周围橡胶粒子的环向应力，通过接枝层传递到SAN相中，使更多的体积参与形变过程，且形变方向多样化。Bucknall等[19~21]通过使加热的ABS树脂样品冷却，并在冷却过程中收缩的方法，发现了ABS树脂的橡胶粒子能够发生空洞化。ABS树脂中添加少量硅油（表2-1），硅油存在于橡胶粒子中，能够降低形成空洞所需的表面能，从而促进橡胶粒子的空洞化，提高ABS树脂的抗冲击强度[22,23]。橡胶粒子越容易空洞化，ABS树脂的抗冲击强度越高。

表2-1　硅油对ABS冲击性能的影响[24]

性　能	空白	二甲基硅油	甲基苯基硅油	羟基硅油	聚醚硅油
维卡软化点/℃	97	98	99	100	100
无缺口冲击强度/(kJ/m^2)	41.1	66.6	75.8	78.4	67.8
缺口冲击强度/(kJ/m^2)	10.5	17.5	16.9	17.0	16.2

2.2.4.2 银纹增韧机理

聚合物在应力作用下内部或表面产生应力集中，在局部应力集中处，材料首先产生塑性剪切变形，由于聚合物应变软化的特性，局部塑性变形量迅速增大。随着塑性形变增加，材料发生局部取向现象，应力集中处高分子链沿外力方向取向，产生应力硬化现象。取向部分的高分子链段相互平行有序，同时在塑性变形区内逐渐积累足够的横向应力分量。这是因为沿拉伸应力方向伸长时，聚合物材料必然在横向方向收缩，就产生抵抗这种收缩倾向的等效于作用在横向的应力场。当横向张力增大到某一临界值时，局部取向变形区内相互平行的聚合物分子链段被分开，引发微空洞。随后，微空洞间的高分子或高分子微小聚集体继续伸长变形，微空洞长大并彼此复合，最终形成银纹中椭圆空洞。

ABS 树脂中由于存在橡胶粒子，在银纹产生和发展过程中橡胶粒子既能引发银纹的产生，同时银纹发生强烈支化。该过程被称为银纹支化或多重银纹。支化的结果，一方面增加了银纹的数目进而增加了能量的吸收；另一方面会降低每条银纹的前沿应力而导致银纹的终止。

发生银纹的高分子内部出现空洞，使物体的密度大大下降。一方面，银纹体中有空洞，说明银纹化造成了材料一定的损伤，是亚微观断裂破坏的先兆；另一方面，银纹在形成、生长过程中消耗了大量能量，约束了裂纹的扩展，使材料的韧性提高，是 ABS 增韧的力学机理之一。

银纹的外形与裂纹相似，但与裂纹的结果明显不同。裂纹体中间是空的，而银纹是由银纹质和空洞组成的，如图 2-13 所示。空洞的体积分数为 50%~70%。银纹质是取向的高分子或高分子微小聚集体组成的微纤，直径和间距为几到几十纳米，其大小与聚合物的结构、环境温度、施力速度、应力大小等因素有关。银纹微纤之间可以相互传递应力。这种结构的形成是由于强度较高的缠结链段被同时转入两相邻银纹微纤的结果。银纹可以通过消除应力并加热提高分子链运动能力的方法消除。

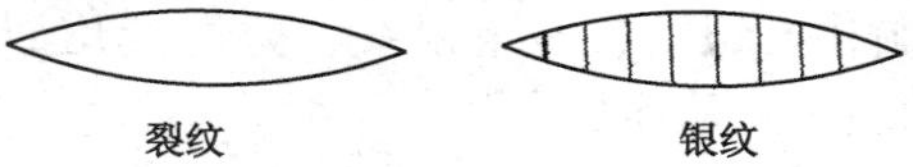

图 2-13　裂纹与银纹的对比

银纹终止的具体原因有多种，如银纹发展遇到了剪切带，或银纹端部引发剪切带，或银纹的支化，以及其他使银纹端部应力集中因子减小。如图 2-14 所示，橡胶粒子控制银纹发展，并引起银纹支化。在 ABS 树脂中大粒径橡胶能吸收应力诱发银纹，小颗粒橡胶能控制银纹的增长速度，抑制银纹的进一步发展[25]。

橡胶粒子的第一个重要作用就是充当应力集中中心，诱发大量银纹和剪切带，银纹或剪切带的产生和发展需要消耗大量能量。

橡胶粒子的第二个重要作用就是控制银纹的发展，及时终止银纹。在外力作用过程中，橡胶颗粒产生形变，不仅产生大量的小银纹或剪切带，吸收大量的能量，而且又能及时将其产生的银纹终止而不致发展成破坏性的裂纹。

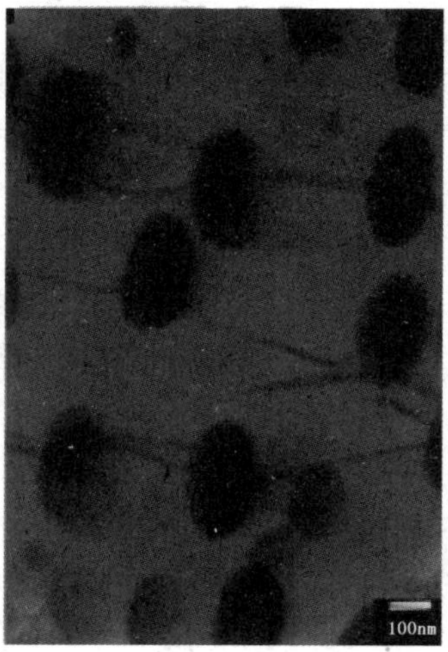

图 2-14　银纹的产生、发展和终止

2.2.4.3　剪切带增韧机理

剪切带增韧是 ABS 主要的增韧机理。Borggreve 等[26]发现对于聚苯乙烯这样的脆性基体，也是多重银纹和剪切屈服两种增韧机理共同起作用，并且以剪切屈服的贡献为主，银纹化反而成为次要的。当 ABS 树脂橡胶含量低时，银纹的增韧作用高于剪切带，但橡胶含量增加到一定值后，剪切屈服对增韧的贡献增加，对 ABS 的韧性起到主要作用。

ABS树脂中由于橡胶粒子数量较多，受到外力时众多橡胶粒子相互作用，在较大范围内引起材料的取向，并随着取向的发展，聚合物表现出宏观缩颈现象，产生的局部取向带称为剪切带。同银纹相比，剪切带的尺寸更大，吸收的能量也更多。橡胶含量越高，ABS韧性越好，拉伸时越容易出现缩颈现象。图2-15显示的是ABS在拉伸过程中表现的宏观缩颈现象。

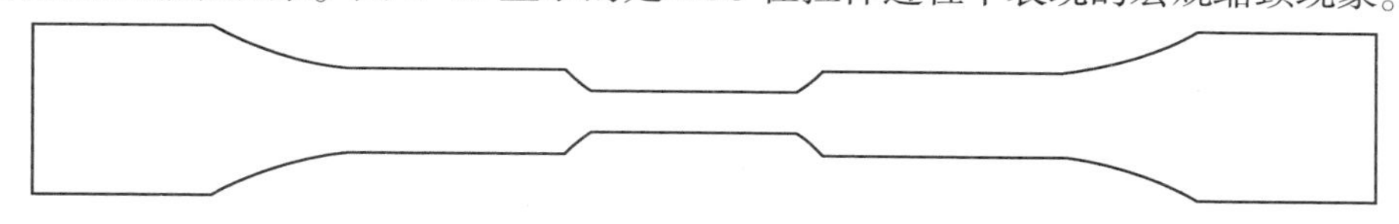

图2-15 拉伸过程中的宏观缩颈现象

剪切带具有精细的结构，由大量不规则的线簇构成，如图2-16所示。剪切带内分子链或高分子的微小聚集体有很大程度的取向，取向方向为切应力和拉伸应力合力的方向。剪切带的产生只是引起试样形状改变，聚合物的内聚能以及密度基本上不受影响。剪切带与拉伸力方向间的夹角都接近45°，但由于大形变时试样产生各向异性，试样的体积也可能发生微小的变化，所以与拉伸力方向间的夹角往往与45°有偏差。

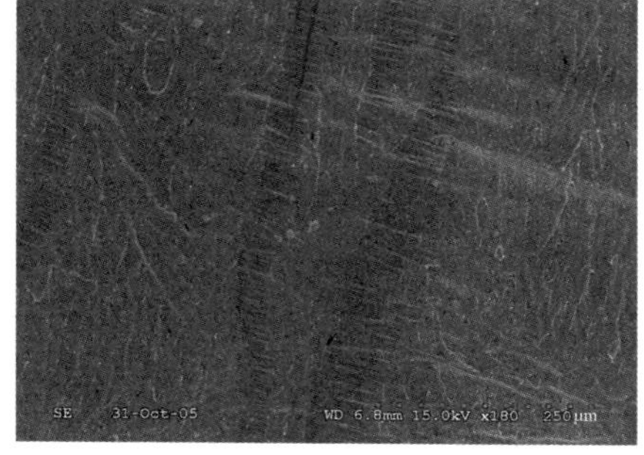

图2-16 ABS树脂产生的剪切带

银纹与剪切带之间存在相互作用。在应力作用下，聚合物会同时产生剪切带与银纹，两者相互作用，成为影响聚合物形变乃至破坏的重要因素。ABS树脂中小粒径橡胶粒子更有利于引发剪切带。银纹和剪切带所占比例与基体性质有关，基体的韧性越大，剪切带所占的比例越高；同时，也与形变速率有关，形变速率增加时，银纹化所占的比例就会增加。

银纹与剪切带的相互作用可能存在三种方式：一是银纹遇上已存在的剪切带而得以与其合并而终止，这是由于剪切带内大分子高度取向限制了银纹的发展；二是在应力高度集中的银纹尖端引发新的剪切带，新产生的剪切带反过来又终止银纹的发展；三是剪切带使银纹的引发与增长速率下降。

2.3 聚丁二烯胶乳的生产

2.3.1 丁二烯聚合工序

丁二烯聚合过程包括原料储存处理工序、化学品配制工序、聚合工序、回收工序及胶乳储存工序。

2.3.1.1 原料储存处理工序

丁二烯单体存放于储罐中，罐上部设有通往火炬的排放管线，同时设有氮气密封系统，控制球罐气相中氧含量小于0.3%(体积分数)，如果氧含量偏高，则打开火炬排放阀门，用氮气置换，直到氧含量降低到合格标准。夏季控制液位不高于35%，冬季控制液位最高不超过50%。球罐设有温度控制系统，正常温度控制在0~25℃范围内，冬季在伴热正常投用的情况下，温度低时可采用自身循环的方式提高温度，夏季温度高于25℃时采用喷淋水降温、伴热盘管通冷却水(水温不超过20℃)、开副线阀门向火炬系统排放气相的方式控制温度。

外购或长期储存的丁二烯中一般都加入叔丁基邻苯二酚(TBC)等阻聚剂，以防止自聚。丁二烯在使用前要进行阻聚剂的去除，通常将来自储罐的丁二烯与10%左右的碱液经过静态混合器混合，在分离罐中进行分离，碱液沉淀循环使用，液体丁二烯由溢流管线分离出来，供聚合使用，碱液定期补充置换[27]。

2.3.1.2　化学品配制工序

化学品配制是将丁二烯聚合所需的各种助剂如乳化剂、引发剂和终止剂等计量好后加入到一定量的脱盐水中，配制成液体并储存。分子量调节剂等液体助剂不需要配制，直接放入相应的缓冲罐中。

2.2.1.3　聚合工序

按照规定的加料顺序，向经过氮气置换的聚合釜中加入脱盐水、乳化剂、分子量调节剂、电解质、pH值调节剂、丁二烯、引发剂等。加料过程中启动搅拌，加料结束后利用蒸汽加热，升温至指定温度，体系开始反应，随后通过夹套或盘管等对聚合反应冷却，控制反应温度。反应进行到一定时间后进入补料阶段，一般用泵连续补加乳化剂或单体等物质。补加结束后继续反应，并定时取样分析聚合转化率，当转化率达到控制指标时加入终止剂，此时聚合反应结束，物料放入卸料罐中。

PBL制备时聚合反应为间歇操作，聚合结束后对聚合釜进行清洗，然后抽真空，用氮气置换，进行下一次循环。聚合釜需要定期进行清胶处理，将挂在聚合釜或搅拌上的胶块用高压水清洗下来。聚合过程的加料采用程序自动控制。聚合釜配有安全阀，异常情况下将丁二烯排入火炬系统放空。

2.3.1.4　回收工序

丁二烯聚合转化率达到90%左右后终止反应，有大约10%未反应的丁二烯单体、丁二烯二聚物等物质采用真空闪蒸的方法回收，即在真空作用下，气相由罐顶或塔顶分离出来进入冷凝器，冷凝下来的液相丁二烯返回丁二烯回收储罐进行循环利用或送外处理，未冷凝的气相进入压缩机，然后排入火炬系统。脱除未反应物质后的聚丁二烯胶乳从罐底或塔底由泵输送到胶乳储存工序。为防止脱气过程产生气泡将液体带出，需要加入消泡剂，消泡剂选用硅烷等助剂。回收丁二烯中含有水分，对于冬季气温较低的地区，要做好储罐切水工作；对于间断输送回收丁二烯的管线，冬季送料后要尽可能将管线吹扫干净，否则会发生管线冻堵或冻裂现象。

2.3.1.5　胶乳储存工序

不同批次的PBL物料通过搅拌器掺混均匀、分析合格后再使用。胶乳的储存温度必须在20~50℃之间，当环境温度低于0℃时，聚丁二烯胶乳储罐的伴热系统要投入运行，以防止低温造成胶乳破乳。为了调整PBL中的固含量和pH值，需要添加碱液(一般为KOH溶液)和脱盐水。实际生产过程中发现，PBL在闪蒸丁二烯后，放置过程中固含量等指标有微小的变化，这可能是由于PBL中有部分活性基团未丧失活性，反应仍在进行的缘故，所以PBL尽可能放置一段时间，待性能稳定后再使用。

2.3.2　PBL技术指标

PBL通常检测胶乳粒径、凝胶含量、固含量、表面张力等指标(表2-2)。根据产品用途及性能的不同，胶乳的粒径也不同，一般将 PBL 粒径分为大、中、小三种规格。小粒径胶乳用于生产高光泽产品或通过附聚生产大粒径胶乳；凝固物、表面张力、pH 值、黏度指标反映胶乳的稳定性、生产过程中输送储存的特性；胶乳固含量反映聚合转化率。

表 2-2　胶乳分析项目及指标

分析项目	指标	分析项目	指标
胶乳固含量/%	≥50	粒径/nm	100~180
表面张力/(mN/m)	35.0~50.0		260~320
pH 值	10.0~12.0		400~600
黏度/mPa·s	≤280		
凝固物含量/%	≤0.02	凝胶含量/%	50~90

2.3.3　附聚工艺

橡胶粒子尺寸对增韧机理和冲击韧性影响很大。乳液法合成的 ABS 橡胶粒子尺寸一般在 200~500nm 之间，其中增韧效果最好的橡胶粒子在 300nm 左右，尤其是大小不同的粒子配合使用，增韧效果更好。乳液法聚丁二烯的粒径控制是技术难点，通常一次聚合生成大粒径聚合物的反应时间较长，如粒径达到 300nm 需要反应时间在 30h 以上，粒径越大反应时间越长，同时随着反应时间延长，聚丁二烯的交联度增加，减少了橡胶的接枝点，造成接枝率下降，产品性能变差。工业上尽可能缩短聚丁二烯反应时间，确保产品性能，同时提高设备利用效率，降低生产成本。

附聚工艺是目前应用较广的方法，国内科研院所和厂家对附聚技术的研究也比较多，国外如 SABIC(GE)公司已经成熟地使用附聚技术生产 ABS，国内如大庆石化也自主开发出附聚技术并投入生产。

与一次聚合产生的大粒径聚丁二烯胶乳相比，附聚技术可以缩短反应时间，提高生产效率，但也存在产品粒径分布宽、粒径控制不稳定、粒子形态不稳定、加入化学物质影响下步接枝反应等问题。

2.3.3.1　附聚方法

附聚工艺是先合成小粒径的聚丁二烯胶乳，然后通过特殊工艺将小粒径的胶乳转化成大粒径胶乳。所有附聚方法的基本原理都是降低胶乳的稳定性，使乳胶粒子发生粘连，从而形成大粒径粒子。

附聚技术包括压力附聚、化学附聚、冷冻附聚、机械附聚等方法。

(1) 压力附聚法

压力附聚法是将小粒径胶乳在高于 7MPa 的压力下，通过均化器的一个收缩孔实现附聚。当胶乳通过收缩孔时，在其内部产生空穴，而形成剪切力使胶乳粒子的稳定性下降，粒子间迅速聚集。压力附聚对高 pH 值、多种乳化剂的小粒径胶乳也有效。附聚后胶乳的组成不变，缺点是粒径分布宽，附聚后还会有未附聚的初级粒子。由于附聚后聚丁二烯胶乳粒径分布宽，故 ABS 产品性能一般。

压力附聚虽然存在能耗高等缺点，但其操作周期短、过程稳定、胶乳形态好、设备简单，已被越来越多的厂家所采用，是今后的发展方向。沙特 SABIC(原 GE)、日本 LT-TRARAUS/DENKA、韩国的 MIWON 公司均采用此法生产 ABS 树脂。

另外还可以通过机械搅拌的方法提高胶乳的剪切速度，增加乳胶粒子周围的压力，从而实现附聚的目的。当丁二烯聚合反应转化率达到40%~50%时，增强搅拌，形成较大的剪切力，使胶乳粒子的稳定性下降，粒子间迅速聚集。这种方法的缺点是胶乳粒径分布宽，动力消耗较大，不适于大规模生产[30]。

（2）化学附聚法

化学附聚法是通过向小粒径聚丁二烯胶乳中加入化学助剂或高分子附聚剂，降低胶乳稳定性，使粒子发生附聚，同时还能保证乳液不破乳。常用的化学助剂有乙酸、聚乙烯基甲基醚、聚环氧乙烷等。

乙酸附聚法由于乙酸的加入，胶乳pH值降低，使胶乳粒子的稳定性下降，粒子间迅速聚集。当胶乳粒子尺寸达到要求时，向胶乳中加入氢氧化钾和乳化剂，提高胶乳的pH值，使附聚后胶乳稳定。附聚后胶乳中增加了乙酸，同时胶乳的固含量也下降，可通过调整乙酸用量来调整附聚胶乳粒径，使附聚后胶乳粒径精确可控(±10nm)，胶块析出少(1%以下)。由于附聚胶乳粒径精确可控，可生产不同粒径的聚丁二烯胶乳，不同粒径的聚丁二烯胶乳按一定比例掺混，可生产出双峰或多峰ABS产品。

高分子化学附聚法也是常用的附聚工艺。丙烯酸丁酯和甲基丙烯酸共聚物是常用的高分子附聚剂，不饱和羧酸成分主要集中在胶粒表面，可显著提高附聚效果。附聚剂粒子外层含有羧基，形成“香肠式结构”。往粒径为80nm左右的丁苯胶乳中加入2份附聚剂，在室温下搅拌30min，粒径可增大为300~400nm[31]。

（3）冷冻附聚法

冷冻附聚法是将总固物含量为40%，pH值为8.2~8.5的小粒径聚丁二烯胶乳(60~70nm)送入冷冻转鼓，温度控制在胶乳冻点以下，利用胶乳中水结冰形成的压力使胶乳附聚成大粒子。

冷冻附聚法产品纯净，易于工业化，反应周期短，但放大粒度有局限性，只能得到中等粒度的胶乳。胶乳冷冻时会析出凝胶，生产工艺控制难度大，动力消耗较大。由于附聚后只能得到中等粒度的胶乳，故ABS产品性能一般，但可与大粒径PB胶乳一起生产双峰ABS产品。

2.3.3.2 附聚方法比较

几种附聚方法在设备投资、产品质量、生产成本、能源消耗、过程控制等方面对比见表2-3。

表2-3 几种附聚方法对比

附聚方法	设备投资	产品质量	生产成本	能源消耗	过程控制
压力附聚	大	一般	低	中	简单
乙酸化学附聚	小	优异	低	低	简单
高分子化学附聚	大	优异	中	中	复杂
冷冻附聚	大	一般	高	高	复杂

从表2-3可以看出，化学附聚技术，尤其是乙酸化学附聚技术在设备投资、产品质量、生产成本以及过程控制方面，均占有一定的优势。

2.3.3.3 影响化学附聚的因素

（1）无机盐对附聚后胶乳稳定性的影响

附聚过程中，当附聚体系中含有适量的无机盐时，附聚速率明显提高，附聚后胶乳的稳定性也显著增强。但无机盐过量会压迫乳胶粒的双电层而使胶乳的稳定性下降，造成凝聚或破乳。林润雄等[32]在 NaOH 对丁苯胶乳附聚效果影响的研究中，发现无机盐最佳用量在 0.1%~0.2%，杨英等[33]的研究也得出同样结论。电解质用量对附聚效果的影响详见图 2-17。

（2）pH 值对附聚后胶乳粒径的影响

聚甲基丙烯酸甲酯附聚丁苯胶乳过程中，用 NaOH 调节体系的 pH 值。结果表明随着 pH 值增大，附聚后丁苯胶乳的粒径随之增大，pH 值在 8~10 之间时，粒径增大产生突跃。pH 值对胶乳粒径的影响见图 2-18。

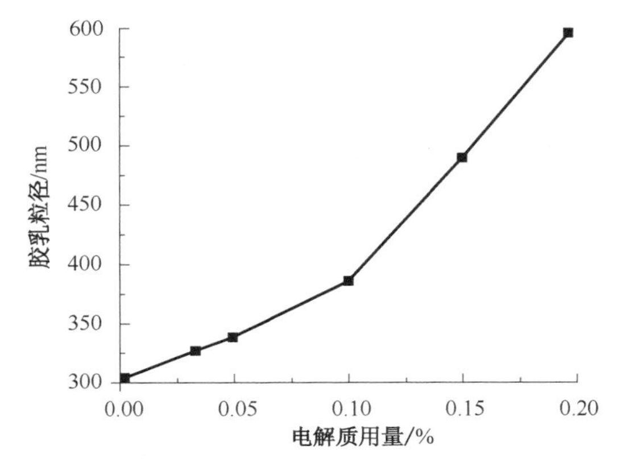

图 2-17　电解质用量对附聚效果的影响[33]

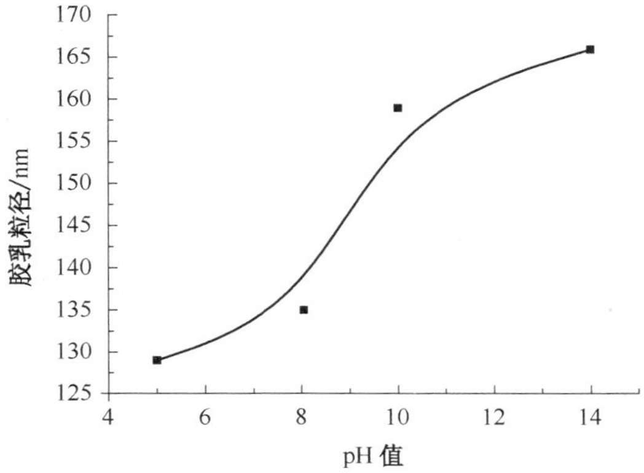

图 2-18　pH 值对胶乳粒径的影响[32]

（3）附聚剂结构对附聚效果的影响

① 附聚剂合成过程中单体加入方式对附聚效果的影响。

含有丙烯酸酯的高分子附聚剂合成过程中通过二次连续补加单体，生成的附聚剂具有多层结构，该结构使不饱和羧酸成分主要集中于表层，能够更好地吸附乳胶粒子，提高附聚剂效率。杨英等[33]对比一次投料生成的单一结构附聚剂与二次补加单体生成的多层结构附聚剂对聚丁二烯胶乳的附聚作用，结果表明采用单层结构附聚剂可使胶乳粒径增大至 213nm，而采用多层结构附聚剂则可使胶乳粒径增大至 294nm。

② 附聚剂单体组成对附聚效果的影响。

由烯烃类单体与 α,β-不饱和羧酸共聚物组成的附聚剂，其中不饱和羧酸对附聚效果贡献较大，不饱和羧酸含量应在 3%~30%范围内，含量少了起不到附聚作用，含量多了会导致胶乳结块。

杨英等研究发现，在丙烯酸丁酯与 α-甲基丙烯酸甲酯共聚附聚剂的应用过程中，当其他条件相同时，附聚剂中 α-甲基丙烯酸甲酯含量越高，附聚效果越好，但含量超过 15%会导致附聚过程不稳定。附聚剂组成对附聚效果的影响见表 2-4。

表 2-4　附聚剂组成对附聚效果的影响[33]

附聚剂组成：丙烯酸丁酯/α-甲基丙烯酸甲酯	91/9	88/12	85/15	82/18	79/21
附聚后聚丁二烯粒径/nm	126	188	337	397	446

（4）附聚剂用量对附聚效果的影响

随着附聚剂用量的增加，聚丁二烯胶乳粒径逐渐增大。但附聚剂用量超过一定值后，基本上失去了附聚作用。由于附聚剂胶乳是酸性的，过量加入后会造成聚丁二烯胶乳破乳凝聚。粒径约为 100nm 的聚丁二烯胶乳，附聚剂的用量在 1.0%左右时，附聚后的胶乳粒径约为 400nm。附聚剂用量对胶乳粒径的影响见图 2-19。

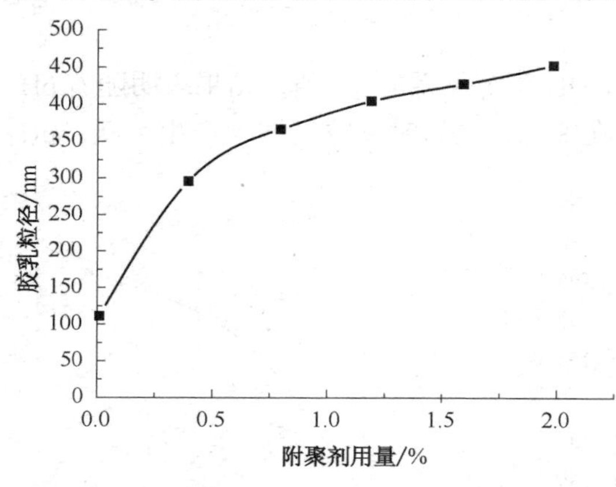

图 2-19　附聚剂用量对胶乳粒径的影响[34,35]

(5) 搅拌速度对附聚效果的影响

化学附聚过程是将附聚剂加入聚合好的小粒径胶乳中，为避免发生结块现象，需要将附聚剂连续加入胶乳中，并在搅拌作用下使其分散均匀。适度的搅拌有利于附聚过程，在滴加附聚剂时，应提高搅拌速度，这样可使附聚剂均匀地分散在胶乳中，避免因胶乳中局部附聚剂浓度过大而产生小颗粒絮凝物。在附聚剂滴加完毕后，应减慢搅拌速度，避免剪切造成胶乳不稳定而絮凝。

(6) 时间对附聚效果的影响

附聚时间会对附聚效果产生较大的影响，延长时间可使胶乳附聚完全，粒子形态基本呈球形，胶乳稳定性好。

2.3.3.4　附聚工艺实例

(1) 附聚工艺实例一[36]

将 13.94%的丙烯酸丁酯、8.16%的丙烯酸、18%的苯乙烯、77.62%的脱盐水、0.11%的十二烷基苯磺酸钠放入反应釜中搅拌并加热，温度升到 60℃时加入 0.12%的过硫酸钾和 0.05%的叔十二硫醇，反应温度控制在 58～62℃，反应时间为 5.5h，反应结束后生成白色乳状附聚剂。

将 41.89%的聚丁二烯胶乳加入附聚釜，搅拌并加热，温度控制在 45～48℃；将 2.11%的上述附聚剂、0.14%的十二烷基苯磺酸钠和 55.86%的脱盐水混合均匀后，加入附聚釜，由于附聚剂被稀释，避免了胶乳结块或絮凝现象。停止搅拌，20min 后向附聚釜加入 3%的 NaOH 溶液，调整胶乳 pH 值为 12，搅拌 4min 后停止搅拌。50min 后胶乳粒径由 100nm 增加到 365.7nm。

(2) 附聚工艺实例二[37]

选用 1000mL 聚合釜，用氮气置换，加入 300g 脱盐水、2.25g 十二烷基苯磺酸钠和 0.375g NaOH，搅拌 30min，升温至 80℃，加入 187.5g 丙烯酸丁酯及 112.5g 丙烯酸-2-乙基己酯。反应 2h，然后升温至 85℃，同步滴加 30g 质量分数为 5%的氨水、15g 质量分数为 50%的乙酸，滴加及搅拌时间 30min。当 pH 值达到 8～10 时降至常温，制得粒径为 200nm 的附聚剂。

将附聚剂制备实例二中的附聚剂按 2%质量比加入聚丁二烯胶乳中，搅拌 2h，胶乳粒径由 150nm 增加到 1050nm。

2.3.4　PBL 结构与 ABS 树脂性能的关系

聚丁二烯接枝成 ABS 树脂后，对最终产品的性能产生很大的影响。

2.3.4.1　橡胶含量与 ABS 树脂性能的关系

随着橡胶含量的增加，树脂的冲击强度也随之增加，但并非线性增加，如图 2-20 所示。当橡胶含量较低时，橡胶引发的银纹数量有限，不能大量引发银纹的支化和剪切带，因此橡胶增韧效果不明显，曲线缓慢上升；当橡胶含量增加到一定程度后，银纹支化和剪切带作用明显，橡胶增韧效率迅速增加，曲线迅速上扬；当橡胶含量高到一定值后，橡胶粒子的银纹支化和剪切带作用达到饱和，增韧效果逐渐减缓，曲线再次平稳上升。

实际上并不能仅用增加橡胶含量的办法来提高材料的冲击强度，因为随着橡胶含量的增加，熔体流动速率、拉伸强度、弯曲强度以及洛氏硬度等指标将会下降。橡胶含量对 ABS 树脂其他性能的影响见图 2-21。

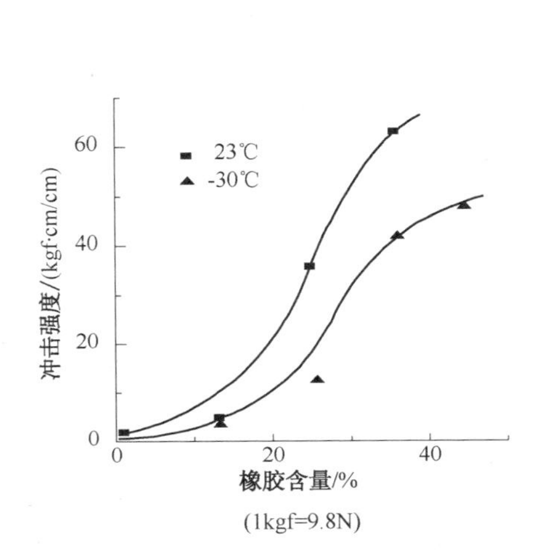

图 2-20　橡胶含量对 ABS 冲击强度的影响[38]

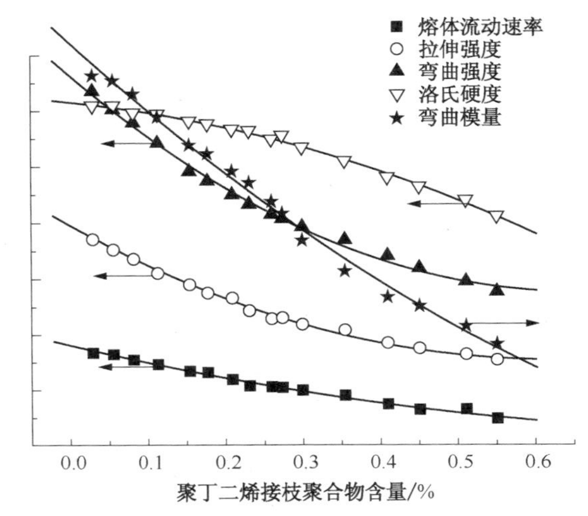

图 2-21　橡胶含量对 ABS 树脂其他性能的影响

2.3.4.2　橡胶粒径对性能的影响

橡胶粒径对增韧机理和冲击韧性影响很大，乳液法合成的 ABS 橡胶粒径一般在 200～500nm 之间，其中增韧效果最好的橡胶粒径在 300nm 左右。通过降低橡胶粒径的方法增加 ABS 透明性会因为橡胶粒径过小而降低冲击性能[39]。

橡胶粒子粒径太小(小于 200nm)对冲击性能帮助不大，但产品光泽度高，流动性好，易于加工[40,41]。橡胶粒子太大(大于 500nm)，则产品光泽度明显下降。由于大粒径橡胶吸收应力诱发银纹，小颗粒橡胶控制银纹的增长速度，抑制银纹的进一步发展，所以橡胶颗粒大小应控制在最适宜的尺寸范围内。这是由于橡胶颗粒太小时起不到终止银纹的作用，使产品冲击强度下降。橡胶颗粒太大时，虽终止银纹的效果较好，但这时橡胶相与连续相的接触面积减小，诱导银纹的数目减少，结果降低了橡胶粒子的增韧效率，使产品冲击强度减小。橡胶粒径对冲击强度的影响见图 2-22。

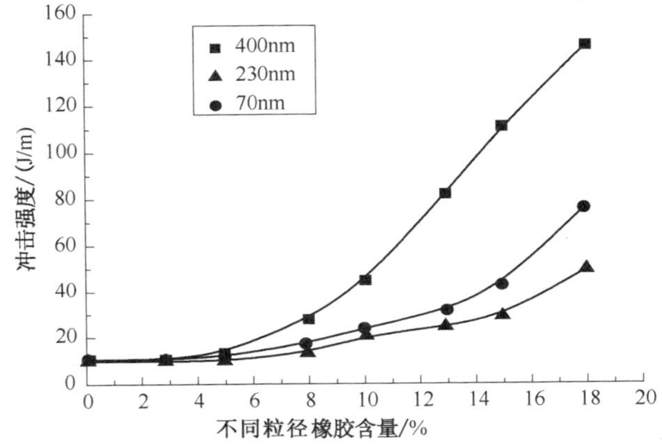

图 2-22　橡胶粒径对冲击强度的影响[42]

将大小不同的橡胶粒子以适当比例混合起来的增韧效果更好[43,44]。大粒径的橡胶颗粒对诱发银纹有利，小粒径颗粒对诱发剪切带较为有利。大小橡胶粒子按适当比例混合，使银纹和剪切带同时作用，提高橡胶增韧效率。采用大小不同的橡胶粒子混合的方法，既能提高冲击性能，又能保持良好的刚性和加工性能。橡胶粒径的分布对板材 ABS 的性能影响很大，重均粒径和数均粒径的比值小于 2.2 时产品性能最佳，粒径过大则拉伸伸长率增加而冲击强度、弯曲模量降低[12,45]。见表 2-5。

表 2-5　不同粒径掺混对产品性能的影响[46]

样品号		1	2	3
PBL 粒径及比例	129nm	50%	50%	50%
	282nm	25%	50%	—
	432nm	25%	—	50%
冲击强度/(kJ/m²)	常温	16.2	14.5	15.9
	-40℃	7.7	6.2	6.6
维卡软化点/℃		99	99	100
熔体体积流动速率(MVI)/(cm³/10min)		37.4	35.1	36.7
光泽度		97	94	93

大粒径橡胶对产品的低温冲击强度贡献较大，大、中、小三种粒子互相掺混后产品的流动性能、冲击性能、光泽度均得到提高。

2.3.4.3　凝胶含量对 ABS 树脂性能的影响

凝胶反映聚丁二烯橡胶的交联程度，为了获得 300nm 左右的橡胶粒子，所需的聚合时间会很长，在聚合反应中后期，随着单体的减少，聚丁二烯分子链发生交联的几率增加。橡胶交联后各聚丁二烯分子链形成网状结构，使一个橡胶粒子内的聚合物相互连接，更有利于应力的传递。橡胶交联度低时形成空洞化的能力低，不利于环向应力的产生，导致产品冲击强度下降；但过度交联会减少双键数量，橡胶相模量增高，降低了橡胶分子的柔顺性，导致产品冲击强度下降。低交联密度橡胶玻璃化转变温度低，有利于材料的低温冲击[47~49]，但聚丁二烯橡胶在低交联度和高交联度时都不利于形成空洞，因此增韧效果较差。

研究表明[50,51]，不同橡胶的最佳凝胶含量也不同，例如丁苯橡胶交联度为 57%时，产品冲击强度最高；而聚丁二烯橡胶凝胶含量为 75%时，产品冲击强度最高。当聚丁二烯橡胶中凝胶含量低于 75%时，ABS 产品冲击强度与凝胶含量成正比；当凝胶含量高于 75%时，冲击强度与凝胶含量成反比。聚丁二烯橡胶中凝胶含量对 ABS 树脂冲击强度的影响见图 2-23。

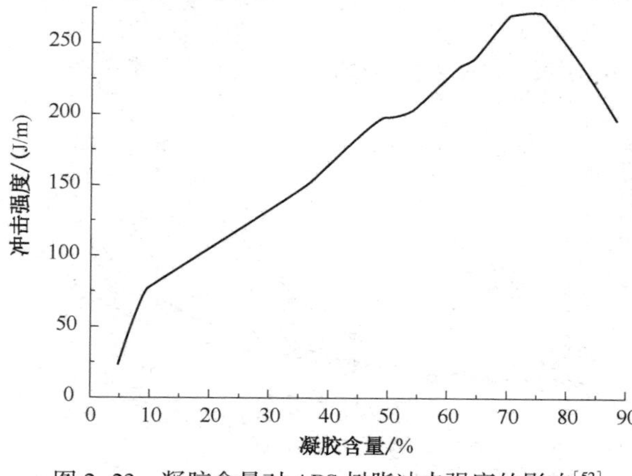

图 2-23　凝胶含量对 ABS 树脂冲击强度的影响[52]

可以通过提高聚合温度或提高转化率、延长反应时间、加入交联剂等方法来获得高凝胶含量的橡胶。相反，降低聚合反应温度或增加分子量调节剂、降低转化率、减少反应时间可以获得低凝胶含量的橡胶。常用的橡胶交联剂有二乙烯基苯、马来酸二烯丙基酯、富马酸二烯丙基酯、己二酸二烯丙基酯、丙烯酸烯丙基酯、甲基丙烯酸烯丙基酯、多元醇的二丙烯酸酯、二甲基丙烯酸酯如二甲基丙烯酸乙二醇酯等[12,53]。聚丁二烯的凝胶含量对最终产品的凝胶含量有影响，聚丁二烯凝胶含量高则最终产品交联度也高，接枝后聚合物的凝胶含量变化范围缩小。接枝过程与交联过程类似，都是破坏聚丁二烯的双键，不同的是接枝过程中橡胶分子没有和橡胶分子相连，而是和 SAN 相连。表 2-6 中数据说明了低凝胶含量的聚丁二烯橡胶在接枝聚合过程中接枝点更多，使橡胶相和 SAN 相结合更好，从而提高了冲击强度。

表 2-6　聚丁二烯凝胶含量对接枝聚合物凝胶的影响[48]

聚丁二烯凝胶含量/%	接枝聚合物凝胶含量/%	冲击强度/(J/m)	聚丁二烯凝胶含量/%	接枝聚合物凝胶含量/%	冲击强度/(J/m)
21.6	56.9	17.0	42.1	64.1	13.6
30.3	60.4	16.0	51.8	69.4	12.3

2.3.5　关键设备

2.3.5.1　聚合釜

聚合釜上部和侧面分别设有人孔，便于维修和清理，设有加料、紧急终止剂加料、放空、卸料、安全泄压、取样等管线。容积一般在 30~60m³，可采用 SUS304、SUS316L 等不锈钢材料制造。为减少挂胶现象，反应釜内壁应做抛光处理。反应釜耐压设计为 1.5MPa[54]。丁二烯聚合釜示意图如图 2-24 所示。

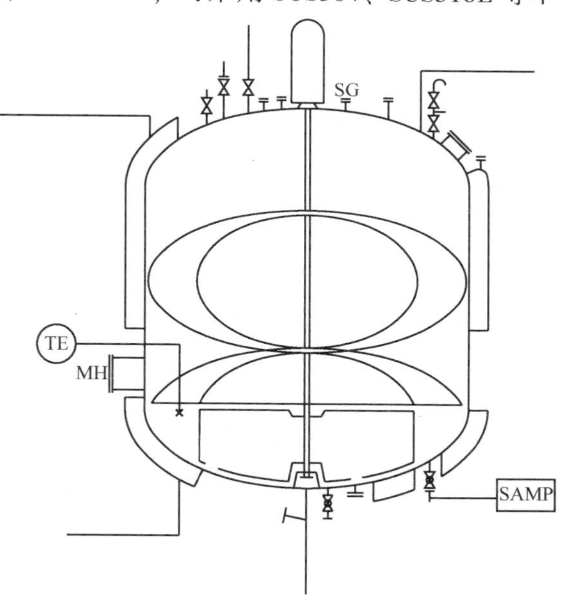

图 2-24　丁二烯聚合釜

换热系统是聚合釜的关键，决定了反应釜的能力、尺寸，甚至对聚合工艺过程也有影响。常用的换热方式采用夹套，夹套采用导流式夹套或多出入口方式，使换热介质能够按照设计的流道流动，避免出现滞留、短流现象。为提高换热系统能力，还可以考虑聚合釜内加盘管或列管的方式。聚合釜的加热可以通过夹套加热升温的方法，也可以通过直接向聚合釜内通蒸汽的方式，加快反应速度，缩短升温时间，但需要聚合釜具有更好的分散混合能力，以及高效率冷却能力，防止聚合速度过快而飞温。换热系统通过 DCS 自动控制，常用的换热介质有水、冷冻盐水、液氨等。

樊建民等[55]研究换热面积对聚合过程的影响，通过改变冷却介质的流动方式，由反应釜夹套与列管并联改为串联，提高了冷却效率，同时增加列管数量，增加了聚合釜冷却能力，使聚合过程可以在更高温度下进行，聚合时间由 72h 缩短到 35h。

搅拌系统是聚合釜重要组成部分，是解决传质换热的重要手段。搅拌系统包括搅拌桨、搅拌轴、电机、减速机、搅拌桨支撑、机械密封系统等部分。常见的搅拌器有锚式、框式、桨式、涡轮式、刮板式、螺带式、组合式，当反应釜高径比比较大时，可用多层搅拌桨叶。

由于聚合压力较大，搅拌器设有机械密封及密封冷却水循环系统。龚渊泉等[54]研究了不同搅拌型式及搅拌转速对换热的影响，证明双层三叶后掠式搅拌器的效率明显高于单层三叶后掠式搅拌器和单螺带搅拌器。搅拌转速越高，体系内物料分散及传热效果越好，但过高的转速不但增加搅拌强度要求，增加能源消耗，同时破坏乳液的稳定性，产生更严重的挂胶现象。

安全系统包括仪表控制系统和安全泄压系统，通过对聚合过程中的温度、压力进行控制，设置仪表联锁，防止超温、超压现象发生。当发生爆聚超温现象时自动加入紧急终止剂，终止聚合反应。当出现超压现象时还要打开放空阀门进行泄压。在反应釜及冷却系统上都设有安全泄压系统，其中反应釜泄压有两种方式：一种方式是人为打开泄压阀，将高压物料排至火炬系统焚烧；另一种方式是安全阀起跳，同样由火炬系统处理排出的废气。冷却系统泄压目的是防止由于温度突然升高或管线堵塞使冷却介质膨胀，对设备造成损害。

乳液聚合过程中产生凝胶挂壁现象，由于局部聚合速度过快、超温等原因造成聚合物析出，析出的物质粘附在反应釜壁、搅拌、换热列管等部位，反应釜卸料后不能自动排出。析出的聚合物在聚合过程中能够降低传热效果、吸附更多的聚合物析出，因此在聚合投料前必须及时清除。常用的清洗方法有人工手动清洗和自动清洗，两种方式都是利用150~200MPa的高压水冲刷聚合釜内凝胶进行清洗。清洗的周期与设备结构、生产工艺和牌号有关，一般每月清洗1次。

聚合釜的操作，要在投料前利用氮气和真空系统将聚合釜系统内的空气排出，控制氧含量在0.3%以下；控制反应温度，严禁超温、超压、超负荷运行，一旦出现超温、超压、超负荷等异常情况，立即采取相应处理措施，当压力接近紧急停车条件时，应马上加紧急终止剂终止反应。反应结束后加入聚合终止剂，体系降温，当压力小于0.4MPa后开始卸料。根据压力或时间判断卸料是否结束，卸料后停止搅拌，关闭温度系统控制，必要时卸料结束后对聚合釜进行清洗。操作中要做到无跑冒滴漏、无超温超压现象。丁二烯出现泄漏时要加强现场通排风，采用蒸汽、氮气稀释，尽快将泄漏部位与其他装置隔离，做好隔离措施。巡检时应注意搅拌器运转是否良好，在正常运转时应经常检查轴的径向摆动量是否大于规定值，搅拌器不得反转，与釜内的盘管、列管、温度计套管之间要保持一定距离，防止碰撞。定期检查反应釜搅拌器的腐蚀情况，有无裂纹、变形和松脱。清洗时，打开人孔前需要对反应釜进行气体置换，清洗操作时防止杂物掉入反应釜。

2.3.5.2 丁二烯回收系统分离罐

丁二烯回收系统的作用是将聚合好的胶乳与未反应的丁二烯单体分离，分离出来的单体回收使用，胶乳进入下一道工序。部分丁二烯聚合装置采用立式分离罐分离回收丁二烯单体，工艺过程为胶乳经过蒸汽加热进入分离罐，在高温及真空作用下，未反应的丁二烯单体汽化，从胶乳中分离出来，汽化的丁二烯单体向上流动，通过分离罐顶进入压缩机及冷凝器，冷凝成液体，加入阻聚剂后进入罐储存，可返回原料碱洗系统回收使用。立式罐在分离过程中容易出现丁二烯气体夹带胶乳现象，通过将立式罐改为卧式罐，延长气流分离距离，降低分离温度，提高分离效果[56]，如图2-25所示。

将分离罐由立式改为卧式后，可以大大提高丁二烯的闪蒸速率，且卧式分离罐中的液层厚度较小，有利于提高闪蒸分离效果，因此卧式分离罐可以比立式采用更低的操作温度。降低操作温度，可以提高胶乳的稳定性，减少凝胶的产生以及由此引起的胶乳堵挂问题。

2.3.5.3 回收系统蒸汽在线加热

由于蒸汽自分离罐底部加入造成胶乳局部过热和过度蒸煮而引起凝胶增多和设备堵挂的问题，采用在线加热方式，避免引入蒸汽时在蒸汽入口处局部过热而产生凝胶现象[57]。

如图 2-26 所示，插入胶乳管线部分在胶乳流动横断面上的投影面积很小，避免了对胶乳流动产生较大的阻力和堵挂现象的发生；蒸汽经过中央喷嘴以雾状喷射、顺流方式进入胶乳溶液，增加了胶乳流动的湍流程度，使蒸汽与胶乳迅速均匀混合，胶乳温度均匀，避免局部高温，从而减少了凝胶的产生；喷嘴为可拆构件，整个特殊件用法兰与主管连接，方便维修更换。

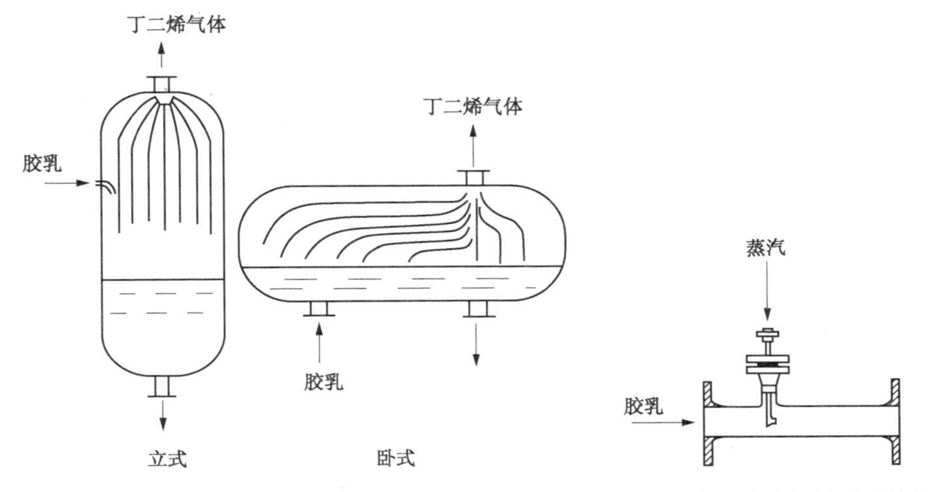

图 2-25　分离罐改造后丁二烯分离情况　　图 2-26　蒸汽在线加热喷嘴结构

2.3.6 PBL 制备过程中的几个关键技术

2.3.6.1 提高 PBL 粒径

ABS 树脂要求聚丁二烯橡胶粒子有足够的粒径，因此在丁二烯聚合过程中如何利用更短的时间获得更大的粒径是 ABS 树脂生产的关键。这不仅关系到最终产品的性能，而且影响生产效率，关系到生产成本。

(1) 乳化剂的补加

乳化剂的补加时机和补加形式对聚合物粒径有影响，潘广勤等[31]固定歧化松香皂含量质量分数为 1.2%，分别在不同时间补加乳化剂，在聚合转化率达到 25%时，聚合体系出现不稳定现象，粒子开始粘连，容易形成胶状析出物，此时必须补加乳化剂稳定聚合体系。如果在聚合转化率为 60%以后补加乳化剂会形成大小两种粒径，大粒径达到 1000~2000nm 时超过 ABS 最佳粒径范围。研究认为丁二烯聚合反应高潮在转化率 20%~50%之间，因此选择这一范围内补加乳化剂。

采用多次补加助剂的方式可以使产品粒径均一，多次补加使聚合体系中乳化剂的浓度跳跃幅度小，聚合过程更平稳，因此有条件的情况下应采用连续补加的方式。补加乳化剂的量一般为 0.8~2.2 份。

火金三等[58]研究了初始乳化剂用量对橡胶粒径的影响，结果表明，在聚合开始前投入过多的乳化剂会降低聚丁二烯橡胶粒子的尺寸。李晶等的研究也得到相同结论，初始乳化剂用量越小，胶乳粒径越大。这与乳液聚合反应胶束成核理论相一致，但不管是初始乳化剂还是补加乳化剂，其用量均以能够正常维持反应和胶乳稳定为前提，故初始乳化剂和补加乳化剂的用量不能太低。初始乳化剂用量对粒径的影响见图 2-27。

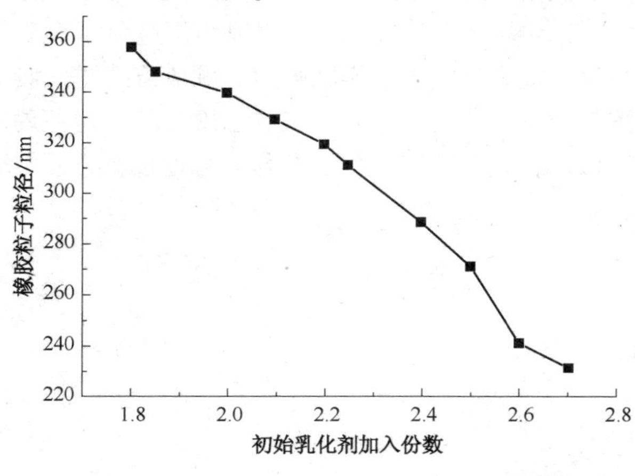

图 2-27　初始乳化剂用量对粒径的影响[58]

(2)单体的补加

补加单体的目的是提高聚丁二烯橡胶的粒径，即在丁二烯聚合反应转化率达到 50%左右时，连续补加质量分数为 10%的丁二烯单体，同时适当补加引发剂和乳化剂。补加单体的原理与补加乳化剂原理相近，都是控制反应体系内胶束数量，即聚丁二烯乳胶粒数量，从而通过延长反应时间的方法提高聚丁二烯橡胶粒子的尺寸。补加单体的工艺降低了初始原料比例，降低搅拌能耗，聚合效率更高，但需要控制补加单体的速度，避免体系不稳定。

2.3.6.2　电解质

电解质在丁二烯聚合中主要起两个作用：一是增加胶束乳化剂聚集趋势，使初始粒径增大；二是降低胶乳黏度，有利于反应进行。电解质能够提高胶束的增容作用，从而使更多单体进入胶束，有利于橡胶粒子的增大；同时随着聚合的进行，由于电解质使粒子表面水合膜变薄，促使粒子相互附聚成大粒子。电解质使界面张力下降，改善体系黏度，有利于热量的传递，因此可以加快反应进程，缩短反应时间。

随着电解质用量的增加，胶乳粒径增大，电解质质量分数在 0.8%~1.2%之间对粒径的影响最明显。如果电解质用量太高，反应过程中会出现部分凝聚现象，胶乳稳定性下降[59]。

2.3.6.3　终止剂

聚合结束后需要加入终止剂，终止聚合体系的自由基活性，保证胶乳存放的稳定性。提高终止剂用量(由 1.0 份提高到 2.0 份)，可以显著提高胶乳的机械稳定性，提高 ABS 接枝效果，降低接枝聚合过程凝结物的产生[60]。

2.3.6.4　单体与水配比

脱盐水的用量在配方范围内增加，将导致丁二烯聚合速度加快。实际生产过程中能引起聚合系统水量变化的因素很多，如原料中的带水量、助剂水溶液的浓度及加入量、机械密封冲洗水的泄漏等，但为提高聚合效率，脱盐水与单体比例调整范围不宜过大[61]。

2.3.6.5　引发剂用量的影响

丁二烯乳液聚合一般采用过硫酸钾作为引发剂，过硫酸钾用量增大时胶乳粒径变小(图 2-28)，同时凝聚物含量降低。引发剂最直接的作用是影响聚合反应速度，因此在提高反应速度的前提下，尽可能减小引发剂对产品结构和性能的影响，可以通过补加引发剂的方式，既保证较高的反应速度，又避免橡胶粒径变小。

2.3.6.6　调节剂

丁二烯聚合过程分子量调节剂采用叔十二碳硫醇(TDDM)。叔十二碳硫醇在聚合过程中不仅可以调节分子链段长度，也可调节聚丁二烯橡胶的交联程度，即聚丁二烯产品中的凝胶含量。随着硫醇用量的增大，胶乳凝胶逐渐下降。根据工业试验总结[61]，硫醇用量(x)与凝胶含量(y)的关系大致可用下式表示：

$$y = -53.717x + 102.39$$

叔十二碳硫醇加料配比每改变 0.05 份，聚丁二烯凝胶质量分数则相应变化约 3.69%。分子量调节剂对凝胶含量的影响[62]见图 2-29。

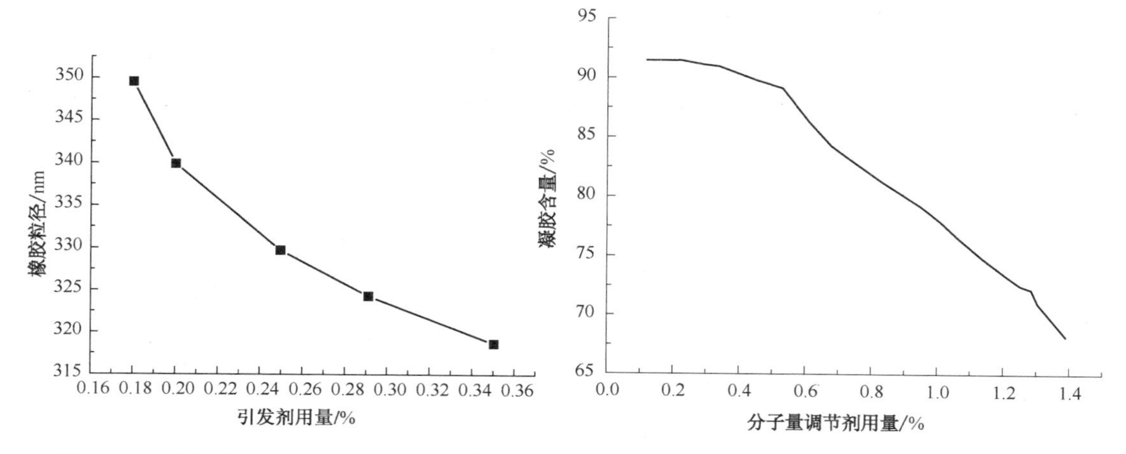

图 2-28　引发剂用量对橡胶粒径的影响[58]

图 2-29　分子量调节剂对凝胶含量的影响

2.3.6.7　聚合温度

聚合温度增加 5℃，引发剂过硫酸钾分解速率增加约 1 倍，因此当聚合温度变化时，反应初期体系中的活性中心数量随之变化，而反应初期活性中心的多少直接影响反应结束时胶乳的粒径。温度升高则反应中心数量增加，最终产品粒径下降(图 2-30)。过低的初始温度会降低聚合反应速度，通常丁二烯聚合初始温度控制在 55~60℃左右[63]。

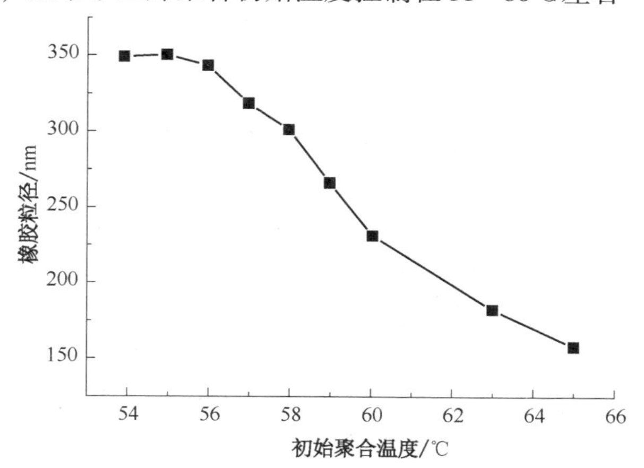

图 2-30　聚合温度对橡胶粒径的影响[58]

丁二烯聚合过程中工艺条件对凝胶影响因素由大到小依次为：乳化剂加入量及方式，单体与水的比例，聚合温度，电解质用量。对粒径的影响因素由大到小依次为：单体与水的比例，电解质用量，乳化剂用量及加入方式和聚合温度[62]。

2.3.6.8　搅拌强度

乳液聚合过程中搅拌的一个重要作用是把单体分散成单体珠滴，并有利于体系的传热和传质，但搅拌强度不宜太高。搅拌转速太高时，会使胶乳粒直径增大，聚合反应速率降低，同时会使乳液体系产生凝胶，甚至导致破乳。因此乳液聚合过程应采用适当的搅拌速度。

在乳液聚合的分散阶段，搅拌转速大时，单体被分散成更小的单体珠滴，单位体积中单体珠滴的表面积更大，在单体珠滴表面上所吸附的乳化剂量增多，致使单位体积中胶束数目减少，成核几率下降，故生成的乳胶粒数减少；初始单体量不变时，乳胶粒直径将会增大。所以搅拌强度增大时，乳胶粒直径非但不减小，反而增大。

搅拌强度增大时，单位体积中胶束数量减少导致胶乳粒数目减少，反应中心减少，聚合反应速率下降；另一方面搅拌强度越大时，混入乳液体系中的空气越多(空气是自由基反应的阻聚剂)，使聚合反应速率降低。为了避免空气对聚合反应的影响，ABS 乳液聚合过程中将反应釜抽成负压、通氮气置换保护等，以隔绝空气。

过于激烈的机械作用提高了乳胶粒的动能，当乳胶粒的动能超过了乳胶粒间的斥力或空间位阻作用时，乳胶粒就会聚结而产生凝胶，胶乳稳定性下降；乳化剂在乳胶粒表面有一定的结合度，当搅拌强度增大时，由于乳胶粒表面和水相间的摩擦力增强，乳胶粒上的乳化剂会被瞬时拉走，使乳化剂在乳胶粒表面上的覆盖率降低，胶乳稳定性降低，最终使乳液产生凝胶。强烈的搅拌也会造成能源浪费，加快搅拌器磨损。

2.3.7 安全环保技术

PBL 制备过程中安全和环保的重中之重就是有关原料丁二烯方面的安全和环保问题。

2.3.7.1 丁二烯的主要性质及危害

(1) 丁二烯的主要性质

丁二烯是具有共轭双键的二烯烃，沸点低，只有 -4.41℃，爆炸极限范围大，为 2.16%~11.47%(体积)，储存、输送、精制过程中容易自聚，产生丁二烯二聚物、橡胶状(爆米花状)自聚物、丁二烯端聚物等。丁二烯在有氧存在的情况下更易聚合(聚合热 79.55kJ/mol)，生成危险的丁二烯过氧化物和聚丁二烯过氧化物。

(2) 丁二烯过氧化物的危害

丁二烯聚合产生的自聚物、端聚物和过氧化物都有相当大的危害。丁二烯二聚物没有易燃易爆的危险性，但积聚过多会影响丁二烯的聚合。丁二烯端聚物是一种高度交联的三维树脂状聚合物，大块的丁二烯端聚物外形与爆米花相似，故称为米花状聚合物。当端聚物粒子增长超过一定限度时，链增长成为无终止反应，造成端聚物的迅速增多和急剧膨胀，堵塞设备、管线，顶破法兰垫片甚至设备上的压盖，使内部的丁二烯大量外泄，产生严重后果。丁二烯过氧化物很活泼，极易发生自催化聚合，形成过氧化自聚物。丁二烯过氧化物为浅黄色的黏稠液体，密度比丁二烯大，容易沉积在设备死角处，由于其性质很不稳定，若受铁器工具轻微撞击、阀门芯旋转挤压或急剧加热时，会迅速分解自燃引起爆炸。

吴鑫干等[64]在实验室进行丁二烯系统爆炸模拟实验，研究发现丁二烯在足够氧存在，60~70℃条件下经过数小时后，液相颜色由无色变为淡黄色，同时生成淡黄色黏稠液体，沉积于底部形成第二相，在 80~100℃之间发生爆炸。Hendry 等[65]进行丁二烯过氧化物的热稳定和撞击实验，使用标准落重法测定丁二烯过氧化物的敏感性，结果表明低能撞击产生快速燃烧(爆燃)，高能撞击产生爆炸，氧含量较低时爆炸所需撞击能量大。

2.3.7.2 丁二烯自聚物及过氧化物的产生

氧是形成过氧化物的必要条件，在 50℃氧分压大于 4.993kPa 时，丁二烯主要生成过氧化自聚物；当氧分压小于4.993kPa时，氧化速度降低，主要生成端基聚合物；当氧分压为0.267kPa时，由于自由基较少，发生碰撞而终止的机会亦少，因而可生成大块的端基聚合物[66]。研究[67]发现，当氧气体积分数大于1%时，丁二烯过氧化物的生成速度大于分解速度，从而出现丁二烯过氧化自聚物。当系统中有铁和水时，由于铁的还原性能，大大降低了过氧化物活化能，致使在低温下丁二烯过氧化物也能发生催化分解。在设备铁锈表面吸附大量的空气，丁二烯与铁锈及其表面吸附的氧作用生成丁二烯过氧化物。丁二烯浓度越高，端聚物增长越快，聚合速度随丁二烯浓度提高而加速，端基聚合物增长倍数与丁二烯浓度呈指数关系[68]。合适的温度是形成丁二烯过氧化物的重要条件，丁二烯过氧化物的生成速度和分解速度都随温度升高而加速。当温度小于27℃时，过氧化物稳定，分解速度接近零；当温度大于71℃时，分解速度大于氧化速度，总的反应转变为解聚反应；当温度处于27~71℃的范围内时，反应速度急剧加快。

2.3.7.3 丁二烯生产、储存、操作中的安全控制技术

(1) 丁二烯储存温度的控制

当环境温度不高于0℃时，接收丁二烯管线应开启伴热，伴热一经投用不应中断，否则会出现冻堵，伴热温度一般维持在10℃左右，以其中含的游离水不发生冻冰情况为准。伴热温度太高，对丁二烯尤其是死角静置的丁二烯进行过度加热，加速自聚物和过氧化物的产生。

丁二烯尤其是回收丁二烯应根据工艺实际情况进行切水操作，以密闭切水为最佳。但有些丁二烯储罐底部安装有自动切水器，为了安全起见，自动切水器出口或入口阀门在人工手动切水后应处于关闭状态，防止切水器失灵造成丁二烯泄漏。

当环境温度过低时(<-5℃)，应降低丁二烯的接收速率，为保证丁二烯储罐温度大于0℃，必要时储罐通过伴热保温或通过输送泵自身循环适当提高温度，但要注意丁二烯储罐非常低的液位自身循环会造成储罐温度升高，超过储存最高温度。夏季高温条件下，丁二烯储罐温度严格控制在25℃以下，超过此温度采用消防水喷淋强制降温，必要时可以将球罐伴热盘管通冷却水进行冷却。

(2) 丁二烯气相氧含量控制

① 氮封或气相压力控制。通过对丁二烯过氧化物、端聚物成因的分析，系统中的氧是诱发和产生自聚的最主要原因，必须严格控制氧含量。装置开车前进行脱气预抽真空，用氮气置换控制系统氧含量在0.3%以下。同时，对丁二烯储罐氧含量进行分析监控，一旦气相中氧含量超标，可以采取泄压、氮气置换的方法处理。对各常压储罐采用氮气密封，保持正压，以防止空气进入系统。同时严格保持装置的气密性，尤其单体回收系统为负压操作，泄漏不易发现，必须加强监控，在投用前一定要做好定压查漏工作。一旦压缩系统出现氧含量升高或超标，可以将负压设备系统切除检修。系统停车退料要进行氮气吹扫，清除存积的物料，保持系统内有氮气密封。

② 加入阻聚剂。通常所用的阻聚剂有：二乙基羟胺(DEHA)、对叔丁基邻苯二酚(TBC)及亚硝酸钠水溶液等。阻聚剂可以与系统的游离氧起反应，有效降低系统氧含量，同时阻聚剂还与系统产生的活性自由基、过氧化物等反应，从而抑制端聚物的形成。

③ 尽量减少设备管线死角。管线中的死角盲肠部位很容易形成自聚物，丁二烯在设备内部停留时间越长，与活性基团接触诱发自聚、端聚产生的危险性就越大。丁二烯系统在检修时，必须按规定对设备内的自聚物和端聚物进行彻底清理，特别是一些不易流动的部位要仔细检查。

④ 除锈处理。铁锈等物质的存在对自聚物的生成有促进作用，设备投用前，尤其是丁二烯储罐投用前，应进行严格的除锈、钝化处理。

2.3.7.4　丁二烯泄漏的紧急处置

造成丁二烯泄漏的原因有多种，例如阀门填料、法兰不严；仪表控制阀泄漏；丁二烯球罐发生泄漏等。

(1) 丁二烯储罐泄漏防范及处理

丁二烯储罐一般在物料出入口法兰、现场压力表或温度计接出管根部、钢构件支撑点等部位易产生垫片失效、腐蚀泄漏等。

针对储罐及其附件的泄漏，要经常检查这些部位，尤其是在装置停车后储罐处置合格后，要拆开保温层，检查压力表、温度计等导管根部的腐蚀情况，并进行除锈处理；检查主管与支架钢结构接触点处有无腐蚀，同时要按照压力容器管理规范定期对储罐进行射线探伤或着色检验，以确保储罐安全。

针对储罐出入口法兰的泄漏，首先要选择合适的垫片，防止垫片质量问题造成密封失效；其次要定期更换垫片，也可以按照同一口径制作几套防泄漏卡具作为备用，一旦发现泄漏可临时装上卡具，为储罐内物料转移提供时间缓冲。近年来，采取在出入口管线上安装水管线，一旦出入口法兰(储罐底部)泄漏，可向储罐底部注水，浮起丁二烯，进行物料切断或更换垫片。

(2) 丁二烯泄漏时的处置

发现丁二烯泄漏，首先切断泄漏点的物料来源，禁止启动或停运设备操作，以防启动或停设备时产生火花，根据泄漏情况对周围进行警戒，制止机动车辆通过、停止周围动火作业，报警，并组织专业人员进行泄漏消除处理。对雨排水系统进行封堵，可用水、蒸汽等对泄漏丁二烯进行稀释。

2.3.7.5　丁二烯系统过氧化物的处置

虽然采取一定措施可以减少丁二烯自聚物和过氧化物的产生，但不能从根本上避免，为此 ABS 树脂生产装置的 PBL 单元需要定期进行过氧化物的处理和清理。处理时先将适量亚硝酸钠和氢氧化钠溶液加入丁二烯储罐中，加热至 90℃ 后蒸煮一定的时间，待系统降温后用水对储罐进行洗涤、蒸汽置换、氮气置换，最后用空气置换，置换合格后，打开储罐进行清理。蒸煮后的废碱液进行回收。

2.4　ABS 接枝粉料的生产

2.4.1　ABS 接枝粉料生产工序

ABS 接枝粉料的生产过程包括 ABS 接枝聚合、胶乳储存、凝聚、脱水、干燥、粉料存储、废气处理等几个工序。凝聚干燥工艺流程简图如图 2-31 所示。

2.4.1.1　ABS 接枝聚合工序

一次反应阶段：接枝聚合是在聚合釜完成的。乳化剂、分子量调节剂、苯乙烯、丙烯腈分别从各自配制罐或储罐由各自的加料泵送出，经质量流量计计量、在线混合器混合后加入聚合釜，聚丁二烯胶乳从储罐由加料泵经质量流量计计量后加入聚合釜中，冲洗水经计量后加到聚合釜中，蒸汽和冷却水通过喷射器混合给反应釜夹套加热，在规定温度压力下，引发

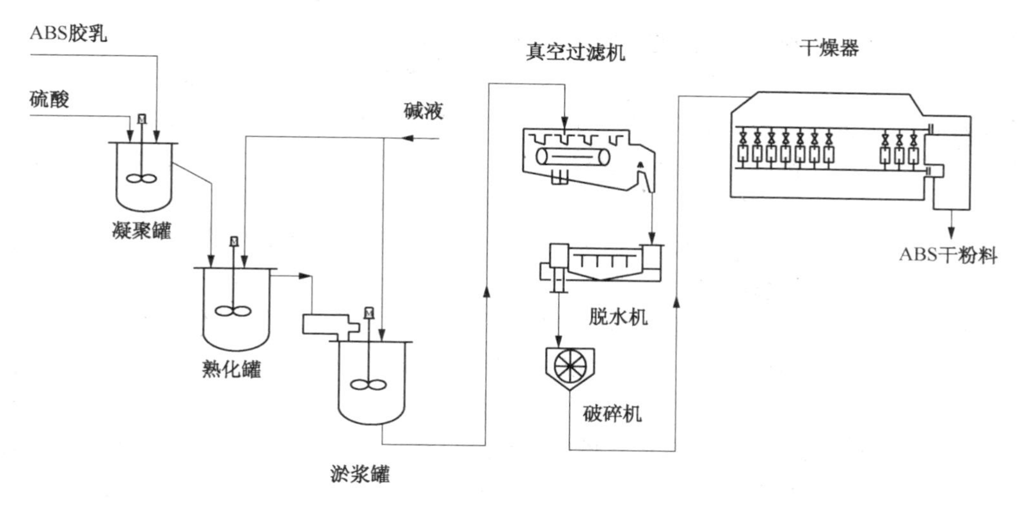

图 2-31　凝聚干燥工艺流程简图

剂、活化剂从各储罐由泵经质量流量计计量后加入反应釜，开始一次反应。

二次反应阶段：乳化剂、分子量调节剂、苯乙烯、丙烯腈按配方由质量流量计计量后加入单体混合罐，加入规定量的脱盐水，配制成混合单体乳液。当一次反应进行到一定时间后，由混合单体增量加料泵连续加入 ABS 聚合釜，同时增量引发剂也连续加入反应釜中，进行二次反应。

熟化反应阶段：二次反应结束后，加入一定量的活化剂、引发剂进行熟化反应。

冷却、卸料阶段：一般情况下，聚合转化率达到 97%就可以停止反应，进行冷却、卸料。卸料结束后对聚合釜进行清洗，抽真空，氮气置换，准备开始下一釜聚合。

2.4.1.2　胶乳储存工序

聚合结束后物料通过卸料管线输送到胶乳储罐，聚合釜清洗水同样输送到胶乳储罐。胶乳在储罐中加入抗氧剂、脱盐水、碱液，将各反应批次的胶乳掺混均匀，形成一定固含量和 pH 值的稳定体系。胶乳的储存温度必须在 50～65℃之间，当环境温度低于 0℃时，ABS 胶乳储罐的伴热投入运行，以防止低温造成胶乳破乳。

2.4.1.3　凝聚工序

凝聚过程是将胶乳破乳，使聚合物分离出来的过程。常用的凝聚剂有硫酸、硫酸镁等。掺混好的 ABS 胶乳经泵输送到凝聚工序，首先过滤掉大块凝胶，胶乳进入凝聚罐，在一定温度和搅拌下，胶乳与凝聚剂混合均匀，在凝聚罐中开始凝聚形成淤浆，淤浆溢流到熟化罐中，凝聚颗粒不断长大，最终从母液中分离出来，形成 ABS 淤浆，淤浆溢流至湿式振动筛滤除大块料后，流入 ABS 淤浆进料罐。凝聚罐、熟化罐均直接通入蒸汽加热。向 ABS 淤浆进料罐中加入碱液以中和酸性凝聚剂，通过在线 pH 计测量 pH 值，调节碱液加入量。ABS 淤浆浓度保持在 25%左右。

2.4.1.4　脱水工序

脱水过程包括清洗和脱水两个步骤，凝聚好的淤浆利用真空带式过滤机进行洗涤、过滤，淤浆加入滤带上，被滤带带动向前移动，经过真空区，将水分吸出，形成滤饼，然后用热的清洗水连续冲洗滤饼，水分同样被真空吸出。经过清洗后的滤饼含水量在 50%～60%之间，滤饼靠重力落入挤压脱水机中，真空吸出的滤液经过真空分离罐分离后，排入废水处理单元。真空带式过滤机还收集过滤过程溢出的淤浆，靠重力回流到回收罐，用泵打到真空带式过滤机加料口，回收利用。部分装置将真空清洗过滤后的滤饼加水稀释，进行二次打浆，淤浆浓度控制在25%左右，然后浆液通过离心机进行脱水，脱水后水含量在30%左右。脱水后物料经过湿法挤出(详细内容在本章2.6节中介绍)处理或进入挤压脱水机。

真空过滤的滤饼在挤压脱水机中被挤压，利用机械力将水分从物料中挤出，沿脱水机筒体壁流出。流出的水中夹带物料，靠重力回流到淤浆回收罐，同真空过滤过程回收的浆液一起被回用。挤出脱水后物料水含量在15%~30%，物料靠重力落入破碎机，破碎成细粉末。

2.4.1.5　粉料干燥储存工序

破碎好的细粉末加入沸腾床干燥器，在热空气带动下，粉末被悬浮在空中。空气由风机加压后经过换热器被加热到80℃左右，加入干燥器底部的预分布器上，均匀分布后通过筛板，在干燥室与湿物料充分接触，由干燥器顶部旋风分离器分离后，含蒸汽及粉尘的气体进入水洗塔，经过洗涤的废气排入蓄热式催化焚烧炉(RCO)处理。干燥后的粉料经干燥器旋转阀进入振动筛，除去结块物料，干燥好的ABS粉料通过风送系统送到料仓储存。

粉料储存料仓主要功能是缓冲干燥工序与混炼工序的生产组织。粉料料仓的容积和数量由粉料牌号、混炼生产线数量以及生产组织方式决定，料仓数量多、向混炼输送管线数量多则生产组织灵活，适合多牌号的生产。储存料仓设有防爆膜等安全系统，为防止粉料架桥还设有空气炮、防架桥内筒等配件。料仓锥底需要做防冻处理，以防粉料冻堵。

2.4.1.6　废气处理工序

废气处理系统包括尾气收集和RCO系统。聚合过程抽真空排出的气体通过一套真空系统收集。凝聚过程系统蒸发出来的有毒气体，脱水过程蒸发出的气体，通过另一套真空系统收集。两处收集的废气与干燥过程经过洗涤后的尾气都送到RCO进行焚烧处理。

2.4.2　胶乳、粉料技术指标

ABS胶乳的技术指标主要是保证工艺流程的顺利进行，保证乳液或浆液的稳定及设备正常运转，通常反映产品结构的接枝率等指标不作为生产跟踪指标。常用胶乳、粉料技术指标见表2-7。

表2-7　胶乳、粉料技术指标

分析项目	控制指标	分析项目	控制指标
聚合后ABS胶乳总固物含量/%(质量)	41~44	凝聚后ABS浆料总固物含量/%(质量)	18~27
聚合后ABS胶乳pH值	9.4~11.6	凝聚后ABS浆料pH值	2~3
掺混罐中ABS胶乳总固物含量/%(质量)	30~38	ABS干粉料堆密度/(g/cm^3)	0.30~0.44
掺混罐中ABS胶乳pH值	9.3~11.5	ABS干粉料水含量/%(质量)	<0.8

2.4.3　接枝对产品结构和性能的影响

2.4.3.1　术语和定义

相容性：两种或两种以上物质混合时，不产生相斥分离现象的能力。ABS的相容性包括橡胶相与SAN相之间的相容性，也包括添加剂与树脂的相容性。相容性好，二者容易分散均匀，相界面模糊。

接枝率：橡胶接枝聚合物中，接枝到橡胶粒子上的SAN树脂的质量与橡胶质量的比值。接枝率是衡量ABS橡胶与SAN树脂相容性的重要指标。接枝率可以超过100%。通常ABS接枝率在40%~50%。

接枝效率：在接枝聚合物中，接枝到橡胶粒子上SAN树脂的质量，与接枝聚合物中总的SAN质量的比值。接枝效率一般低于100%。总的SAN质量包括接枝到橡胶相和未接枝的SAN两部分。未接枝的SAN又称游离SAN，是接枝聚合过程中的副产品。提高接枝效率可以在保证接枝率的前提下，增加接枝聚合物中橡胶的含量。

接枝密度：球形橡胶粒子表面单位面积内接枝聚合物的质量。接枝密度反映的是橡胶外接枝对橡胶颗粒的包裹程度。

接枝层厚度：与接枝密度相类似，ABS接枝聚合物是核壳结构，内部核是橡胶粒子，外部壳层是接枝的SAN树脂，接枝层厚度是指接枝在橡胶粒子外表面的SAN的厚度。接枝厚度与SAN分子链的长度以及接枝密度有关。

内接枝：接枝在橡胶粒子内部的SAN称为内接枝。内接枝有两种情况：一种是发生接枝反应；另一种是包裹在橡胶粒子内部的游离SAN。

2.4.3.2 聚合物之间的相容性

橡胶相与SAN树脂相之间的相容性，决定两相界面的结合力。从热力学角度说，聚合物之间的相容性就是聚合物之间的相互溶解性，是指两种聚合物形成均相体系的能力。相容性差会导致两相界面分层，容易被破坏，降低SAN的冲击强度。同时，相容性差还会使橡胶相与SAN相分离，使橡胶粒子相互粘连，体系不均匀。

常用溶解度参数来评价相容性，溶解度参数是分子间作用力大小的一种量度。被定义为物质内聚能密度的平方根，是表征简单液体分子间相互作用强度特征的重要参数。目前溶解度参数已经在高分子领域广泛应用，用于判断两种高分子材料的相容性和高分子与助剂的相容性。溶解度参数相同的物质相容性好，溶解度参数相近的聚合物具有部分相容性，二者溶解度参数越接近相容性越好。溶解度参数差异较大的聚合物不相容，混合后容易分层，材料强度变差。对于助剂，如果与聚合物不相容，不但会降低材料性能，还会出现助剂由材料内部向表面迁移的现象，在材料表面形成云雾状或白色粉末状物质，称为反霜或喷霜[89,90]。

多数高分子材料之间的相容性较差，不能达到分子级的相容，但由于高分子物质特有的分子结构和聚集态结构，可通过一些方法改善聚合物之间的相容性。影响相容性因素有很多，如分子量及分子量分布、分子结构、聚集态形式等。一般而言，平均分子量越大，聚合物之间的相容性越小。聚合物分子量分布较宽时，低分子组分倾向于向界面层扩散，在一定程度上起到乳化剂的作用，增加两相之间的黏合力。聚合物分子有相同或相似结构，分子链段或基团之间有较强作用力，相容性就好。分子链能够相互缠绕也会增加相容性。

改善聚合物之间相容性的基本途径有：

① 通过共聚引入极性基团改善相容性；

② 通过化学改性引入极性基团改善相容性；

③ 通过接枝、嵌段共聚/共混改善相容性；

④ 加入增容剂；

⑤ 形成IPN(互穿网络)结构；

⑥ 形成氢键。

橡胶相接枝SAN的目的就是为了改善两相之间的相容性，增加橡胶相分散的均匀性，改善橡胶相与SAN树脂相之间的界面强度。

2.4.3.3 ABS接枝聚合物结构对性能的影响

ABS接枝聚合物的接枝率对于保证橡胶粒子在SAN基体中的均匀分散十分重要。Aoki

等[45~47]通过实验发现，SAN 接枝链在橡胶粒子表面上的接枝密度有一个最佳值，接枝密度过低会使 SAN 接枝链在橡胶粒子的表面上覆盖不均匀，造成橡胶粒子在 SAN 基体中聚集成簇或成串；接枝密度过高会造成邻近的橡胶粒子之间接枝链相互吸引，同样会导致橡胶粒子聚集。对于粒径为 170nm 的接枝橡胶粒子，最佳接枝率为 41.3%。Monsanto 公司的 Chang 和 Nemeth 研究了 ABS 树脂中橡胶粒子的聚集现象[91,92]，发现接枝链对橡胶粒子覆盖不完全，接枝 SAN 与基体 SAN 的组成差异较大，接枝链分子量过高，橡胶粒子尺寸过小等因素都会导致橡胶粒子发生聚集。

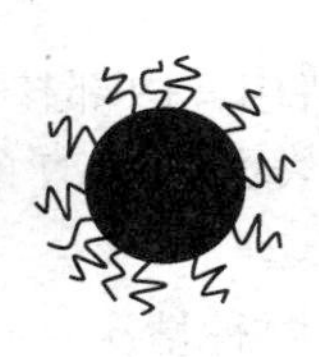
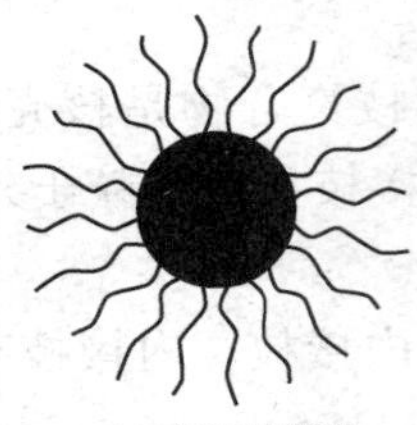

(a) 低接枝密度　(b) 中接枝密度　(c) 高接枝密度

图 2-32　不同接枝密度橡胶粒子[93]

低接枝密度和高接枝密度的橡胶粒子(图 2-32)外层聚合物分子形态与 SAN 基体有很大差异，外层的接枝分子呈放射性排列，接枝分子与连续相树脂中 SAN 分子之间作用力小，橡胶粒子容易聚集，而适合的接枝密度能够保证接枝层分子能够自由卷曲，形态与 SAN 树脂中分子链相同，容易和基体中 SAN 分子链相互缠绕，从而提高相容性。

接枝过程中会有一部分单体在橡胶粒子内部发生聚合反应，形成内接枝聚合物。图 2-33 中橡胶粒子内部白色部分就是内接枝聚合物。内接枝降低了接枝层对相容性的贡献。由于内接枝的存在，接枝率并不能完全反映橡胶相与 SAN 相相容性的好坏，有可能接枝率很高，但橡胶粒子壳层接枝数量并不高。内接枝数量过多还增加橡胶的模量，降低橡胶空洞化的能力，从而降低材料的韧性。但适量的内接枝增大了橡胶粒子尺寸，从空间上提高了橡胶粒子的利用效率，对增韧也有一定帮助。一般内接枝聚合物含量控制在 0.25~2.5 质量份/每质量份橡胶[12]。

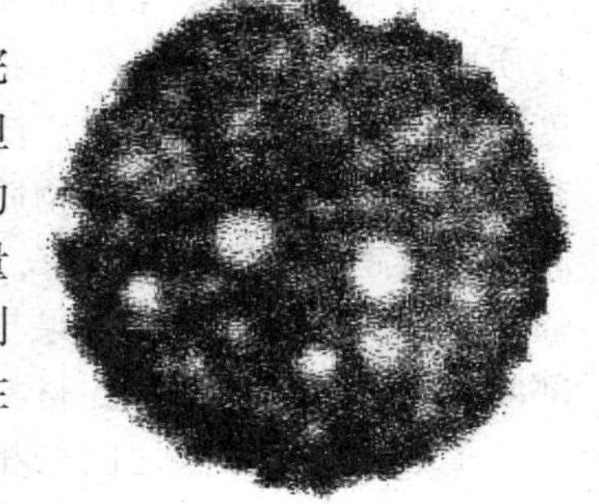

图 2-33　接枝聚合后橡胶粒子

接枝率是衡量接枝效果的重要参数。橡胶接枝率对最终产品的冲击强度影响较大，如图 2-34 所示，冲击强度基本随接枝率变化，尤其是接枝率偏低情况下产品的冲击强度也比较低，但冲击强度与接枝率之间并不是绝对关系，说明接枝率是提高冲击强度的必要条件但不是充分条件，还有其他因素影响产品冲击强度。内接枝、接枝链组成等因素对产品性能也产生影响。接枝聚合过程中，改变投料比例，随着单体与橡胶比值的增加，ABS 接枝率增加[94]。

ABS 接枝聚合过程中，一部分丙烯腈、苯乙烯单体接枝到聚丁二烯分子链上，但不可避免地会有一部分单体发生共聚，没有接枝到聚丁二烯分子链上，形成游离 SAN。不同的接枝效率意味着游离 SAN 含量也不同，游离 SAN 对最终产品的流动性能影响很大。由于游离 SAN 是在 ABS 乳液接枝聚合过程产生的，其分子量小于本体合成的 SAN 树脂，因此游离 SAN 将提高最终产品流动性能(图 2-35)。

谭志勇等[13]通过调整接枝聚合投料比例获得不同含胶量的接枝聚合物，并分析了接枝率，发现随着橡胶含量的增加，接枝率逐渐下降。将接枝聚合物与 SAN 共混后，发现相同橡胶含量条件下，冲击强度随接枝率增加先增加后下降。这与图 2-36 中的模型相吻合。综合以上结果，ABS 橡胶粒子有一个最佳接枝率，对于粒径不同的橡胶粒子接枝层厚度相同，因此不同粒径的最佳接枝率不同。

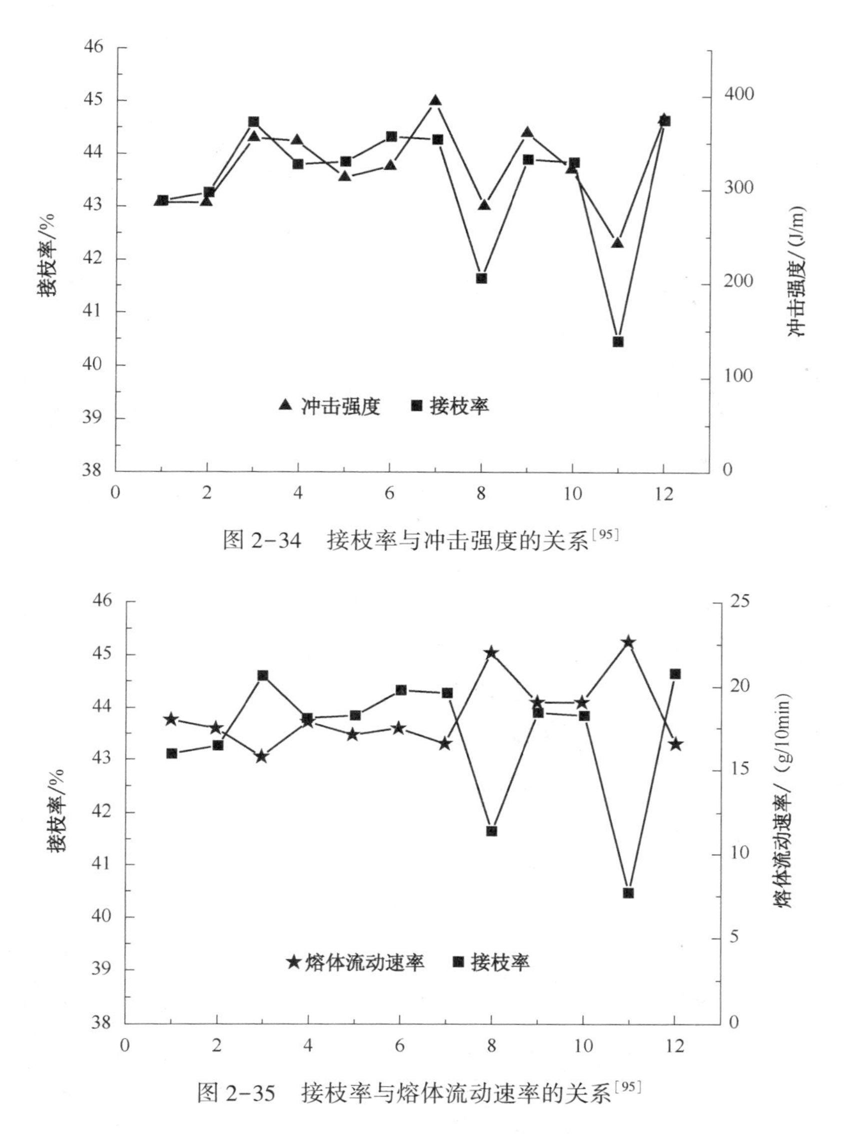

图 2-34 接枝率与冲击强度的关系[95]

图 2-35 接枝率与熔体流动速率的关系[95]

张明耀等[96,97]通过在接枝聚合过程中调节 TDDM 加入量，控制接枝 SAN 形态和分子量，研究发现不加 TDDM 时橡胶内接枝数量多，橡胶模量增加，产品冲击性能变差；加入 TDDM 后内接枝减少，同时接枝 SAN 分子量也减少，提高了冲击强度，并提高产品的流动性能。

2.4.3.4 SAN 对性能的影响

(1) SAN 分子量对性能的影响

SAN 连续相的化学结构及特性是决定韧性大小的重要因素。高分子物质的分子量是一个统计学的概念，由于高分子每个分子的长度不同，甚至所含基团不同，无法像低分子物质那样准确测出分子量，只能通过一定方法计算出平均值。分子量常用的表达方法有数均分子量(M_n)、重均分子量(M_w)、Z 均分子量(M_z)、黏均分子量(M_v)等。一般 $M_z>M_w>M_v>M_n$。

增加 SAN 基体树脂分子量可提高冲击强度、拉伸强度、刚性等性能，但分子量太大时产品的加工性能下降。SAN 分子量对拉伸强度、冲击强度和流动性的影响分别见图 2-37、图 2-38 和图 2-39。

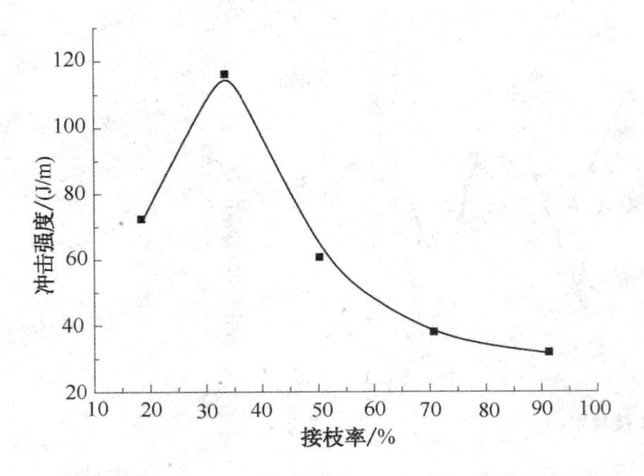

图 2-36 接枝率与冲击强度之间的关系

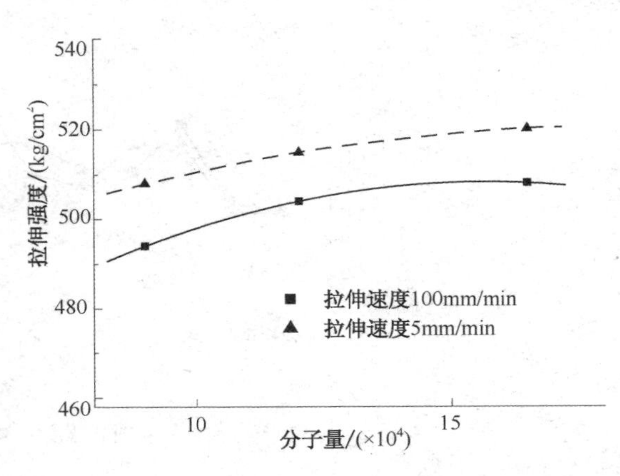

图 2-37 SAN 分子量对拉伸强度的影响[38]

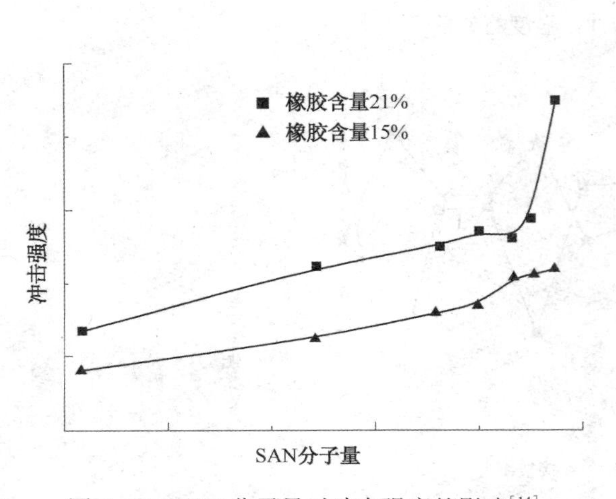

图 2-38 SAN 分子量对冲击强度的影响[14]

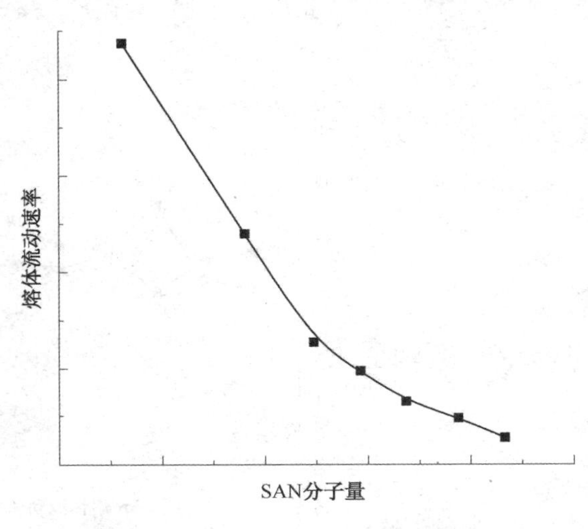

图 2-39 SAN 分子量对熔体流动速率的影响[14]

谭志勇等[14]研究了在相同橡胶含量情况下，ABS 树脂的冲击强度在 SAN 分子量增加过程中出现突然增大现象，并解释为 SAN 分子量增加，基体的脆-韧转变尺寸随分子量增加而增大，达到橡胶的临界值时冲击强度突然增大。

通常在低剪切速率下黏度相近的试样，在高剪切速率下，分子量分布窄的高聚物比分布宽的高聚物黏度高些。分子量分布较宽的高聚物在加工时，其中低分子量部分充当了增塑剂，改善了流动性能。因此，在同样的注射或挤出加工条件下，分子量分布宽的产品比分布窄的流动性更好。但分子量分布过宽会造成物理机械性能的降低。

（2）SAN 组成对性能的影响

SAN 树脂由苯乙烯和丙烯腈组成，由于两种单体结构差异很大，其对产品的性能影响也各不相同。同时 SAN 树脂的组合和橡胶接枝层聚合物的结构需要匹配，接枝聚合物中苯乙烯和丙烯腈的比例与连续相 SAN 中苯乙烯和丙烯腈含量相同时，橡胶相与连续相相容性最好；二者分子量相同时，相容性好[98]。组成上有 4%的差异时，接枝橡胶与 SAN 就不相容，会引起透明性、机械性能、热性能的降低[99]。

随着丙烯腈含量增加，ABS 流动性下降，拉伸强度增加，耐化学性能增加[100]。随着苯乙烯含量增加，产品流动性能相应提高。SAN 中丙烯腈含量对 ABS 冲击强度的影响见表 2-8。

表 2-8 SAN 中丙烯腈含量对 ABS 性能的影响[101]

SAN 中丙烯腈含量/%	24.0	24.5	25.1	29.0	30.0
冲击强度/(J/m)	172	206	221	254	297

2.4.3.5 特殊性能与组成和结构的关系

(1) 透明性

光线照射到高分子材料表面，一部分光线被材料的表面反射，另一部分光线进入高分子材料内部，发生散射、吸收，剩余的光线透过材料射出。所以光线通过高分子材料的损失主要由三个因素构成：反射、散射、吸收。

光线的反射率与聚合物的折射率有如下关系：

$$R = \frac{(n-1)^2}{(n+1)^2}$$

式中：R 为反射率；n 为折射率。

由上式可知，折射率高的高分子材料，其反射率就高，能透过的光线就越少，材料的透明性就越差。

对非晶型高分子材料来说，散射与高分子材料的折射率有关，折射率低的材料散射就少。散射的主要原因是聚合物结构不均匀[102]。

SAN 树脂是一种透明材料，但加入橡胶相后，由于橡胶相的折射率与 SAN 树脂不同，光线进入材料后发生散射现象，最终导致 ABS 树脂不透明。

ABS 透明改性的机理是通过调整橡胶相和 SAN 树脂相的折射率，使两相折射率之差小于 0.009，光线进入 ABS 树脂后能够沿同一方向穿过材料，形成透明现象。合成 ABS 的主要单体有丁二烯、苯乙烯、丙烯腈，对应的聚丁二烯、聚苯乙烯、聚丙烯腈的折射率分别为 1.515、1.591、1.515。PMMA 折射率为 1.491[103]，通过给 SAN 树脂中引入第三单体 MMA，来调整橡胶相和 SAN 树脂相的折射率，就可以生产透明 ABS。

如采用丁苯橡胶中丁二烯与苯乙烯比例为 85/15，则橡胶粒子的折射率为：

橡胶粒子折射率 = (0.85×1.515) + (0.15×1.591) = 1.526

接枝聚合物接枝层组成苯乙烯/丙烯腈 = 80/20，则接枝层折射率为：

接枝层折射率 = (0.8×1.591) + (0.2×1.515) = 1.576

接枝聚合物中橡胶含量为 65%，则接枝聚合物折射率为：

接枝聚合物折射率 = (0.65×1.526) + (0.35×1.576) = 1.544

如果 SAN 树脂中引入第三单体，组成为 MMA/ST/AN = 40/50/10，则折射率为：

SAN 折射率 = (0.4×1.491) + (0.5×1.591) + (0.1×1.515) = 1.543

SAN 树脂相折射率 1.543 与橡胶接枝聚合物折射率 1.544 相差 0.001，材料透明。

另一种增加透明度的方法是采用小颗粒橡胶，即橡胶粒径小于 240nm，最好小于 120nm[39,104]。光线进入 SAN 中后由于橡胶粒子很小，对光线的散射影响较小，材料表现出透明性。但通过降低橡胶粒径的方法增加 ABS 透明性，会因为橡胶粒子过小而降低冲击性能。

物质的折射率随温度变化而变化，因此某一温度下透明的 ABS 树脂在其他温度时透明性会变差。

橡胶粒子尺寸对透明度也有影响，粒子越大透明性越差。橡胶粒子在280nm出现拐点，随着粒径增加，粒子直径对透光率影响效果加强。随着橡胶粒子增大，材料的冲击强度呈线性增加，雾度也相应增加，如图2-40所示。

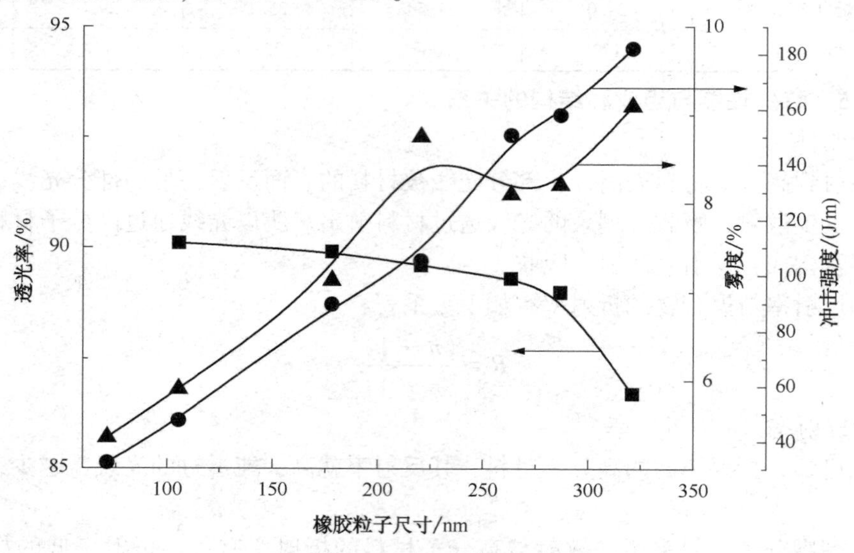

图2-40　橡胶粒子尺寸对性能的影响[105]

（2）耐热性

ABS的耐热性能主要取决于SAN连续相，同时也和橡胶含量有关。橡胶相模量小，降低了ABS的耐热温度，随橡胶相含量减小，ABS树脂耐热温度增加。

提高ABS耐热温度的方法有：

① 共聚α-甲基苯乙烯单体。由于α-甲基苯乙烯单体比苯乙烯单体空间位阻大，分子链热运动受到更大限制，从而提高ABS耐热温度。用α-甲基苯乙烯完全或部分代替苯乙烯可以提高ABS树脂耐热性10~15℃[106,107]。但由于单体结构特点，α-甲基苯乙烯对ABS的耐热性提高有限。为解决共聚α-甲基苯乙烯使ABS黏度增加、出现产品加工困难的问题，可采用SMA（苯乙烯-顺丁烯二酸酐共聚物）与α-MS-AN共用的方法提高ABS耐热温度[108]。

② 共聚N-苯基马来酰亚胺单体。N-苯基马来酰亚胺（NPMI）分子结构式如图2-41所示。

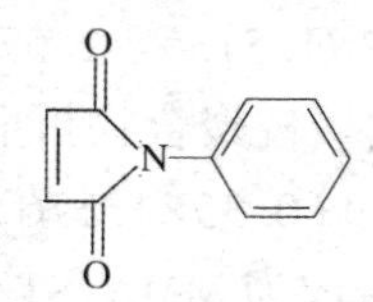

图2-41　*N*-苯基马来酰亚胺分子结构式

N-苯基马来酰亚胺（NPMI）分子结构明显比α-甲基苯乙烯复杂得多，由于侧基结构较大，限制分子链热运动，提高了聚合物玻璃化转变温度 T_g，见图2-42。在ABS树脂中加入1%NPMI作为共聚单体，产品热变形温度可以提高2℃左右；加入10%的NPMI，可制得超耐热ABS树脂，其耐热温度可以达到125~130℃[109,110]。在提高耐热性的同时，仍可保持较好的加工性和耐冲击性能。将NPMI单体与苯乙烯、丙烯腈单体按比例聚合形成三元共聚物，再与ABS接枝聚合物共混，形成耐热ABS产品。

许涛等[112]通过合成NPMI耐热共聚物，在固定接枝聚合物含量为30%的条件下，对比

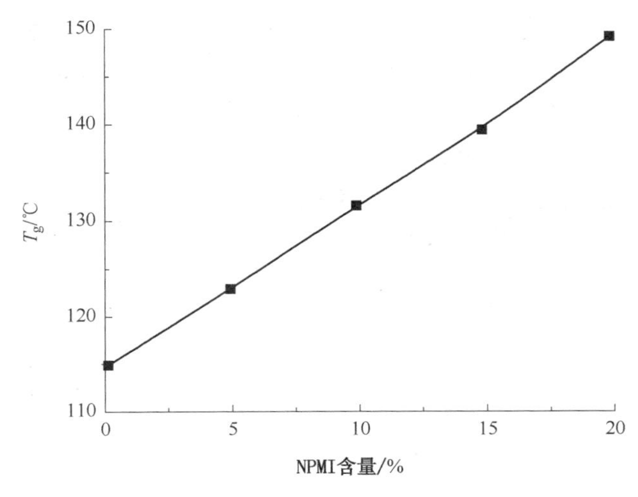

图 2-42 NPMI 对三元共聚物玻璃化转变温度的影响[111]

不同 NPMI 含量对 ABS 树脂性能的影响，发现 NPMI 每增加 1%，ABS 耐热温度平均提高 1.5℃左右。耐热 ABS 组成与性能的关系见表 2-9。

表 2-9 耐热 ABS 组成与性能的关系[112]

组成：NPMI：ST：AN	28：40：32	30：40：30	32：38：30	34：37：29	36：37：27
热变形温度/℃	102	108	112	110	114
冲击强度/(J/m)	153	184	175	168	113
熔体流动速率/(g/10min)	0.2	0.6	0.7	0.9	1.1

③ 纤维增强。加入玻璃纤维或碳纤维可以提高 ABS 产品的刚性和模量，同时也可提高产品的耐热温度。但纤维增强材料的韧性降低，耐热程度和纤维添加的数量和长度有关。

④ 合金化。通过与高耐热的树脂共混，提高产品的耐热温度。常见的产品有 PC/ABS、PBT/ABS 等。

(3) 耐化学性

ABS 树脂中丙烯腈具有很强的极性，对产品耐化学性能影响很大，因此通过增加产品中丙烯腈含量的方法可以改善 ABS 产品耐化学性能。

SAN 树脂中 AN 含量约 43%~47%。ABS 树脂中 AN 含量大于 30%时，ABS 产品能够耐乙酸、丁酸、硝酸、邻苯二甲酸酯、汽油、润滑脂、酚、醇、四氯乙烯等化学品[138,139]。

由于合成高丙烯腈含量的接枝聚合物比较困难，通常开发耐化学 ABS 树脂时对橡胶接枝聚合物要求不高。为避免接枝层组成与连续相 SAN 组成差异对产品性能产生影响，耐化学牌号产品通常选择两种以上 SAN 树脂，这既增加了产品中的丙烯腈含量，又简化了工艺，避免橡胶相与连续相相容性变差的现象。一般 ABS 产品使用 SAN 树脂中的丙烯腈含量为 22%~25%，耐化学牌号使用的 SAN 树脂中丙烯腈含量为 27%~43%。

2.4.3.6 其他组分对性能的影响

ABS 树脂在混炼过程中需要加入润滑剂，改善加工性能。朱伟平等[140]研究了不同润滑剂对 ABS 性能的影响，发现 1%左右的润滑剂能有效降低 ABS 加工扭矩，改善产品加工性能。同时，润滑剂对产品的拉伸强度和冲击强度也有一定影响，拉伸强度随润滑剂加入量增加而下降，这是由于润滑剂包括内润滑剂和外润滑剂，内润滑剂改善聚合物分子之间的作用力，降低了分子链滑动的阻力，在拉伸过程中分子链更容易发生解缠，从而降低了拉伸强度。外润滑剂作用是改善聚合物分子与加工设备之间的摩擦，避免加工过程中因剪切摩擦造成局部温升，避免高分子降解。由图 2-43 可以看出，硬脂酸钙、矿物油起到外润滑的作用大些，EBA（*N*,*N*-二乙基双硬脂酰胺）主要起内润滑作用。

润滑剂改善 ABS 树脂的加工性能，在 ABS 接枝橡胶与 SAN 共混过程中有利于橡胶相的分散，从而提高冲击强度，如图 2-44 所示。

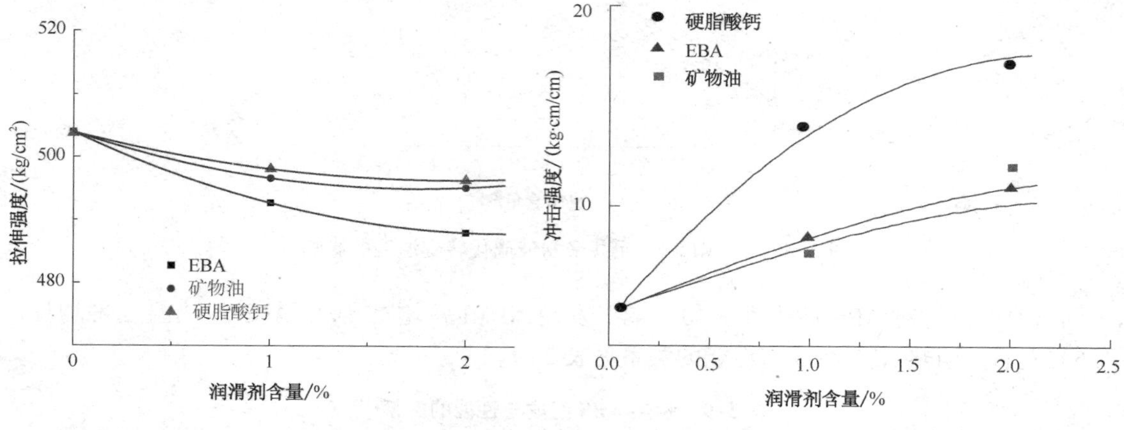

图 2-43　润滑剂对拉伸强度的影响[38]　　图 2-44　润滑剂对冲击强度的影响[38]

2.4.3.7　加工与结构和性能的关系

（1）ABS 的流动行为

ABS 主要成分是无规共聚的 SAN 树脂，SAN 树脂是非牛顿流体，流动过程中剪切速率与剪切应力的曲线如图 2-45 所示。

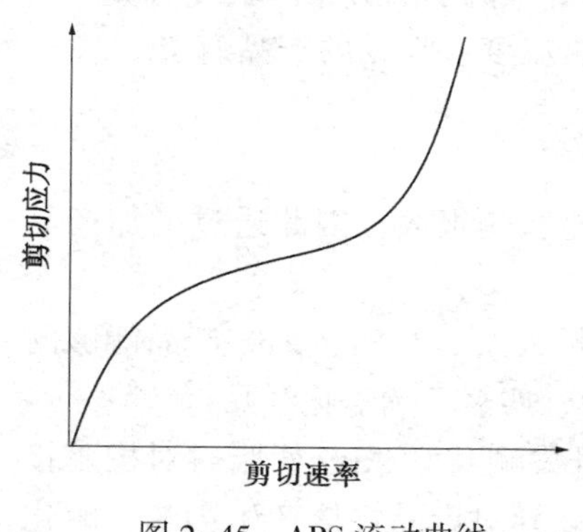

图 2-45　ABS 流动曲线

在熔融加工过程中，随着剪切速率增加，SAN 树脂分子发生解缠现象，链段沿流动方向取向，取向的分子规整性提高，分子之间作用力降低，表现就是 ABS 黏度降低；随着剪切速率的进一步增加，剪切应力迅速提高，表现是融体破裂，最终由于剪切应力太大，使分子链降解。

实际加工过程中由于剪切速率较高，剪切应力的作用使分子链移动，产生内摩擦生热现象。在剪切速率较大的局部产生高温，降低了 ABS 的黏度。加工过程中既要利用剪切速率改善材料的加工流动性能，又要避免过高的剪切使聚合物降解。

（2）取向

ABS 成型过程需要进行加热熔融，在外力作用下分子链发生移动，由于流体各处压力不同、温度不同，导致分子链首先发生解缠，形成排列方向相同的分子链结构。分子链沿流动方向取向，如果取向被冻结在产品内，则产品沿取向方向强度增加，而垂直取向方向上强度下降。取向降低了制品的强度，加工过程中应通过提高温度等方法避免取向。

（3）内应力

制品由于取向或收缩不均匀而产生内应力，并且很容易保留在冷却后的制件内部，成为残余应力，从而对制件质量产生影响。内应力是高分子材料内部不均匀的结果，导致产品发生开裂、变形、翘曲、扭曲等现象。

冷却内应力是塑料制品在熔融加工过程中因冷却定型时收缩不均匀而产生的一种内应力。尤其是对厚壁塑料制品，塑料制品的外层首先冷却凝固定型，其内层可能还是热融体，内部继续冷却收缩过程中，外层与内层之间产生拉伸应力，严重时在内部产生真空泡。制品冷却内应力的分布从制品的表层到内层越来越大，呈抛物线变化。另外带金属嵌件的塑料制品，由于金属与塑料的热膨胀系数相差较大，容易形成收缩不均匀的内应力。

可以通过热处理的方法消除一部分内应力，加工过程中应尽可能避免内应力的产生。

（4）融接痕

加工过程中两个流体的流动表面相遇形成融接痕，从组成上看融接痕处物质分子组成没有不同之处，但由于融体流动前锋容易因散失热量而使黏度增加，两股流体之间融接痕位置分子链缠绕现象减少，融接痕区域密度低于其他区域，从而降低力学性能。

通过提高注塑温度、模具温度、注塑速度、注塑压力可以改善融接痕强度；通过改变融体流动方向，增设冷料井可以消除融接痕。设计模具时，如果不能避免融接痕，则尽量将融接痕设计在制品不受力的位置。

2.4.4 ABS 接枝聚合及凝聚过程中的关键技术

2.4.4.1 投料比

研究发现[73]，在其他聚合条件不变情况下，改变单体 M（苯乙烯与丙烯腈的比例不变）与聚丁二烯胶乳 PB 的比例，随着 M/PB 的增加，SAN 在 PB 上的接枝率和接枝效率不断提高，这种趋势与分子量调节剂 TDDM 的加入与否无关。但是当 M/PB 不变时，在共聚单体中加入 TDDM 后 SAN 的接枝率和接枝效率与未加入 TDDM 的情况相比，都有所降低，如图 2-46、图 2-47 所示。

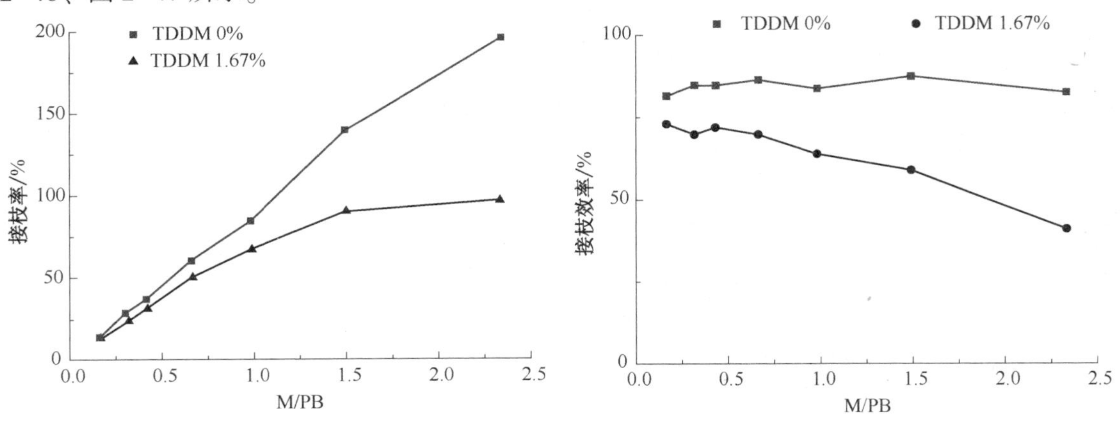

图 2-46　单体比例对接枝率的影响

图 2-47　单体比例对接枝效率的影响

ABS 接枝聚合过程中，引发剂自由基夺取 PB 大分子上的活泼氢形成 PB 大分子自由基，由该自由基引发苯乙烯、丙烯腈单体聚合后形成了接枝 SAN 分子链。同时，引发剂自由基也能直接引发苯乙烯、丙烯腈单体聚合，形成游离的自由基，游离自由基链增长后，自由基在终止过程中如果与接枝在 PB 大分子上的增长自由基以双基方式终止，那么游离自由基也将接枝在 PB 大分子链上；如果这部分自由基不与 PB 大分子链增长自由基双基终止，则形成游离 SAN 共聚物，即未接枝 SAN 分子链。

随着 M/PB 的增加，在单位质量 PB 大分子链上接枝 SAN 的数目增多，接枝 SAN 的分子量增加，导致了接枝率的提高。当体系中未加分子量调节剂 TDDM 时，自由基终止以双基偶合方式为主，因此部分游离的自由基也接枝到 PB 分子链上，造成接枝率增加。而加入 TDDM 后双基偶合终止被 TDDM 终止取代，游离的 SAN 自由基不能接到 PB 大分子链上，接枝率下降。从图 2-48 接枝效率变化中更明显地看出这一结论，加入 TDDM 后接枝效率明显降低，游离 SAN 数量增加。

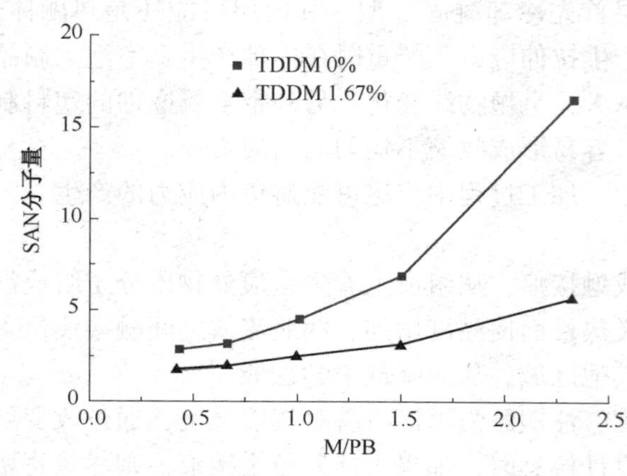

图 2-48　单体比例对接枝 SAN 分子量的影响

图 2-48 中，随 M/PB 的增加 SAN 的分子量出现上升的趋势，在共聚单体中引入 1.67%的 TDDM 降低了 SAN 的分子量，但不影响分子量的变化趋势。这可以解释为随着单体比例增加，PB 乳胶粒子的数目相对减少，乳胶粒子中单体的浓度增大，而聚合物的分子量与单体浓度成正比，因此导致了 SAN 的分子量随 M/PB 的增加而增大。加入 TDDM 后加速了链增长自由基的链转移反应，使 SAN 的分子量降低。

2.4.4.2　引发剂

(1) 引发剂用量

当单体比例及分子量调节剂用量恒定时，改变引发剂用量对接枝效果影响明显，随着引发剂用量的增加，SAN 在 PB 上的接枝率及接枝效率首先表现出急剧下降，然后下降趋势减缓；当引发剂用量高于一定值时，接枝率和接枝效率开始逐渐提高，如图 2-49 所示。

当引发剂含量较低时，体系引发剂效率高，大多数引发剂都用于引发单体在 PB 分子链上的接枝反应，使得接枝率及接枝效率较高；当引发剂用量增加时，部分引发剂参与引发游离 SAN，减少了参与接枝聚合单体的数量，导致接枝率相应下降；当引发剂用量达到一定值后，由于聚合体系的限制，参与游离 SAN 引发的引发剂数量不再增加(体系控制使引发剂更有利于引发 PB 分子上的接枝反应)，更多的引发剂参与 PB 分子链的接枝引发，增加了主干橡胶上的引发点，有利于接枝反应的进行，接枝率随之提高[74]。虽然引发剂含量低时接枝率高，但引发剂浓度

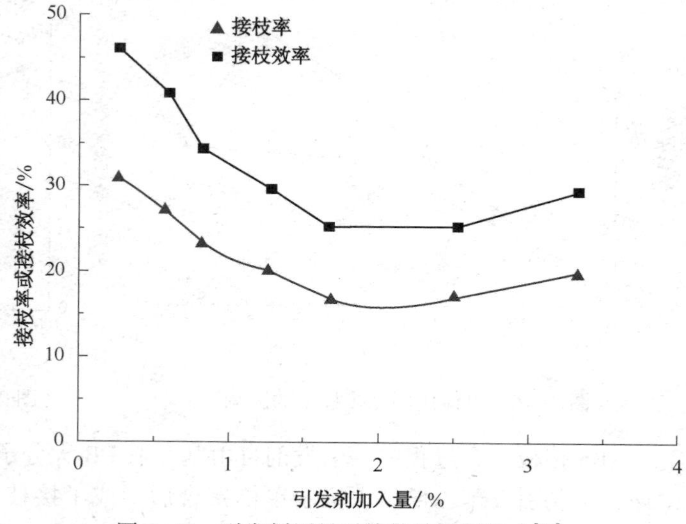

图 2-49　引发剂用量对接枝效果的影响[74]

低，聚合反应速度慢，不利于生产。

随着引发剂用量的增加，接枝 SAN 的分子量逐渐降低，这主要是由于引发剂用量增加，提高了引发剂初级自由基和链增长自由基之间的偶合终止反应几率，降低了链增长的长度。当引发剂含量高于一定值时，偶合终止几率高到一定值，分子链增长到一定程度后就发生偶合终止，所有分子链增长的过程相同，SAN 分子量的变化就不明显了，如图 2-50 所示。

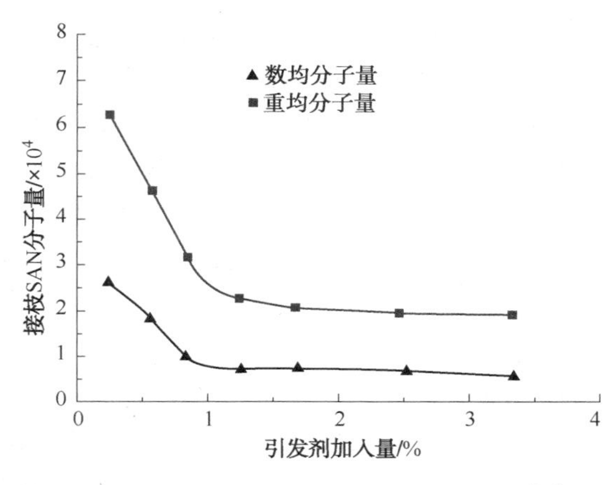

图 2-50　引发剂对接枝 SAN 分子量的影响[74]

(2) 引发剂加入方式的影响

为提高 ABS 接枝聚合的接枝率和接枝效率，提高接枝 SAN 分子量，同时提高反应速度及单体转化率，常采用引发剂分批加入的方式，即聚合开始阶段投入一定量的引发剂，聚合一定时间后连续补加引发剂，从而获得更好的产品结构。谭志勇等[75]研究发现通过优化引发剂加入方式，调整各阶段引发剂加入量达最佳值，可以改善接枝聚合效果，有效提高橡胶相的增韧效率，使产品冲击强度达到最大值。

2.4.4.3　TDDM 用量的影响[74,76,77]

TDDM 作为分子量调节剂具有终止链增长的作用，因此随着 TDDM 用量的增加，不论是接枝在 PB 分子链上的 SAN 链增长自由基，还是游离状态的 SAN 链增长自由基，都会与 TDDM 发生自由基终止反应，导致接枝到 PB 分子链上的 SAN 分子链变短；同时 TDDM 和引发剂一样，减少了游离 SAN 链增长自由基与接枝到 PB 分子链上的链增长自由基之间的偶合终止，造成游离 SAN 数量增加，导致接枝率和接枝效率下降，如图 2-51 所示。

分子量调节剂 TDDM 降低了接枝到 PB 分子上 SAN 分子链的长度，导致分子量下降，如图 2-52 所示。根据聚合物结构分析(见 2.1 节)，SAN 接枝到聚丁二烯橡胶粒子上能够有效改善橡胶相与塑料相之间的界面结合力，但并不是接枝 SAN 分子链越长越好，需要控制 SAN 分子链的最佳长度，因此通过调节 TDDM 的用量，可以有效提高橡胶相增韧效率，获得最佳冲击强度。

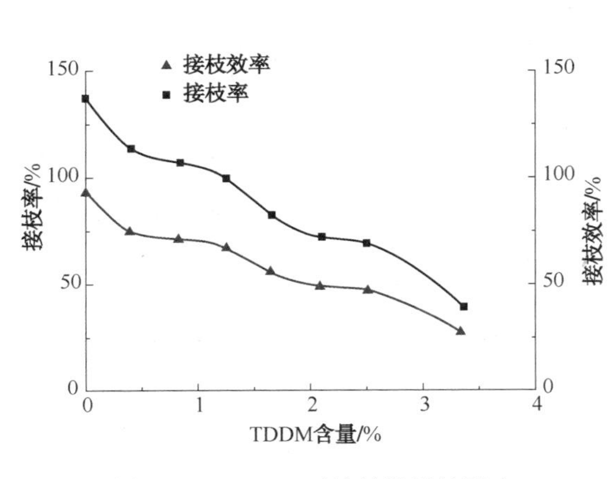

图 2-51　TDDM 对接枝效果的影响

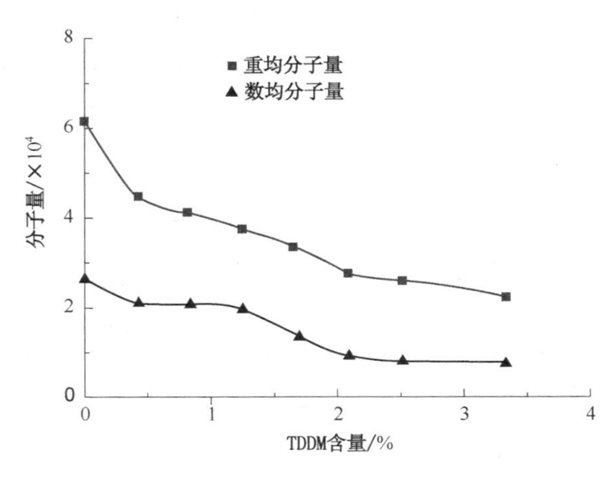

图 2-52　TDDM 对分子量的影响

2.4.4.4 乳化剂的影响

乳化剂的种类和浓度对乳胶粒直径、数目、聚合物分子量、聚合反应速率和聚合物乳液的稳定性都有明显的影响。

对于在合理的乳化剂浓度范围内进行的正常乳液聚合来说，乳化剂浓度越大，胶束数目越多，按胶束机理生成的胶乳粒数量也就越多。对于 ABS 接枝聚合过程，乳化剂越多，形成游离 SAN 的数量越多，接枝率和接枝效率都下降，为此需要控制体系乳化剂含量处于较低的临界值，并且通过补加乳化剂的方式保证体系稳定，避免形成新的胶束而产生游离 SAN 分子。

乳化剂种类不同，其临界胶束浓度、聚集数及对单体的增溶度等各不相同。乳化剂的选择是 ABS 合成技术关键之一，乳化剂种类不同对接枝率和接枝效率影响较大。据资料报道[78]，为使接枝反应稳定并保证最佳接枝效率，ABS 接枝聚合过程中需要在聚丁二烯胶乳所含的乳化剂基础上进行补加，而且补加种类不同的乳化剂可以达到性能互补的效果。

2.4.4.5 加料方式的影响

随着 ABS 接枝技术的不断发展，其加料工艺已经由一次性加料发展成为分批甚至连续加料，该方法使接枝反应主要发生在胶乳粒子界面，提高产品外接枝率，同时使聚合反应平稳，易于控制。分批连续加料可以大大降低聚合峰温和聚合反应速率，最终发展成为第一批加入一定单体和引发剂作为底料，反应维持住温度平衡以后再将剩余的混合单体和引发剂连续补加，随着补加过程时间的延长，聚合接枝率逐步提高，提高到一定程度后幅度变缓。引发剂加入方式直接影响峰温和接枝效率，连续补加引发剂可以使聚合峰温降低。补加引发剂、补加乳化剂和补加单体可以满足乳胶粒不断成长的需要，因而使接枝率提高。补加单体速度对接枝率和游离 SAN 分子量的影响分别见表 2-10 和表 2-11。

表 2-10 补加单体速度对接枝率的影响[76]

橡胶(PB)含量/%	补加单体时间/h	接枝率/%	橡胶(PB)含量/%	补加单体时间/h	接枝率/%
60	1	26.2	60	3	30.2
60	2	28.4	60	5	30.9

表 2-11 补加单体速度对游离 SAN 分子量的影响[76]

橡胶(PB)含量/%	补加单体时间/h	分子量/$\times10^4$	橡胶(PB)含量/%	补加单体时间/h	分子量/$\times10^4$
60	1.5	11.4	60	2.5	9.8
60	2.0	10.9	60	3.0	8.7

将胶乳在反应前加入待反应单体中，在一定的温度下浸泡一定时间，使胶乳粒子在单体中充分溶胀，这样不仅增大了反应表面积而且单体进入大分子内部对接枝反应有利，尤其对内接枝有利。浸泡时间达到一定时，对接枝率影响不大，因为溶胀达到一定时间时，橡胶相中的单体量达到饱和。虽然单体浸泡有利于接枝率的提高，但降低了聚合效率，生产过程一般不采用这种方法。单体加料方式对接枝率的影响见表 2-12。

表 2-12 单体加料方式对接枝率的影响[76]

橡胶(PB)含量/%	橡胶在单体中浸泡时间/h	接枝率/%	橡胶(PB)含量/%	橡胶在单体中浸泡时间/h	接枝率/%
60	0	51.6	60	4.0	56.2
60	1.5	53.4	60	5.0	56.0
60	3.0	55.6			

2.4.4.6 聚合温度

随着聚合反应温度的提高，SAN 在 PB 上的接枝率增大，当聚合温度为 80℃时，SAN 的接枝率出现了小幅下降。由于 ABS 接枝聚合过程使用氧化-还原引发体系，单体的聚合温度范围变宽，聚合温度为 45℃时可以实现单体的聚合，但聚合速率降低。在聚合温度较低的条件下，引发剂自由基夺取 PB 大分子上活泼氢的能力下降，导致了 SAN 接枝率的降低。聚合温度过高，引发剂活性提高，形成游离 SAN 的几率增加，导致 SAN 接枝率下降。聚合温度对接枝率的影响见表 2-13。

表 2-13 聚合温度对接枝率的影响

聚合温度/℃	接枝率/%	聚合温度/℃	接枝率/%
45	35.2	75	43.2
55	40.5	80	37.9
65	43.8		

2.4.4.7 凝聚效果[79]

凝聚颗粒的大小及其分布对洗涤、干燥、输送、加工等后处理过程的难易及最终 ABS 产品的机械性能都有影响。影响凝聚效果的因素有 ABS 接枝胶乳的浓度、凝聚剂种类及用量、破乳温度、搅拌器转速、水胶比、凝聚设备、熟化温度及时间、过滤水浊度等。

胶乳浓度过高，凝聚的颗粒过大，粒子不均匀，物料易结大块；浓度过低，粒子虽均匀，但太细，所以一般情况下，胶乳浓度应控制到 18%~25%的范围内。

凝聚剂用量直接关系到凝聚颗粒的大小和洗涤的难易程度以及 ABS 产品的性能，凝聚的原则是保证接枝胶乳完全凝聚，尽可能减少凝聚剂用量。如凝聚剂用量过多，凝聚颗粒增大，易形成大块，有聚罐的危险。凝聚剂加入量不足，造成破乳不充分，使粉料粒径变细。

凝聚温度过低、过高都不利于 ABS 接枝聚合物干粉料堆积密度的提高，随着凝聚温度的升高，干粉料堆积密度出现先升后降的趋势。

2.4.4.8 凝聚方式的影响

凝聚方式大致可分两种，即正凝聚法和反凝聚法。前者是将接枝胶乳加到凝聚剂溶液中，后者是把凝聚剂加到接枝胶乳中。反凝聚法效果较好，凝聚粒子大，分布均匀，而正凝聚法则粒径较分散。反凝聚法的关键是凝聚剂的滴加速度要适宜、均匀，否则，粒径分布宽，颗粒硬度低。

2.4.4.9 搅拌转速对凝聚的影响

凝聚过程包括凝聚、熟化两个过程。凝聚过程是破乳的过程，因此要求胶乳与凝聚剂尽可能充分接触，一般凝聚设备尺寸较小，而搅拌速度较快，以保证胶乳充分凝聚。熟化过程是凝聚后颗粒长大的过程，ABS 颗粒偏大则不利于干燥，颗粒偏小不利于过滤、清洗，干燥过程也容易被空气带走，所以熟化过程中搅拌转速相对较低，如果转速高了，ABS 颗粒就会变小。

2.4.4.10 ABS 生产工艺对残留单体的影响[80]

改变引发剂用量对残留单体含量影响不大，由于聚合后期单体含量很少，聚合胶乳内黏度增加，单体与自由基相遇的几率下降，导致引发剂不能减少残留单体含量，而增加反应时间会增加单体与自由基相遇的几率，可以降低产品残留单体含量。采用 ABS 接枝聚合后胶乳熟化的工艺，即在一定温度下搅拌胶乳，可以使未反应单体数量减少，提高聚合转化率，降低对环境的影响。

干燥方式也对残留单体含量有较大影响，在氮气干燥情况下，残留单体不能发生氧化反应而留在产品中，而在空气沸腾床干燥过程中，未反应单体易与氧气反应，从而使 ABS 产品中的残留单体含量有所降低。

2.4.5 主要操作

2.4.5.1 反应釜清胶

反应釜运行时间较长，出现加热和冷却时间延长，换热效果不好；或从增量反应开始到反应结束，聚合釜二次峰温较高降不下来时，需要对反应釜进行清胶。

清胶前应对反应釜进行蒸煮，具体方法是往反应釜中加入水，然后通过反应釜上部人孔加入一定量的清洗剂，加热至 90℃，蒸煮 30min 后冷却，将水排净，利用高压水进行冲洗。

2.4.5.2 真空过滤机操作

凝聚不充分或凝聚粉料颗粒太小，就会导致真空过滤器的滤布堵塞；另外，即使是在凝聚状态良好的正常操作中，一定时间后滤布也可能发生堵塞。当滤布堵塞时，滤布上淤浆中的水分不能被吸出，降低了过滤效果，尤其是降低了清洗效果，造成进入脱水机中的物料水含量增大，产品中残留化学品增多，最终使产品颜色发黄。因此需要定期检查滤布，控制反冲洗水流量，确保滤布状态良好。

生产过程中需要定期检查滤布张紧度，及时发现滤布跑偏、开裂等现象。如果滤布跑偏，需要根据滤布张紧度进行调整，滤布张紧度大，则放松滤布偏离侧拉紧螺栓；滤布张紧度小，则调紧滤布跑偏侧拉紧螺栓。调整过程应缓慢、多次进行，每次调整量不宜大，调整后要跟踪观察。滤布出现裂缝时需要及时处理或停车更换滤布。

2.4.5.3 凝聚升温操作

升温时呈梯度分布进行，注意升温过程中温度是否保持稳定上升，必要时通入空气，以防止温度波动大而影响凝聚效果。升温时首先将温度设定为 70℃，待温度达到 70℃时，将温度设定为 75℃，之后每次提高 5℃，最后升到 84℃。当温度达到 80℃时，再继续升温要间断通空气以保证凝聚罐温度平稳升至 84℃。

2.4.5.4 凝聚操作

严格控制工艺条件，如凝聚罐温度、进料状态等。定期检查出料情况，当浆液浓度太高时，浆液变得太黏，容易导致浆液在凝聚罐滑槽边缘停滞不前，检查并冲洗滑槽。

不定期在凝聚罐出口用玻璃烧杯取样，放置一会儿，看是否有絮状物从母液中分离出来。如果发现凝聚颗粒尺寸太小，则要通过降低搅拌转速或提高凝聚罐温度来解决。

检查放空管线是否堵塞，如果堵塞，在凝聚罐顶部或边缘就有可能因为温度高而生成大块。

2.4.5.5 脱水机操作

（1）脱水过度

一般脱水机螺杆冷却水温度高、真空过滤清洗水温高、脱水机推板液压高等原因会导致脱水过度。如果 ABS 淤浆过度脱水，在排出滤饼的表面树脂将会塑化，滤饼变得很硬，粉碎机不能加工而堵塞，就有可能造成设备停车。

处理方法：

当脱出的水从脱水机中间排出时，表明脱水较好。如脱出的水从脱水机中间偏加料位置排出时表明脱水过度，此时要停止加料并排出树脂。停真空过滤机和脱水机，把脱水机出料口摆动挡板切换到“废料”侧，停破碎机，从下料槽口的顶部取出类似固体滤饼的树脂。取出滤饼后，启动真空过滤机和脱水机，降低清洗水温度，或降低脱水机螺杆温度，或降低脱水机推板液压，启动脱水机排空物料，启动破碎机、真空过滤机，当脱水机出口物料状态良好时，将出料口摆动挡板切换到破碎机。

（2）脱水不良

真空过滤机、脱水机操作条件不充分，真空过滤机清洗水温度低，脱水机推板液压低等原因会造成脱水机脱水不良，物料太湿容易引起脱水机出口下料斗及破碎机堵塞，也可影响干燥器出口干粉水含量及各点温度。

处理方法：

停真空过滤机和脱水机、破碎机，脱水机出料口切至废料侧。如果湿粉料堵在下料斗或破碎机，取出堵塞物，然后恢复下料管线。提高真空过滤机或脱水机螺杆的水温，提高脱水机推板液压，启动各设备。检查脱水机滤饼，同时调整水温和液压，必要时测定粉碎机出口湿粉水含量。

（3）脱水机故障

挤压式脱水机主要易损件有高压段笼骨及其附属部件和两端轴承。设备故障主要有高压段笼骨筋板断裂；高压段限位耳块折断；高压段笼骨紧固螺栓松动或折断；高压段两端支架螺丝严重变形、无自锁及紧固性能；支架地脚螺栓松动或折断；轴承内部有锈蚀；保持架破损等现象。生产过程需要定期检查以上部位，停车检修过程需要彻底检查脱水机，并保证备件充足。

2.4.5.6　流化床干燥器的操作

定期检查、记录干燥器出口温度及干燥器空气加热器温度，高温报警值设定为90℃，高温联锁值设定为95℃，在此条件下停止加入蒸汽。检查、记录干燥器的出口风道的排气温度，应保持在露点50℃以上，高温报警温度设为60℃。检查、记录干燥器内部温度，温度由入口至出口呈梯度上升分布。检查、记录干燥器空气过滤器前后的压力或压差。检查、记录旋风分离器防爆膜状态。检查、记录干燥器的出口压力指示及上下压差指示，并通过调节阀开度使干燥器上压力或压差处于最佳。检查粗粉料箱，观察废料瞬时量和外观颜色是否正常，不定期清理粗粉料箱内物料。在干燥器上部取样点定期取样分析粉料水含量。

2.4.5.7　干燥器的清理

拆开干燥器入口空气过滤器，打开人孔后，取出滤网，用空气清理吹干，并对设备内部确认，如用水冲洗，需打开底部盲头排水，然后用压缩空气吹干，确认无杂物后回装。干燥器的器壁、筛板及板下的风室内粉料应彻底清干净后，再用软管接压缩空气在风室内向上吹筛孔，确保所有筛孔畅通，然后将风室内器壁粉尘擦干净，确保器壁、筛板上、下面不得有任何堆积或粘附物。打开确认干燥器的旋风分离器，必要时清理。打开淋洗塔各人孔，用高压水清洗筛板，取出填料，冲洗粘附物，并确认水喷头畅通无堵塞。抽出干燥器热水换热器列管束，将表面粘附微粉处理干净，不得损坏抛光面，达到无黏附物为合格。

2.4.6　关键设备

2.4.6.1　ABS 接枝聚合釜

ABS 接枝聚合釜是进行乳液接枝聚合反应的场所，是 ABS 装置的核心设备。ABS 接枝聚合为间歇式聚合，聚合釜的型式与结构与丁二烯聚合釜相似，只是聚合的压力为常压，聚合反应比较缓和，聚合放热没有丁二烯激烈，对换热系统要求低，其他如安全系统、清洗系统等都基本相同。

于敏晶[69]研究了 ABS 接枝聚合釜搅拌型式对聚合过程的影响，认为聚合釜采用螺带式搅拌时(图 2-53)，存在搅拌盲区，搅拌器、釜壁非常容易挂胶结垢，需要频繁清洗，降低了聚合釜的生产能力，同时造成物料、水、人工损失及废水处理量的增加。将螺带式搅拌改造为新型平面框式搅拌，搅拌器结构如图 2-54 所示，在釜内采用 S 形的桨叶、设置折流挡板。改造后搅拌器结构简单，增加了聚合釜的有效容积，且具有最佳的剪切、循环、混合能力，不结垢挂胶，清洗彻底等特点，减少清胶损失及废水排放。

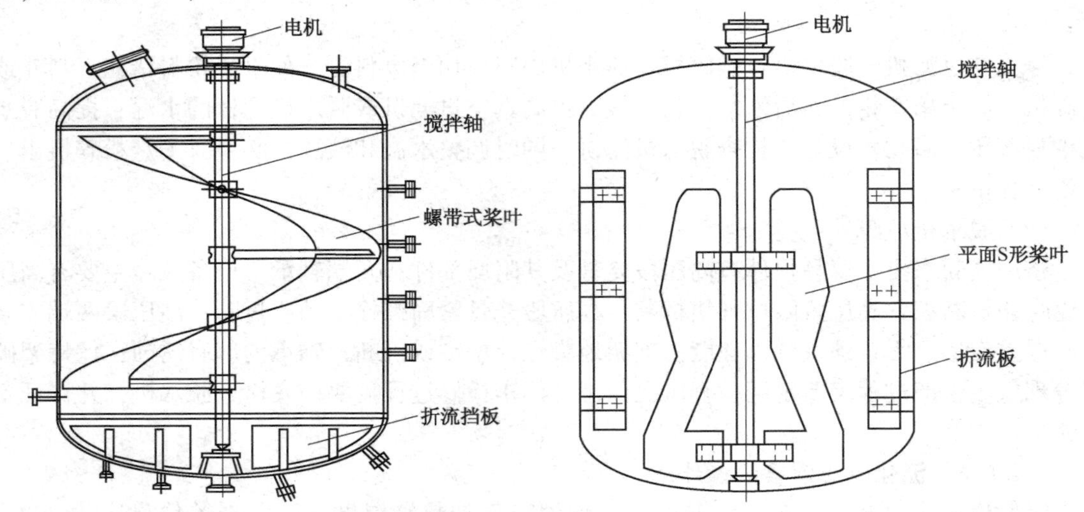

图 2-53　ABS 聚合釜螺带式搅拌[69]　　图 2-54　ABS 聚合釜框式搅拌[69]

2.4.6.2　脱水机

脱水机是 ABS 粉料脱水的核心设备，一般采用单螺杆挤压机。螺杆挤压脱水机广泛应用于物料干燥前的脱水作业，可以脱去物料中 60%~80%左右的水分，大大减轻干燥机的负担，产量大幅提高，能耗大幅降低，是高湿物料干燥前必不可少的处理设备，具有生产能力大、操作简单、脱水效果好(水含量最低达到 10%左右)、脱水效率高、对原料水含量波动适应能力强等优点。

其工作过程为：真空带式过滤器出口含水量为 50%~60%的 ABS 湿粉料靠重力落入挤压脱水机入口，在螺杆推动下向前运动，物料在挤压脱水机中被压缩，水分由物料中分离出来，沿脱水机筒体的缝隙流出，物料被螺杆输送到出料口，靠重力落入下方的破碎机。为调整脱水效果，出料口一侧设有推板，在液压作用下可以调整推板位置从而改变出口处压力，调整产品水含量。

在 ABS 二次打浆工艺中，由给料泵向脱水机进料口输送浓度为 25%左右的 ABS 浆液，ABS 浆液进入脱水机后，通过旋转的螺杆从脱水机的进料口被输送到出口，物料在锥形的螺杆和笼骨之间受到挤压后，浆液中的水分从脱水机笼骨缝隙中流出，固体颗粒从脱水机出料口排出，物料水含量在 25%左右。

挤压脱水机由电机、减速箱、液压系统、框式筒体、螺杆、冷却系统等组成，结构如图 2-55 所示。减速箱是脱水机的关键部件之一[70]，起到传递动力和提供螺杆轴向力的双重作用。由于减速箱齿轮和轴承承受较大的负荷，需要润滑油循环系统对其进行润滑、冷却、清洗。液压系统由液压油泵、储罐和四个液压油缸组成，四个油缸共同推动推板。脱水机筒体根据 ABS 粉料粒径的大小开设缝隙，一般缝隙的尺寸为 0.2mm 左右。筒体由多个带缝隙的钢板组成，用框固定。为增强螺杆的推料效率，筒体上每两圈螺棱之间有一对刮刀。刮刀增加了物料与筒体之间的摩擦力，使物料向前运动。单螺杆挤压机的输送依靠物料与机筒内表面间的摩擦力大于物料与螺槽表面间摩擦力来实现[71]。脱水机筒体外设有清洗水，将溢出的粉料带走，送到回收罐，由泵打到真空带式过滤器回收。脱水机的螺杆外径不变，改变螺距和螺槽深度从而实现对物料压缩的目的。螺杆内部设有冷却水，防止脱水过程物料由于摩擦生热导致 ABS 塑化结块，堵塞设备。

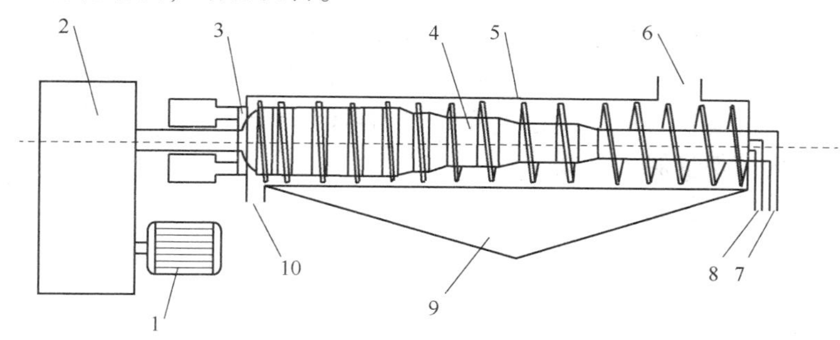

图 2-55　单螺杆脱水机

1—电机；2—减速箱；3—液压推板；4—螺杆；5—筒体；
6—进料口；7—冷却水出口；8—冷却水入口；9—废水收集器；10—出料口

螺杆挤压脱水机的几个关键参数[72]：

（1）螺杆轴的材料和结构

螺杆轴的材料除满足强度和刚度要求外，还要具有很好的耐磨性和耐腐蚀性。通常螺杆表面进行耐磨处理，喷焊 2~3mm 的耐磨硬质合金。

螺杆轴从结构上可分为铸造结构和焊接结构。铸造结构是将螺旋叶片和轴铸造为一个整体。焊接结构是将螺旋叶片和轴分别加工，而后焊接在一起，其特点是加工方便、成本低，但螺旋叶片厚度一般不变化，压缩段后段的螺旋叶片磨损较快，会影响螺旋轴的使用寿命。

（2）压缩比

螺杆一般分三段：输送段、压缩段、计量段。压缩比是压缩段第一个螺槽的容积与最后一个螺槽容积之比，由浆料性质和进出浆浓度而定，一般在 1.2~1.4 之间。

螺杆的外径不变，为实现一定的压缩比可以改变螺槽的深度或改变螺距，也可以同时改变深度和螺距。ABS 用挤压脱水机选择螺距与螺槽深度都变化的形式，这种形式有利于脱水，在出料口的物料层变薄，使 ABS 湿粉料料层内外含水量一致。

（3）螺杆长度

在压缩比一定的条件下，螺杆越长，压缩段也越长，物料被压缩的过程越缓和；反之物料在很短的距离被压缩，压力变化突然。这两种情况都不利于脱水，压缩过程长，物料与螺杆摩擦生热多，导致物料塑化，过长的螺杆也增加设备制造难度，增加电耗。压缩段过短，物料被迅速压实，增加了物料与螺杆的摩擦力，导致物料粘在螺杆上，随螺杆一起转动，不向前移动，造成脱水机不工作。

（4）筒体缝隙

筒体由半圆形的筒体块拼成，在筒体块上开滤缝。开缝的面积应与压榨过程中的脱水量相适应。滤缝的尺寸与物料压力相对应，随着螺杆位置的不同，物料受到的压力也不同，压力高、滤缝变细。同时滤缝的尺寸还和物料的状态有关，ABS 凝聚后粒子细则要求滤缝也小。这样设计既保证良好的脱水效果又防止物料被挤出。脱水机筒体滤缝确定后，要求凝聚过程稳定，物料的粒度波动小，否则造成脱水后粉料中水含量的波动。

(5) 反推装置

反推装置的主要作用是调整出口处物料的压力，物料必须克服反推装置的压力才能排出，通过反推装置可控制脱水效果。反推装置向前移动，出料口变小，物料承受的压力变大，物料的水含量降低，但动力消耗加大，筒体漏料现象增加，脱水效率下降。

为了避免物料在脱水机中脱水过度、塑化造成脱水机不出料，脱水机设有电机电流与反推装置油压联锁控制，当电流高于设定值时，背压挡板液压单元压力降低，从而调节压力挡板的位置，降低脱水机运行负荷，使电流降低。当电流低于设定值时，背压挡板液压单元自动加压至设定值，从而保证脱水效果。

2.4.7 关键控制系统

2.4.7.1 反应釜紧急停车系统

反应釜紧急停车系统采用"三取二"的原则，温度、压力由三个"与门"和一个"或门"实现了温度或压力超高"三取二"的功能，在 DCS 控制盘上有超温、超压紧急停车按钮。反应釜紧急停车的条件组成一个"或门"，与设定复位模块连接，构成逻辑控制部分，去控制阀门的开关及泵的开停。

ABS 接枝聚合釜设有三处温度检测点，当其中两个检测点温度超过 98℃ 则紧急停车系统启动。该过程采用的是"与门"关系，即任意两个检测点都达到要求才能启动系统。

同时聚合釜还设有三处压力检测点，同温度检测一样，其中任意两个检测点压力值超过 181.3kPa 则紧急停车系统启动。温度检测与压力检测之间采用"或门"关系，即温度或者压力任何一个参数达到报警要求则启动紧急停车系统。

ABS 接枝聚合系统紧急停车时会关闭加热系统，开启冷却系统，关闭所有加料阀门，打开放空阀门。

2.4.7.2 聚合、凝聚温度的控制

ABS 聚合、凝聚罐加热系统采用 DCS 联锁控制，如图 2-56 所示。

ABS 聚合釜温度采用温度-温度串级分程控制系统，聚合釜的温度是调节对象 2，聚合釜夹套温度为调节对象 1，夹套温度通过冷却水与蒸汽两个调节阀分程控制。

凝聚罐的加热由低压蒸汽来实现，通过 TV 调节阀进行调节，由调节器 TC 根据测量单元 TE 的检测结果进行控制。当温度高于设定值时，TV 阀关闭，为防止 ABS 浆液倒流到加热管线，造成管线堵塞，当 TV 阀关闭后 XV 阀门打开，保证压缩空气沿加热管线进入凝聚罐，防止浆液倒流入加热管线，同时压缩空气进入凝聚罐也起到冷却作用。

2.4.8 生产过程常见问题及其处理

2.4.8.1 装置防冻、防凝措施

所有蒸汽管线、伴热线、蒸汽甩头、低点排凝阀等，应控制出入口阀门开度，保持滴水稍冒汽，防止管线内水停留而冻堵。

水管线不能有死角或盲肠，要经常保持水流动。如泵房温度低于 0℃ 时，所有机泵冷却

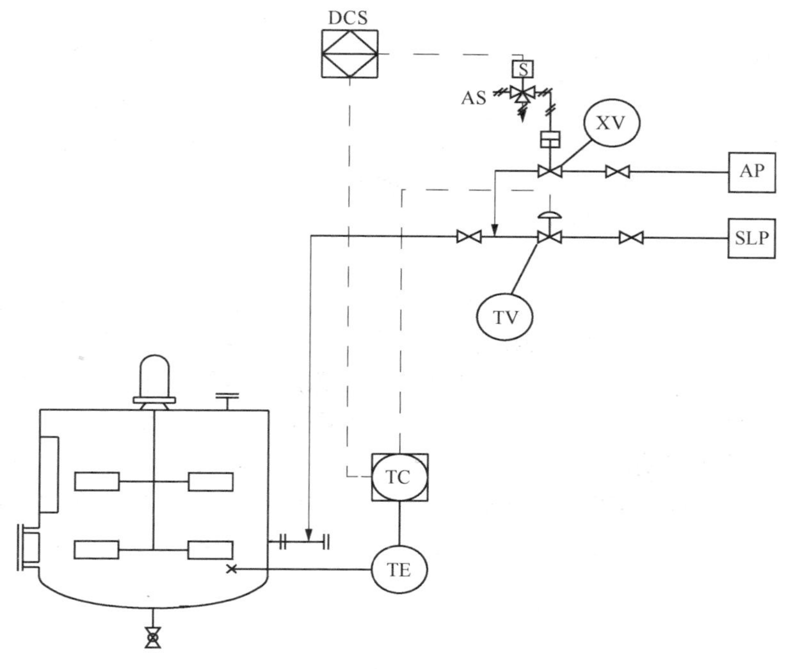

图 2-56　ABS 聚合、凝聚温度控制示意

水要保持少量流动。

停用的冷却器入冬前需给少量水保持流动，防止冻坏设备及管线。

装水的容器，管线在不用时应放净，同时要注意伴热管线的情况。

各含水容器要定期从底部排水，室外温度越低排水次数越要增加，以防冻凝。

一旦发生管线、阀门或机泵冻凝，尤其对铸铁阀门或机件严禁用铁器敲打，要用蒸汽缓慢预热，防止因剧烈膨胀而爆裂。

2.4.8.2　单体自聚

ABS 聚合单体混合罐内物料存放时间超过一周，罐内苯乙烯和丙烯腈就会发生自聚，生成的聚合物在罐内很难清理。解决的方法是，如果遇到检修等长时间不用混合单体罐内物料时，应将混合单体罐尽量排空，其次要密切监控单体混合罐内温度，高于 28℃时通喷淋水降温。

2.4.8.3　引发剂存放及分解防范

引发剂(过氧化氢异丙苯或二异丙苯)受太阳暴晒、蒸汽加热等情况下易分解，出现储罐压力升高，产生黄烟甚至发生爆炸、着火等现象，所以引发剂储罐一般要设置水喷淋、加装冷却盘管、搭设遮阳棚、远离蒸汽管线或其他热源等措施，并要加强监控。一旦出现储罐温度升高的情况，要及时采取冷却措施和降压措施，防止发生次生事故。储罐低液位情况下，避免输送泵长期运转回流，以免泵体产生热量加热储罐物料，使引发剂分解。

引发剂不能与还原剂、调节剂等混合使用，管线也不能直接连在一起进入聚合釜，防止其发生反应产生大量热量，使引发剂物料温度升高而产生分解的情况。在实际生产过程中，出现过过氧化氢异丙苯(CHP)罐加料过程中，使用叔十二碳烷基硫醇(TDDM)桶泵进行加料，致使 CHP 与 TDDM 在 CHP 罐内发生反应，罐内冒烟。应当使用各自的输送泵，并做好标识，防止误用。同时也要注意 TDDM 不能与其他氧化性物质接触，CHP 不能与其他还原性助剂接触。

2.4.8.4 聚合釜清理操作

接枝聚合釜易挂胶，需要不定期进行清理。这些聚合物由于含有橡胶成分，粘壁性很强，一般需要用高压水枪进行清理。由于水枪出水压力比较高(一般在 10MPa 以上)，清理过程中易发生水枪伤害事件，所以在高压水枪操作过程中，注意力要集中，要由培训合格的专业人员按照相关技术规程进行作业。

2.4.8.5 清洁生产

乳液接枝法 ABS 装置采用乳液聚合法，并且需要定期清洗聚合釜和凝聚系统，耗水量大。为了降低清洗用水用量，可采用接枝搅拌器、接枝反应釜增设自动清洗系统，每批反应结束后自动清洗，清洗水进入胶乳掺混罐，起到稀释乳液的作用，避免水资源浪费。凝聚单元增设回收系统，将 ABS 浆液中酸性水回收到凝聚罐，降低凝聚用水，同时减少凝聚剂用量，减少废水量。用蒸汽凝液代替原有脱盐水蒸煮聚合釜，避免使用蒸汽加热，节约了蒸汽。

可将 PBL 洗釜水加入 ABS 接枝聚合釜，将 ABS 接枝聚合釜洗釜水回收到聚合釜中进行利用。在凝聚洗涤 ABS 粉料时，将后工序的洗涤水回收用到前工序中，减少新鲜水的使用量，尽可能实现 ABS 清洁生产，节约能源和物料，减少排放。

2.4.9 安全环保

2.4.9.1 废气处理

ABS 接枝聚合和凝聚干燥单元废气污染源情况见表 2-14。

表 2-14 主要废气排放情况表

工序名称	废气名称	排放点	污染物名称	排放规律
ABS 接枝聚合单元	反应釜置换气	反应釜放空	苯乙烯、丙烯腈	间歇
凝聚干燥单元	凝聚尾气	凝聚熟化罐排气	丙烯腈、苯乙烯	连续

ABS 废气中的丙烯腈和苯乙烯等成分属于工业有机废气。目前 ABS 废气治理方法中，主要有蓄热式直接燃烧法(RTO)和蓄热式催化燃烧法(RCO)两种。理论上，各种有机废气都可以在高温(800℃)或者在催化剂存在下(250~400℃)完全氧化为二氧化碳、水和其他无害化合物。由于各装置排放的废气成分及排放量不同，以上两种方法有其各自的适用性。

蓄热式直接燃烧法使用燃料油、燃料气等辅助燃料，使焚烧炉的温度达到 800~850℃，再引入有机废气，使有机废气中的碳氢化合物在高温环境中发生氧化反应，转化为二氧化碳和水，达到无害化处理的目的。为维持焚烧炉内温度，需要不断地补充燃料(有机废气燃烧也提供一部分热能)。该技术开发较早，并在国内外多套化工装置上已成功运行多年，其稳定性和安全性比较好，适用范围较广。

蓄热式催化燃烧是典型的气-固相催化反应。在催化燃烧过程中，催化剂的作用是降低活化能，同时催化剂表面具有吸附作用，使反应物分子富集于表面，提高了反应速率，加快了反应的进行。借助催化剂可使有机废气在较低的起燃温度条件下发生无焰燃烧，将废气中的有机物氧化分解为 CO_2 和 H_2O，同时放出大量热能，从而达到去除废气中有害物质的目的。

蓄热式催化燃烧法具有投资低、安全可靠性好、节约燃料、无二次污染等优势，但需要定期更换催化剂，运行费用增加[81]。

2.4.9.2 废水处理

ABS 装置的主要废水来源于凝聚工序，以 100kt/a ABS 装置为例，废水来源见表 2-15。

表 2-15　ABS 生产装置废水来源

项目	PBL 工段	ABS 工段	混炼工段	生活废水	混合后的废水
废水量/(m^3/h)	80	150	230	40	500
pH 值	6.7	7.3	8.0	8.0	7.5
COD/(mg/L)	2000	28000	8000	500	12440
SS/(mg/L)	1000	3000	200	1000	1232

注：COD 为化学需氧量；SS 为总固体悬浮物。

正常生产时，来自 ABS 聚合和凝聚干燥单元的废水进入调节收集池，根据池中 pH 值，按一定比例加入碱液以及聚氯化铝，经过气浮系统，使废水中的悬浮性固体及颗粒等进行凝聚、吸附、去除，气浮出水流入生化处理系统，气浮产生的渣浆经带式压滤机脱水后送堆埋场统一处理。

进入生化处理池的废水，通过控制曝气池中的溶解氧，利用微生物完成对 COD、氨氮的降解过程，污水进入澄清池，再经过溢流池，此时废水 COD 值小于 300，可直接排入地下生产污水管网，送污水处理装置统一处理。污水经过浓缩池、泥浆泵送入渣浆池，与气浮产生的渣浆一并处理后，滤饼送堆埋场。

降低废水处理量提高处理效率的方法：

（1）改造工艺流程[82]

ABS 聚合投料之前需要对各加料管线进行填充，填充过程产生的废液放到聚合釜内，由聚合釜下部导淋排入废水系统。这种方法导致反应釜中残留胶乳也被排入 ABS 聚合系统的初级沉降池中，造成初级沉降池的 COD 超高，给废水单元正常运行带来冲击。改造后在各原料加料管线上增设导淋，管线填充过程废液直接排入初级沉降池，避免含胶乳废水进入初级沉降池。

（2）使用药剂

加入药剂能够有效降低废水中 COD 及固体废物含量，常用的药剂有 $MgSO_4$、$Al_2(SO_4)_3$、$FeSO_4$（表 2-16），以及各公司生产的不同絮凝剂等。

表 2-16　药剂对废水处理的作用[83]

加入药剂	SS/(mg/L)	COD/(mg/L)	pH 值	SS 去除率/%
$MgSO_4$	503	9284	7.6	58.0
$Al_2(SO_4)_3$	47	4927	7.7	97.6
$FeSO_4$	73	3260	8.1	94.0

（3）气浮处理[84,85]

预处理阶段采用加压溶气气浮操作方式有效去除废水中的固体，可保障生物处理系统入水水质稳定。将溶气气浮方式改为加压射流气浮方式，解决了释放器堵塞的问题。通过不断优化浮选系统空气压力、水气比和回流比，逐步提高固体去除效果，使废固去除率达到 90%以上。

2.4.9.3　废渣、废固处理[86]

废渣包括胶乳过滤器滤渣、凝聚振动筛胶块等。废胶块送堆埋场堆埋。为降低物料浪费，将废胶块利用螺杆挤压机或其他压滤设备进行过滤，回收其中的胶液。

2.4.9.4　使用丙烯腈注意事项

丙烯腈有剧毒，应尽可能避免与其直接接触。吸入丙烯腈蒸气可能引起恶心、呕吐、头痛等急性中毒的症状，与皮肤接触可能引起刺激性皮炎，若溅到衣服上应立即脱下衣服，溅到皮肤上应用大量水冲洗，溅入眼睛应用流水冲洗 15min 以上，不慎吞入时则用 5%硫代硫酸钠或 1：5000 高锰酸钾洗胃并就医。操作过程中应佩戴好劳动保护用品，空气中最大允许量为 $2mg/m^3$。

2.4.9.5　粉尘安全隐患

ABS 粉料是一种可燃的物质，生产过程中存在粉尘燃烧爆炸的安全隐患。国内外多数 ABS 装置粉料干燥和输送系统采用空气为介质，容易发生粉料燃烧爆炸事故。多数 ABS 生产企业都发生过 ABS 粉料燃烧爆炸的事故。目前一般采用氮气代替空气进行粉料干燥。

（1）常见 ABS 粉料系统粉尘着火现象及原因

ABS 粉料属于易燃物质，在生产过程中粉料与空气混合增加了燃烧爆炸的几率，一旦遇到引火源就会发生燃烧爆炸。如果进入干燥器的湿粉料含水量超高，湿粉料容易在干燥器内某些部位堆积，ABS 粉料堆积时间过长，与空气中的氧气反应，自身放热，引起自燃；热风从袋式过滤器吹过时，对袋式过滤器的旋风分离器部分产生摩擦，生成大量静电，并造成静电积累，一旦静电放电就会点燃粉尘，引起爆燃；如果粉料中混入金属颗粒，在粉料输送过程中，金属颗粒与器壁摩擦会产生火花，也会引起爆燃；设备发生故障，摩擦放热，会导致局部温度过高，使粉料氧化自燃。尤其是皮带传动部位，温度较高，有粉料堆积情况下很容易发生燃烧事故；干燥器操作温度过高，粉料在干燥器内停留时，会使粉料氧化着火，引起爆燃；干燥器由于长期使用，表面光洁度已经达不到工艺要求，使干燥器四壁粘有粉料，粉料长期滞留在干燥器内，容易氧化自燃；现场卫生条件不好，造成粉尘长期堆积，ABS 粉料老化，并在外界条件干预下发生燃烧爆炸事故；料仓上的安全系统如呼吸阀，输送系统的过滤器等设备故障，导致系统憋压或泄漏，造成粉尘扩散出系统，在周围空间形成爆炸性混合气体，遇到静电打火等情况发生爆炸事故。

（2）ABS 粉尘着火的预防措施

① 严格控制工艺条件。进入干燥器的粉料状态不稳定会严重影响干燥器运行状态，粉料颗粒过大或过小、含水量偏高或过低，都会导致干燥器内粉料运行状态的改变，容易导致粉料过热或氧化燃烧；产品中残留单体在干燥过程中会发生氧化反应，如果聚合效果不好，残留单体过多，会造成干燥过程氧化反应剧烈，放热量增加，导致粉尘高温分解而燃烧；ABS 浆液清洗效果对干燥也有影响，化学品残留会明显降低粉料的稳定性，尤其是凝聚剂硫酸的残留，会使粉料颜色发黄，严重时也会引起火灾。

② 保持设备状态良好。保持设备状态良好能够有效控制粉尘外漏，降低物耗，同时避免形成空间爆炸气体及粉尘堆积现象，还能防止杂物进入系统引起异常或造成设备过热；控制生产负荷，在脱水、干燥环节避免高负荷或低负荷生产，控制 ABS 粉尘在干燥器内的停留时间，避免粉料过热；定期清理干燥器，清理过程需要注意设备死角要清理干净，尤其是旋风分离系统。清洗过程注意不要破坏干燥器抛光表面，所有温度、压力检测点要清理干净，不要将杂物落在干燥器内。

③ 保持现场卫生。发现现场有粉尘要及时清理，对泄漏粉尘的设备要及时维护，对落在高温或转动设备上的粉尘必须及时清理。清理过程中可以使用工业防静电吸尘器，但不能使用空气吹扫。

④ 精心操作粉料干燥及输送系统，避免粉料冒仓现象。通常料仓的音叉料位计不能准确反映料位情况，容易出现冒料、跑料事故，操作人员要控制好送料时间，并与现场操作人

员密切联系，掌握实际情况，发生跑料要及时清理。

⑤ 选择合适工艺，避免粉料堆积的死角，增设防静电设施，选择稳定可靠的设备及仪表可以降低粉尘燃烧的几率；采用氮气干燥系统可以消除干燥过程粉料燃烧爆炸的可能性，大大降低生产过程中安全隐患。采用湿法挤出工艺可以彻底消除粉料燃烧爆炸的隐患。

（3）氮气干燥系统[87,88]

采用热氮气作为干燥热介质，与传统的热空气相比，消除了干燥过程 ABS 粉料爆炸和着火的安全隐患，可以大大增强粉料储存和输送的安全性，适合于通用类 ABS 产品生产。采用氮气干燥还可以延长干燥系统的清理周期，保证安全。改造后氮气密闭循环使用，采用水喷淋式冷却塔除去氮气中夹带的水分。ABS 湿粉料进入干燥器后，均匀地分布在流化床干燥器床层上，从水洗塔降温后的氮气，由风机吸入并加压，再经过气体加热器加热后分三路进入干燥器，和湿粉料充分接触。在与热氮气接触的过程中，粉料内的水分不断蒸发，达到干燥效果。干燥器排出的粉料经风送系统送入粉料仓。

2.5 本体 SAN 树脂生产工艺

2.5.1 简介

本体聚合(bulk polymerization，简称本体法)是高分子聚合四种方法之一。严格意义上讲，本体聚合是指单体(或原料低分子物)在不加溶剂以及其他分散剂的条件下，由引发剂或光、热、辐射作用下其自身进行聚合引发的聚合反应。但在实际工业生产过程中，需要加一定的单体同类饱和物作溶剂，起到稀释作用，帮助系统传热传质。为了得到适当物性指标的聚合物，要加入一定量的分子量调节剂，有时也可加少量着色剂、增塑剂等。液态、气态、固态单体都可以进行本体聚合[113]。

SAN 树脂是以苯乙烯、丙烯腈为单体进行共聚合得到的无规聚合物，本体聚合法生产 SAN 树脂一般采用热引发、连续聚合的工艺，生产设备利用率高，流程简短，操作简单，不需要复杂的分离、提纯操作，得到的产品组成均一，质地纯净，具有良好的透明度、耐热性、耐油性、耐老化性及制品尺寸稳定性，电性能好，易成型加工，易着色，可直接进行浇铸成型。SAN 树脂可直接加工用于如空调器、电视机、收录机、洗衣机的某些零部件，电扇叶片、冰箱果蛋盒、磁带盒等家用电器，也可作如打火机壳体、杯、盘、化妆盒、器皿、钟表盘、玩具、文具用品等日用品，还可作为中间产品通过掺混来生产 ABS 树脂或其他具有特殊用途(如增强、阻燃和防静电等)的工程塑料。

2.5.2 本体 SAN 生产工艺

本体聚合法制备 SAN 树脂在 20 世纪 60 年代就已开始出现，生产工艺不断改进，流程不断简化，操作更加方便，产品质量不断提高。常见的本体法 SAN 树脂生产工艺有单釜、单塔、双釜、双塔、釜塔串联等聚合工艺。脱气单元有一台脱气釜、也有两台脱气釜串联等方式，在此只介绍单聚合釜、一台脱气釜的 SAN 树脂生产工艺。其流程为：新鲜苯乙烯、丙烯腈、稀释剂乙苯(开始生产后以回收单体替代，其中含有乙苯)组成的反应液，经混合冷却后从聚合釜底部进入，在一定的温度和压力下进行聚合反应，控制一定的聚合转化率，聚合物及未反应的单体苯乙烯、丙烯腈、乙苯等组成的聚合液混合物被高温热传递介质

(HTM)加热，进入依靠真空泵提供负压的脱气槽中，未反应单体、乙苯等从脱气槽被抽出，经过冷凝、冷却后送回原料单元，用于配制反应单体。落到脱气槽底部的聚合物，经过与脱气槽出口相连的挤出泵，经挤出、造粒后成为SAN树脂产品。流程简图见图2-57。

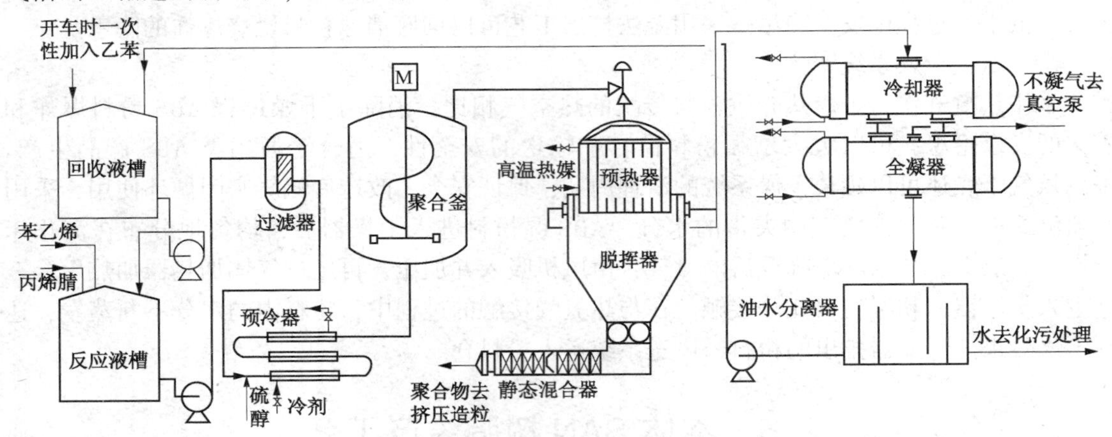

图2-57　本体法SAN树脂生产流程示意

2.5.3　本体SAN生产所需的助剂

与悬浮聚合、乳液聚合、溶液聚合等方法相比，本体聚合法生产SAN树脂所需的助剂相对较少，主要使用硫醇作为分子量调节剂，亚乙基双硬脂酰胺作为外部润滑剂，在生产装置上由于需要对聚合、脱气等单元进行清洗而使用*N*,*N*-二甲基甲酰胺(DMF)作为清洗剂，对脱气单元进行加热要使用传热介质(HTM)。

2.5.4　主要品种及规格

SAN树脂可用来制备产品或作为原料掺混生产ABS树脂及其他改性材料，由于用途比较广泛，需要的性能各有侧重，所以其品种及规格也各不相同。表2-17列出了一些常见的SAN树脂性能指标。

表2-17　典型的SAN树脂性能指标

项　目		性能指标				
		高流动型	掺混型	耐化学型		高耐化学型
				低流动	中流动	中流动
熔体流动速率/(g/10min)		4.0~12.0	2.8~3.6	0.8~1.6	1.6~2.5	1.2~1.8
拉伸断裂应力/MPa	≥	62.0	67.0	66.0	72.0	72.0
维卡软化温度/℃	≥	98	98	97	100	100
悬臂梁冲击强度/(J/m)	≥	8	9	9	10	10
残留AN/(mg/kg)	≤	140	250	230	230	230
残留总挥发物/(mg/kg)	≤	1500	2000	2000	2000	2000
透光率/%	≥	89	89	89	89	89

SAN树脂作为生产ABS树脂的中间体时，ABS树脂性能的变化和特点对SAN树脂性能有不同的要求，在表2-17中所列的各牌号SAN树脂均可用作掺混原料来生产ABS树脂；但要生产普通的ABS树脂，掺混型SAN较为适用；要生产头盔、耐热、高强度、管材、板材等特殊牌号ABS树脂，耐化学性牌号效果更好。

2.5.5 影响SAN生产工艺及产品性能的主要因素

2.5.5.1 单体配比对产品性能的影响

苯乙烯和丙烯腈配比，即单体配比的变化对树脂的部分物理性能产生不同程度的影响。从理论上讲，树脂中丙烯腈含量增高，树脂的耐化学性明显增强，拉伸强度提高，流动性变差。实际生产中，树脂中结合丙烯腈含量对产品性能的影响有以下几个方面。

(1) 共聚物密度

不同丙烯腈含量的共聚物，经测定其密度，结果见图 2-58。可以看出，共聚物中结合丙烯腈含量与共聚物密度二者之间呈线性关系，即随着共聚物中结合丙烯腈含量增高，共聚物的密度也逐渐上升。这可能有三个方面的原因：①共聚物分子链中结合丙烯腈含量高，分子链上结合上去的丙烯腈分子增多，则苯乙烯分子减少，受苯乙烯分子的苯环空间位阻减小，分子链堆叠比较紧密，甚至出现氰基同序同态排列，甚至可能产生结晶现象(图 2-59 中的 A 结构)；②由于丙烯腈分子氮原子与另一条分子链上的氢原子之间容易形成分子间的氢键(图 2-59 中的 B 结构)；③分子链内链段之间相互作用形成氢键(图 2-59 中的 C 结构)，丙烯腈含量越高，形成氢键数量增多，链段和分子链收缩就越大，分子链结合紧密，树脂的密度就大[114]。

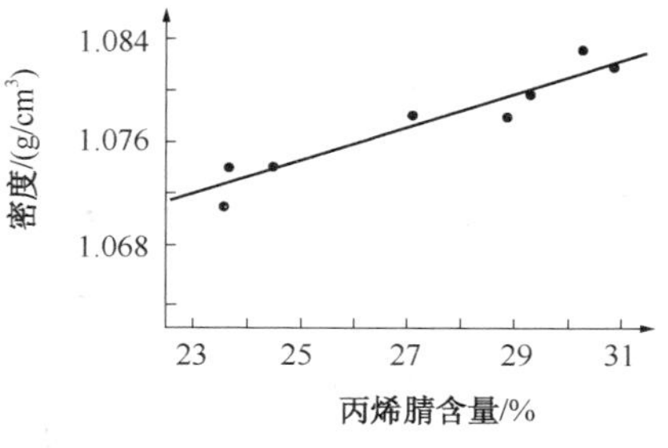

图 2-58 丙烯腈含量与树脂密度的关系

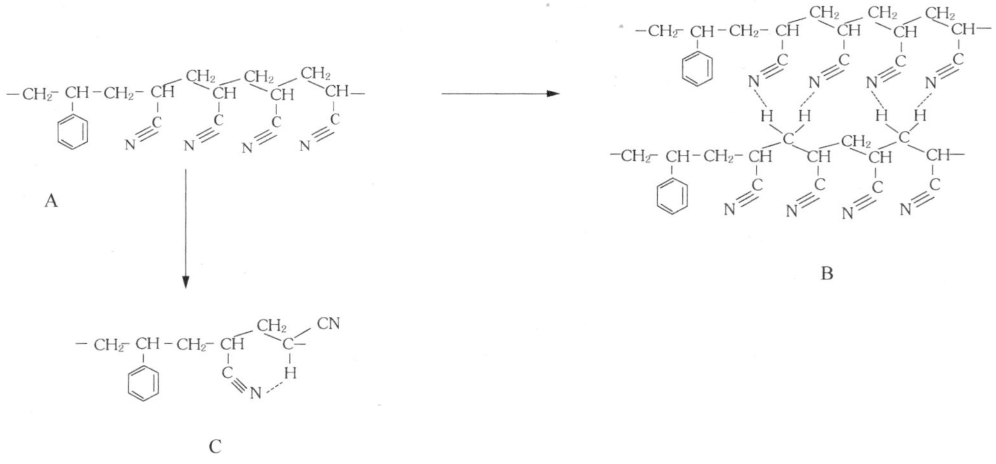

A

B

C

图 2-59 SAN 共聚物的分子结构示意

(2) 共聚物的拉伸强度

图 2-60 表明，随着共聚物中结合丙烯腈含量的提高，共聚物的拉伸强度逐步提高。由于聚合物的强度与分子链内的化学键断裂、分子间的范德华力或氢键的断裂有关，聚合物的实际强度主要是部分氢键或范德华力的破坏[113]；聚合物中丙烯腈中的氰基(—C≡N)易形成分子间和分子内的氢键，丙烯腈含量提高，使卷曲的高分子链内及分子链之间的氢键数量增多，范德华力增大，分子间的作用力增大；同时，丙烯腈含量增高，氰基数量增加，分子极性增加，分子链取向程度增大，使分子链之间的作用力也增强，所以共聚物的拉伸强度不断提高[115]。

（3）弯曲强度

图 2-61 反映了共聚物中结合丙烯腈含量对其弯曲强度的影响。提高结合丙烯腈含量，则分子之间和内部链段之间的范德华力增大和氢键数目增加，分子间作用力增强，弯曲强度随之增大。

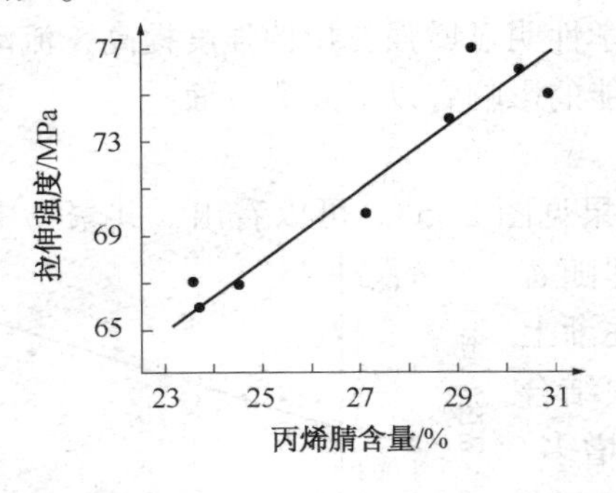

图 2-60 丙烯腈含量与树脂拉伸强度的关系

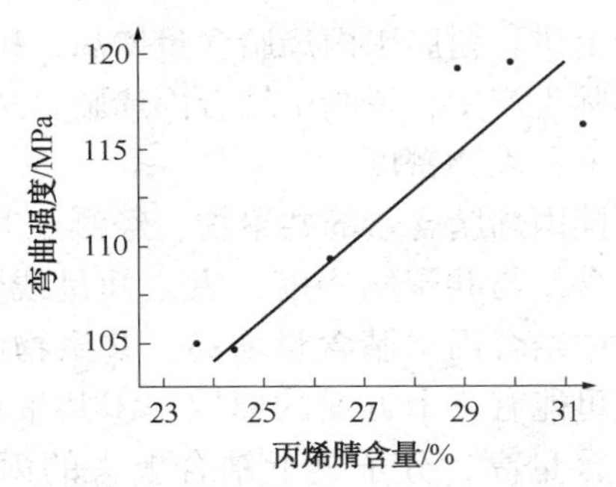

图 2-61 结合丙烯腈含量对树脂弯曲强度的影响

（4）冲击强度

结合丙烯腈含量对共聚物的缺口冲击强度的影响见图 2-62。可以看出，无论是注缺口还是铣缺口冲击强度对丙烯腈含量的敏感性不强，即丙烯腈含量从 23.6%升高到 30.9%（质量分数，下同），注缺口冲击强度在 19~22J/m 之间变化，同时铣缺口冲击强度在 9~12J/m 之间波动，它们之间的关系曲线趋于一条平线。这由于是苯乙烯、丙烯腈的无规共聚物，分子链上只有苯环和氰基等侧基，属于饱和柔性链，不像 SBS 嵌段聚合物有双键存在使分子的弹性提高；同时整个苯乙烯/丙烯腈聚合物属于均相结构，不像 ABS 或 HIPS 的"海岛"结构而具有较高的抗冲击性能，所以冲击强度受丙烯腈含量影响较小。

（5）维卡软化温度

共聚物中丙烯腈含量变化时其维卡软化温度变化如图 2-63 所示。可以看出，维卡软化温度基本不受丙烯腈含量变化的影响，它们的关系曲线趋于一条平线。这是由于丙烯腈含量升高时，共聚物分子间的作用力和氢键增加，使分子侧基旋转、链段及整个分子链运动变得越来越困难[114]。要使链段能自由运动，必须升高温度，这使维卡软化温度有升高的趋势；但在丙烯腈增加的同时，苯乙烯分子数目减少，占较大空间的苯环数目也相应减少，由于空间位阻大而难以旋转的趋向减小，这又使维卡软化温度有降低的趋势；二者作用相互抵消，使维卡软化温度变化不大。

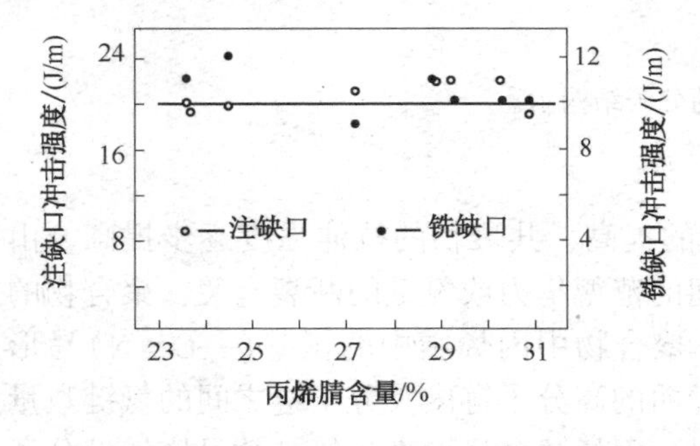

图 2-62 丙烯腈含量对树脂冲击强度的影响

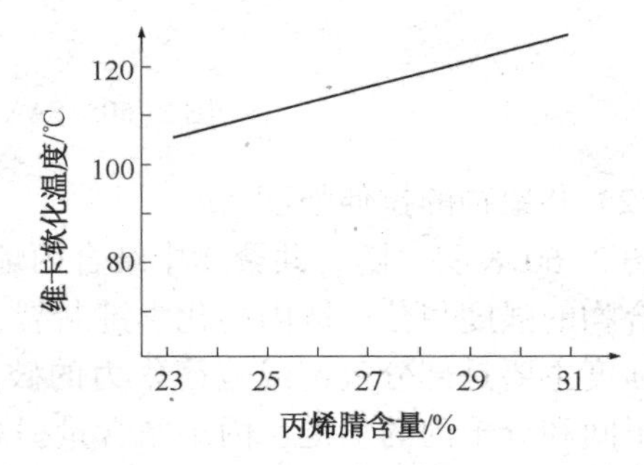

图 2-63 丙烯腈含量对树脂维卡软化温度的影响

(6) 硬度

丙烯腈含量变化对 SAN 共聚物的硬度影响见图 2-64。可以看出，结合丙烯腈含量变化对 SAN 共聚物的硬度影响很小，两者的关系曲线趋于一条平线。这是由于 SAN 共聚物是苯乙烯、丙烯腈共聚合生成的无规均相共聚物，丙烯腈含量变化对硬度影响不明显。

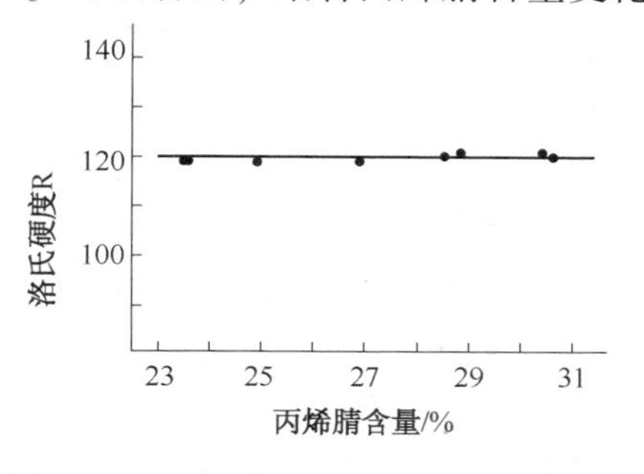

图 2-64　丙烯腈含量对树脂硬度的影响

(7) 丙烯腈含量对 SAN 树脂耐化学性能的影响

① SAN 树脂在有机溶剂中的浸渍试验。

对不同丙烯腈含量的 SAN 树脂在汽油、丙酮中进行浸渍试验，结果见表 2-18。可以看出，随着结合丙烯腈含量的增加，SAN 树脂的耐油、耐化学性能明显提高。

表 2-18　SAN 树脂耐溶剂试验结果

丙烯腈含量/%	24.5	29.0	31.6
在丙酮中表面产生晕斑的时间/h	21	34	46
在汽油中表面产生晕斑的时间/h	15	21	28

② SAN 树脂制作的打火机充气耐化学腐蚀试验。

不同丙烯腈含量 SAN 树脂注射成一次性打火机，在充装液化气后，将一定数量的充气打火机放入一定温度的恒温水浴中，在一定时间后将其拿出，检查并统计漏气和壳体破裂情况，以确定树脂耐化学腐蚀性能的好坏。结果见表 2-19。

表 2-19　SAN 树脂制品充装液化气破裂试验

丙烯腈含量/%	温度/℃	实验数量/个	时间/min	实验结果	破损率/%
29	40	100	30	良好	0
29	45	100	30	良好	0
29	50	100	30	爆裂 2 个	2
29	55	100	30	爆裂 14 个	14
29	60	84	30	爆裂 17 个	20
31	50	10	30	良好	0
31	55	10	30	良好	0
31	65	10	30	爆裂 2 个	20

从表 2-19 可以看出，相同温度、相同时间情况下，随着树脂中丙烯腈含量的提高，其制品耐化学性能提高，破裂数减少。

(8) 丙烯腈含量对 SAN 树脂加工性能的影响

本体法 SAN 树脂具有产品纯净、透明度高，树脂质量均一的特点，但在注射加工成型时，反映出制品表面易出现银纹、黑烟等现象，制品内部气泡较多，影响制品质量，导致一次成型率低，且树脂中结合丙烯腈含量越高，这种现象越明显。这主要是由于树脂中丙烯腈易产生图 2-59 中的 A、B、C 三种化学结构，这三种结构均使高分子链的柔顺性变差，分子侧链自由旋转、链段和整个分子链的移动均需要更高的能量。这就导致需要更高的加热温度或更大的剪切力，从而导致挤出螺杆的压力大，剪切力高，产生的摩擦热高，局部过热，导致树脂在无氧或稀氧情况下分解，产生碳和水，碳以炭黑形式出现，导致表面出现黑雾，制品内部的水分无法导出，最后以气泡形式残存[116]。

生产实践表明，可以通过以下两种方法来缓解或消除上述现象。

① 加入非极性的第三单体，降低树脂中氰基的密度，减少图 2-59 中三种结构的形成几率。加入的第三单体结合到高分子链上必须是非极性的，使氰基密度减小，氢键形成的数量和几率降低，分子内和分子间的作用力减小，加工时需要的能量降低，也就避免了上述缺陷的产生。

② 适当增加亚乙基双硬脂酰胺，降低树脂在螺杆挤出过程中的摩擦力，降低摩擦生热，避免局部过热导致树脂受热分解的现象，从而可以保证制品中没有黑烟和气泡的产生，改善了加工性能[117]。

2.5.5.2 聚合转化率对产品性能的影响

本体 SAN 树脂生产过程中，聚合转化率要严格控制，以解决聚合热的导出、体系黏度及物料的混合等问题。一般情况下本体 SAN 树脂生产时聚合转化率宜控制在 45%～60%之间。当聚合转化率低时，体系黏度较小，传热传质效果好，聚合体系中的反应温度、物料浓度分布相对均匀，分布梯度小，聚合物分子量分布窄，维卡软化温度稍有提高，但全软化温度范围小；当聚合转化率较高时，聚合放热量大，体系黏度高，传热和输送都比较困难，有发生爆聚的危险，同时，由于聚合体系中温度、浓度分布宽，形成梯度分布，导致聚合物分子量分布宽，易加工。

2.5.5.3 聚合温度对产品性能的影响

本体 SAN 树脂生产过程中，聚合温度低，引发的自由基数量少，平均每个自由基所得到的单体数几率增加，分子量有增大的趋势，熔体流动速率减小，分子量分布窄；聚合温度高，热引发反应速度加快，自由基产生数量多，在保持加入单体量不变的情况下，聚合物的分子量变小，树脂的熔体流动速率增大，与此同时，由于温度升高，聚合转化率升高，体系黏度增大，使部分长链自由基无法接近单体，产生自动加速效应，聚合物进行偶合终止、支化等几率增加，产生分子量较大的聚合物。上述两个方面的作用，使聚合平均分子量变化不大，但分布变宽。

聚合温度是生产工艺中需要控制的最重要参数，在实际生产中要严格控制，一旦温度升高并超出控制指标，反应速度急剧加快，大量的聚合反应热无法放出，聚合温度急剧上升，失去控制，最后会导致爆聚反应发生。聚合温度异常升高时，除仪表调节降低聚合温度设定之外，可视情况采取以下措施：①聚合温度控制保证聚合转化率在设计中值及以下，使聚合体系黏度适中，保证传热、传质效果。②适当提高原料中添加的稀释剂（乙苯等），使体系黏度处于较低的状态。③适当提高加料量，稀释体系，降低黏度。④适当降低进料温度，撤除部分富裕热量。⑤适当提高聚合釜搅拌转速或聚合物循环量或导热油的循环量，提高换热效率。

2.5.5.4 聚合热的撤出

本体法生产 SAN 树脂时，聚合热的撤出是最受关注的问题，常见的本体法 SAN 聚合反应热撤出措施有四种：①低温进料。将进入聚合系统的原料液适当冷却到较低温度，这些物料进入聚合釜后被加热到聚合反应温度，进料原料液可以吸收约 70%的聚合反应热。②聚合釜自带的传热附件撤热。传热附件中（夹套、列管等）通入低于聚合反应温度约 5～20℃的传热介质——热媒（HTM），撤出部分聚合反应热。③聚合体外循环冷却系统。从聚合釜引出部分聚合液，经低于聚合反应温度 5～20℃的热媒微冷却，再返回到聚合釜中，撤出部分聚合反应热。④其他传热方式。

2.5.5.5 聚合系统物料的混合

本体法 SAN 生产中将进入聚合系统低黏度(几 mPa·s)的新鲜原料液与高黏度的聚合釜中原有的聚合液(1000mPa·s 左右)混合均匀，同时保证物料组成均一，以实现树脂足够的透明度。聚合系统物料的混合可以采取以下几种措施来实现：

① 选择混合效果较好的搅拌型式。② 采用副搅拌器进行内部循环混合，被副搅拌器混合的混合液在主搅拌器与导流筒的作用下沿搅拌轴方向被提升到聚合釜上部，一部分直接从聚合釜出口管线流出，大部分从导流筒外部沿列管流下，完成内部循环。③ 从聚合釜引出聚合液，经体外机构再进入聚合釜中完成外部循环。④ 其他的混合形式。

通过上述多种混合方式，保证高低黏度差异较大的物料混合均匀，同时使整个聚合系统的物料分布相对比较均匀，最终能得到组成比较均一的聚合物，以保证产品的透明性。

2.5.5.6 树脂的外观质量

用本体 SAN 树脂掺混生产 ABS 树脂或直接加工成制品时，对 SAN 树脂的外观要求比较高，尽量不发黄或黄色较浅是比较理想的状况。但 SAN 树脂是由丙烯腈与苯乙烯共聚制备而得，自身要产生黄色，加之本体法 SAN 树脂在聚合液预热、脱出残留单体过程中要受到高温烘烤，树脂倾向于发黄，若系统存在氧，则泛黄现象更加严重。所以在本体法生产 SAN 树脂时，要采取一系列措施，降低树脂黄色指数，提高外观质量。

降低树脂的黄色指数常见采取的措施主要为：降低苯乙烯、丙烯腈原料的色度，物料系统进行氮封隔氧，在保证树脂熔融态基础的条件下，适当降低树脂熔融温度，尽可能缩短树脂在高温状态下的停留时间，单体回收部分增加低分子聚合物脱除设施，进行回收液中杂质的去除，添加适合品种和浓度的透明耐高温染料进行树脂染色(浅色或水色)等。通过这些措施，可一定程度降低树脂的黄色指数，改善外观质量[118]。

2.5.6 主要设备

2.5.6.1 聚合釜

本体 SAN 树脂的生产过程主要是解决聚合传热、高黏度聚合物与低黏度单体的混合等问题，所以聚合釜的设计非常重要。常见的采用双螺旋+导流筒+内外双层列管的聚合釜结构见图 2-65。

2.5.6.2 预热器及脱挥器

预热器及脱挥器结构示意如图 2-66 所示。

2.5.7 安全环保卫生

本体法 SAN 生产过程中的安全环保及职业卫生与其他工艺生产 SAN 树脂时基本相同，苯乙烯、丙烯腈等危害和防护要求完全一样，但本体法 SAN 工艺有其自有的特点，安全控制及防护、三废排放重点也有所不同。

本体法生产 SAN 树脂时要防止聚合温度超温造成爆聚反应的发生。由于本体法 SAN 聚合是放热反应，体系黏度大，尤其是到了一个生产周期的后期时，聚合釜及其撤热设施聚合物挂壁现象严重，聚合反应热撤出和聚合反应温度控制比较困难，聚合温度易超出上限而失控，造成爆聚反应。聚合温度急剧上升导致压力增高，最终会使聚合釜系统的安全阀起跳或爆破片破裂，甚至使聚合釜内聚合物完全固化，釜内件损坏，正常生产受到严重影响。为防止该类事故的发生，装置设计时应有可靠的聚合温度控制调节系统，以保证温度稳定准确地自动控制，同时要考虑向聚合釜系统充加回收液(稀释剂含量较高)的管线流程或充加纯稀释剂的管线流程。当聚合釜温度升高已不能控制时，向聚合釜加回收液或稀释剂，以终止反应，同时稀释聚合体系，便于传热；也可以考虑聚合釜底部设置排空到事故槽的流程，一旦聚合温度超标而稀释剂流程不可用时，可直接将聚合釜中的物料导出，保护聚合釜不受损害。

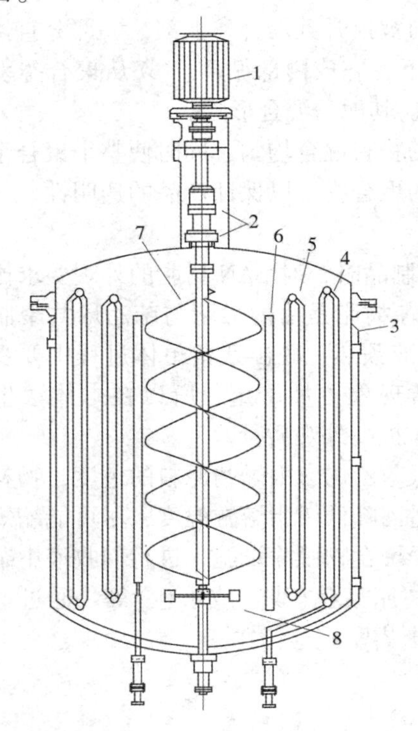

图 2-65　本体法 SAN 聚合釜示意

1—电动机；2—机械密封；3—夹套；4—外列管；5—内列管；6—导流筒；7—主搅拌器；8—副搅拌器

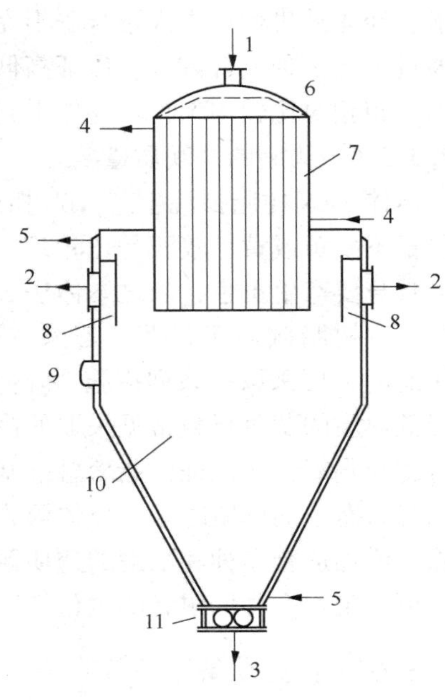

图 2-66　本体法 SAN 预热器、脱挥器示意

1—聚合液；2—回收单体(气相)；3—聚合物(SAN 树脂)；4—高温热媒；5—低温热媒(220℃)；6—分布板；7—预热器；8—挡板；9—人孔；10—脱挥器；11—聚合物输送泵

相对于悬浮法而言，本体法 SAN 生产过程中污水排放量较小，只有原料夹带的游离水和使用蒸汽喷射泵时蒸汽凝液产生的废水。另外，废气排放量也小，只有罐区氮气保护、挤压机模头等少数几个点有废气排放。固体废弃物排放点主要集中在挤压模头开停工、粒料振动筛等处。本体法 SAN 工艺每年需要停车 2~4 次，对聚合脱挥系统进行清洗和清理，聚合釜停车后的聚合液、罐区的回收液等作为废液排出界区。

2.6　掺混挤压造粒

掺混挤压造粒工序是乳液接枝-本体 SAN 掺混法 ABS 生产工艺过程的最后阶段，混炼的目的是实现 ABS 接枝聚合物分散在 SAN 连续相的结构。为了保证产品性能，要求 ABS 接枝聚合物尽可能均匀地分散在 SAN 树脂中，尽可能避免橡胶粒子的聚集。混炼过程是在树脂熔融状态下进行的，由于高分子材料特有的高黏度，要求混炼设备具有高剪切的能力。常用的混炼设备有挤出机、密炼机、开炼机等。挤出机具有生产能力大、混炼效果好、生产过程连续、便于清洗及牌号切换等优势，而被广泛应用于 ABS 生产过程及共混改性生产过程；密炼机主要用于实验室试验过程；开炼机主要用于橡胶加工过程。

混炼过程是将 ABS 接枝聚合物、SAN 树脂及各种助剂进行混合的过程。目前 ABS 混炼工艺包括干法挤出和湿法挤出两种。其中干法挤出工艺为传统工艺，是指混炼所用各种原料含水量较低(小于 1%)的挤出过程，具有技术成熟、生产灵活、产品种类多等特点；湿法挤出是指混炼原料含水量较大(主要是 ABS 接枝聚合物含水，含水量通常在 5%~40%)的脱水及挤出过程，具有生产工艺流程短、产品白度好、应用范围小等特点。干法挤出工艺适合阻燃、板材、耐热等特种 ABS 产品的生产以及 ABS 合金的生产；而湿法挤出工艺受脱水工艺的限制主要应用于通用型 ABS 树脂的生产。

2.6.1 干法工艺

2.6.1.1 干法挤出工艺过程

干法挤出是指将 ABS 接枝聚合物经过凝聚、洗涤、脱水、干燥后形成的 ABS 干粉料、经过造粒后形成的 SAN 粒料以及化学品添加剂混合后加入挤出机，进行挤出共混的生产工艺。

在挤出机中，物料经加热呈黏流状态，在螺杆的推动作用下通过具有一定几何形状的口模而形成端面与口模相仿的条状连续体，条状连续体通过冷却后由黏流态变为高弹态，最后冷却成型为玻璃态。物料在挤出机中完成熔融塑化、分散混合、挥发分的分离等过程。挤出机具有输送、混合分散、排气、成型挤出的功能。

干法挤出工艺特点：干法挤出工艺要求原料的含水量不能超过 1%，否则出现加料不畅、喷料等现象；挤出机多选用同向双螺杆挤出机；干法挤出工艺适用于所有 ABS 产品的生产；工艺操作稳定；开停车方便；生产效率高，能耗低。

干法挤出工艺适用范围很广，应用于通用型、阻燃型、板材型、耐热型等 ABS 产品的生产，同时也适合生产 ABS 合金类产品，在国内外 ABS 树脂生产、改性企业中应用比较普遍。通过调整原料种类、加入比例，优化挤出机螺杆组合和生产工艺参数，干法挤出工艺能生产所有不同类型的 ABS 产品。这也是干法挤出应用广泛的根本原因，同时干法挤出工艺具有操作灵活的特点，适合产品牌号切换，适合着色产品的生产。

从图 2-67 可以看出，干法挤出工艺包括：原料储存、原料掺混、挤出混炼、造粒、风送系统、储存包装等过程。

由凝聚干燥单元生产的 ABS 接枝聚合物，以及由 SAN 聚合单元生产的 SAN 树脂，通过风送系统送到混炼缓冲料仓中；混炼所需的各种化学品，经过计量后，加入高速混合器中进行混合，然后放到缓冲料仓中；计量单元对以上原料按配方比例计量、预混后加入挤出机，经过挤出机混炼塑化后拉条造粒，经过筛分后风送至成品料仓进行包装、码垛。

在挤出机模头之前设有换网装置，滤网的作用是过滤树脂中的杂质，当滤网变脏，体系压力升高到一定值时必须进行换网操作。

挤出过程中产品中的低分子挥发分通过真空排气口排出，经过真空分离罐分离后气相进入真空泵，液相定期排出并焚烧处理。真空泵出口气相经过冷凝分离，气相进 RTO 系统处理，液相定期排出并焚烧处理；模头产生的废气经过排气系统收集后进 RTO 系统处理。

在真空系统，由于气相中含有的低分子物质容易液化，因此常选用水环真空泵和蒸汽喷射泵。水环真空泵工艺过程简单、操作方便，适合中小型挤出机使用；蒸汽喷射泵能耗高，

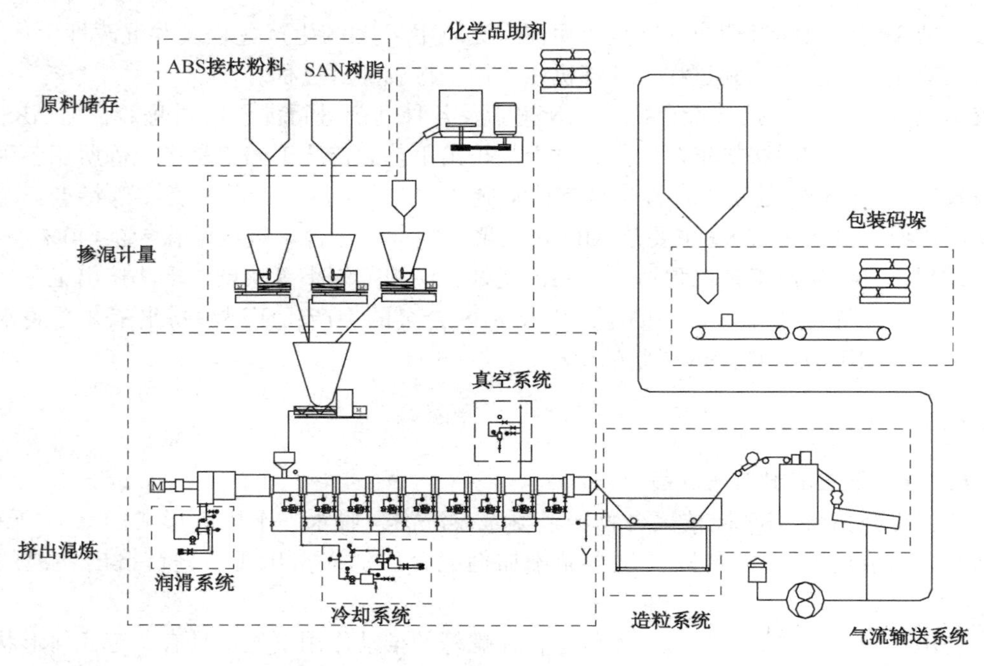

图 2-67　干法挤出工艺流程

但维护工作量小，能力大，适合大型挤出机使用。

2.6.1.2　掺混工艺

掺混的目的是将各种原料按配方比例计量，并进行预混，保证进入挤出机的原料组成连续稳定，常用的掺混工艺包括批次掺混法和连续计量法。两种掺混工艺特点对比见表 2-20。

表 2-20　两种掺混工艺对比

工艺	优点	缺点	应用
批次掺混	设备投资低 操作简单 生产原料种类不受限制 维护工作量小 适合多种原料共混挤出 适合小批量生产	设备占用空间多 批次间波动 牌号切换清洗工作量大 计量精度低 间歇操作，人工劳动强度大	吉林石化、韩国三星、LG 惠州工厂等
连续计量	牌号切换方便 原料种类受失重秤数量限制 计量精度高 连续操作，人工劳动强度小 适合大批量产品的生产	设备投资高 维护工作量大	吉林石化、奇美、LG、巴斯夫、SABIC 等

批次掺混法是将 ABS 接枝聚合物、SAN 树脂、添加助剂等各种原料通过计量装置分别计量后加入混合器中，液体助剂通过加压以雾状分散到混合器物料中，混合均匀后原料放入缓冲料仓，供挤出机使用。批次计量法是间歇操作，每次掺混的数量与挤出机工作能力相匹配，掺混能力要略大于挤出能力，一般缓冲料仓容积是掺混器容积的 2 倍。常用的掺混器有高速混合器和锥形混合器。高速混合器(图 2-68)混合速度快，电机容量大，但设备能力受限制，一般容积小于 1.5m^3。锥形混合器(图 2-69)混合时间长，但设备能力大。

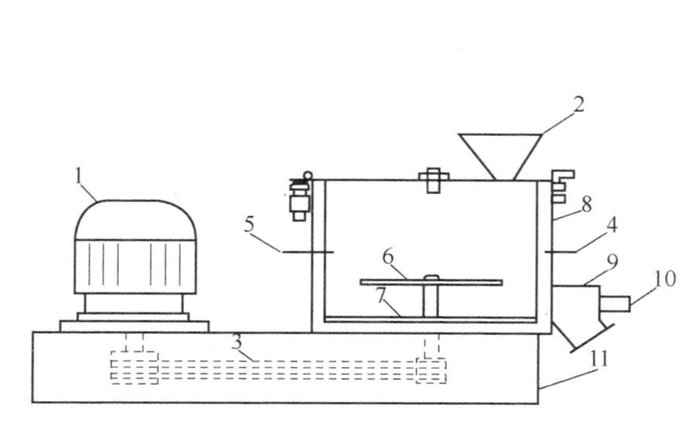

图 2-68　高速混料器

1—主电机；2—加料口；3—传动皮带；4—测温点 1；5—测温点 2；6—片式上叶轮；7—下叶轮；8—混合锅；9—出料口；10—出料阀；11—底座

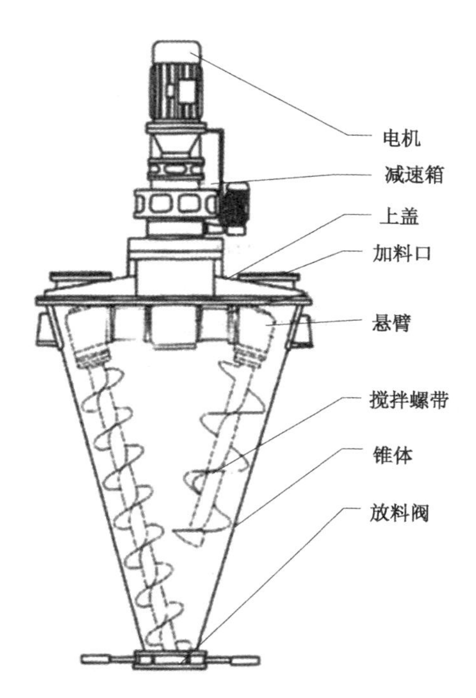

图 2-69　锥形混料器

连续计量法，各种原料独自加料，通过失重秤(图 2-70)计量，控制各自加料速度，实现按配方比例加料的目的。各种原料是在挤出机加料口上方同时按比例加入，物料加入挤出机加料口的瞬间物料组成是均匀连续稳定的。液体助剂通过计量泵连续加入挤出机。失重秤是目前应用比较普遍的加料设备，它以一定频率称重，通过计算机计算出质量减少的速度，并与设定值比较，控制加料设备转速实现控制加料量的目的。失重秤的出料口是连续出料，当失重秤料斗内物料接近排空状态时由缓冲仓补充物料，补到一定质量停止补料，也就是说失重秤连续出料，间歇进料。

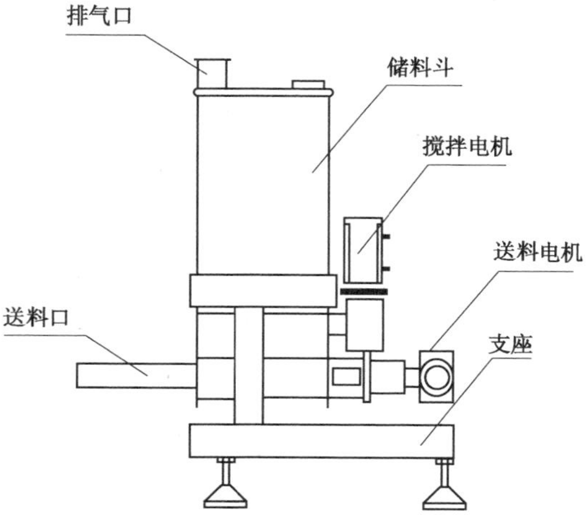

图 2-70　失重秤

2. 6. 1. 3　关键工艺参数

干法挤出关键工艺参数包括：掺混配方；挤出机温度、压力、扭矩、螺杆转速；加料速度；真空度；润滑油压力、温度等。

掺混配方是由产品种类、牌号决定的，掺混控制的关键是精确计量。

挤出机温度根据生产产品而设置，一般在 180～240℃之间，流动性好的产品挤出温度低，耐热牌号产品挤出温度高。

挤出机压力是指挤出机模头换网器前树脂熔体压力，又称模头压力，根据挤出机模头尺寸大小确定。模头压力是保证熔体连续稳定挤出的关键。在模头和筒体之间设有换网装置，由于滤网被杂质堵塞造成模头及滤网前压力发生变化，滤网过度堵塞造成滤网后压力下降，挤出不稳。因此必须根据压力情况及时更换滤网。模头压力高，则滤网堵塞严重，需要换网。

挤出机扭矩是挤出机螺杆工作负荷的体现，由于扭矩反映的是螺杆剪切力的大小，不容易测量，常用挤出机主机电流反映扭矩。通常挤出机能力随螺杆转速增加而增加，当转速达到最大值时剪切速度最快，此时增加加料量挤出机扭矩增加，主机电流也随着增加。正常情况下挤出机控制的重要参数就是主机电流，要求主机电流控制在额定电流的70%~90%，也就是扭矩控制在额定扭矩的70%~90%。

螺杆转速是挤出机最直接操作的参数，经常会根据生产负荷变化调整螺杆转速，正常生产时挤出机螺杆转速在设备最大转速附近，生产负荷降低时会降低螺杆转速，调整的依据是保证扭矩稳定。

加料速度是根据生产需要进行设置的，正常情况下应保证挤出机满负荷生产，即加料速度达到最大值。

真空度是指挤出机真空排气口位置的压力，为保证产品残余挥发分含量合格，必须保证挤出机真空度。真空口返料、管线堵塞等现象会造成真空度下降，必须及时处理。

润滑油压力和温度是挤出机安全运转的重要保障，齿轮箱是挤出机最关键的部件，需要润滑油对齿轮进行润滑、清洗、冷却。润滑油经过冷却、过滤后用泵输送到各润滑点，挤出机设有安全警报装置，当润滑油压力偏低时会报警，并自动停车。

2.6.1.4　操作要点

（1）开车前准备

检查挤出机系统是否符合开工要求，设备状态、物料准备、公用工程、安全措施是否符合开车需要。挤出机预热要充分(达到设定值后恒温10~30min)，挤出机转速设置为零。

（2）开车停车原则

干法挤出工艺开车原则由后向前开，停车由前向后停，按照工艺流程顺序严格执行。挤出机负荷由低到高逐渐调整，上下游设备相应调整负荷；开车初期模头出料前模头正前方不要站人，以防高温树脂喷出伤人；模头排料正常后开真空系统，以防物料被真空系统带出；生产高黏度产品停车时需要用低黏度产品进行置换清洗。

设备条件决定生产工艺：

扭矩(主机电流)决定挤出机螺杆转速和加料速度；进而决定切粒速度。

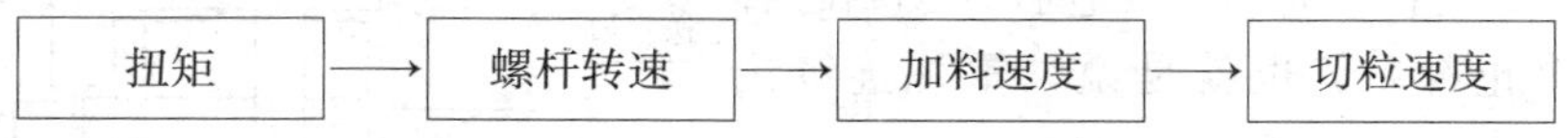

（3）生产需求决定操作参数

生产任务决定生产负荷；依据生产负荷确定加料速度；根据加料速度设定螺杆转速(设定原则：保证扭矩在70%~90%范围内)；相应调整切粒速度。

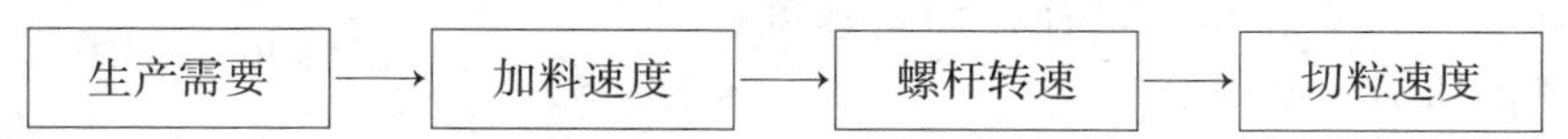

（4）负荷调整

开车过程生产负荷逐渐增加，按照由后向前的提速原则，先提高切粒速度，然后提高挤出机螺杆转速，最后提高加料速度；降负荷操作过程和提负荷正好相反，先降加料速度，再降螺杆转速，最后降低切粒速度。负荷调整根据生产需要，加料速度与螺杆转速之间必须保证挤出机扭矩小于100%，否则报警；切粒速度的调整原则是保证产品外形 ϕ3mm×3mm，切粒速度快，粒子直径小，切粒速度慢，粒子直径大，负荷调整过程切粒速度略快，保证切粒能力大于挤出能力。

（5）换网操作

换网操作包括自动连续换网和手动换网两种，其优缺点对比见表2-21。手动换网需要停车，将挤出机模头拆开，取出滤网，清空模头内物料，换上新滤网；自动换网是利用液压装置抽出换网器，人工更换滤网，换网前需要启动液压装置进行储能，并适当降低挤出机负荷，一台挤出机配有两个换网器，取出其中一个后另一个能够保证挤出机继续运行，将取出的换网器滤网更换后进行排气，让熔融的树脂充满换网器，再将换网器复位，用同样办法更换另一个换网器。自动换网过程需要注意两点：① 挤出机负荷不能过高，换网时滤网已经堵塞严重，抽出一台换网器后造成挤出机压力更高，有可能会因超压而报警停车；② 排气过程必须仔细，操作速度要慢，保证树脂完全充满换网器，气体全部排出，否则换网器复位后气体从模头排出，造成断条现象，甚至造成人身伤害。

表2-21　换网方式对比

换网方式	优势	劣势	应用
手动换网	设备投资小	需要停车 操作复杂 劳动强度大	小型挤出机
自动换网	连续生产 操作简单	设备投资高	中型、大型挤出机

（6）品种切换

对于牌号相近的产品切换，可以简单地切换掺混配方，同时切换过程中的产品送入过渡料料仓，生产正常后切换回成品料仓；切换的牌号差别很大时，需要彻底清洗，包括掺混系统、挤出机加料系统、挤出机螺杆、产品料仓、包装系统。掺混系统、挤出机加料系统、产品料仓、包装系统清洗可以用空气吹扫，人工擦拭，甚至用水洗。挤出机可以抽出螺杆，清洗螺杆和筒体、真空口、排气口，甚至重新组合螺杆。

2.6.1.5　异常现象及处理

挤出造粒过程常见异常现象及处理见表2-22。

表2-22　挤出造粒过程常见异常现象及处理

异常现象	原　因	处理办法
筒体温度升不到工艺要求指标	加热器坏 冷却水阀开度太大	更换加热器 调整冷却水阀门开度
模头压力过高	模头温度低 模头过滤网堵塞 喂料量大	检查模头温度是否正常 清理过滤网，清理模头 检查喂料器下料情况
真空口真空度不够或无真空度	真空管线不畅 真空口盖板密封不严 系统有泄漏 真空表坏 真空分离罐满	清理管线 更换盖板垫 查漏消漏 更换真空表 清罐

续表

异常现象	原　因	处理办法
润滑油温度上升	冷却器冷却水不通或换热不好 油品型号有误 轴承齿轮故障	通水或清理冷却器 更换油品 机械检查
加热器温度低、升温慢	保险丝断或加热器损坏	更换
真空口返料	喂料量过大 过滤网堵塞	调喂料量 更换滤网
条料色泽突然变深	真空口堵塞	检查清理真空系统，出现不正常物料应立即切至过渡料仓回收
出现花糊料	真空口堵塞或挤压机真空口返料堵死	立即将花糊料料条剪下，不再进行切粒 料仓内带有花料的粒子按比例送到掺混器二次造粒
条料发生黏结	滤网堵塞而吐料不均 拉条冷却水温度过高	清理机头过滤网 冷却水槽控制在65℃±5℃
断条现象	挤出机出料不稳 切粒机压辊有伤痕压不住	查出挤出机出料不稳原因进行处理 检查切粒机压辊，必要时更换

2.6.1.6　仪表联锁

表2-23是挤出造粒过程仪表联锁。

表2-23　挤出造粒过程主要仪表联锁

位　置	仪表联锁
挤出机螺杆	螺杆转速未设零——挤出机不能启动
温度	温度未到设定值——挤出机不能启动
压力	压力超高报警；压力超高——挤出机停车
润滑油温度、压力	温度或压力超高——挤出机停车
喂料机	挤出机停车——喂料机停车
挤出机主电机	主电机温度超高——挤出机停车

2.6.2　湿法工艺

2.6.2.1　湿法挤出工艺过程

湿法挤出工艺是指ABS接枝聚合物经过凝聚、洗涤、脱水后，湿粉料不经过干燥，直接与SAN树脂进行挤出共混造粒的生产工艺。湿法挤出工艺又分为熔体SAN湿法挤出工艺（全湿法）和颗粒SAN湿法挤出工艺（半湿法），详见表2-24。

熔体SAN湿法挤出工艺是指利用熔融SAN与湿粉料进行共混挤出，即在SAN脱挥后，SAN熔融树脂用齿轮泵计量，送入挤出机与ABS湿粉料共混进行造粒。该工艺流程简单，并且由于减少SAN二次造粒过程，产品色度比较好。同时由于没有SAN造粒和风送系统，装置能耗相对要低，但SAN聚合系统、熔融树脂输送和湿法挤出的操作控制难度比较大。

颗粒SAN湿法挤出工艺是指SAN脱挥后熔融树脂先进行造粒，SAN颗粒通过风送系统送进中间料仓，经过计量后送入湿法挤出机中与 ABS 湿粉料进行挤出造粒。该工艺过程相对复杂，同时，由于多了一次 SAN 造粒过程，产品色度稍差，并由于有 SAN 造粒和风送系统，装置能耗相对要高。但 SAN 经过造粒后，SAN 颗粒输送比较容易，计量精确，操作方式比较灵活，SAN 物料进入挤出机的进料控制比较简单，操作相对容易。挤出工艺与 SAN 合成工艺之间可以缓冲，生产过程容易控制，生产灵活，对设备、控制系统要求相对较低。

表 2-24　两种湿法挤出造粒工艺优缺点对比表

挤出工艺	优　点	缺　点	国内外应用情况
熔体 SAN 湿法挤出工艺	节能，避免 SAN 二次造粒； 避免 SAN 粒子输送； 设备少，流程短	SAN 计量困难且不准确； 工艺控制难度大，挤出工艺影响 SAN 合成工艺，产品质量波动大	兰州石化、BASF 等公司
颗粒 SAN 湿法挤出工艺	生产灵活，装置控制容易； SAN 计量精确； 挤出工艺对 SAN 合成没有影响； 最终产品质量稳定	SAN 粒子二次熔融，能耗增加	奇美、LG 等公司

2.6.2.2　干法与湿法挤出工艺对比

与湿法挤出工艺相比，干法挤出工艺计量准确，控制灵活，产品质量稳定，具有很强的可控性和可操作性。但干法湿粉需经脱水、干燥等环节处理，因此能耗高、工艺复杂。如果采用空气干燥，则干燥过程具有发生爆炸的安全隐患，且干燥过程的氧化作用会对 ABS 粉料的质量产生比较大的影响。同时干法挤出工艺在干粉的输送和处理过程中，会产生大量的粉尘，对工作环境产生危害，有安全隐患。

湿法挤出工艺是将未经过干燥的 ABS 湿粉料直接加入挤出机进行造粒，减少了因高温和储存引起的粉料氧化，相应提高了 ABS 产品的品质。同时，湿法造粒不会产生粉尘，不存在氮气泄漏和粉料发生燃爆的问题，因此具有流程短、能耗低、产品白度高等优点。湿法挤出最大的优势就是避免粉料的干燥环节，消除了粉料燃烧爆炸的安全隐患。

湿法挤出工艺对设备的要求较高，同时产品种类受到工艺限制，湿法挤出对 ABS 湿粉中的水含量的适应能力限制了湿法挤出工艺过程中 ABS 接枝粉料的加入比例。对于阻燃、板材等特殊用途的 ABS 产品以及需要着色等小批量产品不适合采用湿法挤出工艺，但对于大批量的通用型 ABS 产品，湿法挤出工艺具有明显的技术优势，其能耗和产品质量均优于传统的干法挤出工艺。

干法和湿法挤出工艺的优缺点对比见表 2-25。

表 2-25　干法和湿法挤出工艺的优缺点对比

工　艺	优　点	缺　点	国内外应用情况
干法挤出工艺	粉料干燥后有料仓缓冲，生产过程灵活； 适合特殊产品的生产	粉料干燥过程存在爆炸安全隐患； 粉料干燥过程发生老化； 粉料输送过程存在安全隐患并污染环境，有损耗； 流程长，设备多； 能耗大	应用广泛，吉林石化、韩国乐天、Sabic、朗盛、TPC 等公司

续表

工　艺	优　点	缺　点	国内外应用情况
湿法挤出工艺	省去干燥环节，避免粉料爆炸安全隐患； 生产过程连续，能耗低； 避免粉料老化，产品质量提高，白度增加； 避免干粉料输送，降低物耗，改善操作环境； 适合大批量通用型产品的生产； 设备少，流程短	生产控制要求高	适合通用料生产，LG、BASF、奇美、兰州石化等公司

2.6.3 几种湿法挤出工艺

2.6.3.1 蒸发式湿法挤出工艺

利用挤出机将 ABS 湿粉料中的水分以气相蒸发方式脱除的湿法挤出工艺，见图 2-71。SAN 颗粒及化学品通过失重秤计量并在挤出机第一段筒体加入，ABS 湿粉料通过失重秤计量后以侧喂料方式加入，湿粉料与熔融的 SAN 相遇，水分立即汽化。由于侧喂料采用双螺杆形式，螺杆压缩湿粉料形成密封，防止水蒸气从侧喂料反出，水蒸气被迫从第一排气口排出，排气口采用侧向双螺杆形式，将气体脱除，将物料推回挤出机。ABS 粉料与 SAN 树脂在挤出机中混合熔融塑化，挤出机设有真空排气口，脱除低分子挥发分及剩余的水蒸气，熔体挤出后造粒即为 ABS 产品。Corperion 公司开发该湿法挤出工艺并实现工业化。

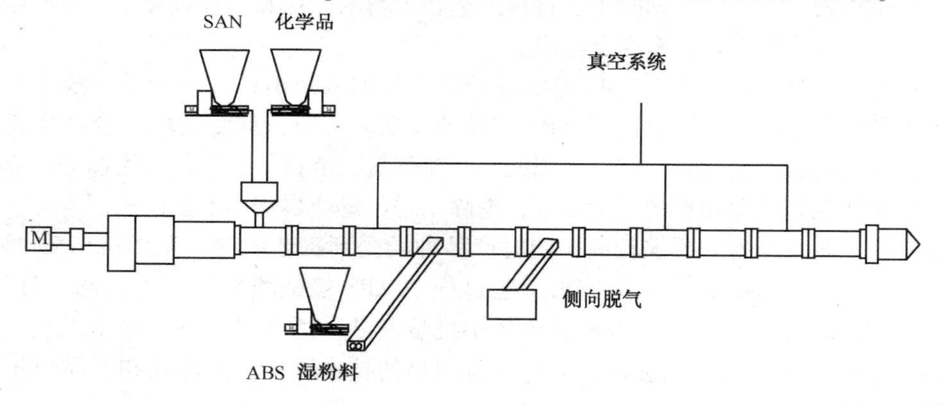

图 2-71　蒸发式湿法挤出工艺

蒸发式湿法挤出工艺特点是原料经过计量后没有损失，产品质量稳定；水分以蒸发方式脱除需要较多的电能；受挤出机脱水能力限制，允许湿粉料最大含水量小于 35%。

2.6.3.2 压榨式湿法挤出工艺[119]

ABS 湿粉料经过失重秤计量后进入挤出机第一段筒体，经过特殊结构的脱水装置挤压湿粉料，水分以液态形式从筒体侧壁流出，脱除一定水分的湿粉料向前输送同时被加热，树脂熔融塑化，水分汽化从排气口脱除，熔融的 ABS 接枝聚合物脱除 99% 以上的水分后与侧喂料加入的 SAN 树脂及化学品挤出共混后冷却造粒。压榨式湿法挤出工艺见图 2-72。

在该工艺中，脱水段筒体侧壁设有一定宽度的缝隙，缝隙的尺寸根据物料性质而定。机械压榨脱水段后部是压缩密封段，通过减小螺杆导程以及螺槽深度，使湿粉料被压缩，水分被挤压出来，沿着螺杆向后流动，从脱水段筒体排水孔排出。其余水分以气态形式通过侧向脱气螺杆脱除。该工艺将 ABS 湿粉料脱水挤出与共混挤出在一台挤出机上完成，生产工艺流程缩短。日本制钢所(JSW)开发出该工艺并实现 TEX65 的工业化生产，生产能力为 720kg/h。

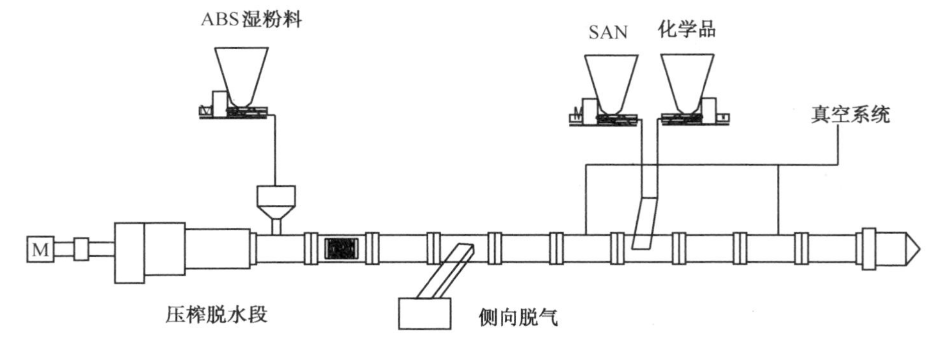

图 2-72　压榨式湿法挤出工艺一

另一种压榨式湿法挤出工艺过程(见图 2-73)是将 ABS 湿粉料、SAN 树脂及化学品分别由失重秤计量后同时加入挤出机第一段筒体，经过压榨脱水段脱除一定水分，其余水分以蒸发形式脱除。脱水原理与上述工艺相同。东芝公司开发出该湿法挤出工艺，并实现工业化，螺杆直径 ϕ177mm 的挤出机生产能力达到 5t/h。

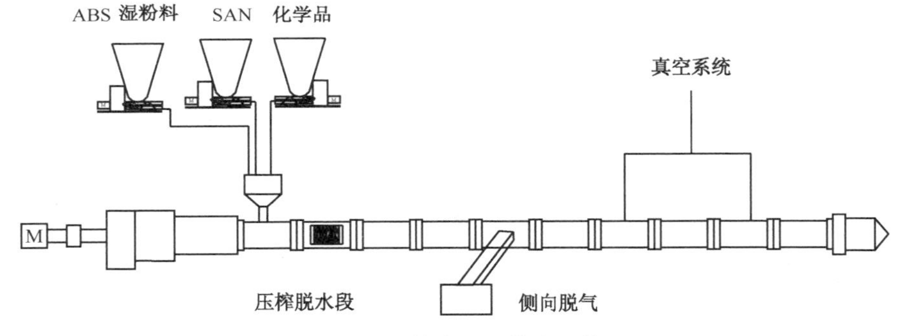

图 2-73　压榨式湿法挤出工艺二

压榨式湿法挤出工艺特点是增加机械压榨脱水段，提高了湿粉料的处理能力，湿粉水含量最大可达到 60%；大部分水以液态形式脱除，降低了能耗；脱水过程有一部分细粉料损失，需要设置回收工艺，造成产品质量波动。

2.6.3.3　熔体 SAN 湿法挤出工艺[120]

兰州石化公司 30kt/a ABS 生产装置采用 Coperion 公司(WP 公司)开发的熔体 SAN 湿法挤出工艺，即熔融 SAN 与 ABS 湿粉挤出共混工艺。

该工艺中，熔融状 SAN 树脂由高黏度齿轮泵直接加入挤出机第 1 段筒体，ABS 湿粉料(含水量 35%~40%)经侧向双螺杆喂料机加入挤出机第 4 段筒体中，物料经加热、压缩、脱水、脱气后共混均匀，从挤出机模头挤出 ABS 树脂料条，冷却后造粒。

挤出机共有 11 段筒体，SAN 融熔树脂从第 1 段筒体加入；第 2 段筒体用于排出水蒸气和 SAN 融体中部分残留单体；第 4 段筒体侧喂料加 ABS 湿粉料，化学助剂同 ABS 湿粉料一起加入；第 7 段筒体设有 2 个排气口，并设有 2 台双螺杆侧线脱水器，用于排出水蒸气，防止物料被水蒸气带出；第 9、第 10 段各设有真空排气口，以脱除挥发分。

2.6.3.4 凝聚-湿法挤出工艺[121]

将聚合物胶乳直接加入挤出机，在挤出机不同位置分别加入凝聚剂、蒸汽、清洗水，同时在挤出机上设有多个脱水口，排出液相水和气相水。凝聚挤出工艺见图2-74。

按胶乳在主机内的凝聚过程将挤出机分为凝聚段、洗涤段、脱水段、脱除残留挥发分段。凝聚剂、胶乳和蒸汽在凝聚段充分混合，胶乳凝聚并预热，在螺杆剪切力及筒体热油的作用下，凝聚的橡胶颗粒塑化并呈黏流态，进入洗涤段。洗涤段的聚合物与洗涤水逆向接触。由于固体物在螺杆推动下向前移动，水在顺向流体产生的液体静压力作用下向后流动，从而使机筒内的水与聚合物分离。聚合物在反向旋转力的作用下被挤压至机械过滤器中，充满螺杆间隙，而水经螺杆间隙排至过滤器外，达到聚合物脱水之目的。脱水后的聚合物在螺杆推动下运行到脱挥段，在真空条件下脱除残留挥发分。挤出的聚合物为ABS接枝聚合物融体，经过冷却造粒后再在另一台同向啮合双螺杆挤出机上与SAN树脂共混。

凝聚-湿法挤出工艺特点是凝聚挤压过程采用美国NFM/WE公司异向非啮合双螺杆挤出机；机械式脱水位于挤出机正上方；第一个脱水口脱水量大，其他依次减小；第一脱水口以液相脱水为主，其他脱水口含有蒸汽量逐渐增加。

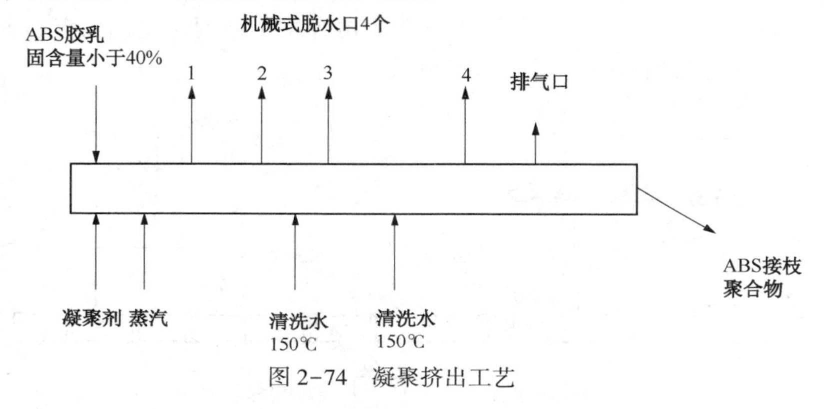

图2-74 凝聚挤出工艺

2.6.4 湿法挤出工艺的关键技术

湿法挤出工艺与干法挤出工艺最大的区别就是ABS湿粉直接与SAN树脂共混挤出，除ABS湿粉储存、输送、计量以及共混挤出外，其他工艺如化学品的计量混合、储存、加料均相同。因此湿法挤出工艺的主要难点都是关于ABS湿粉的处理工艺。

2.6.4.1 ABS湿粉的输送计量

ABS湿粉料与干粉料物性差距较大，干粉料在储存、输送过程中可以利用风机风送，而湿粉料需要专业输送固体物料的设备进行输送，同时还要采取措施防止湿粉料的架桥。在挤出工艺过程中ABS湿粉料的输送主要靠重力下落。

目前通过螺杆输送已经解决ABS湿粉料的输送问题。由于湿法挤出是连续过程，而湿粉的失重秤补料过程为间隙过程，因此在脱水离心机出口和失重秤之间设有缓冲料仓。为防止湿粉料架桥，缓冲料仓的体积较小，设有双螺杆加料装置增大料仓底部面积，料仓侧壁倾斜角度大，既能保证湿粉的强制输送，同时又避免湿粉料在料仓内的架桥现象。

2.6.4.2 ABS湿粉水含量稳定性

ABS湿粉水含量的稳定性直接关系到组分配比的准确性，对产品质量影响很大。生产过程中通过二次打浆等工艺，以及离心机、挤出脱水机等设备进行调节，吸收或减小前部工序生产波动对湿粉料含水量的影响。

2.6.4.3 ABS湿粉加入挤出机的过程

由于挤出机内温度较高，ABS湿粉加入挤出机过程中，湿粉中水分汽化，气体产生加料阻力，造成物料堆积，致使加料不畅。

挤出机的湿粉加料器采用侧向双螺杆加料方式，通过减少加料螺杆前部螺纹元件导程，加压物料，形成密封层，防止气体从加料口反出，保证加料过程ABS湿粉料不会堆堵架桥。

2.6.4.4 挤出过程水分的脱除

对于湿粉中水分的排出可以采用两条技术路线：① 直接蒸发法，即利用熔融SAN及挤出机筒体加热使水分汽化脱出，该方法需要消耗较多的能量；② ABS湿粉经过挤出机螺杆挤压脱水后再与SAN粒子混合，水分以液体形式脱除，该过程虽然降低能耗但对挤出机要求较高，不利于挤出工艺的调整。

为防止排气过程带出物料，采用侧向双螺杆脱气装置，利用双螺杆旋转强制将物料送回挤出机，同时保证水蒸气能够顺利排出。

2.6.4.5 系统的稳定性

生产负荷的变化导致湿粉料水含量波动，因此造成产品质量波动，尤其是熔融SAN湿法挤出工艺，挤出部分的波动带动SAN合成工序波动，产品质量就很难控制。

2.6.5 湿法挤出工艺的应用及发展

LG公司ABS生产过程采用湿法挤出工艺，ABS湿粉经过打浆离心分离后，经过计量、脱水工序从挤出机侧加料口加入挤出机，与挤出机第一段筒体加入的SAN颗粒共混挤出，生产出121H ABS。德国巴斯夫公司也采用湿法挤出工艺生产通用型ABS GP22。台湾奇美公司采用湿法挤出工艺生产PA-757。

以上121H、GP22、PA-757都是目前世界上主流ABS通用型产品，产品质量稳定，性能属于国际一流水平，产量占通用型ABS总产量50%以上。

由湿法挤出在设备投入和运行成本、产品质量方面都比干法挤出有优势，因此近年来湿法挤出技术也得到大力发展。主要在三方面技术升级：一是湿粉料脱水工艺升级，进入挤出机物料水含量大幅下降。原有湿法挤出工艺湿粉料水含量30%左右，目前已控制在12%以下。二是湿法挤出单线能力升级，由原来的4t/h升级到8t/h，个别机型达到11t/h。三是产品质量进一步提高，尤其是产品中残余单体含量由2000mg/kg下降到1000mg/kg以内。

2.6.6 助剂

掺混过程中常用到的助剂有亚乙基双硬脂酰胺、硬脂酸镁、抗氧剂1010、抗氧剂168以及聚乙烯蜡等，详见附录二。

2.6.7 挤出机系统

2.6.7.1 概述

随着橡胶塑料行业的发展，橡塑加工机械也随之发展，其中最重要的加工设备就是挤出机。挤出机由单螺杆发展到双螺杆，目前已经实现高转速、高扭矩、系列化。挤出机结构依应用目的不同而不同。挤出机的应用有很多种，包括挤出成型、共混、特殊工艺等，其中应用最广的是同向双螺杆挤出机，由于是积木式结构，很容易调整设备组合以适应不同应用领域，如塑料合金共混挤出、型材加工挤出、反应挤出、脱挥脱溶剂等[141]。

挤出机按结构可以分为单螺杆、双螺杆、多螺杆；立式、卧式；单阶、多阶；排气式、不排气式；啮合、非啮合等形式。从工作过程看，双螺杆挤出机分为同向旋转双螺杆和异向旋转双螺杆两种形式。同向排气式双螺杆挤出机具有混合能力强、适合少量低分子物质脱挥、生产能力大、操作简单等优点，被广泛应用于 ABS 共混挤出过程。

双螺杆挤出机的关键参数包括扭矩、螺杆转速、螺杆容积、螺杆直径、长径比等。表 2-26是 Corperion 公司(原 WP)挤出机发展历程。随着 DO/DI 的增大，螺杆元件的容积增加，挤出能力相应也增加。

表 2-26　同向平行双螺杆挤出机发展过程[122]

年代	机型	D_O/D_I	比扭矩/(N · m/cm³)	螺杆转速/(r/min)
1955 年	1generation	1.22	3.7	150
1970 年	2-lope	1.44	5.0	300
1985 年	SC	1.55	8.7	600
1995 年	Mc	1.55	11.3	1200
2001 年	Mv	1.80	8.7	1800
2004 年	Mc PLUS	1.55	13.6	1200

注：D_O：螺杆元件的外径；D_I：螺杆元件的内径。

原料进入挤出机后在螺杆输送力的作用下向前运动，因此物料给螺杆一个很大的反作用力，螺杆将反作用力传递给齿轮箱的止推轴承，螺杆高速旋转所需要的扭矩都依靠齿轮箱来实现，因此齿轮箱是挤出机的核心部件。

螺杆由不同元件组成，根据作用不同，元件的形状也不同，包括正向输送螺纹元件、反向输送螺纹元件、捏合元件等。生产产品不同，螺杆组合也不同，螺杆组合是生产不同产品的关键。

双螺杆挤出机具有积木式结构，便于调整，适用不同应用领域，生产效率高，生产连续，生产能力大，剪切高，分散效果好，具有自清洁功能、设备结构紧凑、占地面积小、操作方便等优点[123]。

2.6.7.2　挤出机工作过程

物料进入挤出机，在挤出机内完成压缩、熔融、混合直到离开挤出机模头，整个过程主要是物理变化。挤出机主要工作包括原料的输送、原料的熔融塑化混合、熔体输送挤出三部分。

原料输送过程是在正向输送元件的作用下完成的，ABS 生产使用的啮合式同向双螺杆挤出机具有强制输送的能力，螺杆旋转过程中两条螺杆相互啮合，使物料强制向前运动。在输送的过程中，螺杆容积逐渐减小，物料被压实，带入的空气从加料口排出。

被压实的物料在筒体加热以及在螺杆剪切产生热量的作用下逐渐熔融塑化，为保证塑化混合均匀，螺杆采用捏合元件，增强剪切。在螺杆剪切作用下，树脂充分熔融，表面不断更新，各种组分逐渐分散均匀。为保证混合效果，在螺杆的某一段设有反向输送螺纹元件或反向输送捏合元件，增加融体前进的阻力，提高混合效果。混合过程中为使低分子物质排出，设有排气口。通常挤出过程设两个排气口，第一排气口为常压排气，第二排气口为真空排气。

混合好的树脂经过熔体输送段(也称为计量段)加压后挤出。计量段的主要任务是提供熔体稳定压力，保证树脂连续稳定地挤出。在挤出机模头之前设有过滤网，除去树脂中的杂质，因此计量段需要克服滤网的阻力以及模头流道压力损失，并保证挤出成型的压力。

挤出机加热通常采用电加热方式，第一段筒体为加料口，为保证加料过程顺利，防止加料口树脂熔化堵住加料口，并防止热量传递到齿轮箱，该段筒体只通冷却水，不设加热装置，其他段筒体设有加热装置和冷却装置，来控制温度，冷却一般采用脱盐水循环系统。树脂受到的热量只有一部分是来自加热器，多数热量来自挤出机螺杆剪切摩擦生热。

挤出机真空系统作用是将树脂内低分子挥发分抽出，由于挤出机筒体内温度较高，挥发分汽化，气体通过熔体表面更新而脱离熔融的树脂，吸入真空系统后随着温度下降，挥发分会冷凝堵塞管线，因此真空口需要设置防回流结构，挥发分离开挤出机后马上进入分离罐进行分离，分离罐和管线需要进行保温。真空泵采用水环式或蒸汽喷射式。

2.6.7.3 结构组成

挤出机结构见图2-75。挤出机由加料器、主机、联轴器、齿轮箱、筒体、螺杆、换网器、模头、真空系统组成。

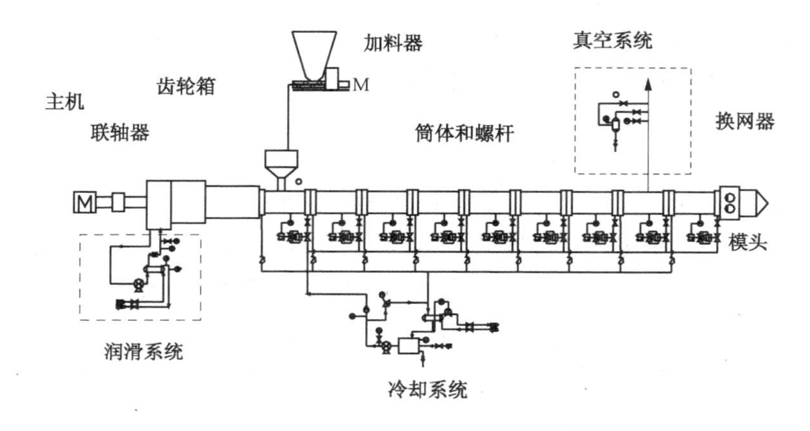

图2-75 挤出机结构

加料器作用是保证物料连续稳定加入挤出机筒体，常采用双螺杆加料器，有些挤出机加料器采用变频调速控制加料速度。

主机是挤出机动力来源，随挤出机能力增大，主电机容量增加，主机通过变频调速，并设有转速检测装置。主电机设有风冷或水冷系统。

联轴器不仅连接主机与齿轮箱，而且是挤出机安全保护的重要方式，扭矩异常情况下，联轴器将电机与齿轮箱断开。传统联轴器通过安全销保护挤出机，现在开发出扭矩限位联轴器，断开后只需复位就可连接主机，既保护了挤出机，又便于快速恢复生产。

齿轮箱是挤出机的关键[124]，也是挤出机技术水平的标志。齿轮箱配有润滑油冷却系统，通过齿轮泵循环润滑油，润滑齿轮箱各关键部位，润滑油经过换热器冷却并过滤。挤出机设有润滑油低压报警联锁，润滑油系统出现故障挤出机自动停车。

挤出机筒体采用积木形式组成，筒体根据用途不同分为加料筒体、侧加料筒体、排气筒体、普通筒体等。筒体设有加热冷却装置，冷却用脱盐水循环系统。

螺杆由螺杆、螺纹元件、捏合元件、螺杆头组成，螺纹元件和捏合元件的种类也很多，拥有不同的压缩比、不同的输送能力和剪切能力，根据生产产品的不同采用不同的螺杆组合。常用的螺杆元件见图2-76[125]。

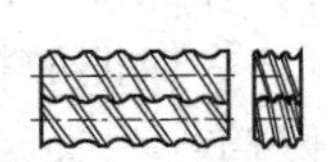
正向螺纹元件

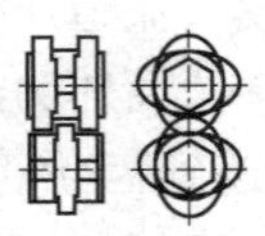
中性捏合元件

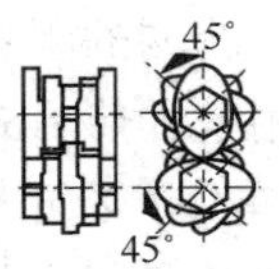

反向捏合元件

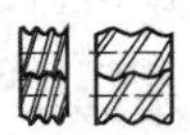
反向螺纹元件

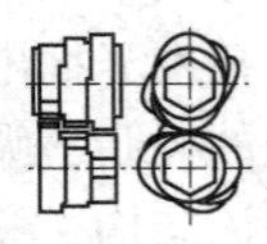
正向捏合元件

正向捏合元件立体图

图 2-76　常用的螺杆元件

换网器的作用是设置过滤网，过滤树脂融体中的固体杂质，换网器分自动换网器和手动换网器。自动换网器有两个熔体流道，能够实现不停车换网，手动换网器需要停车换网。

模头的作用是保证挤出料条的均匀稳定，模头位置设有压力检测和树脂温度检测点。

为方便操作，通常将加料部分、挤出机、切粒机、风刷等设备的控制系统集中在挤出机控制柜。

2.6.7.4　主要生产厂家及产品

目前世界上挤出机生产厂家很多，主要有科倍隆公司、贝尔斯托夫公司、东芝公司、日本制钢所、NFM 公司等。国内挤出机厂家主要集中在南京地区，主要有科倍隆科亚公司、瑞亚公司、创搏公司等。科倍隆公司和东芝公司挤出机参数分别见表 2-27 和表 2-28。

表 2-27　科倍隆公司挤出机参数

项　目	型　号													
	26Mc	32Mc PLUS	40Mc PLUS	50Mc PLUS	58Mc PLUS	70Mc PLUS	92Mc PLUS	119Mc PLUS	133Mc PLUS	177Mc	250Mc	320Mc	350Mc	380Mc
每根螺杆芯轴的扭矩/N·m	106	245	510	980	1500	2370	6000	12400	18100	35000	97000	2000000	281000	356000
比扭矩/(N·m/cm^3)	11.3	13.6	13.6	13.6	13.6	13.6	13.6	13.6	13.6	11.3	11.3	11.3	11.3	11.3
螺杆最大转速/(r/min)	1200	1200	1200	1200	1200	1200	1000	1000	1000	550	400	310	280	260
最大驱动力/kW	28	65	135	259	396	720	1319	2727	3980	4233	8532	13634	17301	20354
螺杆直径/mm	25	32	40	50	58	70	92	118	133	177	248	315	352	380
螺槽深度/mm	4.5	5.6	7.1	8.9	10.3	12.5	16.3	20.8	23.5	31.5	44	55.8	62.6	67.4

表 2-28　东芝公司挤出机参数

项　目	型　号											
	TEM-41SS	TEM-48SS	TEM-58SS	TEM-75SS	TEM-93SS	TEM-104SS	TEM-26SS	TEM-37SS	TEM-136SS	TEM-177BS	TEM-177SS	TEM-240BS
螺杆直径/mm	41	48	58	75	93	104	26	37	136	177	177	240
最大扭矩/N·m	1019	1630	2880	6230	11505	16611	279	784	37412	62500	62500	158870
螺杆转速/(r/min)	600	600	600	600	600	600	760	670	600	200	500	200
最大驱动力/kW	64	103	181	392	723	1044	22	55	2335	1950	3200	4950
机器中心高/mm	830	830	890	945	1000	1000	1050	1060	1100	1100	1100	1300

续表

项　　目	型　　号											
	TEM-41SS	TEM-48SS	TEM-58SS	TEM-75SS	TEM-93SS	TEM-104SS	TEM-26SS	TEM-37SS	TEM-136SS	TEM-177BS	TEM-177SS	TEM-240BS
宽度/mm	820	955	1040	1100	1100	1150	870	760	1150	1300	1300	2000
整体高度/mm	990	1025	1120	1225	1380	1430	1200	1300	1600	1590	1590	1800
整体长度/mm	4195	4760	5710	7680	8300	9300	1865	3870	12200	13135	13135	16600
毛重/kg	2000	2700	3900	6500	9700	13000	900	1600	20000	33000	33000	60000

2.6.8　造粒系统

ABS 生产造粒方式有两种：一种是干式造粒(图 2-77)，即挤出机拉条经过水浴槽冷却、风干后进入切粒机造粒；另一种是水下造粒(图 2-78)，即挤出机模头料条挤出后在冲洗水和冷却水的作用下进入水下造粒机进行造粒，然后再干燥。干式造粒依靠造粒机压辊牵引力将挤出的料条拉进造粒机，因此需要压辊具有足够的压力和牵引力。水下造粒是依靠冲洗水和重力的作用将料条带入造粒机，因此对压辊的牵引力没有太大要求。两种造粒方式都是属于冷切，冷却了的料条进入造粒机在旋转切刀和固定刀的剪切下切成粒子。旋转切刀由多个刀片组成，固定在旋转轴上，随轴旋转。为降低切粒过程的震动，每个刀片与旋转轴有一定倾斜角，使切粒过程中每片刀片只有一点与固定刀接触。两种造粒方式的优缺点对比见表 2-29。

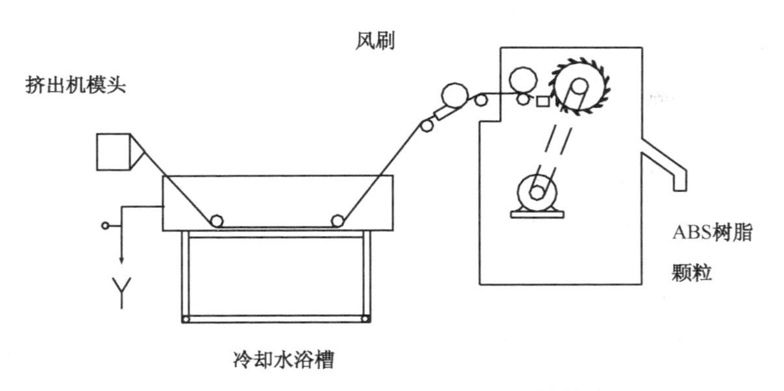

图 2-77　干式造粒流程及造粒机结构

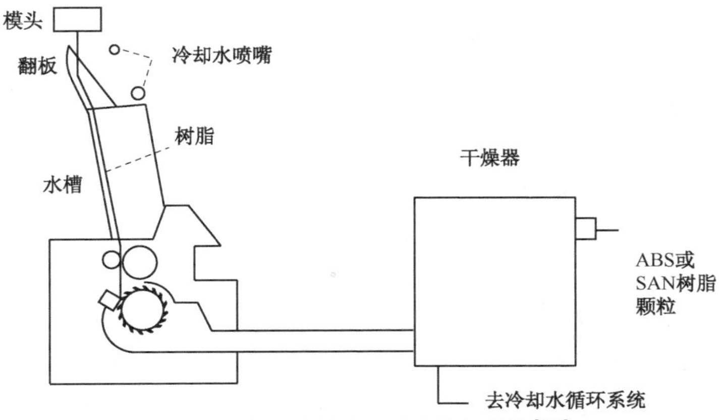

图 2-78　水下造粒流程及造粒机结构[126]

表 2-29　两种造粒方式的优缺点对比[127]

造粒方式	优　势	劣　势	应　用
干式造粒	成本低；工艺流程短；操作简单；占地面积小；牌号切换清洗方便	造粒能力有限，适用于 5t/h 以下挤出线；开停车废料多；压辊磨损速度快	中小型挤出生产线
水下造粒	能力大，最高 15t/h；操作简单；自动化程度高	流程长；成本高	大型生产线如 SAN 造粒

造粒机固定切刀与旋转切刀间隙、压辊间隙、造粒速度、切刀磨损程度、造粒温度、物料进入造粒机的形状都影响造粒效果。常见的质量问题有粒子拖尾、切不断连刀、斜切、超长、断面粗糙等，其中切不断连刀有可能是物料冷却不充分或切刀间隙过大引起；粒子拖尾、断面粗糙是由于切刀磨损造成；斜切、超长粒子是由于物料进入造粒机速度不稳定造成[128,129]。

2.6.9　气流输送系统

气流输送系统是 ABS 生产过程中重要的物料输送方式，主要用于 SAN 粒子、ABS 接枝粉料、ABS 成品粒子的输送。

常用的气流输送包括负压输送系统和正压输送系统，由多个供料点向同一个位置送料的过程可以采用负压输送系统，由一个供料点向多个位置送料的过程可以选用正压输送系统。在 ABS 生产过程中，ABS 粉料、SAN 向混炼工段送料过程可以选用负压输送；而 ABS 成品由挤出机向不同料仓输送过程常选用正压输送。

另外，输送距离和成品外观要求是确定颗粒输送方案的重要因素；当输送距离小于 300m 时，一般采用正压稀相气流输送[207]。当对成品外观要求较高，则选择正压密相气流输送。由于 ABS 接枝粉料本身已经是粉料，且 SAN 粒子需要二次造粒，对碎粉末含量不做要求，所以二者可以采用正压稀相气流输送。

负压气流输送：空气经过过滤器进入系统，沿管线将加料口加入的物料带走，经过分离设备和除尘设备分离，物料进入分离料仓内，气体进入罗茨风机，然后排入大气。

正压稀相气流输送：空气经过过滤器进入罗茨风机，经过换热器冷却后通过加料口将连续加入的物料沿管线输送，通过分离设备或过滤除尘设备将物料分离出来。输送的物料在气流中呈沸腾状态，随着高速气流运动，物料不断与管壁发生碰撞、滚动、滑动[131]。

正压密相气流输送：气流产生和正压稀相输送过程一样，但物料不是连续加入，而是通过脉冲控制的加料器以脉冲形式加入，同时加入的物料形成料栓，料栓在管线内移动速度较慢，料栓内部物料基本不发生摩擦，只有少量物料与管壁接触[132]。稀相和密相输送时物料状态分别见图 2-79 和图 2-80。

气流输送方式对比见表 2-30。

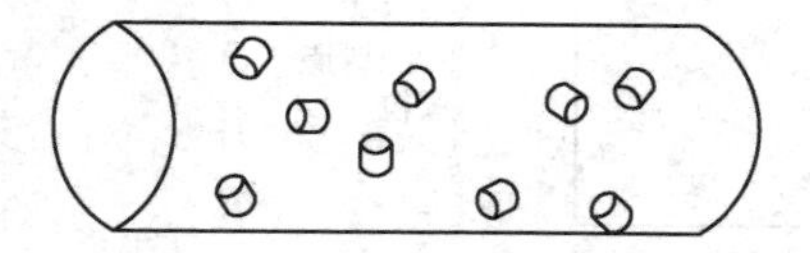

图 2-79　稀相输送时物料状态

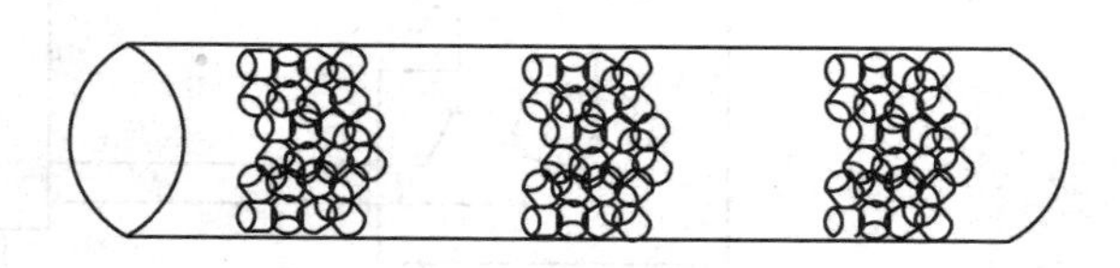

图 2-80　密相输送时物料状态

表 2-30　气流输送方式对比[133~137]

输送方式	优　　点	缺　　点
负压气流输送	适用于多点向一点集中输送物料； 供料点不需要封闭； 适于堆积面广，或安装位置比较局限的地方； 加料点无粉尘飞扬，物料输送过程无泄漏； 风机位于工艺过程尾部，风机中的油、水不会混入物料	无法实现远距离输送，气体变得稀薄后携带物料的能力变小； 风机使用寿命较短，工艺过程尾部的气体经除尘过滤器分离后进入负压风机，一旦除尘过滤器处理不完全就可能引起风机运动部件的磨损； 过滤除尘结构复杂，过滤要求高
正压密相输送	输送量大，输送距离远，耗气量少； 物料在管道内流动速度低，管道磨损小，物料破碎少； 除尘过滤器要求低； 固气比大于 20； 气流速度小于 15m/s	要求输送气源有较高的压力； 供料机构复杂，安装空间要求比较大； 为间断输送，无法实现均匀稳定的物料流量
正压稀相输送	适宜于从一处向多处进行分散送料； 适合于较大产量，较远距离的输送； 可以方便地发现漏气点； 除尘过滤器结构简单，物料易于排出； 风机使用寿命长	要求气量大，能耗高； 对管道磨损大； 物料破损严重； 固气比很低，一般为 5~10(质量比)； 气流快，可达 30m/s； 发生事故停风，在短时间内再重新启动系统时，要把管道中的物料清除干净后才能开车

2.6.10　安全环保

混炼过程常见事故及处理见表 2-31。

表 2-31　混炼过程常见事故及处理

事　　故	现　　象	处　　理
杂物落入	挤出机断条；物料颜色突然变化；挤出机联轴器断开	停车，清理，产品按过渡料处理，如有金属掉入挤出机需要将螺杆抽出处理，恢复联轴器
停电	设备停止运转	断开设备电源，清理现场物料，恢复供电后重新开车
停仪表空气	切粒机不进料	停车，恢复仪表空气后再开车
停循环水	温度超高	视温度情况处理，温度低于高限警报值继续生产，联系恢复循环水；温度过高则马上停车

现场安全隐患及预防见表 2-32。

表 2-32　现场安全隐患及预防

危险源名称	位置	隐患内容	预防
粉尘	掺混工序	物料输送过程扩散，容易引起火灾爆炸	及时清理现场，控制系统内排风，避免粉尘扩散
成品粒子	切粒机	现场散落粒子引起滑倒摔伤	及时清理

续表

危险源名称	位置	隐患内容	预防
噪音	挤出机、切粒机	现场噪音损伤听力	操作间隔离，佩戴专用护具
高温	挤出机	筒体和模头、换网器高温烫伤	佩戴绝热手套，提高安全意识
高压	模头	模头、换网器高压喷出树脂熔体	精心操作，操作过程中模头前严禁站人
有毒气体	真空口、模头	长期吸入造成职业病	设置排气系统进行尾气处理
人身伤害	切粒机	切粒机切刀绞伤	精心操作，严谨戴手套处理切粒机，扎紧袖口

安全装置及环保设施见表2-33。

表2-33 混炼现场安全环保措施

位 置	名 称	位 置	名 称
切粒机	紧急停车按钮	控制柜	隔音防尘间
切粒机	开停车联锁	挤出机螺杆	扭矩超高报警，超高高限停车
整个厂房	集尘系统	挤出机螺杆	扭矩突然超高，联轴器断开
挤出机模头、排气口	排风系统	现场消防	现场火灾报警及消防系统
物料输送系统	排气系统	现场	洗眼器

集尘系统分布于整个混炼厂房，作用是清除散落的物料，主要是粉状物料。集尘系统由罗茨风机、袋式过滤器、管线、连接口、吸尘软管组成，管线连接厂房各个区域，每隔一段距离设有连接口。正常生产时集尘系统不工作，需要清理时启动风机，将吸尘软管接到最近的连接口，清理结束后断开软管，未接软管的连接口始终保持密封。

排风系统，用于收集挤出机高温熔体排出的有毒气体，气体经过风机、分离罐后排入蓄热式热力焚化炉(RTO)系统。

排气系统，收集系统内部粉尘和物料在风送及储存料仓下料过程中产生的粉尘，同时平衡系统内气压。挤出机加料口、加料器、缓冲料仓、掺混器等设备设有排气管线，物料进入设备同时，气体沿排气管线排出，避免粉尘扩散到系统外。排气系统由离心风机、袋式过滤器、管线组成，生产运行时排气系统连续运转。

参 考 文 献

[1] 陆书来，等．ABS树脂的技术概况和发展趋势[J]．化工科技，2003，11(5)：55-59.

[2] 陈朝阳．ABS树脂的生产工艺技术及进展[J]．广东化工，2003，1：54-57.

[3] 崔小明．ABS树脂的生产技术及国内市场分析[J]．高桥石化，2005，12：48-52.

[4] 焦宁宁．ABS树脂生产技术进展[J]．弹性体，2000，10(2)：36-47.

[5] 吴健夫．ABS树脂合成工艺的发展[J]．兰化科技，1992，10(2)：111-115.

[6] 姜华．ABS树脂生产工艺研究进展[J]．皮革化工，2005，12(6)：8-11.

[7] 胡景沧．ABS树脂生产工艺技术[J]．石油化工设计，1996，13(3)：1-9.

[8] 王彬．ABS树脂生产工艺现状及发展趋势[J]．炼油与化工，2008，2：11-13.

[9] 黄立本，张立基，赵旭涛．ABS树脂及其应用[M]．北京：化学工业出版社，2001.

[10] 王荣伟．ABS树脂及其应用[M]．北京：化学工业出版社，2011.

[11] 曹同玉，刘庆普，胡金生．聚合物乳液合成原理性能及应用[M]．北京：化学工业出版社，2000.

[12] 李晶，等.EBR 胶乳粒径控制及粒径对 ABS 树脂冲击性能的影响[J]. 塑料工业，2007，35(9)：54-56.
[13] 谭志勇，等.PB-g-SAN 接枝粉料的含胶量对 ABS 性能的影响[J]. 工程塑料应用，2003，31(6)：11-13.
[14] 谭志勇，等.SAN 树脂相对分子量的连续变化对 ABS 树脂力学性能的影响[J]. 高分子材料科学与工程，2004，20(2)：122-125.
[15] 张明耀，等.SAN 在 PB 橡胶粒子上接枝率的控制及其对 ABS 树脂结构和性能的影响[J]. 弹性体，2002，11(6)：1-8.
[16] P-Y B Jar，D C Creagh，K Konishi，T Shinmura. Mechanical properties and deformation mechanisms in high thermal resistant poly(acrylonitrile-butadiene-styrene) under static tension and izod impact. Journal of Applied Polymer Science，2002，85：17-24.
[17] P-Y B. Jar，R Lee，D C Creagh，K Konishi，T Shinmura. Identification of deformation behavior in high thermal resistant poly(acrylonitrile-butadiene-styrene)(ABS). Journal of Applied Polymer Science，2001，81：1316.
[18] Athene M Donald，Edward J Kramer. Plastic deformation mechanisms in poly(acrylonitrile-butadiene styrene)[ABS]. Journal of Materials Science，1982，17：1765.
[19] C B Bucknall，D S Ayre，D J Dijkstra. Detection of rubber particle cavitation in toughened plastics using thermal contraction tests. Polymers，2000，41：5937.
[20] C B Bucknall，R Rizzieri，D R Moore. Detection of incipient rubber particle cavitation in toughened PMMA using dynamic mechanical tests. Polymer，2000，41：4149-4156.
[21] C S Lin，D S Ayre，C B Bucknall. A dynamic mechanical technique for detecting rubber particle cavitation in toughened Plastics. Journal of Materials Science Letters，1982，17：669.
[22] F Ramsteiner，W Heckmann，G McKee，M Breulmann. Influence of void formation on impact toughness in rubber modified styrenic-polymers. Polymer，2002，43：5995.
[23] CN1414985A.
[24] 朱伟平.硅油改性 ABS 的研究[J]. 胶体与聚合物，1999，17(3)：7-11.
[25] Keskkula H. Polymer，1987，28(8)：2063.
[26] A M L Magalhães，R J M Borggreve. Contribution of the crazing process to the toughness of rubber-modified polystyrene. Macromolecules，1995，28：5841.
[27] 胡耀忠.ABS 生产中 PBD 胶乳的合成工艺[J]. 宁波化工，2000，4：35-36.
[28] 王洋，等.90plus 激光粒度仪测试聚丁二烯胶乳粒径的方法及注意事项[J]. 化学分析计量，2009，18(4)：78-79.
[29] 李淑萍，刘俊保. 丁二烯橡胶凝胶含量测量不确定度的评定[J]. 石油化工应用，2010，29(6)：74-76.
[30] 周建. ABS 生产中几种附聚方法的比较[J]. 炼油与化工，2006，2：31-32.
[31] 潘广勤. 胶乳附聚法放大聚丁二烯胶乳粒径的进展[J]. 兰化科技，1995，13(3)：185-189.
[32] 林润雄，等. 胶乳附聚法合成大粒径丁苯胶乳[J]. 胶体与聚合物，2005，23(4)：10-11.
[33] 杨英，等. 用附聚法制备大粒径聚丁二烯胶乳[J]. 石化技术与应用，2008，2(5)：425-428.
[34] 林庆菊，等. 附聚法聚丁二烯胶乳的合成研究[J]. 弹性体，2004，14(6)：38.
[35] 张东梅，等. 板材级 ABS 树脂专用聚丁二烯胶乳的研究[J].2009，37(9)：26-28.
[36] CN1730505A.
[37] CN1482146A.
[38] Yoon-Seung Don，Mi-ja Shim，Sang-Wool Kim. Fracture behaviour of lubricants in ABS terpolymer. J. of Korean Ind. & Eng. Chemistry，1994，15(5)：878-888.
[39] 刘祥，于在璋，潘祖仁.ABS 树脂合成路线、结构、性能和新品种[J]. 高分子通报，1993，3(1)：

43-48.
[40] DE-OS2420357.
[41] DE-OS2420358.
[42] 张大雷，等．两种不同粒径的 SBR 粒子对透明 ABS 树脂力学性能影响[J]．高分子学报，2006，4(2)：356-360.
[43] Henton Dacid E. Impact-resistant ABS copolymer compositions having trimodal rubber particle distributions US 4713420，1988.
[44] John Wiley，J. Appl. Polym. Sci ，1976，20(10)：2691.
[45] CN1330687A.
[46] CN1188118A.
[47] CN1556818A.
[48] CN1763113A.
[49] US6784253.
[50] 赵万臣．影响 ABS 树脂冲击强度的因素分析[J]．炼油与化工，2006，1：44-46.
[51] 陈光岩，等．ABS 树脂工艺及产品质量攻关[J]．弹性体，2006，2，16(1)：51-55.
[52] 火金三．EBR 胶乳凝胶的控制及其对 ABS 树脂冲击性能的影响[J]．塑料工业，2002，7(4)：39-41.
[53] CN1326475A.
[54] 龚渊泉．热塑丁苯橡胶中试聚合釜工程研究[J]．兰化科技，1989，6：106-111.
[55] 樊建民，葛蜀山，李克汉．5 万吨/年 ABS 装置 EBR 单元聚合釜的改造[J]．石化技术与应用，2003，21(2)：129-130.
[56] 赵美玉．丁苯橡胶装置丁二烯回收单元技术改进[J]．齐鲁石油化工，2002，30 (3)：226-229.
[57] 张立春．DCS 在石油化工中的应用[J]．价值工程，2010，29(27)：219-219.
[58] 火金三，等．影响 ABS 树脂用 EBR 胶乳粒径的因素[J]．合成橡胶工业．2009，25(3)：143-145.
[59] 关国民．电解质对丁二烯聚合胶乳粒径的影响[J]．弹性体，2010，20(1)：77-79.
[60] 赵东波，等．终止剂对聚丁二烯胶乳的影响[J]．石化技术与应用，2004，22(4)：274-276.
[61] 孙延军，王俊．影响 EBR 聚合及其产品质量的因素[J]．合成橡胶工业．2001，24(5)265-267.
[62] 荔栓红，桂强，邵卫．ABS 树脂专用小粒径 EBR 胶乳的合成研究[J]．化工新型材料，2007，35(3)：65-66.
[63] 文善雄，焦天阳，孙秀敏．ABS 树脂装置丁二烯聚合釜及接枝釜洗涤水回用中试研究[J]．石化技术与应用，2009，27(1)：16-19.
[64] 吴鑫干，等．丁二烯系统爆炸原理及防止方法[J]．现代化工，2002，22(5)：49-52.
[65] Hendry D G，Mayo F R，Jones D. Stability of butadiene polyperoxide [J]. Ind Eng ChemPro Res Dev，1968，7(2)：145.
[66] 宋同江，等．丁二烯生产中的安全生产控制技术研究[J]．化学工程与装备．2010，2：178-182.
[67] 赵东波，杨伯伦．丁二烯回收系统中过氧化物的生成及预防[J]．石化技术与应用，2005，23(2)：120-122.
[68] 于敏晶．ABS 聚合釜搅拌器改造[J]．设备管理与维修，2010，2：40-41.
[69] 孟宪彬，闫冰一，赵家栋．挤压脱水机齿轮箱国产化实践[J]．机械传动，2010，26(3)：68-70.
[70] 吴格建．SBS 用挤压脱水机和膨胀干燥机的改进[J]．石油化工设备技术，1993，14(2)：23-27.
[71] 赵传山，等．对螺旋压榨脱水机结构设计中几个问题的探讨[J]．山东轻工业学院学报，2010，24(4)：1-3.
[72] Daniels E，Dimonie V L. Preparation of ABS latexes using hydroperoxide redox initiator[J]. J poly Sci，1990，41：2463-2477.
[73] 赵新刚，等．ABS 接枝工艺和产品加工性能研究[J]．弹性体，2009，19(5)：32-36.

[74] 周宁．丁二烯聚合因素分析及预防措施[J]. 广东化工，2009，36(11)：38-39.
[75] 谭志勇，等．引发剂用量对 ABS 树脂冲击强度的影响[J]. 吉林工学院学报．2001，22(3)：22-25.
[76] 林庆菊，等．高胶 ABS 粉料的研制之 ABS 乳液接枝聚合的研究[J]. 弹性体，2001，11(3)：15-19.
[77] 周晓阳，等．分子量调节剂 TDM 用量对 PB-g-SAN 中 SAN 接枝率、接枝效率及对 ABS 树脂性能的影响[J]. 河北化工，2007，30(4)：36，37，48.
[78] BP 1380713.
[79] 娄玉艮．ABS 装置凝聚系统浆液粒径的调整[J]. 黑龙江石油化工，2000，11：26-27.
[80] 刘爽，张红梅．降低 ABS 树脂残单的工艺研究[J]. 炼油与化工，2010，3：9-10.
[81] 李公生，等．ABS 装置中丙烯腈及苯乙烯等废气的治理[J]. 弹性体，2010-06-25，20(3)：53-57.
[82] 朱涛，王君明．ABS 装置废水处理工艺调优[J]. 化工科技，2004，12(3)：37-39.
[83] 滕文锐．ABS 生产废水处理工艺改进[J]. 河南化工，2005，22：34-35.
[84] 李强平．ABS 树脂生产废水的处理[J]. 化工环保，2010，30(1)：62-64.
[85] 洪常春，郭忠，史一君．高浓度 ABS 树脂生产污水治理技术[J]. 油气田环境保护，2005，9：28-30.
[86] 王宏建．ABS 废液固料专用回收装置研制及应用[J]. 化工机械，2003，30(2)：68-72.
[87] 韩洪义，关国民，宋清林．ABS 干燥器着火原因分析及采取的措施[J]. 合成树脂及塑料，2003，20(2)：31-33，40.
[88] 王钦茹，王清洋，黄小科．ABS 装置氮气干燥系统工艺研究[J]. 化学工程师，2004，9：37-39.
[89] 孙志娟，等．溶解度参数的发展及应用[J]. 橡胶工业，2007，54(1)：54-58.
[90] 闫建忠，梁成浩．溶解度参数在研制溶剂型可剥性塑料中的应用[J]. 腐蚀科学与防护技术，1998，10(5)：294-298.
[91] M C O Chang，R L Nemeth. Rubber particle agglomeration phenomena in acrylonitrile-butadiene-styrene (ABS) polymers. I. Structure-property relationships study on rubber particle agglomeration and molded surface appearance. Journal of Applied Polymer Science，1996，61：1003-1010.
[92] M C O Chang，R L Nemeth. Rubber particle agglomeration phenomena in acrylonitrile-butadiene-styrene (ABS) polymers II. Rubber particle agglomeration elucidated by a thermodynamic theory. J Polym Sci B: Polym Phys，1997，35：553-562.
[93] D R 保罗，等．聚合物共混物组成与性能[M]. 北京：科学出版社，2004.
[94] E S Daniels，V L Dimonie，M SEl-Aasser，J W Vanderhoff. Preparation of ABS latexes using hydro peroxide redox initiators. Journal of Applied Polymer Science，2003，41：2463-2477.
[95] 宋振彪，等．接枝率对 ABS 产品性能的影响[J]. 塑料工业，2008，6：233-235.
[96] 张明耀，等．SAN 在 PB 橡胶粒子上接枝率的控制及其对 ABS 树脂结构和性能的影响[J]. 弹性体，2002，11(6)：1-8.
[97] 张明耀，等．接枝 SAN 分子量对 ABS 树脂性能和形态结构的影响[J]. 吉林工学院学报，2001，6：8-12.
[98] Kim H，Kes kkula H，Paul D R. Toughening of SAN copolymers by an SAN emulsion grafted rubber [J]. Polymer，1990，31(5)：869-876.
[99] Molau G E. J. Polym. Sci. Poly. Lett.，1965，B3：1007.
[100] John Wiley. J. Appl. Polym[J]. Sci.，1975，19(8)：2299.
[101] 赵军霞，杨伟燕，黎静．ABS 树脂冲击强度影响因素的分析[J]. 甘肃科技，2007，23(3)：94-95.
[102] 桂强，等．透明 ABS 的研究进展及应用现状[J]. 塑料制造，2006，7：62-66.
[103] CN1446246A.
[104] 谭凡，柳文杰，潘晓磊．透明 ABS 树脂的研究与开发[J]. 炼油与化工，2007，2：12-14.
[105] 刘长清，张会轩，陈日华．透明 ABS 树脂合成技术研究[J]. 化工新型材料，2008，38(1)：33，34，47.

[106] 金玉萍．改进聚合工艺提高 ABS 的耐热[J]．黑龙江石油化工，2000，11：10-11．
[107] 郭秀春．ABS 耐热改性剂-*N*-苯基马来酰亚胺[J]．高分子材料科学与工程，1989，5(4)：87.
[108] Muench Volker, Wassmuth Georg, Mitulla Konrad, et al. Self-extinguishing hologan-containing thermoplastic, molding compositions[J]. Ger Offen DE 3514871, 1986.
[109] C08F279/02.
[110] Toyoka Yutaka, Kimura Atsushi. Heat and impact-resistant resin composition[J]. JP6389561, 1988.
[111] 高玉玲，等．耐热 ABS 树脂的制备[J]．合成树脂及塑料，2008，25：8-11.
[112] 许涛．SAN 树脂的合成及对 ABS 树脂性能的影响[J]．化工文摘，1998，5：39-40.
[113] 潘祖仁．高分子化学［M］．北京：化学工业出版社，1986：106.
[114] 张守汉．丙烯腈含量对苯乙烯-丙烯腈共聚物性能的影响[J]．塑料工业，2006，(12)：46-48.
[115] 何曼君，陈维孝，董西侠．高分子物理［M]．上海：复旦大学出版社，1990：37.
[116] 张守汉．SAN 装置生产工艺及产品质量的改进［J]．兰化科技，1992，12(4)：235-240.
[117] 张守汉，鲁进彦，张晓红，等．丙烯酸甲酯改性 SAN 树脂的研究［J]．塑料工业 2007，(8)：22-24.
[118] 席建荣，张守汉．浅紫罗兰色苯乙烯-丙烯腈共聚物树脂的工业开发[J]．石化技术与应用 2011，(4)：324-328．
[119] US 4110843.
[120] 樊建民，等．ABS 树脂装置湿粉挤压造粒系统的技术改造[J]．石化技术与应用，2006，9：386-389.
[121] 张学义．进口双螺杆挤出机用于氯丁橡胶后处理[J]．合成橡胶工业，2002-05-15，25(3)：146-148.
[122] 李翱，毕超，江波．国内外新型混炼装备的研究动向[J]．塑料，2007，36(3)：89-96.
[123] 赵明洁，朱九成，范庆林．塑料挤出机新型螺杆——积木式螺杆的设计[J]．塑料科技，2008，36：76-78.
[124] 王力，等．双螺杆挤出机传动系统的研究与进展[J]．机械传动，2007，31(2)：102-105.
[125] 王静江．同向双螺杆挤出机螺杆组合及喂料工艺在改性塑料中的应用[J]．塑料工业，2007，6：338-340.
[126] 刘新国．ABS 造粒机胶辊的研制与应用[J]．炼油与化工，2006，1：27-29.
[127] 王宏建，蔡澄，刘兆基．SOLJ-2.5 水下切粒机在合成树脂切粒中的应用[J]．化工机械，2004，31(1)：40-41.
[128] 郑志钊，康亚榕．USG600/1 型水下切粒机对产品外观质量的影响[J]．聚酯工业，1995，4：58-60.
[129] 陈俊锋，等．造粒系统对尼龙 66 树脂粒子形状的影响[J]．工程塑料应用，2008，36(10)：56-57.
[130] 杨俊．浅析聚烯烃装置气流输送系统的设计思路[J]．石油化工设计，2007，24(2)：38-39.
[131] 岑嘉庆．密相输送技术在聚烯烃装置中的应用[J]．齐鲁石油化工，1992，4：256-258.
[132] 杨腾．石灰石粉密相气流输送中试研究[J]．化工进展，2003，22(11)：1213-1216.
[133] 王建乔，张岩．国产气流输送系统在 15.8 万吨/年 ABS 扩产改造中的应用[J]．化工科技，2005，13(6)：30-32.
[134] 余璐璐．氧化铝的气力输送[J]．四川有色金属，2000，4：33-36.
[135] 李葆生．稀相高温萤石粉气力输送技术的应用[J]．矿业研究与开发，2004，10：55-57.
[136] 林文帅．物料浓相输送新技术[J]．有色金属设计，2005，32(4)：37，38，54.
[137] 蔡建东．塑料颗粒密相输送监控系统[J]．石油化工自动化，1999，6：19-21.
[138] CN1379797A.
[139] CN1803911A.
[140] 朱伟平，等．润滑剂对 ABS 树脂性能的影响[J]．现代塑料加工应用，2001，13(3)：16-19.
[141] 汪传生，等．橡塑共混设备现状及发展趋势[J]．橡胶工业，2009，56：316-319.

第3章　连续本体法ABS树脂生产技术

3.1　概　述

连续本体聚合法生产ABS树脂，是近年来发展较快的一种生产工艺。它与生产高抗冲聚苯乙烯(HIPS)的连续本体聚合法很相似，主要区别在于反应单体多了丙烯腈。连续本体聚合工艺主要包括橡胶溶解、预聚合、聚合、脱挥和造粒等过程。将一定量聚丁二烯橡胶溶于按比例配制的苯乙烯和丙烯腈混合单体，在少量溶剂存在的情况下橡胶溶液被连续加入多个串联的全混流或平推流反应器，在达到预定的单体转化率后，被连续送到脱挥器，将未反应的苯乙烯和丙烯腈单体和溶剂闪蒸出去供回收循环利用，熔融的物料再经过造粒成为ABS树脂成品。上述反应器的结构与HIPS、SAN本体聚合的反应器基本相同，因此生产ABS树脂的连续本体生产线也可用于普通聚苯乙烯、高抗冲聚苯乙烯和SAN的生产，而成为多功能生产线。图3-1为连续本体聚合ABS树脂生产工艺流程简图。

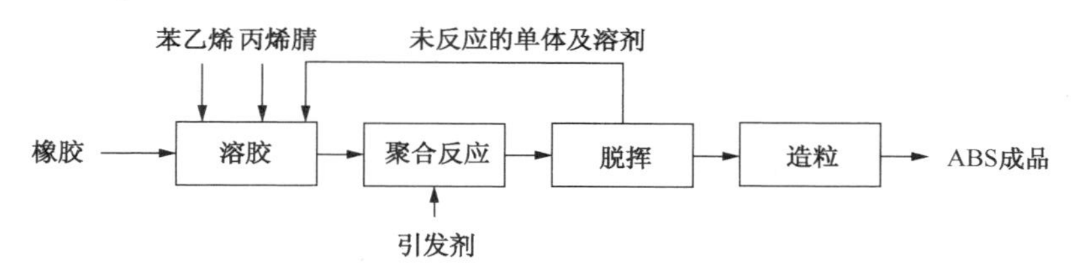

图3-1　连续本体聚合ABS树脂生产工艺流程

在聚合工艺上，连续本体法ABS的制备关键因素有三个[1]，即相反转前的单体在橡胶上的接枝、相反转时橡胶相粒子的形成和后处理过程中橡胶粒子的轻度交联；在聚合反应器设计上，主要是提供合适的预聚和相反转反应器，并解决高黏度流体的传热问题；在树脂性能上，最初的连续本体法ABS产品存在着光泽度与韧性难以平衡以及丙烯腈含量与橡胶含量较低的问题。从缩短流程、降低投资和生产成本及环境保护的角度看，连续本体聚合法无疑是最佳的ABS生产工艺。经过多年的开发，连续本体法已经确立了其作为ABS树脂主要生产工艺之一的地位。该法的优点是：工艺流程简单，只需要一套本体聚合装置；操作容易，污染小和投资少。目前国内外新建ABS生产装置有向该工艺发展的趋势。以往由于本体聚合工艺本身的局限性，无法生产橡胶含量在20%以上的产品，所以该法生产的ABS树脂的抗冲强度受限制；橡胶粒径相对较大，无法达到乳液接枝-本体SAN掺混法产品能达到的高光泽度。因此，采用连续本体聚合法所生产的ABS树脂产品的性能范围比较窄。该工艺的研究开发方向是橡胶粒径的分布以及大小控制以获得更高的抗冲性能和光泽度，目前该技术已经获得突破，可以生产出冲击强度优异的本体ABS产品。乳液接枝-本体SAN掺混法和连续本体聚合法生产ABS树脂的优缺点见表3-1。

表 3-1　乳液接枝-本体 SAN 掺混法和连续本体法生产 ABS 树脂的优缺点

项　　目	乳液接枝-本体 SAN 掺混法	连续本体聚合法
橡胶含量	高	低
橡胶相态	交联、粒度分散良好	无凝胶、粒度分散不理想
橡胶粒径	一般较小	一般较大
单体回收方式	汽提+真空高温脱挥	真空高温脱挥
聚合物得到方式	复杂，需凝聚、干燥、造粒	简单，单体回收后造粒即可
环境影响	有废水、废气产生	三废极少
产品牌号	易实现多样化	在产品多样化方面有局限

从表 3-1 两种 ABS 生产方法的优缺点比较可以看出，连续本体法在聚合物得到方式上较乳液接枝-本体 SAN 掺混法简单得多，且“三废”排放极少，环境影响小得多。但连续本体聚合法生产工艺中由于单体对聚丁二烯橡胶的溶解度的限制，该法所生产的产品橡胶含量较低，在产品多样化方面具有局限性。

由于连续本体法具有工艺流程短、单位产能投资低、无生产废水产生、环保性好等诸多优点，有很强的竞争力和发展前景，也是国家鼓励发展的 ABS 生产工艺技术。但连续本体法 ABS 生产工艺存在聚合反应放热量大，体系黏度高，搅拌和传热困难，橡胶含量受限，难以获得高抗冲强度的产品等诸多难题，技术门槛较高。虽然国内外很多厂家都十分重视连续本体法 ABS 生产工艺技术的研究与开发，但是真正掌握本体法 ABS 工业化生产技术的只有美国陶氏(Dow)化学公司、日本三井化学公司等少数公司。目前在连续本体法 ABS 生产方面实现产业化的公司见表 3-2。

表 3-2　连续本体法 ABS 产业化情况(2021 年)

公司名称	连续本体法 ABS 产业化规模/(kt/a)	技 术 来 源
盛禧奥公司	335	美国 Dow 化学公司
上海高桥石化公司	200	美国 Dow 化学公司
辽宁华锦集团	140	美国 Dow 化学公司
镇江奇美公司	100	中化国际新材料公司
日本三井化学公司	60	日本三井化学公司
德国朗盛公司	60	德国朗盛公司
广西科元	50	自主技术
台湾奇美公司	50	台湾奇美公司
意大利埃尼公司	98	
合计	1093	

美国盛禧奥公司在连续本体法 ABS 领域处于领先地位，其在美国、欧洲拥有多套生产装置，年生产能力超过 300kt/a。

近些年随着国家对环境保护和节能降耗的重视程度不断提高，连续本体法 ABS 生产工艺在国内也取得了较快发展。2006 年，中国石化高桥石化公司率先引进 Dow 化学公司技术，建设 200kt/a 本体聚合 ABS 装置，已于 2007 年投产。兵器工业集团辽宁华锦化工(集团)有限责任公司也于 2008 年引进了 Dow 化学本体法 ABS 工艺技术，新建 140kt/a ABS 树脂工厂，已经于2010年11月投产。中化集团下属的中化国际新材料公司于2002年开始进行连续本体法ABS成套技术研究开发，经过几年的技术攻关，完成了100kt/a连续本体法ABS成套工艺技术开发，于2007年与奇美(镇江)公司签订了技术许可转让协议，镇江奇美公司采用该技术建设了年产100kt/a连续本体法ABS生产装置，并于2009年11月成功投产。上海华谊聚合物有限公司采用多个串联全混型聚合反应器(CSTR)进行本体聚合生产ABS树脂，于2003年建成了500t/a的试验装置，2011年该公司自主研发的本体ABS技术实现了项目产业化，建成了38kt/a本体ABS装置，在ABS方面的规划是产能达到200kt/a。另外，中国石油兰州化工研究中心近年来也开始了本体法ABS的研究，并拥有一套连续模试装置。大连理工大学、长春工业大学在本体ABS开发上也做了不少试验工作。

2021年本体ABS主要生产商及产品牌号见表3-3。

表3-3 本体ABS主要生产商及产品牌号

主要生产商	主要产品牌号					
	通用级注塑级	挤出级	耐热级	高流动级	超高抗冲级	其他
盛禧奥公司	MAGNUNM 275、8434、348、9010、9020	MAGNUNM 3404、3504、3513、3904、555	MAGNUNM 357HP、358HP	MAGNUNM 8391、3495、347EZ	MAGNUNM 941、9035、9030、9050	MAGNUNM 5200(阻燃级)、FG960(管材级)
三井化学公司	MT-80、GT-10	—	—	UT-61	—	—
中国石化高桥石化公司	275、8434	3504、3513	—	8391	—	—
辽宁华锦化工集团	275、8434	3504	—	8391	—	—
奇美(镇江)公司	1730	—	—	—	—	—
广西科元	1725	—	—	—	—	—

在产品牌号方面，盛禧奥公司产品最为齐全，既有通用级产品，也有耐热级、超高抗冲级等专用料牌号，其在对外进行技术转让时一般只转让通用级产品生产技术。国内企业生产的本体ABS树脂仅有通用级产品，缺乏高性能专用料牌号，产品推广应用难度较大。

3.2 连续本体法ABS生产原理[2]

3.2.1 反应机理

ABS生产采用的聚合反应是按自由基型聚合机理进行的。一般采用引发剂引发，同热引发相比，引发剂引发可以将反应温度降低15~20℃，且可以提高接枝率、降低二聚物和三聚物的生成量。所使用的引发剂具有双官能团和比较稳定的反应速率，故生成的聚合物分子量较高而且分散度较低。随着引发剂用量的增加，反应速率加快，但聚合物的分子量会下降。一般来说，聚合速率与引发剂浓度的平方根成正比，而聚合物的分子量与引发剂浓度的平方根成反比。同一温度下的热引发所生成的聚合物的分子量要大于引发剂引发所生成的聚合物的分子量。引发剂引发首先是引发剂受热分解成初级游离基，此种引发剂自加速分解温度大约在70℃，然后与单体作用(同时也同溶剂分子、初级游离基、溶解氧分子或杂质作用，占比很少)生成单体游离基，再与单体反复聚合形成长链游离基，经过链终止或链转移而形成ABS共聚物。

连续本体法ABS生产工艺一般采用多个反应器串联的方式。接枝反应一般在预聚合反应器内进行，将溶解在苯乙烯和丙烯腈中的橡胶溶液连续加入预聚合反应器中进行接枝反应，在此反应期间，苯乙烯/丙烯腈接枝到橡胶上生成接枝SAN；随着反应的进行，苯乙烯/丙烯腈也通过本体聚合生成游离的SAN。当反应进行到一定程度时，单一的连续的橡胶相无法容纳不断生成的游离SAN，SAN相区开始形成，随着生成的游离SAN越来越多，橡胶相开始形成，橡胶粒子不断分散到SAN相区。最后发生相转变，SAN成为连续相，接枝橡胶成为分散相。相转变后，反应继续进行，转化率继续提高，并提高温度，使接枝橡胶适度交联，然后从反应器出来的聚合物脱除未反应的单体和溶剂，经造粒制得ABS树脂。

3.2.2 接枝

由于本体ABS树脂生产是将橡胶溶于单体和少量溶剂中进行接枝反应，所用橡胶必须是非交联结构橡胶。这类橡胶资源较多，可以是丁二烯的均聚物[3]，如高顺式聚丁二烯橡胶、低顺式聚丁二烯橡胶；也可以是丁二烯-苯乙烯嵌段共聚物[4]，如S-B型双嵌段线型橡胶；还可以是丁二烯-丙烯酸酯橡胶等。

使用较多的聚丁二烯含有两个反应基团：双键和烯丙基氢。双键中可加入一个自由基，由此在橡胶主链上产生一个自由基。烯丙基氢脱掉后也会在主链上产生出一个自由基。这种情况下，橡胶主链就会和单体(苯乙烯/丙烯腈)发生自由基加成反应，也就是接枝聚合。

影响接枝反应速度及效果的因素有单体浓度、引发剂种类及浓度、橡胶结构(1,2-乙烯基含量)及浓度等。一般情况下，反应初期采用较高的单体浓度和反应温度有利于提高接枝率。有些引发剂在橡胶主链上产生自由基比其他引发剂更有效率。能生产苯基、苯甲酸基、三丁氧基等自由基的引发剂被认为有很好的接枝效率。而橡胶中1,2-乙烯基含量的增多，意味着主链上有更多烯丙基氢，导致了更多的自由基点位产生，从而间接提高了接枝率[5~7]。

在橡胶接枝阶段，希望橡胶能达到最大限度地接枝，尽可能提高接枝率，以降低橡胶相和SAN相的界面张力，获得稳定的橡胶颗粒。为此，在相转变反应器前专设一台接枝釜，以便提高橡胶接枝率和接枝物含量。接枝釜最好为活塞流式反应器，可避免相转变发生[8]。如果在接枝聚合阶段出现相转变，会使橡胶接枝率偏低，无法生成均匀接枝的橡胶，并且会有不发生接枝的橡胶析出。接枝率不足会导致产品性能变差，冲击强度下降[9]

3.2.3 相转变

接枝反应进行到一定程度，接枝SAN生成速率越来越小，而游离SAN生成速率越来越大，并开始出现游离SAN的区域，但此时体系依然还是溶液形式的均相。当本体聚合溶液中的游离SAN相体积等于接枝橡胶相体积时，即达到所谓等相体积点，就开始出现相转变。从热力学角度来看，相转变是一个瞬时即可完成的过程，然而通常达到新的平衡状态会有不少延时。主要原因是相之间需要有明显的质量传递，而这一传递过程受到了高黏度的阻碍。接枝的聚合物会对界面进一步起到稳定作用，SAN相会逐渐变成分散有橡胶小颗粒的连续相。

3.2.4 橡胶颗粒的形成及粒径控制

相转变阶段也是橡胶粒子形成的阶段，相转变阶段形成的橡胶粒子大小及分布，对 ABS 性能的影响很大。在相转变阶段调控橡胶粒子的方法很多，但主要取决于 SAN 的分子量、橡胶的溶液黏度和搅拌速度，橡胶粒子粒径分布与反应器结构设计也有密切关系。

3.2.5 交联

多阶段本体聚合在完成相转变以后，物料连续进入最终反应器。此反应器中的物料包含接枝共聚物、未接枝的游离 SAN 共聚物、未反应的单体。单体继续共聚反应，生成更多的游离 SAN，单体转化率进一步提高，丁二烯聚合物也在反应器中发生交联反应，生成交联橡胶。

在此阶段，要控制游离 SAN 的分子量，以便得到满足机械性能要求、同时又满足材料加工要求的适宜黏度。还要控制接枝共聚物具有适宜的交联度，既要使橡胶粒子具有一定的坚固性和整体稳定性，也不能过度交联，使 ABS 产品性能下降。

反应完成后，聚合物与单体的分离可以采用挤出和脱气、薄膜蒸发和喷雾蒸发等方法。在脱挥过程中，由于并没有采取阻聚措施，橡胶相还会发生进一步交联。

3.3 连续本体法 ABS 生产工艺

综合国内外文献报道，连续本体法 ABS 生产工艺主要有五类。

（1）单釜连续工艺[9,10]

该工艺采用全混釜连续稳态聚合，操作点的单体转化率一般在 50%左右，通常采用非满釜投料，靠单体冷凝移热。

（2）2 个或多个全混釜串联操作[11,12]

即用 2 个或 3 个全混釜串联，搅拌采用螺杆导流筒式或螺带式。当采用两釜串联时，第一釜为相转变釜；当用 3 个全混釜串联操作时，第一釜为接枝釜，转化率极低，而在第二釜进行相转变，第三釜发生交联反应。

（3）用全混釜进行相转变，后接活塞流反应器提高转化率的工艺[14~16]

即用单个全混釜或者 2 个锚式搅拌釜切换操作进行相转变，后接塔式反应器或者卧式反应器进行后聚合，以提高转化率。

（4）第一反应釜为接枝釜，后接全混釜进行相转变，再接活塞流式反应器提高转化率的工艺[17~19]

接枝釜有的为全混式反应器，有的为活塞流反应器。

（5）多级活塞流反应器串联工艺[20~24]

一种为塔式反应器串联，采用平桨或其他桨型与内冷管相间构成多个反应区。单个反应区可以认为是全混流或者接近全混流。另一种为卧式反应器，采用搅拌叶片和阻隔盘相间来构成多个反应区，其特点与塔式反应器类似。

其他的工艺还有：采用环形间隙反应釜进行相转变；用双螺杆反应挤出机进行聚合、相转变和脱挥[25]；在预聚釜和后聚釜间加 1 个分散器进行相转变并控制接枝橡胶粒径[8]；在聚合过程中不发生相转变，而在薄膜蒸发器中进行相转变[26]等制备工艺。

总之，连续本体ABS的制备工艺多采用多级串联活塞式反应器。从流程上分析，各种工艺差别不大，只是反应釜级数的多少不同而已。其主要区别在于：有无接枝釜、接枝釜的流型、相转变前后聚合体系的特征和能达到的最终固含量的高低。Fujita认为[20~24]，相转变前后聚合体系的转化率差别应尽量小。这样，利用多级串联活塞流式反应器使转化率逐渐递进，无疑是较好的选择。由于单级或多级全混釜串联工艺能承受的体系黏度较低，单位体积的换热面积较小，最终转化率一般较低。

3.3.1 几种流行连续本体聚合ABS生产工艺特点

近年来，连续本体生产ABS工艺发展较快，形成了以盛禧奥、日本三井东亚(MTC)等为代表的几家公司的特色工艺。其中，Sabic公司率先采用活塞流反应器(PFR)—连续搅拌槽式反应器(CSTR)的组合完成本体聚合ABS的生产，盛禧奥公司开发了PFR串联本体聚合技术，日本MTC公司采用多个全混釜串联连续本体技术。尽管这些公司均不透露自己的核心技术，但从这些公司的产品性能及牌号看，较以前已有很大改善，较好地解决了连续本体法ABS树脂存在的光泽度与韧性难以平衡及丙烯腈与橡胶含量较低的问题，有些性能赶上并超过了传统的乳液接枝-SAN掺混法生产的ABS，并且不断推出新的牌号。表3-4列出了几种本体法ABS生产工艺的特点。

表3-4 部分企业连续本体聚合ABS生产工艺的对比

项　目	盛禧奥公司	Monsanto公司	日本MTC公司	镇江奇美公司
聚合反应器	3~4釜串联，满釜操作	2釜串联，反应器装料系数50%	4釜串联，满釜操作	5釜串/并联，主进料和次进料相结合，满釜操作
搅拌器型式	多层平桨	第一反应器用带锚式搅拌器，第二反应器装卧式搅拌器	螺杆导流筒式搅拌器，有利撤出反应热	—
聚合反应温度/℃	85~160	90~160	80~165	90~170
聚合转化率/%	60~80	60~62	60~85	65~85
乙苯溶剂用量/%	10~30	不详	20~30	10~25
ABS树脂冲击强度/(J/m)	150~650	81~320	98~148	80~700

(1) 以盛禧奥公司和Monsanto公司为代表的连续本体工艺[27,28,2]

Monsanto公司工艺流程：将聚丁二烯粉碎并溶解在乙苯、苯乙烯中，按配方加入苯乙烯、丙烯腈，配制成原料液。将原料液送入第一聚合反应器并加入助剂，启动搅拌、升温、开始聚合。聚合到一定程度开始撤热，维持在90~125℃反应。转化率达30%~34%，聚合液送入第二柱塞流式反应器，物料呈线型流动，反应温度155~160℃，转化率60%~62%，反应结束含胶量在5%左右。聚合物溶液经真空脱气、挤条、冷却、切粒，制得ABS树脂。

为提高产品橡胶含量，可以向第二聚合反应器补加两种不同橡胶粒径的预聚料液，使含胶量增至17%，缺口冲击强度达320J/m。

如果补加乳液接枝ABS，产品性能可进一步改善。可在第一聚合反应器送出的预聚物溶液中加入，也可在第二反应器送出的聚合物溶液中加入，这可使粒径2.5μm的预聚物及粒径小于0.7μm的接枝物混合在一起，制备出含两种橡胶粒径的ABS，其缺口冲击强度可提高到336J/m。

盛禧奥公司工艺，除反应物料充满聚合反应器外，其余与Monsanto公司工艺相似。

（2）三井东亚（MTC）工艺[29,30,2]

将聚丁二烯粉碎成约 3mm 见方的小块加入溶解槽，与按配方加入的乙苯、苯乙烯、丙烯腈搅拌混合溶解，配制成原料溶液。将加入引发剂、分子量调节剂的原料液送入四釜串联的第一预聚合反应器，升温聚合，相转变，接枝了苯乙烯、丙烯腈的橡胶成不连续相。反应物料依次流入第二、第三、第四反应器，达到相应要求的转化率。反应终了的聚合物溶液，经过预热进入真空脱气槽，脱除未反应的单体和乙苯溶剂。脱气后的熔融聚合物再经过挤条、冷却、切粒制得 ABS 树脂。

聚合反应热量是由反应器内冷管和外夹套通入热载体撤出的，每个反应器内都实行自动控制温度。反应器设螺杆导流筒式搅拌器，物料由导流筒下部进入、顶部流出，沿筒外和器壁间流下，循环流动混合。这种反应器可以说是全混合型的，不考虑单体的组成变化，关键是要控制好第一反应器的物料相转变，提高剪切强度和转化率，使橡胶粒径保持在 0.2～0.5μm，可保证产品冲击强度和光泽的一致。聚合转化率在 20%以下时，随着转化率的提高，橡胶相不断细化；转化率达 25%以上时，体系开始出现相转变。

聚合反应终了，要脱除聚合物溶液中未反应的单体和溶剂。除要求高真空度外，对聚合物溶液预热器的设计及制作要求较高，聚合物溶液被加热的温度不能过高，加热时间要尽量缩短，以防止 ABS 热老化。脱挥过程中既要保证 ABS 的流动性，又要减少残留挥发分，为此使脱挥器中聚合物溶液均匀分散，不留死角，不易发生堵塞故障，才能维持正常生产。

（3）镇江奇美连续本体 ABS 生产工艺[31～36]

将橡胶粉碎并溶解在乙苯、苯乙烯、丙烯腈中配制成原料液，原料液的一部分或全部加入第一连续柱塞式反应器中，此进料为“主进料”；剩余部分加入第五连续柱塞式反应器中，称此进料为“次进料”。“主进料”和“次进料”依产品性能和加工应用的要求，可以使用相同或不同的橡胶品种，在温度 90～170℃下反应 6～12h，聚合物前后经历橡胶接枝、接枝橡胶相转变，使单体全程转化率达到 80%左右，在特定的热聚合温度及其特定操作工艺条件下，控制产品形成过程中橡胶粒子的粒径及其分布，并调节最终共聚物的分子量及其分布。反应后的聚合物熔体采用两级脱挥器除去聚合物熔体中未反应的单体、溶剂以及聚合过程中产生的少量低聚体，并在第二脱挥器中使橡胶相产生一定程度的交联。回收的单体及溶剂作为回收液循环使用。此法生产的 ABS 树脂成品橡胶含量在 8%～18%之间。

3.3.2 工艺要点及难点

3.3.2.1 橡胶原料的选择

由于 ABS 本体法聚合是将橡胶溶于单体和少量溶剂中进行接枝反应的，所用橡胶必须是非交联结构橡胶。这类橡胶可以是聚丁二烯橡胶（包括低顺式聚丁二烯橡胶和高顺式聚丁二烯橡胶），也可以是丁二烯-苯乙烯嵌段共聚物，即嵌段丁苯橡胶。橡胶在 ABS 中表现的特性是抗冲击强度和韧性。橡胶的含量、结构与性质对 ABS 产品的性能有非常重要的影响。

根据所要生产的 ABS 产品性能要求与用途的不同，所需的橡胶品种也不尽相同，在能够满足 ABS 物理机械性能要求的前提下，对橡胶的一般要求如下：

① 溶液黏度较小：黏度越小，溶胶槽搅拌功率越小，管道中的流动阻力越低，聚合过程中所需的搅拌功率也越低，加工过程中总的能耗就越低，生产成本也就越低；黏度低，橡胶粒径可以更小也比较容易控制。

② 橡胶效率较高：也就是在达到 ABS 产品性能要求的前提下，橡胶用量相对较少，因

为在本体法 ABS 的三种主要原料(苯乙烯、丙烯腈和橡胶)中，橡胶的成本最高，所以一般要求橡胶的接枝活性较高，得到 ABS 产品橡胶相内包埋物较丰富，橡胶体积效应大。

③ 形态容易控制：不仅使橡胶的粒径偏小，且形态更规整，这样在调控 ABS 产品性能时更为方便。

④ 外观白，无杂色：颜色白、外观好是本体法 ABS 产品一大优势和卖点，所以对橡胶原料的外观要求也较高，因为橡胶的颜色会直接影响 ABS 产品的颜色和外观。

⑤ 凝胶含量低：如果凝胶含量过高，则会造成进料过滤器经常堵塞，需要经常清理更换过滤器，这一操作一般都是由操作人员直接操作的，清理过滤器时会接触大量的有毒有害气体，非常不方便。另外，如果凝胶进入反应器，还会对产品的质量产生影响。

⑥ 抗冷流性能好：橡胶的冷流会给储运带来很多麻烦，如果橡胶的抗冷流性较好，则会使储存、搬运等较为方便。

一般来讲，橡胶原料应满足表 3-5 中的基本质量指标。

表 3-5　橡胶原料基本质量指标

指标名称及单位	指　标　值	分析方法
苯乙烯不溶物(以凝胶计)/%	≤0.010	ASTM D 3616
挥发分/%	≤0.50	ASTM D 1416
灰分/%	≤0.1	ASTM D 1416
5%溶液色度 APHA	≤10	ASTM D 1209

连续本体法 ABS 可以考虑选用的橡胶生产厂家及产品牌号详见表 3-6。

表 3-6　部分橡胶生产厂家及产品牌号

厂　家	牌　号	厂　家	牌　号
日本旭化成公司	Asadene 35AE	德国朗盛化学公司	Buna CB BL 6533
	Asadene 55AE		Buna CB BL 8497
	Asaprene 720AX		Buna CB BL 6425
	Asaprene 730AX		Buna CB565
	Asaprene756A		Buna CB550
	Asaprene 760AX		Buna CB527T
	Asaprene610A		Buna CB528T
	Asaprene625A		Buna CB529T
	Asaprene670A		Taktene 380
日本宇部	BR 14H		Taktene 550
	BR 15HB		Taktene 1202
	BR 13HB		Taktene 1202H
韩国锦湖	KBR 710S	燕山石化公司	BR 3505
	KBR 711		BR 3506
	KBR 720		BR 3503
	KBR710L		BR 3509
	KBR 750		1601

日本旭化成和德国朗盛化学公司的橡胶牌号较为齐全，在本体ABS领域应用较多。不同的ABS产品牌号对橡胶的规格要求也不相同，具体选用何种橡胶，需根据要生产的ABS产品牌号和各自的生产工艺特点进行试验研究，结合成本和供货稳定等因素最终选定最适合的橡胶牌号。每个ABS产品牌号最好要有两种以上橡胶原料解决方案，以保证供应的可靠性。

3.3.2.2 提高产品中橡胶量

ABS树脂是橡胶增韧的苯乙烯系列树脂，产品的表观橡胶含量是决定橡胶增韧效果和ABS抗冲击性能的关键因素，它直接影响到产品的抗冲击性能、断裂伸长率、热性能和加工性能等。若产品中的橡胶含量低于10%，则难以获得高抗冲击性能的ABS树脂；当产品中橡胶含量达到13%后，提高橡胶含量可以明显提高树脂的抗冲击性能。然而橡胶在苯乙烯、乙苯和丙烯腈中的溶解度有上限，橡胶溶液黏度大、随着反应的进行黏度更大，使本体聚合工艺橡胶含量受到限制。因此，本体聚合工艺重点应该能使橡胶粒子包含较多的SAN共聚物，增加产品表观橡胶含量，提高橡胶的利用率，使ABS树脂具有优异的性能。然而二烯烃橡胶在单体中尤其是在丙烯腈中溶解性较低，也使产品ABS树脂的橡胶含量受到限制。例如当丙烯腈用量为40%时，聚丁二烯橡胶的用量就不能超过10%[1]。此外本体工艺与乳液工艺不同，乳液工艺在水相中进行，反应体系的黏度较低，传热较好，而用本体工艺生产ABS树脂时，为了使黏度容易控制，通常将橡胶含量控制在15%以内，最多不超过20%。因此，增加橡胶粒子中的SAN包藏量可以通过增大橡胶粒子的体积来实现，这样可以用最少的橡胶量得到最大的橡胶表面积，从而提高了橡胶的利用率，橡胶体积分数与质量分数之比可高达5，既突出了本体聚合法的成本优势，又使ABS树脂具有优异的性能。

3.3.2.3 橡胶粒径及形态的控制[37]

ABS最终产品中橡胶粒子大小及形态是优化产品性能的一个重要参数，同时也是重点研究的结构参数之一。为成功制备本体ABS，有必要懂得在设定的反应区域如何调控何种参数，以达到控制橡胶粒子的最终大小。并不是在整个反应过程中都能随时调控粒径大小，譬如只有在相变后一特定阶段，通过相应的调控手段才能有效地控制粒径及形态。通常来讲，剪切、黏度及界面是直接影响橡胶粒子大小的因素。

（1）剪切

一般来讲，高于最低剪切速率的搅拌量可用于减少橡胶粒子的尺寸。但搅拌对于降低橡胶粒子的大小并非总是有效，搅拌速率高到一定程度后，粒径会趋于一个平衡值。另一个与搅拌相关的因素是进料速率，提高进料速率意味着减少物料在反应器中的停留时间。一般来讲，传递到预聚物中的剪切力越少，最终产品中得到的橡胶粒子粒径越大。

（2）黏度

与黏度相关的两个因素在橡胶粒径调节过程中起重要作用：分散相黏度与连续相黏度之比；连续相黏度。

通常情况下，两相黏度比越接近1，越容易获得小颗粒；同时连续相黏度越大，也容易获得小颗粒[38,39]。

橡胶（分散）相的黏度由橡胶含量和橡胶溶液的黏度决定。另外接枝和交联对黏度也有影响。SAN（连续）相的黏度由共聚物的分子量决定。

一般情况下，橡胶相与SAN相的黏度比是大于1的，若要降低黏度比，获取相对较小的橡胶颗粒，可降低橡胶黏度或增加SAN黏度。降低橡胶黏度可通过使用低溶液黏度的橡胶来实现，典型的这类橡胶是星形支化橡胶或苯乙烯-丁二烯嵌段共聚物。增加 SAN 相黏度通常需要提高其分子量，方法是控制聚合温度、引发剂(类型/浓度)、链转移剂用量、溶剂用量等。

(3) 界面

在粒径调节过程中，橡胶相会越来越精细地分散到 SAN 基体中，在这一过程中，表面积增大。当界面张力较低时，这一过程所需的能量较少，有利于获取小粒径的橡胶颗粒。通常可以采用提高橡胶接枝度的方法来降低界面张力。

3.3.2.4　产品定位及推广应用

本体 ABS 由于其生产工艺特点决定了其产品特性，相对乳液法 ABS，本体法 ABS 橡胶粒径一般较大，产品伸长率较高，韧性好，适合做冰箱内胆等需要深度弯曲加工的板材。由于本体 ABS 生产过程中添加的助剂少，脱挥比较彻底，产品中残余单体及助剂含量低，气味低，卫生环保，适合用于汽车、冰箱内胆、玩具、食品包装等卫生级别要求较高的领域。另外，大粒径、低胶含量的本体 ABS 在和 PC 进行共混制备 PC/ABS 合金方面也具有优势，和 PC 的相容性好，能有效地改善 PC 的流动性和缺口敏感性。但本体 ABS 也有缺点，由于其橡胶粒径偏大，产品光泽度很难达到乳液法 ABS 同等水平，不适用于对光泽度要求很高的领域。相反对于那些要求低光泽的应用领域(如汽车内饰)，恰恰是本体 ABS 的所长之处。

由于生产工艺的不同，本体法 ABS 产品在结构和流变加工性能方面和乳液法 ABS 产品存在较大差异，在加工参数的设定上应有所区别。国内近几年才有本体法 ABS 产品上市，用户对本体法 ABS 产品的结构和加工特性认识不多，多数直接套用原来乳液法 ABS 产品的加工参数，导致出现很多问题。国内生产厂商对本体 ABS 的加工应用特点研究认识还不够深入和重视，不能给客户提供及时有效的技术支持，很好地帮客户解决产品在加工应用过程中出现的问题，这给本体法 ABS 产品与技术的推广带来了一些不利影响。

3.3.3　国内外工艺技术进展[40]

本体聚合 ABS 树脂生产工艺经过多年的发展，工艺路线日趋成熟，产品性能不断提升，应用领域日益广泛。本体聚合 ABS 树脂生产工艺的优化及高性能产品的开发正成为科研界和产业界研究的重点，其研究方向主要集中在以下五个方面：

(1) 聚合反应器的开发及多样化组合

在连续本体聚合反应中，聚合反应器是最关键的设备，反应器的多样化组合，使 ABS 树脂生产工艺流程发生了较大的变化。各种新型聚合反应器的开发主要以提供合适的预聚合相反转反应器，并以解决高黏流体的传热问题为主。

美国 Dow 化学公司开发的多层平桨内盘管塔式反应器，具有很高的传热面积，同时拥有较高的剪切强度，解决了本体聚合放热量大、传热困难及橡胶粒径和形态控制等问题，是目前工业化应用最成功的技术。

三井东亚化学公司原来使用的连续本体聚合釜的搅拌器，尽管装有螺旋叶片且在其下部还设有促进混合用的辅助叶片，但混合效果依然达不到要求，特别是当聚合转化率较高、聚合物浓度大时，表现出混合效果不佳、传热系数不高、聚合釜的管线聚合物聚结、清除困难等现象。对此，设计了一种适宜连续本体聚合釜用的螺带式搅拌器，它能极大地增加换热面积，并有传热和搅拌的双重功能，搅拌范围大，能消除搅拌死角，保证了连续本体聚合的顺利进行。

本体法 ABS 树脂制备工艺从最初采用单一的塔式反应器工艺已发展到目前的多个串联 PFR(活塞流反应器)、PFR-CSTR(连续搅拌槽式反应器)-PFR 串联反应器以及多个 CSTR 串联反应器等多种不同的工艺路线[41]。其中多个 PFR 串联和 PFR-CSTR-PFR 串联工艺已实现了工业化。

美国 Dow 化学公司开发的多个活塞流反应器(PFR)串联本体聚合生产工艺主要是通过调整橡胶粒径及其分布，研发出橡胶粒径具有双峰、三峰分布的，具有高光泽和高抗冲击综合性能的 ABS 树脂[42]。该工艺是连续本体法 ABS 树脂制造工艺中较为成熟的、前景良好的工艺之一。除 Dow 化学外，意大利 Enichem 公司等也采用 PFR 串联本体聚合工艺生产 ABS 树脂。

美国 GE 公司开发成功的 PFR-CSTR-PFR 串联工艺，具有控制和调节橡胶接枝和橡胶粒子形态方面的独特功能与灵活性，可以通过控制工艺条件而生产高光泽或低光泽 ABS 树脂产品。目前该工艺已经实现工业化。

德国 Bayer 公司采用多个 CSTR 串联的连续本体聚合工艺制备出 ABS 树脂[43]。其第一反应器中反应温度为 90℃，转化率为 14.5%左右，经过后续多个反应器反应后单体转化率达到 60.5%，中间产物橡胶含量为 30%，得到高橡胶含量的 ABS 树脂。该工艺的缺点是第一反应器中的反应混合物已越过相转变点，会发生橡胶沉淀；反应过程中采用大量溶剂，单体转化率仅为 60%~62%；脱挥部分负荷大幅度提高，设备尺寸相应较大；该过程得到的高橡胶含量 ABS 粒料需与 SAN 掺混后才得到合适的 ABS 树脂，导致工艺流程较长，成本较高，因此还不能满足现代工业化生产的技术经济要求。目前，该本体聚合工艺仍处于实验阶段。

(2) 制备橡胶粒子双峰、三峰分布的 ABS 树脂

双峰 ABS 是指橡胶粒子双峰分布的增韧共聚物，即所含橡胶组分粒径主要由大小不同的两种粒径组成，大粒径可以改善 ABS 树脂的抗冲击性能，小粒径可以改善 ABS 的表面光泽及流动性。这种橡胶粒径双峰分布的聚合物，有利于取得强度、刚性、光泽、流动性等综合性能的协同和平衡。

制备双峰分布 ABS 有多种方法，即将制备好的两种不同橡胶粒径分布的橡胶增韧聚合物通过机械混合的方式可以得到橡胶粒子双峰分布的聚合物[44]；通过在聚合反应系统的不同位置引入配制好的橡胶溶液原料也可以得到橡胶粒径双峰分布或宽分布的聚合物[45~47]；还可将部分具有一定粒径分散度的接枝共聚产品，和橡胶的单体溶液一起加入反相釜中，也可得到双峰分布的 ABS。在聚合体系中直接引入乳液接枝的橡胶粒子(平均粒径 0.2μm)和可溶性橡胶，相反转后可得到双峰分布的 ABS，其冲击强度和光泽均较高。

Demirors 等[48]首先分别使用不同反应器制备橡胶粒径平均为 0.1~2.0μm 和 0.5~2.0μm 的预聚物，然后加入第三反应器混合反应，最终 ABS 树脂中橡胶粒径为双峰分布，因为同时包含了大、小粒径的橡胶粒子，使最终合成的 ABS 具有高光泽和高抗冲击综合性能。

Inoue 等[49]研发的 ABS 树脂则由两种组分组成：组分 A 为将苯乙烯、丙烯腈、苯乙烯-丁二烯嵌段橡胶本体聚合获得 ABS 树脂，其橡胶粒径为 0.5~1.0μm；组分 B 组成同组分 A，但橡胶粒径小于 0.3μm。将两种组分混合加工后可以制备透明 ABS 挤出板材，其综合性能优良。

还可制备具有三峰橡胶粒子分布的 ABS 树脂，这种接枝聚合物主要由三种粒径不同的

橡胶粒子组成，即乳液聚合生成的小粒子橡胶(0.08～0.2μm，占总橡胶量的25%～60%)、乳液聚合生成的大粒子橡胶(0.4～0.9μm，占20%～40%)、本体聚合或本体-悬浮聚合生成的本体粒子(0.4～0.9μm，部分为0.2～0.4μm，占10%～25%)。其中，小粒子胶乳的量控制着ABS成型品的光泽，大粒子胶乳影响着成品的抗冲击性，而采用部分本体粒子，可提供高于其含胶量所能给予的抗冲击性能，却不影响产品光泽。

(3) ABS树脂中引入第三单体

通过在本体聚合过程中加入丙烯酸、甲基丙烯酸及其他不饱和酸/酯调整接枝橡胶相和分散相的界面张力，可以合成具有高光泽、高韧性和透明的ABS树脂。美国Monsanto公司通过引入第三单体(反式丁烯酸二丁酯)改性ABS，将光泽度、拉伸性能、抗冲击性能及加工性能优化，使悬臂梁缺口冲击强度达到140.6kJ/m^2，拉伸强度提高至41.94MPa，光泽度提高至69.3%[50]。Dow化学公司将丙烯腈、聚丁二烯橡胶、苯乙烯三组分按质量比为19.6：30.0：50.4进行接枝得到接枝共聚物。丙烯腈与甲基丙烯酸甲酯按质量比为8：92反应得到共聚物。将上述两种共聚物以质量比为55：45混合后继续反应得到产品。产品透光率达到88%，悬臂梁缺口冲击强度达到190kJ/m^2[51]。GE公司将SAN接枝在丁苯橡胶上形成接枝相，游离的SAN和聚甲基丙烯酸甲酯(PMMA)组成SAN/PMMA分散相，将接枝相与分散相混合加工最终得到性能优异、高附加值的透明ABS树脂[52]。

(4) 本体ABS树脂与乳液ABS共混制备高性能ABS树脂

乳液接枝-掺混法制备的ABS树脂橡胶粒径一般较小，而本体ABS树脂橡胶粒径一般较大。将两者有选择性共混可以制备性能优于原组分的ABS树脂新产品[53]。上海华谊聚合物有限公司将本体法聚合获得的通用ABS树脂与乳液接枝-掺混法制备的耐热ABS树脂共混获得高抗冲、高耐热的ABS树脂。采用独创的连续本体聚合获得的ABS树脂具有显著的增韧效果，增韧幅度可以达到100%。

(5) 引发剂及链转移剂的研究

引发剂的种类和用量对接枝反应中的接枝效率和接枝密度以及基体中接枝SAN的分子量都有影响。本体聚合生产ABS，效果较好的引发剂是叔丁基过氧酸酯类[54,55]。有机过氧化物类作为引发剂可以使ABS有较高的分子量及较宽的分子量分布[56]。通过控制接枝SAN和游离SAN分子量，可控制ABS的光泽性。采用双官能团引发剂，可以有效缩短反应停留时间或提高生产能力，获得更高分子量产品而其分子量分布更窄，从而使挤出和注塑成品有很好的表面光泽，而韧性和耐热性却不降低。

分子量调节剂的主要作用是调节分子量，使分子量不至于太高，并使分子量分布变窄。在本体聚合中，SAN的分子量、聚丁二烯上的接枝反应效果都受分子量调节剂用量及加入方式的影响。分子量调节剂和矿物油在调节溶液黏度上有相似的作用，当调节到连续相和分散相黏度接近时有最大的能量转移，容易获得较小的橡胶粒子。

BASF公司研究了首釜中硫醇的量对粒径的影响[57]，提高硫醇用量可使本体基质黏度降低，橡胶粒径增大，分散度也增大，抗冲性能较好。

3.4 技术经济指标对比

表3-7为乳液接枝-本体SAN掺混法和连续本体法ABS树脂技术经济性比较。可以看出，连续本体法除原料成本略高于乳液接枝-本体SAN掺混法(主要由于使用外购聚丁二烯

橡胶而不直接使用丁二烯）而使得总直接成本略高外，其余各项费用均低于乳液接枝-本体SAN掺混法，特别是项目投资较乳液接枝-本体SAN掺混法低约45%，总生产成本也比后者低约8%。当生产规模进一步扩大时，连续本体法在项目投资和生产成本上的优势将体现得更加明显。

表3-7 乳液接枝-本体SAN掺混法和连续本体法生产ABS树脂技术经济性比较[2]

项目1	项目2	乳液接枝-本体SAN掺混法	连续本体法
装置能力/(kt/a)	—	50	50
投资/百万美元	界区内	55.1	29.7
	界区外	22.0	12.7
	其他项目费用	19.3	10.6
	总投资	96.4	52.9
生产成本/(美分/kg)	原料	78.7	92.8
	公用工程	3.5	0.9
	可变成本	82.2	93.7
	人工费	2.6	1.8
	材料费	2.6	1.5
	管理费、保险等	3.1	2.0
	资产税、环保费等	2.2	1.3
	总直接成本	92.8	100.3
	装置折旧	17.0	9.3
	出厂成本	110.0	109.6
	使用资本收益率/%	9.6	5.5
总生产成本/(美分/kg)	—	131.2	121.7

注：此表是美国化学系统公司以美国海湾地区平均价格为基础，对于50kt/a的生产装置在生产胶含量15%（质量分数）的ABS树脂时的成本进行比较后得出的。

表3-8列举了已投产的几套ABS生产装置的能耗、物耗等主要技术经济指标。

表3-8 连续本体法ABS树脂主原料消耗和能耗对比表

项　目	美国某公司	日本某公司	国内某公司	韩国某公司	国内某公司
生产工艺	连续本体法	连续本体法	连续本体法	乳液法	乳液法
产能/(kt/a)	200	50	100	300	50
三大主原料消耗/(kg/t ABS)	987.35	1006.00	983.40	1007.89	1032.30
化学品、添加剂	20.65	11.50	36.48	48.99	26.30
合计	1008.00	1017.50	1019.88	1056.88	1058.60
电耗/(kW·h/t ABS)	328.00	440.00	235.00	460	787
废水/(kg/t ABS)	可忽略	可忽略	可忽略	1530	1550

同乳液法相比，本体法技术在原材料消耗、电耗方面总体上更为先进，另外本体法无废水产生，乳液法每生产1t产品要产生约1.5t废水，在环保性方面本体法明显占优。国内自主开发的连续本体法工艺技术在物耗和能耗方面已达到国际先进水平。

参 考 文 献

[1] 林兴旺，陈德铨．连续本体法 ABS 制备工艺进展[J]. 合成树脂及塑料，2000，17(3)：40-42.

[2] 黄立本，张立基，赵旭涛．ABS 树脂及其应用[M]. 北京：化学工业出版社，2001.

[3] Norman R R，Bernie A K，Burdette B C，et al. Process for making graft copolymers of vinyl aromatic compounds and stereo-specific rubbers. US 3243481 [P]，1966-03-29.

[4] Savino M，Anna G，Mauro L C，et al. Process for the continuous production in solution of styrene thermoplastic resins. US 4925896，1990-05-15.

[5] Locatelli J L，Riess G. Angew. Makromol. Chem，1972，28：161.

[6] Locatelli J L，Riess G. Angew. Makromol. Chem，1973，32：117.

[7] Riess G，Locatelli J L. Angew. Makromol. Chem，1973，32：101.

[8] Robert H M，Simon. Mass polymerization process of ABS polyblends. US 4252911，1981-02-24.

[9] Ehrenfried Baumgartner，Juergen Hofmann，Rudolf H Jung，Etc. Preparation of ABS molding materials. US 5387650，1995-02-07.

[10] Vincent A Aliberti，Robert L. Kruse. US 4417030，1983.

[11] CN 1106827A，1995.

[12] Raymond D Burk. US 4254236，1981.

[13] etsuyuki Matsubara，Norifumi Ito. US 4587294，1986.

[14] Robert L Kruse，Gene F. Dejackome. US 4487260，1980.

[15] Ehrenfried Baumgartner，Hofmann Gansepohl. US 5250611，1993.

[16] Michael B Jastrzebski，Allen R Padwa. US 4277574，1981.

[17] Chen-youn Sue，Robert Koch. US 5414045，1995.

[18] Corwin J Bredeweg，Midland Mich. US 4239863，1980.

[19] US 4252991.

[20] Toshio Fujita，Masanari Fujita. US 5349041.

[21] Ehrenfried Baumgartner，Hofmann Gausepohl. US 4640959，1987.

[22] Yun-chung Sun，Midland，Mich. US 4387179，1983.

[23] Charles I，Mott. Bernie A Midland. US 4221883，1981.

[24] Chen-youn Sue，Robert Koch. US 5569709，1996.

[25] Shiro Otsuzuki，Mune Iwamoto. US 5506304，1996.

[26] Robert W Lee，William J. Miloseia. US 4410659，1983.

[27] US 4239863.

[28] US 0067536.

[29] 东洋工程公司．Technical Information on ABS Resin Process by Continuous Bulk. 1989.

[30] 特开昭 55-36201.

[31] 韩强，梁成锋，田冶，等．一种基于连续本体法的 ABS 聚合物与聚碳酸酯合金的制备方法[P]. CN200710099315. 6，2007.

[32] 田冶．一种采用连续本体法制备挤出级丙烯腈-丁二烯-苯乙烯接枝共聚物的方法[P]. CN200610170223. 8，2006.

[33] 朱结东，梁成锋，舒纪恩．一种基于连续本体法的 ACS 聚合物的制备方法[P]. CN 200710099314. 1，2007.

[34] 梁成锋，朱结东，舒纪恩，等．一种基于连续本体法的消光注塑级 ABS 聚合物制备方法[P]. CN 200710099317. 5，2007.

[35] 舒纪恩，朱结东，梁成锋，等．一种基于连续本体法的高光泽注塑级 ABS 聚合物的制备方法[P]. CN

200710099313.7，2007.
[36] 田冶，梁成锋，韩强，等．一种连续本体法制备耐热 ABS 聚合物的方法[P]. CN 200710099316.0，2007.
[37] J 谢尔斯，D B 普里迪编，高明智，等译．现代苯乙烯系聚合物[M]. 北京：化学工业出版社，2004.
[38] Rumscheidt F D，Mason S G. J. Colloid Sci.，1961，16：238.
[39] Karam H J，Bellinger J C. Ind. Eng. Chem. Fundam.，1968，7：576.
[40] 关颖，ABS 树脂技术发展趋势[J]. 化工新型材料，2010，38(1)：23-25.
[41] 许长军．本体聚合 ABS 树脂技术进展[J]．合成树脂及塑料，2006，23 (1)：74-77.
[42] Demirors Mehmet，et al . High gloss high impact monovinylidene aromatic polymers[P]. US 6441090，2002.
[43] Weider Richard，et al. Process for producing ABS moulding compositions having a high rubber content [P]. US 6482897，2002.
[44] US 4153645.
[45] EP 0015752.
[46] US 4334039.
[47] EP 0096447.
[48] Demirors，Mehmet，Schrader，et al. High gloss high impact monovinylidene aromatic polymers [P]. US 6441090. 2002.
[49] Inoue Goro，Yamaoto Akihiro，Yajima Nobuyuki，et al. Translucent resin sheet molded article[P]. JP 2003246871，2003.
[50] 赵天然．ABS 树脂生产技术现状及技术经济评估[J]. 合成树脂及塑料，1996，13(4)：28.
[51] 加加尔 S K，赫茨勒 C M. 透明的橡胶改性苯乙烯类组合物[P]. CN1446246A，2003.
[52] Vanspeybroeck，Rony S，Galobardes，et al. Rubber modified monovinylidene aromatic polymer compositions [P]. US 6211298，2001.
[53] Dow Chemical. EP103657，1984.
[54] Corwin J Bredeweg，et al. US4239863，1980.
[55] Ehrenfried Baumgartner，et al. US5387650，1995.
[56] Robert L Kruse，et al. US4187260，1980.
[57] Ehrenfried Baumgartner，et al. US5278253，1994.

第 4 章　ABS 树脂改性技术

4.1　ABS 树脂高性能化技术

4.1.1　阻燃 ABS 树脂

中国已成为全球家电制造中心，因此对塑料材料的需求也在不断增大。ABS 作为世界用量最大的工程热塑性树脂，在中国有 60%的消费量用于家电生产[1]，可以说 ABS 树脂与人们的日常生活息息相关，所以生产商在追求产品美观的同时，其安全特性也受到了广泛关注，其中最主要的问题就是材料的防火性能。国内外对汽车、建材、家用电器、办公用品等方面使用的塑料材料提出了严格的防火阻燃要求，制定了相应的技术标准与规范。

众所周知，ABS 的极限氧指数(LOI)只有 18.3~20，是一种易燃的高分子材料，其水平燃烧速度很快，约为 25~51mm/min，燃烧时产生大量黑烟，离火后仍继续燃烧，火焰呈黄色黑烟，燃烧后塑料软化、烧焦，但无熔融滴落。用 ABS 树脂制造的电子、电器配件等会因短路而引起火灾，这一缺点限制了其进一步的应用。因此，如何改善 ABS 树脂的阻燃性已成为业界十分关注和亟待解决的问题[2]。国内外 ABS 生产商几乎无一例外地都将阻燃级 ABS 作为其产品系列的重要成员。

国内 ABS 产品按种类可分为通用级、阻燃级、板材级、耐热级和特殊 ABS 及合金等，其中阻燃级约占 ABS 年需求量的 12%。2021 年国内阻燃级 ABS 需求量已为 720kt/a，主要牌号可分为三个档次：第一档次以进口产品为代表；第二档次为改性厂对通用料的改性；第三档次为回料生产，如进口显示器外壳的重新粉碎、造粒或用废基料改性等。

阻燃 ABS 主要用于要求电绝缘性和阻燃性的电器设备机壳，如电脑显示器外壳、电视机外壳、插排、保险丝盒、真空吸尘器机壳、办公自动化设备外壳、洗衣机外桶以及电器开关零部件等。目前国内所用的 ABS 阻燃专用料，尤其是耐中、高温阻燃专用料大都依赖进口，需求量很大。国内电子计算机、交通运输业等的发展将使 ABS 的消费呈现快速增长态势，但同时也对 ABS 的性能和品种提出了更高要求，而阻燃性能将是最为重要的指标之一。目前每年国内出口欧盟的涉及含卤阻燃剂材料的产品价值总量达到了 2500 亿元人民币，而国内 ABS 消费构成也反映出这一趋势。

阻燃 ABS 树脂的研究在国外开展较早，国内起步较晚，但近年发展迅速并且报道较多。目前国内 ABS 树脂的阻燃研究主要采用以下途径[4]：①在 ABS 合成过程中添加反应型阻燃剂作为第四单体进行聚合，其缺点是工艺复杂，成本高且不易控制；②加入具有阻燃性且与 ABS 有一定相容性的聚合物如聚氯乙烯(PVC)、氯化聚乙烯(CPE)等；③添加阻燃剂，添加的阻燃剂分为无机和有机两大类。在实际应用中，为了能生产阻燃性能、力学性能、电性能和消烟性等都满意的阻燃 ABS，上述的②和③方法必须结合起来，进行综合的研究。

在阻燃 ABS 产品的开发及应用过程中，一项十分重要的工作就是取得 UL 认证[3]。UL 标志是美国以及北美地区公认的安全认证标志，是相关产品(特别是机电产品)进入美国以及北美市场的一个特别通行证，是全球制造厂商最值得信赖的合格评估指标之一，其信誉程度已被广大消费者所接受。

在进行阻燃 ABS 产品 UL 认证过程中，除要满足通常的冲击、拉伸、弯曲强度，热变形温度以及硬度等要求外，额定温度(RTI)这项认证尤为重要，这也是目前国内市场评价阻燃 ABS 产品的一项重要指标，它决定着产品的应用范围。表 4-1 给出了国内市场对于阻燃 ABS 在不同环境中的额定温度所作的一般要求。

表 4-1　国内市场对于阻燃 ABS 产品在不同环境中额定温度的要求

用　　途	阻燃级别	额定温度(RT_1)/℃
与发热体隔离	HB	60
一般环境	HB	80
一般环境	V2	85
高温环境	V2	125
一般环境	V0	85
高温环境	V0	125

从表 4-1 中可以看出，准确地了解市场要求，加快产品应用定位，对于阻燃 ABS 产品的开发和认证具有重要的指导作用。目前锦湖日丽、金发科技等国内企业对于诸如 UL 等的产品认证工作已经进行了很多年，但仍旧有许多企业缺乏相关的知识和经验，很多工作需要进一步加强，提高企业的产品质量和档次，逐步实现与世界先进水平接轨。

4.1.1.1　ABS 树脂有卤阻燃技术

添加阻燃剂是实现 ABS 阻燃改性简单高效的途径。目前已有的阻燃剂包括卤素阻燃剂、无卤阻燃剂、无机阻燃剂和其他类型阻燃剂。本节只针对卤素阻燃剂在 ABS 产品中的使用展开讨论。

(1) 阻燃机理

卤系阻燃剂主要在气相中发挥阻燃作用。因为卤化物分解产生的卤化氢气体，是不燃性气体，有稀释效应。它的密度较大，形成一层气膜，覆盖在高分子材料固相表面，可隔绝空气和热，起覆盖效应。更为重要的是，卤化氢能抑制高分子材料燃烧的连锁反应，起到捕捉自由基的作用。以溴化物为例，其抑制自由基连锁反应的机理如下：

$$Br\cdot +RH \longrightarrow R\cdot +HBr$$

$$HO\cdot +HBr \longrightarrow H_2O+Br\cdot$$

高分子材料中加入含溴阻燃剂，遇火受热发生分解反应，生成自由基 Br·，它又与高分子材料反应生成溴化氢，溴化氢与活性很强的 HO· 自由基反应，一方面使得 Br 再生，一方面使得 OH· 自由基的浓度减少，使燃烧的连锁反应受到抑制，燃烧速度减慢，直至熄灭。

(2) 常用卤素阻燃剂

卤系阻燃剂包括溴系和氯系阻燃剂。卤系阻燃剂是目前世界上产量最大的有机阻燃剂之一。在卤系阻燃剂中大部分是溴系阻燃剂。溴系阻燃剂之所以受到青睐，其主要原因是它的阻燃效率高，而且价格适中。由于 C—Br 键的键能较 C—Cl 键低，大部分溴系阻燃剂的分解温度在 200~300℃，与一般高聚物的分解温度范围正好匹配，所以能高效地捕捉材料分解产生的自由基，从而延缓或抑制燃烧链的反应，起到阻燃作用。

工业生产的溴系阻燃剂可分为添加型、反应型及高聚物型三大类，而且品种繁多。国内外市场上现有20种以上的添加型溴系阻燃剂，10种以上的高分子型溴系阻燃剂，20种以上的反应型溴系阻燃剂。ABS中常用的溴系阻燃剂大多数为有机添加型阻燃剂，主要有十溴二苯醚(DBDPO)、八溴二苯醚(OBDPO)、四溴双酚A(TBBA)、十溴二苯乙烷(DBDPE)、溴代环氧齐聚物(BER)、三(三溴苯氧基)氰尿酸酯(FR245)和聚二溴苯乙烯(PBDS)等。

(3) 溴系协效体系

单一的溴系阻燃剂需要很高的添加量才会达到理想的阻燃效果，导致阻燃材料成本增加、热稳定性和机械性能下降，所以针对溴系的协效体系不断被发现，能够有效降低溴系阻燃剂的用量，实现阻燃、成本和力学性能的平衡。

1) 溴/锑协效[5]

为提高卤系阻燃剂的阻燃效果，三氧化二锑是十分重要的协效剂。一般认为，卤素与三氧化二锑反应生成的三卤化锑蒸气密度较大，覆盖在聚合物表面可隔热、隔氧，同时也稀释可燃性气体。三卤化锑分解时还可捕获气相中维持燃烧链式反应的活泼自由基，改变气相中的反应模式，减少反应放热量而减缓或终止反应，具体如表4-2所示[6]。

表4-2 DBDPE与Sb_2O_3用量对ABS垂直燃烧的影响

样　品	ABS/份	DBDPE/份	Sb_2O_3/份	$\sum t_1$/s	$\sum t_2$/s	阻燃级别
A-1	100	16.0	—	108.00	43.00	FV2
A-2	100	20.0	—	65.00	40.00	FV2
A-3	100	24.0	—	75.00	33.00	FV2
A-4	100	14.4	1.6	18.72	11.85	FV0
A-5	100	18.0	2.0	0	16.05	FV0
A-6	100	21.6	2.4	0	0	难燃
A-7	100	12.8	3.2	0	9.38	FV0
A-8	100	16.0	4.0	0	0	难燃
A-9	100	19.2	4.8	0	0	难燃
A-10	100	11.2	4.8	6.66	9.01	FV0
A-11	100	14.0	6.0	1.40	5.66	FV0
A-12	100	16.8	7.2	0	5.00	FV0

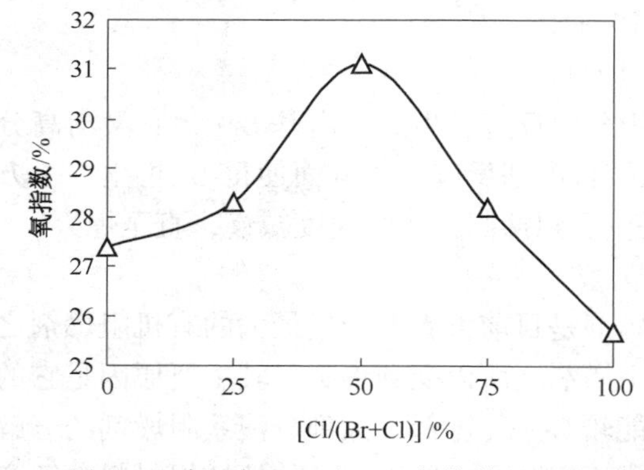

图4-1　氯/溴配比对ABS氧指数的影响

2) 溴/氯协效

有文献报道[5]，由于C—Cl与C—Br键能之间的差异，两者表现出一定的协效作用，如图4-1所示。溴/氯协效，既降低阻燃剂用量，又降低成本。溴/氯协效典型的例子就是在溴系阻燃体系中添加CPE，由于CPE具有橡胶本质，所以在赋予材料阻燃性能的同时，又能实现增韧效果，同时使材料的耐候性改善。但是由于CPE热稳定性较差，一般只在TBBA体系中推荐使用。

3) 溴/磷协效

关于卤-磷协效，已有很多专利发表，但尚鲜见工业应用。在溴-磷阻燃体系中，卤系发挥气相阻燃效果，磷系则显示固相阻燃效果，二者形成完整的气-固相阻燃系统。特别是在溴与磷位于同一分子中，协效作用更为明显，典型的例子就是卤代磷酸酯。由于磷系阻燃剂对含氧高聚物具有显著的阻燃效果，所以其在 PC/ABS 合金中可表现出优异的阻燃作用，而在苯乙烯类树脂中的阻燃效果不佳。

4）溴/有机硅系

文献报道[6]，ABS/溴系阻燃体系中，添加少量有机硅树脂可以显著提高 ABS 的氧指数(LOI)，如图 4-2 所示。TGA 和 SEM 结果表明：加入 2%～4%的硅树脂(SFR-100)，可以在燃烧过程中促进炭层的形成，同时起气相和凝聚相阻燃作用，使 ABS 的分解温度提高、溴阻燃剂用量降低、材料的韧性和热稳定性提高。

SFR-100 用量对阻燃 ABS 氧指数的影响见图 4-2。

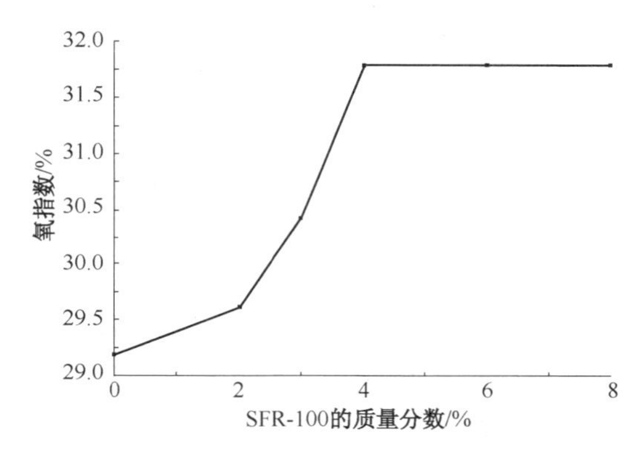

图 4-2　SFR-100 用量对阻燃 ABS 氧指数的影响

(4) 卤素阻燃剂的负面效应

当发生火灾时，由于材料的分解和燃烧产生大量的烟尘和有毒腐蚀性气体，会造成“二次灾害”；且燃烧产物(卤化物)具有很长的大气寿命，一旦进入大气很难去除，会严重污染大气环境，破坏臭氧层。另外，多溴二苯醚阻燃的高分子材料的燃烧及裂解产物中含有有毒的多溴代二苯并二噁烷(PBDD)及多溴代二苯并呋喃(PBDF)。1994 年 9 月，美国环境保护局评价证明了这些物质对人和动物的致毒作用，多溴联苯醚在阻燃材料中已经被限制使用。

卤素阻燃剂的另一个负面效应是降低材料的耐候性。而且由于卤素阻燃剂的热稳定性较差，在高温下容易产生 HBr，导致一些碱性助剂失效，如受阻胺光稳定剂的使用效果为卤素阻燃剂所严重恶化；并且这些酸性挥发物容易腐蚀模具，提高了设备更新、维护成本。

由于目前 ABS 无卤阻燃技术尚不成熟，所以卤素阻燃 ABS 在将来很长一段时间还是家电产品的主流材料。同时针对卤素阻燃材料的抑烟技术快速发展，为低烟低毒阻燃 ABS 的开发奠定了理论基础，未来将会获得更多的推广和应用。

(5) 阻燃 ABS 树脂的高性能化

阻燃 ABS 主要用于家电产品和办公设备，制品类型繁多，需要阻燃 ABS 具有广泛的适应性。目前，国内外一些大的家电生产商基于环境保护对阻燃材料提出了明确的使用要求，阻燃性只是材料需要满足的最基本要求，除此之外，还关注耐候性、加工性、耐热性和外观等。下面就阻燃 ABS 的高性能化进行简单叙述。

1）耐候阻燃 ABS 树脂

由于阻燃效率高，溴系阻燃剂成为阻燃 ABS 中最常用的卤素阻燃剂；但由于 C—Br 键活性较大，长期光照条件下容易发生断裂，所以含溴阻燃剂耐光性较差，在浅色或户外产品中使用时存在变色风险，影响产品外观。

耐候性较差是由于卤素阻燃剂的本质特点造成的，所以在含卤阻燃 ABS 中，为了改善材料的耐候性，通常可以选择以下几个方案：

① 选择耐候性优异的阻燃剂。图 4-3 显示了几种常用的溴系阻燃剂阻燃的白色 ABS 树

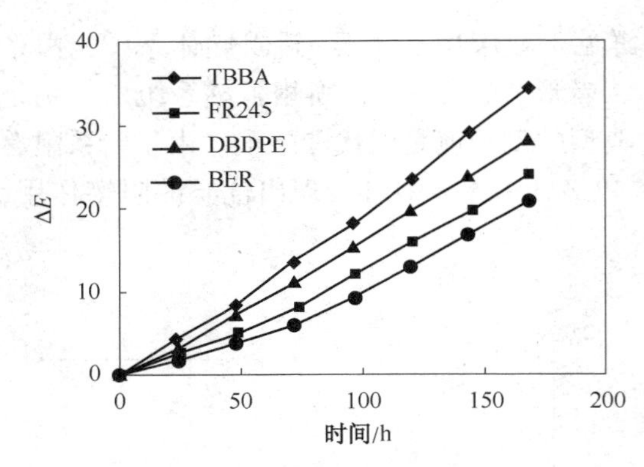

图 4-3　含有不同阻燃剂的阻燃 ABS 耐候性比较
（ΔE，因老化引起的能量变化）

脂在 UV 照射下的变色情况（依照 ASTM D4329 CYCLE A），可见四溴双酚 A（TBBA）的耐候性最差，十溴二苯乙烷（DBDPE）次之，而溴化环氧（BER）的耐候性最好，而且其热稳定性与加工性能也比较好，所以在耐候级阻燃 ABS 树脂中获得了大范围的应用。溴化环氧按照端基结构式分为 EP 型和 EC 型，EP 型为环氧封端，具有比 EC 型更佳的耐候性；EC 型为溴封端，具有良好的耐热性和流动性。

选择耐候性的阻燃剂不仅可以使产品在长期使用过程中保证良好的外观，而且可以降低由于光老化带来材料韧性下降的风险。

② 添加耐候剂。通过选择耐候性较高的阻燃剂是改善阻燃 ABS 的光稳定性的主要途径，但同时可能带来冲击下降、成本增加、热稳定性和加工性能下降等一系列负面影响，所以通过添加耐候剂的方法可以进一步改善阻燃 ABS 树脂的耐光照性，如表 4-3[7] 所示。

表 4-3　UV 吸收剂对阻燃 ABS 耐候性的影响

ΔE300	DBDPO	OBDPP	Saytex BT93	TBBPA	FR245
不添加 UV	45.0	48.0	9.4	37.1	27.9
添加 UV	33.1	43.2	4.0	29.0	8.0

添加助剂可以改善聚合物某些性能，但是它们之间的相互作用可能也会对材料的综合性能产生负面影响。在阻燃 ABS 中，卤素阻燃剂与光稳定剂之间的相互作用至少有以下几个方面影响[8]：

a. 大部分受阻胺光稳定剂属于弱碱性物质，而卤系阻燃剂在加工过程中可释放出酸性物质，一般为 HX 小分子，酸、碱物质共存时可起到较为明显的对抗作用。一方面，降低受阻胺光稳定剂的活性；另一方面，受阻胺的添加也会使卤系阻燃剂的阻燃效果降低。

b. 某些苯并三唑类光稳定剂需要在弱碱环境中才能发挥最佳效果，而大量弱酸性的卤素阻燃剂的存在改变了复合材料的酸碱平衡。另外，“笼蔽效应”也会影响光稳定效果。

c. 提高色粉浓度，并尽量避免使用荧光增白剂（OB）。

含卤阻燃材料在浅色产品中使用时，光老化导致的颜色变化表现得更为突出。在综合考虑阻燃剂和耐候剂特点的前提下，某些情况下可以通过提高遮盖率较高的色粉浓度来进一步改善材料的耐候性，如金红石型的钛白粉能屏蔽紫外线，不易变色，特别适用于户外使用的塑料制品。图 4-4 表明通过提高金红石型钛白粉的含量，可以显著降低阻燃 ABS 光照过程中的黄变程度。

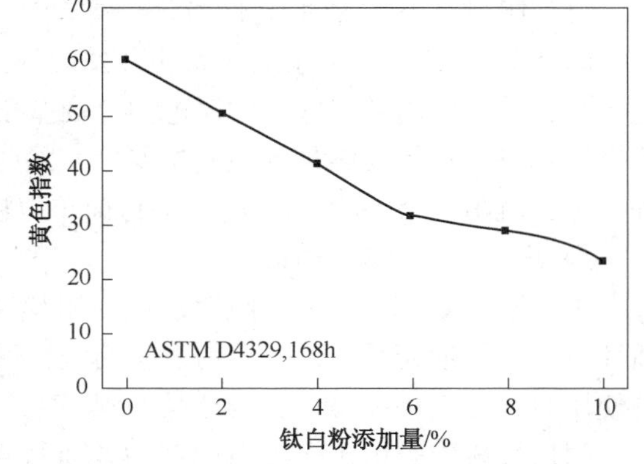

图 4-4　钛白粉含量对阻燃 ABS 耐候性的影响
（上海锦湖日丽提供）

另外，为获得白色制品，经常会添加荧光增

白剂，目的是使材料获得更加满意的白度，同时增加产品的亮度，在较低的色粉浓度下就可以起到较高的增白效果，但从稳定性方面所必须考虑的一个指标就是制品的耐光照问题。通常荧光增白剂可吸收波长为300~400nm的紫外光，发射出500nm以下的蓝光或蓝紫光，达到使制品增白和增亮的效果[9]。但它在长期使用过程中容易使分子活化，导致分子链断裂，使产品发黄、变脆，故在耐候要求较高的白色制品中务必慎重使用。不仅如此，由于如苯并三唑类光稳定剂的吸收波长也通常在300~400nm之间，与荧光增白剂的吸收波长类似，所以两者并用时往往会导致荧光增白剂的增白效果大幅减弱。

除金红石型的钛白粉外，氧化锌、炭黑也能起到长期对紫外光很好的屏蔽作用。但是如果想进一步大幅度提高耐候效果以适应更为严酷的户外应用需求，就必须采用耐候性更佳的ASA、ACS基体树脂。从图4-5可以看出即使是采用耐候级的阻燃ABS树脂，其在340nm紫外光下的抗色变能力也远不如阻燃ASA和ACS树脂。

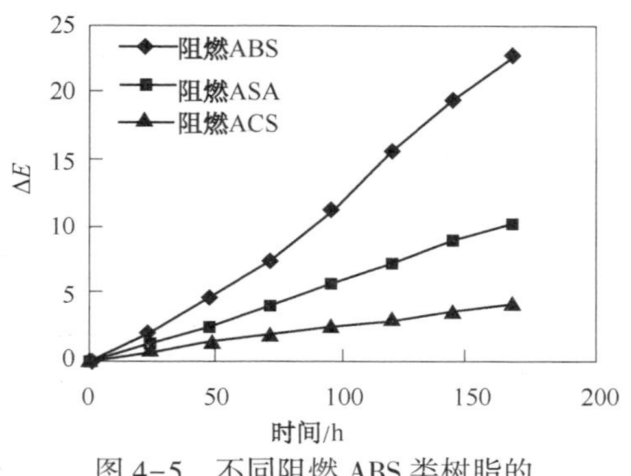

图4-5　不同阻燃ABS类树脂的耐紫外性能(白色)

阻燃ASA树脂，由于采用耐候性优异的丙烯酸酯橡胶，橡胶部分抗紫外光能力显著增强，所以可以获得更加优异的抑制色变能力。而且阻燃ASA树脂保持了阻燃ABS树脂的热稳定性、加工性和韧性，在耐候性要求更高的领域具有广阔的应用前景。

ACS树脂中橡胶CPE本身就具有优异的耐候性和阻燃性，无需添加卤系阻燃剂，仅添加10%左右的氧化锑即可达到V0级，从而进一步避免了卤系阻燃剂对耐候性产生的负面作用，所以阻燃ACS树脂的耐候性能极其优异，可以经受户外强烈紫外光照射的严酷环境。阻燃ACS树脂表面电阻率低，因而还具有与生俱来的良好的抗静电性。但是ACS树脂由于CPE橡胶的热稳定性差，加工过程中极易发生受热分解，产生银丝，相对来说对模具的要求会更高，因此极大限制了阻燃ACS树脂的应用。

阻燃ASA和阻燃ACS树脂，与早已大众化的阻燃ABS树脂相比，市场上相应的各种品级并不多见。典型商品化V0级的高耐候性的阻燃ASA树脂和阻燃ACS树脂，市场上可见锦湖日丽公司的ASA XC200FR和日本旭化成的Stylac NF920(详见表4-4)。

表4-4　阻燃级ASA XC200FR与阻燃级ACS Stylac NF920的物理机械性能

品种				XC200FR	NF 920
测定项目	测试方法	测试条件	单位		
拉伸强度	ISO527	50mm/min	MPa	43	44
弯曲强度	ISO178	2mm/min	MPa	62	70
弯曲模量	ISO178	2mm/min	MPa	2200	2550
Izod冲击强度	ISO 179	23℃	kJ/m^2	14.0	7.0
熔体流动速率	ISO 1133	220℃×10kg	g/10min	30	59
热变形温度	ISO 75	1.80MPa	℃	73	74
阻燃性	UL 94	1/16″	CLASS	V0	V0
密度	ISO 1183	23℃	g/cm^3	1.17	1.16

2）耐热阻燃 ABS 树脂

阻燃 ABS 通常用于电子电器外壳，这类产品在使用过程中往往会长期处于受热的环境下，所以耐热性是衡量材料适用程度的关键指标。阻燃 ABS 树脂 75℃左右的热变形温度（HDT）能够满足大多数制品，例如插排、插座、开关面板等耐热要求，但是对于在特殊环境中使用的电器外壳、发热电子元件、充电器外壳等制件的耐热性提出了更高的要求，往往需要阻燃 ABS 的 HDT>90℃，并且能够通过 100℃的制品短期烘烤测试。

一般来说，衡量材料耐热性好坏的指标主要有以下几个：①热变形温度；②维卡软化点；③耐热球压温度。这几个指标都是通过标准的样条或样板测试获得，只能作为一种参考指标，厂家一般会对其中一种或多种提出明确的指标要求。对于阻燃 ABS，除了基体树脂本身的性质外，影响耐热性的主要因素就是所选用的阻燃剂。

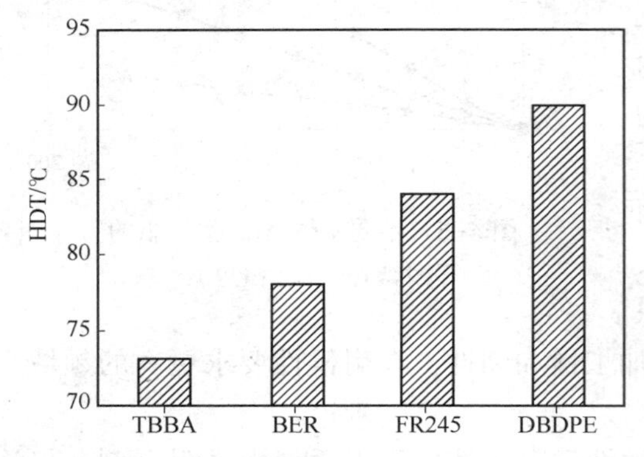

图 4-6　阻燃剂类型对材料 HDT 的影响

图 4-6 对比了几种常用溴系阻燃 ABS 的耐热性，从高到低排列为：DBDPE>FR245>BER>TBBA，其中 FR245 是由日本第一工业制药与以色列死海溴公司共同开发的一种新型阻燃剂，在阻燃 ABS 中具有平衡的综合性能，可以同时实现材料的高耐候、高耐热和高抗冲，成型制品具有优异热稳定性和落球冲击强度。而对阻燃 ABS 耐热要求更高的应用领域则需采用耐热性更佳、热稳定性更好的 DBDPE。由于 DBDPE 的熔点高达 300℃以上，所以在阻燃 ABS 的加工过程中，其呈现不熔融的颗粒状，体现类似固体填料的特性。为获得阻燃剂更加均一的分布，避免因 BDBPE 团聚问题而引起的着色不均、阻燃和机械性能的劣化，高耐热阻燃 ABS 树脂的制备与螺杆组合及挤出工艺尤为息息相关。

除阻燃剂的影响之外，阻燃 ABS 的耐热性也与耐热改性剂相关。众所周知，耐热改性剂就是通过本身的高玻璃化转变温度（T_g）来提高聚合物整体的耐热性。最为常见的就是 N-PMI、SMA、α-甲基苯乙烯。耐热改性剂由于高 T_g，难塑化，造成在聚合物中的分散困难，因此对共混加工中螺杆组合的剪切强度提出了更高的要求。然而阻燃剂的热稳定性总体上比 ABS 树脂要逊色不少，所以高耐热阻燃 ABS 应该选择热稳定性更高的阻燃剂，以免在强剪切加工中发生降解，恶化各方面的性能。

在实际使用过程中，用户更关心的是长期性能评价，也有人称为长期耐用性或耐热老化性。UL764B 就是考察材料一些关键或主要性能随时间和不断升高的温度而产生的变化，即测试材料在规定温度下的热老化，测试不同温度下老化一定时间后的性能，一般做拉伸强度、冲击强度、电绝缘性三项，即将一定形状样品在四个不同温度下进行（不同塑料测试温度不同）试验，观察其性能变化直至失效。样品在四个温度老化箱中进行老化，保持原有性能 50%以上者，就为未老化，测出每个温度对应老化时间。根据四个不同温度和老化时间结果作图，找出 40000h 仍能保持 50%性能的温度[7]，以温度定量判别材料是否可用，大致上确定材料的实际温度上限。这些温度指标一般都会登记在 UL 黄卡上，以 RTI 值表示。

通常阻燃 ABS 的 RTI 值为 60℃，可以满足电器外壳的长期使用要求。但是针对长期受热严重的电子元件、充电器外壳、继电器部件等制品，普通的阻燃 ABS 在该环境下极易发生受热下垂、变形等问题，难以满足其要求，因此高 RTI 值(高于 85℃)的阻燃 ABS 应运而生。目前商品化、典型高 RTI 值的阻燃 ABS 主要以锦湖日丽的 ABS HFA700HT 和韩国乐天产品的 VE-0860SE 为代表(详见表 4-5)。

表 4-5　高 RTI 值的阻燃级 ABS 树脂 HFA700HT 与 VE-0860SE 的性能

品种				HFA700HT	VE-0860SE
测定项目	测试方法	测试条件	单位		
拉伸强度	ASTM D638	50mm/min	MPa	43	40
弯曲强度	ASTM D790	3mm/min	MPa	58	60.7
弯曲模量	ASTM D790	3mm/min	MPa	2150	2070
Izod 冲击强度	ASTM D256	23℃	kJ/m^2	150	155
熔体流动速率	ASTM D1238	220℃，10kg	g/10min	12.0	8.0
热变形温度	ASTM D638	1.80MPa	℃	93	95
阻燃性	UL 94	1/16″	CLASS	V0	V0
密度	ASTM D792	23℃	g/cm^3	1.18	1.18
RTI 值				85	95

3）高流动阻燃 ABS 树脂

阻燃 ABS 在家电领域用量较大的一类产品是 LCD 外壳，随着 LCD 产品向大尺寸化、薄壁化的趋势发展，前卫的产品设计对材料的加工性提出了更高的要求；此外，阻燃 ABS 树脂本身的热稳定性就比较差，挤出加工和注塑成型的停留时间和剪切生热会对制品的表面产生极大的影响，黑点、银丝、黑线、失光等不良现象尤为集中。所以高流动阻燃 ABS 不仅是为了符合新型大尺寸、结构复杂的类似 LCD 产品外壳之类的大制件而设计开发的高性能阻燃材料，同样也是改善材料表观性能，拓宽加工宽口开发方向之一。

为了获得高流动阻燃 ABS，通常可以通过以下几种方案来实现：

① 选择高流动的阻燃剂，即需要阻燃剂的熔点接近或低于材料成型温度。ABS 常用溴系阻燃剂对其流动性的影响如图 4-7 所示(方括号内数字为阻燃剂的熔点)，从中可见，在阻燃 ABS 树脂中 DBDPE 的流动性最低，而 TBBA 的流动性最高。由于阻燃 ABS 一般加工温度为 190～230℃，在此温度范围内 TBBA 与 BER 处于融流态从而能够良好分散。但由于 BER 分子量较大并且存在环氧基，对材料流动性的改善远远不及 TBBA。而 FR245 在 230℃以上才开始流动，并且成本相对较高，所以高流动阻燃 ABS 通常首选 TBBA 作阻燃剂。

② 使用高效的流动助剂。在聚合物改性领域采用添加润滑剂提高树脂的流动性是一种常规的技术手段。润滑剂可分为内润滑和外润滑两种类型，这两种类型搭配使用可以在共混挤出和注塑成型过程中有效降低树脂分子内部的摩擦和树脂与金属之间的外摩擦，有效降低剪切生热对树脂的危害作用。

阻燃 ABS 树脂常用的润滑剂有 EBS、PETS、硬脂酸金属盐类、硅油、聚乙烯蜡类等。添加高效的润滑剂的确可以较大幅度地提高树脂的表观流动性，但是有时候并不能降低整体树脂的剪切黏度。而且此类润滑剂的大量添加，也会出现由迁移、热稳定性差、相容性差等系列问题而引发的油斑、气痕、白雾、分层、银丝等表面不良的问题。

而采用少量的磷酸酯类阻燃剂，可以起到明显的增塑作用，明显改善材料的流动性，同时也能更有效地降低剪切生热现象，有利于提高树脂的热稳定性。但是，通过添加磷酸酯类阻燃剂获得高流动性的方法也有其不可忽视的缺陷，那就是会显著降低树脂的耐热性能。对于本身耐热性就不高的阻燃 ABS 树脂来说，这可能是致命的，所以对其添加量必须进行严格控制。

③ 复配高流动的基体树脂。采用高流动的基体 ABS 树脂是提高阻燃 ABS 树脂流动性最为有效的方法，可以有效避免因添加润滑剂、增塑剂而产生的对树脂的负面影响。其中最为简单的手段就是采用高流动 SAN 树脂改性阻燃 ABS 树脂来达到高流动的目的。但是，市场上的高流动 SAN 树脂一般为定制化开发的产品，被有聚合技术背景的大企业所垄断，很少对外进行销售。所以本土没有聚合技术背景的塑料改性企业很难制备超高流动的阻燃 ABS 树脂，在超高流动的阻燃 ABS 领域很难占有一席之地。值得注意的是锦湖日丽借助其母公司日之升精细化工近年来开发的超高流动 EMI 系列产品，填补了国内市场的空白。

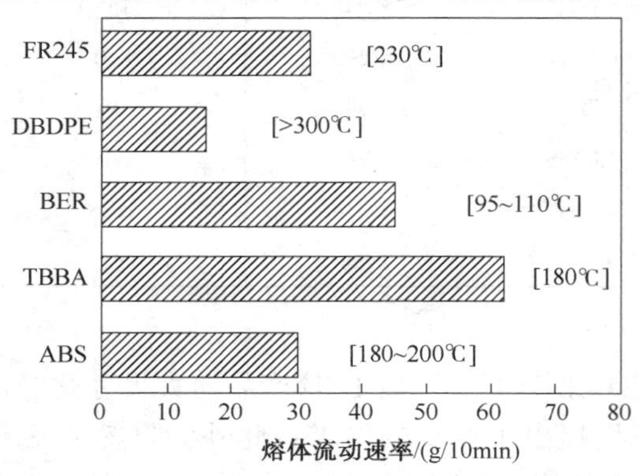

图 4-7 阻燃剂类型对 ABS 流动性的影响
[测试条件：220℃×10kg(上海锦湖日丽提供)]

目前，市场上已经有高流动阻燃 ABS 用于 40 英寸以上的 LCD 外壳，如三星的 VH-0819 和锦湖日丽的 ABSHFA700F，其加工性能甚至接近了高流动阻燃 HIPS 的水平，与普通阻燃 ABS 相比，主要具有以下优势：

a. 优异的充模特性，可以成型尺寸较大的薄壁产品，降低产品重量。

b. 有效降低注塑温度和压力，从而降低了由于剪切生热造成的阻燃剂降解，这对于复杂的流道设计和窄流道设计尤为重要。

c. 改善熔接线，保证产品外观。

d. 模温降低，冷却时间缩短，提高生产效率。

e. 复制模具能力提高，如果为镜面模具，可代替高光阻燃 ABS 达到同样的光泽效果。

尽管具有上述优势，但由于高流动阻燃 ABS 常用于尺寸较大的面板和壳体产品，通常流道设计复杂，成型周期较长，在使用过程中务必注意以下几个问题：

a. 成型温度与模具排气。高流动阻燃 ABS，由于添加了较多的高流动组分，材料热稳定性相对较差，如果成型温度过高或材料在机筒中滞留时间较长，会造成材料降解、小分子挥发，所以模具要有良好的排气设计，减少气痕和由于局部过热产生的黄变现象。

b. 韧性。与普通阻燃 ABS 相比，高流动阻燃 ABS 韧性相对较低，在有螺丝孔或卡扣设计的产品中，韧性是客户关注的重要性能，通常的解决方案是将螺丝柱加厚或在卡扣部位设置导角。

随着合成技术的不断完善，期望通过获得高流动、高韧性的 ABS 树脂和更高效、耐迁移的流动助剂进一步提高阻燃 ABS 的流动性，以追赶家电产品大尺寸、薄壁化的趋势。

4）高光免喷涂阻燃 ABS 树脂

高光免喷涂“黑又亮”树脂以其高贵典雅、稳重大气的外观成为家电、消费电子行业的宠儿，吸引着消费者的眼球。由于省去了二次喷涂工序，所以材料可二次回收，既符合环保化设计，又节约了材料成本，在高档家电领域的应用越来越广泛。

目前，市场上主流高光材料主要有高光 PC/ABS 合金、普通高光 ABS 和 ABS/PMMA 合金，但是这些产品在赋予产品高光泽的同时也带来了不可避免的缺陷，如高光 PC/ABS 合金由于熔体黏度较高，在成型大尺寸产品时材料不易充模或表面易出现熔接痕，影响产品外观；普通高光 ABS 和 ABS/PMMA 合金为非阻燃材料，不符合产品的安全设计。近年来，随着人们安全意识的深化，高光免喷涂"黑又亮"树脂阻燃化的需求越来越强烈，尤其是 LCD、显示器外壳之类大尺寸制件。

高光免喷涂阻燃 ABS 的开发具有一定技术难度，主要集中于耐刮擦、高韧性与高流动的平衡及高黑度方面。所以目前市场上商品化的高光免喷涂阻燃 ABS 的产品并不多见，代表产品有上海锦湖日丽开发的 ABSHFA705G，其已经成功应用于 LCD 底座、路由器外壳、榨汁机底座等制件。

以下对高光免喷涂阻燃 ABS 耐刮擦、高韧性、高流动及高黑度方面的主要研究热点做简要介绍。

① 耐刮擦。高光免喷涂 ABS/PMMA 合金的主要优势之一在于其耐刮擦性，这就可以避免家电外壳黏附灰尘后擦拭时留下划痕、损害表面的美观。高光免喷涂阻燃 ABS 在应用时也有同样的问题，所以提高其表面的耐刮擦性是亟待解决的问题之一。

提高高光阻燃 ABS 表面的耐刮擦性可以通过两方面来实现，即提高表面硬度和降低表面摩擦系数以提高耐磨性。实现前者的技术手段，通常采用添加高表面硬度的 PMMA 树脂的方法，如三星和 SABIC 已经有相关专利[10,11]报道，通过 PMMA 复配方案可以同时提高阻燃 ABS 的光泽度和表面耐刮擦性。但 PMMA 的引入会降低材料的韧性，恶化阻燃性能，所以阻燃、韧性、表面硬度之间存在相互制约的关系，通过合理的配方设计及试验寻找三者最佳平衡点是开发的关键。提高耐磨性通常可以通过添加有机改性硅油、PTFE 之类低摩擦系数的物质来实现。然而 PTFE 的大量添加会恶化阻燃 ABS 的物理性能及表观性能，而添加有机改性硅油则可能会因其相容性和低表面能的原因引起深色制品的表面发雾。所以，德固赛公司开发了一系列含双键、苯基、环氧基团等功能化的耐磨硅油以解决上述的问题。

图 4-8 显示了锦湖日丽开发的高光免喷涂阻燃 ABSHFA705G 与高光无卤阻燃 PC/ABS 合金在 500 次刮擦之后划痕的 3D 图片对比情况，从中可以发现经刮擦后，ABSHFA705G 表面比较平整，其耐刮擦性能优于高光无卤阻燃 PC/ABS 合金。

(a) HFA705G

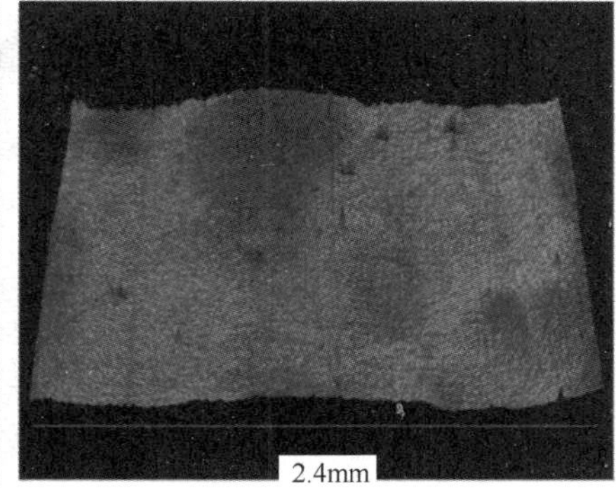

(b) 高光无卤阻燃PC/ABS合金

图 4-8　HFA705G 与高光无卤阻燃 PC/ABS 合金耐刮擦测试比较

② 高流动与高韧性的平衡。高光产品的开发一般都要考虑其高流动性，因为高流动性才能赋予其良好的模具复制能力，提高光泽度。阻燃 ABS 的高流动性的获得可以通过降低基体树脂的分子量、降低基体树脂橡胶含量来实现，然而这样带来的后果是造成材料韧性不同程度的降低，所以提高橡胶的增韧效率刻不容缓。在 ABS 改性领域，实现橡胶高增韧效

率的常规手段，是采用粒径多峰分布的橡胶，然而大粒径橡胶会对光泽产生负面影响，所以调整粒径分布比例获得高光泽和高韧性的平衡是最为关键的工作之一。除此之外，阻燃剂对韧性也有很大的影响，尤其是填料性质的氧化锑。众所周知，在聚合物复合材料领域，降低无机填料的尺寸可以提高材料整体的韧性。所以高光阻燃 ABS 可以选择粒径更小些的氧化锑作为阻燃剂以保持其冲击强度，但是也应该注意氧化锑的粒径过小，存在因其分散不良而导致阻燃性差的问题。

③ 高黑度。高光免喷涂阻燃 ABS 由于其添加了大量的阻燃剂，着色能力大幅下降。不同的阻燃剂对染色有着不同程度的影响，尤其是氧化锑对阻燃 ABS 染色的影响更大。氧化锑俗称锑白，遮盖能力强，也可作为白色颜料使用。由此可见，相比普通高光 ABS，黑又亮的高光免喷涂阻燃 ABS 的染黑能力势必会受到很大的影响，其 L 值通常在 28 以上。

为了进一步提高免喷涂阻燃 ABS 的黑度，达到炫黑效果，可以采用对着色影响更小的阻燃协效剂，如锦湖日丽的专利[12]采用对着色影响更小的硼酸锌作为阻燃协效剂。从工艺和配方上，通过改善阻燃剂分散能力、提高阻燃效率、降低阻燃剂用量，也是提高阻燃 ABS 黑度的方法之一。除上述方法外，当然选用超高着色力的炭黑母粒也是一种有效提高黑度的方法。

从图 4-9 可知，锦湖日丽开发的黑又亮阻燃 ABSHFA705G 的 L 值达到了 27.5，甚至与无卤阻燃 PC/ABS 合金相当。

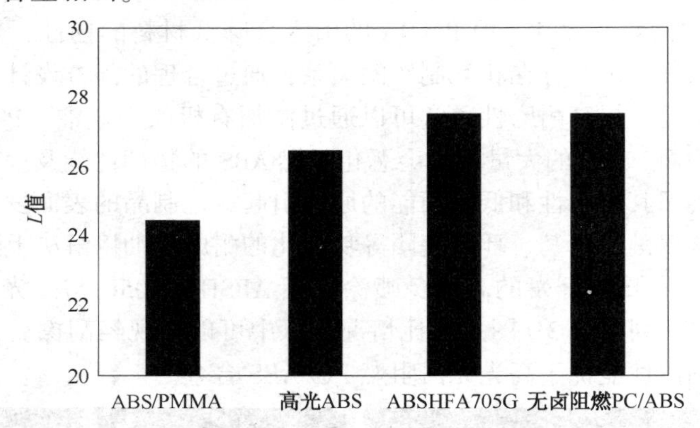

图 4-9　不同黑又亮产品的 L 值对比情况(锦湖日丽提供数据)

高光制品要求表面无可见熔接线、无流痕、无缩痕，外观效果的获得不仅依赖于材料本身的性质，而且制约于后加工工艺。下面简单总结出影响产品外观的因素。

a. 内因：

材料本身的光泽度，这是获得高光泽的首要条件。

材料的流动性，高流动材料能够更好地复制模具、降低剪切及改善熔接线。

材料热稳定性优异，避免阻燃剂的降解，小分子挥发物腐蚀模具，减少产品表面白雾的产生。

b. 外因：

模具设计：一般高光产品要求模具达到镜面效果，流道设计必须合理，以确保可以快速升温和降温，并且尽可能减少熔接线、有利于排气。

成型工艺：为了更好地复制模具，尽量采用较高的模具温度、注塑压力和成型温度，并且为了顺利排气，需要采用多级注塑速度。但任何工艺调整都要考虑减少对材料的剪切，如调控螺杆转速、不同阶段的注塑速度等。

5）易着色的阻燃 ABS

阻燃 ABS 添加了大量的阻燃剂，大大损害了其着色能力，无论是颜色的饱和度、鲜艳度均会受到不同程度的影响。彩色的阻燃 ABS 着色率很低，色泽低下，而且 L 值大于 90 的亮白色和 L 值小于 28 的深黑色通过配色技术也较难以实现。由于上述原因，阻燃 ABS 色粉成本会比普通 ABS 大幅提高，有些颜色甚至高达 50%以上，这显然与阻燃 ABS 的降成本趋势背道而驰。

所以易着色阻燃 ABS 的开发顺应了低成本化的需求，因而具有广阔的应用前景，一些塑料改性公司也随之开发了易着色的阻燃 ABS 树脂。锦湖日丽就是其中之一，其采用更为纯净的原材料设计，开发的 ABSHFA 阻燃系列相比其他厂家相对应产品具有更白的底色，更易染色，尤其是适合超高白度开关面板、插排、电器底座等领域。

6）挤出级阻燃 ABS

挤出级 ABS 早已成熟地应用在板材、片材、管材等领域。然而随着安全意识的提高，特别是近年来挤出建材、家居用品、装修饰品、汽车板材等领域的防火安全性问题的日益严重，因此对挤出制品的阻燃性也提出了更高的要求。有些阻燃性的要求也从 HB 直接跃升为 V0 级。由于挤出制品的市场容量大，一旦阻燃要求被正式列入安全法规，那么挤出级阻燃 ABS 市场将十分诱人。

挤出级阻燃 ABS 的开发主要涉及以下问题：

① 热稳定性。由于挤出级阻燃 ABS 在加工过程中停留时间长，还存在多次重复加工的问题，对阻燃剂的热稳定性提出了更高的要求。所以，挤出级阻燃 ABS 的设计不仅对基体和助剂的热稳定性和挥发分有着很高的要求，同样对阻燃剂种类的选择也至关重要，应选择可经受长时间挤出加工而不分解的阻燃剂。

② 阻燃性。挤出级阻燃 ABS，由于挤出成型工艺的特殊性，与注塑成型制品之间存在着很大的差异，其中最为明显的特征之一就是同样的材料，挤出成型制品的致密度要小于注塑成型制品。相应地，这样的差异就会对制品的阻燃性产生很大的影响。这是因为阻燃产品在进行燃烧测试时，由于制品的致密度差，燃烧过程中接触氧气的面积大大增加，因而会导致阻燃等级的下降。因此要达到与注塑级阻燃 ABS 制品同样的阻燃性能，其样条的 UL 阻燃等级需要进一步提高，如 5VA、5VB 的阻燃级别。市场上商品化的挤出级阻燃 ABS 产品也比较稀缺，其中锦湖日丽 ABSHFA451 就属于该类产品的代表。

③ 挤出加工性能。挤出级 ABS 树脂早已大规模成功用于片材、管材、板材，涉及汽车、建材、家居、装饰、广告等多个领域。随着近年火灾事故的频发，这些领域对阻燃性的要求也呼之欲出，阻燃等级由 HB、燃烧速率的要求逐步提高，甚至达到了 V0 级的高阻燃等级要求。正如大多数挤出类的产品设计那样，挤出级阻燃 ABS 通常选用高分子量的基体 SAN 树脂和高橡胶含量 ABS，因为高熔体强度可以保证连续挤出的稳定性及较宽的加工窗口。不仅如此，挤出级阻燃 ABS 除上述因素外还需考虑阻燃剂的热稳定性，特别是多次重复加工的性能。这是因为挤出成型一般都伴随着大量的边角料，需要以少量回料的方式使用。经多次重复挤出加工后，不仅 ABS 基体会发生一定程度的降解，而且热稳定性更差的阻燃剂部分则更加容易分解，分解产生的小分子会发挥增塑剂的作用，大幅提高树脂的流动性，降低熔体强度，恶化挤出加工性能。意味着挤出级阻燃 ABS 树脂的多次重复挤出性能，相比通用挤出级 ABS 更差。

对于挤出成型来说，材料可重复成型加工次数是一项较为关注的参数。而在挤出加工过程中，阻燃 ABS 的热氧老化降解的程度要比通用 ABS 更为严重，由此可见，为保持优良的挤出加工性能，挤出级阻燃 ABS 要求比通用 ABS 具有更高的熔体强度，更低的挤出成型温度，这样才能承受更加长时间的物理性能与挤出加工性能的衰减，获得长远的经济利益。提高基体树脂 SAN 的分子量是改善挤出级 ABS 树脂熔体强度的常用方案，但是这种超高分子量的 SAN 树脂也几乎被具有聚合背景的石化企业所垄断。近年来，日之升精细化工致力于相容剂、高流动 SAN、高分子量 SAN 等改性塑料所需求的特殊品类聚合物的开发，如超高分子量的 LAS 150 SAN 树脂，可以有效提高熔体强度，降低流动性，是改善材料挤出、吹塑成型加工性能的行之有效的途径之一。

(6) 阻燃 ABS 制品主要成型缺陷及其解决方案

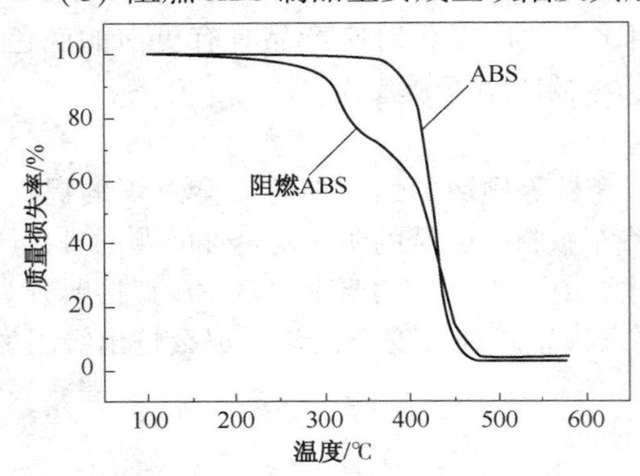

图 4-10　通用 ABS 与阻燃 ABS (FR-ABS) TGA 曲线

由于卤素阻燃剂一般为小分子化合物，并且 C—X 键能较小，在加工过程中易降解，导致产品变色和性能下降。图 4-10 表明，阻燃 ABS 起始分解温度较低，在热和机械作用下其热稳定性相比通用 ABS 更差，所以阻燃 ABS 的成型温度一般要比通用 ABS 低 10~20℃，即使如此，由于阻燃剂选择不当或工艺设置不合理导致的成型不良经常发生。

目前，阻燃 ABS 大多数用于浅色家电产品，用户对产品外观要求较高，而阻燃 ABS 热稳定性较差，由此导致的表面缺陷是阻燃制品遇到的主要问题。根据笔者多年从事塑料改性的经验，表 4-6 就阻燃 ABS 材料常见的注塑缺陷做了简单总结，从材料设计角度对其原因进行分析，提出可行的解决方案，期望对用户有一定的指导意义。

表 4-6　阻燃 ABS 制品常见问题分析及解决方案

成型缺陷	易出现部位	原因分析	解决方案
黄变、黑点	肉厚较小、流道较窄和浇口附近部位	成型温度过高； 材料滞留时间较长； 剪切过大； 异常停机； 螺杆间隙过大，机筒存在死角	降低成型温度； 减少 CPE 用量； 选择热稳定性较好的阻燃剂； 加大浇口尺寸，降低螺杆转速； 用黏度较大的材料彻底清洗机筒
气痕、银丝	熔接线两边、浇口附件	材料热稳定性差； 干燥不彻底； 模具排气不良； 螺杆卷入空气	选择热稳定性较好的阻燃剂； 材料彻底干燥； 改善模具排气； 降低注射速度
烘烤变形	薄壁、螺丝孔、肉厚变化处	材料耐热性较低； 材料刚性不足； 制品残留内应力	提高材料热变形温度； 提高基体树脂分子量； 降低注射速度和压力； 降低内润滑剂用量； 提高材料流动性
制品开裂	螺丝孔、熔接线、薄壁、卡扣部位	材料韧性或刚性不足； 制品内应力过大	提高材料韧性和刚性； 降低注射速度，缩短保压时间； 提高材料流动性； 增加制品导角，背面设置加强筋

（7）有卤阻燃 ABS 的发展方向[13~15]

阻燃 ABS 的开发主要是针对电器的防火安全考虑的，然而残酷的事实却告诉人们，火灾中危害人身安全最致命的并不是火焰本身，而是带有毒性气体的致密浓烟，其会引起受害人逃跑时不能辨别逃生方向，最后窒息而死。对 ABS 阻燃而言，卤素阻燃剂仍占主导地位，此类阻燃剂存在发烟量大的问题，一旦发生火灾，产生的危害很大。研发表明，ABS 树脂中含溴量越大，塑料的烟密度越高。经实验测定，用溴类阻燃剂改性的 V0 级 ABS 烟密度大于 1000。因此，若只添加阻燃剂而不加抑烟剂会带来更严重的后果，因而 ABS 的阻燃抑烟改性研究越来越受到人们的重视。

当前，ABS 抑烟改性主要从添加抑烟剂、改进阻燃体系用量方面着手。目前已经开发的抑烟剂主要有以下一些类型：

① 助燃剂。烟雾产生的一个重要原因是燃烧不完全，故加入助燃剂，如硝酸钾、水合氢氧化铝、水合氢氧化镁等，可使塑料在着火后充分燃烧，使烟雾量减少，但这类抑烟剂用量要适当，否则会抵消部分阻燃剂的作用。

② 有机金属化合物。一些有机金属化合物如二茂铁、酞化青的铜络合物能够促进塑料在燃烧时炭化，减少烟雾产生。在 ABS 中添加 4%的四苯铅，可使燃烧时发烟量降低 50%。

③ 金属氧化物及其盐类。一些金属（钼、锌、钾等）的氧化物或其碳酸、硼酸、磷酸盐有抑烟作用。如 ABS 中添加 2%的氧化铝，可使发烟量减少 40%~50%。

此外，还可通过改进阻燃体系来达到抑烟目的。无卤阻燃是当今阻燃改性的发展方向，因为它低烟、低毒，越来越受到各国消费者的喜爱。但目前尚未找到适合 ABS 的无卤阻燃剂，大多数研究也只局限于文献报道和理论分析，所以低烟卤素阻燃 ABS 开发及其多功能化仍然是未来市场主导方向和研究热点。

4.1.1.2　ABS 树脂的无卤阻燃技术

（1）ABS 常用无卤阻燃剂概述

无卤阻燃体系是一类低烟、低毒、不含卤素的环保型阻燃体系，很好地解决了卤系阻燃体系对环境的不友好性，因而备受人们的关注。用于 ABS 的无卤阻燃剂应具备以下性能：

① 阻燃效率高，能赋予材料良好的自熄性或难燃性；

② 具有与材料很好的相容性且易分散；

③ 具有适宜的分解温度，在材料的加工温度下不分解，但是在复合材料燃烧受热分解时又能迅速分解以发挥阻燃的作用；

④ 无毒或低毒、低烟、无污染，在燃烧过程中不产生有毒气体；

⑤ 添加至塑料基材时，不降低材料的力学性能、电性能、耐候性及热变形温度等；

⑥ 耐久性好，不挥发，能长期滞留在制品中，发挥其阻燃作用；

⑦ 来源广泛且价格低廉。

当前，在 ABS 树脂使用较多的无卤阻燃剂主要有机磷系阻燃剂以及无机磷系阻燃剂、硅系阻燃剂、膨胀型阻燃剂、金属氢氧化物、层状硅酸盐等无机阻燃剂以及协效阻燃剂等[16~19]。无机磷系阻燃剂主要代表就是红磷，但是由于其存在本身颜色的限制、剧毒 PH_3 的风险、对 ABS 物理性能影响偏大等因素，很少在 ABS 树脂中使用。而硅系阻燃剂、膨胀型阻燃剂、金属氢氧化物、层状硅酸盐对 ABS 阻燃的效率很低，绝大多数仅限于对氧指数和热释放速率的贡献，或者只能起到协效阻燃的作用，所以本书对这些种类阻燃剂的机理不再做详细介绍。

有机磷系阻燃剂研究早，品种繁多，用途广泛，常见的主要有磷酸酯、膦酸酯、亚磷酸酯、有机磷盐、氧化膦、含磷多元醇及磷氮化合物等，其中在无卤阻燃ABS中应用最为广泛的是磷酸酯。

有机磷系阻燃剂的凝聚相阻燃机理为：含磷有机化合物受热分解生成磷的含氧酸及其某些聚合物，这类酸具有强烈的脱水性，使高分子材料表面形成炭化膜，这种膜可以阻止自由基的逸出，起到隔绝空气的阻燃效果；羟基脱水反应可以吸收大量的热，使燃烧物质降温；在气相阻燃方面，含磷化合物在聚合物燃烧时都有PO·自由基形成，它可与火焰区域中的H·及OH·结合，使之浓度大为下降，起到抑制燃烧链式反应的作用，而燃烧生成的P_2、PO_2和HPO_2小分子产物，也起到了稀释火焰区H·及OH·自由基浓度的作用。有机磷系阻燃剂对含羟基物质的阻燃作用较大，而对不含羟基的物质的阻燃作用则相对较小。

（2）ABS无卤阻燃研究开发现状

目前，ABS常用有效的阻燃体系是卤系阻燃剂和三氧化二锑的协效体系，其具有优异的阻燃性能和综合物理性能。但是，该阻燃体系在热裂解及燃烧时会生成大量的烟尘及腐蚀性气体，且某些溴系阻燃剂(多溴联苯醚)还会产生剧毒的二噁英。随着环保化要求的提高，近年来低烟、低毒的无卤阻燃逐渐成为阻燃材料的重要发展方向。

ABS树脂不含羟基、酯基等含氧基团，缺少高密度的易成炭的共轭双键、三键、苯环等结构，导致其整体成炭能力差，单独用磷酸酯类阻燃剂阻燃的效率不高，而且会大幅降低ABS的耐热性能，需要其他的阻燃协效剂共同使用才能起到较好的阻燃效果。同样，单独使用无机阻燃剂和硅系阻燃剂的阻燃效率较低，仅能在降低热释放峰值、提高炭层致密度上起到一定的阻燃作用，而难以实现氧指数的上升和通过UL94 V0的燃烧实验。目前，高性能无卤阻燃V0级的ABS开发依旧是世界性的技术难题，学术界对无卤阻燃ABS的研究主要集中在有机磷系协效阻燃体系、红磷协效阻燃体系、磷氮膨胀协效阻燃体系。

1）磷系协效阻燃体系

无卤阻燃ABS中使用的有机磷系阻燃剂主要为磷酸三苯酯(TPP)，双酚A双(二苯基磷酸酯)(BDP)、间苯二酚双磷酸酯(RDP)及新型无卤阻燃剂RC200等磷酸酯类阻燃剂。由于RDP容易水解，在90℃热水中仅2天就基本水解殆尽。而TPP耐热性较差，易挥发迁移，如图4-11、图4-12所示[20]，所以BDP、RC200在ABS树脂中使用更为普遍。用磷酸酯类阻燃剂制作阻燃ABS时，其阻燃效率较低，通常仅能实现V2级，而很难达到V0级。有文献报道，二苯胺型季戊四醇磷酸酯(PDSPB)在ABS树脂中添加量为20%时，氧指数可由纯ABS的19.1增加至26.2，相应地，热释放峰值则下降为原先的一半左右[21]。

由于磷酸酯类阻燃剂又能起到增塑剂的作用，一方面大大提高ABS的流动性，另一方面也能大幅度降低ABS的耐热性。如图4-13所示，随着BDP含量的增加，ABS的热变形温度急剧下降。当BDP含量增加至15%时，ABS已能够达到UL 94 V2级(1.6mm)，但其热变形温度相比纯ABS下降了近20℃，这大大限制了无卤阻燃ABS的应用领域。对于磷酸酯类阻燃剂恶化材料耐热性的问题，专利WO 00/17268提供了一种新型的双季戊四醇基磷酸酯阻燃剂[22]。该阻燃剂不仅具有很高的阻燃效率，添加25%含量时既可使ABS树脂达到V0级阻燃水平，而且几乎不对耐热性产生影响。

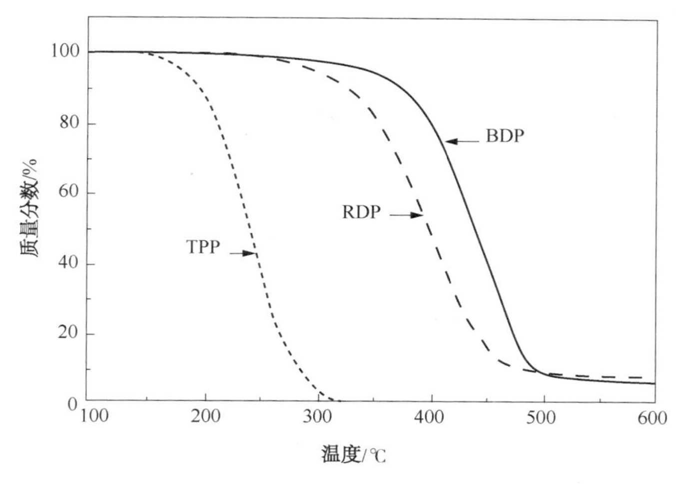

图 4-11　TPP、BDP、RDP 的 TGA 曲线

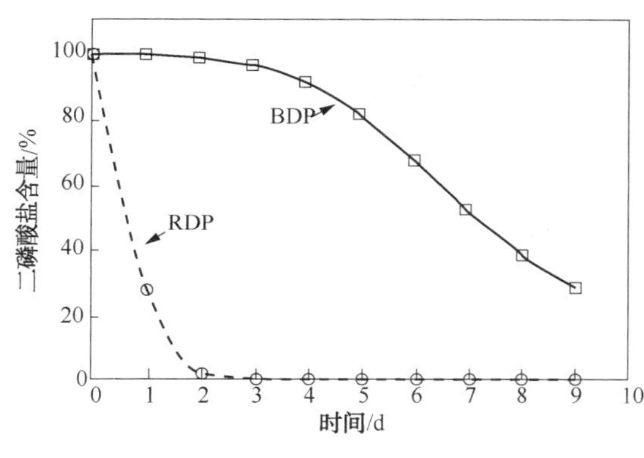

图 4-12　BDP 与 RDP 在 90℃中的水解实验

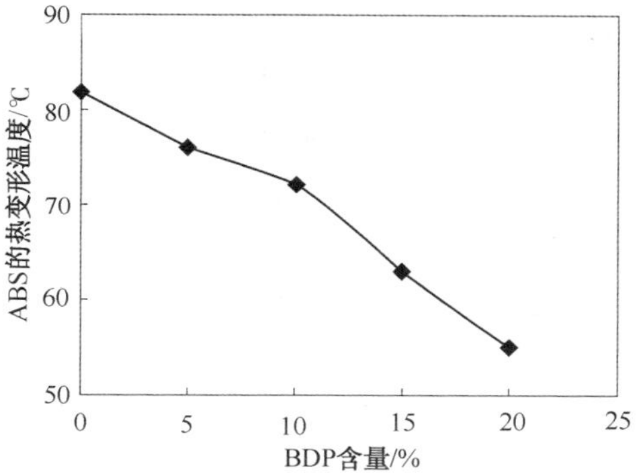

图 4-13　BDP 含量对 ABS 热变形温度的影响

由于 ABS 树脂本身成炭能力差，又缺乏含氧基团，所以有人考虑在 ABS 树脂中引入本身易成炭的聚合物以提高 ABS 阻燃性，如聚苯醚、聚酰胺、聚碳酸酯等。无卤阻燃 PC/ABS 合金已经实现市场化生产和应用，但当 PC 含量较低时，仍较难实现 V0 级。专利报道了在 ABS 树脂中添加 30 份 PPO、使用 TPP 和少量环氧树脂的方法，使该阻燃 ABS 达到 V0 级，且由于 PPO 本身就是韧性材料，所制备无卤阻燃 ABS 的缺口冲击可达到 12kJ/m^2，足以满足通常的使用要求[23]。而也有专利报道了在 ABS 树脂中添加 20 份高端氨基含量聚酰胺、RC200 及可提高炭层致密度的蒙脱土(MMT)的阻燃协效体系[24]。为了保证材料的韧性，该发明还引进了含氧增韧剂乙烯-丙烯酸酯共聚物(EMA)以进一步增加阻燃性，通过这一系列的阻燃协效作用，最终获得了 3.0mm V0 级，冲击强度达到 180J/m 的高性能阻燃 ABS 材料。

除了向 ABS 树脂添加易成炭聚合物方法外，还采用可与磷酸酯类阻燃剂产生阻燃协效作用的助剂，其中最为有效的是添加酚醛型环氧树脂(NP)作为成炭剂，可以大大提高磷酸酯类阻燃剂的阻燃效率。如 TPP、BDP、RDP 与酚醛环氧树脂体系阻燃的 ABS，其氧指数可达 40 以上[25~31]，而利用二磷酸-2,6-二甲基苯基间苯二酚酯(DMP-RDP)和线型酚醛树脂甚至可以制备极限氧指数高达 51 的阻燃 ABS[32]。研究认为磷酸酯与酚醛环氧树脂能够协效阻燃 ABS 的主要原因在于燃烧过程中酚醛环氧树脂和磷酸酯之间的相互作用，一方面抑制了磷酸酯的挥发，另一方面也促进了成炭。磷酸酯热分解生成磷酸和聚磷酸，酚醛环氧树脂在热氧化过程中产生了羧酸和酚基，其中羧酸可以与磷酸或聚磷酸中的羟基发生酯化反应；而酚基则可以直接与磷酸酯发生交换反应而使磷酸酯分子连接到酚醛环氧树脂的分子链上，这些反应均促进了酚醛环氧树脂的成炭，从而在燃烧物表面形成致密的炭层，同时也大大提高 ABS 的热稳定性[26,28,32]。

值得注意的是，除阻燃剂总的含量之外，磷酸酯与酚醛环氧树脂的混合比例对 ABS 阻燃性能也起着决定性的影响。如在阻燃剂总含量在 25%(质量)时，RDP/NE 阻燃体系的比例为 3∶2 时，其氧指数最高；而 TPP/NE 阻燃体系的比例在 2∶3 时，其氧指数最高，而且两者不同比例对氧指数贡献的差距最大可达 30(见图 4-14，图 4-15)[26,32]。在该阻燃体系中，采用少量硼酸锌和蒙脱土可以进一步起到明显的阻燃协效作用，如添加质量分数为 4% 硼酸锌和 1%蒙脱土可以使阻燃 ABS 氧指数分别提高 5 和 7 个单位[27,29]。磷酸酯和酚醛环氧树脂体系虽然可以大幅提高 ABS 的氧指数，但是该阻燃体系对 UL94 燃烧等级的贡献却不怎么明显，即使氧指数高达 51，其 UL94 燃烧等级也仅为 V1 级。另一方面，该阻燃体系的含量达到 20%时，ABS 的冲击强度从原来的 18kJ/m^{2}下降到 5.9kJ/m^2，即使采用增韧剂和硅烷偶联剂处理，其冲击强度也在 10kJ/m^{2}以下[27,30]。所以该阻燃 ABS 的整体物理性能较差，不利于工业化生产与应用。为了提高阻燃 ABS UL 94 的燃烧等级，有人采用类似的 BDP、酚醛树脂、APP 的复合阻燃体系，当阻燃剂添加量分别达到 20%、5%、5%时，阻燃 ABS 的氧指数可达到 29，并通过 V0 级[31]。APP 在燃烧过程中分解产生大量的 NH_3、N_2等惰性气体，起到稀释与阻隔氧气的作用，使阻燃体系兼有气相与凝聚相阻燃机理，可能正是此原因而使该阻燃 ABS 通过 UL94 V0 的燃烧实验。

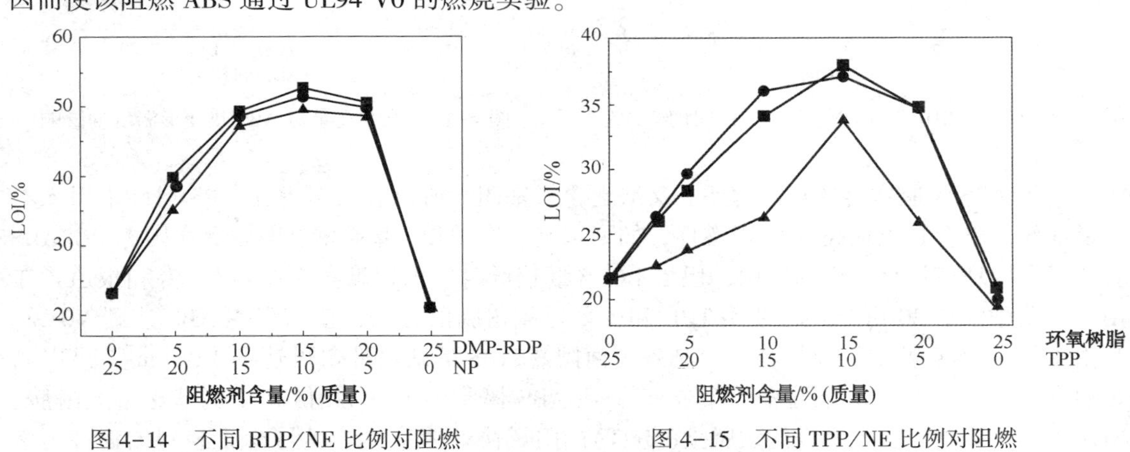

图 4-14　不同 RDP/NE 比例对阻燃 ABS 氧指数的影响

图 4-15　不同 TPP/NE 比例对阻燃 ABS 氧指数的影响

2）红磷协效阻燃体系

磷系阻燃剂中红磷含磷量最高，阻燃效率也较高，经改进的微胶囊化红磷在 HIPS、PE、聚酯、尼龙等聚合物中有着特别广泛的应用，但红磷在 ABS 中的应用报道则较少。红磷对 ABS 的阻燃效率仍较低，但是当与氢氧化铝或氢氧化镁阻燃剂并用时，可以发挥显著的阻燃协效效应，从而提高阻燃效率。其协效阻燃作用的机理是：燃烧时，红磷具有强烈的脱水作用，促使氢氧化铝和氢氧化镁脱水结晶吸热，使阻燃体系的阻燃效果增大[33~38]。

红磷与 MH 含量达到 20%~30%，阻燃 ABS 即可实现 V0 级，但是这两类阻燃剂均属填充型阻燃剂，对ABS的冲击强度和流动性影响很大。图4-16表明ABS的氧指数随着红磷含量的增加而增加，当红磷含量为30份时，氧指数达到25左右。

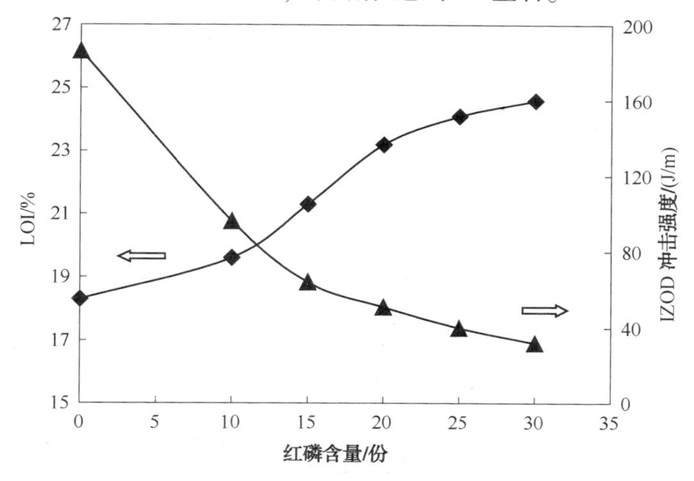

图4-16　红磷含量对阻燃ABS氧指数及冲击强度的影响[38]

相反地，ABS的冲击强度随着红磷含量的增加而急剧下降，当红磷含量添加至30份时，其冲击强度从原先的200J/m左右下降至仅40J/m左右。通常红磷与MH或ATH并用制得的V0级阻燃ABS的冲击强度仅为40~60J/m，即使采用增韧剂增韧，冲击强度提升也不明显，很少能达到80J/m以上[34,38]，加之其流动性很低，这大大限制了这种阻燃ABS的实际应用。

有人在上述基础上采用RC200阻燃剂与红磷复配，借助于RC200的增塑作用，使阻燃ABS的流动性提高至纯红磷阻燃体系的6倍以上。又创新性地引入了含氧的乙烯-丙烯酸酯共聚物和聚氨酯弹性体，可与红磷产生阻燃协效作用，在保证增韧的同时，又提高了阻燃性能[38]。聚氨酯弹性体被证明具有良好的成炭能力，有助于提高阻燃效率[39,40]。通过上述优化复配，最终制备了冲击强度接近80J/m，熔体流动速率为11.6g/10min的V0级阻燃ABS，可基本满足实际应用的需求。

但是，红磷阻燃体系由于颜色的限制很难在浅色ABS制品中应用，在力学性能较高的场合也不能满足使用要求，加之红磷产生剧毒PH_3，欧盟对红磷应用的限制越来越多，红磷阻燃ABS的研究前景不好。

3）磷氮膨胀协效阻燃体系

磷氮膨胀阻燃体系具有低烟无毒的特性，越来越成为阻燃领域的研究热点，已经在无卤阻燃聚烯烃领域有着极为广泛的应用。目前，磷氮膨胀阻燃体系在ABS中的应用还比较少，主要采用与聚烯烃阻燃类似的APP与季戊四醇(PER)阻燃体系。研究发现APP与PER阻燃剂含量达到30%时，阻燃ABS的氧指数可达到27.4，通过V0级燃烧测试。而且较低含量的ZB与IFR存在较好的阻燃协同作用，ZB可促进IFR成炭，使ABS/IFR复合材料的氧指数及其残炭量分别由未加ZB时的27.4%、21.29%提高到30.1%和23.05%。同样地，MMT也能够起到巩固炭层，提高阻燃性的作用[41~43]。IFR阻燃剂对ABS的冲击强度有着很大的影响，达到V0级的阻燃ABS的冲击强度通常不到纯ABS的一半。PA6的加入能促进体系在燃烧过程中产生膨胀型炭层，有效阻止火焰的传播，提高体系的阻燃性能，在聚烯烃中与APP并用时有明显的阻燃增效作用[43~47]。陈锬等[48]发现当ABS/PA6比例为80/20时，阻燃效果最佳，且APP含量达到35%时，可通过UL94 V0级燃烧测试。由于PA6本身也是韧性的材料，对冲击强度不会产生影响，甚至还可能提高冲击强度。有人合成了一种新型的2,4-二氨基-6-羟乙胺基-1,3,5-三嗪类磷氮阻燃剂，发现其与APP、PER并用时可以使阻燃ABS的燃烧速率大大降低，生烟量明显减少，氧指数大幅提高，防融滴与阻燃效果明显[49]。随着越来越多的磷氮系阻燃剂合成与应用，相信高效高性能的V0级磷氮系膨胀型阻燃ABS将会在阻燃领域占有一席之地。

(3) 商品化的无卤阻燃ABS

随着环保化要求越来越高，对无卤阻燃ABS的呼声也越来越高，市场上也逐渐推出了商品化的V2级无卤阻燃ABS。国内产品以金发科技和锦湖日丽为代表，国外韩国乐天、LG化学等均推出了各种品级的无卤阻燃ABS牌号(见表4-7)。目前商品化的无卤阻燃ABS均为V2级的，通常采用磷酸酯类阻燃剂。总体上，V2级无卤阻燃ABS的冲击强度仍较低，阻燃的稳定性也有待于进一步提高，所以在阻燃和韧性要求更高的领域应用受到了一定的限制。

表4-7　部分厂家无卤阻燃ABS牌号及性能

公　　司		锦湖日丽	金发科技	三星	LG
牌号		ABSHFA456	NH-627	NH-0925U	EF-378
拉伸强度/MPa		45	45	45	51.4
弯曲强度/MPa		65	70	65	54.4
弯曲模量/MPa		2300	2500	2060	2460
缺口冲击强度/(J/m)	3.2mm	170	145	—	216
	6.4mm	130	125	—	176
熔体流动速率(200℃，5kg)/(g/10min)		8.0	5.0	7.0	4.0
热变形温度/℃		74	72	83	83
洛氏硬度		105	102	106	—
阻燃性(1.6mm)		V2	V2	V2	V2
密度/(g/cm^3)		1.07	1.06	1.05	1.05

(4) 展望

目前，无卤阻燃ABS只能实现V2级，阻燃性能不高，综合性能也较差，性价比较低，开发应用受到了一定的限制。磷系阻燃体系对耐热影响大，且仅对氧指数贡献大，而对更接近实际应用的UL94燃烧等级的贡献小。红磷体系由于本身的一些缺陷，在无卤阻燃ABS领域也基本失去了生命力。磷氮膨胀协效体系兼具凝聚相和气相阻燃的机理，阻燃效率高，有实现V0级无卤阻燃ABS的可能性。随着新型磷氮膨胀阻燃剂的研发，在与ABS树脂的相容性、避免APP易水解的缺点等方面的优化改善，相信必定可以开发出高性能的V0级无卤阻燃ABS。具有极高阻燃性的磷腈阻燃剂的开发和高效率阻燃协效剂(如过渡金属氧化物类催化剂)的应用，也许能给无卤阻燃ABS开发开辟新的市场前景[50,51]。

4.1.2　电镀ABS树脂

随着汽车工业的塑料化和全塑化汽车的出现，电镀塑料的应用日益广泛，目前国内外已广泛在ABS、聚丙烯、聚砜、聚碳酸酯、尼龙等塑料表面上进行电镀，其中尤以ABS电镀应用最广，电镀效果最好。

电镀后的 ABS 有以下优点：提高耐溶剂性，改善抗紫外线老化和耐热等性能；装饰性好，不仅有金属感，而且耐磨；提高了制品及汽车档次；耐腐蚀性、导电性和导热性都明显提高。经制品表面金属化处理赋予 ABS 良好的金属外观，常作为金属的代替品，广泛用于诸如汽车、无线电、商用机械、工艺美术、铭牌、装饰件、卫浴等方面。图 4-17 为电镀 ABS 在汽车上的典型应用。

图 4-17　电镀 ABS 在汽车散热格栅与铭牌中的应用

4.1.2.1　电镀用 ABS 树脂的特点

电镀 ABS 树脂作为一种特殊功能用途的材料，为了保证其良好的电镀性能，配方设计上既要保证成型制件物理机械性能高性能化要求，同时还需主要关注其电镀性能。因此，电镀 ABS 树脂配方设计需要注意几点：

① 合适的橡胶含量。丁二烯橡胶的含量一般在 18%~23%，性能上属于高冲击甚至超高冲击。高橡胶含量在刻蚀后才能提供足够的锚合点，增强镀层的结合力。

② 所选用的 ABS 高胶粉，其中丁二烯橡胶相的粒径大小要合适。一般选用橡胶粒径大小为 400nm 左右的高胶粉，且要求分布窄，这样能有效改善制件表面刻蚀的均匀性。

③ 高胶粉中丁二烯橡胶含量要适中，一般控制在 42%~55%。橡胶含量太高容易出现凝胶，不利于电镀过程的粗化刻蚀处理，导致制件不良率很高。

④ 选用合适的润滑体系，可有效提高橡胶的分散效果，亦有助于改善刻蚀的均匀性。

⑤ 流动性一般高于对应的高冲击或超高冲击 ABS 树脂。高流动性有利于制件成型时的应力释放，可以改善漏镀现象，有助于提高电镀层的结合力。

⑥ 适当提高 ABS 树脂丙烯腈含量，改善其耐化学品性，防止粗化过程铬酸对 ABS 的过度刻蚀，从而改善镀层结合力。

4.1.2.2　电镀工艺

化学电镀依据电化学原理，以被覆盖金属作为阳极，欲镀金属工件为阴极，借助直流电源，在工件表面自下而上形成均匀、致密、结合良好的铜、镍和铬金属镀层的过程。良好的 ABS 基材是提高电镀制件成功率和高性能化的关键。同样，电镀工艺也非常重要。图 4-18 显示了电镀工艺的一般流程。由于电镀技术已经大规模工业化应用，选择与 ABS 基材最为相关的粗化过程展开讨论，而其他电镀工艺环节在此不再做详细叙述。

粗化的目的是提高 ABS 制品的表面亲水性和形成适当的粗糙度，以保证其镀层有良好的附着力。粗化过程通常采用硫酸和铬酸的混合溶液对 ABS 制件表面进行处理，把 ABS 树脂中的丁二烯橡胶相刻蚀，从而留下橡胶的空洞，为后面金属镀层的进入做好准备。就提高镀层附着力而言，化学浸蚀粗化法最优，其次是溶剂溶胀粗化法，机械粗化法较差。

粗化过程是决定镀层附着力大小的最关键工序，若是粗化不足，制品表面不能提供与金属镀层充分的接触面积；相反，若是粗化过度，ABS 树脂中的 SAN 基体也会被刻蚀，这样

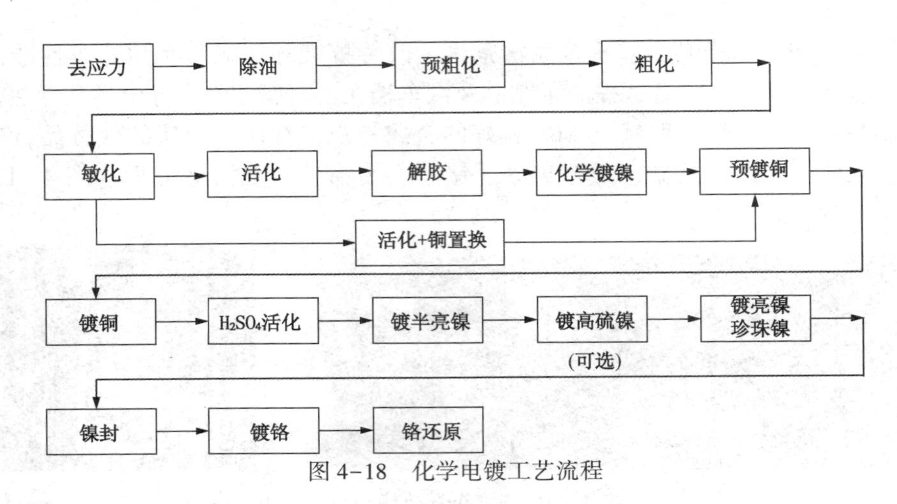

图 4-18 化学电镀工艺流程

造成表面严重粗糙，反而影响了 ABS 树脂与金属镀层的结合力。

电镀工艺中，粗化的时间与温度对制品的刻蚀形态影响很大。图 4-19 为锦湖日丽电镀 ABS710 制品在 64℃、粗化时间 4~16min，表面的不同形貌。正如预想的那样，随着粗化时间的延长，ABS 表面的刻蚀程度越来越严重。然而，当粗化时间超过 10min 后，ABS 表面的刻蚀状态已经变得非常粗糙，属于过度刻蚀的状态。因此，在该温度下，10min 左右的粗化时间是比较适宜的。

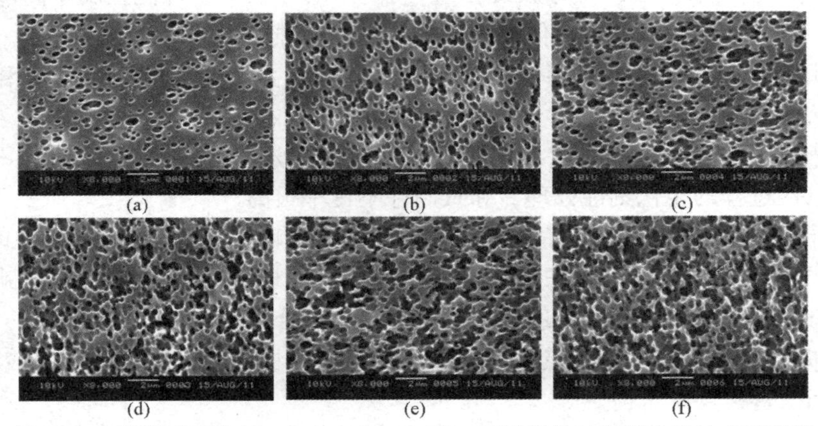

图 4-19 锦湖日丽电镀 ABS710 在 64℃下，不同粗化时间刻蚀后的表面形貌

(a)~(f) 粗化时间分别为 4min、6min、8min、10min、14min、16min

粗化温度对 ABS 制品的刻蚀形态也有着一定的影响。由图 4-20 可知，在同样 10min 的粗化时间条件下，经 64℃与 70℃刻蚀后，ABS 制品表面呈现明显的差异。后者的粗糙程度明显高于前者，甚至比 64℃时粗化 16min 的状态还要严重，已经属于明显的粗化过度。可见，温度对粗化程度的加速是显而易见的。

由于粗化过程是电镀工艺环节中至关重要的一步，针对不同的电镀 ABS，摸索出合理的粗化时间与温度是非常重要的，也是提高电镀结合力的必要前提之一。

4.1.2.3 电镀 ABS 树脂的高性能化

随着人们对塑料制品外观的要求越来越高，电镀 ABS 应用也越来越广，随之而来的则是对电镀 ABS 性能的要求也是水涨船高。如耐热级电镀 ABS、超高电镀结合力电镀 ABS、低线性膨胀系数电镀 ABS 等高性能化方向正逐步成为电镀 ABS 研究的热点。

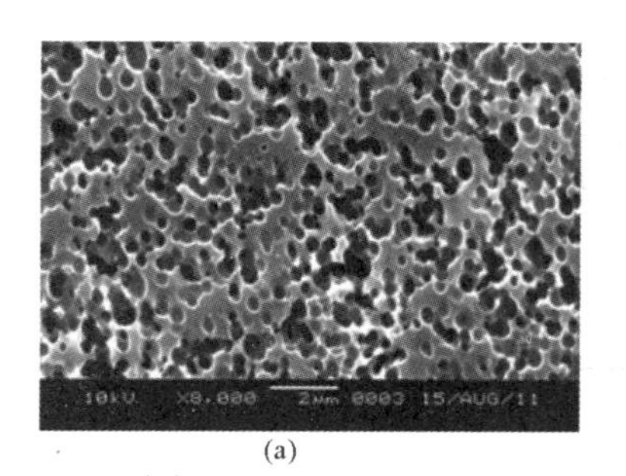

(a)

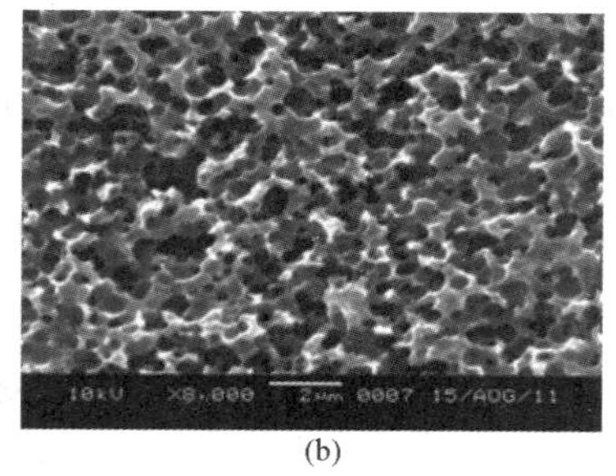

(b)

图 4-20 锦湖日丽电镀 ABS710 制品经不同温度粗化的表面形貌(粗化时间 10min)

(a)64℃；(b)70℃

(1) 耐热级电镀 ABS

普通电镀 ABS 的热变形温度(HDT)为 85℃左右，而经电镀后一般均能承受 90℃左右的高温，所以电镀 ABS 可以在卫浴、汽车外饰件、家居装饰、家电外壳饰件等领域广泛应用。但是汽车内饰件使用的环境温度很高，夏季烈日炙烤下车内腰线以上的温度甚至可达到 120℃以上，普通的电镀 ABS 难以承受如此高温，必须提高 ABS 树脂本身的耐热等级，否则极易发生软化变形，镀层龟裂、鼓泡等问题。

耐热级电镀 ABS 与普通电镀 ABS 相比，具有以下问题：首先耐热级电镀 ABS 由于添加了高 T_g、难分散的耐热剂，其流动性低，应力大，增加了电镀的难度；其次，由于高 T_g、难分散的耐热剂存在，共混挤出的温度与剪切强度也需大幅强化，这样会导致橡胶相受热老化交联的程度增加，增加了粗化过程刻蚀的难度，影响整体的电镀性能；再者由于氮苯基-马来酰亚胺(N-PMI)、SMA 之类的极性耐热性剂的存在，ABS 树脂本身对粗化刻蚀的抵抗能力也有所增加。如图 4-21 所示，在相同的粗化时间 8min、粗化温度 64℃条件下，普通电镀 ABS 与耐热级电镀 ABS 的表面形貌具有明显的区别。由于 N-PMI 极性基团的引入，抵抗粗化过程中酸腐蚀的能力提高，所以表面粗化程度相比普通 ABS 更低，而需要提高粗化的温度或者延长粗化的时间才能获得更佳的刻蚀效果。

为解决上述问题，耐热级电镀 ABS 设计应该注意以下几点：

① 使用更高流动的 SAN 基体树脂，降低注塑过程产生的应力；

② 采用合适的挤出工艺条件，改善耐热剂分散的同时，尽量避免橡胶相的老化；

③ 采用 T_g 更低的耐热剂，在改善粗化刻蚀能力的同时，还能够进一步降低注塑应力，提高电镀结合力。

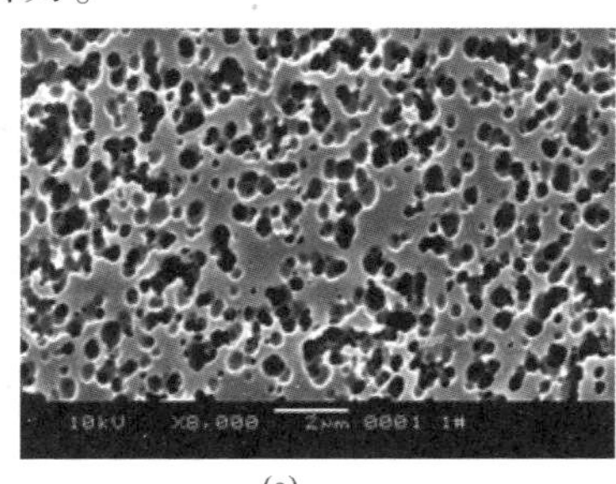

(a)

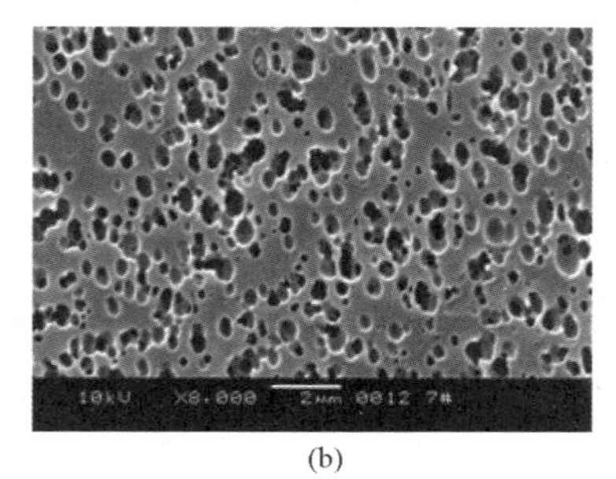

(b)

图 4-21 耐热级电镀 ABS(b)与普通电镀 ABS(a)在相同粗化条件下的形貌特征

(2) 高镀层结合力的电镀 ABS

评价电镀 ABS 电镀性能一个重要的指标就是电镀结合力。尤其在汽车行业，主机厂对电镀级 ABS 的电镀结合力有着明确的要求。表 4-8 列举了通用汽车与大众汽车对电镀级

ABS 电镀结合力的最低标准。

评价电镀结合力，最常用的方法是采用剥离强度试验(图 4-22)。即揭起镀层后用拉伸测试仪垂直拉伸，一般剥离角度为 90°，在牵引一定的距离后，测试其拉力即为镀层结合力。详情可参考 DIN EN 1464 和 ASTM B533。

表 4-8　不同汽车主机厂对 ABS 电镀结合力的要求

素　材	通用汽车标准/(N/cm)	大众汽车标准/(N/cm)
测试条件	100mm/min	50mm/min
ABS	9.0	7.0

图 4-22　剥离强度试验

影响电镀结合力的因素很多，主要分为电镀工艺和材料两方面。电镀工艺方面涉及的环节很多，影响因素也比较复杂，比如镀层的厚度、粗化处理的方式、敏化过程等，在此不再做详细介绍。下面将重点从材料配方设计方面着手来探讨提高电镀层结合力的方法。正如上所述，粗化环节是影响电镀结合力至关重要的因素，高镀层结合力电镀 ABS 的配方设计也将围绕粗化环节而展开。

1）橡胶含量

橡胶含量决定了树脂表面与金属镀层锚合点的数量，为保证电镀结合力的强度，必须采用高橡胶含量的设计。然而橡胶含量太高容易导致过度刻蚀、分散不良等问题，反而会影响电镀结合力。

2）橡胶组分的凝胶含量

橡胶组分的凝胶含量也会影响电镀结合力。这是因为当凝胶含量过高时，橡胶相在粗化过程中很难被刻蚀，甚至会以不溶物状态存在于制品表面，不仅会影响镀层结合力，甚至会影响表面镀层的外观。

3）橡胶相的粒径及分布

橡胶相的粒径决定 ABS 树脂表面与金属镀层之间锚合点的大小(图 4-23)。小粒径橡胶锚合点浅，镀层与基材结合力差，但是粗化容易，与镀层的锚合点数量多，分布密集；大粒径橡胶锚合点大而深，镀层与基材结合力好，但是粗化困难，橡胶容易变形，与镀层的锚合点数量少，可能会导致分布不均匀。当然也必须保证橡胶相的分布均匀性，否则可能会由于应力集中使镀层极易在锚合点分布较少的局部区域形成缺陷。所以可以结合两者的优势，考虑两者的复配使用，在保证橡胶相分布均匀的前提下，既能保持锚合点的数量，也能保证锚合点的深度。当然大小粒径的最佳配比会随着基体 ABS 树脂和电镀工艺的改变而改变，读者可根据实际应用情况设计简单的实验，从而得出有价值的结论。

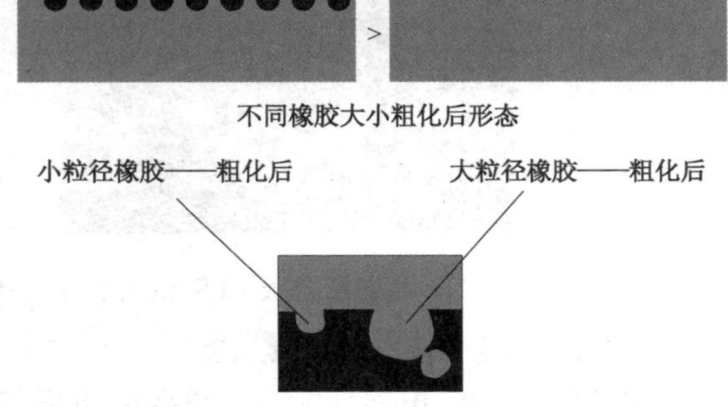

图 4-23　不同橡胶粒径刻蚀后的形貌示意

4）基体 SAN 树脂的 AN 含量

基体 SAN 树脂的 AN 含量决定着 ABS 树脂的耐化学品性，AN 含量越高，耐化学品性越好。一般情况下，粗化过程仅能刻蚀橡胶相。但是如果粗化时间过长，粗化过度，加之基体 SAN 树脂 AN 含量不高，也容易造成 SAN 树脂被刻蚀。如图 4-24 所示，当 AN 含量较低，ABS 树脂耐化学品性较差的情况下，在尖角部位(subside)也容易在粗化过程中被酸刻蚀。这样就会导致镀层剥离时的阻力减小，从而降低了镀层结合力。

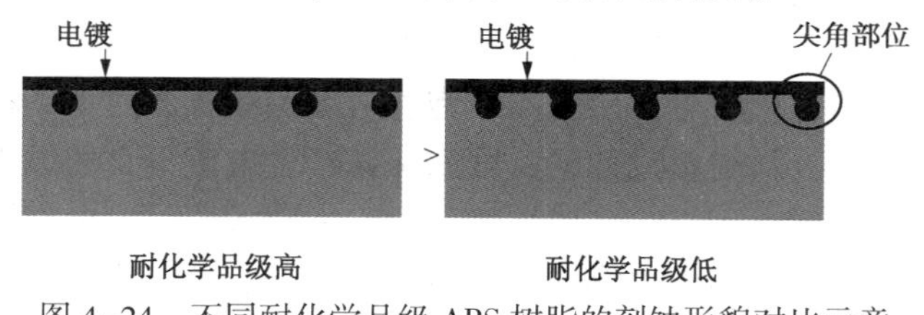

图 4-24　不同耐化学品级 ABS 树脂的刻蚀形貌对比示意

（3）低线性热膨胀系数的电镀 ABS

ABS 树脂的线性热膨胀系数较大，通常可以达到$(7.0\sim9.0)\times10^{-5}$/℃，而金属镀层的线性热膨胀系数较小，一般在$(0.8\sim2.5)\times10^{-5}$/℃之间，也就是说，ABS 树脂的线性热膨胀系数是金属镀层的 5 倍以上。这意味着一旦存在温度变化，ABS 树脂与金属镀层之间由于线性热膨胀系数的显著差异将产生巨大的热应力，一旦超过各自材料的极限拉伸应力，就会导致镀层与树脂龟裂、镀层鼓泡等系列问题，严重影响电镀 ABS 在有温差存在的环境中使用。高温与低温时的龟裂机理有所不同。高温时，由于 ABS 树脂的膨胀量大，当金属镀层，尤其具有良好延展性的镀层厚度不够时，会在镀层表面发生龟裂、而在低温时，ABS 树脂收缩快，镀层的刚性会束缚 ABS 树脂的收缩，因而会在 ABS 树脂层发生龟裂。所以通过使金属镀层变薄，降低其束缚力的方法可以缓解 ABS 树脂层龟裂的问题。

为达到 ABS 树脂在不同温度条件下与金属镀层之间保持良好结合性的目的，调整 ABS 树脂与金属镀层的线性热膨胀系数的匹配性非常重要，即应尽量降低 ABS 树脂的线性热膨胀系数。通常降低塑料的线形热膨胀系数主要有改变聚合物的相结构形态[52~54]和添加低线性热膨胀系数的无机填料两种方法[55,56]。

ABS 树脂由 SAN 基体树脂连续相和 PB 橡胶分散相组成，并不能像合金那样可以调控其相结构形态，所以不能够通过以形成层状分散的相结构而降低流动方向线性热膨胀系数以实现低膨胀化。由于橡胶的线性热膨胀系数比塑料高很多，通常甚至可以达到塑料的 3 倍，所以降低 ABS 树脂的线性热膨胀系数的关键是控制橡胶的含量与种类。前文提到电镀级 ABS 中 PB 的含量对电镀性能的影响非常关键，一般均采用高 PB 含量以其保证电镀性能，然而这与低膨胀的要求却是完全相反的。必须在保证电镀性能的前提下，尽量降低橡胶含量。当然电镀性能与低膨胀平衡的橡胶含量最佳值，需要通过实验去摸索，并多次验证。

另外，不同橡胶的线性热膨胀系数也不同，所以可以选择线性热膨胀系数更低的橡胶替代或者部分替代丁二烯橡胶来实现低膨胀的目的。除此之外，如交联度、接枝率、凝胶含量等橡胶的特性对线性热膨胀系数也有一定的影响。

添加具有低线性热膨胀系数的无机填料是实现 ABS 树脂低膨胀化的最有效途径，尤其是具有很高长径比或厚径比的纤维状、针状和片状结构的无机填料对低膨胀化的贡献最为明显。但是无机填料的添加会恶化树脂表面的平整度，大幅影响电镀性能，而且在粗化过程中还会造成因填料脱落形成不规则的空洞，甚至脱落的填料还会残留在树脂表面，造成电镀层的表面不平整的问题。所以采用添加填料的这种方式需要谨慎，应尽量控制填料的添加量，选用粒径小、对树脂表面光洁度影响小的填料来降低 ABS 树脂的线性热膨胀系数。

4.1.2.4 电镀 ABS 制品常见失效原因分析

电镀 ABS 制品失效一般由两方面原因导致：基材选择不合理；电镀工艺的不规范。

(1) 材料方面

制件本身的差异往往对材料的要求不尽相同，如较大的制件需要 ABS 树脂流动性较高，以保证成型时熔体能充满模具；较薄的制件则要求 ABS 树脂具有非常高的冲击强度，以保证薄壁处不会轻易受冲击开裂等；制件在成型及电镀后热处理的不同，常常会出现一些不良情况，如电镀层龟裂、热处理时电镀层剥离鼓泡、电镀层结合力达不到标准要求、镀层表面出现麻点等情况。以下重点从材料设计的角度来探讨产生电镀不良的原因。

电镀层龟裂问题，一般由于材料在成型时残留应力较大所致。电镀后制件中的残留应力缓慢释放，应力释放点会出现开裂的细纹，电镀层在该处容易受力出现龟裂情况。更有甚者，当制件残留应力过大时，还会导致其尖端或锐角的地方出现漏镀问题。除适当调整注塑工艺减小注塑残留应力外，还要想办法提高材料的流动性，比如选用高流动的 SAN 树脂作掺混组分。另一导致电镀层龟裂的原因可能是材料本身的耐化学品性较差，在强腐蚀电镀液的作用下，材料表面破坏较严重，影响了电镀层的附着。

汽车用电镀制件在成型、电镀后一般会有一个高低温循环热处理实验，比如高温 80℃ 恒温 4h，然后降至-40℃恒温 1.5h。因为通用的电镀 ABS 的热变形温度为 85℃左右，且耐低温性能较好，可以达到高低温循环实验的要求。但如果提高高温段的温度，比如达到 90℃，超过了其热变形温度，则容易导致电镀层剥离，如图 4-25 所示。这主要是由于材料本身的耐热不够，高温时产生形变与电镀层脱离。当然，如果电镀层的结合力不够高，电镀件在受到冷热冲击的影响下，由于金属镀层与 ABS 树脂线性热膨胀系数之间不匹配而造成巨大的热应力，也会导致其在热变形温度附近甚至以下时发生龟裂现象。

电镀层结合力低下的原因及解决方案可参见 4.1.2.3“电镀 ABS 的高性能化”部分内容。

电镀层出现麻点也是电镀 ABS 最为常见的问题之一，其最为可能的原因就是树脂的表面不平整，具有残留杂质。杂质的来源主要有两方面：一方面是来自电镀工艺环节，比如清洗不够充分，金属残渣滞留等；另一方面是树脂本身表面的不光洁，比如添加了填料、成型模具表面不够平整等。值得注意的是，尽管添加微量色粉，但是经染色的 ABS 树脂有时也会引起镀层麻点的问题。特别是当添加的无机色粉粒径比较大的情况下，其会引起树脂表面的不平，形成凸点，正如图 4-26 所示，影响了镀层的平整性，就会出现明显的麻点缺陷。所以，电镀级 ABS 的染色也需要考虑色粉的选择，特别是选用无机色粉时，应该选择粒径小、分散性好的色粉，以免影响电镀性能。

图 4-25 电镀 ABS 制品镀层鼓泡现象

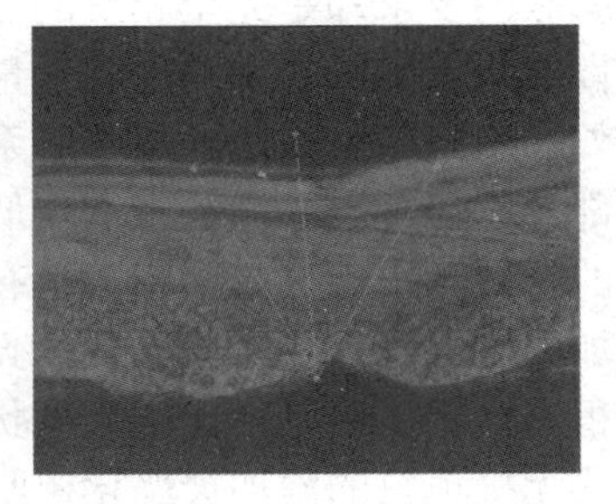

图 4-26 无机色粉对电镀 ABS 镀层平整度的影响

（2）电镀工艺方面

ABS 树脂电镀工艺，工序多且难以控制，电镀过程中极易出现问题，如电镀件起皮、皱褶、鼓泡、龟裂等。随着电镀工艺越来越成熟，此类问题已不多见。值得关注的是镀层厚度问题。电镀层一般从自下而上分为三层：铜、镍及铬，厚度一般分别为 15～25μm、10～20μm、0.2～1μm，如图 4-27 所示。一般来说，汽车主机厂根据不同制件应用场合对其各层厚度及总厚度会有具体的标准。如表 4-9 和表 4-10 分别列举了德国大众汽车和美国克莱斯勒汽车对电镀件镀层厚度的标准。

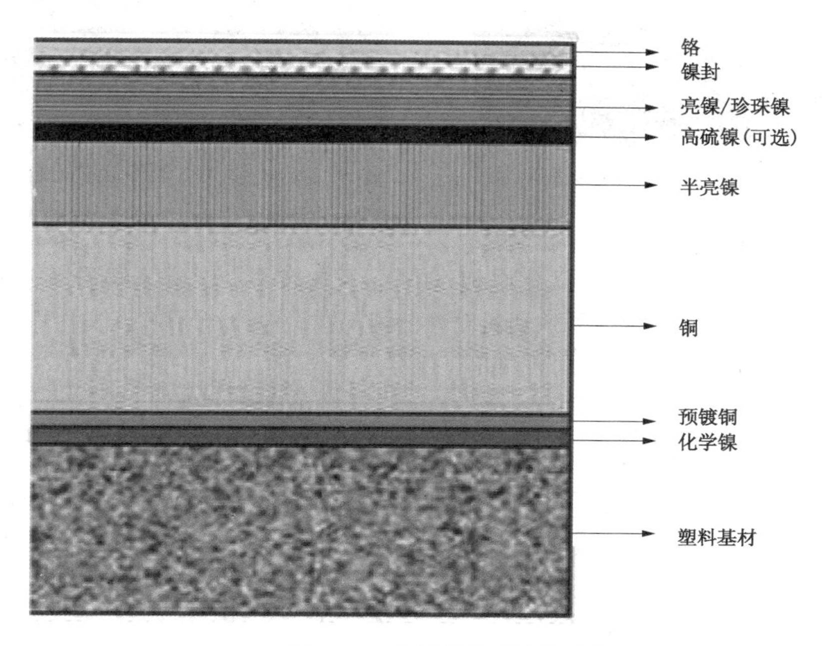

图 4-27　电镀层典型结构示意

表 4-9　大众汽车对 ABS 制件金属镀层的要求(TL528 标准)

应　用	镀层厚度/μm			
	最小总厚度	铜层最小厚度	镍层最小厚度	铬层最小厚度
内饰件	30.0	20.0	10.0	0.3～1.0
外饰件	41.5	25.0	16.5	0.8

表 4-10　克莱斯勒对 ABS 制件金属镀层要求(PS8810 标准)

应　用	镀层厚度/μm			
	最小总厚度	铜层最小厚度	镍层最小厚度	铬层最小厚度
经常接触部件	36	15	21	0.25
不接触部件	25	15	10	0.25

然而，近年来随着家电、汽车行业对低成本化的追求，电镀厂往往倾向于优化电镀工艺，降低各镀层的厚度。如果电镀层厚度不够，极容易导致电镀层起皮、皱褶、龟裂等问题。图 4-28 为某电镀厂电镀的 ABS 制件，其铜层与镍层的厚度仅分别为 10μm 和 8μm，远低于电镀行业的平均水平。所以其制品在热处理时，就会出现镀层鼓泡现象(图 4-29)。所

以，为保证电镀 ABS 制件的镀层结合力及后续制件应用的耐久性，降低镀层厚度的方案应谨慎对待。

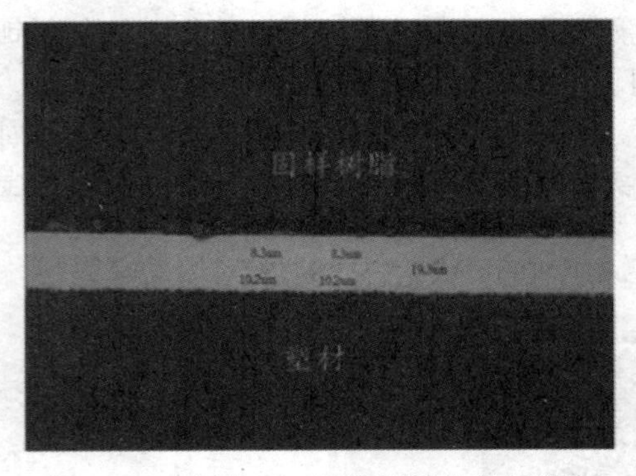

图 4-28　电镀 ABS 制件镀层的微观照片

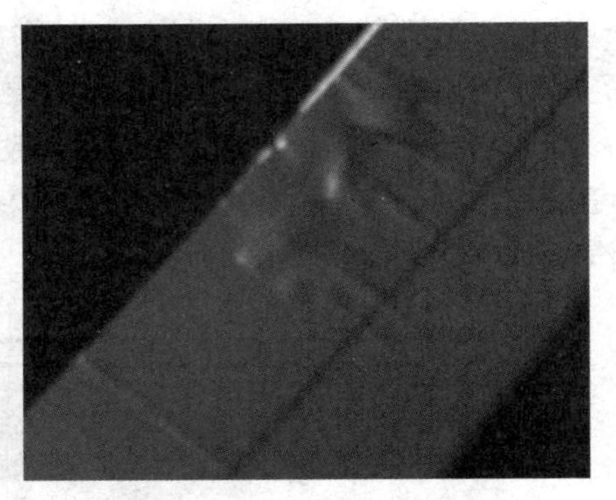

图 4-29　电镀 ABS 制件镀层鼓泡现象

4.1.2.5　商品化的电镀 ABS 树脂

电镀 ABS 早已大规模应用。商品化电镀 ABS 品类比较多，总体上可分为通用级电镀 ABS 和耐热级电镀 ABS。很多国内外的塑料改性公司都在做电镀级 ABS，其中国内以锦湖日丽、金发科技、普利特为代表，而国外则有 LG 化学、乐天、大科能、SABIC、UMG 等公司。表 4-11 列出了几种市场上常见的电镀级 ABS 树脂的物理机械性能。

表 4-11　部分电镀 ABS 树脂的物理机械性能

项　目	测试标准	测试条件	ABS710	M211	MG37EP	EP-161
拉伸强度/MPa	ASTM D638	50mm/min	45	49	47	44
断裂伸长率/%	ASTM D638	50mm/min	30	30	25	20
弯曲强度/MPa	ASTM D790	3mm/min	65	76.5	62	75
弯曲模量/MPa	ASTM D790	3mm/min	2200	2350	2100	2500
Izod 缺口冲击强度/(J/m)	ASTM D256	3.2mm	450	310	380	200
洛氏硬度/R	ASTM D785	23℃	108	108	108	106
热变形温度/℃	ASTM D648	6.4mm，1.82MPa	84	87	85	85
维卡软化点/℃	ASTM D1525	50℃/h，5kg	93	95	95	94
熔体流动速率/(g/10min)	ASTM D1238	220℃，10kg	25	19	18	21
密度/(g/cm^3)	ASTM D792	23℃	1.04	1.05	1.04	1.04
成型收缩率/%	ASTM D955	23℃	0.4~0.7	0.4~0.7	0.4~0.7	0.4~0.7

4.1.2.6　真空蒸镀 ABS 树脂

(1) 真空蒸镀技术概述

除化学电镀及热喷涂之外，真空蒸发镀膜法(简称真空蒸镀)也是塑料表面金属化的方法之一。真空蒸镀在真空度不低于 10^{-2}Pa 的环境中，用电阻加热(如采用钨丝加热)的方法把要蒸发的金属材料(可以是金、银、铜、锌、铬、铝等，而使用最多的是低熔点的铝)加热到一定温度，使材料中分子或原子的热振动能量超过表面的束缚能，从而使大量分子或原子蒸发或升华，并以物理气相沉积的方式在基片上凝结形成几十至几百纳米厚度的薄膜。真空蒸镀的原理及常见的设备见图 4-30 和图 4-31。

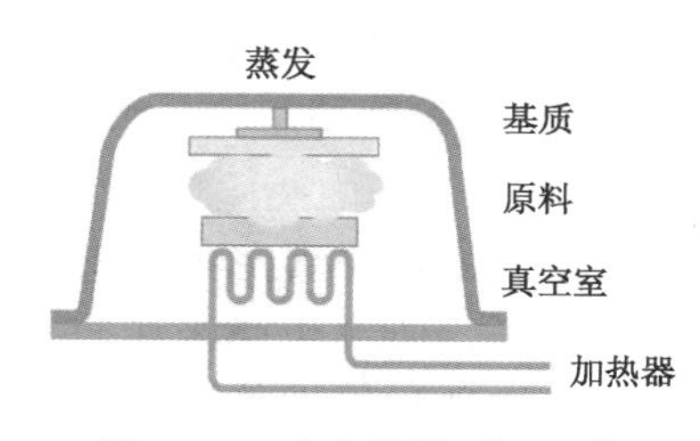

图 4-30　真空蒸镀原理示意

图 4-31　常见的真空蒸镀设备

图 4-32 为真空蒸镀的加工流程，主要包含了前期处理、喷底漆、真空蒸镀和喷面漆四部分。

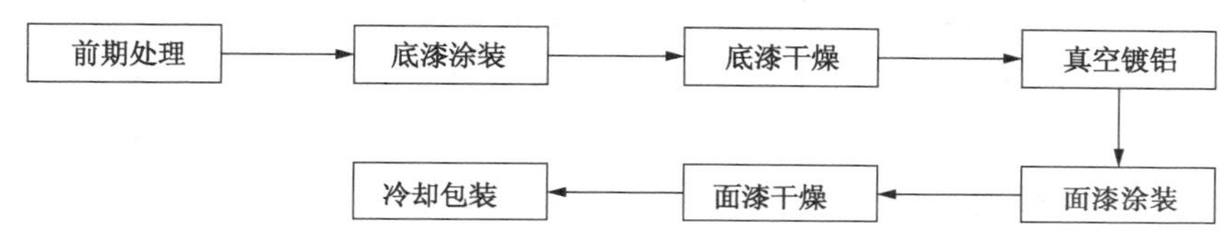

图 4-32　真空蒸镀的工艺流程

其中前期处理主要包含检查成型制件是否具有缺陷，修除制品飞边、毛刺，清洗表面油污和杂质、除尘等，目的是保持待镀制件表面的纯净和平整。

蒸镀前施行底漆喷涂，主要目的在于消除模塑制品表面的凹凸，提高被蒸镀件表面的整体平整度，同时减少被镀制件内部可蒸发之物挥发逸出而影响真空镀膜效果。因而底漆需具备下列特性：

① 良好的丰满度及流平度；

② 良好的层间密着性；

③ 低挥发；

④ 良好的耐溶剂性，以避免与面漆渗透接触时而产生破坏；

⑤ 固化时间短，防止与树脂的长时间接触而侵蚀树脂内部；

⑥ 良好的耐热性。

喷涂面漆的主要目的是为了保护铝镀膜，以避免外界对金属光泽的破坏，包括水气、弱酸、弱碱、盐水、油脂等与铝膜产生化学反应而污损，以及可以提高镀膜的耐刮擦性。面漆虽然有保护铝镀膜的作用，但对于镀膜的反射性具有一定的负面影响，反射性约损失 3%～5%。所以对面漆有以下要求：

① 良好的密着性；

② 流平性好、光泽高；

③ 具有优良的耐刮擦性；

④ 具有良好的耐候性。

目前，工业化的可以真空蒸镀的塑料基材很多，常见的有 ABS、PC、PC/ABS 合金、聚酯、尼龙、PP、PE 等。真空蒸镀技术及制品应用也得到进一步的推广，最初是应用在化妆品行业，但是现在已经逐步渗透到薄膜、家居装饰、灯罩、消费电子的外壳与按键、车灯、反光镜、玩具、家电外壳等多个领域。

与化学电镀相比，真空蒸镀的优点在于可适用的塑料种类多；工艺流程简单，生产效率高；环保，无重金属废水，污染少。然而真空蒸镀的镀层厚度薄，使金属蒸气以自然沉积的方式覆盖在塑料制品表面，不像化学电镀那样金属镀层与树脂表面之间具有由许多橡胶空洞所形成的锚合点，所以镀层的结合力偏低，需要进一步喷面漆以保护镀层。

（2）免底漆真空蒸镀对 ABS 树脂性能的要求

随着对蒸镀工艺流程的简化、环保及低成本化要求渐高，免底漆真空蒸镀的新工艺逐步兴起。除去底漆喷涂工序，对被镀树脂的要求也越来越高，研究也越来越重视，如日本三菱丽阳公开了以丙烯酸酯和硅氧烷接枝橡胶的、具有优良耐候性能和高反射率的可免底漆真空蒸镀的树脂[57]。本节重点对汽车尾灯大规模应用的免底漆真空蒸镀 ABS 的要求展开叙述。

1）光泽度

底漆喷涂的主要目的是为了提高制品表面的平整度，以提高真空蒸镀制品整体反射率,实现优良的外观效果，所以注塑 ABS 树脂制品表面必须是高度平滑的。除了需使用高光镜面模具之外，还需使用高光泽 ABS 树脂。否则，凹凸不平的制件又不经过底漆的修饰就会造成光的散射，降低蒸镀膜的反射率，从而恶化金属镀层的表观性能，如图 4-33所示。

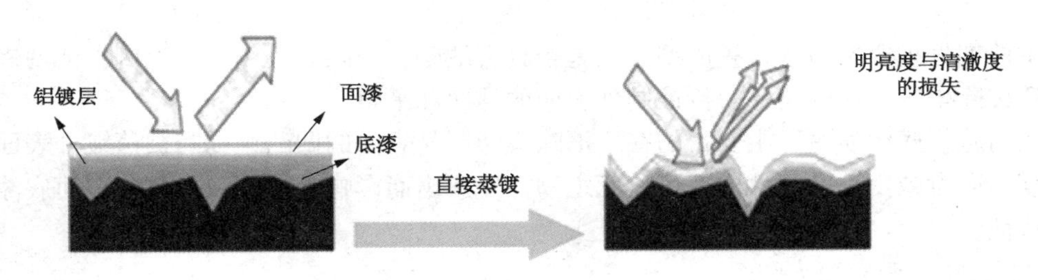

图 4-33　底漆层对真空蒸镀膜制件反射率的影响

2)吸水率

必须严格控制 ABS 树脂水分含量。因为注塑成型制品有时会放置一段时间再进行真空蒸镀。如果放置时间过长，环境湿度过高，ABS 制品水分含量就会偏高，在真空蒸镀时受热和抽真空过程中水分会释放，使真空度下降，延长抽真空时间，影响蒸镀效果。更有甚者，如果 ABS 树脂水分含量严重超标，产生大量水蒸气会阻碍铝蒸气物理沉积过程，严重影响镀层厚度分布的均匀性，使得整个真空蒸镀的操作都难以进行。

3）挥发有机物含量(VOC)水平

与水分类似，免底漆真空蒸镀的 ABS 树脂也必须严格控制其 VOC 水平，VOC 含量越低，真空蒸镀的效果越好。没有了底漆层的保护，VOC 会在真空蒸镀过程中析出、蒸发，不仅会产生对镀膜的负面影响，而且会降低铝镀膜与制件附着力，使制件表面光滑度受到破坏，影响铝镀膜反射率。由图 4-34 SEM 照片所知，高 VOC ABS 树脂经 100℃、15min 的水煮实验后，有机小分子析出，其制件表面在微观状态下明显变得更为粗糙。不仅如此，高 VOC 制件真空蒸镀的车灯在使用过程中，也会由于长时间点灯引起车灯内部的 VOC 的进一步挥发，造成车灯面罩的雾化和铝镀膜光泽的下降，影响车灯的使用。高 VOC ABS 树脂是不适宜免底漆真空蒸镀的。

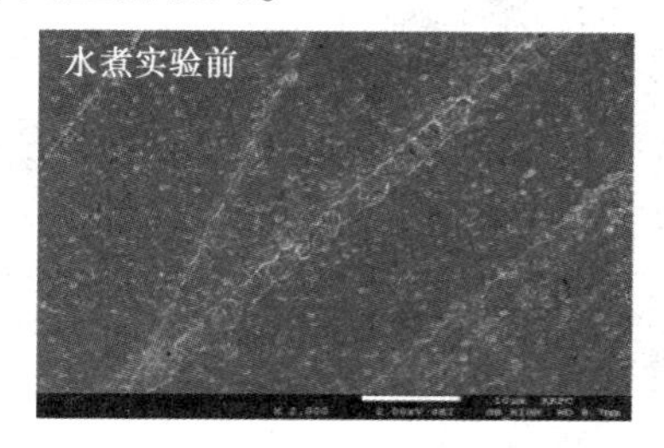

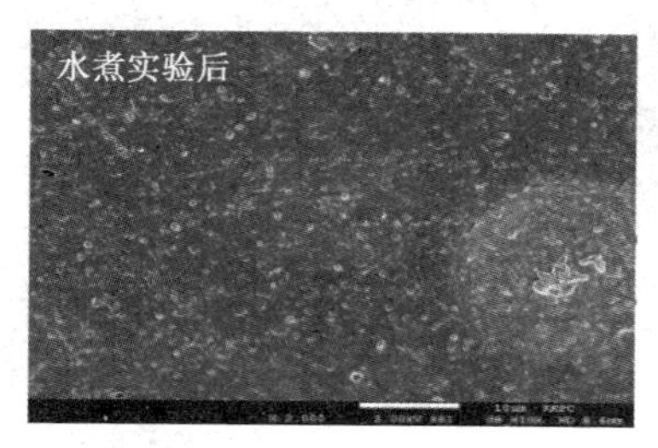

图 4-34　ABS 树脂在 100℃、15min 水煮实验前后表面的 SEM 照片

4）耐热性

ABS 树脂的耐热性对真空蒸镀也有重要影响，主要有两方面：一方面，受到钨丝加热及其辐射的影响，真空蒸镀炉温度升高，ABS 树脂在真空蒸镀中需要承受高温；另一方面，车灯在使用过程中会发热，容易发生受热变形，所以必须提高 ABS 的耐热性。通常应用在车尾灯的 ABS 树脂的热变形温度应在 90℃以上。

5）耐化学品性

真空蒸镀对 ABS 树脂耐化学品性的要求主要是来自面漆层。因为真空蒸镀的铝镀膜的厚度仅为几十至几百纳米，所以面漆容易从铝镀膜渗透到制品表面。如果 ABS 树脂耐化学品性较差，那么面漆，尤其稀释剂容易侵蚀制品表面，造成表面平整度下降，甚至造成制品开裂，使得真空蒸镀过程无法进行。所以，ABS 树脂必须具有较强的耐化学品性才能保证真空蒸镀的顺利进行。

（3）ABS 树脂真空蒸镀常见失效原因分析

以下就 ABS 树脂在真空蒸镀中最为常见的固体颗粒、露塑、白化、失光及虹彩缺陷进行简单的分析，仅供读者参考。

1）固体颗粒

铝镀膜表面的固体颗粒主要是由杂质引起的，比如空气清洁度不够高造成铝蒸气氧化、除尘不充分、钨丝爆裂、水分含量高等。

2）露塑

造成的露塑原因主要有三种：被镀制件设计过于复杂，容易存在死角；真空蒸镀的空间不够大，铝蒸气不能均匀扩散；镀层太薄。

3）白化

造成白化的原因，可能是面漆涂装后，面漆内所含的溶剂穿透蒸镀膜，渗入底漆层，引起底漆溶解或发生膨胀现象。底漆部分出现许多点状的微小气泡，从整体看，会呈现发白的现象。

4）失光（光泽下降）

引起失光缺陷的，多为免底漆真空蒸镀工艺 ABS 制品。当 ABS 树脂的 VOC 含量很高，没有底漆层的防护，在真空蒸镀过程中 VOC 会从表面迁移和析出，从而造成铝镀膜光泽的下降（图 4-35）。底漆的喷涂与否对真空蒸镀制品的表面光泽影响很大。涂装底漆后，蒸镀制品的表面光泽更高。而没有涂装底漆的真空蒸镀 ABS 制品，由于 VOC 的挥发，沉积在铝镀膜的表面，造成严重的雾化，光泽急剧下降，甚至金属质感也明显减弱。

图 4-35　真空蒸镀 ABS 制品外观

（左为无底漆喷涂，右为底漆喷涂）

5）虹彩现象

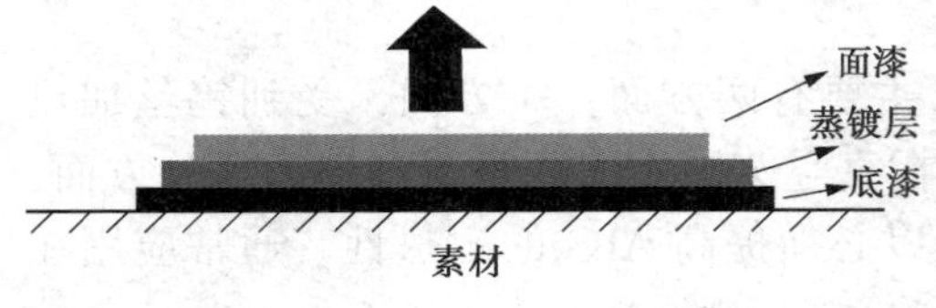

图 4-36　底漆造成真空蒸镀中虹彩现象的原因示意

真空蒸镀 ABS 制品出现虹彩的根本原因是镀层厚度分布及表面平整度发生了变化，导致光线的散射、干涉，最终形成类似彩虹的色彩。一般引起虹彩现象的原因主要有以下五个：①ABS 树脂的 VOC 含量高，大量有机小分子的挥发会破坏较薄镀层的平整度；②树脂存在明显的残留应力，密度与应力分布不均匀，就会引起镀层厚度分布的不均一；③镀层厚度太小，面漆溶剂渗入，破坏了镀层的均匀性；④树脂的耐热温度不够，在蒸镀环节或热存放过程中，制品变形，导致虹彩的产生；⑤底漆干燥不完全，固化速度太慢或挥发物太多，这样在底漆涂装初期不会有异常，但是随着时间的延长，底漆溶剂的挥发及固化过程的进行，底漆层的厚度分布发生变化，在数日或数星期后就会出现虹彩现象，见图 4-36。

（4）商品化的免底漆真空蒸镀 ABS 树脂

真空蒸镀 ABS 树脂早已大规模工业化应用，然而市场上可实现免底漆真空蒸镀的 ABS 树脂产品却并不多。目前，已商品化的免底漆真空蒸镀 ABS 树脂产品的典型代表为锦湖日丽的 ABS H2938PF 和日本 UMG 公司的 PS-507。表 4-12 列出了 ABS H2938PF 与 PS-507 材料物理机械性能对比。

表 4-12　ABS H2938PF 与 PS-507 的物理机械性能比较

项　　目	测试标准	测试条件	H2938PF	PS-507
拉伸强度/MPa	ISO 527	50mm/min	44	41
断裂伸长率/%	ISO 527	50mm/min	15	—
弯曲强度/MPa	ISO 178	2mm/min	65	61
弯曲模量/MPa	ISO 178	2mm/min	2350	2300
缺口冲击强度/(J/m)	ISO 179	23℃	23	27
洛氏硬度(R)	ISO 2039-2	23℃	108	107
热变形温度/℃	ISO 75-2	1.80MPa	86	83
维卡软化点/℃	ISO 306	50℃/h，5kg	102	—
熔体流动速率/(g/10min)	ISO 1133	220℃，10kg	15	34
密度/(g/cm^3)	ISO 1183	23℃	1.05	1.05
成型收缩率/%	ISO 294	23℃	0.4~0.7	0.4~0.6

4.1.3 耐热 ABS 树脂

4.1.3.1 耐热 ABS 树脂概述

作为一种综合物理机械性能十分优良的塑料品种，ABS 被越来越广泛地应用于汽车、家电、机械、纺织等行业[58]。近年来，随着汽车轻量化水平的不断提高，汽车工业对 ABS 树脂的需求量迅速增加，尤其是最近几年来，汽车行业发展尤为迅猛，汽车轻量化已成为汽车材料发展的主要方向，汽车用工程塑料的需求量大增，ABS 已经成为在汽车上用量最多的塑料品种之一[59]。随着汽车对材料要求的提高，以及 ABS 树脂存在的耐热性、耐候性差等缺点，其在汽车上的应用面临严峻的挑战。汽车方面的仪表装饰板、仪表罩、散热格栅、门内装饰板等零部件，家电方面的电热水器装饰面板、电吹风壳体、微波炉装饰面板等零部件，都对 ABS 树脂提出了较高的耐热要求。由于 ABS 树脂本身的结构和组成特点，普通 ABS 树脂的热变形温度低于 85℃，其长期使用温度仅为 80℃，在高于 90℃的环境中使用往往容易发生翘曲变形甚至软化的风险。

从 ABS 树脂的市场前景看，普通级别的 ABS 树脂很容易被低价位的高抗冲聚苯乙烯(HIPS)、高密度聚乙烯(HDPE)和线型低密度聚乙烯(LDPE)等热塑性树脂材料替代。经过耐热改性的耐热 ABS 树脂具有高的耐热性能、均衡的力学性能和突出的加工性能，可以部分代替聚酯及其合金塑料，势必成为 ABS 树脂发展的主流方向。如果 ABS 能够保持价格基本不变或变化比较小、且能满足较高温度下的使用要求，其经济效益自不待言。中国国内对耐热 ABS 树脂的市场需求量也很大，SABIC、BASF、Dow、LG、SUMSUNG 等国际知名公司都纷纷开发了不同等级的耐热 ABS 树脂，占领了中国国内的汽车装饰件、电熨斗、电饭煲、淋浴器、电吹风等领域。中国国内只有奇美和锦湖日丽等少数几家塑料企业从事耐热 ABS 的生产，其余均依赖进口。

4.1.3.2 耐热 ABS 树脂关键技术

(1) 耐热剂的选择

早期，提高 ABS 树脂耐热性能常用的方法是，采用 α-甲基苯乙烯(α-MeSt)取代或部分取代苯乙烯，制成 α-甲基苯乙烯-丙烯腈共聚物(α-MeSt-AN)或 α-甲基苯乙烯-苯乙烯-丙烯腈(α-MeSt-St-AN)共聚物，再与顺丁橡胶(PB)乳液接枝物共混生产耐热 ABS 树脂。该方法制备的耐热 ABS 树脂的耐热性能较好，聚合物中引入的 α-甲基苯乙烯能增大分子空间位阻，同时提高聚合物的刚性。国外早在 20 世纪 60 年代就开始对其开发利用，近年来也有许多专利和文献报道，美国的 Borg Warner 公司[60]最先用 α-MeSt 制备耐热 ABS，国内的兰化合成橡胶厂以及高桥石化也曾研究过用 α-MeSt 代替 St 制备共聚物改性 ABS。这种方法一般能提高 ABS 树脂 10~15℃的耐热性能，但提高的幅度还不够，只能用在一些耐热要求相对较低的场合。

在 ABS 树脂中添加 SMA 树脂来提高耐热性能，由于 SMA 分子主链上存在五元环，增大了高分子链的刚性，有着良好的耐热性，与 ABS 的相容性好，所以也可以作为 ABS 的耐热改性剂。SMA 的耐热性能与 MAH 的含量直接相关，MAH 含量越高，其耐热性越高，SMA 中 MAH 含量每增加 1%(质量)，SMA 的玻璃化转变温度(T_g)可以提高 3℃[61]。但 SMA 中的马来酸酐遇热和水易分解，致使性能下降，热稳定性随着 MAH 含量增加而下降，给加工成型带来不良影响。

目前，大幅度提高 ABS 树脂耐热性能的最好方法是在其分子链中引入高玻璃化转变温度的 N-苯基马来酰亚胺(NPMI)做第四单体。N-苯基马来酰亚胺，英文名为 N-Phenylmaleimide，简称单马来酰亚胺、“单马”或 NPMI，为浅黄色片状晶体，是市面上常见的一种 ABS 耐热改性剂。其物性及分子结构式见表 4-13。

表 4-13　N-苯基马来酰亚胺的物性

物理性质	参　数	物理性质	参　数
分子式	$C_{10}H_7NO_2$	熔点/℃	89~91
分子量	173.2	沸点/℃	162~163

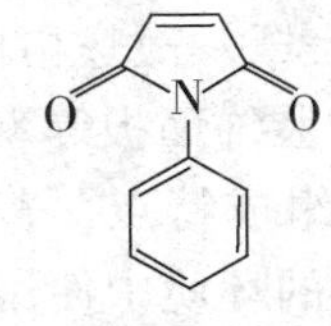

N-苯基马来酰亚胺的分子结构式

N-苯基马来酰亚胺，从其结构上可以看出，它是一种具有 1,2-二取代乙烯基结构的五元环状单体，若将其嵌入高分子链中可以增加大分子链的内旋阻力，从而提高聚合物的刚性及耐热性[62]，因此 NPMI 可以用作耐热级 ABS 的共聚单体和耐热改性剂，能有效提高 ABS 树脂的耐热性能。研究表明，NPMI 作为共聚单体在 ABS 树脂中加入 1%，热变形温度可以提高 2℃；加入 10%的 NPMI 于 ABS 树脂中，可制得超耐热 ABS 树脂，其耐热温度可达 125~130℃。在提高耐热性的同时，保持了良好的加工性、流动性及耐冲击性，可代替部分工程塑料应用于汽车工业[63]。

NPMI 的 T_g 很高，外观较黄，很少单独使用。NPMI 作为耐热改性剂，与苯乙烯(St)和 MAH 共聚形成 St-NPMI-MAH 三元共聚物。如图 4-37 所示，随着 St-NPMI-MAH 添加量的增加，耐热 ABS 耐热性能大幅提高，且提高的幅度明显优于 SMA，添加 25%的 St-NPMI-MAH 就能使 ABS 的热变形温度提高约 15℃、刚性增加，但冲击性能有所下降[64]。图 4-38 为不同 NPMI 含量 St-NPMI-MAH 三元高聚物在不同剪切速率下的表观黏度，52%NPMI 的 St-NPMI-MAH 的表观黏度高于 45%含量的，低 NPMI 含量、低 T_g 的 St-NPMI-MAH 三元高聚物，更容易分散和混炼加工，但耐热性更低。

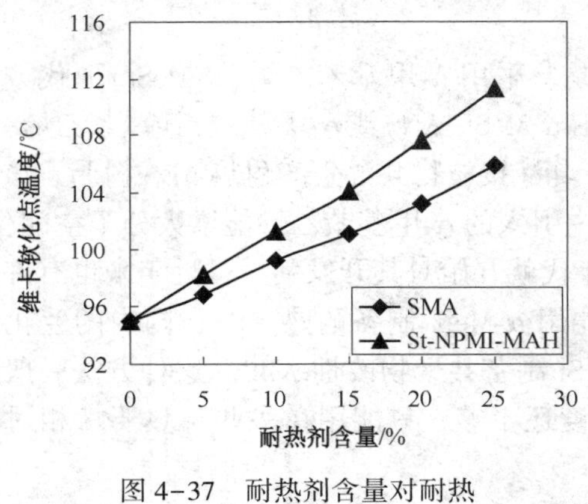

图 4-37　耐热剂含量对耐热 ABS 维卡软化点的影响

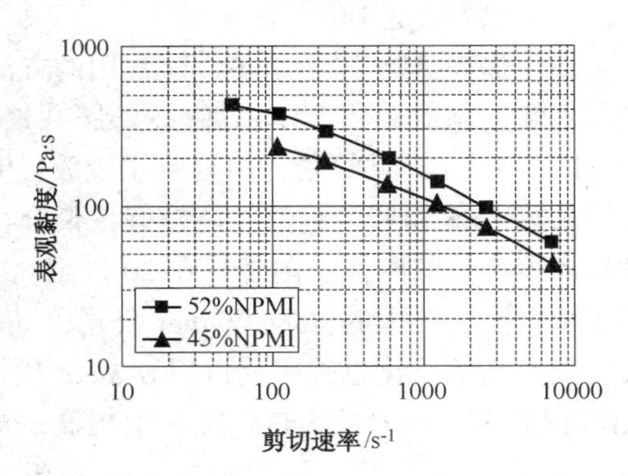

图 4-38　剪切速率对不同 NPMI 含量共聚物表观黏度的影响

(2) 基体 ABS 的选择

耐热剂会引起耐热 ABS 韧性下降，必须提高基体 ABS 树脂中的橡胶含量以补偿，但橡胶含量提高又会降低材料的耐热性能，所以制备耐热 ABS 时必须尽量平衡好耐热剂和橡胶的添加量，做出性能最佳的产品。还必须选用高 AN 含量和合适分子量的 SAN 树脂，高 AN 含量的 SAN 可以带来高耐热性能、高刚性和高耐化学品性能。

（3）加工助剂的选择

耐热 ABS 主要加工助剂为抗氧剂、润滑剂、紫外线吸收剂等。耐热 ABS 的挤出混炼温度要高于通用级 ABS，必须选择热稳定性优异的加工助剂。

① 抗氧剂。其作用是消除在热、光或氧的作用下，高分子的化学键发生断裂而产生的自由基，阻止氧化链式反应的进行。所以在选择抗氧剂时需同时考虑其抗氧效率及其热稳定性。由图 4-39 常见抗氧剂的热失重曲线可知，抗氧剂 1010 与 245 的热稳定性较优，抗氧剂 1076 与 168 热稳定性较差，其 2%失重的温度分别仅为 276℃、265℃。所以，耐热 ABS 的主抗氧剂不建议使用抗氧剂 1076 和 168。

② 润滑剂。一方面减少物料与金属摩擦、起润滑作用；另一方面，润滑剂的加入或多或少影响耐热 ABS 的耐热性能。应选择热稳定性好、分子量高、对耐热性负面影响小的润滑剂。图 4-40 显示常见润滑剂的热失重曲线。季戊四醇硬脂酸酯（PETS）的热稳定性要优于亚乙基双硬脂酰胺（EBS）和硬脂酸锌（ZnSt），PETS 在 2%失重时的温度比 EBS 高出 40℃，PETS 更适合于加工温度较高的耐热 ABS 树脂，而 EBS 由于其润滑作用明显，则常用于加工温度较低的普通 ABS 树脂中。另外，还可以低分子量的 SAN 树脂来替代小分子的润滑剂。

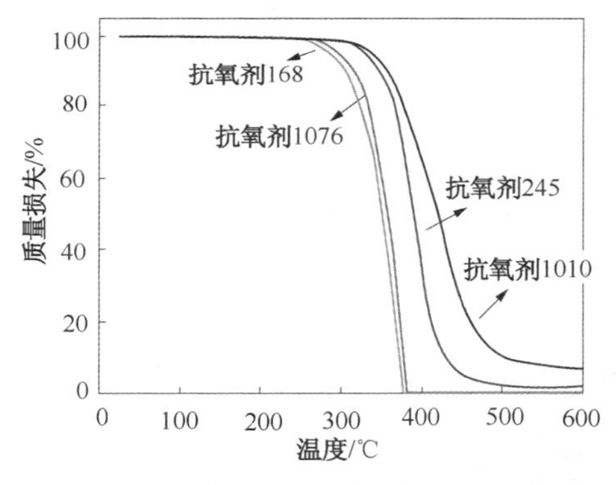

图 4-39　常见抗氧剂的热失重曲线

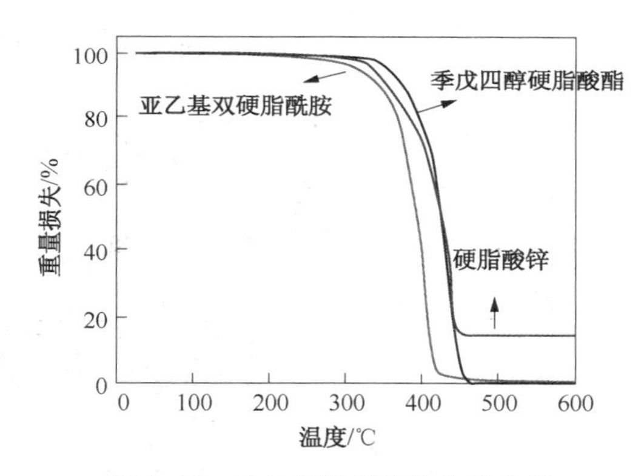

图 4-40　常见润滑剂的热失重曲线

③ 紫外线吸收剂和光稳定剂最好也选用分子量高、热稳定性优异的品种。

（4）挤出工艺设计

含 NPMI 共聚物，高刚性、高 T_g，在 ABS 基体中很难分散。普通的螺杆组合很难把其剪切破碎成细小的颗粒，分散效果很差，很容易在成型过程中产生塑化不均匀引起表面麻点，容易产生因残留内应力过大而导致制件翘曲变形，容易在喷漆后因内应力过大而导致制件喷漆开裂，还会导致制件韧性下降使制品开裂。

挤出时，可以从两个角度去改善耐热剂的分散：一方面提高挤出温度，让耐热剂充分塑化，使其容易剪切变形直至破碎，一般耐热 ABS 的挤出温度要比通用级 ABS 高 20～30℃；另一方面，还需加强螺杆的剪切能力，可以在螺杆中引入啮合块元件来进一步加强剪切分散效果，还可以先生产耐热母粒、使耐热剂经过两遍螺杆剪切进一步提高其分散效果。

台湾奇美和上海锦湖日丽生产的耐热 ABS 产品影响较大。表 4-14 罗列中国市场常见的耐热 ABS 树脂牌号和特点。

表 4-14 国内外部分耐热 ABS 树脂生产商产品牌号及特点

类别	厂家	牌号	特点	应用
耐热 ABS	SABIC	X-11	耐热	散热格栅、后视镜壳体、牌照板、仪表边框、门板装饰件、烟灰盒、遮阳板等汽车内外部装饰件和微波炉、豆浆机、吹风机等小家电壳体
		X-17	高耐热	
		Z-48	更高耐热	
	盛禧奥	375HP	准耐热	
		3416SC	准耐热	
		3325MT	耐热	
	BASF	KR2875	耐热	
		HH106	高耐热	
		HH112	更高耐热	
	乐天	SR-0310	准耐热	
		SR-0320	耐热	
		SR-0330	高耐热	
		SR-0340	更高耐热	
	LG	ER451	准耐热	
		XR-401	耐热	
		XR-404	超耐热	
		XR-407	超耐热	
		XR-409	极超耐热	
	奇美	PA-777B	耐热	
		PA-777D	高耐热	
		PA-777E	更高耐热	
	锦湖日丽	730	准耐热	
		H2938	耐热	
		HU600	高耐热	
		ABS650SK	更高耐热	
		ABS650M	超耐热	

4.1.3.3 耐热 ABS 树脂高性能化

目前，耐热 ABS 树脂在汽车市场的应用最为广泛，包括内饰与外饰。两者对材料的要求还略有不同，内饰对耐热性和气味要求更高；外饰则更注重耐光照性能和耐低温冲击性能。随着汽车工业的发展，对耐热 ABS 树脂的要求也越来越高，越来越趋于高性能化。

（1）高流动的耐热 ABS 树脂

随着汽车逐渐轻量化，以塑代钢和薄壁化已成为汽车装饰件的发展趋势。耐热 ABS 树脂零件越来越多、越来越薄，也越难加工成型，对材料流动性的要求也越来越高。

耐热 ABS 树脂中的丁二烯橡胶具有很低玻璃化转变温度，耐热性能低，主要起增韧作用；所用的耐热剂具有高的玻璃化转变温度，耐热性高，但会降低材料的韧性。两者作用方向相反，且都会降低材料的流动性能，所以要提高耐热 ABS 树脂的流动性能，关键在于合理设计耐热剂和丁二烯橡胶的配比。其次可选用分子量低的 SAN，既可以保证高的耐热性能，又不会有迁移析出和气味大的风险。市售的上海日之升的 EMI100、EMI200 和 EMI300 系列 SAN 产品流动性高，与基体的相容性好，对耐热 ABS 树脂的流动性提高显著。

市面上常见的高流动耐热 ABS 树脂有 LG 的 XR401F 和锦湖日丽的 ABSH2938F。

（2）高熔体强度的耐热 ABS 树脂

目前，汽车顶棚饰板、车身侧围饰板、扰流板也从钢材改成了塑料，首选耐热 ABS 树脂。但普通耐热 ABS 的熔体强度低，在挤出吸塑和挤出吹塑的成型过程中，容易出现由于耐热剂的存在造成难塑化的凸起麻点问题，见图 4-41(a)。提高加工温度可以改善塑化，但材料的熔体强度会大幅度下降，造成型坯下垂等成型不良问题。为了适应挤出吸塑和挤出吹塑的成型特点，提高耐热 ABS 的熔体强度非常必要。

要开发高熔体强度的耐热 ABS，技术关键点在于以下几点：

① 选择玻璃化转变温度相对较低的耐热剂，以便在相对低的成型温度下就能实现材料均匀且完全的塑化。

② 合理设计耐热剂和丁二烯橡胶的用量，以取得最佳的耐热性能和熔体强度。

③ 选用高 AN 含量和高分子量的 SAN 树脂，以提高耐热性能和熔体强度。

④ 可添加丙烯酸酯类的加工助剂来提高熔体强度，但一方面丙烯酸酯类加工助剂与 ABS 基体的相容性差，另一方面丙烯酸酯类加工助剂与 ABS 的线膨胀系数相差较大，故只能少量添加，否则容易在挤出的毛坯件表面产生钩状的麻点，见图 4-41(b)。

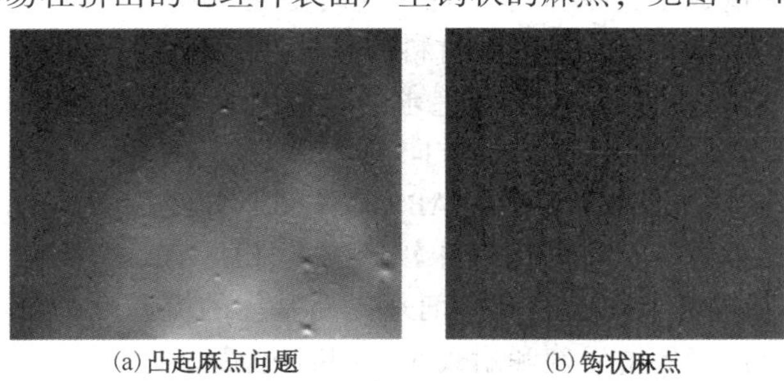

(a)凸起麻点问题　　(b)钩状麻点

图 4-41　典型塑化不良引起的表面麻点问题

⑤ 可添加少量超高分子量的 SAN 树脂来提高基体的熔体强度，上海日之升的 LAS150 是分子量为 150 万的超高分子量 SAN 树脂，添加少量就可以大幅度提高耐热 ABS 的熔体强度，如图 4-42 所示，添加 10 份 LAS150 后，耐热 ABS 的储能模量 G' 和损耗模量 G'' 提高，尤其在低频区提高明显。

市场销售的高熔体强度耐热 ABS 产品牌号和特点见表 4-15。

表 4-15　高熔体强度耐热 ABS 产品牌号和特点

类　别	厂　家	牌　号	特　点	主要应用
高熔体强度的耐热 ABS	锦湖日丽	BM530E	高熔体强度，吸塑	汽车车身装饰板、后备箱盖板等
		BM530	高熔体强度，吹塑	汽车尾翼
	Techno	ABS5614	吹塑	汽车尾翼
	LG	BM662	吹塑	汽车尾翼

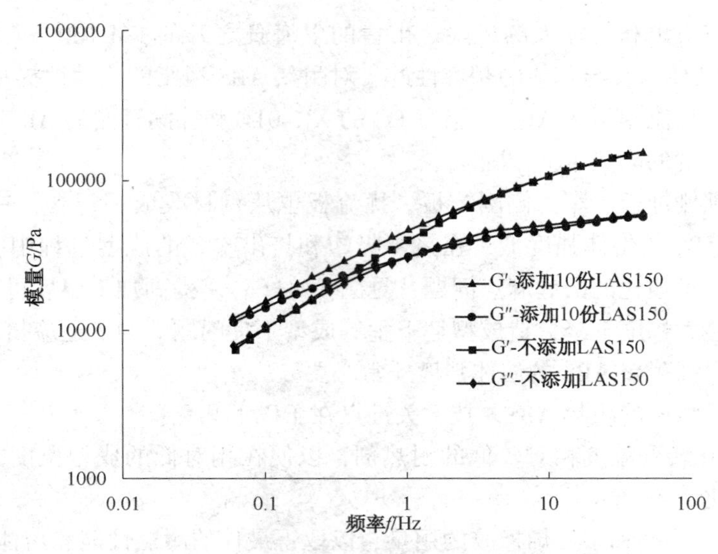

图 4-42　添加超高分子量 LAS150 对耐热 ABS 储能模量 G' 和损耗模量 G'' 的影响

(3) 低气味的耐热 ABS 树脂

在车内密闭环境中，塑料中的小分子有机挥发物很容易迁移到塑料制品的表面，并散发到车内空气中，给乘员造成不良的气味感觉，同时散发的小分子有机物还会危害乘员的健康。汽车内饰追求的一个重要目标是降低材料的挥发性，改善汽车内部的空气质量。低气味材料是汽车制造商和汽车材料制造商共同追求的目标之一。耐热 ABS 作为汽车内饰件的主要材料之一，低气味是其发展的一个重要方向。

制备低气味的耐热 ABS 需选择合适的 ABS 基体树脂并经过必要的改性、控制合适的加工工艺条件。在材料配方设计上可采用气味较低的本体法 ABS 来代替乳液法 ABS，选择相对低分子量的 SAN 树脂代替小分子的润滑剂来提高基体的流动性，采用大分子量、相容性好、迁移性小、热稳定性好的抗氧剂和耐候剂，同时可添加活性炭、硅胶、分子筛、凹凸棒土等具有物理吸附功能的物质来吸附并消除气味。在工艺优化上，尽量提高挤出机的真空度，在挤出混炼阶段采用多段抽真空的方式来加强对小分子挥发物的抽提，可采用更新鲜的一步法工艺代替两步甚至多步的生产工艺。

目前，各汽车主机厂对车内环境都设定了自己的标准，对内饰件材料的气味性和小分子挥发物的散发性也作了限定。对于内饰件常用的耐热 ABS，汽车主机厂普遍的要求是总碳挥发物要低于 50μg/g。随着人们对健康安全意识的深化，耐热 ABS 的低 VOC 方向已成为乐天、锦湖日丽、BASF、金发科技等各大塑料改性企业的研发热点，锦湖日丽甚至开发了总碳低于 20μg/g 的低 VOC 的耐热 ABS 产品系列，详见表 4-16。

表 4-16　锦湖日丽低气味耐热 ABS 产品牌号和特点

类　别	生产厂家	牌　号	特　点	主要应用
低气味耐热 ABS	锦湖日丽	ABS730EM	低气味低耐热	门内扶手、仪表装饰条、空调出风口边框、杯托等汽车内饰件
		ABSH2938EM	低气味耐热	
		ABSHU600EM	低气味高耐热	
		ABS650EM	低气味更高耐热	

(4) 高抗冲的耐热 ABS 树脂

耐热改性剂的加入会降低基体 ABS 树脂的冲击强度，其制件在实际应用中容易出现制品开裂、卡扣断裂、螺丝孔开裂等缺陷，开发高抗冲的耐热 ABS 就很有必要。增加耐热 ABS 中的橡胶含量对提高冲击强度很有效果，但同时会带来耐热性能和刚性的下降。要获得高抗冲的耐热 ABS 可以从以下几点入手：

① 选用高 AN 含量、高分子量的 SAN 树脂；

② 选用对冲击韧性影响相对较小的耐热改性剂，例如 SMA 树脂，α-甲基苯乙烯-丙烯腈共聚物，合适 NMPI 含量的 NPMI 共聚物类耐热剂；

③ 选用多种大小不同粒径 PB 橡胶的复配使用，可以在对耐热影响较小的情况下，获得更高的冲击韧性；

④ 选择合适共混挤出工艺，以保证耐热剂的均匀分散，这点尤为重要。

市场上常见的高抗冲耐热 ABS 主要应用于韧性和耐热性能要求较高的汽车门内拉手、汽车空调出风口边框、喷涂的汽车后牌照板、喷涂的汽车散热格栅、吹风机外壳等制件中，主要有 SABIC、LG、BAYER 和锦湖日丽的产品，表 4-17 是其产品牌号和特点。

表 4-17 部分高抗冲耐热 ABS 产品牌号和特点

类别	生产厂家	牌号	特点	主要应用
高冲击耐热 ABS	SABIC	X15	高冲击，耐热	门内拉手、尾门拉手等韧性要求高的汽车内外装饰件
	LG	XR454	高冲击，耐热	
	BAYER	5300	高冲击，耐热	
	锦湖日丽	ABSHU621	中等耐热，高冲击	

(5) 低光泽的耐热 ABS 树脂

汽车内饰件一般都有耐热和低光泽的要求，在满足汽车高温环境的前提下，尽量降低材料表面的光泽度，使制品有哑光柔和的感觉，有利于减少驾驶员的视觉疲劳，从而提高驾驶安全性。目前，许多汽车内饰件的哑光、低光泽效果通过喷涂哑光漆来取得，这既增加了生产工序，费时费力，喷涂中也会有大量的溶剂散发到空气中，很不环保，因此开发一款低光泽的耐热 ABS 树脂就非常必要。

首先可以选用本体 ABS 树脂做基体，因为本体 ABS 树脂的橡胶粒径比乳液法 ABS 大很多，制品表面的大粒径橡胶会造成更大程度的漫反射，由此可获得更低的光泽度。在材料中添加无机填料，无机填料颗粒分散在制品的表面，可以较大程度地降低材料的光泽度，但对材料机械性能的影响也较大，典型的无机填料有二氧化硅系列哑光剂。在材料中添加不相容的物质，增加制件表面的粗糙度，这也可以适当降低材料的光泽度，但下降的程度有限，无法达到目前汽车内饰件的哑光要求，而且添加不相容的物质还会降低材料整体的刚性、耐热性及耐冲击性能。通过添加物理交联或化学反应交联的聚合物方法也可以在制件的表面上取得较好的哑光效果。这是因为交联的聚合物在注塑成型过程中保持不熔的状态，就会在制件表面形成相对微观的凹凸性，引起光线漫反射的产生，降低光泽度。这种微观粗糙表面的形成会使整个哑光的效果更加柔和，不像无机填料对表面破坏那么严重。所以选用合适的交联聚合物，可以获得机械性能和光泽度比较均衡的哑光级 ABS 树脂。

低光泽的耐热 ABS 树脂主要用于汽车仪表装饰部件、门板装饰部件、汽车顶棚装饰板等，光面的 60°角光泽度一般为 520，皮纹咬花面的 60°角光泽度一般低于 5，效果更好的低光泽耐热 ABS 的 60°角光泽度可做到 1.5~3。表 4-18 是市面上常见的低光泽耐热 ABS 产品的牌号和特点。

表 4-18　部分低光泽耐热 ABS 产品牌号和特点

类别	生产厂家	牌号	特点	主要应用
低光泽耐热 ABS	BAYER	LGA	低耐热，低光泽	汽车内饰件
	锦湖日丽	ABS730Z	低耐热，低光泽	
		ABSH2938Z	中等耐热，低光泽	
		ABSHU600Z	高耐热，低光泽	
		ABSHU650Z	更高耐热，低光泽	
	LG	LG703	准耐热，低光泽	
		LG749	耐热，低光泽	
		LG709	极超耐热，低光泽	

（6）高耐候的耐热 ABS 树脂

由于 ABS 树脂的聚丁二烯橡胶中含有不饱和的碳碳双键，其耐候性能很差，很容易受到太阳光中紫外线的破坏，发生双键的断裂，在制品表面产生褪色、粉化、开裂等缺陷，提高 ABS 树脂的耐候性是亟待解决的问题。

要提高耐热 ABS 树脂的耐候性能，首先就要在保证足够冲击强度的前提下尽量减少 ABS 中橡胶的含量，可以采用多种大小粒径不同的橡胶进行复配使用，既可以保证高的冲击韧性又可以有效降低丁二烯橡胶的用量。其次可以添加适量的紫外线吸收剂和受阻胺光稳定剂，前者主要吸收紫外线、对材料起到紫外线屏蔽的功能，后者主要与材料中因紫外降解产生的自由基发生反应，终止材料的进一步降解。紫外线吸收剂和受阻胺光稳定剂的添加可以在短期内大幅度提高耐热 ABS 树脂的耐候性能，延长其使用寿命。因为染料的稳定性和耐候性差，对于染色产品，应优先考虑稳定性和耐候性好的无机或有机色粉进行染色，最后再考虑使用染料，同时还要保证足够的色粉浓度。

高耐候的耐热 ABS 也是各家塑料改性企业重点开发的方向，如锦湖日丽开发了一系列汽车用高耐候的耐热 ABS 树脂，按照常用的汽车内饰件耐候标准 SAE J2412 进行测试，其浅色制品可做到总辐照能量大于 $600kJ/m^2$，而深色制品可做到总辐照能量大于 $1000kJ/m^2$，色差小于 3.0，色牢度大于、等于 4 级；按照大众汽车标准 PV1303 进行测试，浅色制品可做到 3 个周期，深色制品可做到 5 个周期，色牢度大于等于 4 级。表 4-19 是市面上常见的耐候 ABS 产品牌号和特点。

表 4-19　部分高耐候耐热 ABS 产品牌号和特点

类别	生产厂家	牌号	特点	主要应用
高耐候耐热 ABS	BAYER	HH1827	低耐热，高耐候	汽车内饰件
		HH1891	高耐热，高耐候	
	锦湖日丽	ABS730	低耐热，高耐候	
		ABSH2938	中等耐热，高耐候	
		ABSHU600	高耐热，高耐候	

（7）特殊颜色效果的耐热 ABS 树脂

随着汽车内饰设计的多样化，珠光效果、闪烁效果、木纹效果、钢琴黑、钢琴白等效果开始被引入。这些效果主要是通过添加特殊的铝粉、玻璃片等具有金属效果的颜料来获取，这些颜料的粒径大，与基体的相容性差，在注塑成型过程中容易沿流动方向发生取向导致浇口流痕和熔接线等外观缺陷。还要选择合适粒径的特殊效果的颜料与合适黏度的耐热 ABS 基体，以保证颜料和耐热剂的良好分散；工艺方面可采用主料和耐热剂从主喂口进料、颜料从侧喂口进料的方法，在保证耐热剂充分分散的同时，防止特殊效果颜料在螺杆中遭到损坏。目前，引领国内特殊颜色效果树脂发展潮流的是锦湖日丽公司开发的塑可丽产品，表 4-20 是其专为汽车内饰件开发的特殊效果耐热 ABS 产品牌号和特点。

表 4-20　锦湖日丽特殊效果耐热 ABS 产品牌号和特点

类　　别	生产厂家	牌　　号	特　　点	主要应用
特殊效果耐热 ABS	锦湖日丽	ABS-HM98	低耐热，特殊效果	门内饰条、仪表装饰框等汽车内饰件
		ABS-HM102	中等耐热，特殊效果	
		ABS-HM108	高耐热，特殊效果	
		ABS-HM112	更高耐热，特殊效果	

4.1.4　耐候 ABS 树脂

4.1.4.1　概述

ABS 树脂具有优良的抗冲击性、耐低温性、耐蠕变性、耐化学品性和电气性能，具有良好的尺寸稳定性和表面光泽性，易于加工，容易进行涂装、真空蒸镀、化学电镀、焊接、热压等二次加工，是一种用途极广泛的热塑性塑料。但是 ABS 树脂中的聚丁二烯橡胶含有不饱和的碳碳双键结构，容易受到大气中光、热、氧、湿气的作用而发生降解，从而导致材料发生变色、粉化、龟裂、力学性能下降等现象，这就限制了 ABS 树脂在某些方面的应用。为了满足汽车、建材、电气工程、户外设备、运动器材等产品的发展需要，必须提高 ABS 树脂的耐候性能。

提高 ABS 树脂耐候性能的方法很多，第一种是降低 ABS 树脂中聚丁二烯的含量，这种方法对耐候性能的改善有限，同时还会造成冲击性能的大幅度下降，无法在户外直接使用；第二种是添加高效能的抗氧剂和光稳定剂，可以起到延缓材料老化的作用，适当延长其使用寿命，在户外最多使用 1 年，无法长期使用；第三种是用丙烯酸酯橡胶（ACM）、三元乙丙橡胶（EPDM）、氯化聚乙烯（CPE）和硅橡胶等主链饱和橡胶来替代不饱和的聚丁二烯橡胶，所得产品的耐候性能可以大幅度提高，在户外使用可达 5～10 年；第四种是用甲基丙烯酸酯部分或完全取代丙烯腈，可以得到耐候性能良好的 MABS 或 MBS。通常所说的耐候 ABS 树脂就是指可以在户外直接使用的 ASA 树脂、AES 树脂和 ACS 树脂等。

4.1.4.2　ASA 树脂

（1）ASA 树脂的概述

ASA 树脂也称 AAS 树脂，它是丙烯酸酯橡胶与丙烯腈、苯乙烯的接枝共聚物，其分子结构式如图 4-43 所示[65]。

由于 ASA 树脂中不含碳碳双键，主链上氢的离解能为 376kJ/mol，相当于波长在 300nm

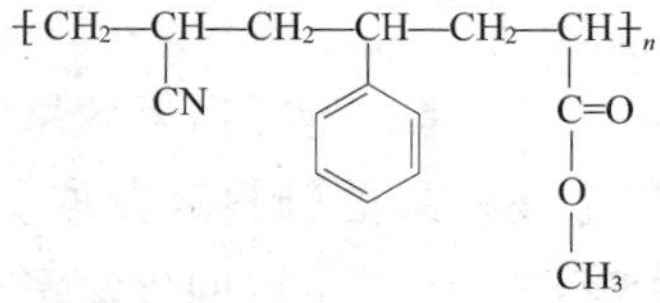

$$\left[CH_2-\underset{CN}{CH}-CH_2-\underset{C_6H_5}{CH}-CH_2-\underset{C(=O)-O-CH_3}{CH} \right]_n$$

图 4-43　ASA 树脂的分子结构

以下光波的能量；ABS 树脂中的橡胶相含有碳碳双键，其双键邻位上氢的离解能为 163kJ/mol，相当于波长在 700nm 以下光波的能量。可见引起 ASA 树脂老化的光波波长在 300nm 以下，而太阳光的光波基本都分布在 290nm 以上，所以只要加入紫外线吸收剂与颜料就可起到很大的防老化的作用，因而 ASA 树脂具有卓越的耐候性[66]。ASA 树脂在室外暴露两年仍可弯曲不断、光照 70 天后才开始有老化现象，而 ABS 树脂 50 天后就脆化。ASA 与 ABS 相比，由于用不含双键的丙烯酸酯橡胶取代了丁二烯橡胶，其耐候性有了本质的改善，比 ABS 高出 10 倍左右；而其他力学性能、加工性能、电绝缘性、耐化学品性、耐热性等均与 ABS 相似[67]。

ASA 树脂主要是通过 ASA 橡胶粉与 SAN 树脂共混改性得到。ASA 橡胶粉是通过乳液聚合法得到，橡胶含量通常在 50%～60%。ASA 树脂成品中的胶量一般在 20%～30%。这种 ASA 树脂具有良好的力学性能、加工性能，尤其是优异的耐候性能，可以应用于屋顶的瓦片、房屋的门窗边框、户外的落水管、割草机外壳、户外广告牌、公路指示牌、汽车立柱板、汽车散热格栅、汽车牌照板等，几乎适用于所有要求高耐候的户外塑料件。

ASA 树脂最早是由德国 BASF 公司在 1962 年实现工业化生产，随后日本的旭化成公司也实现了工业化生产。目前 ASA 是美国 GE 公司的一种主要产品，其 Geloy 共挤原料于 2002 年推向 PVC 彩色共挤型材市场。国内对 ASA 的研究较晚，先后有浙江大学、北京化工大学、中国石油兰州化工研究中心进行了研究，但都没有实现工业化生产。锦湖日丽借助韩国锦湖石油化学的 ASA 橡胶粉的聚合技术和上海日之升相容剂的合成技术优势，是国内首家研究和生产 ASA 树脂的公司。表 4-21 是中国市场上常见的普通 ASA 树脂牌号和特点。

表 4-21　部分 ASA 树脂牌号和特点

类　别	生产厂家	牌　号	特　点	主要应用
ASA 树脂	SABIC	CR7520	良流动	割草机外壳、交通指示牌、户外广告牌、户外咖啡机外壳、洗衣机控制面板、汽车立柱板等
	BASF	757G	高硬度	
		777K	易流动	
	锦湖日丽	ASAXC200	高流动，高刚性	

（2）ASA 树脂的高性能化

ASA 树脂在具有良好的力学性能、良好的加工性能、优异的耐候性能的同时，也具有着色力低、高温环境中易变形、耐低温冲击性能低、注塑成型时小分子物多、挤出成型时容易出现表面不良等缺点，这就对 ASA 树脂提出了高性能化的要求。

1）高耐热 ASA 树脂

与 ABS 树脂类似，ASA 树脂的热变形温度也在 85℃左右，在汽车散热格栅、汽车尾灯灯体等耐温要求高的部位容易发生翘曲变形。同样也可以通过调整 ASA 树脂基体的配方、添加 SMA 和 NPMI 等耐热改性剂来提高其耐热性能。

市场上常见的耐热 ASA 树脂牌号和特点见表 4-22。

表 4-22　部分耐热 ASA 产品牌号和特点

<table>
<tr><th>类　别</th><th>生产厂家</th><th>牌　号</th><th>特　点</th><th>主要应用</th></tr>
<tr><td rowspan="6">高耐热 ASA</td><td>SABIC</td><td>CR7500</td><td>低耐热</td><td rowspan="6">汽车散热格栅、后视镜壳体、尾灯灯体等外饰件</td></tr>
<tr><td>BASF</td><td>778T</td><td>高耐热</td></tr>
<tr><td>LG</td><td>LI941</td><td>高耐热</td></tr>
<tr><td rowspan="3">锦湖日丽</td><td>ASAXC180</td><td>低耐热</td></tr>
<tr><td>ASAXC230</td><td>高耐热</td></tr>
<tr><td>ASAXC811</td><td>高耐热</td></tr>
</table>

2）高着色力 ASA 树脂

ASA 树脂本身的着色能力差，在 ASA 树脂的应用过程中经常会出现制品表面颜色不均、发花甚至是珠光的五彩现象。首先可以通过提高色粉浓度来遮盖并减轻这种外观上的缺陷；其次，可以通过选用粒径小的 ASA 橡胶粉部分或全部取代粒径大的 ASA 橡胶粉；再次可以适当选用高耐候、高着色率的橡胶粉与 ASA 橡胶粉混合使用来解决。目前，市场上常见的高着色力 ASA 树脂有 UMG 公司的 TW23V 和锦湖日丽的 ASAXC230G。

3）低光泽 ASA 树脂

为了改善制品外观，满足汽车使用低光泽的材料要求，ASA 树脂也可以采用制备哑光 ABS 的方法来获得柔和的表面哑光效果。市场上可见的低光泽 ASA 树脂有锦湖日丽的 ASAXC230Z，产品主要应用于遮阳板、立柱板、后视镜壳体等汽车内外装饰件中。

4）高光泽 ASA 树脂

与低光泽相反，为了与汽车车身的高光泽漆搭配，有些设计需要汽车外饰材料具备高的光泽度，这样高光泽 ASA 树脂就应运而生了。高光泽 ASA 树脂可以通过选用小粒径的 ASA 橡胶粉、高流动高 AN 含量的 SAN 树脂、添加少量低分子量的表面光亮剂等方法获得。市场上常见的 UMG 公司的 TW23V 和锦湖日丽的 ASAXC230G 的光泽面 60°角的光泽度可以达到 95 以上。

5）低温高抗冲 ASA 树脂

ASA 树脂中丙烯酸酯橡胶的玻璃化转变温度为-50～-40℃，比 ABS 树脂中的丁二烯橡胶高了近 30℃，所以其增韧效果较差，尤其是低温抗冲击性能较差，在汽车外饰件中应用时容易产生低温开裂的问题。为了改善丙烯酸酯的低温抗冲击性能，通常可以适当选用抗低温性能更好的 EPDM 橡胶和硅橡胶来改善。市面上常见的 Luran® 797S 就是 BASF 开发的一款抗冲击强度极高的 ASA 树脂。锦湖日丽也开发了一款 ASAXC220 高抗冲 ASA 树脂，其改善低温冲击强度的同时，还能保持与基体良好的相容性和耐热性能，综合性能优异。

6）超高耐候 ASA 树脂

随着社会环保意识的增强，越来越多的户外喷涂塑料件和金属件都被高耐候 ASA 树脂所替代，在使用越来越广泛的同时，市场对高耐候 ASA 树脂又提出了更高的耐候性要求。例如，通用汽车公司就把汽车外饰用 ASA 树脂的耐候性能要求从 2500kJ/m^2 提高到了 4500kJ/m^2（测试标准为 SAE J2527）。而普通的 ASA 树脂只能满足 2500kJ/m^2 的要求，为了适应超高耐候性的趋势，以 BASF 和锦湖日丽为代表分别开发了新一代超高耐候 ASA 树脂如 Luran S 778T、ASAXC230-HW 和 ASAXC230-HW，以满足汽车主机厂的最新要求。

超高耐候 ASA 树脂的制备，可以采用以下方式来实现：

① 进一步改善 ASA 中橡胶的分散状态，提高增韧效率，以降低其添加量。

② ASA 树脂在光的长期辐照下受到热的作用，会引起 ASA 橡胶的变形，造成其颜色和光泽的变化。所以制备合适粒径和交联度的 ASA 高胶粉，需选用合适的紫外线吸收剂和受阻胺光稳定剂。

③ 添加硅氧烷、甲基丙烯酸甲酯作第四单体，进一步提高耐候性。超高耐候 ASA 树脂特别适用于对耐候性、耐热性和耐低温冲击性要求较高的散热格栅、后视镜、牌照板、中柱板、门外三角块等汽车外饰件。

7）挤出级 ASA 树脂

建材行业的水管、檐沟、瓦片、门窗边框多数是用 PVC 挤出成型的。为了弥补 PVC 树脂耐候性差的缺点，多添加大量钛白粉来提高耐候性能。一方面白色的 PVC 材料耐候性仍然不够，容易产生泛黄粉化的问题；另一方面大量钛白粉的加入，很难再配成其他颜色，就会有颜色单调的感觉。ASA 树脂的溶解度参数为 9.6~9.8，PVC 树脂的溶解度参数为 9.5~9.7，溶解度参数很接近，相容性很好。很多厂家使用 ASA 树脂与 PVC 树脂进行复合挤出的方法来制备上述建材产品，在耐候性差但成本低的 PVC 挤出产品的表面覆上薄薄一层高耐候的 ASA 树脂。ASA 树脂具有优异的耐候性能，还可以配成各种各样的颜色，从而使建材摆脱了单调的白色，进入丰富的多彩世界。

必须保证挤出级 ASA 树脂具有稳定的熔体强度，否则容易在挤出过程中产生熔体不稳定带来的波浪纹、厚度不均匀等表面缺陷。我国市场上常见的挤出级 ASA 树脂主要有 SABIC、BASF 和锦湖日丽的产品，具体牌号和特点见表 4-23。

表 4-23　挤出级 ASA 产品牌号和特点

类　别	生产厂家	牌　号	特　点	主要应用
挤出级 ASA	SABIC	XTWE270M	良流动，高光泽	屋顶瓦片、门窗边框、管材、板材等
	BASF	778 TE	高耐热，高光泽	
		797 SE	高抗冲，高光泽	
	锦湖日丽	ASAXC190	高抗冲，柔和光泽	
		ASAXC191	高抗冲，高光泽	

8）特殊颜色效果 ASA 树脂

随着消费者对产品外观需求的不断提高和具有特殊效果颜料的成功开发，极具特色的珠光效果、闪烁效果、木纹效果的产品进入了人们的视线，如锦湖日丽的特殊颜色效果的塑可丽产品 ASA-M，已经开始应用在建材、管材、板材、汽车外饰件等领域。

4.1.4.3　AES 树脂

AES 树脂也称 EPSAN 树脂，它采用双键含量极少的三元乙丙橡胶（EPDM）作接枝主干，替代了含有碳碳双键的聚丁二烯橡胶，使接枝产品具有与 ASA 树脂相当的耐候性能[68]。从表 4-24 可以看出，AES 树脂中的三元乙丙橡胶具有较低的玻璃化转变温度，使其具有较 ASA 树脂更为优异的冲击性能，尤其是低温冲击性能[66,67]。

表 4-24　各典型橡胶的 T_g 范围值

橡　胶	T_g/℃	橡　胶	T_g/℃
丁二烯橡胶	-80~-70	改性丙烯酸酯橡胶	-60~-55
丙烯酸酯橡胶	-50~-40	三元乙丙橡胶	-60~-55

AES树脂主要是通过AES橡胶粉与SAN树脂共混改性得到，AES橡胶粉通过乳液聚合法得到，橡胶含量通常在50%~70%。由于三元乙丙橡胶的玻璃化转变温度较聚丁二烯橡胶高，在接枝反应中选择性不如聚丁二烯，聚合物游离基的稳定性也较低，接枝产物与基体树脂的相容性较差[69]，AES橡胶粉在SAN基体中较难分散均匀，必须采用强剪切的双螺杆挤出机才能获得性能优异的产品。

AES树脂由美国Copolymer-Rubber公司于1970年首先投产，日本出光化学公司、JSR公司和德国Bayer公司也相继投产。中国市场常见的AES树脂主要有Techono和A&L两家进口料，锦湖日丽是国内唯一一家生产AES树脂的塑料改性公司。表4-25是目前国内市场上常见的AES树脂的牌号和特点。

表4-25　AES树脂产品牌号和特点

类　别	生产厂家	牌　号	特　点	主要应用
AES树脂	Techono	W200	高刚性，高流动	立柱板、散热格栅、三角块、牌照板等汽车外饰件，门内扶手、遮阳板等汽车内饰件，割草机外壳、落水管、广告牌等户外用制件
		W210	中冲击，高光泽	
		W220	高冲击	
		W240	中冲击，耐热	
		W245	中冲击，高耐热	
		W250	超耐热	
	A&L	UB311	标准	
		UB500A	高冲击	
		UB700A	超高冲击	
		UB830	高耐热	
		UB401	挤出级	
	锦湖日丽	AESHW600G	标准	
		AESHW610HT	高耐热	
		AESHW601HI	高抗冲	
		AESHW602HF	高流动	
		AESHW603E	高抗冲，挤出级	
		AES-M	特殊效果	

4.1.4.4　ACS树脂

ACS树脂是丙烯腈和苯乙烯接枝到氯化聚乙烯主链上形成的接枝共聚物。由于采用饱和性的氯化聚乙烯取代了不饱和性的聚丁二烯橡胶，从根本上改变了ABS树脂易受到光、热、氧老化的缺陷。ACS树脂的耐候性能是ABS树脂的4~6倍，其耐候性与CPE含量成比例，CPE含量越高，耐候性越好[70]。同时氯化聚乙烯橡胶中引入了氯元素，提高了树脂的阻燃性能，此外ACS树脂还具有优异的抗静电性，具体性能见表4-26。ACS树脂广泛应用于电子、电器、仪表、建材、汽车零部件以及办公机械等领域，美国还将ACS树脂用于户外建筑表面装饰，太阳能设备管道及管件、道路标志等，ACS树脂发展空间巨大，是一种很有前途的工程塑料[71]。

表 4-26　ACS 树脂一般性能

项　　目	性能数值	项　　目	性能数值
相对密度	1.07	介电常数/×10^3Hz	2.84～3.23
拉伸强度/MPa	32～42	介质损耗角正切/×10^3Hz	0.006～0.008
断裂延伸率/%	20	表面电阻率/Ω	$2.8×10^{15}$～$1.6×10^{16}$
缺口冲击强度/(J/m)	60～100	体积电阻率/Ω·cm	$2.2×10^{15}$～$3.6×10^{16}$
热变形温度/℃	83～86	耐电弧性/s	120

尽管 ACS 树脂具有优良的耐候性、阻燃性和耐寒性，但也存在一些不足，主要表现在 ACS 树脂加工性能不佳，与 PVC 树脂一样，热稳定性较差，加工温度范围较窄，成型加工温度要低，物料也不能停留时间过长，否则极易分解。为避免产生降解，应加入热稳定剂。此外 ACS 树脂制品表面光泽较差，外观较粗糙，不像一般苯乙烯类树脂具有明亮和活泼的外观。

ACS 树脂首先由日本昭和电工公司于 1969 年研发成功，并于 1971 年投产。美国 Biddle Sawyer 公司，我国上海高桥石化公司、广州电器科学研究所等单位也先后试制成功。ACS 生产方法多种多样，有掺混法、辐射法、溶液法、悬浮法、本体法和乳液法等，其组成中氯化聚乙烯(C)占 20%～70%，丙烯腈(A)和苯乙烯(S)占 30%～80%。按照性能及使用情况可将 ACS 分为通用级、阻燃级、透明级、高冲击级、高刚性级、耐热级和易流动级等。表 4-27 为日本昭和电工公司生产的 ACS 的基本性能[72]。

表 4-27　日本昭和电工公司 ACS 树脂的性能

性能指标	通用级 GW			阻燃级 NF				高流动 HF	高耐热 HH	高抗冲 HI	高刚性 HT
牌号	180	160	120	980	960	920	860	—	—	—	—
相对密度	1.07	1.07	1.07	1.16	1.16	1.16	1.16	1.08	1.09	1.09	1.09
拉伸强度/MPa	32	36	40	35	40	45	34	43～46	47～52	38～46	60～65
断裂伸长率/%	40	40	40	50	50	50	30	40～80	30～80	30～70	50～80
缺口冲击强度/(J/m)	500	120	60	400	120	60	80	106～212	53～160	266～426	53～106
热变形温度/℃	86	87	88	77	78	80	89	—	—	—	—
成型收缩率/%	0.4	0.4	0.4	0.4	0.4	0.4	0.4	0.2～0.3	0.2～0.3	0.3～0.4	0.3～0.5
介电常数/kHz	3.2	3.1	2.8	3.2	3.1	2.9	3.1	—	—	—	—
体积电阻率/Ω·cm	$2×10^{15}$	$7×10^{15}$	$3×10^{15}$	$3×10^{15}$	$7×10^{15}$	$6×10^{15}$	$4×10^{15}$	$1.4×10^{12}$	$4.4×10^{12}$	$3.9×10^{12}$	—
介电强度/(kV/mm)	26	26	26	25	25	25	25	—	—	—	—
耐电弧性/s	120	120	120	80	80	80	90	—	—	—	—
燃烧性 UL94	HB	HB	HB	V0	V0	V0	V0	—	—	—	—

4.1.5　耐化学品 ABS 树脂

4.1.5.1　耐化学品 ABS 树脂开发的背景

ABS 树脂含有丙烯腈组分，具备较好的耐化学品性，一般与稀酸、食用油、金属盐溶液、洗衣液、洗洁精、食用醋等接触都不会产生明显的缺陷，而且大多数情况下都可以在其表面进行涂装、印刷等处理。表 4-28 列出了常见化学物质对 ABS 树脂的腐蚀情况。

表 4-28　ABS 树脂耐各种化学品的性能

化学品	等级			
	A	B	C	D
乙醛				√
丙酮				√
苯				√
漂白碱液			√	
铬酸				√
四氯化碳				√
氯仿				√
柠檬酸		√		
乙酸乙酯				√
二氯乙烷				√
果汁	√			
甘油	√			
氢溴酸	√			
盐酸		√		
氢氟酸			√	
异丙醇			√	
甲基乙基酮				√
牛奶		√		
樟脑				√
1%硝酸		√		
氯化钾溶液	√			
硅酮				√
肥皂液		√		
2%硫酸		√		
松节油				√
凡士林		√		
植物油			√	
食用醋	√			
水	√			
蜡			√	
酒		√		
二甲苯				√

注：A 级：不腐蚀，可能有少量吸收，对机械性能无影响；

B 级：轻微腐蚀，存在少量的膨胀现象和力学性能下降；

C 级：中度腐蚀，材料寿命明显降低；

D 级：材料在较短时间内分解。

ABS树脂在工业中的应用极为广泛，常要与各种化学溶剂、发动机燃油、润滑油、工业废水、增塑剂及其相应的蒸气的环境相接触。在这些对ABS树脂具有腐蚀性的化学品的长期作用下，特别是酯类、酮类溶剂，ABS树脂会发生溶胀、腐蚀、溶解，导致制品外观的恶化、制品的开裂及失效、机械性能的降低等系列问题。比如在冰箱制造业，已使用HFC141b代替CFC作为发泡剂的聚氨酯泡沫，以减少对臭氧层的不良影响，而HFC141b具有较强的腐蚀性，对与其接触的材料具有较高的耐化学品忍耐性要求，而通用ABS很难达到这个要求。图4-44显示了普通ABS制品长期在酸性环境中工作后的外观变化情况。从该照片中可以明显发现该ABS制品在酸性工业废水中浸泡半年后，制品棱角处发生了明显的腐蚀现象，导致了该制品功能的损失，甚至只能报废处理。再如，ABS树脂大规模应用的涂装领域，如果油漆溶剂的腐蚀性很强，其制品表面就容易出现丝痕、白斑、裂纹、色差等系列问题。如图4-45所示为典型ABS制品表面喷漆后出现的丝痕缺陷。从其微观的光学显微照片(图4-46)中可以明显发现油漆层已经侵蚀进入了ABS树脂层，漆层厚度的均匀性及表层的平整度受到严重的影响，最终导致了该丝痕现象的产生。因此，耐化学品ABS树脂的开发显得尤为重要。

图4-44　ABS制品长期在酸性环境中工作后的外观变化

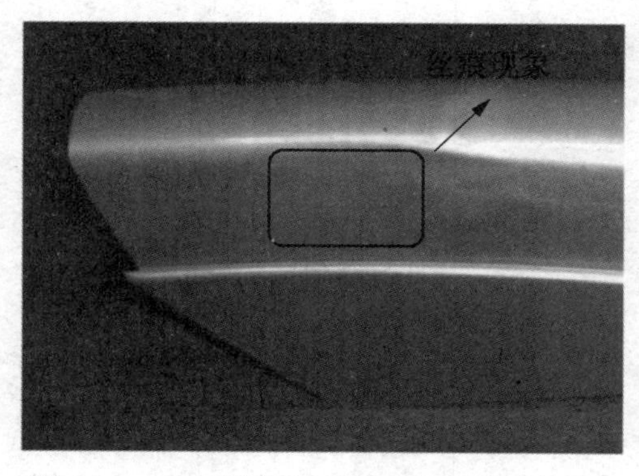

图4-45　ABS树脂在喷漆后出现的丝痕现象

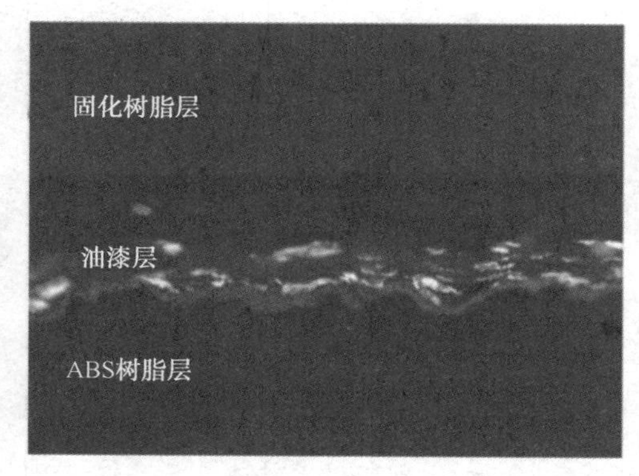

图4-46　ABS树脂表面油漆层的微观照片

4.1.5.2　耐化学品性能评价方法

通常树脂耐化学品性的评价方法相对比较粗糙，一般只能是定性的对比评价。目前实验室采用的方法主要有溶剂浸泡法、固定应变法、四分之一椭圆法。

（1）溶剂浸泡法

溶剂浸泡法一般是用来模拟评价在不受应力情况下树脂表面对特定溶剂的耐腐蚀性。将树脂样条浸泡在溶剂中一段时间，然后根据树脂表面的腐蚀和光泽损失的情况来判断和比较不同树脂耐该溶剂腐蚀的能力(图 4-47)。但是，溶剂浸泡法的评价手段相对更为粗糙，目视判断也存在一定的人为因素，而且注塑样条工艺对其结果也有着一定的影响，因此，最好采用多次重复实验来验证。

图 4-47　溶剂浸泡法

（2）固定应变法

固定应变法采用 ISO 22088 标准测定塑料耐环境应力开裂(ESC)的方法(图 4-48)，可以模拟在不同应变下塑料耐环境应力开裂的性能。其测试方法由以下步骤组成：

① 将多组测试样条夹持在治具上固定。测试样条为 ASTM D638 的拉伸样条。

② 在测试样条上覆盖纱布，以保持溶剂在样条各个位置的分布均匀性，也能缓解溶剂的挥发。

③ 将纱布用测试用的特定溶剂均匀浸湿涂覆。

④ 在密闭容器中放置一定的时间后，观察样条的表面状态。

固定应变法测试树脂的耐化学品性灵活多变，可以评价树脂在不同应变下的耐溶剂开裂性能。而且可以将整套治具放置在不同的温度、湿度的环境下测试，比如模拟更贴合实际应用的高低温循环环境，所以应用性比溶剂浸泡法更广。

（3）四分之一椭圆法

四分之一椭圆法是目前评价树脂耐化学品性应用最为广泛的手段(图 4-49)，也是唯一可以用临界应变值定量化表征树脂耐化学品性的方法。在椭圆面上的不同位置代表了不同的应变值，通过裂纹产生的数量及位置，可以更加真实地模拟塑料制件在现实化学品环境中应用的情况，具有更为准确的指导意义。而且，通过临界应变值数据，基本可以判断出不同树脂之间耐特定化学品的性能差异，而无需对每种树脂之间都进行对比验证。

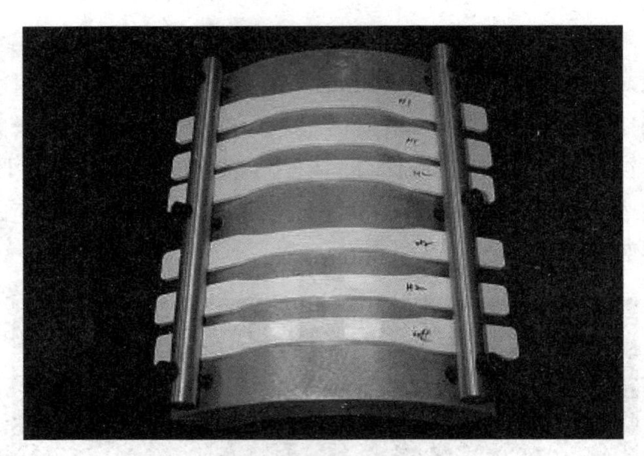

图 4-48　固定应变法

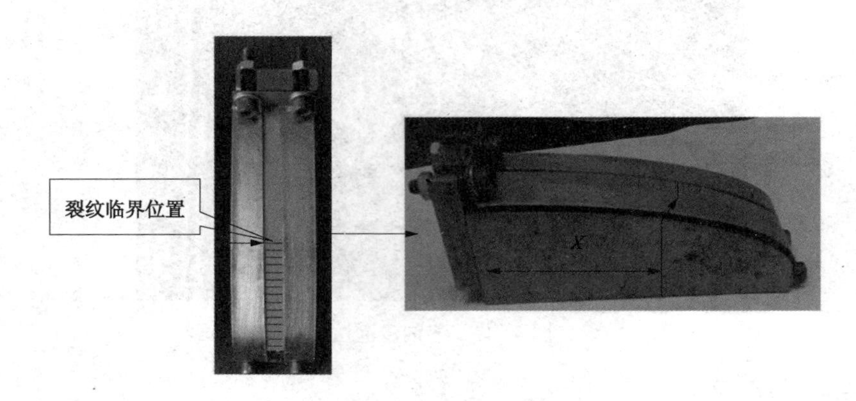

图 4-49　四分之一椭圆法

用四分之一椭圆法进行树脂的耐化学品测试，具体操作方法如下：

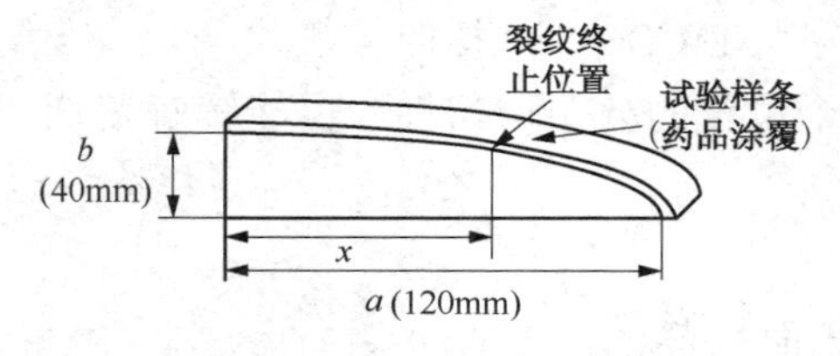

图 4-50　四分之一椭圆法的尺寸说明示意

① 将测试样条夹持在治具上固定好，检查夹具与样条之间的贴合是否紧密，否则残留的溶剂容易藏在死角，造成局部溶剂分布过高，影响最终结果的判断。

② 在测试样条上覆盖上纱布，同样需保持溶剂在样条各个位置的分布均匀性，也能缓解溶剂的挥发。

③ 将纱布用测试溶剂滴湿，浸透均匀。

④ 放置在密封容器中保持一段时间。

⑤ 量取样条表面裂纹的临界位置，并按下列公式计算耐溶剂临界应变(图 4-50)。

$$\varepsilon=0.139(1-0.0000617X^2)-3/2T$$

式中　ε——临界应变,%；

X——从椭圆心开始到临界点的距离，mm；

T——试验片的厚度，mm。

临界应变值越大，说明树脂耐溶剂应力开裂的性能越好。一般情况下根据表 4-29 列举的材料耐溶剂应变等级的信息，也可以大致获得树脂耐溶剂应力开裂的整体水平，从而判断树脂在溶剂环境中的适用情况。

表 4-29　材料耐溶剂应变等级

临界应变值	材料产生裂纹的应力状况
小于 0.3	非常低的应力下产生裂纹
0.3~0.5	低的应力下产生裂纹
0.5~0.8	较高应力下会产生裂纹
0.8~2.0	高应力下才会产生裂纹
大于 2.0	应力作用下不会产生裂纹

4.1.5.3　耐化学品 ABS 树脂的特点

目前耐化学品 ABS 树脂主要应用于冰箱内饰、厨房用品、吸油烟机、空调零部件、废水处理以及其他与化学品、油脂接触的环境场合。与通用 ABS 相比，除要求其具有优良的冲击性能、刚性以及流动性能外，显而易见的就是其应具有非常优异的耐化学品性能，以保持在严酷的化学品环境中依然能够正常使用。

虽然不同的化学品对于 ABS 的腐蚀能力不尽相同，但是提高 ABS 树脂整体耐化学品性的原则是一样的，主要手段包含以下几种：

（1）提高基体 ABS 树脂的 AN 含量

ABS 树脂中共聚 AN 的主要目的之一就是可以提高其耐化学品性。一般 AN 含量高，ABS 树脂的耐化学品性能较好。通用 ABS 树脂中基体 SAN 树脂中的 AN 含量在 15%~25%，而耐化学品级 ABS 树脂中基体 SAN 的 AN 含量一般应控制在 30%以上，通过选择高 AN 含量的 SAN 树脂实现这一目标。如 GE 公司公开的专利表明其耐化学品级 ABS 中 SAN 树脂的 AN 含量在 43%以上[73]。然而一味地提高 SAN 树脂的 AN 含量也会带来一些问题。首先，AN 含量越高，SAN 树脂的颜色越黄，会影响整体 ABS 树脂的着色性；其次，AN 含量越高，经济而又简单的 SAN 树脂的本体聚合工艺就更难进行，只能采用悬浮聚合、乳液聚合工艺来合成高 AN 含量的 SAN 树脂；最后，AN 含量越高，对 PBD-g-SAN 胶粉中的 AN 含量的要求也越高，因为当其 AN 含量与基体 SAN 树脂中的 AN 含量相差超出 5%时，就会引起两相不相容，导致橡胶的聚集，机械性能的下降[74]。而普通 PBD-g-SAN 胶粉难以满足该要求。

（2）提高基体 ABS 树脂的流动性

提高 ABS 树脂流动性的主要贡献在于可以减小 ABS 树脂在注塑成型过程中的内应力，从而降低 ABS 树脂在化学环境及应力作用下开裂的可能性。

（3）橡胶种类的选择

不同的橡胶接枝物耐受化学溶剂的腐蚀、溶胀的能力也不相同，所以可以有针对性地选择橡胶提高耐特定化学品的能力，比如采用聚丙烯酸酯和 EPDM 接枝物会比聚丁二烯的接枝橡胶更耐洗洁精、消毒液的腐蚀。

（4）添加耐化学品性优异的结晶性聚合物

PET、PBT、PA 的结晶性聚合物本身就具有优异的耐化学品性能，所以在 ABS 树脂中添加少量此类耐化学品性优异的聚合物也能够大幅改善其耐化学品性。韩国第一毛织专利公开了聚酯改善 ABS 树脂耐化学品性的方法[75]。由图 4-51 可知，随着 PA6 含量的增加，在乙酸乙酯浸泡 5min 后，ABS 树脂的表面越光滑，说明 PA6 树脂的添加可以改善 ABS 树脂的耐乙酸乙酯腐蚀的能力。而添加了 5%PA6 的 ABS 树脂对乙酸乙酯的耐腐蚀能力有明显的提升，从微观照片可以发现其树脂表面还能够保持良好的光滑度，而纯 ABS 树脂表面则会出现明显的凹凸不平，说明腐蚀情况比较严重。

图 4-51　不同 PA6 含量的 ABS 树脂合金耐乙酸乙酯腐蚀的情况

(a)0% PA6；(b)3% PA6；(c)5% PA6

然而，添加聚酯、聚酰胺等结晶性聚合物需注意相容性和尺寸稳定性的问题。当聚酯、聚酰胺等结晶性聚合物在 ABS 树脂中的添加量比较高时(大于 5%)，由于其与 ABS 树脂的相容性比较差，会引起表层起皮，物理机械性能急剧下降，所以必须采用马来酸酐(MAH)、甲基丙烯酸缩水甘油酯(GMA)等功能团化的相容剂去改善两相的界面相容性。而且，聚酯、聚酰胺等结晶性聚合物的添加也会引起 ABS 树脂整体成型收缩率的增大，可能导致以正常模具成型的制品的尺寸偏小，影响制品终端使用，所以也不能忽视其尺寸稳定性问题。

(5) 添加聚烯烃类极性共聚物

聚烯烃具有极其出色的耐化学品性，但是与 ABS 树脂的相容性很差。采用聚烯烃极性共聚物既可以改善与 ABS 树脂的相容性，也能够提高 ABS 树脂的耐化学品性，甚至还可能提高 ABS 树脂的韧性。典型的聚烯烃极性共聚物，如日之升公司的 POE-g-MAH，在 ABS 树脂中使用时，既可以提高韧性，还可以明显改善耐化学品性。由图 4-52 可知，经三个月食用油浸泡后，添加 5% POE-g-MAH 的 ABS 树脂耐油能力显著提高，其样条并未出现裂纹现象。而纯 ABS 树脂在低应力区就出现了明显的裂纹。

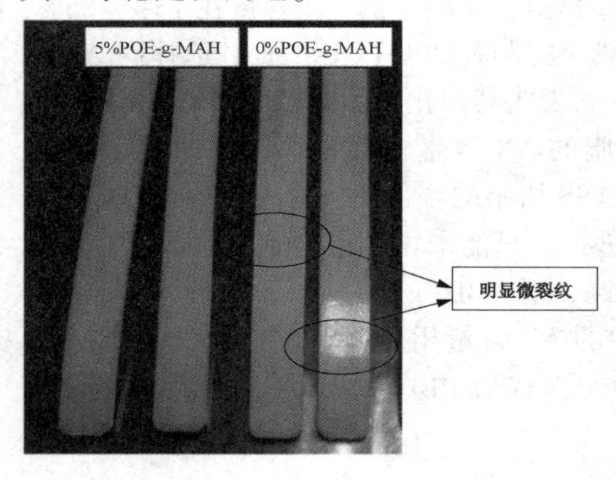

图 4-52　POE-g-MAH 对 ABS 树脂耐食用油浸泡的影响

4.1.5.4　商品化的耐化学品级 ABS 树脂

耐化学品级 ABS 树脂的应用领域极为广泛，引起了各大塑料聚合、改性公司的密切关注，从而竞相开发了多种性能品级、多种不同应用环境的耐化学品级 ABS 树脂。以锦湖日丽为例，近年来就相继开发了空调行业耐乙酸的 ABSER872、耐食用油的 ABSER875 以及冰箱行业耐邻苯二甲酸二辛酯(DOP)的 ABS770CR 等产品。目前国内外均有涉及耐化学品级的 ABS 树脂，表 4-30 列举了市场上常见的耐化学品 ABS 树脂的牌号及其基本物理机械性能指标。

表 4-30　典型的耐化学品级 ABS 的主要性能参数

项　　目	测试标准	测试条件	HI 110	ER875F	MG37CR
拉伸强度/MPa	ASTM D638	50mm/min	38	43	42
断裂伸长率/%	ASTM D638	50mm/min	—	25	25
弯曲强度/MPa	ASTM D790	3mm/min	55	62	69
弯曲模量/MPa	ASTM D790	3mm/min	1900	2200	2340
Izod 缺口冲击强度/(J/m)	ASTM D256	3. 2mm	410	330	350
洛氏硬度(R)	ASTM D785	23℃	87	105	—
热变形温度/℃	ASTM D648	6. 4mm，1. 82MPa	84	84	85
熔体流动速率/(g/10min)	ASTM D1238	220℃，10kg	11	45	16
密度/(g/cm^3)	ASTM D792	23℃	—	1. 04	1. 05
成型收缩率/%	ASTM D955	23℃	—	0. 4-0. 7	—

4. 1. 6　增强 ABS 树脂

4. 1. 6. 1　木粉增强 ABS 树脂

资源危机、生态及环境问题，引发了全世界对社会经济可持续发展与保护生态环境研究的热潮。许多能满足环保要求的新材料不断涌现，其中木材-热塑性塑料复合材料(wood-polymer composites，WPC)就是一种很有发展潜力，在国内外近年蓬勃兴起的一类新型复合材料。

WPC，指将有机纤维素填料如木材、糠壳、竹屑、豆类、亚麻、稻秆、玉米淀粉和坚果硬壳等，以粉状、纤维状和刨花等形态作为增强物或填料，加入热塑性或热固性塑料中进行复合得到的新型功能材料。WPC 能广泛利用农林废弃物，有利于保护森林资源，对构建环保节约型社会具有重要现实意义。此外，还将产生环境污染的废旧塑料充分地利用起来，很好地化解了使用塑料产品废弃后而带来的一系列社会和生态问题[76]。木塑产品具有良好的尺寸稳定性，且吸水性小，不怕虫蛀，不会像木材那样产生裂缝和翘曲变形；同时具有热塑性塑料的良好加工性，硬度比塑料高，耐磨、耐老化、耐腐蚀；各种添加剂的加入可以赋予其更多特殊性能，如抗菌性、阻燃性、耐强酸强碱性等；通过加入颜料、覆膜或复合表层可制成具有各种颜色和花纹的制品[77]。

目前，WPC 运用最广泛的是对结构性能要求较少的建材领域，约占木塑复合用品总额的 75%[78]，主要用在复合门窗框、扶梯、软质百叶窗、地板、栅栏等。在汽车上的应用主要有底板、仪表板、顶板、门板、后搁物板、顶篷、高架箱汽车护板等。

目前国内外研究最多的是以聚烯烃作为基体，木粉、木纤维等作为填充料或增强料制备木塑复合材料。近 10 年间有多篇专利公开了木粉增强 PP 的制备方法，但对 ABS/木粉复合材料的研究则相对较少。

肖亚航等用热压成型的方法制备了不同木粉含量的 ABS/木粉复合材料，并重点对其热压成型工艺进行了研究探讨[79]。其制备工艺路线如图 4-53 所示。

研究结果表明：当木粉含量高达 60 份时仍可热压成型，但以 40 份以下为优；通过加入添加剂、复合体粉料冷-机械共混与热-机械共混双重混料及热压最终成型等工艺，改善了木粉在 ABS 中分布的均匀性及与 ABS 界面的黏合性，获得了具有良好成型工艺性能的 ABS/木粉复合材料。部分试验结果见表 4-31。

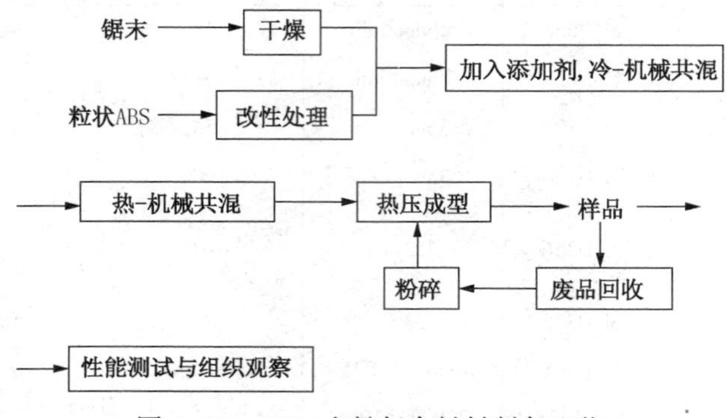

图 4-53　ABS/木粉复合材料制备工艺

表 4-31　木粉用量、加热温度对热压成型的影响

木粉用量/份	加热温度/℃	保压时间/min	成型性
30	200	15	木粉分散性好，表面光滑，易脱模
40	210	15	木粉分散性好，外观成型性较好，易脱模
50	220	15	木粉比较均匀，表面质量差，难脱模
60	230	15	木粉有团聚、炭化，表面粗糙，有气孔，难成型

除 ABS/木粉复合材料的热压成型工艺研究之外，王玮等的主要研究则集中于几种 ABS/木粉复合材料体系的力学性能，比较了 MAH 增容、MAH/St 原位增容、ABS-g-MAH 增容等不同增容方法对复合体系的增容效果，研究发现 ABS 接枝物的增容效果优于原位增容效果[80]，如图 4-54 所示。同时在 ABS/木粉体系中引入复合基体 PVC，在确定 ABS/PVC 配比为 70/30 的基础上，考察木粉含量对体系性能的影响，如图 4-55 所示，发现三元复合体系的力学性能更佳。

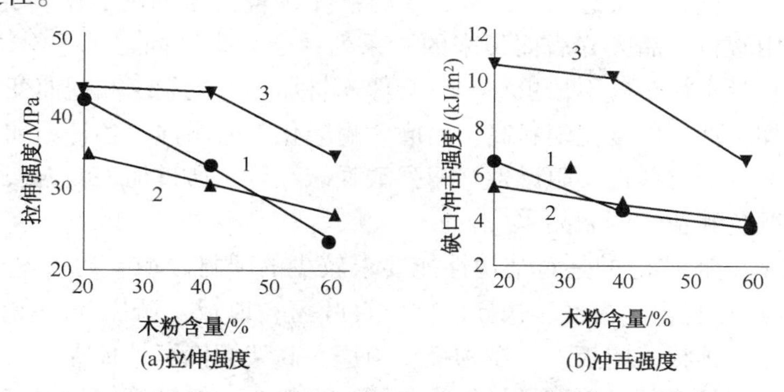

图 4-54　不同增容方法对 ABS/木粉复合材料力学性能的影响

1—未改性 ABS/木粉体系；2—MAH 原位增容 ABS/木粉体系；3—ABS-g-MAH 原位增容 ABS/木粉体系

“ABS/木粉型材及其生产方法”发明专利[81]，也公开了一种 ABS/木粉型材的制备方法，可提供制备环保、无污染、无收缩、燃点高的型材代替木材。木粉含量可达到 70%～78%，制备出的型材具有环保、硬度高、韧性好、不褪色、防腐性好、阻燃、可二次加工的特点，大大降低了产品的成本，具有较好的应用前景。

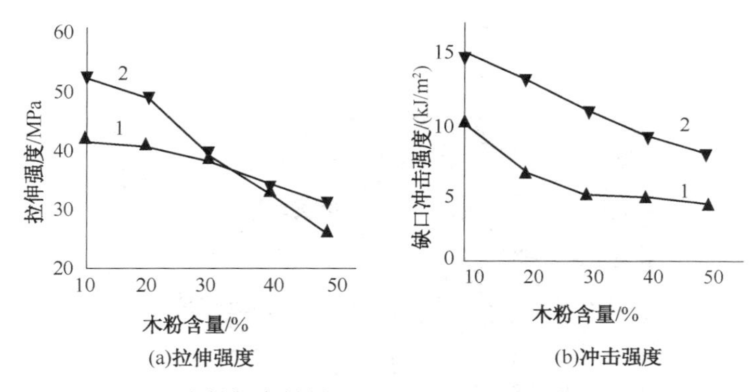

图 4-55 ABS/木粉复合材料和 ABS/PVC/木粉复合材料的力学性能

1—ABS/木粉复合材料；2—ABS/PVC/木粉复合材料

我国对 WPC 的开发研究起步比较晚，在这方面的开发和研究只是近十几年的事情。与国外相比，我国对 WPC 的开发及应用差距还是很大，目前加大了投入，2001—2007 年国家发改委将 WPC 项目列入“国家高科技产业化新材料专项”；北京奥组委早在 2006 年 9 月就推荐 WPC 作为部分场馆、设施建设的专用材料；北京奥运会世奥森林公园破例为 WPC 指定了一处近 2000m^2的空地搭建实验建筑；上海世博会也采用 WPC 作为建设用材。由此可见 WPC 具有很广阔的应用前景。

4.1.6.2 镁盐晶须增强 ABS 树脂

早先将晶须定义为在人工控制条件下，以单晶形式生长而成的、具有较大长径比的单晶纤维材料，其直径小、强度接近完整晶体的理论值，因而作为改性增强材料时可以显示出极佳的物理机械性能[82]。现在一般意义上的晶须，其概念比较宽泛，包括那些含有少量明显缺陷(诸如空位、晶粒间界、孪晶、堆垛层错、乱晶等)的纤维状单晶。严格意义上的晶须，C. Cevans 曾做过如下表述：晶须是一种纤维状的单晶体，横断面近乎一致，内外结构高度完整，长径比一般在 5~1000 以上，直径通常在 20nm~100μm 之间，但具有特殊性质的晶须直径一般在 1~10μm 之间。

镁盐晶须(M-HOS)包括碱式硫酸镁晶须、碳酸镁晶须、氢氧化镁晶须等。镁盐受热分解时不产生有毒有害物质，是非常理想的环境友好型阻燃材料，被广泛用于材料的填充剂，可以提高材料的阻燃性能。镁盐晶须产品，具有针状或者纤维状外形(图 4-56)，长径比一般在 20 以上，对材料具有很好地亲和作用，添加以后，能够很好地起到增强作用，而且对材料的延伸率以及加工性能影响不大。因此，镁盐晶须产品也常被用作材料的增强剂。

镁盐晶须作为添加剂使用，在材料中除了增强、阻燃外，还会产生一些特殊效果，如添加到酚醛树脂中能提高材料的绝缘性能，适合生产电器绝缘材料。以镁盐晶须为主要成分加少量玻璃纤维和树脂浆液制成的复合材料，具有密度小、强度高等优良品质，且表面十分平滑美观，适合在建筑材料、内饰材料、家具和厨房用材料等方面使用。镁盐晶须添加于塑料薄膜，在透明度、强度、防粘效果等方面都优于目前常用的超细二氧化硅粉，而且安全、卫生。填充在沥青中则增强了沥青的耐温和抗流动性能力。用作各种涂料的增黏剂，能使涂料黏度呈指数增加，具有很好的增黏性和触变性，可大大提高使用性能和涂装效果，这一特性使它们在涂料和黏合剂领域有很好的应用前景。另外，在要求高澄清度的食品、医药、农药和化妆品工业领域，应用前景亦好。过滤材料必须保证透过率好、过滤速度快，而用镁盐晶须作为过滤材料，无论是过滤速度和滤液透过率都明显优于常用的硅藻土、活性氧化铝、粉碎纸浆和活性炭，甚至优于 0.111m 膜滤器[83]。

图 4-56　镁盐晶须(M-HOS)SEM 照片

晶须的主要用途是作为复合材料的增强骨架[84]。得到晶须增强的复合材料，晶须在聚合物基复合材料中主要起强化作用。概括起来，晶须对复合材料的增韧机理一般有四种方式：

负荷传递：当应力作用于复合材料时，晶须在周围的集体中局部地抵抗应变，使更强的应力作用于晶须，从而降低周围的基体材料所承受的应力。

裂纹桥联：由于晶须的存在，紧靠裂纹尖端处存在晶须与基体界面开裂区域，在此区域内，晶须把裂纹桥联起来，并在裂纹的表面加上闭合应力，阻止裂纹扩展，起到增韧作用。

裂纹偏转：当裂纹扩展到晶须时，因晶须模量极高，由于晶须周围的应力场，基体中的裂纹一般难以穿过晶须、绕过晶须而扩展，即裂纹发生偏转，从而吸收断裂能量。

拔出效应：指紧靠裂纹尖端的晶须在外应力作用下沿着它的基体的界面滑出，使裂纹尖端的应力松弛，从而减缓了裂纹的扩展。

影响晶须增强效果的因素主要有界面相容性、晶须的添加量、晶须在 ABS 树脂中的分散状态。

晶须增强的机理都是应力分布在界面附近发生变化，载荷从集体传递到晶须所形成的，所以晶须与基体界面的结合状态是晶须能否对复合材料起到增强作用的一个关键因素。常采用钛酸酯偶联剂、聚丙烯接枝马来酸酐等对晶须表面处理或包覆，以增加聚合物与晶须表面的附着力，避免两界面相剥离。

不同的相容剂对 ABS/M-HOS 复合材料力学性能有比较大的影响[85]，M-HOS 具有很高的强度和较高的长径比，但是晶须表面极性强，与 ABS 缺乏相容性。表 4-32 选用 3 种不同的相容剂来增强 M-HOS 与 ABS 的相容性，M-HOS 表面带有羟基，PE-g-MAH、PP-g-MAH 的酸酐可以与晶须表面的羟基产生较强的作用力，不仅降低了晶须的表面极性，而且在其表面形成有机包覆层。但是，这两种增容剂的酸酐接枝率不高，当 M-HOS 晶须填充量为 15%时，PE-g-MAH、PP-g-MAH 对 ABS/M-HOS 复合材料的增容效果不如乙烯-乙酸乙烯酯-苯乙烯三元共聚物(BS)，见表 4-32。

表 4-32　不同相容剂对 ABS/MHOS 复合材料力学性能的影响

相容剂	拉伸强度/MPa	断裂伸长率/%	弯曲强度/MPa	模量/GPa	缺口冲击强度/(kJ/m^2)
BS	39.8	4.0	52.8	2.0	10.2
PE-g-MAH	36.9	2.4	48.5	1.4	9.2
PP-g-MAH	38.0	2.7	50.3	1.6	8.3

晶须的用量对 ABS/M-HOS 复合材料力学性能也有较大的影响。随着 M-HOS 用量的增加，由于晶须的应变小于高分子的应变，断裂伸长率会下降；但由于晶须的强度和弹性模量远大于基材，在一定范围内加入 M-HOS 可显著提高复合材料的拉伸强度、弯曲强度和模量[86](图 4-57)。

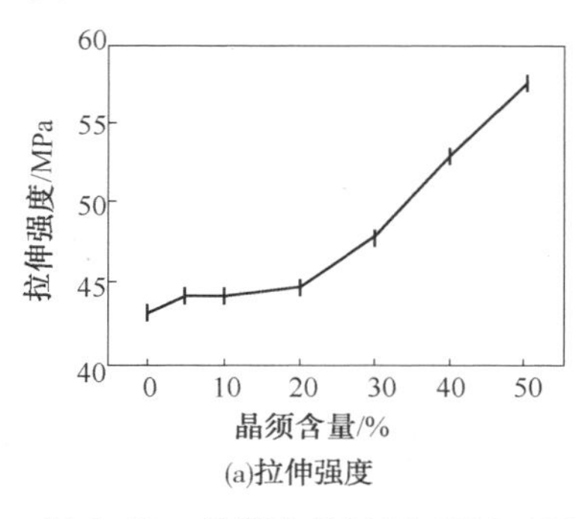

(a)拉伸强度

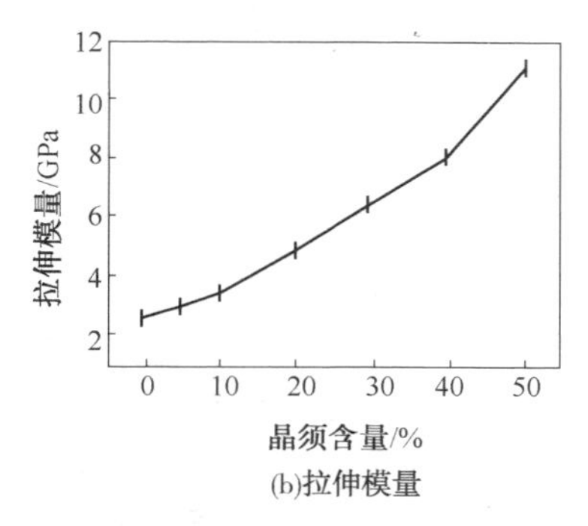

(b)拉伸模量

图 4-57　晶须含量对 M-HOS/ABS 复合材料拉伸强度和拉伸模量的影响

镁盐晶须不仅可以增强树脂，而且还能起到阻燃的作用。镁盐受热分解时不产生有毒有害物质，能抑制发烟，其热分解温度高，加工时不会产生气泡，是非常理想的环境友好型阻燃材料，被广泛用于材料的填充剂，可以提高材料的阻燃性能。上海日之升新技术发展有限公司公开了“一种镁盐晶须增强阻燃聚丙烯组合物”的专利[87]，提供了一种制备镁盐晶须增强阻燃聚丙烯组合物的方法，通过该方法制备出的材料具有高强度、高刚度、低烟、阻燃、尺寸稳定性优异的特点，可用于注塑成型的仪表盘、汽车门板等汽车制件和空调外壳、家用电器制件上。

镁盐晶须(M-HOS)加入 ABS 树脂中，同样既能够提高复合材料的强度和模量，还能显著提高材料的防老化和阻燃性能，有协同阻燃和增强的双重效果，见表 4-33、表 4-34。该复合材料已用于青岛海尔出口美国的空调机外壳等部件上。

表 4-33　M-HOS 加入阻燃 ABS 的抗老化效果

ABS(PA757)/质量份	86	86	86	80	80	80
Anti-UV agent/质量份	—	0.15	0.15	—	0.15	0.15
Anti-oxide B/质量份	—	—	0.2	—	—	0.2
阻燃剂/质量份	14	14	14	11	11	11
M-HOS/质量份	—	—	—	9	9	9
冲击强度保持率/%	80.6	88.1	75.8	88.6	89.5	87.6
拉伸强度保持率/%	55.4	54.7	57.6	49.6	61.6	64.3
色差值	43.9	38.6	30.6	22.1	26.9	15.5

表 4-34　M-HOS 加入阻燃 ABS 的增强阻燃效果

项　目		试验方法	阻燃 ABS	晶须增强阻燃 ABS			
ABS(PA757)/质量份			86	80	—	—	—
ABS(121H)/质量份			—	—	85	80	76
复合阻燃剂/质量份			14	11	15	13	11
助剂/质量份			若干	若干	若干	若干	若干
M-HOS/质量份			0	9	0	7	13
拉伸强度/MPa		GB/T1040	37	51	41.9	41.8	42.6
断裂伸长率/%		GB/T1040	6	3	5	5	5
弯曲强度/MPa		GB9341	57	87	64.5	65.1	66.5
弯曲模量/MPa		GB9341	2000	3234	2130	3100	3700
冲击强度/MPa		GB9341	8	6.3	11.0	8.3	8.5
热变形温度/℃	1.82MPa	GB1634	78	87	—	—	—
	0.45MPa		—	—	96	98	99
阻燃性		UL-94	V0	V0	V0	V0	V0

在国防工业及航空航天对复合材料要求越来越高的今天，镁盐晶须由于其独特的优异性能和较高的附加值，将成为今后镁质阻燃剂的重要方向。因此我们应该充分利用我国东西部海湖盐矿产资源的优势，积极倡导发展无机镁盐晶须，这也符合我国发展低能耗、可再生、对环境污染小的工业格局的原则。

4.1.6.3　白云母增强 ABS 复合材料

白云母属于二维层片状结构硅酸盐矿物，亦称钾云母，是云母族中分布最广的矿物，能在不同地质条件下形成，其分子式为 $KAl_2[AlSi_3O_{10}](OH)_2$。白云母一般呈鳞片状、叶片状、羽毛状或球状；具有玻璃光泽，有时过渡为珍珠光泽或丝绢光泽，透明；颜色为无色、淡棕色、淡棕红色、淡绿色和绿色、银白色、银灰色等；密度为 2.7~2.8g/cm^3，硬度为 2~2.25，拉伸强度为 1700~3600MPa，折射率为 1.552~1.624；具有隔热、耐热，电绝缘性好，化学稳定性好，几乎不吸水和不湿水等物理化学性质。

云母增强聚烯烃复合材料已有广泛的研究和应用，其中云母的添加能够起到提高刚性和尺寸稳定性的作用。张凌燕等利用硅烷偶联剂 WD-70 对白云母进行表面改性处理，采用图 4-58 所示的白云母/ABS 复合材料的制备工艺，制备了 ABS/白云母复合材料，并主要研究了白云母填料用量对 ABS 复合材料力学性能的影响[88]。

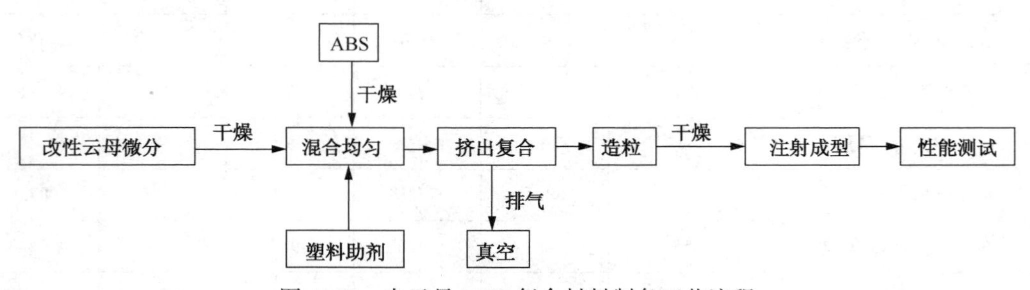

图 4-58　白云母/ABS 复合材料制备工艺流程

图 4-59 为白云母/ABS 复合材料拉伸断面的 SEM 图，从中可以看出白云母以片层状结构分布于 ABS 树脂中。表 4-35 显示了不同含量白云母制备的白云母/ABS 复合材料的物理机械性能。由此表可知，加入适量的白云母填料可有效提高 ABS 的刚度，在保持较好综合力学性能的基础上，能大大降低成本。

图 4-59　白云母/ABS 复合材料拉伸断面 SEM 图(×5000 倍)

表 4-35　纯 ABS 及不同填充量白云母/ABS 复合材料力学性能

填充率/%	弯曲强度/MPa	弯曲模量/GPa	拉伸强度/MPa	断裂伸长率/%	缺口冲击强度/(kJ/m²)	巴氏硬度
纯 ABS	64.89	2.26	46.10	18.08	19.05	2.63
10	59.88	3.11	37.20	15.65	3.72	5.06
20	62.85	4.00	39.23	3.05	2.34	9.27
30	60.37	5.34	39.52	1.17	1.74	14.31
40	58.50	5.67	38.09	—	1.39	19.13
50	59.54	5.34	39.39	—	1.37	15.24

从表 4-35 中还可以看出，随着白云母含量的增加，其 ABS 复合材料的弯曲模量随之显著上升，当白云母的质量分数达到 30%时，材料的弯曲模量甚至增加到纯 ABS 的两倍多，表明白云母对于提高 ABS 复合材料刚度的作用十分明显，但是白云母/ABS 复合材料的缺口冲击强度却大幅度降低。该复合材料可以用于汽车零配件、风扇、空调器壳体、轻载齿轮、各类容器、管道、电器外壳等静态不受力部件的制造。

4.1.6.4　硅灰石增强 ABS 复合材料

硅灰石属于链状偏硅酸盐，化学分子式为 $CaSiO_3$，粉碎后，颗粒呈纤维状或针状。硅灰石无毒，具有低吸油性、低吸水性、热稳定性和化学稳定性，白度高，并有独特的粉体纤维状态，应用广泛。而改性硅灰石粉体，因其表面性能得到改善，提高了其疏水亲油的能力，应用于塑料、橡胶基体材料中，能更均匀地分散，并与基体材料有很强的亲和性能，可改善塑料、橡胶制品的力学性能和抗老化性能。

张凌燕等利用 γ-(甲基丙烯酰氧基)丙基三甲氧基硅烷改性后的硅灰石填充 ABS[89]，研究了不同填充量硅石灰/ABS 复合材料性能测试结果。从图 4-60 中可看出，复合材料的拉伸强度随硅灰石填充量的增加，先增大后减小，在硅灰石填充量为 20%时，达到峰值。说明 20%是硅灰石填充 ABS 拉伸强度的临界量，超过此填充量，硅灰石粉体在 ABS 树脂连续相中的分散性变差，硅灰石与树脂基体界面粘结变差，易产生界面脱离。硅灰石/ABS 复合材料的缺口冲击强度随着硅灰石填充量的增加而下降，这说明硅灰石的加入，使复合材料的韧性变差，而刚性得到增强。

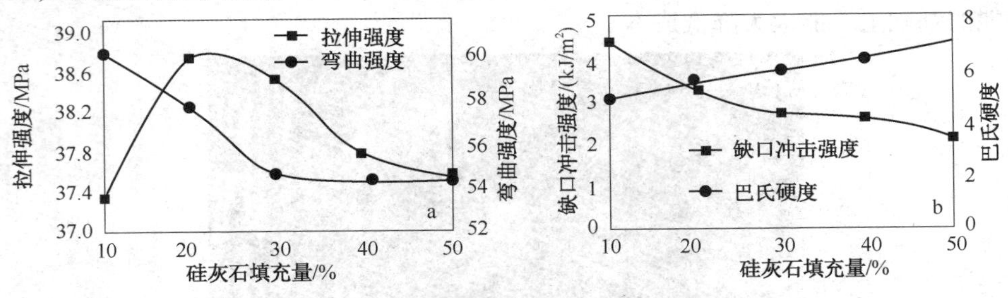

图 4-60　不同填充量硅灰石/ABS 复合材料性能

从图 4-61 可看出，随硅灰石填充量的增加，硅灰石粒子在 ABS 基体中的分散性变差，特别是 40%的高添加量，其聚集成团现象明显，使复合材料在微观上出现不均匀性。同时在拉伸断面上还能看到，硅灰石粒子被不同程度拔出。这说明硅灰石粒子与 ABS 基体的粘结不佳，在受到外力作用时，易于脱粘，导致复合材料力学性能下降。

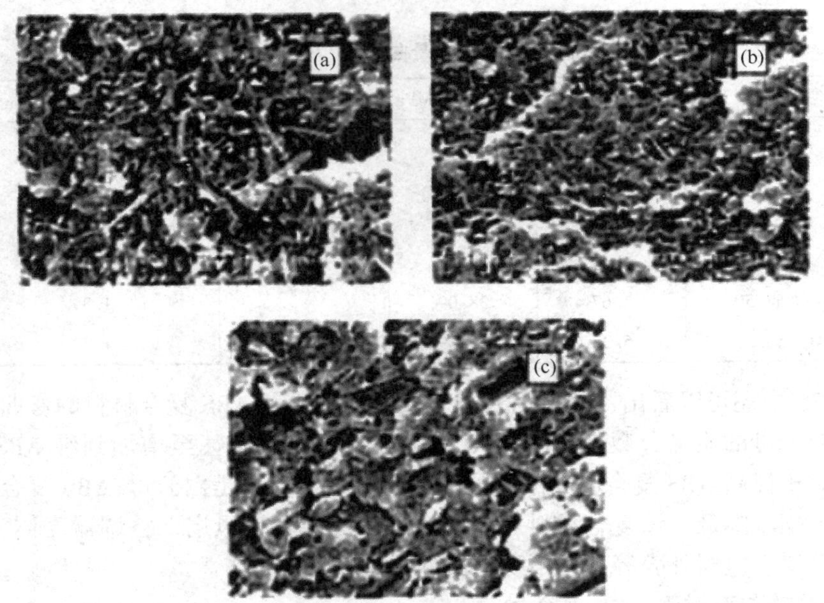

图 4-61　硅石灰(变量)/ABS 复合材料拉伸断面 SEM 图(×5000 倍)
硅灰石填充量：(a)10%；(b)20%；(c)40%

硅灰石作为塑料的填料，与其他填料相比具有自己的独特优势：与轻钙、滑石粉相比，硅灰石填充体系黏度低，可进行高填充，有利于节约树脂、降低成本；与碳酸钙相比，硅灰石填充体系耐化学腐蚀性好，对增塑剂吸收量小，制品表面光洁度好；与玻璃纤维相比，则具有较大的价格优势。硫酸钙、滑石粉和白炭黑等，一般都含结晶水，受热时有脱水问题，而硅灰石则具有较好的热稳定性。因此，硅灰石是一种具有优异性能且又高性价比的塑料填料。

4.1.6.5 纳米蒙脱土增强 ABS 树脂

蒙脱土(MMT)是一种层状结构的硅酸盐，在工业中应用极广，如在造纸工业中作填料和涂层剂、有毒物质的吸附剂、涂料触变剂等[90]。蒙脱土由于其独特的结构优势、储量较大并且价格低而受到青睐和重视，并在聚合物层状硅酸盐纳米复合材料的制备与研究中表现出一定的重要性。

蒙脱土是典型的具有 2∶1 型层状结构的含水铝氧硅酸盐，它的基本结构单元是由共用氧原子连接的 2 片硅氧四面体晶片中间夹带 1 片铝氧八面体晶片构成的三明治状结构，层间有可交换的阳离子[91]。单位片层厚度约为 1nm，长和宽均为 100nm，具有很高的刚度，层间不滑移。用有机改性剂可以改变蒙脱土片层表面的极性，降低表面能，并且增大层间距，从而增加对树脂的亲和性，使亲水性的蒙脱土变成亲油性的蒙脱土，同时层间距扩大也有利于单体或聚合物的插入[92]，改善 MMT 的分散性。

目前，MMT 在 PA6、PP 中具有广泛的应用，可以起到显著的增强、成核作用，而在 ABS 树脂中应用相对较少。同样，添加蒙脱土可以显著提高 ABS 的弹性模量，通过添加[93]不同用量的蒙脱土可以看出蒙脱土对 ABS 性能的影响。

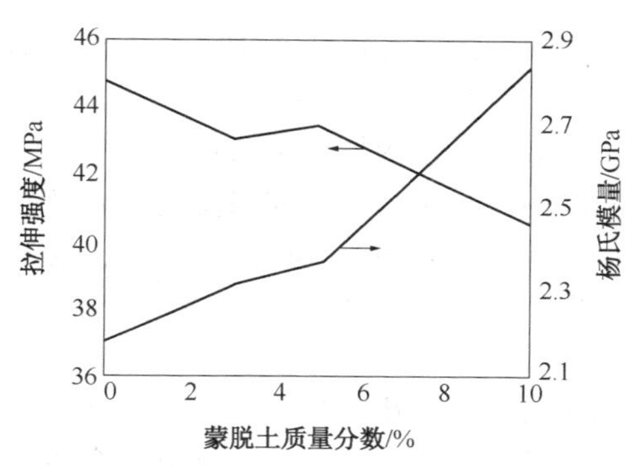

图 4-62　不同蒙脱土含量的 ABS/MMT 纳米复合材料的拉伸强度和杨氏模量

从图 4-62 可知，当蒙脱土质量分数在 5%以下时，材料的拉伸强度变化不大；蒙脱土质量分数大于 5%后，材料的拉伸强度逐渐降低。但蒙脱土的引入可以大幅提高材料的杨氏模量，当蒙脱土含量为 10%时，该复合材料的弹性模量甚至可提高 30%左右。

目前 MMT 复合材料的制备主要分为原位插层聚合法和熔融挤出共混法两种。如韩国仁川仁荷大学采用以下工艺，通过乳液聚合制备了 ABS/MMT 纳米复合材料。

聚丁二烯橡胶+蒙脱土⟶ 水分散液+SAN ⟶ 改性 ABS 树脂

他们的研究证实，聚合物/黏土纳米复合材料，完全可通过乳液聚合把有机聚合物分子插层进入 Na-MMT 的片层来制备。尤其从 SAN/MMT 乳液聚合成功，可推测乳液聚合同样可用来制备其他的高聚物/MMT 复合材料。与以往制备工艺所不同的是，他们在不使用任何有机改性剂或偶合剂的情况下，直接用 Na-MMT 乳液聚合制备了 ABS/MMT 纳米复合材料。

台湾工业技术研究院的郭文法等申请的专利，公开了另外一种制备 ABS/MMT 纳米复合材料的方法[92]，即采用两步法合成：苯乙烯与丙烯腈本体共聚时加入有机改性剂(有机改性剂为烷基二甲基苯基氯化铵等)，在 70~80℃聚合反应 1h，然后加聚乙烯醇水乳液在 70~80℃下悬浮聚合 4~5h，烘干，制得 SAN/MMT 纳米复合材料；再将 SAN/黏土纳米复合材料加入挤出机中，再加入 SAN 树脂、聚丁二烯，混炼挤出，得到 ABS/MMT 纳米复合材料。经 XRD 分析，在 SAN/MMT 复合材料中，黏土的层间距为 3~3.5nm，属于插层型纳米材料。通过透射电镜(TEM)观察可知，插层黏土在 SAN 树脂中呈均匀分散，制得的 ABS 复合材料防火性有明显改善，且黏土含量增加燃烧速率迅速降低。

国内兰化公司使用单体插层聚合法制备聚合物/层状硅酸盐纳米复合材料，研究了反应规律、产品结构与性能之间的关系，开发了高阻隔，耐热和易加工新型 ABS 纳米复合材料[93]。中国科大也利用熔融挤出制备了ABS/MMT复合材料，对ABS/MMT阻燃性进行了研究，发现加入蒙脱土后，ABS的阻燃性有一定的提高[94]。

4.1.6.6　玻璃纤维增强ABS树脂

玻璃纤维是一种性能优异的无机非金属材料，简称玻纤，英文原名为：glass fiber或fiber glass。成分为二氧化硅、氧化铝、氧化钙、氧化硼、氧化镁、氧化钠等。玻璃纤维单丝的直径从几个微米到二十几个微米，相当于一根头发丝的1/20~1/5，每束纤维原丝都由数百根甚至上千根单丝组成，通常作为复合材料中的增强材料。这种增强材料用来制作电绝缘材料和绝热保温材料、电路基板等，广泛应用于国民经济各个领域。

玻璃纤维按形态，可分为连续纤维、定长纤维和玻璃棉。而按纤维的长度分类，可分为长纤维复合材料和短纤维复合材料。玻璃纤维按化学组成可分为无碱铝硼硅酸盐(简称无碱纤维)和有碱无硼硅酸盐(简称中碱纤维)。玻璃纤维按组成、性质和用途，在国际上又可分为不同的级别，包括E-玻璃、C-玻璃、高强玻璃纤维、AR玻璃纤维、A玻璃、E-CR玻璃和D-玻璃这7个级别。

玻璃纤维的特性包括：①拉伸强度高，伸长小(3%)；②弹性系数高，刚性佳；③弹性限度内伸长量大且拉伸强度高，故吸收冲击能量大；④为无机纤维，具有不燃性，耐化学性佳；⑤吸水性小；⑥尺寸稳定性，耐热性均佳；⑦加工性佳，可作成股、束、毡、织布等不同形态产品；⑧透明、可透过光线；⑨通过表面处理剂处理，可大幅提高与树脂界面粘结性。

(1) 玻纤增强

玻纤增强复合材料，是以聚合物为基体，以玻璃纤维为增强材料而制成的复合材料，综合了聚合物和玻璃纤维的性能。所得复合材料具有比强度高、耐腐蚀、隔热、成型收缩率小等优点，其中效果最为明显的是，利用玻璃纤维增强可以使塑料的刚性大幅度提高。目前市场上各类玻璃纤维增强的PP、PA6、PA66、ABS、PBT、PET等复合材料层出不穷，在汽车、家电、消费电子、机械、电器、办公设备等领域得到了广泛的应用。本节重点对玻璃纤维增强ABS复合材料进行展开叙述。

玻纤增强ABS树脂刚性强、价格低，目前已广泛应用在轴流风叶、空调风扇叶片、打印机结构件、水桶灌口、水处理设备等领域。玻纤增强ABS树脂主要依靠玻纤组分来保持高刚性，其增强机理与钢筋混凝土的骨架结构类似(如图4-63)。玻纤增强的效果与玻纤含量、玻纤分散、玻纤保留长度及玻纤与ABS树脂的粘结力有关。

因为玻纤组分是提供玻纤增强ABS树脂刚性的最关键因素，所以，玻纤含量对刚性起着至关重要的影响。如图4-64所示，随着玻纤含量的增加，ABS树脂的弯曲模量呈线性大幅度的增加。

(2) 玻纤分散

通过双螺杆共混挤出，原始的玻纤束就会通过双螺杆而打开。如果玻纤在ABS树脂中分散效果不好，就会影响其增强的效果。因为玻纤含量低的区域容易形成应力集中区域，受力环境中会预先发生断裂破坏，进而延伸至整个范围，所以也就降低了玻纤增强ABS树脂整体的强度。

PBT、PA6之类结晶性聚合物，一旦加工温度超过其熔点，体系的黏度就急剧下降，也就有利于玻纤的分散。而ABS树脂属于无定形聚合物，整体黏度偏高，所以必须采用合适的挤出分散工艺解决玻纤分散问题。

图 4-63　钢筋混凝土的增强结构

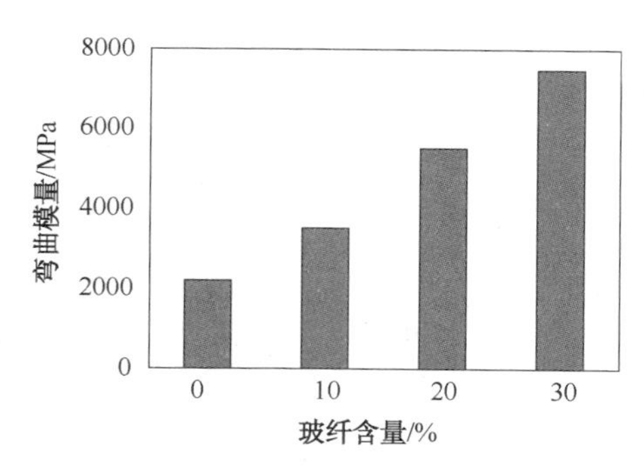

图 4-64　玻纤含量对 ABS 树脂弯曲模量的影响

(3) 玻纤保留长度

玻纤保留长度是指玻纤与 ABS 树脂经双螺杆共混挤出后的保留长度，也是决定其增强效果的关键性因素之一。有时提高玻纤保留长度的增强效果甚至比提高玻纤含量效果还要明显。由图 4-65 可知，30% 玻纤增强 ABS 树脂刚性随着玻纤保留长度的增加而大幅增加，1mm 玻纤保留长度的体系模量的增强效率甚至达到了 0.1mm 的 2.5 倍。

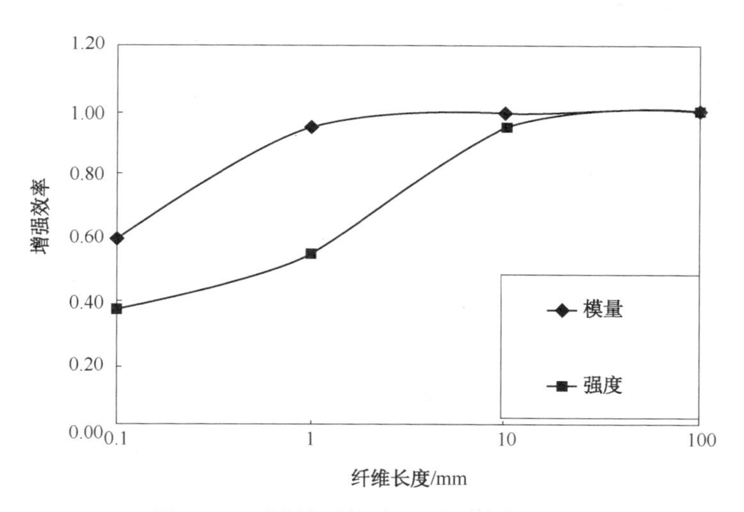

图 4-65　玻纤保留长度对增强效率的影响

一般玻纤增强 ABS 体系中玻纤保留长度大约为 500～800μm，其主要由挤出工艺(如挤出温度、螺杆组合等)决定。图 4-66 为不同工艺制备的玻纤增强 ABS 树脂中玻纤长度的分布情况，其中 ABS 基体相已经被四氢呋喃溶液溶解。由此可知在强剪切条件下制备的玻纤增强 ABS 体系的玻纤保留长度明显低于弱剪切者。这是因为玻纤在螺杆中会发生玻纤之间、玻纤与螺杆之间的磨损，两者均会造成玻纤的断裂。

为了尽量保持玻纤的保留长度，有效发挥其增强效果，应该尽量降低 ABS 树脂的黏度，选择合适的弱剪切螺杆组合来实现。

(4) 玻纤与 ABS 树脂的界面粘结力

与钢筋混凝土结构类似，玻纤与 ABS 树脂的界面粘结力对增强效果的影响也很大，足够大的两相界面粘结力才能有效传递应力，否则玻纤容易从 ABS 树脂中脱离，使增强效果大大减弱。

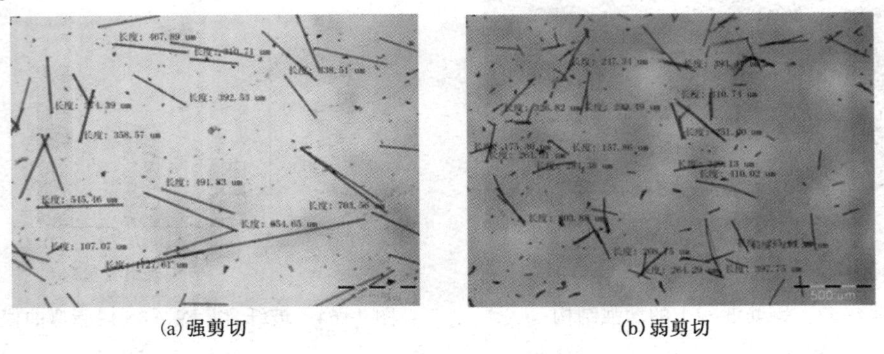

(a)强剪切　　(b)弱剪切

图 4-66　不同挤出工艺对玻纤保留长度的影响

一般来说，玻纤表面都经过偶联剂的表面处理，以加强其与树脂的界面结合力。针对不同的树脂，其选择偶联剂的种类也不同。但是，仅仅依靠偶联剂所起的增加与树脂界面粘结力的作用是有限的，应该采用相容剂进一步改善玻纤与树脂之间的界面结合力。不同的相容剂种类对改善玻纤与 ABS 树脂间的界面结合力的效果是不同的，由此也就影响了 ABS 树脂的物理机械性能。图 4-67 显示了马来酸酐(MAH)、甲基丙烯酸甘油酯(GMA)、甲基丙烯酸(AA)三种类型官能团的相容剂对 ABS 树脂的影响。随着相容剂的添加，ABS 树脂的拉伸强度和冲击强度都有明显的提高，尤其以 MAH 类型相容剂的贡献最大。采用 MAH 类型的相容剂后，其冲击强度可以达到未相容化时的两倍。从图 4-68 可知添加 MAH 类型的相容剂之后，树脂与玻纤的界面模糊，结合力明显增强；而未添加时，则两相界面清晰，出现了玻纤从 ABS 树脂中脱离的现象。

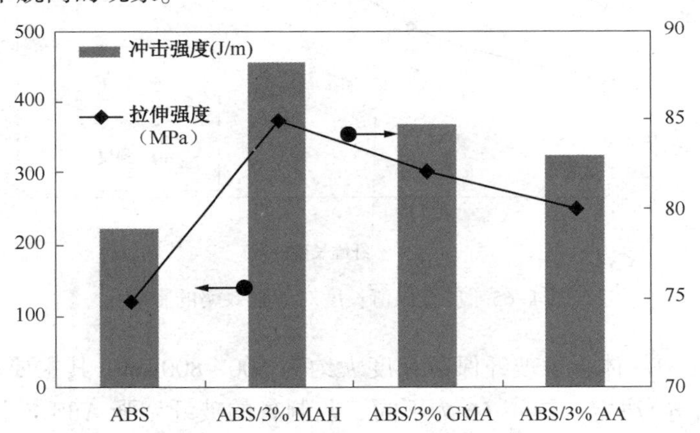

图 4-67　相容剂品种对玻纤增强 ABS 体系拉伸强度和冲击强度的影响

随着功能化应用要求的越来越高，对传统的玻纤增强 ABS 树脂也提出了更高的要求，其中最为关注的是玻纤增强 ABS 树脂的外观和耐疲劳性。

ABS 树脂的黏度相对偏高，对玻纤的浸润不够充分，所以更容易产生常见的浮纤问题，其浮纤的严重程度远超过玻纤增强的聚酯、尼龙体系。从图 4-69 浮纤的微观图可知，产生浮纤的根本原因就是树脂没有很好地浸润包覆玻纤，使其暴露在树脂之外。所以改善玻纤增强 ABS 树脂浮纤问题可以通过以下方法实现：①添加超高流动的 SAN 树脂，提高 ABS 树脂的流动性；②通过挤出工艺优化，改善玻纤的分散状态；③采用低分子量的助剂，如润滑剂等；④添加对玻纤浸润性优异的结晶性聚合物。

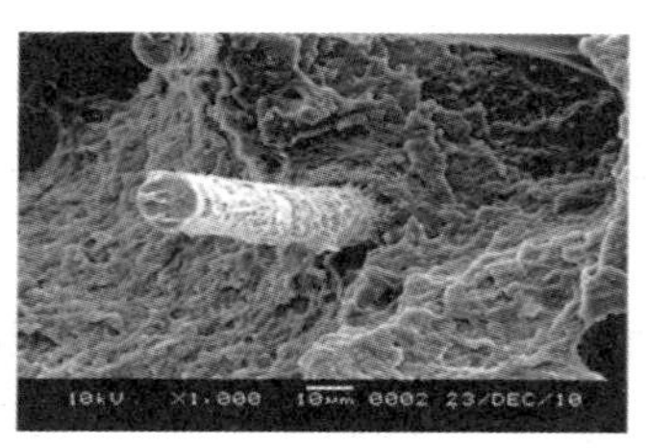

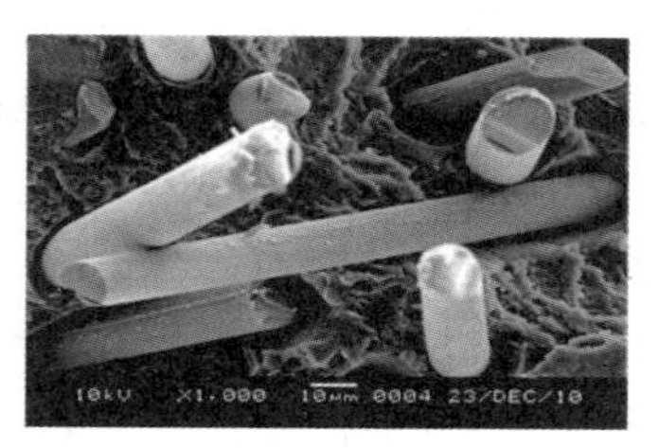

(a)3%MAH　　(b)0%MAH

图 4-68　MAH 类相容剂对玻纤与 ABS 树脂界面粘结性的影响

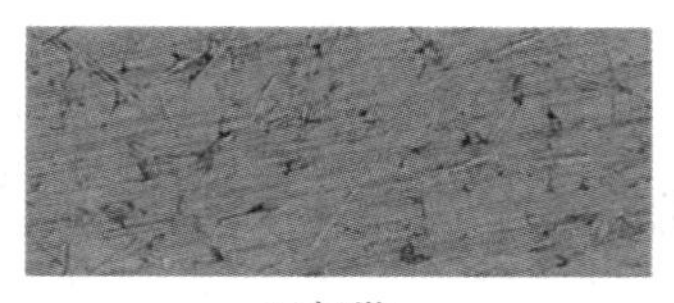

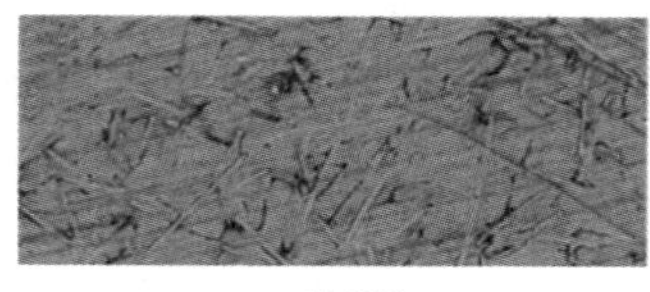

(a)轻微　　(b)严重

图 4-69　玻纤增强 ABS 树脂不同浮纤程度的微观照片

由于在水处理工业应用中，玻纤增强 ABS 树脂注塑成型制品会遭受周期性的水压脉冲，这样不仅对玻纤增强 ABS 树脂的强度提出了更高的要求，而且对其耐疲劳性的要求也越来越高。一般来说，ABS 树脂的耐疲劳性与基体树脂的分子量相关，分子量越高，耐疲劳性能越好。

商品化的玻纤增强 ABS 树脂，在市场上广泛流通，很多公司均有该类产品，如国内的锦湖日丽、金发科技，国外韩国的 LG 化学、乐天及日本东丽等。

4.1.7　ABS 树脂功能化

ABS 作为高强度、高刚性塑料中应用最广泛的品种之一，因其综合了丙烯腈的耐化学药品性、耐油性、刚性，丁二烯的韧性和耐寒性，以及苯乙烯良好的加工性能，而被广泛用于家用电器、办公设备、机械配件以及包装材料等领域，但是 ABS 在抗菌、散香、抗静电以及电磁屏蔽等方面的不足阻碍了其进一步的应用及发展。随着科技进步和人们生活质量的提高，对 ABS 上述性能的要求也越来越高。在这种新的形势下，功能化 ABS 得到了快速的发展和应用。

4.1.7.1　抗菌 ABS 树脂

随着人们对日常生活用塑料制品的抗菌性和卫生性要求越来越高，近年来，日本、美国、法国等发达国家首先在工业材料上掀起了一股“抗菌热”。使用抗菌材料的主要对象是纺织物、塑料、陶瓷、金属、涂料等。抗菌织物出现得最早，抗菌塑料、抗菌陶瓷、抗菌涂料等都是近年来才发展应用的。

抗菌剂是使细菌、真菌等微生物不能发育，或能抑制它们生长的物质。塑料抗菌剂是一类新型塑料添加剂，主要分为无机、有机合成和天然三大系列。

有机类抗菌剂与无机类抗菌剂比较，短期杀菌抑菌效果明显，但耐温性差，一般在200℃以内长期使用有溶出、析出现象，使用寿命短。天然抗菌剂耐热性差，药效持续时间短，同时受到安全性和加工条件的制约，目前还未实现大规模商品化。塑料中常用的无机抗菌剂多以无机盐类为载体，抗菌成分为金属离子类抗菌剂。

抗菌 ABS 树脂是指在 ABS 塑料中添加抗菌剂，使 ABS 塑料制品本身具有抑菌性，在一定时间内将沾在 ABS 上的细菌杀死或抑制其繁殖。在加工塑料制品过程中添加少量抗菌剂，即可使其具有长期抗菌和杀菌能力。

抗菌塑料制品加工方法较简单，将抗菌剂直接与树脂共混造粒后经注塑或挤出即可。向树脂中加入抗菌母料更方便制品生产，又有利于抗菌成分的均匀分散，提高抗菌性能。抗菌塑料制品主要应用于家用电器、厨房用具、卫生洁具、玩具、医务用品以及化学建材等领域。

4.1.7.2 散香 ABS 树脂

一些高档的装饰件如塑料香花、塑料香味工艺品、塑料香味玩具、汽车内部饰件等要求其散香，因此研究开发散香型塑料具有重要意义。其中以开发散香型 ABS 最为活跃。

一般以茉莉花香精、檀香香精等为原料制得香母料，再将其添加到 ABS 基体中可制得散香型 ABS。但由于香精非常容易迁移、挥发，一般需要添加填料，通过填料对香精的吸附作用，使得 ABS 具有长期散发香味的效果。常用的吸附填料包括高岭土、超细轻质 $CaCO_3$、重质 $CaCO_3$和滑石粉等，其中滑石粉对香精的吸附效果最差，重质 $CaCO_3$次之，超细轻质 $CaCO_3$和高岭土最佳。香精挥发性的主要影响因素是香精本身的性质、香精与 ABS 基体间的相容性、加工工艺及外部环境等。

一般香母料用量在5%以内时对 ABS 的综合机械力学性能影响较小，且对 ABS 的成型加工有利。其中对 ABS 力学性能的影响主要源于香精挥发后形成的空洞。散香型 ABS 除了具有普通 ABS 所拥有的刚度、冲击强度、易于成型加工等优点外，还具有芳香、抑菌、驱虫、掩盖异味、使身心舒适等优点，因而被广泛应用于汽车、火车、船舶及人们日常生活的卧室、客厅、厨房、卫生间等领域，起到调节环境气氛的功效，得到人们的普遍喜爱。

4.1.7.3 抗静电 ABS 树脂

ABS 树脂具有优良的电绝缘性，当它与其他材料表面接触或相互摩擦时，产生静电积累，电压可达数千伏，导致吸尘、电击、电震，甚至火花放电，在生产和使用过程中产生很多麻烦和很大的危害，因而限制了 ABS 树脂的应用。开发抗静电型 ABS 树脂实际上是一项拓展 ABS 应用领域的重要课题。

抗静电剂按使用方法可以分为外涂型和内添加型，按分子结构可分为表面活性剂型和高分子型。表面活性剂型抗静电剂根据分子中的亲水基团能否电离可分为离子型和非离子型。若亲水基团电离后带正电为阳离子型，反之为阴离子型。若表面活性剂中带有两个或两个以上的亲水基团，电离后分别带正负不同电荷时，为两性型抗静电剂。阳离子型抗静电剂主要为胺盐或季铵盐。阴离子型主要有烷基磺酸盐、烷基苯磺酸盐、磷酸盐等。非离子型抗静电剂是良好的内加型抗静电剂，因为它们低毒或无毒，与树脂相容性好，热稳定性好，可用于食品包装材料，主要类别有羟乙基烷基胺、脂肪酰胺类、聚氧乙烯类、多元醇酯等。两性型抗静电剂主要有两性咪唑啉型和甜菜碱型。国外已成功开发出一系列高分子抗静电剂，其主要类别见表4-36。

表4-36 高分子抗静电剂的分类

类别	主要结构	使用树脂
聚醚类	聚环氧乙烷	PS
	聚醚酯酰胺	PP、ABS
	聚醚酯亚酰胺	PP、HIPS、ABS、MBS、AS
	聚环氧乙烷-环氧氯丙烷共聚物	PVC、ABS、AS
	甲氧基聚乙二醇(甲基)丙烯酸共聚物	PMMA
季铵盐类	含季铵盐的(甲基)丙烯酸共聚物	ABS、AS、PVC
	含季铵盐的马来酰亚胺共聚物	ABS
	含季铵盐的甲基丙烯酸亚胺共聚物	PMMA
磺酸类	聚苯乙烯磺酸钠	ABS
甜菜碱类	羧酸甜菜碱接枝共聚物	PE、PP
其他	高分子电荷转移型配位体	PE、PP、PVC

目前，制备抗静电型ABS树脂的基本方法是共混挤出法。抗静电ABS树脂除保持原ABS树脂的基本机械性能外，还应具有疏散电荷、防止静电积累的作用。

目前抗静电ABS存在的问题主要为低分子量抗静电剂做成的制件不能长期维持抗静电性能，它会不断地从制品内部向表面迁移；同时在加工与食品医药品接触的包装制品时，由于其易于迁移性容易产生污染问题。因此，选择抗静电剂时应尽量根据需要，选择永久抗静电剂或无毒产品。

抗静电ABS已广泛应用于制作如下静电积累可能引发安全及污染问题的塑料制品：在煤矿、石油、化工行业使用的输油管、油田煤矿防爆用品等；以及办公设备、通信设备、计算机芯片如软盘、传真机等。

4.1.7.4 电磁屏蔽ABS树脂

随着现代电子工业的高速发展，各种军用、商用和家用电子产品的数量急剧增加，而电子线路和元件的微型化、集成化、轻量化和数字化，均导致了日常使用的电子产品易受外界电磁干扰而出现误动、图像障碍及声音障碍等，同时这些电子产品本身也向外发射电磁波，从而造成电磁波公害。这就要求电子设备的外壳具有一定的电磁波屏蔽性能。而通常作为这些电子产品外壳使用的ABS塑料，不具有电磁波屏蔽功能，因此开发电磁波屏蔽型ABS具有十分重要的意义。

电磁屏蔽即利用屏蔽材料阻隔或衰减被屏蔽区域与外界的电磁能量传播。电磁屏蔽的作用原理是利用屏蔽体对电磁能流的反射、吸收和引导作用，其与屏蔽体结构表面和屏蔽体内部感生的电荷、电流与极化现象密切相关。屏蔽按其原理分为电场屏蔽(静电屏蔽和交变电场屏蔽)、磁场屏蔽(低频磁场和高频磁场屏蔽)和电磁场屏蔽(电磁波的屏蔽)。通常所说的电磁屏蔽是指最后一种，即对电场和磁场同时加以屏蔽。

电磁屏蔽ABS树脂一般可分为表层导电ABS、填充型导电复合ABS和与分子结构型导电材料共混几大类。

表层导电ABS是指在ABS树脂上涂覆导电涂层或电镀金属离子，使其表层具有导电性质。ABS树脂的电磁屏蔽效果决定于涂覆的导电涂层或镀层使用的金属离子及导电涂层及镀层的厚度与均匀性。

填充型电磁屏蔽材料的导电机理非常复杂，主要涉及渗流理论、隧道效应和场致发射这三种导电机制。如发现以碳系材料作为导电填料与绝缘 ABS 制成的屏蔽材料，当复合体系中导电填料的含量增加到一个临界值时，体系的电阻率发生突变，继续增加填料含量，体系的电阻率变化甚小，渗流理论说明此时填料的分布开始形成通路网络。一般认为，屏蔽材料并不要求连续的导电网络，根据量子隧道效应理论，导电粒子距离小于 10nm 时，电子即可越过势能壁垒而流动；或当导电粒子的内部电场很强时，电子将有很大几率跃迁过基体层所形成的势垒到达相邻的导电粒子上，产生场致发射电流而导电。

目前已有许多相关的研究报道，但电磁屏蔽 ABS 树脂的应用尚不广泛，产品也并不成熟，主要应用领域为各种电子电器设备的电磁屏蔽外壳等。

4.2 ABS 树脂合金化技术

4.2.1 ABS/PC 合金

4.2.1.1 ABS/PC 合金概述

聚碳酸酯(PC)是一种综合性能优良的工程塑料，其产量仅次于尼龙(PA)。它具有耐冲击、尺寸稳定、耐热、透明等优异性能，广泛应用于电子、电器和汽车制造业，随着应用领域的不断扩大，对材料的性能也提出了新的要求。尤其是在成型汽车和电子设备适用的大型薄壁制件时要求其具有良好的流动性，以降低制件的残余应力。但由于 PC 分子链的高刚性和大的空间位阻，使其具有较高的熔体黏度，因此加工困难，且制品残余应力大，易发生应力开裂，同时耐溶剂性和耐磨损性较差。这些缺点使它在许多领域中的应用受到限制[95~97]。共混合金化是 PC 改性的一种重要方法，它能使 PC 性能更为优异而得到更广泛的应用。ABS/PC 合金是最早工业化的 PC 合金产品，也是最重要的 PC 合金之一。其具有高冲击、高耐热及优异的加工性等特性，现在多个领域被广泛应用。

4.2.1.2 ABS/PC 合金关键技术[98~102]

(1) ABS/PC 组分的相容性及合金相态结构

聚合物合金能综合各组分优异性能，但是不相容的聚合物却会因界面的不良粘结而使合金的力学性能不尽如人意。PC 和 ABS 的分子链中均含有大量的苯环结构，PC 的溶解度参数为 39.8~41.0$(J/cm^3)^{1/2}$，ABS 的溶解度参数为 40.2~41.9$(J/cm^3)^{1/3}$，根据溶解度参数相近和相似相容原理，PC 和 ABS 具有一定的相容性，其相容性与 ABS 中的 AN 含量有关。当 AN 质量分数在 25%~27%之间变化时，PC 与 ABS 之间的粘结力达到最大。当各组分含量发生变化时，合金的相态结构变化极其复杂，当 PC 过量时，PC 包围 SAN，SAN 又包围接枝橡胶粒子，即 PC 相与 PB 相之间由 SAN 相隔开，见图 4-70(a)，PC 此时作为连续相存在。PC/SAN 的溶解度参数差为 0.84，而 PC/PB 的溶解度参数差为 7.45，PC 与 SAN 为部分相容，而与 PB 不相容。所以，上述的隔相结构有利于 PC 与 ABS 之间的胶接，从而使 PC 与 ABS 之间产生部分相容的可能。研究表明，当 ABS 中的 AN 含量为 25%时，与 PC 的相容性最好。在此种条件下，材料在受到冲击或产生应力时，会诱发大量的银纹和剪切带，大量银纹和剪切带的产生和发展需要吸收大量能量，从而显著提高材料的抗冲击性能。PB 橡胶粒子能抑制银纹的增长并使其终止而不致发展成破坏性的裂纹，当 ABS 含量进一步提高并超过50%时，见图4-70(b)，共混体系将发生相反转，ABS成为连续相，PC成为分散相，材料的冲击强度反而下降。当ABS含量再进一步提高达到75%时，相结构表现为非典型的SAN连续相过度体系，见图4-70(c)。

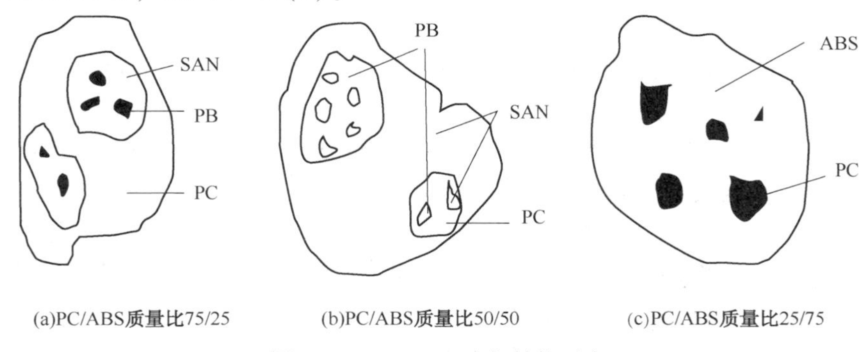

图4-70　ABS/PC多相结构示意

(2) ABS/PC增容改性

PC与ABS有一定的相容性，但由于ABS为两相结构，其中包括分散相PB和连续相SAN。而PC与PB相容性很差，因此当ABS中橡胶含量较低时，ABS/PC合金的相容性较好，反之则较差。为了提高两者的相容性，最简便的方法是在体系中加入增容剂。增容剂一般可分为三大类：聚合物型增容剂，低分子量反应性增容剂以及多组分增容剂。第一类增容剂在ABS/PC合金中应用最多，其中最常见的包括ABS接枝物、苯乙烯/马来酸酐共聚物、PE接枝物、甲基丙烯酸甲酯/丁二烯/苯乙烯共聚物等。第三类增容剂也有较为广泛的应用。各类增容剂的增容原理、特点及性能简述如下：

① 采用接枝共聚方法使ABS接上具有一定反应活性的官能团，该活性官能团与PC的端羟基或端羧基反应，在共混过程中形成PC-g-ABS接枝物，可起到增容作用。例如采用一种丙烯酸烷烃酯接枝ABS(HEMA-g-ABS)为相容剂，基本配方为62.5份PC、10份HEMA-g-ABS、12.5份SAN、13份阻燃剂、1份PTFE，制得了阻燃达到V0级别、抗冲击性能优良的ABS/PC合金。ABS/PC简单二元共混体系的分散较粗糙，假如以ABS熔融接枝MAH(马来酸酐)的接枝物mABS代替ABS，则PC/mABS共混体系呈层状分散结构。也可用MAH接枝ABS(ABS-g-MAH)增容PC和ABS的共混物，添加适量的ABS-g-MAH后，ABS/PC合金的缺口冲击强度大幅增加。

② 采用马来酸酐-苯乙烯共聚物(SMA)作增容剂，其酸酐官能团能与PC的端羟基或端羧基反应，形成PC-g-SMA接枝物。由于SMA中苯乙烯链段与ABS有良好的相容性，从而能改善ABS/PC的相容性。此类增容剂可使ABS/PC合金的冲击强度提高2倍以上，断裂伸长率增加3倍以上。此外，SMA与ABS结构相似，两者有良好的相容性，并且活性较强的酸酐基团能在高温及剪切场下与PC发生酯交换反应，从而降低了两相的界面张力，使体系分散相颗粒细化，提高共混物的力学性能。

③ PE接枝物也可增容ABS/PC共混体系。研究表明，LLDPE-g-MAH接枝物增容剂加入共混体系后，明显提高了ABS/PC共混物的耐热性，改善了体系的相容性，且冲击强度、拉伸强度和断裂伸长率均有明显的提高。例如采用一种含环氧基的α-烯烃聚合物作为增容剂，可提高ABS/PC共混物流动性能，且低温韧性和模量几乎未受到任何影响，适用于制作薄壁板材。

④ 甲基丙烯酸甲酯-丁二烯-苯乙烯(MBS)共聚物也可作为第三组分增容ABS/PC合金。研究发现，ABS/PC/MBS三者的共混比为70/10/20时，合金的冲击强度远远高于PC的冲击强度，同时合金样条呈象牙白色，质地均匀，手感较好。

⑤ 双组分增容剂对ABS/PC共混体系的增容效果比单一增容剂好。MAH-g-PP和一种环氧树脂NPES-909共同增容ABS/PC(70/30)共混体系时，含环氧基双组分增容剂体系的屈服强度、拉伸模量和冲击强度均优于单一MAH-g-PP增容的体系。DSC测试表明，随着NPES-909含量的增加，ABS和PC的玻璃化转变温度逐渐接近，体系向均相发展。说明此类增容剂的加入大大地改善了ABS/PC体系的相容性。

⑥ 还可以采用其他类型相容剂。有人采用PP-g-MAH对ABS/PC共混体系进行改性，研究表明，随着PP-g-MAH用量的增加，ABS/PC合金的缺口冲击强度先逐渐提高，在用量为2.5%时，缺口冲击强度达到峰值44kJ/m^2；当PP-g-MAH用量超过2.5%时，合金的缺口冲击强度下降。这是因为，随着PP-g-MAH的加入，可明显改善ABS与PC的相容性，在两相间形成稳定的过渡区，使两相结合紧密，冲击强度得以提高；当相容剂用量超过2.5%时，相容剂从两相界面处析出，影响了合金的冲击性能。上海交通大学采用自制的(PP/POE)-g-MAH改性PC及合金，使改性合金缺口冲击强度达到了48.4kJ/m^2，且加工性和耐沸水性得到了改善。南京聚龙工程塑料公司采用乙烯/丙烯酸酯共聚物和含有甲基丙烯酸缩水甘油酯的乙烯/丙烯酸酯共聚物增容ABS/PC合金。两种相容剂在总量添加到2%时就有较好的增韧效果，到4%时基本接近最高点，悬臂梁缺口冲击强度分别达到了66.8kJ/m^{2}和82.2kJ/m^2。乙烯/丙烯酸酯共聚物使合金的拉伸强度下降，断裂伸长率提高，与普通烯烃材料一样，有降低刚性与强度、提高断裂伸长率的作用。含有甲基丙烯酸缩水甘油酯的乙烯/丙烯酸酯共聚物使合金的拉伸强度和断裂伸长率都提高，可能是因为它不但属于柔性材料，而且还含有相对刚性的环氧基团，并且活性非常高，导致合金分子结合非常紧密，界面粘合力非常强所致。韩国Pusan国立大学研究了ABS占主要成分的ABS/PC合金，结果表明，PMMA作为合金的相容剂，可以提高Izod缺口冲击强度和拉伸强度，由PMMA改性的ABS/PC合金界面可以改变断裂过程中的能量损耗机理。有人提出了一种新型的胺官能团化的SAN(SAN amine)作为ABS/PC的反应相容剂。他们认为，由于PC链端缺乏功能性基团，不能为其共混合金提供一种直接的增容条件，所以合成了一种SAN-amine聚合物，能与ABS基体相混容，并可与PC相反应，形成新的接枝聚合物SAN-g-PC，可以降低共混组成、PC分子量、各种加工条件下的SAN分散相的粒子尺寸。

4.2.1.3 ABS/PC合金高性能化

ABS/PC合金主要用在汽车和通信器材上，但近年来随着ABS/PC合金应用领域的日趋广泛，要求材料在多种场合具备适用性，许多场合除关注常规性能外，还要求材料具备其他的性能，如电镀、耐候、吹塑、耐化学品、抗水解、哑光等。

设计师越来越要求制品可进行金属镀层，使用ABS/PC合金金属化表面修饰的比例不断上升。金属化表面修饰的沉积机理可分为化学沉积和物理沉积，现规模化应用的化学沉积手段是化学电镀，物理沉积手段为真空蒸镀。

化学电镀制品具备耐腐蚀、高硬度，可满足苛刻环境的使用要求，广泛应用于汽车内外饰部件、卫浴系统等场合，电镀ABS/PC合金材料需具备可化学刻蚀并提供足够的化学铆合点等特性。

真空蒸镀具备环保、对材料普适性强等优点，但其镀层耐刮擦和耐腐蚀能力较差，其制品广泛应用于汽车前后灯及内部指示灯等。真空蒸镀制品表面喷漆后用于手机等场合。用于蒸镀的 ABS/PC 合金需具备高表面光泽、低小分子挥发等特性。

(1) 化学电镀 ABS/PC 合金材料

化学电镀工艺每个环节的控制是保证制品高性能的基础，典型的化学电镀工艺流程见图 4-71。

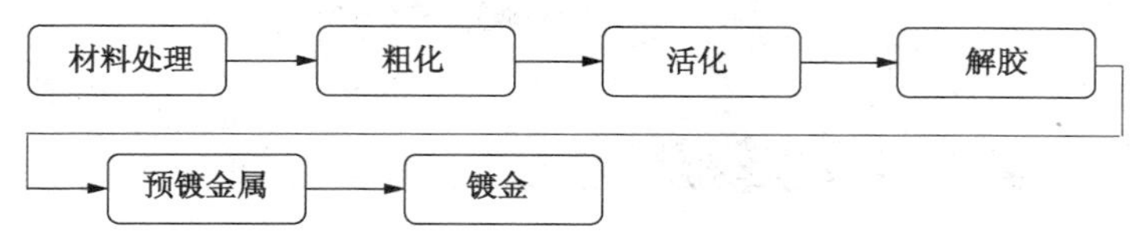

图 4-71　塑料化学电镀工艺流程

汽车用电镀 ABS/PC 合金制品使用过程中出现起泡、开裂，消费者不满意。为此，一线主机厂如大众、通用等纷纷修订了电镀制品的标准要求，如用 GMW14668 标准替代了 GM437XM(X=2，3，4)旧标准，主要添加了电镀结合力要求及冷热循环要求，具体见表 4-37。新标准要求材料的电镀剥离力有针对性的提高。

表 4-37　电镀制品标准修订前后对比表

标　　准	GMW14668(新)	GM437XM
厚度测试方法	金相显微镜/电化学法(有分歧时首选显微镜法)	金相显微镜/电化学法(有分歧时首选显微镜法)
剥离强度	4.5N/cm	无指标
剥离强度测试方法	ASTM B571 标准，GMW14289 胶布剥离	ASTM B571 标准，GM9071P 胶布剥离
冷热冲击测试要求	快速循环：-40℃ 1h，90℃ 1h，4 个循环	-30℃ 1h，25℃ 15min，85℃ 1h，25℃ 15min，4 个循环
	含跌落/落球/CASS 实验	

电镀部件不仅应该满足装饰性需要，还应该具备结构功能特性，最突出的应用案例是汽车内外电镀门拉手，其对制品有 1.3 万次的拉拔试验要求。高强度、耐蠕变电镀 ABS/PC 合金是市场发展方向。

化学电镀工艺中粗化阶段、镀铬阶段均需要使用 Cr^{6+}，而对环境产生恶劣影响，已被多个国家出台法令禁止。现有技术在镀铬阶段用 Cr^{3+} 替代 Cr^{6+}，而在粗化阶段还无法避免使用 Cr^{6+}，免粗化的电镀 ABS/PC 合金是一个行业难题。

基于以上的发展趋势，对电镀 ABS/PC 合金的技术要求也越来越高。电镀制品需要材料选择、制品结构设计、注塑加工及电镀等漫长的工艺流程，流程的每个因素均对电镀制品的性能有巨大的影响。一个完美的电镀制品需要每个环节的协同提供解决方案。制品结构设计应尤为关注平滑过渡、熔接线设计，并保证在电镀阶段的电流均匀性；注塑加工应尤为注意注塑制品的残余应力及熔接线问题；电镀工艺应尤为注意材料的粗化问题，保证制品表面粗化均匀和一定的深度，研究发现粗化温度、时间是关键参数，详细见图 4-72；系列 SEM 照片来自锦湖日丽实验室试验照片。

图 4-72 是粗化效果 SEM 电镜图，从图中可以看出，时间延长和温度升高都加剧刻蚀效果，但温度变化对粗化的影响更大，温度提高 3℃、8min，已经使材料表面过粗化，所以选择合适时间和温度是保证粗化良好的关键，图 4-72(d) 是典型的粗化效果控制较好的 SEM 图。

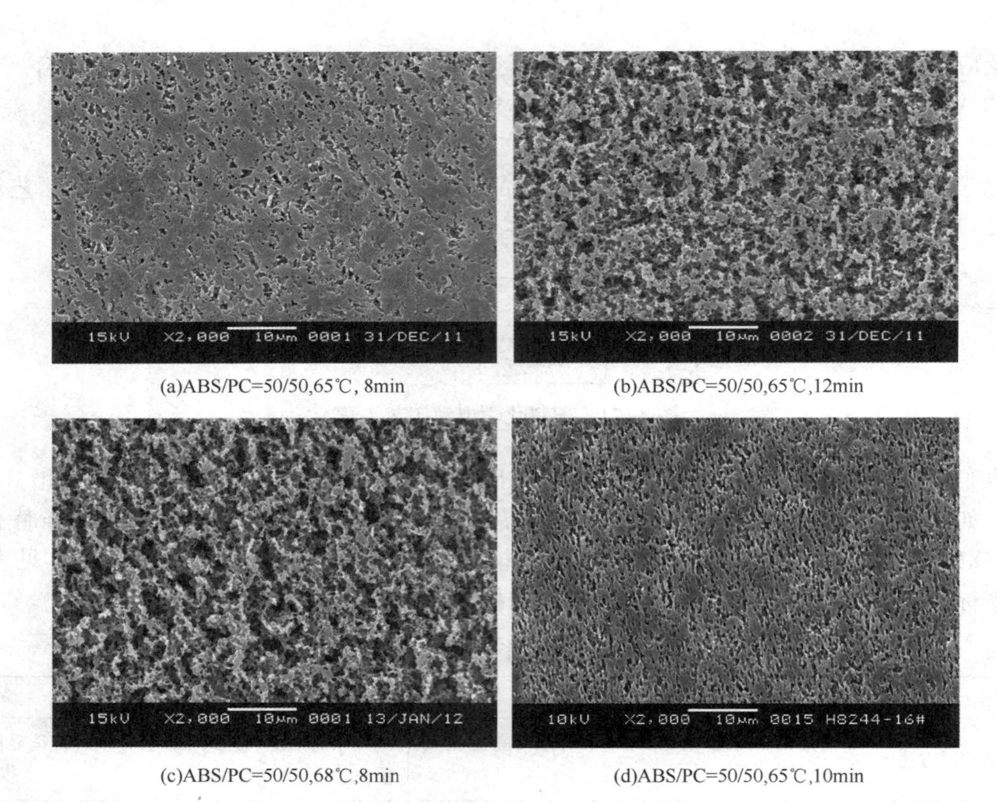

(a)ABS/PC=50/50,65℃, 8min　　(b)ABS/PC=50/50,65℃,12min

(c)ABS/PC=50/50,68℃,8min　　(d)ABS/PC=50/50,65℃,10min

图 4-72　塑料粗化效果随温度和时间变化的 SEM 电镜图

材料选择中，要保证高电镀剥离力，应尤为注意橡胶的选择、材料的流动性和低的线性膨胀系数(CLTE)等。

① 橡胶选择，包括橡胶含量、橡胶粒径和橡胶的分散性。橡胶含量直接关系到粗化后提供铆合点的数量；合适的橡胶粒径是保证铆合点的尺寸形态；橡胶的分散是保证铆合点的分布状态。

② 材料的流动性：高的流动性可以减小材料的残余应力，可通过基材的选择和助剂的辅助作用来实现。

③ 线性膨胀系数：因金属一般比塑料的膨胀系数要低，所以，降低塑料的线性膨胀系数意味着塑料与金属在热胀冷缩时尺寸变化趋于一致，电镀后制件不至于在高低温循环测试时出现性能劣化。

基于上述思路设计产品，可以使电镀剥离力达到 7N/cm 甚至更高，详细见图 4-73。

现广泛应用的电镀 ABS/PC 合金，为保证电镀性能，其 PC 质量分数多数≤50%，这是因为粗化液难以刻蚀 PC。如提高制品强度和耐疲劳性，不可避免地需要提高 PC 的含量。如何在高 PC 含量的条件下，换言之是在低 ABS 的条件下，保证良好的电镀效果是技术关键。相态分散和橡胶粒径的选择是核心技术。

免粗化的电镀 ABS/PC 合金是一个研究热点，仅有文献和专利报道，尚未见工业应用。

电镀 ABS/PC 合金，由于其突出的性能被广泛应用于汽车、卫浴、标牌、运动器材、玩具和电子设备等场合。汽车上应用，外饰件如外门拉手、散热格栅、标牌、雾灯饰圈、后视镜壳体、车窗饰条、尾门饰条、防擦条和牌照板等；内饰件如装饰条、排挡手柄壳体和内门拉手等，见图 4-74。卫浴上应用如花洒和马桶冲水按钮等；电子设备上应用如 EMI 化学镀金等。

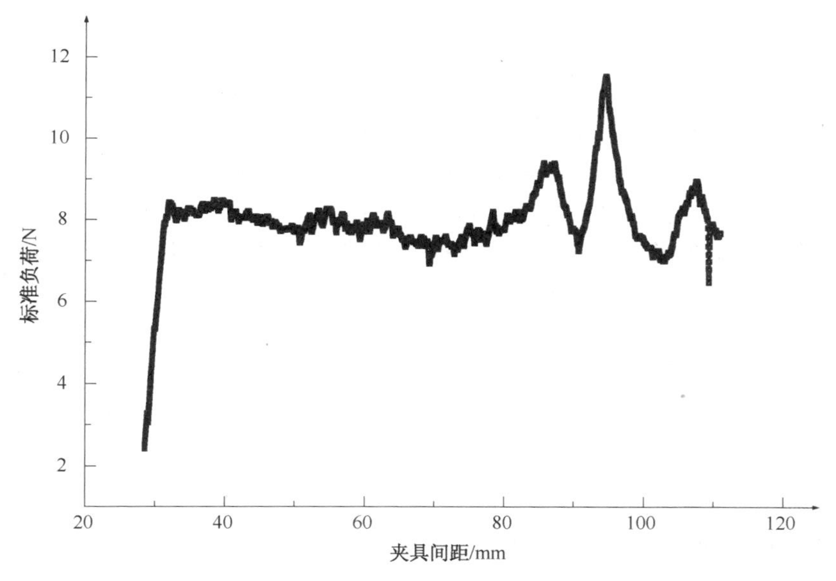

图 4-73　塑料电镀制件剥离力测试图
（此图片来自锦湖日丽实验室试验数据）

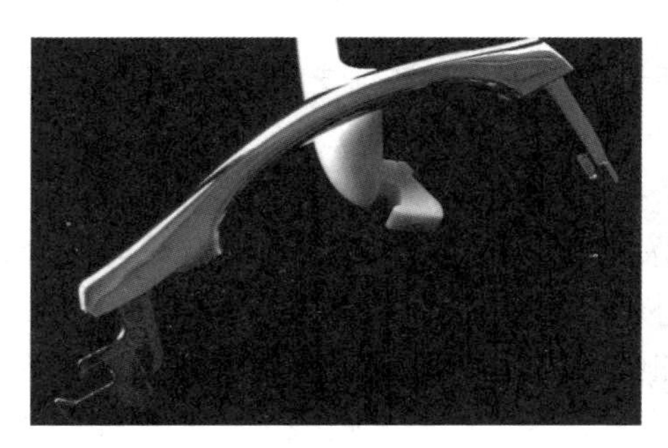

(a)汽车用电镀门把手

(b)汽车用电镀饰条

图 4-74　电镀 ABS/PC 合金典型应用图片

市场上典型电镀 ABS/PC 合金厂商、牌号及特点见表 4-38。

表 4-38　典型电镀 ABS/PC 合金厂商、牌号及特点

产品类别	厂　商	牌　号	特　点
电镀级	SABIC-IP	MC1300	中等耐热，通用电镀级
		CP8920	高耐热，电镀级
	BAYER	T45 PG	中等耐热，通用电镀级
		Bayblend® 2953	中等耐热，电镀级
		T85PG	高耐热，电镀级
	锦湖日丽	HAC8244	中等耐热，通用电镀级
		HAC8244H	中等耐热，改善电镀剥离力
		HAC8266	高耐热，高耐疲劳强度

（2）蒸镀 ABS/PC 合金

现阶段，蒸镀 ABS/PC 合金蒸镀使用两种技术：①素材表面喷底漆-蒸镀金属层-面漆。表面喷底漆的目的是保证制件平整性，掩盖毛坯件缺陷；固化树脂使素材与金属层隔开，防止素材小分子的挥发影响蒸镀金属层的表面性能。②基于环保、设计自由度及成本的考虑，使用免底漆技术，为素材表面直接蒸镀金属层，再涂面漆。现在国内外主流车灯厂如海拉、法雷奥和星宇等均采用免底涂的蒸镀 ABS/PC 合金制品，提高了生产效率。由于免去底漆层，相应对材料表面、小分子析出提出更高的要求。

表面要求：高表面要求非常重要，应该保证注塑制件表面 60°角的表面光泽≥90GU。为保证良好的表面效果，首先需要保证材料高的流动性；其次是橡胶的选择，合适粒径范围的橡胶会使材料的表面光泽提高。

小分子析出要求：

① 选择小分子含量较低的基材。

② 使用特殊吸附助剂，如添加沸石分子筛、碳分子筛、柱黏土等可实现小分子的吸附分离，促使产品稳定。

③ 使用其他改善助剂，如高效润滑剂，减轻材料加工过程中的摩擦，提高产品的热稳定性。

④ 优化挤出加工工艺。科学的螺杆组合设计、加工工艺条件的设定及真空度控制可有效抽出残留和热降解产生的小分子。

⑤ 优化注塑工艺。温度条件的选择和模具排气效果尤为关键。

小分子挥发的表征可用雾值、总挥发有机物（TVOC）等，但最有效的评价方式是评价注塑时清理模具的周期或注塑一段时间的模具发雾程度，依此来表征小分子挥发性的程度，见图 4-75、图 4-76。小分子析出虽然是很微量的，但影响表面制品的发雾情况（毛坯件很难评判，必须通过蒸镀才能放大表征出来），对蒸镀效果影响很大，详细如图 4-35 所示。蒸镀良品率是核心关注指标，也是表征材料好坏的最直接的手段。

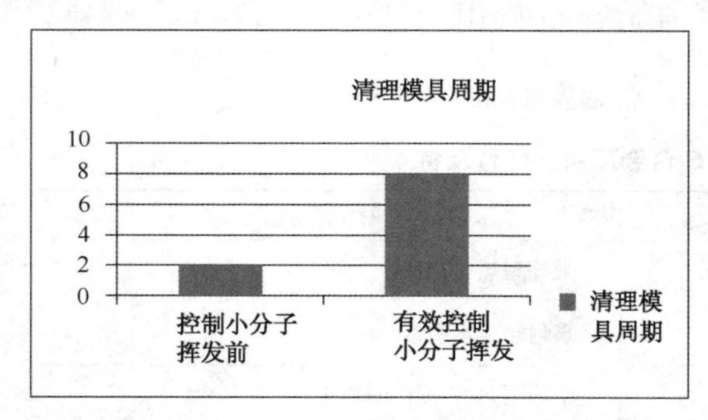

图 4-75　ABS/PC 合金注塑车灯壳体清理模具周期改进对比

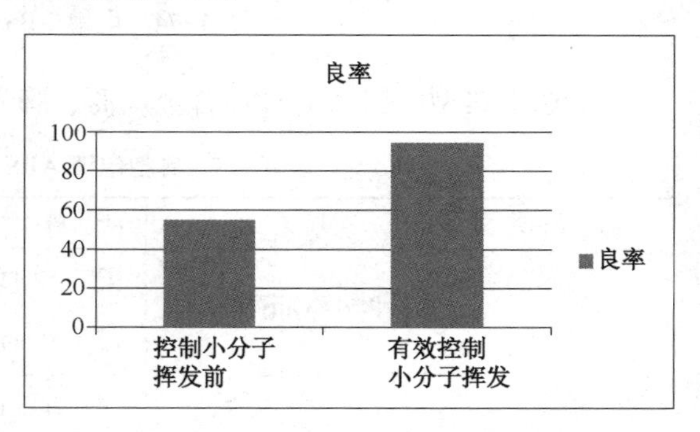

图 4-76　ABS/PC 合金注塑车灯壳体良率改进对比

当前，蒸镀 ABS/PC 合金广泛应用于汽车尾灯、车内阅读灯、内部指示灯及高位刹车灯等，表面喷漆后可使用于手机等场合。

市场上典型蒸镀 ABS/PC 合金厂商、牌号及特点见表 4-39。

表 4-39　主流蒸镀 ABS/PC 合金汇总表

产品类别	厂　商	牌　号	特　点
蒸镀级	SABIC-IP	C1100、C1100HF	中等耐热，通用蒸镀级
		C1200、C1200HF	高耐热，通用蒸镀级
		XCY620	中等耐热，改善析出
		XCY630	高耐热，改善析出
	BAYER	T65、T65XF	中等耐热，通用蒸镀级，XF 代表高流动性
		T85、T85XF	高耐热，通用蒸镀级，XF 代表高流动性
	锦湖日丽	HAC8250	中等耐热，通用蒸镀级
		HAC8260	高耐热，通用蒸镀级
		K8262	中等耐热，改善析出
		K8272	高耐热，改善析出

（3）耐候 ABS/PC 合金

由于该合金的 ABS 中的聚丁二烯含有双键，长期光照下容易氧化，ABS/PC 合金系浅色，在户外使用时存在变色风险。如果太阳照射强度不同，如面对太阳剧烈照射、直接照射和间接照射的部位，其耐候要求也有差别。耐候 ABS/PC 合金生产的技术关键为基材和耐候剂的选择。改善合金耐候性常采用：

① 添加耐候剂，添加时应考虑与基材的匹配性。

应尽量避免使用受阻胺类光稳定剂。大部分的受阻胺光稳定剂属于弱碱物质，很容易使 PC 降解，导致合金性能下降。

② 提高色粉浓度，并尽量避免使用 OB。如金红石型的钛白粉能屏蔽紫外线，不易变色；炭黑能吸收紫外线等。荧光增白剂通过吸收波长为 300～400nm 紫外光，发射出 500nm 以下的蓝光或蓝紫光，达到使制品增白和增亮的效果，但在长期使用过程中容易使分子活化，导致分子链断裂，使产品发黄、变脆，在耐候要求较高的白色制品中慎用。

③ 选择 ASA 或 AES 等作为基材，从而提高合金耐候性。

一般使用在汽车内饰上的 ABS/PC 合金均要求一定的耐候性。一线主流企业对 ABS/PC 合金的耐候性要求见表 4-40。

表 4-40　汽车行业对 ABS/PC 合金的耐候要求

材　料	颜　色	标准 SAE2412	标准 PV1303
ABS/PC 合金	黑色系	≥600kJ	≥5 周期
	灰色系	≥300kJ	≥3 周期
	米黄色系	≥300kJ	≥3 周期

（4）吹塑 ABS/PC 合金

聚合物的吹塑成型是一种生产中空制品的加工过程，它是将挤出或注射成型所得的半熔融态管坯（型坯）放于各种形状的模具中，在管坯中通入压缩空气使其膨胀，紧贴于模具型腔壁上，经冷却脱模得到制品的方法[103]。吹塑成型所适用的塑料品种仅为热塑性塑料，ABS/PC 合金适合吹塑。汽车保险杠、尾翼等中空制品常选用吹塑 ABS/PC 合金。为保证良好的吹塑效果，应该选择较高熔体强度的材料。

一般提高材料熔体强度的方案有：

① 选用高分子量基材，如高分子量的 PC、ABS。基材分子量越大，分子间力越大，对剪切作用下的熔体变化不敏感，从而保证吹塑时具有高的熔体强度。据报道，日之升精细化工合成的高分子量 SAN LAS150 获得市场认可，能显著提高材料的熔体强度。

② 加入熔体增强剂。如丙烯酸酯类熔体增强剂，能增加黏度、抑制熔体下垂、增加材料均匀性分散的效果。

③ 化学交联。一定的化学交联可使材料的熔体强度显著提升，一般加入反应型的化学交联助剂，吹塑级 ABS/PC 合金主要应用在汽车尾翼等方面。

市场上典型吹塑级 ABS/PC 合金厂商、牌号及特点见表 4-41。

表 4-41 主流吹塑级 ABS/PC 合金厂商、牌号及特点

产品类别	厂　商	牌　号	特　点
吹塑级	SABIC-IP	MC8100	中等耐热，吹塑级
		CE8510	较高耐热，吹塑级
		C3100	高耐热，吹塑级
	BAYER	T65HI	较高耐热，吹塑级
		KU1-1446	较高耐热，可吹塑、电镀
		KU2-1446	较高耐热，可吹塑、电镀
	锦湖日丽	HAC8240B	中等耐热，吹塑级

（5）低 VOC ABS/PC 合金

汽车保有量越来越高，已经成为生活中不可或缺的组成部分。汽车内空气质量是继室内空气质量问题之后的又一个令人关注的重要问题。各个汽车强国纷纷出台了关于汽车内部空气质量的管控标准，如中国国家环境保护部与国家质检总局联合发布《乘用车内空气质量评价指南》GB/T 27630—2011，该标准自 2013 年 3 月 1 日起正式实施；美国环保局要求汽车制造厂所使用的材料必须申报，并必须经过环保部门审查以确保对环境和人体危害程度达到最低点后才能使用，申报者一旦违反规定，将遭到重罚；德国环保署与德国汽车制造学会联合制定了“德国汽车车内环境标准”，规定汽车本身、装在车内的塑料配件、地毯、车顶毡、沙发等必须符合德国“蓝天使”环保标志的要求，车内装饰、座套、胶黏剂等装饰材料含有的苯、甲醛、丙酮、二甲苯等必须低于“德国三级车内环保标准”；日本机动车协会（JAMA）2005 年发布了《小轿车车内空气污染治理指南》，该指南以自主行动计划的形式发布，希望日本主要汽车公司在 2005 年以后新生产的汽车中减少车内空气污染；其他如俄罗斯、韩国等都相继推出了相应的标准。各大汽车主机厂也相应出台了相应的标准，检测在高温下一段时间的 C_5 至 C_{20}（不同主机厂对碳个数的要求不一致，详细可参看对应主机厂标准）的含量，此检测方法针对可挥发有机物含量（VOC）的测定，其核心关注苯及其衍生物、醛类物质的含量。ABS/PC 合金大量用于汽车内饰件制作，其低 VOC 散发也是一个发展方向。

一线主流生产商的 ABS/PC 合金的醛类等的含量，大多符合要求；但苯、甲苯、乙苯、苯乙烯等在合成环节引入的有机物影响很大，如何控制这些小分子物质尤为关键，应该从原材料和加工工艺方面把关。

① 选择小分子含量较低的原材料，其核心技术一般被具备聚合、改性的厂家所拥有。

② 工艺条件。科学的螺杆组合、加工工艺条件的设定及真空度控制，可有效抽出残留和热降解产生的小分子有机物；如此，可有效降低 VOC。主要物质 VOC 改善前后的数据见表 4-42。

一般使用在汽车内饰上的 ABS/PC 合金均要求符合 VOC 散发标准。

表 4-42　ABS/PC 合金的 VOC 改善前后对比

VOC	苯	甲苯	乙苯	苯乙烯	苯酚
改善前/(mg/m^3)	0.12	0.04	2.3	2.2	0.6
改善后/(mg/m^3)	ND	ND	1.1	0.9	0.2

注：此数据来源于锦湖日丽试验数据；ND—未检出。

市场上典型低 VOC 级　ABS/PC 合金厂商、牌号及特点见表 4-43。

表 4-43　典型低 VOC 级 ABS/PC 合金厂商、牌号及特点

产品类别	厂　商	牌　号	特　点
低 VOC 级	SABIC-IP	XCY620	中等耐热，低 VOC
		XCY630	高耐热，低 VOC
	锦湖日丽	K8262	中等耐热，低 VOC
		K8272	高耐热，低 VOC

（6）耐化学品级 ABS/PC 合金

在汽车、家电和日用品领域，越来越多地使用 ABS/PC 合金。而为了满足客户的多种需求(如耐候、美观等)，需对产品进行喷漆。ABS/PC 合金耐化学品差而导致的喷漆后开裂、制件尺寸变形、材料脆化等缺陷限制了材料的应用。

其原因主要是 PC 耐化学品性差。PC 虽含有亚苯基而对酸类、油类和润滑脂类有一定稳定性，但因分子链中含酯基，易吸水，耐化学稳定性差，尤其不耐碱，即便在弱碱性环境中也因皂化而降解；此外，聚碳酸酯分子结构因空间位阻较大，制品残余应力较大，制品受到化学试剂侵蚀后加剧其开裂。在汽车外饰件需要保证与车身漆颜色一致时，所用油漆对材料的化学腐蚀性极强，如何在保证材料物理机械性能的前提下提高其耐化学品性是技术关键，需优选原材料和改性助剂。提高 ABS/PC 合金耐化学品性的常用方法有：

1）选择高丙烯腈含量的 ABS

丙烯腈具备良好的耐化学腐蚀性、耐油性，提高其含量尤为重要。需要指出的是，丙烯腈的含量也不是越高越好，过高会因其共聚物溶解度参数与 PC 差别太大而出现相容性差的问题。

2）添加抗化学品组分

① 结晶性材料(PBT、PA 等)。因其冷却以后具有一定的结晶度，而晶区抵抗化学品侵蚀能力优良。需指出的是，PBT 加入过多会导致材料的耐热性能、冲击强度降低，需注意加入量。添加 PA 类，也是因其高结晶性而具备优异的抗化学试剂侵蚀性。有国外专利[104]报道，加入 5~10 份聚酰胺酯的共聚物(P-6321、P7530)，分别在豆油、10%硫酸和 70%乙酸中放置，其耐化学性和抗环境应力开裂性能改进，效果显著。

② 乙烯类聚合物。有国外专利[105]介绍了一种改进流动性和耐化学品性的 ABS/PC 合金

的制备方法，将具有黏度1500~5000g/mol、T_g>40℃的低分子量乙烯基共聚物加入ABS/PC体系中制备的合金，耐化学品侵蚀；该合金还可以用磷酸酯阻燃，耐热性没有明显降低。

③ 其他类：有国外专利[106]将间同立构聚苯乙烯（等规度>97%）、核壳接枝共聚物、磷酸酯化合物引入聚碳酸酯，以改进其耐化学品和流动性。

耐化学品级ABS/PC合金主要应用于汽车外饰需喷漆制件等。

市场上典型耐化学品ABS/PC合金厂商、牌号及特点见表4-44。

表4-44　典型耐化学品ABS/PC合金厂商、牌号及特点

产品类别	厂　商	牌　号	特　点
耐化学品级	锦湖日丽	HAC8265P	高耐热，耐化学品性
	SABIC-IP	MC8002	高耐热，耐化学品性

（7）抗水解性ABS/PC合金材料

汽车、家电用塑料件因其长期暴露在一定湿度和温度的环境中，选用材料时需考察高温高湿下是否仍能保持很好的性能。ABS/PC合金含有PC，PC中的碳酸酯键对水分比较敏感，容易吸水分解，在高温下即使微量水分也会造成降解，致使树脂变色、分子量急剧下降、制品性能变差。为了改善ABS/PC合金的耐用性，特别是高温高湿环境下耐用性，提高合金抗水解性非常重要。其技术关键是避免水解反应发生或水解后修补。改善ABS/PC合金水解稳定性的方法有：

1）化学改性

第一种方法是化学封端。通过对PC封端来提高水解、热稳定性。端羟基和端羧基对PC水解、热稳定性影响很大，应尽量减少。用苯氧基为端基可提高PC的稳定性。酯交换法生产的PC，因碳酸二苯酯过量可能得到分子链两端多为苯氧基的产物，但必须在反应中采取措施以使端羟基尽量除尽，才能使产品具有良好的稳定性。光气法生产的PC，不封端对水解稳定性影响大。因外加封端剂于合成后的PC效果不佳，往往在合成时完成。对改性厂来说，需选择惰性基团完成PC封端。第二种方法是在合成聚碳酸酯时引入其他嵌段。原GE公司研发的一种新型聚碳酸酯-聚酯碳酸酯，其连续使用温度高达160~170℃，高于普通双酚A型聚碳酸酯（110~120℃）。此外，在双酚A型聚碳酸酯主链上引入醚键也能改进PC的耐热性能。

因化学改性往往在原材料的合成阶段完成，其关键技术只有具备聚合技术的工厂拥有，对大多改性厂家来说可望而不可及，其应用有一定局限性。

2）外加抗水解剂

对大多改性厂家而言，直接有效的办法是外加抗水解剂。具体技术有：

① 矿物填料，如纳米碳酸钙。有国外专利[107]研究了改善ABS/PC合金水解稳定性的方法，通过添加平均粒径小于100nm的非常细粒的碳酸钙，强烈改善合金的抗水解性，而不损害其韧性。

② 内酯稳定剂。通过比较多遍挤出后材料的起始分解温度和降解温度发现：内酯稳定剂对PC的热稳定性有明显的改进[108]。

③ 酯交换抑制剂。需要指出的是，如ABS含有酯类调节剂，即使是很少量，也会与PC发生酯交换反应。ABS残留的金属离子会对酯交换反应起催化作用。所以加入合适的酯交

换抑制剂，能抑制酯交换反应，从而起对热、水解稳定的作用。

④ 其他水解稳定剂，如六亚甲基四胺(HMTA)。有国外专利[109]研究了改善PC外观、提高水解稳定性的方法。通过加入少量HMTA和亚磷酸盐复配体系(两者比例99/1，添加量0.01%~0.3%)来提高合金水解稳定性(用GPC测定分子量验证)，效果明显。

3) 控制PC分子量及其分布

一般认为，为提高PC稳定性，应适当提高其平均分子量和减小分子量分布宽度，特别是分子量低于1.1×10^4g/mol部分应尽量少。因为分子量越大，羟端基及羧端基含量越低，活性越弱；分子量分布越窄，低分子量PC的端羟基及端羧基含量降低。

4) 优选ABS材料

实现ABS/PC合金的性能稳定，选择ABS尤其关键。常规ABS没有经过特殊处理，其残留的乳化剂或引发剂等可能会促使PC降解，从而使合金材料的性能劣化。所以，在ABS合成阶段有效对这些残留助剂脱挥意义重大，直接关乎材料的性能稳定。不同ABS制备的ABS/PC合金经多次挤出后，测试其冲击强度[110]，见表4-45；试验前后性能保持情况见图4-77、图4-78。

表4-45　ABS/PC合金制备配方设计

配　方	PC/ABS-1	PC/ABS-2	PC/ABS-new
PC高黏度	65	65	65
ABS普通高胶粉	16	—	—
ABS特殊高胶粉	—	—	16
SAN极低黏度	16	—	16
ABS	—	32	—
相容剂	3	3	3

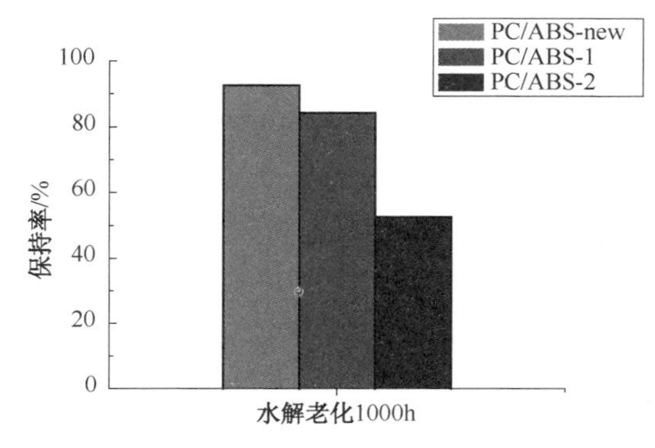

图4-77　90℃、95%RH水解并老化1000h后PC分子量保持率

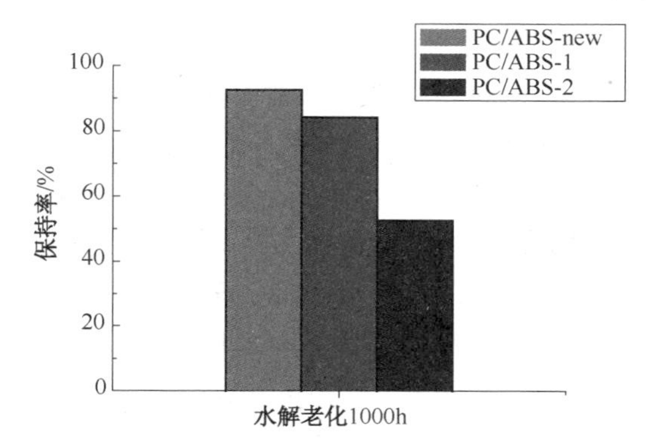

图4-78　90℃、95%RH水解并老化1000h后，23℃冲击强度保持率

从表4-44可以看出，选择不同ABS基料，在长时间高温高湿条件下性能保持情况差别很大，经特殊处理的ABS优势明显。

市场上典型抗水解级ABS/PC合金厂商、牌号及特点见表4-46。

表 4-46　市场上典型抗水解级 ABS/PC 合金厂商、牌号及特点

产品类别	厂　商	牌　号	特　点
抗水解级	SABIC-IP	XCY620	抗水解
	锦湖日丽	K8262	中等耐热，抗水解
		K8272	高耐热，抗水解

（8）表面高性能化 ABS/PC 合金

随着对节能环保关注度的提高，对 ABS/PC 合金表面要求越来越高。比如制件的高、低表面光泽和耐刮擦性，以前是通过表面喷涂高光漆、哑光漆和高表面硬度漆等二次加工完成的，但增加了喷涂等工序，造成环境和空气的污染，且随着汽车 ELV 法令的出台，需要将更多的热塑性塑料直接进行回收处理，而喷漆后的制件再利用很困难，导致产品成本上升。基于上述原因，开发表面高性能化的 ABS/PC 合金成为行业热点，而表面高性能化 ABS/PC 合金的突出特征是无需经过二次加工环节即可满足其使用的功能化需求。

1）低光泽 ABS/PC 合金

汽车内饰制件一般要求材料低光泽，这样有利于减少驾驶员的视觉疲劳，从而提高驾驶安全性。ABS/PC 合金由于其优异物理机械性能受到选材工程师的青睐，而通用 ABS/PC 合金其表面光泽良好，如实现表面低光泽并保持其原有性能是技术关键。

将 ABS/PC 合金实现低光泽的技术手段有复制模具皮纹效果、材料改性，改性技术途径有：

① 高分子量交联。按实现方式可分物理方法和化学交联方法。物理方法如：在体系中添加与材料本身相容性差、熔点高的助剂，挤出造粒后制品表面有微胶囊化的凹凸，从而降低制品的表面光泽。在整个过程中不发生化学变化。化学方法如：在体系中添加的助剂与 PC 基体发生化学交联反应，形成微凝胶，挤出造粒后这些微凝胶在制品表面形成凹凸，实现表面的低光泽。前者的关键技术是合成合适的哑光剂，在具有聚合技术背景的改性公司能掌握其核心技术。后者的关键技术是控制其交联程度，以保证材料的物理机械性能不至于产生大幅变化，交联助剂的选择、添加量、加工温度和反应时间是最需要关注的因素。

② 矿物填充。矿物的添加会使材料的表面光泽下降，如滑石粉、硅灰石、碳酸钙等。但需注意的是这些物质的添加常常对材料的韧性影响较大，在材料设计时需弥补这个缺点。

③ 提高材料的流动性。高的流动性可改善材料模具复制效果，前提是需保证模具具有良好的皮纹效果。

低光泽 ABS/PC 合金主要使用在汽车内饰仪表盘外装饰件，如方向盘机座、杯托骨架、手套箱面板、副仪表板壳体和内后视镜壳体。上海大众朗逸车型内饰大量使用了低光泽材料。

市场上典型低光泽 ABS/PC 合金厂商、牌号及特点见表 4-47。

表 4-47　市场上典型低光泽 ABS/PC 合金厂商、牌号及特点

产品类别	厂　商	牌　号	特　点
低光泽级	SABIC-IP	LG9000	中等耐热，低光泽
	锦湖日丽	HAC8250Z	中等耐热，低光泽
		HAC8260Z	高耐热，低光泽

2）高光泽 ABS/PC 合金

现在汽车设计越来越追求个性化，集中在光线不易照射的地方采用高光泽 ABS/PC 合

金，最具代表性的颜色就是钢琴黑和钢琴白。但是这两种颜色效果喷漆成本高、良品率极低，开发直接成型即可达到这两种颜色效果的材料成为一种新的发展方向。

众所周知，钢琴黑和钢琴白其实是代表了最高的两种效果，其难点主要在于配色技术、材料配方设计染色性的一致和色粉分散。

① 配色技术。色粉的选择，如粒径、易分散性、着色率、酸碱性的控制和浓度的确定等尤为重要；不同色粉配合时不能有化学对抗效应。

② 材料配方设计。材料着色力、表面和底色效果(受制于材料橡胶选择、流动性等因素)、染色一致性等都直接影响最终效果的实现。

③ 色粉分散。保证色粉的均匀分散是非常重要的，如出现团聚会使表面出现缺陷(如麻点)。

以上技术综合，才能实现良好的颜色表达和无麻点高光效果。

钢琴黑和钢琴白技术还不常用，产品主要应用在音响面板、内饰饰条等。上汽商用车MG3 创新使用了钢琴白高光设计。

市场上典型高光泽 ABS/PC 合金厂商、牌号及特点见表 4-48。

表 4-48 市场上典型高光泽 ABS/PC 合金厂商、牌号及特点

产品类别	厂　商	牌　号	特　点
高光级	锦湖日丽	HAC8260G	高耐热，高光泽

(9) 抗静电 ABS/PC 合金

由于塑料件二次加工(如涂装)越来越高的要求和电子、电器及微电子技术的飞速发展，因静电所导致的制程不良和材料破坏等问题增多，影响日益严重。为了解决这些问题，要求材料具有优异的导电性或抗静电性。特别是永久型抗静电 ABS/PC 合金的开发一直不是很成熟，主要问题是永久型抗静电剂的开发还不成熟。有国外专利[111]使用特殊聚亚烷基醚制作抗静电 PC/ABS 模塑组合物。所使用的聚亚烷基醚可以形成自由基，从而增加抗静电的效率，但实际应用后发现聚亚烷基醚对 PC 有催化降解作用，影响材料的性能。抗静电 ABS/PC 合金技术关键是抗静电剂的选择和通过配方设计弱化抗静电剂带来的负面影响。

① 抗静电剂的选择。可选择小分子迁移型、高分子永久型(如醚酯酰胺类)等来实现抗静电的效果。

② 配方设计。抗静电剂加入对材料的物性影响很大，如市场上较为常用的醚酯酰胺类抗静电剂，它的引入会使材料的冲击强度和耐热大幅下降，这时需要合理设计基材配方以保证应用需要。

目前在汽车内饰件上尝试应用抗静电 ABS/PC 合金，也可做眼镜盒等。

锦湖日丽抗静电 PC/ABS 合金 AHSC7079V 静电耗散结果见图 4-79、图 4-80。从图中可以看出其抗静电效果优异。

市场上典型抗静电级 ABS/PC 合金厂商、牌号及特点见表 4-49。

表 4-49 市场上典型抗静电级 ABS/PC 合金厂商、牌号及特点

产品类别	厂　商	牌　号	特　点
抗静电级	Schulman	WR5 UV CA	高耐热，抗静电
	锦湖日丽	HSC7079V	高耐热，抗静电

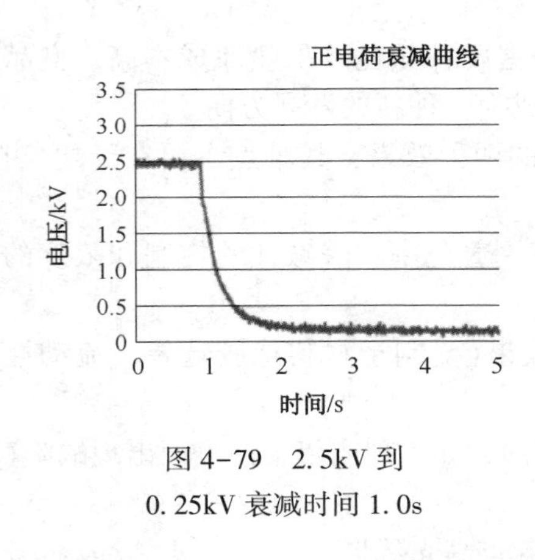

图 4-79　2. 5kV 到 0. 25kV 衰减时间 1. 0s

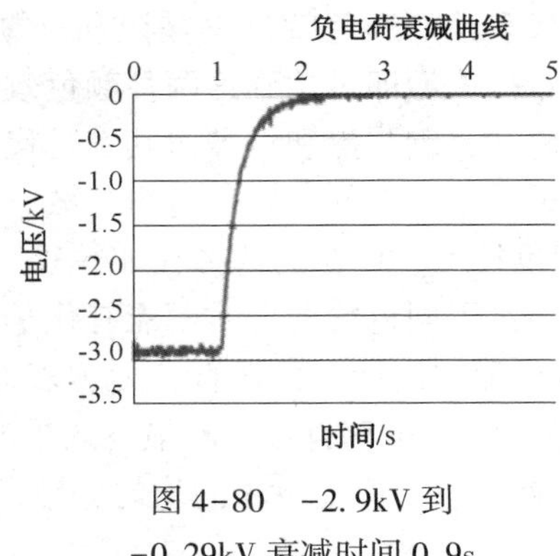

图 4-80　-2. 9kV 到 -0. 29kV 衰减时间 0. 9s

（10）薄壁高强度 ABS/PC 合金材料

轻量化是汽车发展的方向之一。轻量化由三个途径实现：以塑代钢、选用轻质材料和薄壁化。其中薄壁化是经常采用的技术手段。但是汽车安全性要求极高，这就决定了薄壁化不是简单地使制品厚度减薄，而是薄壁化的同时保证制品的结构强度。薄壁化对材料提出了高流动、高强度和高热稳定性等要求。

简单降低基材分子量，使其流动性提高，是最不可取的技术手段。如何保证高流动、高强度和高热稳定性三者平衡是其技术关键。

单独改善某参数是容易实现的，其中平衡高强度性能是最大的难点。这需要对原理的精准把握和大量实验积累，开发思路是保证高强度的情况下，平衡流动性和热稳定性。高强度不仅指高冲击和高机械强度，还包括熔接线强度、多轴冲击强度和高速拉伸性能。其体系的微观相态的分散尺度控制是核心技术，如何使橡胶的分散达到纳米尺度、是否形成双连续结构是关键因子。采用这种思路才可实现以上三个指标的平衡。

薄壁高性能 ABS/PC 合金可能使用在汽车的多个部位上。

市场上薄壁高性能级 ABS/PC 合金厂商、牌号及特点见表 4-50。

表 4-50　市场上典型薄壁高性能级 ABS/PC 合金厂商、牌号及特点

产品类别	厂　商	牌　号	特　点
薄壁高性能	SABIC-IP	XCY620	中等耐热，薄壁高性能
		XCY630	高耐热，薄壁高性能
	BAYER	T65XF	中等耐热，薄壁高性能
		T65XF	高耐热，薄壁高性能
	锦湖日丽	K8262	中等耐热，薄壁高性能
		K8272	高耐热，薄壁高性能

以上论述为 ABS/PC 合金高性能化及其发展趋势提出了研究方向，但在实际使用时往往要求一个或几个技术综合应用，不可孤立分开，这一点在材料设计时应务必注意。

（11）无卤阻燃 ABS/PC 合金

ABS/PC 合金，自 20 世纪 70 年代国外一些大公司完成研发、实现商品化后，已在家用电器、通信工具、汽车制造等行业得到广泛应用。随着科学技术发展对材料性能要求的提高，近年来，此类合金的研制有了长足的进步。随着产品的日益繁多，许多产品要求在苛刻条件下仍能很好地使用，这就要求材料具有优良的阻燃、抗冲击及耐热性能。普通 ABS/PC 合金难以达到上述要求。阻燃 ABS/PC 合金主要用于家电产品和办公设备，产品种类繁多，对材料要求日益苛刻。出于对环保低碳的考虑，行业内陆续出台了 Rohs 和 Reach 法规，限制了一些对人体有危害的化学物质的使用，相当高程度地屏蔽了含卤阻燃剂的使用；2004 年美国出台了电子产品环境影响评估工具认证(Electronic Product Environmental Assessment Tool，简称 EPEAT)，提倡消费后材料的再生利用；另追随设计师的唯美理念，人们越来越崇尚高光表面效果、轻量化和超薄设计。基于上述分析，高性能化无卤阻燃 ABS/PC 合金的开发成为 ABS/PC 合金类产品的一个发展趋势。笔者结合对一些大的家电厂商的技术关注点和对行业的了解，认为高光泽、薄壁、高刚和循环利用(Recycled)是高性能化的具体的三个发展方向。

1）高光泽无卤阻燃 ABS/PC 合金

如果材料注塑毛坯件具有良好的表面光泽，可省去二次喷涂工序，材料可二次回收，既符合环保化设计，又节约了材料成本，会在家电领域的应用越来越广泛。

近年来，针对阻燃材料的高光改性成为研究热点，高光泽阻燃 PC/ABS 合金，因其优异的机械性能和免喷涂特性而备受市场关注。一些高档产品为突出其卖点，也往往首选高光泽阻燃 PC/ABS 合金。

影响无卤阻燃 ABS/PC 合金的高光泽的技术关键因素有：

① 适当提高基材的流动性。关键是选择合适的基材和改性助剂，需兼顾材料整体性能的平衡。

② 控制橡胶粒径。保证性能的同时，宜选择小粒径橡胶。

③ 优选防滴落剂。一般为提高阻燃效果，避免材料燃烧时火团滴落，会加入少量的 PTFE。但 PTFE 在合金中纤维化，注塑制件后易分散在表面产生银丝，需对 PTFE 进行选择，一般选用包覆型的 PTFE。

④ 提高材料的热稳定性，如添加热稳定剂等。但要避免小分子迁移影响制品表面光泽。

⑤ 选用适当工艺。如最新 Heat-Cool 技术，通过控制模具快速升温、降温来提升产品的表面品质，在夏普、海尔等家电厂使用获得良好的效果。此外，通过改变模具设计、成型加工工艺来改进产品的表面光泽。

按以上关键因素考虑，才能够设计出高光泽无卤阻燃 ABS/PC 合金。

此外，高光泽无卤阻燃 ABS/PC 合金一次成型制件与喷涂制件的耐刮擦性存在一定差距，用拭物擦拭后会出现刮花现象，影响外观，尤其是在高黑度情况下刮痕对比更明显。为此，提高高光泽无卤阻燃 ABS/PC 合金的耐刮擦性成为最新研究方向。技术路线有两种：

第一种方法是提高合金基体的铅笔硬度，一般是在合成或共混阶段引入高硬度的嵌段或助剂，从而使合金抗刮擦。具体的技术手段有：

① 加入高硬度的 PMMA。PMMA 和 PC 的折射率差别较大，会出现珠光现象，如不能很好地解决相容性问题，无法消除此光学差异；此外，PMMA 的引入使阻燃变得困难，需注意添加量；经过添加特种相容剂，如甲基丙烯酸缩水甘油酯或马来酸酐与橡胶的接枝共聚物可显著改善其相容性[112]。

② 加入高硬度 PC。如原 GE 公司的 DMBPC-PC，其中第一聚碳酸酯的第一碳酸酯单元为具有如下结构的烷基取代的环己叉桥连接的碳酸酯单元：

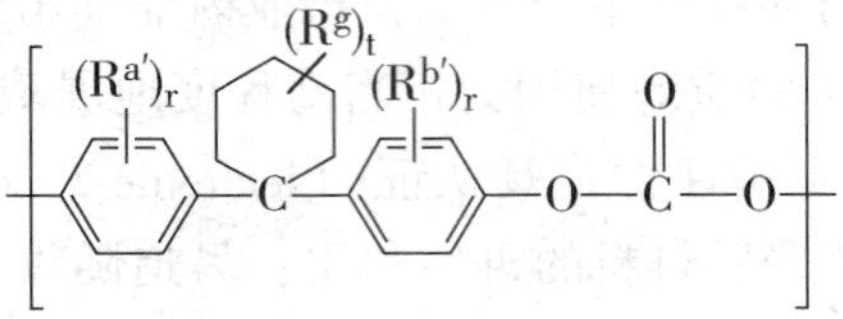

$$\left[-\underset{(R^{a'})_r}{\text{C}_6\text{H}_4}-\underset{\text{cyclohexylidene}-(R^g)_t}{C}-\underset{(R^{b'})_r}{\text{C}_6\text{H}_4}-O-\overset{O}{\overset{\|}{C}}-O- \right]$$

但其原材料成本高，也一定程度限制了其应用[113]。

③ 加入 PMMA-PC 改性材料。如 CHEIL 公司就是利用该技术。

第二种方法是设法降低合金制品表面的摩擦系数，使制件表面不易被刮花，一般是添加摩擦系数低的助剂使基体摩擦系数降低，从而起耐磨作用。虽然原材料供应商配合改性厂在这方面做了大量试验研究，但效果均不理想，暴露的问题是铅笔硬度提升和摩擦系数降低幅度有限、有发花和发雾等现象。所以，这一块的开发仍处于技术探索阶段，远未到规模化应用的阶段。

高光阻燃 ABS/PC 合金在家电领域应用已经是趋势，大部分 LCD 或 LED TV 的前框都用此类材料，值得一提的是，其中“黑又亮”效果成为产品的一大亮点。

2）薄壁高强度无卤阻燃 ABS/PC 合金

以上内容提及轻量化是汽车发展的重要方向之一，同样轻量化和个性化也是家电和办公行业的一个发展趋势。在无卤阻燃 ABS/PC 合金材料里，薄壁高强度对材料提出了高流动和高热稳定性要求。

其体系的微观相态的分散尺度控制是核心技术，如何使橡胶的分散达到纳米尺度、是否形成双连续结构是关键因子。目标实现的核心关键是技术人员对原材料、增强助剂、热稳定剂的选择及螺杆组合设计、挤出工艺的控制、评价手段的建立等因素的综合把握，这需要技术人员做大量的试验研究分析。

3）Recycled 无卤阻燃 ABS/PC 合金

当前，国家倡导发展循环经济、建设节约型社会以及促进再生资源综合利用，环保低碳已经成为一个重要的经济趋势。2004 年美国针对电子产品出台 EPEAT 认证。目前 EPEAT 仅适用于台式电脑、手提电脑和电脑显示器等产品，正在着手制定电视产品以及影像设备产品的 IEEE 标准，并将逐渐扩展到白色家电产品领域。随着这些政策和法规的出台，各大家电和办公企业选材思路发生改变，一些知名的家电和办公行业巨头如联想、柯尼卡-美能达纷纷出台了自己的选材标准。消费后材料（Post Consumer Recycled Materials，简称 PCR）因其经过一次甚至多次热历史或长时间风化等因素的影响，性能比新材料下降很多。因此，如何使其性能提升或降低其在体系中负面影响是技术关键。

采用反应挤出技术，在加工过程中加入特种反应型助剂，如分子链修补剂，使断裂的分子重新连接或交联，从而恢复其原有的性能。关键技术是反应型助剂的选择、反应挤出时螺杆组合和工艺设计，这些需要做大量的试验探索。值得一提的是，日之升精细化工公司生产的 SAG 系列产品在 PCR 材料的回收利用上受到好评。

目前，该材料已经在打印机和复印机等办公产品中获得应用。其典型案例是柯尼卡-美能达在打印机和复印机壳体率先使用 Recycled 无卤阻燃 ABS/PC 合金材料。

一线品牌阻燃 ABS/PC 合金厂商、牌号、特点及应用见表 4-51。

表 4-51　主要阻燃 ABS/PC 合金厂商、牌号、特点及应用

类型	产品类别	厂商	牌号	特点	应用
无卤阻燃	ABS/PC 合金	SABIC	CY6120	薄壁	液晶显示器外壳、办公设备外壳、手机外壳等
			C6840	高流动	
			C6310/C6410	高耐热	
			C6600	抗水解	
		BAYER	FR-3005HF	高流动	
			FR3010	高耐热	
		锦湖日丽	HAC8250NH	超高流动	
			HAC8250NH(M)	高流动、高耐热	
			HAC8250NH(H)	高耐热	
			HAC8290NH	超高耐热	
			HAC8251NH	Recycled 级	
		金发科技	JH960-6100	高流动	
			JH960-6300/6800/6200	薄壁	
			JH960-6111	耐热	
			JH960-HT10/11/12	高耐热	

4.2.2　ABS/聚酯合金

4.2.2.1　ABS/聚酯合金概述

聚对苯二甲酸丁二酯(PBT)，最早由德国科学家 P. Schlack 于 1942 年研制而成，之后美国赛拉尼斯(Celanese)公司(现为 Ticona)进行工业开发，并以 Celanex 商品名上市。从 PBT 分子结构(图 4-81)看，其大分子为线型结构，结构规整，重复结构单元中有活动困难的苯环和极性的酯基，由于苯环和酯基间形成了一个共轭体系，使分子刚性较大，减小了分子链的柔曲性、溶解性和吸水性。极性酯基、羰基的存在增大了分子间作用力，使分子间靠得紧密，分子链刚性加强。酯基使 PBT 易于水解而发生断裂，从而影响其性能。PBT 具有明显的熔点，熔点为 225~235℃，是结晶型材料，结晶度可达 40%，熔体的黏度受温度的影响不如剪切应力那么大，因此，在注塑中，注射压力对 PBT 熔体流动性影响是明显的。PBT 在熔融状态下流动性好，黏度低，仅次于尼龙，在成型时易发生“流延”现象，成型制品呈各向异性，在高温下遇水易降解。

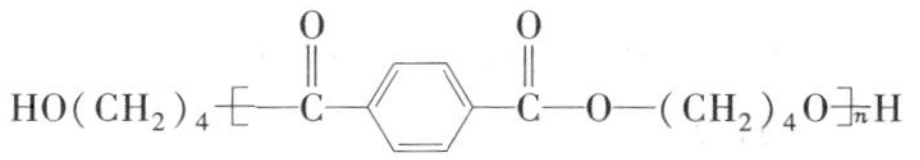

$$HO(CH_2)_4\text{-}\!\!\left[\!-\overset{O}{\overset{\|}{C}}-C_6H_4-\overset{O}{\overset{\|}{C}}-O-(CH_2)_4O-\right]_n\!H$$

图 4-81　PBT 分子结构

众所周知，PBT 具有结晶速度快、吸水率低、电气性能优异且随温度湿度变化小、耐候性好、耐化学药品性优异、力学性能优良、摩擦性能优异、成型加工性良好、成型周期短等优点，因而广泛应用于汽车、电子电气、仪表仪器、照明用具、家电、纺织、机械和通信等领域。但是，PBT 也有一些缺点，如对缺口敏感，缺口冲击强度低，高载荷下热变形温度低，高温下刚性差，结晶收缩率大，尺寸稳定性差。虽经增强后可改善收缩率，但容易发生翘曲，同时使无缺口冲击强度下降，这些缺点限制了它的应用[114]。而ABS树脂不仅具有韧、硬、刚均衡的力学性能，而且具有较好的尺寸稳定性、表面光泽度、耐低温性、着色加工性和加工流动性，广泛用于工程塑料的冲击改性。ABS/PBT合金充分利用了ABS的非结晶性和PBT的结晶性，将其共混后能大幅度提高PBT的室温冲击强度，降低脆韧转变温度，同时使共混合金具有优良的成型性、尺寸稳定性和耐化学药品性能，不仅能进一步改善其力学性能，而且克服了由二元共混物相形态结构不稳定带来的共混物合金性能对加工条件依赖程度较大的缺点，改善了共混物的加工性能，是一类性能非常优良的工程塑料合金。

因PET结晶性差和加工窗口较窄，研究开发ABS/PBT合金者较多，其技术也较为完善，所以本节主要介绍ABS/PBT合金，其他ABS/聚酯合金中，只简要叙述ABS/Recycled PET合金材料。

4.2.2.2 ABS/PBT合金共混技术关键

ABS与PBT在热力学上是不相容体系，两者共混改性的技术关键是如何改善两者的相容性，实现产品的高性能化。

（1）ABS/PBT的相容性及相态结构[115~120]

PBT与ABS相容性不佳，ABS结构特性对PBT/ABS共混物性能影响会非常大，其接枝率对PBT/ABS共混物影响有两个方面：其一是过低的接枝率导致ABS橡胶相不能被SAN充分覆盖，共混时ABS在PBT基体中发生聚集；其二是接枝率降低，接枝SAN分子量下降，PBT基体与SAN之间的缠解密度降低，界面强度下降。二者共同作用导致PBT/ABS合金较低的冲击强度。ABS是两相体系，PB是橡胶相，SAN是基体，因此SAN与PBT之间的相互作用是决定PBT与SAN相容性的重要因素。PBT与SAN之间的相互作用受AN含量的影响。研究表明，当AN含量为0时，ABS不能均匀分布在PBT中，PBT/ABS共混物以脆性方式断裂；引入AN后，材料以韧性方式断裂，但进一步增加AN含量对共混物冲击强度影响不大。在不考虑粒径等其他因素时，ABS核壳比对PBT/ABS共混物影响表现在，当PB/SAN核壳比高于60/40时，壳层过薄，导致ABS发生聚集，PBT/ABS合金冲击强度低；PB/SAN核壳比低于50/50时，过厚的壳层含量同样会导致ABS的聚集。

其实，ABS/PBT合金的加工窗口相当窄，合金的形态结构不稳定，在较低应力加工条件下容易出现由于相合并带来的相增长现象，这相应地会对共混物的性能产生不良的影响，对PBT/ABS二元体系进行增容显得尤为重要。由于环氧基团能与PBT中的端羧基和端羟基发生反应，因此，含环氧官能团的聚合物能有效增容PBT/ABS共混体系，不仅使共混物的性能得到大幅度的提高，而且相分散更均匀，共混物形态结构更稳定，加工窗口更宽，更有利于得到性能稳定的共混物材料。

（2）ABS/PBT合金的增容改性

ABS/PBT是一个不相容的体系，简单地将ABS/PBT直接共混会出现分层、起皮的现象，所得产品性能较差。因此，ABS/PBT合金制备的关键之一便是选择合适的相容剂。

1）ABS/PBT/MGE三元共混增容体系[121]

目前研究报道最多的增容剂是甲基丙烯酸甲酯（MMA）-甲基丙烯酸缩水甘油酯（GMA）-丙烯酸乙酯（EA）三元共聚物（MGE），其中GMA提供反应增容的环氧官能团，少量的EA是为了防止开链，不影响共聚物与ABS中SAN的相容性。图4-82反映了ABS/PBT/MGE共混体系的组成形态，其中PBT为连续相，由SAN和SAN接枝的交联丁二烯橡胶粒子组成的ABS构成了体系的分散相。反应增容剂MGE中的MMA与ABS中的SAN相容，同时在两相界面上增容剂中的环氧单元与 PBT 的羧基或羟基发生反应生成 PBT-g-MGE 接枝共聚物。这种接枝共聚物在两组分间增强了其界面相容性，更为重要的是它减小了界面张力和起到了空间稳定的作用，阻止了 ABS 分散相粒子的相互碰撞，进而抑制了相合并的发生，这些作用都使共混体系中分散相的破裂和合并两过程间的平衡朝产生更好的相分散和更稳定的相形态结构的方向移动，从而改善了共混物的加工性能，使加工范围变宽，减小了共混物性能对加工条件的依赖程度，并进一步改善了其性能。此外，接枝反应增加了共混物的黏度，有助于 ABS 的分散，不过相应地会给加工带来一些难度。

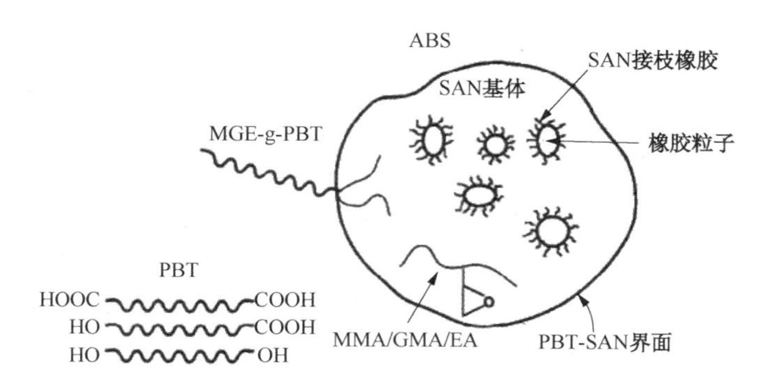

图 4-82 MGE 增容 PBT/ABS 共混示意

MGE 的加入能明显改善 PBT/ABS 共混物的室温及低温冲击性能。从表 4-52 可以看出，MGE 加入使 PBT/ABS 共混物的室温冲击强度提高了 100~200J/m，脆韧转变温度降低了 20~40℃。研究表明，适量 GMA(在增容剂中的含量大于 5%)和少量的增容剂(共混物中含量小于 5%)可显著改善共混物的相分散状态，使共混物的脆韧转变温度显著降低，但却伴随着室温冲击强度损失 10%~15%。研究认为，是由于来自乳液法制备的 ABS 中的剩余酸催化了环氧官能团的交联反应，通过适当调整共混加工顺序可以消除这一影响。如在第二步挤出加入 ABS 之前，先将 PBT 与 MGE 共混，使 PBT 与增容剂中环氧官能团的接枝反应优先发生，从而使环氧优先用于生成对共混体系起增容作用的接枝共聚物，并抑制其交联反应的发生。进一步增加环氧含量，分散相粒子几乎不再减小。由于 PBT 的双官能团的特点，一些 PBT 链两端都有羧基，都能与环氧反应发生交联，限制了进一步分散的可能性。低温冲击性能改善幅度也很小，不过室温冲击强度上升。同时共混体系黏度也呈现较大幅度的增加，给加工带来了不利的影响。增容对共混物的拉伸性能影响较小。

表 4-52 PBT/ABS/MGE(70/30/X)共混物的冲击强度

ABS 型号	室温缺口冲击强度/(J/m)	
	$X=0$	$X=5$
ABS-38	596	670
ABS-45	760	500
ABS-50	711	550

2) ABS/PBT/GMA 三元共混增容体系[122]

由于 ABS-g-GMA 中 GMA 的环氧官能团可以与 PBT 端基发生化学反应，生成 ABS-g-PBT共聚物，从而提高了 PBT 与 ABS 之间的界面强度，因此 ABS 可以在 PBT 中均匀、稳定分散，实现对 PBT 的增韧。表 4-53 是 ABS、相容剂 ABS-g-GMA 中 GMA 含量及粒径。

表 4-53　ABS、相容剂 ABS-g-GMA 中 GMA 含量及粒径

样品名称	GMA 含量/%	ABS 粒径/μm
ABS	0	0.37
ABS-g-GMA1	1	0.40
ABS-g-GMA3	3	0.41
ABS-g-GMA5	5	0.43
ABS-g-GMA8	8	0.42

对于 PBT/ABS-g-GMA 共混体系表现出的形态特征，可以用两种不同的化学反应解释，反应示意如图 4-83 所示。反应 1、2 属于增容反应，该反应发生在 PBT 的端羧基、端羟基与 ABS-g-GMA 中环氧基团之间，生成 ABS-g-PBT 接枝物起到增容作用。ABS 的分散形态证实了该类反应的存在。反应 3、4 属于交联反应，反应 3 是 ABS-g-PBT 中侧羟基与ABS-g-GMA 之间的交联反应；反应 4 是 PBT 的双官能团特性所致。交联反应的程度与体系中 GMA 的含量有很大关系，GMA 含量越高，交联反应越剧烈。交联反应导致体系黏度上升，分散相不易分散，形成大的交联相区尺寸。

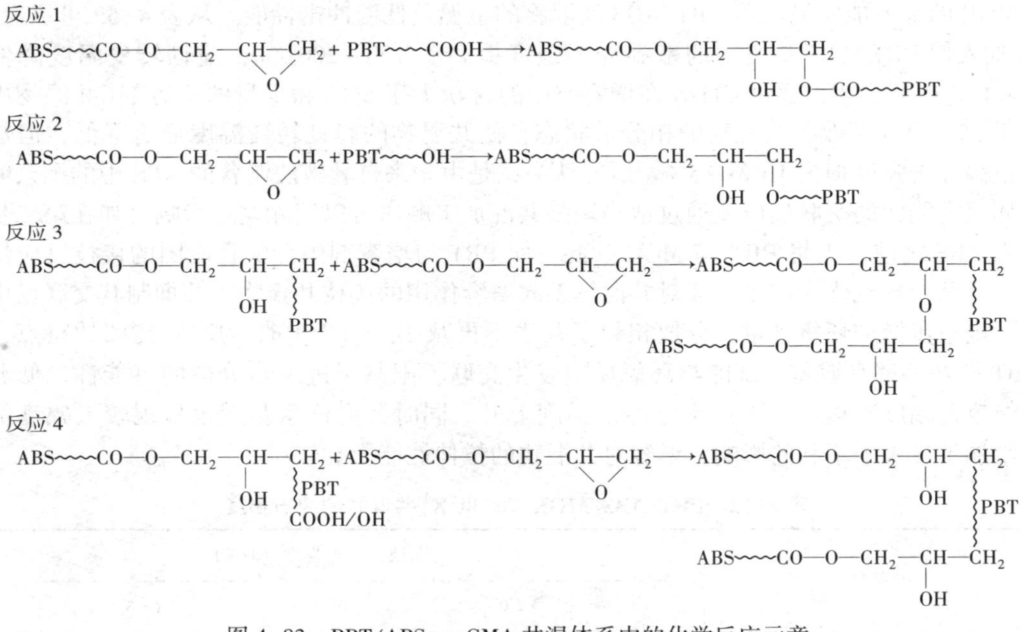

图 4-83　PBT/ABS-g-GMA 共混体系中的化学反应示意

3）SAG 增容

三元增容剂，即苯乙烯-丙烯腈-甲基丙烯酸缩水甘油酯（SAG）共聚物，本身不能直接对 PBT/ABS 共混物进行增容。与 MGE 增容机理相同，同样是 SAG 中环氧官能团与 PBT 中的羧基或羟基反应生成接枝聚合物 SAG-g-PBT 才能起增容作用。其中 SAG 中 SA 链段部分 S/A 单体比应与 ABS 中 S/A 单体比相匹配。虽然接枝带来了共混体系性能的改善，但过度接枝会对增容剂上的 SA 链段起屏蔽作用，反而降低了增容的效果，并使共混体系黏度大幅度增加。SA 增容能较好地解决 PBT/ABS 共混物在挤出加工中遇到的如出口膨胀和熔体破裂等问题。对该增容体系值得注意的一点是，只有当 SAG 和催化剂(乙基三苯基溴化磷)同时并用时才能得到良好的改性效果[123]。研究表明[124]在 ABS/PBT 共混体系中加入增容剂 SAG 进行反应性共混可以提高 PBT/ABS 共混物的冲击强度，少量的 SAG 就可以使共混体系的冲击韧性大幅提高，冲击强度高达 800J/m 以上，PBT 基体中 ABS 相的尺寸明显变小，分散更加均匀、稳定。加入少量的(质量分数小于 5%)SAG，混合物的冲击强度得到了显著的提高，而过多地增加 SAG 的用量，冲击强度反而降低。

4）ABS/PBT/SMA 三元共混增容体系

苯乙烯-马来酸酐共聚物(SMA)也可以作为 ABS/PBT 的增容剂，经研究[125]发现加入反应性相容剂 SMA 后，PBT 分散相尺寸变小且均匀地分散于 ABS 中，显著改善了 ABS/PBT 共混物的冲击强度、拉伸性能。SMA 先与 ABS 共混再与 PBT 共混，共混物的分散相尺寸最小、分布最均匀，优于 SMA 先与 PBT 共混再与 ABS 共混的方法。

4.2.2.3　ABS/聚酯合金的高性能化

ABS 与 PBT 制备成合金可以综合两种材料的优良性能，提高 ABS 的耐化学品性、耐热性、拉伸强度、加工流动性，降低 PBT 的应用成本，提高抗冲击强度等。其中影响 PBT/ABS 合金性能的因素很多，合金形态及物理机械性能受化学、物理变化以及加工条件等诸多因素的综合影响，通过分子设计可以制备出性能各异的 ABS/PBT 合金。

(1) 超韧 ABS/PBT 合金

超韧 ABS/PBT 合金在汽车保险杠有典型的应用，可解决目前保险杠生产的诸多问题。目前无论是国外的还是国内的保险杠材料，主要还是以聚丙烯加弹性体与矿物的复合材料，在后续加工方面存在许多功能不足。其中典型性问题是：聚丙烯为基材的保险杠表面活性低，与油漆亲和力差，保险杠在喷涂之前必须经过火焰处理程序，若火焰处理工艺不当，则整批涂装保险杠将报废。聚丙烯基材的保险杠耐热性不高，热膨胀系数高，处理前后尺寸变化大，而造成保险杠在使用过程中由于温度的变化而尺寸发生变化，导致保险杠变形和产生内应力，易引起保险杠的松脱或破坏。而超韧的 PBT/ABS 合金[126]则可以解决这些问题。其表面活性高，与油漆的结合力强，不需要经过火焰处理直接进行喷涂；热膨胀系数低，不会因温度大幅度变化引起明显的变形，不易产生松脱或破坏；耐热温度高，可以适当提高烘烤温度，烘烤时间短，生产效率高。也可以根据实际情况进行免喷涂配色，达到塑料部件与金属部件同等的颜色效果，省略配色加工工艺。

提高 PBT/ABS 合金韧性的技术关键是：

① PBT 与 ABS 的相容性。超韧 PBT/ABS 合金的核心问题是 PBT/ABS 的相容性，本节前半部分已经对相容性做了论述，这里不再重复。

② 添加高分子热塑性弹性体作为增韧剂。目前超韧 PBT/ABS 合金的研究，通常采用 ABS 和一些热塑性弹性体来增韧 PBT，但同时会导致材料的拉伸强度、弯曲强度和弯曲模量大幅下降；另外由于相容性的问题，当添加量一旦超过一定的范围，就会使材料出现分层、脱皮现象。

弹性体不但要与 ABS/PBT 体系有较好的相容性，使之与相容剂组合起协同增韧效果，而且还要减少拉伸强度等性能的损失，从而达到优化材料性能的目的。有文献指出，如果体系中加入低分子增韧剂，虽然能提高材料韧性，但是也过多地降低材料的其他性能；而加入高分子弹性体，如丁腈橡胶(NBR)、热塑性聚氨酯弹性体(TPU)、乙烯-戊二烯-丁二烯共聚物(SEBS)、三元乙丙橡胶(EPDM)等，在保持其维卡软化点达到要求的同时，能提高材料的韧性，又不明显降低材料的其他性能。NBR是由丁二烯与丙烯腈共聚得到的一种极性弹性体，其极性随丙烯腈的含量的增加而加强。NBR与PBT的相容性较好，同时又与ABS极性、分子结构、溶解度参数相近，所以NBR是ABS/PBT合金体系较好的增韧剂。热塑性聚氨酯(TPU)是多嵌段共聚物，硬段由二异氰酸酯与扩链剂反应生成，它提供有效的交联功能；软段由二异氰酸酯与聚乙二醇反应生成，它提供拉伸性和低温韧性。所以TPU既有橡胶的高弹性，又有良好的流动性，且TPU与ABS的相容性很好，因而TPU可用于ABS/PBT合金体系的增韧。研究表明：NBR、TPU的加入量为5~15份时效果最佳，对材料的冲击强度和耐磨性有显著的改进。此外，其他的弹性体，如SEBS、EPDM等其增韧机理与NBR、TPU基本相似，加入ABS/PBT合金体系中，也能起到良好的增韧效果，从而优化材料的性能。

市场上典型超韧ABS/PBT合金厂商、牌号及特点见表4-54。

表4-54　市场上典型超韧ABS/PBT合金厂商、牌号及特点

产品类别	厂　商	牌　号	特　点
超韧ABS/PBT合金	锦湖日丽	HAB8740	超韧级

(2) 玻纤增强ABS/聚酯合金

汽车材料的发展日新月异，传统的玻纤增强聚酯材料尺寸稳定性不佳且易翘曲，刚性有余而韧性不足，且耐候性差，采用新技术的ABS/聚酯合金则不同于传统的玻纤增强聚酯材料，极大改善了玻纤增强聚酯的上述缺点；同时具有比ABS+GF流动性更高、刚性更强、表面光泽更好的优点。与聚酯增强相比，可改善翘曲缺陷，见图4-84。

(a)PBT+30%GF

(b)PBT/ABS+30%GF

图4-84　普通产品和改进后产品翘曲对比

该体系高性能化的技术关键是相容性的改善、与玻璃纤维的粘结力、增韧体系的选择和加工工艺的设计。

① 相容性。良好的相容是保证合金性能的关键因素，详细改善手段可参见上述章节。

② 与玻璃纤维的粘结力。主要是玻璃纤维的偶联处理效果，合适的偶联剂是关键。

③ 增韧体系的选择。ABS本身就是一种增韧剂，但考虑增韧效果需配合更高效的增韧剂，如MBS、硅橡胶类增韧剂等。

④ 玻璃纤维的选择。据报道国外知名玻璃纤维厂推出的新的异型玻璃纤维值得关注，在保证良好机械性能的同时还可有效改善材料的翘曲。

⑤ 改善浮纤。玻璃纤维的选择(如选择更短、更细的玻璃纤维)、矿粉的引入(如滑石粉、硅灰石、玻璃微珠等部分替代玻璃纤维)、功能性助剂(如TAF、CBT等助剂)都可在保

证合金性能的前提下有效改善表面浮纤效果。浮纤照片对比见图 4-85。

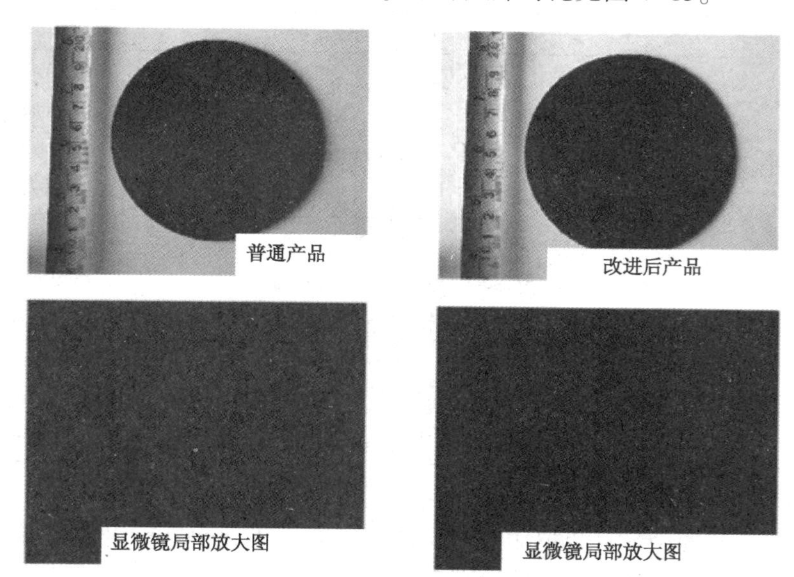

图 4-85 普通产品和改进后产品浮纤对比

⑥ 加工工艺。科学的配方设计需要良好的加工工艺来实现，主要从螺杆组合、加工条件来实现。

与此同时，通过优选橡胶种类，采用具备良好的加工工艺，可提升合金的耐候性。玻纤增强 ABS/聚酯合金的这些特点，使其越来越受到汽车领域的选材关注。

值得一提的是，该类材料中玻纤增强 ASA/PBT 合金是一个新兴的亮点。但在 PBT 中引入 ASA 会使其表面光泽下降较多，且 PBT 与 ASA 的溶解度参数并不相近，PBT 与 ASA 相容性差。如何改善合金表面光泽和两者的相容性是提高 PBT/ASA 合金性能的技术关键。改善表面光泽的技术关键是控制体系的结晶性，使聚酯充分浸润在玻纤表面；改善相容性的技术手段按机理可分为化学增容和物理增容：化学增容是添加含活性官能团的相容剂，活性基团与聚酯端基发生化学反应，从而实现增容效果；物理增容按其实现方式分两种，一种是添加助剂，另一种是强力分散。前者添加的相容剂通常是嵌段聚合物，其嵌段与聚酯和 ASA 相容性都好，从而起增容作用；后者是指精心配方设计，通过螺杆组合和挤出工艺的优化使橡胶在 PBT 中实现纳米尺度的分散，明显提升合金的机械性能。

因玻纤增强 ASA/PBT 合金突出的性能，可应用于汽车车灯灯体、汽车除雾格栅、汽车天窗框架等；还可应用于电子电器如插头连接器、传感器外壳等。PBT/ASA+20%GF 合金已在 2011 款新蒙迪欧致胜的除雾格栅应用，如图 4-86 所示。现阶段 B 级车以上车型均采用这种材料的创新方案。这种材质做成的除雾格栅设计新颖，外观漂亮，表面含有许多小的圆形空洞，对材料的流动性要求极高。

图 4-86 PBT/ASA+20%GF 合金除雾格栅

市场上典型增强 ASA/PBT 合金厂商、牌号及特点见表 4-55。

表 4-55　市场上典型增强 ASA/PBT 合金厂商、牌号及特点

产品类别	厂　商	牌　号	特　点
增强 ASA/PBT 合金材料	SABIC-IP	VX4910	10%GF
		VX4915	15%GF
		VX4920	20%GF
		VX4930	30%GF
	BASF	S4090G2	10%GF
		S4090G4	20%GF
		S4090G6	30%GF
	锦湖日丽	HBA5810G	10%GF 低翘曲、低浮纤
		HBA5820G	20%GF 低翘曲、低浮纤
		HBA5830G	30%GF 低翘曲、低浮纤

（3）吹塑级 PBT/ABS 合金

PBT/ABS 合金适合吹塑，可应用于汽车保险杠、汽车油箱等部位。为保证良好的吹塑效果，在配方设计时应注意材料的熔体强度。吹塑级 PBT/ABS 合金制作应注意以下三点：①适当改善体系的相容性，从而实现良好的分散；②选用高分子量的基材，选择高分子量的 PBT 及 ABS 可提高分子链的相互作用力，保证材料的熔体强度，从而使吹塑顺利进行；③添加熔体增强剂，如丙烯酸酯类的熔体增强剂，可增加体系黏度，抑制熔体下垂，增加组分均匀分布的效果。只有从这种思路考虑才能够做出高性能、高良品率的吹塑级 PBT/ABS 合金。

市场上典型吹塑级 ABS/PBT 合金厂商、牌号及特点见表 4-56。

表 4-56　市场上典型吹塑级 ABS/PBT 合金厂商、牌号及特点

产品类别	厂　商	牌　号	特　点
吹塑 ABS/PBT 合金材料	SABIC-IP	X4000BM	吹塑级
	锦湖日丽	HAB8740B	吹塑级

（4）Recycled ABS/PET 合金

随着塑料制品在各行业领域得到广泛的应用，伴随而来的塑料废弃物也日益增多，造成了能源的巨大浪费和因塑料不可生物降解性带来的严重污染。因此，废旧塑料的回收利用越来越受到人们的重视。近些年，随着国家倡导发展循环经济、建设节约型社会以及促进再生资源综合利用，国内一些有为的塑料材料企业纷纷加大了技术开发的投资，并成功推出了一些具有国际先进水平的含有再生废旧塑料的复合材料。目前，再生 PET 主要被用于纤维、片材、非食品包装用瓶以及少量的塑钢带和单丝等产品，在工程塑料领域应用较少，尤其是在塑料合金领域的应用鲜有报道。就 Recycled ABS/PET 合金而言，通常是指 PET 是再生的，所以，如何利用 Recycled PET 并使之与 ABS 达到良好的相容是技术关键。

采用的技术手段分三个环节：使 Recycled PET 恢复其原有性能，换句话说就是提升 Recycled PET 的性能；改善其与 ABS 的相容性，使两者达到良好的分散；相态控制工艺。第一个环节通常添加反应型分子链修补剂，通过化学反应来实现；第二个环节是引入物理或化学相容剂使之起到增容效果。归根结底，ABS 的选择、Recycled PET 的扩链和成核、相容性、螺杆组合和挤出工艺的设计是核心技术。

① ABS的选择。ABS的粒径、分子量尤其重要，选择合适的ABS是保证材料实现高性能的前提。

② Recycled PET的扩链、成核。使用后的PET黏度会一定程度下降，为恢复其性能需要扩链改性，在市场上有良好口碑的扩链剂有BASF的ADR4370S和ADR4368C、日之升精细化工的SAG系列产品等。因PET结晶性差，为保证良好的尺寸稳定性和物理性能，需成核改性。

③ 相容性。相容性的改善也是关键因素之一，详细的改善方案可参见相关章节。

④ 工艺设计。科学的螺杆组合设计和挤出工艺是保证其良好相态分散的重要条件，直接关系到合金的性能。

目前，Recycled ABS/PET合金在家电和电子设备外壳上得到大量应用。

市场上典型Recycled ABS/PET合金厂商、牌号及特点见表4-57。

表4-57　市场上典型Recycled ABS/PET合金厂商、牌号及特点

产品类别	厂　商	牌　号	特　点
Recycled ABS/PET	LG化学	SE-750	环境友好型
	乐天	HS7000R	环境友好型
		GC0710	环境友好型，35%R-PET
		GC0730	环境友好型，50%R-PET
	锦湖日丽	PAE9730	环境友好型

4.2.3　ABS/PA合金

4.2.3.1　ABS/PA合金概述

安全、舒服、轻量和节能是汽车发展的方向，而塑料作为最好的可选材料之一，在汽车上的使用越来越广泛。据估计，展望10年内，汽车的重量还将降低20%以上，这为工程塑料的使用提供了新的契机，而ABS/PA合金正以其优异的综合性能和高档的外观效果获得更多的关注和应用。

ABS/PA合金是一种非晶/半结晶体系，ABS的加入改善了PA的吸水性和缺口韧性，而PA的加入改善了ABS的耐化学药品性、耐热性和耐疲劳性，并且将两者合金化获得了单一组分所不具备的特点，如超韧性、哑光效果、吸声减震等。

众所周知，PC/ABS合金是应用最广泛、研究最深入的ABS共混物，是ABS最重要的合金产品之一。目前，汽车内饰材料，特别是汽车仪表板周边制品通常都选用PC/ABS合金。相比之下，ABS/PA合金以其独特的魅力给汽车内饰件带来无可比拟的性能和外观优势，如在满意部件要求的基本力学性能和热学性能的前提下，一般都要求其具有哑光效果，以帮助驾驶员减少视觉疲惫，从而提高驾驶安全性。传统的方法是在制品上喷哑光漆，虽然可以获得满意的外观，但由于其不环保并且成本较高，主机厂在设计之初就提出了免喷涂的要求，而ABS/PA合金由于其优异的模具复制能力，通过模具皮纹设计可以赋予制品满意的哑光特性。与PC/ABS合金喷漆相比，ABS/PA合金一次成型即可获得良好的外观效果，这样不仅大幅降低了成本，也有利于环境保护。另外，免喷涂不仅可以省去油漆费用，还能够省去前处理、预涂装以及涂装等繁琐的工艺，从而消除了由于这些环节所产生的废品和运输费用，大大降低了制品的不良率，这为汽车内饰提供了新的材料并且逐渐被关注。

另外，ABS/PA 合金为非晶/结晶体系，相比无定形的 PC/ABS 合金，其阻尼因子降低，具有独特的声学特征，如 BASF 公司开发的 Terblend ®N 和上海锦湖丽日开发的 HNB 系列 PA/ABS 合金就是利用了其消声防噪的原理，在汽车车顶行李箱中获得了重要应用。

ABS/PA 合金正是由于集各种绝佳的性能于一身，可使用于其他材料所无法企及的使用领域，其使用范围可从汽车行业扩展到家居产品，从日常的眼镜、文具到电动工具等。除此之外，ABS/PA 合金由于优异的低温冲击性和耐疲劳性被广泛用于运动器材和壳体，如摩托滑雪车轮、滑雪靴、鞋跟、割草机和电动工具外壳。

4.2.3.2 ABS/PA 合金关键技术

聚合物共混，相界面状况对产品的形态结构和物理机械性能具有决定性的作用。根据相容化原则，由于 ABS 与 PA 溶解度参数、极性、结晶性都相差很大，所以通过简单共混获得的 ABS/PA 二元体系其相界面粘结强度低、机械性能差，没有实用价值。所以改善 ABS 与 PA 的相界面强度，获得合理的相态结构成为 ABS/PA 合金开发的主要关注点，而其中的关键点在于相容剂的选择和挤出工艺的设计，对于反应性增容体系，挤出工艺的设计往往比相容剂更为重要。

提高 ABS 与 PA 的相容性，即改善 ABS 树脂中 SAN 与 PA 间的界面亲和力，目前主要的方法是[127,128]通过接枝共聚的方法在 SAN 中引入可与 PA 端基反应的官能团，通过反应性增容原理降低界面张力，在受到外力时基体产生剪切屈服，力学性能提高。最常用的接枝单体为 MAH(马来酸酐)、GMA(甲基丙烯酸缩水甘油酯)、IA(酰亚胺化丙烯酸)。如 1987 年由孟山都公司开发的商品名为 Triax ® 的 PA/ABS 合金，采用 SAN-g-MAH 三元共聚物作为 PA/ABS 的相容剂，由于其冲击强度显著提高而首次被用于汽车内饰件。另外 PS-MAH 二元共聚物也是 PA/ABS 合金常用的反应性增容剂，典型的例子如荷兰 DSM 公司成功开发的商品名为 Stapron ® 的 PA/ABS 合金。

需要注意的是，反应增容技术并不是简单地通过添加相容剂来达到改善界面性能的目的，其相容化程度受相容剂类型、添加量和组分配比的影响，由于商业化的相容剂种类繁多，所以合理地选择相容剂对获得实用的合金材料至关重要，由于不同的极性基团与 PA 端基之间的反应活性不同，熔融共混过程中所起的作用和获得合金的性能也不尽相同。

文献报道[129]，通过多步挤出的方法，研究了亚胺化的丙烯酸共聚物(IA)与马来酸酐接枝苯乙烯-丙烯腈共聚物(SANMA)对 SAN/PA 合金性能和形貌的影响，如图 4-87 和图 4-88 所示。相容剂含量增加，合金料加工扭矩相应提高，并且在试验范围内 IA 比 SANMA 对合金黏度的增加作用更明显。这是由于 IA 结构中同时具有可与 PA 端氨基反应的六元环酸酐和丙烯酸极性基团，改善组分相容性的同时还有可能发生交联和 PA 扩链反应，导致共混物黏度增加。图 4-87(b)提出了有力的证据，由于 IA 的扩连作用导致 PA 熔体黏度增加，其增容共混物中 SAN 更容易形成连续相，而 SANMA 增容共混物更容易在低 PA 含量时发生相反转。

图 4-88 中的透射电镜照片直观地反映了不同的增容剂对 SAN/PA 共混物形态结构的影响，在 SAN/PA = 47.5/47.5 共混物中，IA 增容体系为典型的海-岛结构，而 SANMA 增容体系则形成了双连续相。另外，两种增容体系最大的差异在于，多次挤出后，SANMA 增容体系能够保持材料原有的形态，而 IA 增容体系多次挤出后分散相粒径明显增加，合金冲击韧性显著下降，脆韧转变温度提高。

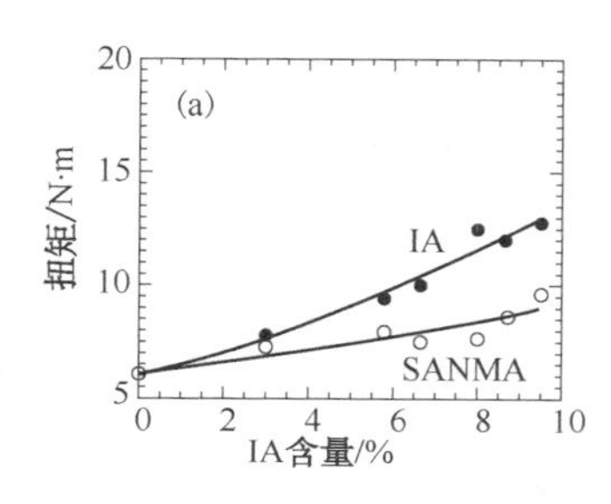

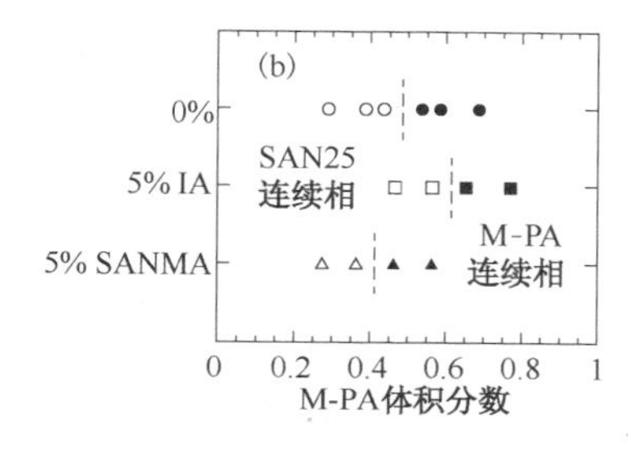

图 4-87 相容剂类型对 ABS/PA 合金性能的影响

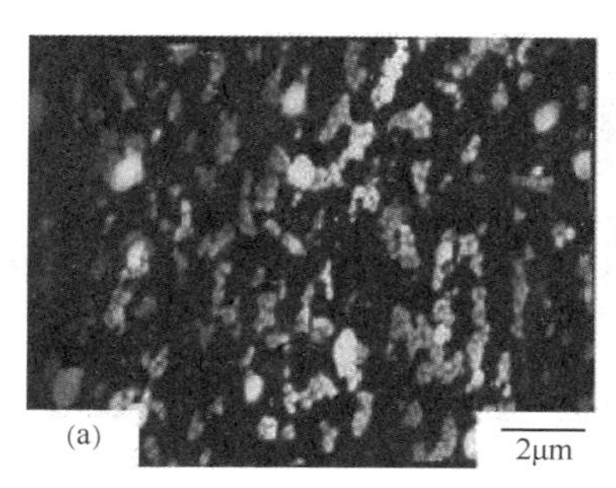

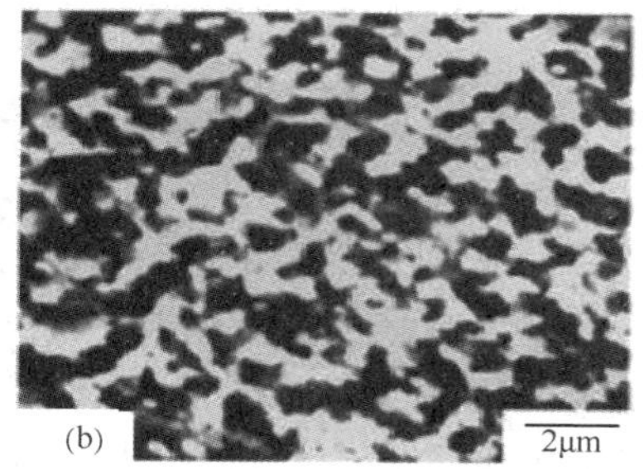

图 4-88 相容剂类型对 ABS/PA 合金微观形态的影响

(SAN/PA=47.5/47.5)

(a)IA(5%)；(b)SANMA (5%)

尽管我们已经充分认识到相容剂在不相容共混体系中的重要性，但由于研究方法和配方设计之间的差异，很难对固定体系中最合适的相容剂(包括类型和添加量)盖棺定论，只有深刻理解增容反应的本质，并选择合适的实验方法才能得出正确的结论。

上面主要阐述了相容剂在 ABS/PA 合金开发过程中的重要性，而对于特定的共混体系，挤出工艺特别是螺杆组合设计、停留时间往往比配方设计更重要，但国内相关研究较少并且在实际操作过程中没有引起足够的重视。

文献报告[130,131]在 SAN/PA 体系研究过程中，对工艺与材料结构之间的关系做了大量的基础研究，这里着重讨论加工设备的影响。研究者分别采用间歇式搅拌机(batch mixer)和单螺杆挤出机(extrusion)制备 SAN/PA 合金样品，并通过 TEM 对其形态进行了分析，如图 4-89 所示。不同的加工设备导致体系相反转点的改变，单螺杆挤出机使合金在较低的 PA 份数下发生相反转行为，而间歇式搅拌机需要较高的 PA 份数才能发生相反转行为。我们可以从两种工艺对熔体不同的剪切作用来解释这种差异，螺杆挤出过程中同时存在拖曳流和拉伸流，熔体在混合过程中受到的剪切应力相应较大，同时 PA 的剪切敏感程度较 SAN 高，挤出过程中流动性提高更显著，相反转点向低 PA 含量偏移。

为了获得性能优异的共混物，通常需要对工艺进行优化，这对于处于临界混合比范围的共混体系尤为重要。例如 ABS/PA=50/50 二元体系中，由于 ABS 的黏度较小，通常形成连续相，但通过温度、螺杆转速和螺杆组合调整材料的黏度比，可以使含量较低的 PA 成为连续相，并利用其耐化学品的特殊优势，制备尺寸稳定性和耐化学品兼备的 ABS/PA 合金。

在制备 ABS/PA 合金时，需要综合考虑配方设计、材料选择和工艺因素，并且对熔融过

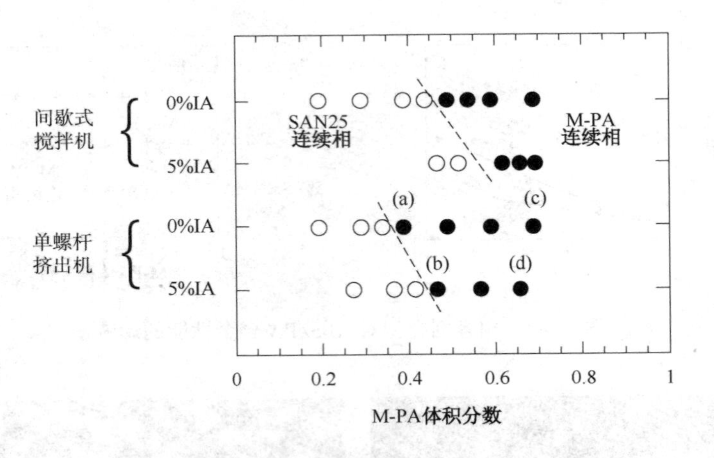

图 4-89　两种共混方式对 SAN/PA 合金形态的影响

程中的形态演变与合金之间的性能关系有充分的认识，才能开发出符合产品用途和经济有效的合金材料。

4.2.3.3　ABS/PA 合金高性能化

随着汽车轻量化和环保化设计的提出，ABS/PA 合金以其低密度、免喷涂和超韧性的优点在车用塑料中所占的比例越来越高，特别在高档车型中，ABS/PA 合金正逐渐取代 PC/ABS 合金和 ABS 成为汽车内饰的首选材料。另外，ABS/PA 合金因其优良的低温韧性和独特的声学特征，在其他领域也被推广使用，如制冷器装饰条、滑雪板和滑雪鞋鞋轮、除草机外壳和电动工具手柄等。

目前，针对 ABS/PA 合金的高性能化，公布了大量的研究报告和专利，开发 ABS/PA 合金的新性能和用途从而拓宽其使用范围，为客户提供新型材料。下面结合市场趋势对 ABS/PA 合金的开发热点和主流应用展开阐述。

(1) 哑光 ABS/PA 合金

对于汽车内饰材料，在满足部件要求的基本力学性能和热学性能的前提下，一般都要求其具有哑光功能，以帮助驾驶员减少视觉疲惫，提高驾驶安全性。而目前，普通的材料都需要通过喷涂哑光漆或添加哑光剂进行改性处理后，才能满足内饰的要求。虽然 PC/ABS 合金可以通过添加哑光剂来降低光泽，但仍旧存在光泽分布不均匀的缺陷。ABS/PA 合金独有的哑光性为免喷涂提供了必要条件，如图 4-90 所示在 85°测验的光泽度也反映了这一点。测验的样品为光滑的平板，测验结果充分说明了 ABS/PA 合金的哑光性：PC/ABS 合金的光泽为 83%，ABS 的光泽为 78%，而 ABS/PA 合金的光泽为 47%，仅为 PC/ABS 合金光泽的一半。由 ABS/PA 合金制作的皮纹产品其实测数据仅为 1%~2%，接近喷涂级 PC/ABS 合金的水平，而由哑光 PC/ABS 合金直接成型的皮纹产品的实测数据则在 5%以上，如图 4-91 所示。同时，ABS/PA 合金还能够有效降低产品的光泽率，带来均匀的哑光效果。

从图 4-90、图 4-91 看出，ABS/PA 合金具有独特的哑光特性，这也是高档车型内饰部件选择 ABS/PA 合金的主要原因。但在产品开发过程中哑光效果的均一性往往被忽视，从而导致开发失效。根据多年的开发经验，制品哑光特性的均一性主要受材料设计、皮纹均一性和成型工艺的影响。

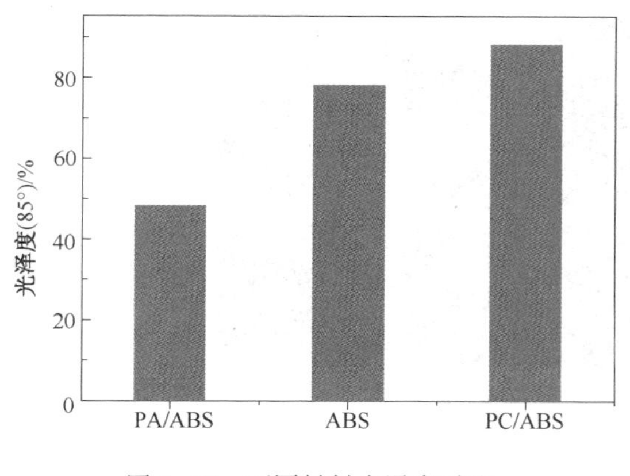

图 4-90　不同材料光泽度对比

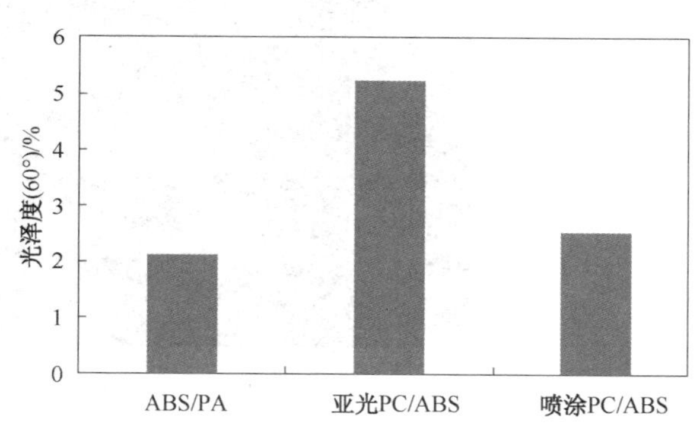

图 4-91　不同材料皮纹面光泽度对比

1）材料设计

材料设计首要考虑的是 ABS 橡胶粒径的选择，橡胶粒径越大对光线漫反射越有利，产品哑光程度越高。但单一地通过提高橡胶粒径降低 ABS/PA 合金的光泽度作用有限，同时大粒径橡胶容易变形，如果模具流道设计不合理，可能导致产品表面白斑。

但是简单地通过选择大粒径橡胶往往无法完全获得均一的光泽，材料设计的核心点在于流动均一性和低挥发特性。为了进一步提高 ABS/PA 合金的加工特性和模具复制能力，大多在材料中添加低分子量组分或选择不同黏度等级的 ABS，这会出现两个问题：①组分黏度的不匹配性导致合金流动的不均一性，从而造成局部复制模具能力差异、制品光泽不一致，合金流动的不均一性往往对模具流道设计提出更高的要求；②低分子量组分在成型过程中会析出并附着在模具表面导致外观缺陷，并且增加了模具清理的难度和频率。上述两个问题都会增加产品开发的风险，国内率先开发的超高流动高热稳定性的 EMI 系列改性剂成功地解决了小分子析出和流动均一性的问题，从而间接改善了 ABS/PA 合金制品的哑光均一性。

2）皮纹设计的重要性

ABS/PA 合金属于典型的非晶/结晶材料，ABS 易加工，而 PA 在其熔点以上流动性显著增加，一般 ABS/PA 合金的成型温度为 230~250℃，在此范围内 ABS/PA 合金体现出极佳的流动性和易充模特性。如果模具进行皮纹设计，由于材料优异的复制模具能力，成型制品具有独特的哑光效果，与添加哑光剂的 PC/ABS 合金相比，ABS/PA 合金不仅节省了材料成本，还能够有效降低材料的光泽度，带来均匀的哑光效果。

模具粗糙度是影响制品表观效果的重要因素，合理的皮纹设计能够带来柔和的表面哑光效果；反之，如果模具表面粗糙程度不均匀，可能导致局部光泽度不一致，这也是 ABS/PA 合金进行哑光设计经常遇到的问题。如图 4-92 所示，在局部可以看到明显的亮点，这不仅导致表面缺陷，而且可能会由于局部反光导致驾驶员视觉疲劳从而造成严重的后果。但在产品开发过程中，皮纹设计的均一性往往没有引起足够的重视，而这类缺陷往往通过材料调整是无法完全改善的，从而导致产品开发失效。

3）成型工艺

制品哑光效果来源于基材优异的复制模具能力，所以成型工艺特别是成型温度和模温是影响材料充模的关键因素。成型温度和模温越高，材料复制模具能力越强，配合合理的皮纹设计，制品可以获得均匀的哑光外观。需要注意的是，成型温度过高会导致材料降解产生的

图 4-92　皮纹设计对制品表面的影响
（上海锦湖日丽塑料有限公司提供）

小分子附着在制品表面反而使局部光泽提高，影响表面外观。从成型的角度考虑，需要材料具有高的热稳定性和低小分子析出特性。

本节重点阐述了 ABS/PA 合金成型制品哑光均一特性的影响因素，目前 ABS/PA 合金在欧美系车型上应用较多，而在自主品牌汽车上的应用还远不及 ABS、PC/ABS 合金和 PP，但正是由于其独特的哑光性能，ABS/PA 合金的应用空间巨大，特别是汽车内饰件，如汽车仪表罩、出风口面板、手套箱等。趋势表明，汽车主机厂在哑光产品设计之初，除了考虑制品的功能性和外观外，会综合考虑制品的环保特性，ABS/PA 合金的哑光特性也使其成为首选材料，如锦湖日丽的 HNB0270 率先用于标致汽车的组合仪表罩，不仅满足了产品外观，而且节约了 20%的成本，其免喷涂的特性也提升了产品的品牌形象。商业仪哑光级 ABS/PA 合金特性见表 4-58。

表 4-58　商业化哑光级 ABS/PA 合金一览表

公司名称	牌号	商品名	关键特性			
			密度/（g/cm³）	熔体流动速率/（g/10min）	Izod 冲击强度/（kJ/m²）	维卡软化点/℃
锦湖日丽	HNB0270	HNB	1.06	35（240℃，10kg）	68	108
	HNB0225		1.06	50（240℃，10kg）	35	102
BASF	NM19	Terblend® N	1.07	30（240℃，10kg）	75	102
朗盛	1120	Triax®	1.06	6（260℃，5kg）	70	102
Schulman	M/MK	Schulablend®	1.06	11（250℃，5kg）	80	106

（2）超耐候 ASA/PA

目前，ABS/PA 合金主要用于汽车内饰件，如仪表饰板、出风口面罩和储物盒等，对材料耐候性要求较低。而对于长期接受光照的外饰件，由于 ABS 树脂易老化，所以 ABS/PA 合金不能满足外饰件的耐候要求。目前主流外饰材料是改性的 ASA 及其合金，如耐热 ASA 和 PC/ASA，其特点是丙烯酸酯类橡胶代替丁二烯橡胶，使材料的耐候性大大提高。

作为汽车外饰用材料，改性 ASA 具有优异的耐候性，但其着色力较差。对颜色要求较高的部件，ASA 难以满足外观要求。并且 ASA 的低温韧性较差，一方面难以满足主机厂材料标准，同时冬季易发生开裂现象。所以在大众、通用等主机厂标准中，对于结构件用材，通常具有明确的低温性能标准，在产品设计初期就会指定选用 AES 或 PC/ASA 合金，而这无疑增加了成本。PC/ASA 合金在 ASA 基础上改善了着色性能和低温韧性，但其加工性较差，并且由于 HALS 会导致 PC 降解，所以提高 PC/ASA 耐候性成为一个技术难点，而这是汽车外饰件首要关注的。

ASA/PA 合金是为了改善 ABS/PA 合金的耐候性而开发的一种新型材料，将 ABS/PA 合金的使用领域从汽车内饰件扩大到外饰件，如门缝装饰条、散热格栅和后视镜外壳等。ASA/PA 合金兼备了耐候、高抗冲、高流动和高耐热的优点，并且可以赋予制品哑光效果，省去了二次喷涂，大大节约了材料成本，同时与 PC/ASA 合金相比，ASA/PA 合金具有更优异的低温韧性，降低了低温开裂的风险。汽车常用外饰材料性能对比如表 4-59 所示。

表 4-59　汽车外饰常用材料性能对比

性　　能	测试条件	ASA/PA	PC/ASA	耐热 ASA
熔体流动速率/(g/10min)	240℃，10kg	40~50	10~15	15~20
缺口冲击强度/(J/m)	3.2mm，23℃	>600	>500	100~200
	3.2mm，-30℃	>200	>200	<100
热变形温度/℃	0.45MPa	>105	>110	>90
耐候性(DE)	0.77W，300h	<2.0	>3.0	<2.0
光泽度/%	60°，皮纹面	1~2	3~5	2~3

注：材料中均添加 1.0%的炭黑。

与其他外饰用材料相比，ASA/PA 合金并没有在汽车外饰上得到广泛的应用，一个主要原因是 ASA/PA 合金技术门槛较高。与 ABS/PA 合金类似，ASA/PA 合金属于超高流动合金，加工过程中极易充模，如果流道分配没有被充分考虑，成型制品很容易出现色斑缺陷，这种色斑的产生是由于 ASA 的低着色力造成的，所以选择经过特殊设计的 ASA 成为 ASA/PA 合金开发需要重点关注的。

就目前应用状况来说，由于 ASA 供应的局限性，ASA/PA 合金商业化相对集中，国外以德国 Schulman 公司为代表，而国内对 ASA/PA 合金的研究则屈指可数，这也是限制 ASA/PA 合金应用的另一个主要因素。由于韩国锦湖的供应 ASA，上海锦湖日丽早在 2006 年就成功开发出超耐候的 ASA/PA 合金，商品名为 HNA0370，先后通过了国内几大汽车主机厂的外饰件耐候性认证，并成功应用于门内装饰板。

随着汽车轻量化和环保逐渐成为主流发展趋势，耐候 ASA/PA 合金必将受到主机厂关注，其天然的哑光特性和上述的综合优势将会使其成为汽车外饰材料的新选择，而且随着国外 ASA/PA 合金在高档车型上应用的示范效应和国内 ASA/PA 合金的商业化，可以预见 ASA/PA 合金在自主品牌汽车上的应用将指日可待。商业化超耐候合金见表 4-60。

表 4-60　商业化超耐候 ASA/PA 合金一览表

公司名称	牌号	商品名	关键特性			
			密度/(g/cm^3)	熔体流动速率/(g/10min)	Izod 冲击强度/(kJ/m^2)	维卡软化点/℃
锦湖日丽	HNA0370	HNA	1.10	62(240℃，10kg)	28	120
Schulman	M/MW	Schulablend®	1.12	40(240℃，10kg)	15	142

(3) 填充增强 ABS/PA 合金

前面提到，ABS/PA 合金具有较高的低负载耐热性能，对于结构复杂的薄壁制件 ABS/PA 难以应用，这是因为 ABS/PA 合金弯曲模量较低，并且由于 PA 为结晶性材料，ABS/PA

合金在高负载下的耐热性能较低(<90℃)，很难满足主机厂对于结构件的材料耐热标准，所以提高 ABS/PA 合金的强度和高负载耐热性能成为拓宽其应用范围的研究热点。其主要的实现方式是矿物填充或玻纤增强，如汽车空调出风口通常选用 ABS/PA+10%GF 增强材料。

由于 PA 为结晶性材料，通过填充增强的方式可以大幅度提高 ABS/PA 合金的强度和高负载耐热性能，如表 4-61 所示，10%玻纤增强的 ABS/PA 合金其耐热和弯曲模量超过了普通 PC/ABS 合金，并且尺寸稳定性大大改善。由于 PA 超高的流动性，GF 的引入对 ABS/PA 合金的表面效果影响甚小，配以适当的模温可达到 ABS/PA 合金的外观要求，大大拓宽了 ABS/PA 合金的应用范围。

表 4-61　填充增强 ABS/PA 性能

性　能	测试条件	ABS/PA +10%GF	ABS/PA +5%GF+5%Talc	ABS/PA
弯曲模量/MPa	2mm/min	2800	2520	1950
热变形温度/℃	0.45MPa	188	175	105
热变形温度/℃	1.82MPa	102	96	76
维卡软化点/℃	B50	127	122	118
吸水率	—	0.3~0.4	0.3~0.4	0.6~0.8

由于填充增强的 ABS/PA 合金大幅度提升了 ABS/PA 合金的性能，并且 ABS/PA 合金具有超高的流动性，所以增强的 ABS/PA 合金可代替高强度的 PA/PPE 用于电动汽车电池组壳体和汽车翼子板。这类部件通常需要材料具有较高的尺寸稳定性以满足产品装配性能，而传统的实现方法就是简单地提高 GF 的填充量，但是会导致其他性能的下降和表面质量的恶化，所以如何改善 GF 的浸润和获得高 GF 保留长度，是在材料开发过程中需要重点关注的。随着高性能挤出设备的面世和新一代分散助剂的研发成功，综合性能优良的高填充增强 ABS/PA 合金相继推向市场，部分汽车主机厂已经开始尝试将这类材料应用在更多的零部件上以代替价格昂贵的进口 PA+GF 和 PPA 材料，而这也是 ABS/PA 合金未来的重要发展趋势(表 4-62)。

表 4-62　商业化填充增强级 ABS/PA 合金一览表

公司名称	牌号	商品名	特点	关键特性			
				密度/(g/cm^3)	熔体流动速率/(g/10min)	Izod 冲击强度/(kJ/m^2)	热变形温度(0.45MPa)/℃
锦湖日丽	HNB0270G6	HNB	30%GF	1.26	8(240℃，10kg)	12	208
BASF	NG-04	Terblend© N		1.27	6(240℃，10kg)	14	188
锦湖日丽	HNB0225G4	HNB	20%GF	1.22	12(240℃，10kg)	15	195
BASF	NG-04	Terblend® N		1.20	15(240℃，10kg)	12	174
Schulman	M/MK 20GF	M/MK		1.20	2(250℃，5kg)	9	179
朗盛	1315GF	Triax®	15%GF	1.17	2.5(260℃，5kg)	10	175
锦湖日丽	HNB0225G3	HNB		1.16	16(240℃，10kg)	16	178
锦湖日丽	HNB0225G2	HNB	8%GF	1.13	20(240℃，10kg)	18	160
BASF	NG-02	Terblend® N		1.12	14(240℃，10kg)	12	110
朗盛	KU 2-3154	Triax®	8%MF	1.10	8.5(260℃，5kg)	7	105
锦湖日丽	HNB0225M2G2	HNB	10%MF 和 10%GF	1.18	16(240℃，10kg)	18	188

(4) 高尺寸稳定 ABS/PA 合金

ABS/PA 合金虽然在一定程度上降低了 PA 的吸水性，但仍然不能满足尺寸精度要求较高的场合，特别是在应用最广的汽车领域，由于尺寸稳定性较差带来的诸如装配问题极大地影响了产品外观，并且增加了产品不良率。

这里提到的尺寸稳定性主要有两层含义：

① 产品在放置过程中由于吸水引起的尺寸变化；

② 材料本身易吸水特性引起的成型收缩。

文献和专利报道中关于 PA 合金尺寸稳定性解决方案主要从以下几个方面着手：

① 纤维增强和矿物填充；

② 与特殊级聚酰胺共混，例如芳香族聚酰胺、半芳香族聚酰胺和硅氧烷基聚酰胺；

③ 降低 PA 含量；

④ 添加 PA 成核剂，提高材料结晶度，降低吸水率。

实施一种或多种上述方案，可以改善 PA 合金的尺寸稳定性，但每一种方案都存在缺陷，如在改善尺寸稳定性的同时可能导致韧性下降、成本提高、加工性能恶化、成型周期增加等。目前，还不能从根本上解决 ABS/PA 合金的尺寸稳定性，在尺寸精度要求较高的电子电器零件和汽车部件中，ABS/PA 合金的使用受到了限制。ABS/PA 合金在高精度领域的成功应用，一方面依赖于 PA 合金改性技术的发展，同时需要合理的模具设计和优化的成型工艺。

4.2.4 ABS/PMMA 合金

4.2.4.1 ABS/PMMA 合金概述

ABS 树脂表面硬度低、耐候性差、不透明等特点限制了其在某些领域的使用。例如，环保设计成为家电类产品的主流发展趋势，某些对外观要求较高的制品如高档洗衣机面板和液晶电视外壳，由于省略了喷涂工艺，对基体材料的耐刮擦性提出了更高的要求，通常要求铅笔硬度在 F 级以上，ABS 树脂无法胜任。

PMMA 具有高表面硬度、优异的耐光照性和耐热性，被广泛应用于航天和建筑用有机玻璃、信号灯外罩、商用广告牌、卫浴设施和高档家电面板。同时，PMMA 的熔体黏度较高，刚性较大，容易产生残留内应力，造成制品应力开裂。PMMA 分子中存在酯基，吸水率较大，具有明显的室温蠕变性，随着负荷和时间的增加，也容易出现制品应力开裂。另外，PMMA 为脆性材料，即使抗冲改性的商业化 PMMA，其缺口冲击强度也只有 $3\sim5kJ/m^2$，很难满足大多数模塑制品的韧性要求。共混改性是提高材料性能的主要途径之一，正如 PC/ABS 共混物能够获得广泛应用，ABS/PMMA 合金兼备了耐刮擦、耐光照、高光泽、冲击改善和易加工成型的综合性能，并且通过合理设计能够获得透明性，其染色产品因为具有独特的视觉效果而备受青睐。

对 ABS/PMMA 合金的研究早在 20 世纪 90 年代就有文献报道，主要集中于 SAN 与 PMMA 之间的相容性及其影响因素，详细阐述见本节第二部分。近 10 年来，随着高端家电市场的日趋扩大，针对 ABS/PMMA 合金高性能化的研究日益受到关注，国内外一些大的塑料改性厂紧跟市场，加大了研发力度，纷纷推出了功能化的 ABS/PMMA 合金材料。

ABS/PMMA 合金以其优异的耐刮擦性和绚丽的视觉效果成为高档家电行业的首选材料，通过合理的配方设计，并选用小粒径的橡胶增韧可以赋予材料透明性和低雾度，其透光率可以与 PC 相媲美。上海锦湖日丽早在 2004 年就配合国内几大家电供应商开发耐刮擦、免喷涂高光 ABS/PMMA 合金，并设计出透明、超高流动、珠光效果、金属效果等高性能化的 ABS/PMMA 合金系列产品，成功应用于 LCD 前壳及其装饰件、洗衣机、空调和高档音响面板等。随着 LCD 产品设计大尺寸、薄壁、轻质化，ABS/PMMA 合金逐渐展示出了传统高光 ABS 和 PC/ABS 合金无可比拟的优势，如表 4-63 所示，在追求美观的趋势下，ABS/PMMA 合金获得了推广和应用的最佳契机。

表 4-63　LCD 常用材料性能对比

材料类型	熔体流动速率/(g/10min)	铅笔硬度(1kg)	密度/(g/cm^3)	成型温度/℃	阻燃性
通用高光 ABS	30①	HB～F	1.04～1.06	180～240	HB
无卤阻燃 PC/ABS	25②	HB～F	1.18～1.20	230～280	V0
ABS/PMMA	28③	F～H	1.11～1.14	180～240	HB

熔体流动速率测试条件：①220℃，10kg；②220℃，10kg；③240℃，5kg。

对于有透明性要求的制件，如透明容器、化妆盒、洗衣机可透视窗等产品与 ABS/PMMA 合金竞争最激烈的是透明 ABS(MABS)。MABS 树脂是日本合成橡胶公司于 1962 年首先开发和生产的[132]，20 世纪 80 年代制备 MABS 树脂的工作引起了各国的重视，获得了迅速发展。目前美国、德国、日本、中国台湾等一些发达国家和地区才能工业化生产 MABS。由于透明 ABS 的研究和核心技术主要集中于国外塑料改性企业，国内市场巨大但主要依赖进口。透明 ABS 是通过聚合方法制备，设备成本较高，生产工艺复杂，因此价格相对昂贵。同时与 ABS/PMMA 合金相比，透明 ABS 产品雾度较高，耐化学品和耐刮擦性差，并且容易黄变，这就限制了透明 ABS 的市场应用。ABS/PMMA 合金的成功应用不仅填补了国内透明 ABS 的市场空白，而且能够给客户提供附加值更高、设计自由度更广的材料。

4.2.4.2　ABS/PMMA 合金关键技术

虽然 ABS/PMMA 合金具有上述众多优势，但这些优势都是建立在组分间具有良好相容性的前提下。ABS/PMMA 合金使用过程中经常出现制品发雾和颜色变化问题，导致产品良率下降，如图 4-93 所示。这是因为 ABS 与 PMMA 相容性受成型条件影响较大，如果不能保证整个成型过程中组分间足够的相容性，由于相分离导致的问题经常表现为发雾现象，而对于黑色制品发雾区域则表现为色变和光泽度下降，所以从相容性角度考虑来拓宽 ABS/PMMA 合金的加工窗口是该材料开发的核心点。

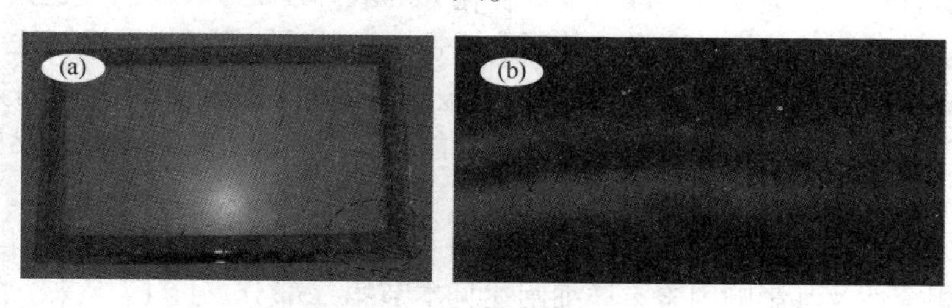

图 4-93　(a)ABS/PMMA 成型电视机前框；(b)局部发雾放大

对于多相共混物，组分间的相容性是研究者必须首要考虑的因素，我们所期望的聚合物共混物是具有宏观相容、微观相分离的形态结构，这是多相组分共混改性获得优良性能的必要条件，也是制备大多数商业化聚合物合金的理论依据。对于完全不相容的聚合物来说，共聚改性或反应性增容是提高组分相容性最常用的方法，而对于具有 UCST(最高临界相容温度)和 LCST(最低临界相容温度)行为的聚合物，影响组分间相容性的因素则更为复杂，除了分子间作用力(界面效应)，还受到温度、压力和混合比的影响[133]。

在 ABS/PMMA 二元体系中，ABS 树脂基体 SAN 与 PMMA 之间的相容性是决定合金性能的主要因素，如果获得 S、AN、MMA 之间的相互作用能参数，则可以对体系的相容性进行预测。表 4-64 列出了相关参数[134]，根据 Flory-Huggins 经典晶格理论[135]计算结果如下：

$$B(\text{S-AN}) > [B^{1/2}(\text{S-MMA}) + B^{1/2}(\text{AN-MMA})]^2$$

所以，虽然 PS、PAN 与 PMMA 均为完全不相容共混物，但 SAN 与 PMMA 仍具有一定的理论相容性，在共聚物-均聚物共混体系中，这种“排斥相容”原理被普遍接受。

表 4-64　SAN/PMMA 体系相互作用能参数 *B*

i-*j*	*B*(*i*-*j*)/(J/cm³)
S-MMA	0.23
S-AN	7.02
MMA-AN	4.32

ABS/PMMA 合金具有典型的 LCST 行为，如图 4-94[136]所示，随着混合比和温度的改变，共混物经历了从均相-亚稳态-相分离的转变，经典相分离理论提出了两种转变机理：双节线机理(BD)和旋节线机理(SD)，前者类似于半结晶聚合物的成核-增长机理，而后者主要是受共混过程中热力学浓度波动控制，主要经历三个过程：①分子链扩散；②液滴流动；③相粗化，最终形成双连续相形貌。

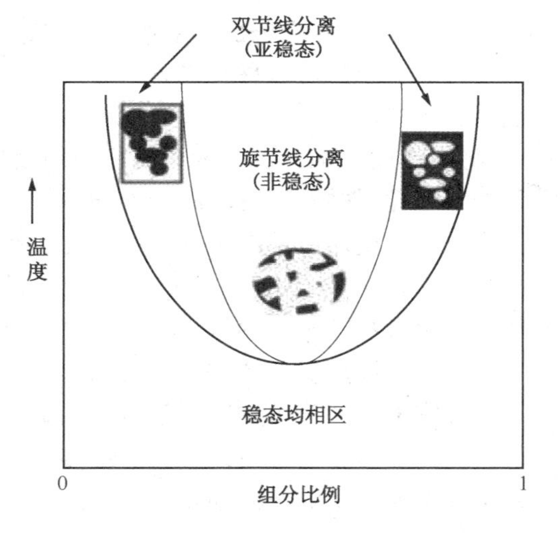

图 4-94　LCST 行为示意

关于 ABS/PMMA 合金体系的文献研究主要集中于组分相分离的表征技术与因素探讨。如果不考虑加工因素(压力、速度、应变)，相分离温度 T_s 与 SAN 与 PMMA 混合比有关，如图4-95 所示[137]。随着 PMMA 含量的增加，相分离温度向低温方向移动，组分相容性窗口变窄，所以 PMMA 富相共混物更容易发生相分离，使材料性能恶化，而对于透明 ABS/PMMA 合金则导致透明性丧失或雾度(HAZE)提高。

根据经典共混理论，对于 SAN/PMMA 体系，组分间的相容性的影响因素还有很多，比如 SAN 中的 AN 含量、单元序列分布、PMMA 的构型和纯组分的分子量等。另外，通过振荡流变技术研究剪切速率对 SAN 与 PMMA 组分间的相容性影响[138]，提出了剪切诱导相容的理论，这对获得性能优良的共混物具有实际的指导意义。

综上所述，对于具有 LCST 行为的 SAN/PMMA 共混物，配方设计与成型工艺对组分间的相容性同时起到决定性的作用，但需要注意的是大多数的文献研究都是从理想化的状态出发，得出的结论有一定的局限性，通过不同的加工方法得出的结果也存在差异。在实际加工

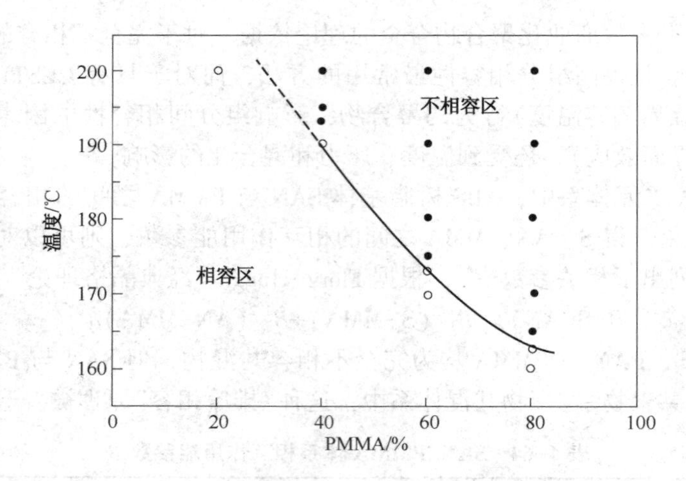

图 4-95 PMMA 含量对 SAN/PMMA 二元体系相分离温度的影响

过程中，还需要在大量的实验基础上进行统计分析，才能更加有效、合理地制备出具有商业化价值的合金材料。

4.2.4.3 ABS/PMMA 合金高性能化

由 ABS/PMMA 合金成型的制品具有高光耐刮擦、高耐候和美观的优点，获得了大多数客户的青睐，但同时该材料也有不足之处，如韧性较低、易燃烧和成型温度过高容易导致制品发雾、耐热性较低等。

目前 ABS/PMMA 合金的主要应用领域是家电和办公设备，未来产品发展的趋势是大尺寸化和薄壁化，并且随着能源的不断消耗，材料环保设计的理念深入人心，这就对材料改性提出了更高的要求，同时也是材料改性行业新的契机。

ABS/PMMA 合金作为一种高附加值的材料，对其新型用途的开发一直是各大企业的研究热点，结合材料本身的特点，ABS/PMMA 合金未来的发展方向主要有以下几个方面。

(1) 高表面质量的 ABS/PMMA 合金

随着家电行业竞争加剧，家电产品更新换代的周期越来越短，而显示屏技术的更新周期较长，投入成本较大，所以主机厂更多着眼于开发更吸引消费者眼球的产品外观，其中具有钢琴黑和渐变效果的产品外观获得了广泛关注，并且已经推出相应的产品来吸引消费者以提升品牌形象。

要获得钢琴黑和渐变效果，需要材料具有更高的着色力。以黑色电视机显示器外壳为例，与普通 ABS 相比，高光 ABS 和无卤阻燃 PC/ABS 合金具有更高的光泽度和更黑的视觉效果，但这均需要模具配合高的抛光技术和特殊的成型技术，如急冷急热成型技术和电加热成型技术，对于出货量较大的家电主机厂和竞争激烈的家电行业来说，这无疑更具挑战。ABS/PMMA 合金的优势在于其具有更高的着色力，利用普通的高光模具即可获得钢琴黑的外观效果。图 4-96 对比了电视机壳体常用材料的黑度，可见高表面质量的 ABS/PMMA 合金黑度最高。通过合理的配方设计和橡胶粒径选择，可获得透光率可调的 ABS/PMMA 合金，配合产品结构设计和壁厚变化，外观上可获得渐变效果，这是普通高光 ABS 和无卤阻燃 PC/ABS 合金所无法比拟的。

综上所述，高着色力的 ABS/PMMA 合金是家电产品更新换代的重要推动力，其关键技术在于赋予材料一定的透明度，而多相组合物透明性的实现依赖于组分间的相容性和原材料

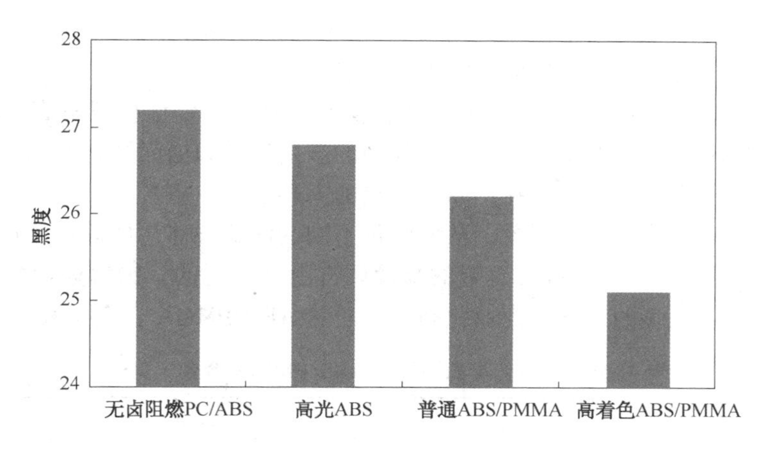

图 4-96　电视机壳体常用材料黑度对比(数值越小，代表黑度越好)

的选择。前面已经对如何获得 ABS 与 PMMA 间足够的相容性进行阐述，本节主要关注如何选择合适的原材料获得可调的透光率。

从原理(图 4-97)上来说，在充分考虑相容性的前提下，透明性的实现要满足以下几个条件：

① 组分间的折射率差值。一般情况下，当两相折射率相差小于 0.009 时就可以达到足够的透明度。

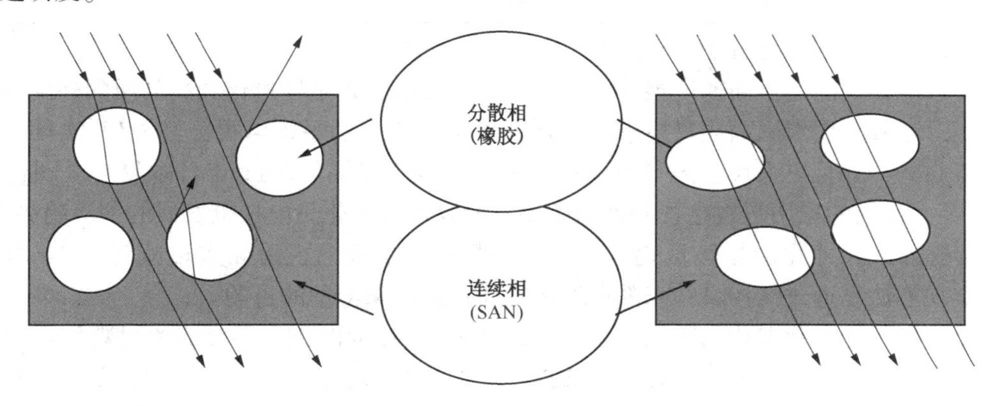

图 4-97　普通 ABS(左图)和透明 ABS(右图)原理(来源于第一毛织化学)

② 橡胶粒径。从理论上讲，胶乳的粒径只要小于可见光的波长 370nm，就可以透明。但实际上由于两相折射率有微小差异，接枝橡胶粒径小于 100nm 也可以透明，这是因为可见光的波长是 430~760nm。当橡胶粒子粒径比可见光波长小很多时(70nm 左右)，这样小的粒子可以看作是悬浮在透明介质中的均匀的透明体而不影响光线通过。

③ 橡胶分散。即使满足上述两个条件，如果不能保证橡胶有效分散而出现团聚现象，个别的团聚橡胶粒子会导致严重的光散射而造成透明度下降和发雾现象。

由于网络信息的发达和原材料供应链的共享平台，各改性厂在原材料选择上趋于同质化，所以 ABS/PMMA 合金品质的好坏主要决定于橡胶分散程度，分散良好的材料其成型制品往往透明度均一、底色清澈；而分散较差的材料，其成型制品则表现出局部发雾现象，这也会导致局部着色力下降而出现视觉上的色斑，影响产品表面质量。配套厂往往会通过粉碎再回收的方法来节省成本，结果由于热历史的增加导致 PMMA 水解风险加大，而导致产品色变和表面银丝，这种恶性循环反而导致更多的浪费。

综上所述，高表面质量 ABS/PMMA 合金的技术门槛相对传统材料较高，其开发成本相对高光 ABS 高 15%～20%，但由于其可实现外观的自由设计如前面提到的钢琴黑和色彩渐变效果，可赋予产品更高的附加值。在产品同质化的大环境下，主机厂设计人员更愿意选择高附加值的材料来提升企业的品牌形象，从而满足不同的消费群体。如近年流行透明或半透的电视机装饰圈就是依赖 ABS/PMMA 合金的高设计自由度实现的，销售渠道数据表明这类电视机往往受到消费者更多的青睐。商业化高表面质量 ABS/PMMA 合金见表 4-65。

表 4-65　商业化高表面质量 ABS/PMMA 合金一览表

<table>
<tr><th rowspan="2">公司名称</th><th rowspan="2">牌　号</th><th colspan="3">关键性能</th></tr>
<tr><th>熔体流动速率/(g/10min)</th><th>缺口冲击强度/(J/m)</th><th>铅笔硬度(1kg)</th></tr>
<tr><td>锦湖日丽</td><td>ABS722</td><td>22</td><td>140</td><td rowspan="2">F</td></tr>
<tr><td>LG</td><td>XG568</td><td>24</td><td>105</td></tr>
<tr><td>乐天</td><td>BF-0677</td><td>7.0</td><td>83</td><td rowspan="3">H</td></tr>
<tr><td>锦湖日丽</td><td>HAM8541</td><td>12</td><td>100</td></tr>
<tr><td>LG</td><td>XG569C</td><td>11.5</td><td>80</td></tr>
<tr><td>锦湖日丽</td><td>HAM8580</td><td>6.5</td><td>60</td><td>2H</td></tr>
</table>

(2) 超高流动 ABS/PMMA 合金

虽然家电类产品的更新速度很快，但其主流发展趋势还是轻量化和高品质的外观。以电视机为例，随着人们对画面质量要求的提高，40 英寸以上的平板电视已经取代 32 英寸成为市场主流趋势，并且更大尺寸的平板电视比例也在逐年攀高。2011 年日本夏普公司已经开发出 60 英寸以上的家用平板电视并推向市场，所以大尺寸化是电视机发展的主流趋势之一。其次，伴随着大尺寸化的是轻量化，与几年前相比，平板电视后壳重量减轻了 20% 以上，其主要实现方法是通过结构设计来降低壁厚从而达到轻量薄壁的目的。

在产品大尺寸和薄壁化的市场趋势下，超高流动 ABS/PMMA 合金成为材料发展的新方向，高流动性是保证产品成型和外观的前提。根据调查和经验，主机厂选材人员对材料流动性指标比以往更加关注，而配套厂也在不断地提出由于材料的流动性不足而导致的种种问题，如充模不足、缩痕和应力开裂等，这就促使材料供应商寻求更有效的流动解决方案。

单纯提高材料的流动性很容易实现，但其难点在于如何平衡材料的热稳定性和机械性能。传统的提高流动性的思路主要是通过大量添加润滑剂或者选择流动性更高的树脂基体来满足的。这两种方法带来的负面影响是耐热性、机械性能下降和加工过程中小分子析出而导致表面发雾或银丝现象，所以开发热稳定性高的流质改善剂成为行业的研究热点。日之升精细化工率先开发的超高流动 EMI 系列产品流动性是目前被大家接受的高流动 SAN 的 2 倍以上，如图 4-98 所示，少量添加即可大幅改善材料的加工性能和外观质量，并且由于其本身热稳定性极佳，产品的高温加工性能卓越。上海锦湖日丽率先将 EMI 系列产品用于超高流动 ABS/PMMA 合金，通过流动螺旋长度模拟成型过程材料的加工性能，如图 4-99 所示，超高流动 ABS/PMMA 合金加工性能明显改善，这为实现产品大尺寸和薄壁化提供了优质材料。

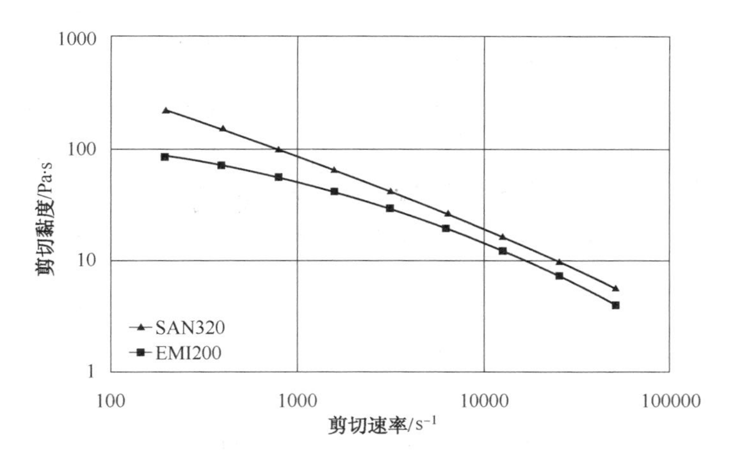

图 4-98　高流动 SAN320 与超高流动改善剂 EMI 流变对比(200℃)

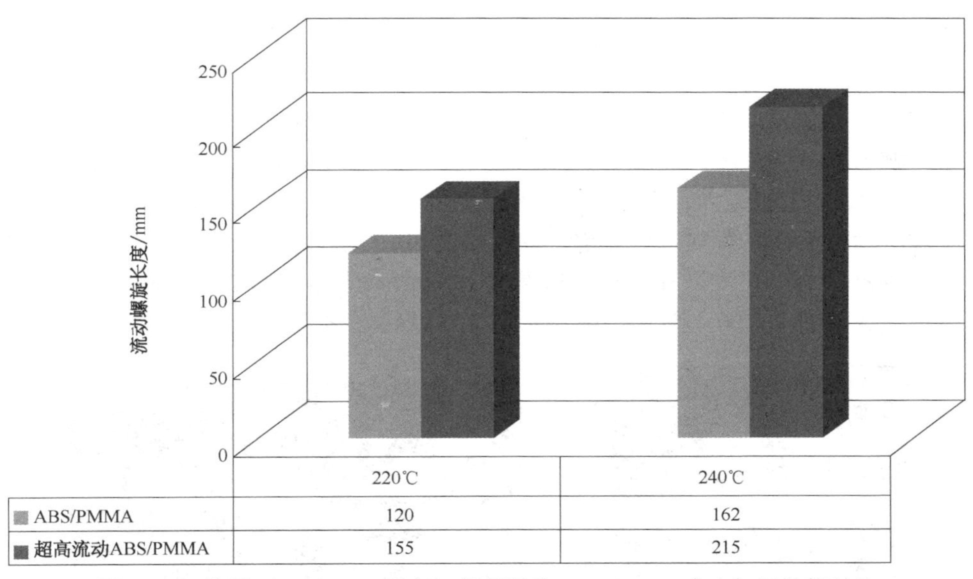

图 4-99　普通 ABS/PMMA 合金与超高流动 ABS/PMMA 合金加工性能对比

大尺寸轻量化的平板电视已经成为消费者的主流选择，而高流动 ABS/PMMA 合金由于其本身的高着色力优势，必将推动平板电视壳体的薄壁化和美观化成为现实。除此之外，高流动 ABS/PMMA 合金还可用于一些结构设计复杂的家电壳体、装饰条和面板，如可触控式的洗衣机面板、空调面罩和透明视窗等。商业化超高流动 ABS/PMMA 合金见表 4-66。

表 4-66　商业化超高流动 ABS/PMMA 合金一览表

公司名称	牌　号	关键性能		
		熔体流动速率/(g/10min)	缺口冲击强度/(J/m)	铅笔硬度(1kg)
锦湖日丽	ABS-T	30	160	F
LG	XG568	24	105	F
乐天	BF-0675	11.5	78	H
锦湖日丽	HAM8541F	18	100	H

(3) 美学 ABS/PMMA 合金

1) 概述

当包装设计正成为产品细化的决定性因素之一时，越来越多的供应商开始采用色彩效果来满足这种需求。几年前，高光黑又亮树脂的成功推出使家电领域的免喷涂设计成为现实，但随着消费者对产品外观需求的不断提高和具有特殊效果颜料的成功研发，极富感官效果、色彩多姿的产品一推向市场就获得了消费者的关注和青睐，如家电领域流行的珠光效果、闪烁效果、木纹效果和色度渐变效果等。目前，这些美学效果的获得无一例外地是通过表面喷涂实现的，由此带来的昂贵的喷涂消费、复杂的工序和合格率低的缺陷导致生产成本大幅度提高，让消费者望而却步。

近年来，各个国家纷纷出台了一些环保政策来限制产品中有害物的排放，其中喷涂所带来的环境污染逐渐受到质疑，无论是家电还是汽车厂商亟待寻求新的方案来实现美学外观效果，在这种大背景下可一次成型的树脂成为行业的研究热点。这类树脂除了需要满足产品的结构功能外，还需要实现传统树脂所无法达到的美学外观，我们将这一类树脂称为“具有特殊颜色效果的美学树脂”。这类美学树脂将是改性材料的一次里程碑式的革新，并为下游OEM 企业提供全新的外观解决方案。

在美学树脂概念提出之前，材料设计人员往往重点考虑制件功能性和物理机械性能。而美学树脂，顾名思义其突出特点是特殊的颜色效果，研究人员聚焦于如何通过一些特殊的色粉或颜料来实现这一方案，而通过在树脂里添加效应颜料实现美学效果是简单而有效的途径。这些效应颜料往往具有独特的光学特性和角度效应，能够实现传统颜料无可比拟的外观优势，如金属效果、珠光效果和大理石效果等，而大家所熟知的效应颜料就是铝粉和珠光粉，其微观结构如图 4-100、图 4-101 所示，金属颜料光学原理见图 4-102。

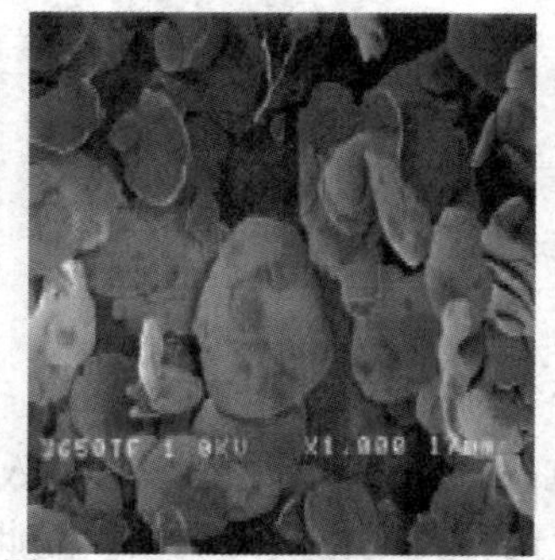

图 4-100　银元型铝粉微观照片

(Siberline 公司提供)

图 4-101　玉米片型铝粉微观照片

(Siberline 公司提供)

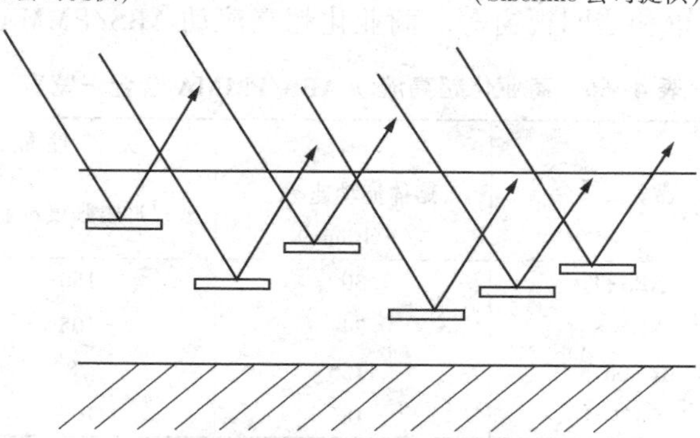

图 4-102　金属颜料(铝粉)光学原理

其实早在几年前，一些技术能力较强的企业就利用效应颜料开发出相应的色母，通过一定的比例添加到基材树脂中实现美学效果。但从目前的市场反馈来看，这种方法并未获得规模化应用，其主要原因就是这类色母料无法解决效应颜料带来的熔接线和流痕的问题，如图4-103所示局部产生黑色的流痕。利用光学显微镜对图4-103所示的流痕进行分析，如图4-104所示，流痕部位与其他部位的金属颜料分布区别较大。这类问题的产生主要归结于效应颜料本身具有一定的长径比，并且其表面张力较大，与树脂的相容性较差，在制品成型过程中容易产生取向或流动速度不匹配问题，在浇口和肉厚变化区域极易出现熔接线和流痕的问题，极大地影响产品外观，除了造成很高的不良率外，往往需要模具进行特殊设计，导致模具成本提高。

图4-103　添加铝粉色母色板流痕

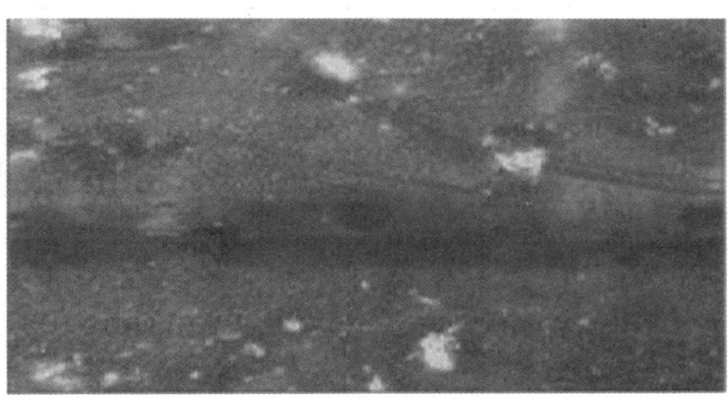

图4-104　流痕光学显微镜照片

使用效应颜料毋庸置疑是实现美学效果的最有效的途径，所以研究人员花了大量的时间研究如何解决效应颜料的取向和流速不匹配问题(图4-105)。随着颜料技术、材料混合技术和成型技术的日益进步，少数企业已经突破关键技术并率先推出商业化产品，其中以上海锦湖日丽的“塑可丽”品牌为代表，该产品已经成功应用于国内主流品牌的洗衣机、空调面板和小家电外壳。“塑可丽”的应用得益于其专利的效应颜料分散技术和相容化技术。

图4-105　流痕改善前后对比图片

美学树脂的开发不仅仅依赖于其核心技术的突破，基材的选择同样需要关注。ABS/PMMA合金由于可实现外观的自由设计(透明、半透明等)，并且具有极佳的着色力，所以效应颜料可以发挥其最佳的光学效果。而这些特性对于获得消费者所接受的视觉效果而言是非常关键的，如ABS/PMMA合金能够实现高彩度和半透明的金属色，其深邃的视觉冲击往往能够获得消费者更多的关注，而这是普通ABS树脂所无法比拟的。在小家电行业具有高彩度的外观效果通常能够获得消费者更多的青睐。

美学树脂的开发和应用还处于起步阶段，目前主要应用于家电领域，如洗衣机操作面板、空调内机面罩、平板电视装饰条和小家电外壳。相对于家电领域，其他行业对其应用还存在一定的顾虑，如笔记本行业工程人员认为其耐刮擦性无法完全达到喷涂的水平，很难通过百格试验和十字划格试验，这是目前还无法解决的问题。如果换个角度考虑，美学树脂不仅可作为一种喷漆替代方案，还可以获得喷漆无法实现的外观效果，如半透闪烁和大理石效果，从这个意义上来讲，美学树脂更是一种外观创新解决方案。

随着行业竞争加剧，产品同质化严重，美学树脂的意义已经不仅仅是代替喷涂。如果主机厂在产品设计初期能充分考虑美学树脂的优越性，将会有助于品牌形象的提升。对于配套厂而言，可一次成型的美学树脂带来的工序简化也极大地提高了生产效率和产品附加值。而美学树脂带来的低排放和健康生活方式更被消费者所津津乐道。商业化美学 ABS/PMMA 合金见表 4-67。

表 4-67　商业化美学 ABS/PMMA 合金一览表

公司名称	牌号	关键特性				
		密度/(g/cm^3)	熔体流动速率(240℃，10kg)/(g/10min)	3.2mm 缺口冲击强度/(J/m)	铅笔硬度(750g)	外观效果
锦湖日丽	ABS-TM	1.11	25	160	F	★★★
	MA300-M	1.12	16	120	H	★★★★
	MA504-M	1.16	12	50	2H	★★★★★

2）银色共挤出 ABS/PMMA 合金

目前，随着家电行业竞争的白热化，“大鱼吃小鱼”的时代已经来临，家电企业并购不断，大家电领域以海尔、美的、海信和格力为代表的巨头占领了 60%以上的市场份额，家电行业格局基本形成。在这种大环境下，行业恶性竞争的局面悄然改变，行业领导品牌正在思考如何通过产品创新来提升品牌形象，如更时尚的外观，更绚丽的 3D 效果，具备多种功能的除甲醛空调等。这些改变的目的都是为了吸引更多的消费者。就细分到冰箱行业而言，双开门、三开门的覆膜玻璃门冰箱，以其时尚大方的外观逐渐成为消费者的主流选择，而不为大家所关注的冰箱侧饰条(图 4-106)却在其中起着重要的作用。

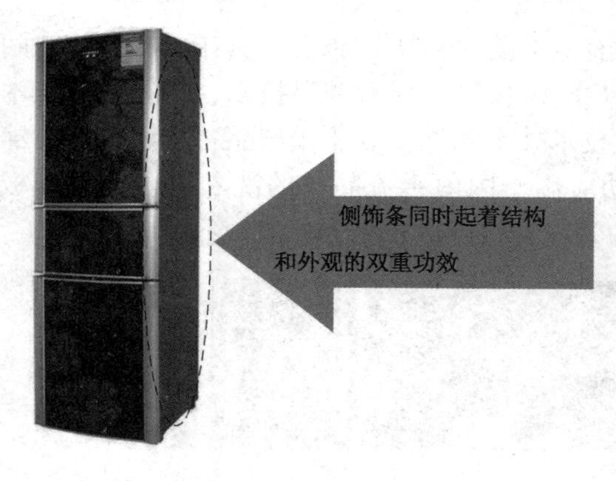

图 4-106　冰箱侧饰条

外观在品牌选择过程中占据首要的地位，消费者往往关注冰箱整体外观而忽视侧饰条的作用，但侧饰条同时起着外观和功能的双重作用，侧饰条品质的好坏直接影响后续装配过程，毫不夸张地说甚至会影响到新产品的上市。所以主机厂(尤其玻璃门冰箱厂)对侧饰条的品质制定了详细的检测标准和交货日期。

2021 年的统计数据显示，冰箱年产量约 8900 万台，而银色的冰箱侧饰条比例高达 60%以上，每台冰箱用 3m 左右的侧饰条，也就是说光银色冰箱侧饰条一年的消耗量就约 1.6×10^8m，这个数量非常可观。目前，冰箱侧饰条的主流工艺是 PVC 挤出成型后喷银色漆，结合上面的数据，单独银色漆的消耗量就达到 $1.6\times10^7m^2$，如果将喷漆不良考虑在内这个数据将会很惊人。早在几年前，行业领导品牌就已经开始思考是否可通过免喷涂的方式来获得具有银色外观的冰箱侧饰条。随着环保政策的出台和健康生活方式逐渐成为趋势，侧饰条的免喷涂化正在成为行业重点关注的热点，每个主机厂正在通过整合资源投入大量的人力物力来寻求新的解决方案。

20 世纪 80 年代，美国 GE Plastic 公司发明了共挤成型技术，如图 4-107 所示，通过在 PVC 表面共挤 0.1~0.3mm 的 ASA 或 PMMA 层来实现免喷涂化，经过 20 多年的发展已经成为彩色异型门窗的主流工艺。生产工艺和口模如图 4-108 所示[139]。

图 4-107　彩色异型门窗

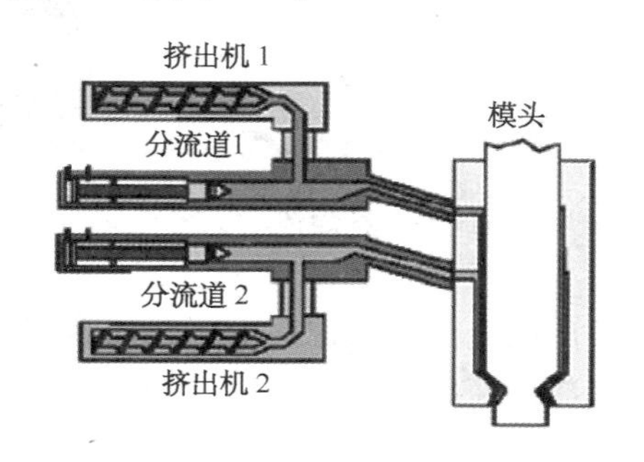

图 4-108　共挤成型工艺简化图

借鉴彩色异型门窗行业的经验，从 2009 年起家电行业出现了通过共挤的方式来实现银色冰箱侧饰条生产。而这种工艺也是具有成熟经验型材生产厂通过在现有的改性 PMMA 里添加一定比例的银色色母来实现的。这种工艺的确为冰箱侧饰条免喷涂化提供了一种新的解决思路。但由于改性 PMMA 耐化学品较差而难以通过主机厂的耐酒精和乙酸实验而失败，且所添加的色母颜色单一，导致产品同质化而未被大批量使用。最重要的一点是，由于冰箱侧饰条生产企业仍以 PVC 单挤后喷漆工艺为主，没有共挤成型的经验，加上国内共挤模具技术参差不齐，产品不良率大大上升，造成前期投入的极大浪费。

结合共挤银色的开发经验，总结了共挤银色实施过程中容易出现的几大问题，以期为行业相关人员提供借鉴。共挤与单挤不同的是，其需要面层材料与基材 PVC 有很好的匹配，其中最主要的是黏度的匹配性。如果黏度匹配不好，容易出现如图 4-109 所示的熔体紊流现象，严重的可能导致熔体破裂从而造成露白、针点或表面波纹现象。这类问题的解决，往往首先要从材料上着手。设计过程中，要结合基材的特性进行综合考虑，面层材料的品质主要取决于其与基材的匹配性。不同厂家不同品牌的 PVC，性能各异。面层材料的加工窗口是影响共挤制品表面质量和其适应性的核心因素。加工窗口宽的面层材料，受挤出设备及工艺波动的影响越小，连续挤出性越好，这对于共挤厂的生产效率是非常关键的。

下面是一个需要从材料和挤出工艺两个层面所共同解决的问题。平整、均一的表面质量是每个主机厂所追求的，但共挤过程中经常出现的一些微小缺陷却会极大地影响表面质量，一个小的瑕疵就可能导致整根侧饰条浪费。这类瑕疵的产生原因很复杂，可能会涉及真空定型、挤出温度、水槽和设备中的杂质、炭化物和材料本身的原因，我们把这些问题产生的原因统称为麻点。根据麻点的不同表现形式，通过显微镜观察可粗略地对其定性分析，如图 4-110 所示的麻点即由设备中的炭化物或杂质造成的，结合元素分析发现该处含有大量的 Cl 元素，则可以确定为 PVC 炭化。通过这些分析我们可以对症下药，对挤出工艺和模具进行合理的优化。

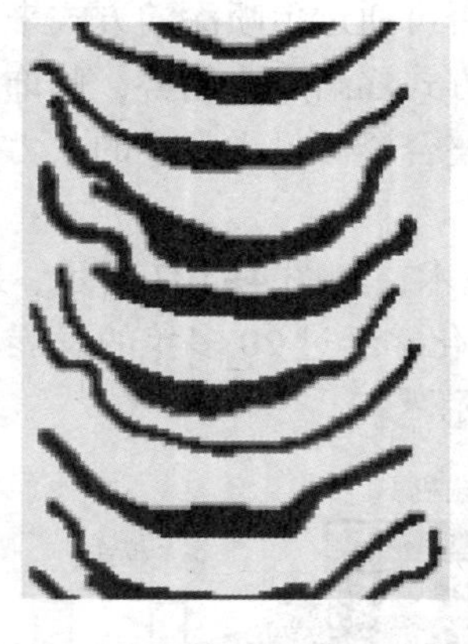

图 4-109　共挤成型过程熔体不稳定现象

图 4-110　麻点微观形态(×100 倍)

共挤产品表面容易出现的另一个问题是表面划痕和收缩痕，如图 4-111 所示。面层材料硬度和冷却速率设计不合理会导致这种问题的产生。但这类问题的解决受模具设计和挤出工艺影响更大。如冰箱侧饰条背部会设计加强筋来满足装配需要，而加强筋设计不合理最容易导致表面缩痕；而分流道、口模和定型模设计不合理，则容易导致表面划痕的产生。所以这类表面问题的解决往往需要模具设计和挤出工艺的不断优化来实现。不过成熟的模具在更换面层材料后也会出现类似问题，共挤厂为了节省成本而不重新开模，需要材料供应商调整材料以适应模具，这就同样需要材料具有较宽的加工范围，而这并不容易做到。

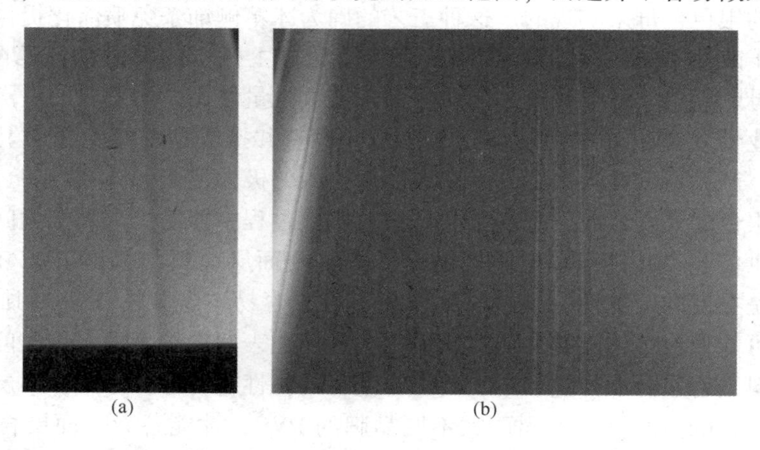

(a)　(b)

图 4-111　(a)收缩痕；(b)表面划痕

共挤需要面层与底层的良好匹配，比单挤有更高的要求。而共挤银色侧饰条经常会出现曲面和阶梯设计，比彩色门窗会出现更多的表面问题，如露底、厚度不均一等。所以共挤银色侧饰条需要综合考虑材料、挤出工艺和模具的适应性，而目前国内家电配套厂正在经历从单挤向共挤的转变，整体共挤经验不足，这就对材料的加工窗口和匹配性提出了更高的要求。上海锦湖日丽在成功推出塑可丽® 注塑级 ABS-M、ABS-TM 和 MA300-M 后，经过 2 年的开发解决了麻点、划痕、厚度不均一和表面划痕等问题，于 2011 年 8 月推出共挤级塑可丽® MA301-M，由于引入了耐化学品的 SAN 组分而极大地提高了其耐酒精和耐乙酸性能，不会产生现有改性 PMMA+色母方案出现的酒精擦拭起皮现象，已经在海信和美菱冰箱上成功实现量产，其出色的连续生产性(可达 20h 以上)和不同类型模具适应性，成为主机厂选择的主要因素，产品如图 4-112 所示。与 PVC 喷漆相比，共挤银色装饰条为家电主机厂节约了 30%~40%的成本，已经成为国内共挤银色侧饰条的代表产品和冰箱侧饰条用材料的首选。

图 4-112　塑可丽® MA301-M 与 PVC 共挤成型的不同形状冰箱测试条

与传统的喷漆和色母方案相比，塑可丽® MA301-M 综合考虑了共挤厂的设备状况，其加工窗口更宽，并且能进行颜色设计而为主机厂提供差异化产品。从开发过程中客户的反馈来看，其主要具有以下优势，对比情况如表 4-68 所示。

表 4-68　不同银色材料性能对比

项　　目	PVC 单挤+喷漆	色母方案	塑可丽® MA301-M
成本	高	可节约成本 20%~30%	可节约成本 30%~40%
耐化学品性	好	差，易产生起皮现象	好
颜色效果	单一	单一	可进行差异化设计
表面质量	优	与喷漆相差较大	接近喷漆
不良率	高，易脱漆	高	低
加工窗口	宽	窄	可连续生产 20h 以上
不同类型模具适应性	宽	窄	宽
操作性	工序复杂，周期长	需要配备混合设备	无需混合，操作简单

目前，共挤银色材料仍主要用于冰箱侧饰条，这是由行业竞争的现状和特点所决定的。市场的需求出现了这类材料，而以 ABS/PMMA 合金代替传统的改性 PMMA，又拓宽了其加工范围和功能性，如切割崩边和耐化学品性，使这类共挤材料可适用于更多的领域。如为了增加风量和提升产品外观，目前空调柜机越来越多地采用侧出风口，如图 4-113 所示。部分设计的出风口盖板可通过 ABS/PMMA 共挤银色的方案实现。除此之外，超市经常用到的冷柜防撞条也可使用该方案实现，但需要进一步改善其低温冲击性能。

图 4-113　空调柜机侧出风口

随着市场需求的多元化，ABS/PMMA 合金共挤材料预计在今后会有爆发性的增长，这为塑料改性行业和 ABS/PMMA 合金的创新应用提供了契机。

参 考 文 献

[1] 赵义平，刘敏江，张环．塑料科技，2002，(4)：17.
[2] 王震．塑料工业，2006，34：81.
[3] 王直刚．炼油与化工，2004，15(3)：13-15.
[4] 李晓丽，李斌．高分子材料科学与工程，2005，21(1)：48.
[5] 葛彦侠，谭志勇，曹春雷等．中国塑料，2007，21(12)：77.
[6] Markezich R L，Mundhenke R F. Recent Adv. Flame Retard. Polym. Mater，1995，6：1177.
[7] 李建军，黄险波主编．阻燃苯乙烯系塑料[M]．北京：科学出版社，2003.
[8] 李永华，曾幸荣，刘波等．塑料工业．2004，32(1)：13.
[9] 王丽红，赵清万．塑料助剂，2008，(5)：39.
[10] WO 2007/129835 A1.
[11] CN 101525455 A.
[12] CN 101787174.
[13] 彭洋，王春江，朱坤，等．合成材料老化与应用，2000，(4)：31.
[14] 夏晓明，宋之聪．功能助剂[M]．北京：化学工业出版社，2004.
[15] 杜强国，张传贤主编．塑料工业手册——苯乙烯系树脂[M]．北京：化学工业出版社，2004.
[16] 李建军，黄险波，蔡彤旻．阻燃苯乙烯系塑料[M]．北京：科学出版社，2003.
[17] 欧育湘．阻燃剂——制造、性能与应用[M]．北京：兵器工业出版社，1997.
[18] 欧育湘．实用阻燃技术[M]．北京：化学工业出版社，2002.
[19] 欧育湘，陈宇，王筱梅．阻燃高分子材料[M]．北京：国防工业出版社，2001.
[20] Levchik S V，Bright D A，Moy P，Dashevsky S. Journal of Vinyl and Additive Technology，2000，6(3)：123-128.
[21] Ma H Y，Tong L F，Xu Z B，Fang Z P，Jin Y M，Lu F Z. Polym. Degre. Sta.，2007，92：720-726.
[22] WO 00/17268，2000.
[23] CN 1616546A，2005.
[24] CN 101845197，2010.
[25] Ji Y，Kim J，Bae J Y. J. Appl. Polym. Sci.，2006，102：721-728.
[26] Lee K，Kim J，Bae J Y，Yang J，Hong S，Kim H K. Polymer，2002，43：2249-2253.
[27] Kim J，Lee K，Lee K，Bae J Y，Yang J，Hong S. Polym. Degre. Sta.，2003，79：201-207.
[28] 贺成，曾幸荣．中国塑料，2007，21(5)：32-34.
[29] 林晓丹，徐忠英，曾幸荣，徐迎宾．塑料工业，2007，35：259-262.
[30] 林晓丹，徐忠英，曾幸荣，徐迎宾．塑料工业，2007，35：263-271.
[31] 卢林刚，殷全明，徐晓楠，王会娅，于宝刚．塑料，2008，37(4)：24-26.
[32] Lee K，Yoon K，Kim J，Bae J Y，Yang J，Hong S. Polym. Degre. Sta.，2003，81：173-179.
[33] 杨海洋，肖鹏，胡炳环．塑料工业，2006，34(5)：69-72.
[34] 周健，俞进见．现代塑料加工应用，2006，18(1)：28-31.
[35] 吴育良，王长安，许 凯，陈鸣才．高分子通报，2005，(6)：37-43.
[36] 王德花，李荣勋，刘光烨．中国塑料，2007，21(11)：74-77.
[37] 李景庆，周智峰，牟立，陈贻瑞，方洞浦．塑料科技，1999，(2)：12-14.
[38] 周霆，唐银花，田冶，李荣群．高分子材料科学与工程，2010，26(7)：129-132.
[39] Bugajny M，Bras M L，Bourbigot S. Journal of Fire Science，2000，18：7-27.
[40] Bugajny M，Bras M L，Bourbigot S，et al. Journal of Fire Science，1999，17：494-513.
[41] 夏英，蹇锡高，刘俊龙，韩英波，李健丰，王丽娟．中国塑料，2005，19(5)：39-42.

[42] 夏英，蹇锡高，王新红，韩英波，李健丰，董光远．合成树脂及塑料，2007，27(4)：23-27.
[43] 韩建竹，夏英，蹇锡高，史非，王丽娟．工程塑料应用，2007，35(1)：8-11.
[44] 王建琪．无卤阻燃聚合物基础与应用[M]．北京：化学工业版社，2005：49-93.
[45] 陆晓东，张军．塑料，2006，35(1)：18-22.
[46] Bras M Le，Bourbigots. Journal of Materials Science，1999，34：5777-5782.
[47] Serge Bourbigot，Michel Le Bras. Macromolecular Materials and Engineering，2004，289：499- 510.
[48] 陈锬，赵忠旭，蔡绪福．塑料科技，2007，35(11)：54-58.
[49] 鲁建，刘柯，王玉忠．2003，(1)：11-13.
[50] 孙德，高维全，李然，张龙，唐淑娟．中国氯碱，2007，12(12)：9-11.
[51] 李然，孙德，张龙．化工新型材料[J]. 2007，35(9)：75，76.
[52] G Z Wu，K Nishida，K Takagi，H Sano，et al. Polymer，2004，45(9)：3085-3090.
[53] M Ono，J Washiyama，K Nakajima et al. Polymer，2005，46(13)：4899-4908.
[54] G Z Wu，H B Xu，T Zhou. Polymer，2010，51：3560-3567.
[55] L Segal. Polym. Eng. Sci.，1979，19(5)：365-372.
[56] P J Yoon，T D Fornes，D R Paul. Polymer，2002，43：6727-6741.
[57] CN 1541249A，2004.
[58] 刘祥，等．高分子通报，1993，(1)：43.
[59] 林振青．塑料工业，1991，(1)：7.
[60] Plastics Age，1980，35(9)：35.
[61] プテスチツケス，1984，35(9)：35.
[62] 贾海红，郑纯智，刘玮炜．*N*-苯基马来酰亚胺的合成及应用进展[J]. 热固性树脂，2004，19(1)：36-38.
[63] 贾海红，等．热固性树脂，2004，19(1)：36.
[64] 张同心，等，耐热 ABS 合金制备中的热交联行为[J]. 高分子材料科学与工程，2007，20 (3)，117-121.
[65] 谢尔斯，D B 普里迪．现代苯乙烯系聚合物[M]. 高明智，李昌秀，王军，译．北京：化学工业出版社，2004.
[66] 黄立本，张立基，赵旭涛．ABS 树脂及其应用[M]. 北京：化学工业出版社，2001.
[67] 王克，李天政．苯乙烯-丙烯酸酯-丙烯腈三元共聚物的合成及表征[J]. 化学研究与应用，2003，15(5)：661-663.
[68] 谢尔斯，D B 普里迪．现代苯乙烯系聚合物[M]. 高明智，李昌秀，王军，译．北京：化学工业出版社，2004.
[69] 罗运军．塑料冲击改性剂与加工改性剂[M]. 北京：化学工业出版社，2003：97-98.
[70] 朱丁力，江鲁奔．ACS 树脂的性能与应用[J]. 塑料工业，2008，36(11).
[71] 翟刚．分散聚合法制备 EPDM-g-SAN 接枝聚合反应研究[D]. 北京化工大学硕士学位论文，2007.
[72] 孙绍灿．中外工程塑料牌号大全[M]. 杭州：浙江科学技术出版社，2003.
[73] CN1379797A，2002.
[74] H Kim，H Keskkula，DR Paul. Polymer，1990，31：869-876.
[75] CN 101768331A，2010.
[76] 曾珊琪，刘春燕，王文中，等．塑木材料发展前景的探讨[J]. 包装工程，2005，26(4)：23-24.
[77] Carlota H Fmaurano，Liliane L Portal，Ricardo Baumhardtneto，et a1. Functionalization of styrene-butadiene-styrene(SBS) triblock copolymer with maleic anhydride[J]. Polym Bull，2001，46(6)：491-498.
[78] 林铭，谢拥群，饶久平，等．木塑复合材料的研究现状及发展趋势[J]. 林业机械与木工设备，2004，32(6)：4-6.

[79] 肖亚航，傅敏士，木粉/ABS复合材料的热压成型工艺研究[J]. 塑料工业，2004，32(12)：58 -60 .
[80] 王玮，倪忠斌，张红武 . ABS/木粉复合材料的力学性能研究[J]. 中国塑料，2005，19(1)：31-33 .
[81] 金根木 . ABS/木粉型材及其生产方法[P]. CN 101457025.
[82] 李武 . 无机晶须[M]. 北京：化学工业出版社，2005.
[83] 毕刚，王浩伟，等 . 陶瓷质晶须及其在复合材料中的应用[J]. 材料导报，1999，13(5)：55.
[84] John V Mileski. Polymer Composite，1992，13(3)：223.
[85] 童筱莉，徐亮成，邬润德 . ABS/镁盐晶须复合材料的研究[J]. 工程塑料应用，2005，33(9)：20-22.
[86] 欧阳页先，吴青松 . 镁盐晶须增强ABS树脂复合材料的力学性能研究[J]. 武汉工程职业技术学院学报，2007，19(3)：1-5.
[87] 辛敏琦，陈晓东，孙洲渝 . 一种镁盐晶须增强阻燃聚丙烯组合物[P]. CN 1536012.
[88] 张凌燕，唐华伟，赖伟强 . 白云母改性与填充ABS工程塑料的试验研究[J]. 塑料，2007，36 (4)：5-7.
[89] 张凌燕，赖伟强，唐华伟，郑光军 . 硅灰石改性及填充工程塑料ABS的研究[J]. 非金属矿，2007，30 (3)：23-25.
[90] B K G Theng. Formation and properties of clay-polymer complexes[M]. Netherlands Amsterdam：Elsevier Scientific Publishing，1979：140-147.
[91] 杨晋涛，范宏，卜志扬，李伯耿 . ABS/蒙脱土纳米复合材料的制备、结构及性能[J]. 塑料工业，2006，34(4)：26-28.
[92] 郭文法，等 . 日本特许公报平116744，2001.
[93] 焦宁宁 . ABS树脂生产技术进展[J]. 弹性体，2000，10：36-40.
[94] Shaofeng Wang，Yuan Hu，et al . Synthesis and characterization of polycarbonate ABS/ montmorillonite nanocomposites[J]. Polymer Degradation and Stability，2003 ，80：159，160.
[95] 王家龙，张雅娟，张新波 . ABS共混合金研究进展[J]. 安徽化工，2008，34：11-16.
[96] 可娟，于森邈 . AS-g-MAH增容PC /ABS合金的研究及应用[J]. 工程塑料应用，2008，36：49-52.
[97] 石建江 . MBS改性PC/ABS合金的研究[J]. 塑料科技，2008，36：32-36.
[98] 杨其，郑一泉，冯强 ，李光宪 . PC / ABS共混体系的研究进展[J]. 塑料科技，2003，5：58-61.
[99] 贾娟花，苑会林 . 反应型相容剂对PC/ ABS合金改性研究[J]. 塑料工艺，2005，33：50-52.
[100] 戈明亮 . 国内聚碳酸酯/ABS合金力学性能的研究进展[J]. 广州化工，2005，33：13-21.
[101] 周海骏，王久芬 . 聚碳酸酯树脂及其合金的研究进展[J]. 华北工学院学报，2000，21：334-338.
[102] 陶宇，赖铭，张宁，李忠恒，陶国良 . 阻燃PC/ABS合金研究进展[J]. 江苏工业学院学报，2007，19：61-64.
[103] 李树 . 塑料吹塑成型与实例[M]. 北京：化学工业出版社，2006.
[104] 崔正洙 . 具有良好耐化学性和透明度的ABS共聚物透明树脂及其制备方法[P]. CN 1578795A.
[105] A塞德尔 . 具有改进的熔体流动性和耐化学品性的聚碳酸酯模塑组合物[P]. CN 1813030A.
[106] 闵星植 . 具有良好耐化学性和流动性的聚碳酸酯树脂组合物[P]. CN 101208388A.
[107] E文茨 . 增强了抗水解性的聚碳酸酯模塑材料[P]. CN 101128536A.
[108] 张新兰，张琴，等 . 聚碳酸酯热降解与稳定性的研究进展[J]. 塑料工业 2008，36(9)：1.
[109] J M D古森斯 . 聚碳酸酯树脂改善的颜色和水解稳定性[P]. CN 1200385A.
[110] 王斌，罗明华，辛敏琦，等 . 新一代高性能PC/ABS合金的研究 [J]. 工程塑料应用，2009，8：.
[111] EP-A-0278348.
[112] 辛敏琦，李荣群，李文强 . 高光泽、耐刮擦无卤阻燃聚碳酸酯树脂组合物[P]. CN 101475739A，2009.
[113] 简·普卢恩·伦斯，等 . 具有改进的耐刮擦性的热塑性组合物及由其形成的制品[P]. CN 101479340A，2009.

[114] 吴培熙，张留城．聚合物共混改性[M]．北京：中国轻工业出版社，1988 ：299.

[115] Hal E W，Keskkula H ，Paul D R. Compatibilization of PBT/ABS blends by methyl methacrylateglycidy methacrylate ethyl acrylate terpolymer [J]．Polymer，1999，40：365.

[116] Hal E W R ，Pessan L A ，Keskkula H ，et al. Effect of compatibilization and ABS type on properties of PBT/ABS blends[J] ．Polymer，1999，40：4237.

[117] Hal E W R ，Keskkula H ，Paul D R. Fracture behavior of PBT – ABS blends compatibilized by methyl methacrylate terpolymers [J]. Polymer，1999，40：3353.

[118] Hal E W，Lee J H ，Keskkula H ，et al. Effect of PBT melt viscosity on the morphology and mechanical properties of compatibilized and uncompatibilized blends with ABS [J]．Polymer，1999，40：3621.

[119] Basu，Diya. Determination of optimum compatibilizer（SMA）concentration for PBT/ABS（70/30）blends using tensilestrength data [J]．J Appl Polym Sci，1997，64：1485.

[120] Hal E W R ，Keskkula H ，Paul D R. Effect of crosslinking reactions and order of mixing on properties of compatibilized PBT/ABS blends [J]．Polymer，1999，40：3665.

[121] Hale W，Keskkula H，Paul D R. Compatibilization of PBT/ABS blends by methyl methacrylate-glycidyl methacrylate-ethyl acrylate terpolymers [J]．Polymer，1999，40：365-377.

[122] 索延辉，等．ABS-g-GMA 增韧聚对苯二甲酸丁二醇酯的研究[J]．中国塑料，2006，20(5)：17-21.

[123] 任华，张勇，张隐西．PBT/ABS 共混体系研究进展[J]．中国塑料，2001，15(11)：6-9.

[124] 杨金波．增容剂对 ABS/PBT 共混体的力学性能及形态结构的影响[J]．金山油化纤，2006，25（3）：7-10.

[125] 于杰，等．SMA 增容 ABS/PBT 共混体系的形态和力学性能[J]．高分子材料与工程，2008，24(1)：55-58.

[126] 徐东．一种 PBT/ABS 合金材料及其制备方法[P]. CN 200810067326.

[127] M M Dumoulin. Polymer Blends Handbook，2003，11：1067-1081.

[128] Martin Weber，Walter Heckmann，Andreas Goelde. Macromol. Symp，2006，233：1.

[129] N Kitayama1，H. Keskkula，D R Paul. Polymer，2000，41：8053.

[130] R A Kudva，H Keskkula，D R Paul. Polymer，2000，41：225.

[131] R A Kudva，H Keskkula，D R Paul. Polymer，2000，41：239.

[132] 黄立本，主编．ABS 树脂及其应用[M]．北京：化学工业出版社，2001.

[133] D R 保罗，C B 巴克纳尔主编．聚合物共混物(上)[M]．北京：科学工业出版社，2003.

[134] D R 保罗，C B 巴克纳尔主编．聚合物共混物(下)[M]．北京：科学工业出版社，2003.

[135] 杨碧波．用动态流变方法表征 PMMA/SAN 共混体系的相容性和相分离[J]．高等化学学报，2000：6.

[136] Charef Harreats，Sabu Thomas，Gabriel Groeninckx. Micro and Nanostructured Multiphase Polymer Blend Systems：Phase Morphology and Interfaces. Taylor and Francis Group，2006.

[137] 杨碧波．动态流变方法表征 PMMA/α-M SAN 共混体系的相容性和相分离[J]．高等化学学报，2000，6.

[138] 郑强，左敏．中国化学，2007，37(6)：515.

[139] Giles，Harold F. Extrusion：The Definitive Processing Guide and Handbook. United States of America by William Andrew，Inc，2005：398-408.

第 5 章　ABS 树脂的加工成型技术及应用

5.1　加工成型技术

ABS 树脂的加工成型，是运用塑料成型加工理论，在了解 ABS 特性的基础上，通过使用精良的设备、优良的工艺条件、合适的原料品种牌号，获得上乘的目标制品。

5.1.1　ABS 树脂的加工特性

ABS 树脂聚集相态为 SAN 树脂的连续相中分散着接枝聚丁二烯的"海岛"结构，属无定形接枝高分子聚合物，具有良好的加工成型性能，比热容较低，在模具中凝固快，模塑周期短，制件尺寸稳定，表面光泽度好。ABS 树脂可用注塑、挤出、压延、吸塑及吹塑等各种方法成型，主流加工方法是注塑成型法，挤出成型法次之。二次加工方法中喷涂、电镀、焊接应用较广，蒸镀、吸塑次之。

5.1.1.1　热性能

ABS 树脂熔融温度范围较宽，在 180～230℃之间，分解温度大于 250℃，不同品级 ABS 热变形温度在 75～110℃之间。ABS 树脂在-40℃时仍能表现出一定的韧性，可在 -40～65℃ 的温度范围内长期使用。

ABS 树脂在 270℃时会出现明显分解。但在长时间受热状态下，即使温度达不到其分解温度，热氧化反应也会引发其降解。大于 260℃时，ABS 在挤出机料筒中的停留时间最多不应超过 5～6min；而在 270℃时，物料在料筒中的停留时间则不应超过 2～3min。如果生产过程中发生短时停机，应当先把料筒温度降到 100℃并保温，以免长时间材料受热发生分解及交联反应。

ABS 树脂，尤其是流动性较差的耐热 ABS 树脂加工成型制件容易产生内应力。内应力的大小可以通过将制品浸入冰乙酸中来检验。如果制件内应力太大，需进行退火处理，将其放在 70～80℃的热风循环干燥箱中保温 1～2h，再缓慢冷却到室温即可消除大部分内应力。

5.1.1.2　流变性能[1]

ABS 树脂熔体为非牛顿流体，其对施加的剪切力比较敏感，存在剪切变稀现象；同时，其流动行为对温度也有一定的依赖关系。因此，剪切和温度都会对 ABS 树脂的熔体黏度产生影响。黏度降低有助于塑料熔体在模具型腔中的流动和填充。

（1）剪切速率的影响

随着剪切速率的加大，塑料的黏度一般会降低。但在剪切速率很低和很高的情况下，黏度几乎不随剪切速率变化而变化。剪切速率对 ABS 表观黏度的影响见图 5-1。

从图 5-1 可以看出，剪切速率对 ABS 树脂表观黏度的影响较大，随着剪切速率的提高，两种牌号 ABS 熔体的表观黏度皆直线下降。

在一定的剪切速率范围内，提高剪切速率会显著降低 ABS 树脂的黏度，可以改善其流动性能。尽管如此，实际加工中还是选择在熔体黏度对剪切速率不太敏感的剪切速率范围进

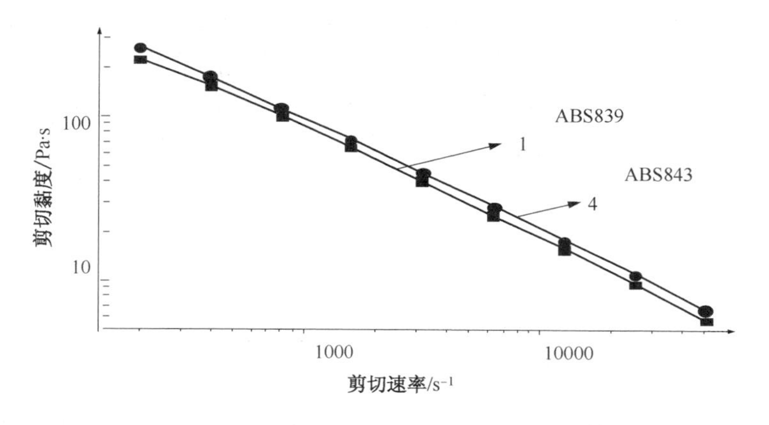

图 5-1　ABS 表观黏度-剪切速率变化曲线

行工艺调整，否则因为剪切速率的波动，会造成加工工艺不稳定和塑料制品质量上的缺陷。

（2）温度的影响

研究表明，随着温度的升高，塑料熔体的黏度呈指数函数方式下降。这是因为，温度升高，使得塑料分子链间及链段的运动加快，分子链之间的缠绕降低，分子链之间的距离增大。但温度太高，会引起材料降解。因此，在成型加工过程中，要依据各种牌号 ABS 推荐的加工温度范围，设定合理的加工温度。温度太低，熔体黏度大，流动困难，成型性差，导致制品内应力高，尺寸稳定性差。李超勤、刘波等对吉林石化 ABS 树脂 9738R 熔体黏度随加工温度的变化进行了研究[2]，结果见图 5-2。

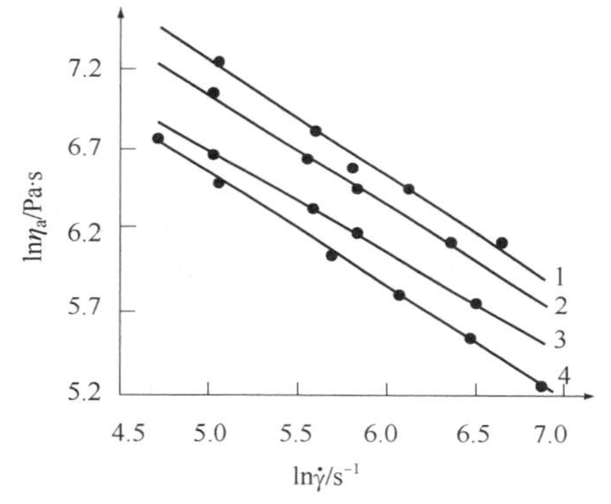

图 5-2　ABS9738R 在不同温度下的流动曲线

1—200℃；2—205℃；3—210℃；4—215℃

从图 5-2 中可以看出，不同温度下熔体黏度差异较大，ABS 9738R 的表观黏度(η_a)随温度的升高而降低。这是由于熔体在流动过程中随温度升高分子间空隙增大，链段活动能力增强，导致链段之间作用力降低，因而黏度随之减小。

ABS 树脂流动行为对温度较敏感，可以考虑提高成型温度来改善加工流动性能，特别是耐热 ABS。但成型温度必须在允许的成型温度范围之内，否则，易导致 ABS 树脂降解。不同牌号的 ABS 树脂在耐加工降解方面表现出较大的差异，如作为特殊 ABS 品种的 AES、ASA 树脂耐热加工稳定性较好，低橡胶含量的通用 ABS 次之，阻燃 ABS 的热加工稳定性较差。

5.1.1.3　吸水性

ABS 树脂分子链中含有氰基，易吸收空气中的水分，在室温下，平衡吸水率为 0.2%~0.5%。虽然水分多存在于颗粒表面，不至于对 ABS 机械性能构成重大影响，但注塑时若水分含量超过 0.1%，塑料制件表面质量变差，易产生银纹和气泡等缺陷。所以 ABS 树脂进行成型加工时，一定要事先干燥，而且干燥后的水分含量应小于 0.05%。不同品种 ABS 树脂干燥条件如表 5-1 所示。对于电镀 ABS，对制件表面质量要求高，建议用除湿干燥机进行干燥处理，水分含量要小于 0.02%。

表 5-1 不同品种 ABS 树脂干燥条件

ABS 树脂品种	干燥方式	干燥温度/℃	干燥时间/h
通用 ABS 树脂	热风料斗	80~85	2~3
	除湿干燥机	70~80	2~3
电镀 ABS 树脂	热风料斗	80~85	4~5
	除湿干燥机	70~80	3~4
阻燃 ABS 树脂	热风料斗	70~80	3~4
	除湿干燥机	70~80	2~3
耐热 ABS 树脂	热风料斗	85~95	3~4
	除湿干燥机	80~90	2~3

5.1.2 ABS 树脂的注射成型

5.1.2.1 注射成型设备

(1) 设备简介

注射成型是 ABS 树脂的主要加工成型方法。注射成型设备包括注塑机和其他辅机，如干燥机、吸料机、模温机等。

1) 注塑机[3]

ABS 注塑成型所用注塑机一般为卧式螺杆注塑机，主要包括注射系统、合模系统、液压传动系统和电器控制系统四个部分。

① 注射系统的作用是均匀加热塑化塑料，并在一定的压力和速度下将塑料熔体注射入模腔内，注射结束后，对熔体进行保压。主要有塑化装置、料斗、螺杆传动装置、计量装置和注射装置等。

② 合模系统是实现模具的开、闭，在注射过程中保证足够的锁模力，顶出产品等作用。它主要由固定模板、活动模板、模具调整机构、顶出机构等组成。

③ 液压传动系统和电器控制系统主要作用是保证注塑机按设定工艺参数和程序准确无误地工作，并满足注塑机各部分所需的动力和速度的要求。

2) 干燥机[4]

干燥机种类很多，最常用的主要有料斗式热风干燥机和除湿干燥机。ABS 注塑成型中使用最多的还是热风循环干燥机。特殊牌号的 ABS，如阻燃 ABS、电镀 ABS、高光泽 ABS 等，需要除湿干燥机干燥，以达到更好的干燥效果。使用除湿干燥机时，除注意干燥温度、干燥时间和风量外，还必须控制好露点，露点最好低于-40℃，不能高于-30℃，这样才能确保干燥效果。

3) 模温机

模温机又称模具温度控制机，它对模具施行加热和冷却两个方面的温度控制。按传热介质分为油温机和水温机。油温机控温范围大，一般在 45~180℃，最高可达 350℃，热稳定性好，但热传导效率不如水温机，有油污。水温/蒸汽机控温范围在 30~120℃，最高可达 180℃，它以水/汽作为媒介，升降温速度快。选择升温效果更好的模温机，可以大大改善 ABS 制品的表面质量，对提高制品二次加工合格率，拓展 ABS 的应用领域非常重要。

（2）注塑机的选择[6]

注塑机选择主要从以下几个方面考虑：

1）注射量

注射量在一定程度上反映注塑机加工能力的大小，也标志着机器所能产出的塑料制品的最大重量。一般来说，ABS 塑件的重量(包含料头)约为注塑机最大注射量的 30%～80% 为宜，注射量过小塑化不均，注射量过大塑料在料筒内停留时间过长，易导致材料降解。加工容易降解的阻燃 ABS 时，尤其应注意注塑机容量的匹配。

2）锁模力

锁模压力又称合模力。在注射过程中，锁模力是用来抵抗模腔压力而对模具施加的最大夹紧力，锁模力的大小与模腔压力和制品的投影面积有关。一般情况下，以每平方厘米投影面积施加 300～500kg 锁模压力的经验值计算所需要的锁模力。锁模力过小，制品易出现飞边；锁模力过大，制品易出现排气不良而产生气痕、烧焦。

3）螺杆

为了防止螺杆的剪切力过大造成 ABS 树脂的降解，应选用合适的螺杆长径比，一般情况下，长径比为(20：1)～(25：1)，压缩比为(2：1)～(2.5：1)为宜。

5.1.2.2　ABS 树脂的注射成型模具设计

模具是成型塑料制品的主要工具，一般来说塑料制品是批量生产的，因此模具在注射成型时应具有高效率、高质量及减少注塑后返工和修边等处理。根据注塑模具的功能及作用，其主要由以下几个部分组成：浇注系统；排气系统；温度调节系统；顶出系统。

（1）浇注系统[5]

注塑模具的浇注系统分为普通流道系统(冷流道)和热流道系统两大类。冷流道系统通常由主流道、分流道、浇口、冷料井等部分组成，如图 5-3 所示。而热流道系统的结构基本类似，只是流道外部有加热装置，使塑料一直处于熔融状态。

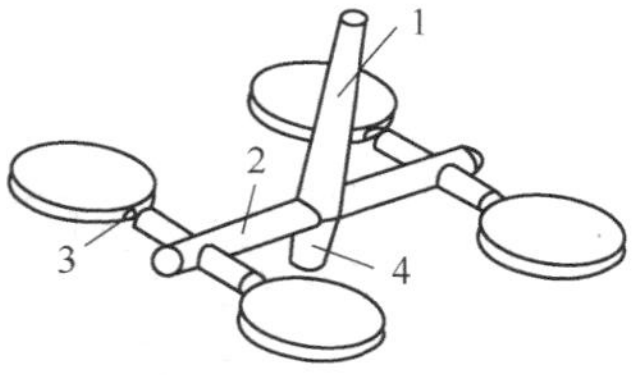

图 5-3　典型的浇注系统
1—主流道；2—分流道；
3—浇口；4—冷料井

1）主流道

主流道是指塑料熔体进入模具时最先经过的流道部位，为了便于主流道脱模，一般设计成圆锥形，其锥度设计在 2.5°～4°。主流道要有冷料井，以使熔胶前端的冷料进入冷料井，而不会进入模腔影响产品质量。同时冷料井也起到拔出主流道的作用。

2）分流道

分流道是主流道与浇口的中间连接部分，起分流物料和转换方向的作用。

在 ABS 注射过程中，熔融的塑料在流经分流道时，应使它的压力损失及热量损失最小，一模多腔时还应保证进料均衡，所以其结构设计非常重要。分流道的截面形状通常有圆形、U 形、梯形和半圆形，如图 5-4 所示。圆形的截面积和周长之比最大，在流过相等塑料流量下，充填效率最高；U 形截面的效率次之，但加工简单；梯形截面效率较差；半圆形截面最差，不建议使用。

3）浇口

浇口是分流道与型腔之间的连接部分，是一段很短的通道，它是浇注系统的关键部位。浇口的作用有两个：一是型腔充满后，塑料会在浇口处先凝固，防止倒流；二是多模穴模

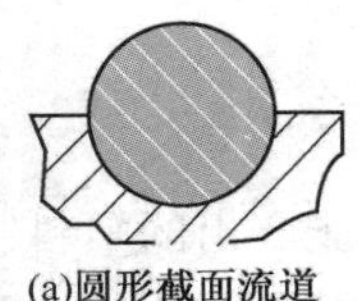
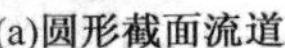

(a)圆形截面流道

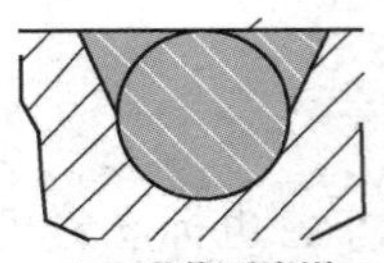

(b)U形截面流道

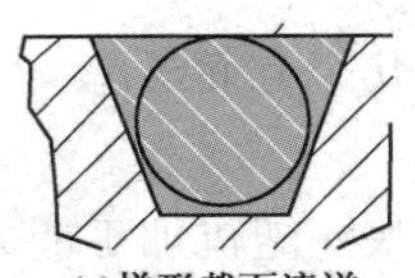

(c)梯形截面流道

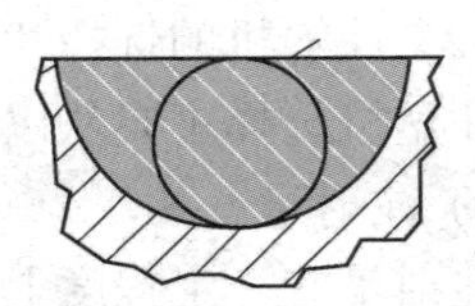

(d)半圆形截面流道

图 5-4　分流道截面

具，浇口可用来平衡进料，而对于多浇口单模穴的模具，浇口可控制结合线位置。

注塑件质量的好坏取决于浇口位置、类型、数量等，设计浇口的要点归纳如下：

① 每增加一个浇口，至少增加一条熔接痕，同时还增加一个浇口痕，因此在满足制件如期充填的前提下，浇口数量愈少愈好。

② 当塑件壁厚不均匀时，浇口应选择在壁厚处，有利于塑料充填和补料，使塑料从厚端面平稳地流入薄端面。

③ 浇口位置的选择考虑流动平衡，流动平衡使熔胶压力、温度及体积收缩分布均匀，质量均一。对单型腔而言，流动平衡就是熔胶前沿同时到达型腔各末端，对多型腔而言，流动平衡就是熔胶前沿同时到达各型腔的末端。

④ 浇口的选择应尽量避免产生喷射现象，浇口的断面尺寸如果较小，正对着一个宽度及厚度都较大的型腔，当高速料流流过浇口时，由于受到高剪切的作用会产生喷射或漩流等熔体，使塑件产生波纹状流痕，特别像耐热 ABS 流动性较差的牌号更容易产生浇口喷痕问题。如图 5-5(a)所示易出现流痕，修改后如图 5-5(b)所示可改善流痕问题。

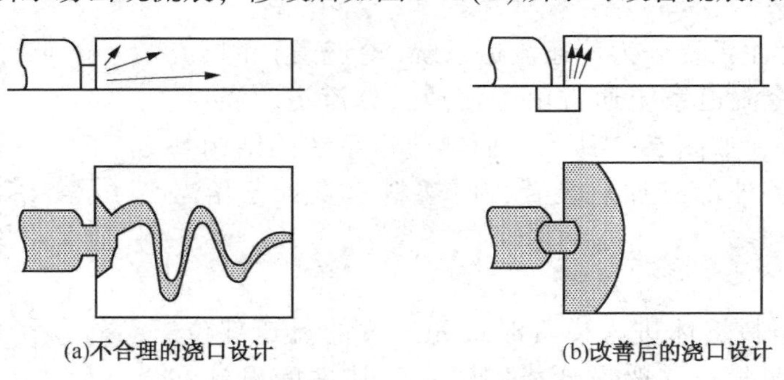

图 5-5　喷射痕及改善示意

ABS 树脂的浇口应设计得尽量大些，一般浇口的厚度大于塑件最大壁厚的 70%都能够得到较好质量的制品。但在注塑时，浇口越大，保压压力越大，保压时间也越长。ABS 树脂浇口的设计类型应该考虑塑件的技术要求、壁厚、形状及模具结构、注塑工艺等因素，通常有以下几种方式：

① 直接浇口。直接浇口是熔融塑料直接流入模腔，因而压力损失小，进料速度快，成型容易，传递压力好，保压补塑能力强，模具结构紧凑简单，制造方便。但去除浇口困难，浇口痕明显，在浇口附近熔料冷却慢，延长注塑成型周期，适用于大型、厚壁的单型腔模具。如图 5-6 所示。

② 点浇口。点浇口是一种截面尺寸特小的圆形浇口，由于截面积较小，使塑料流速加快，在剪切的作用下，塑料流温度升高，黏度降低，提高了塑料的流动性，有利于充填。点浇口在开模的同时即被拉断，浇口痕迹小，不影响塑件的外观，可实现自动化生产。但由于

点浇口直径较小，所以注射压力损失较大，而引起收缩率也大。浇口附近熔料流速很高，造成分子高度定向，增加局部应力而引起变形、翘曲等缺陷，薄壁的塑件容易发生开裂现象。为此在不影响塑件使用性能的前提下，局部加大浇口对面的壁厚，并使其成圆弧过渡。如图 5-7 所示。

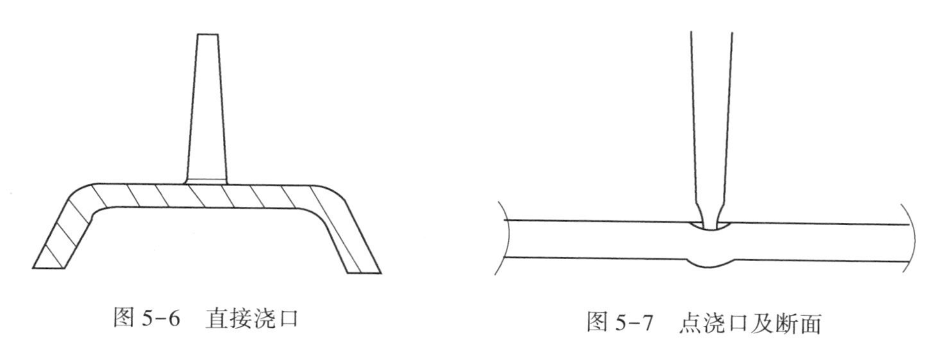

图 5-6　直接浇口　　　　图 5-7　点浇口及断面

③ 侧浇口。侧浇口一般设计在分型面上，从侧面进胶。侧浇口大多为扁平形状，可以缩短浇口的冷却时间，从而缩短成型周期；侧浇口截面积通常很小，熔料进入型腔前受到挤压和剪切再次加热，改善流动状况，便于成型，减少浇口附近的残余应力，避免变形；侧浇口加工简单，适用于一模多腔的模具，提高注塑效率。由于侧浇口注射压力损失大，应尽量缩短浇口长度，侧浇口也容易形成喷流痕、气泡等缺陷，应从选择浇口的位置、流动方向及排气措施上予以考虑，如图 5-8 所示。如果浇口是逐渐展开的，也称扇形浇口。

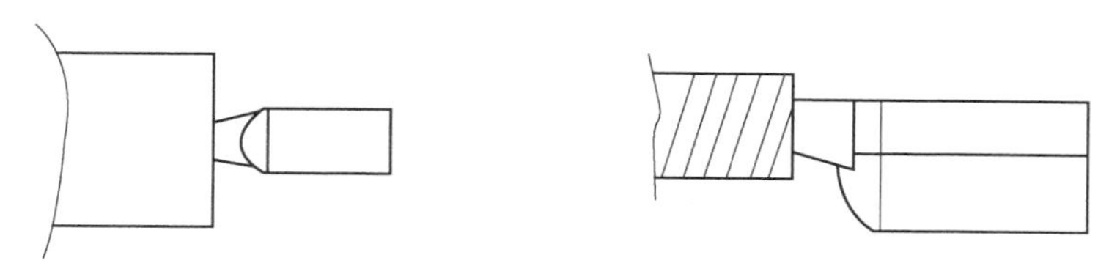

图 5-8　侧浇口

④ 潜伏式浇口。潜伏式浇口是点浇口的演变形式，其方式与点浇口大致相同。它位置选择的范围很广，可以选在塑件的侧面、背面，不影响塑件的外观。塑件和流道分别设置顶出机构，开模时浇口被自动切断，流道自动脱落，提高了注塑效率，容易实现自动化生产。但由于浇口凝料在脱模时会产生较大幅度的弹性变形，因此浇口应选用较小的尺寸，如图 5-9 所示。

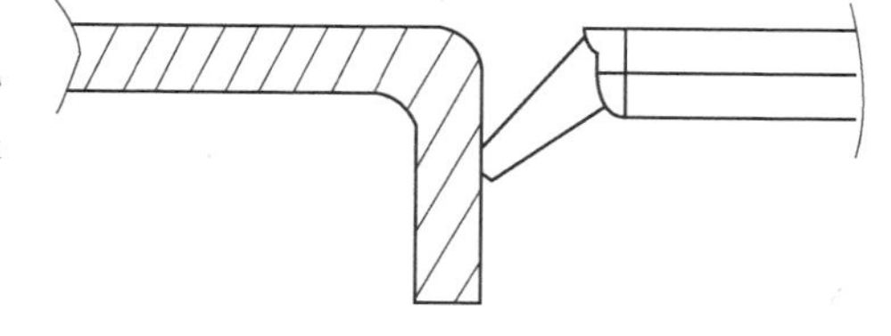

图 5-9　潜伏式浇口

4）冷料井

冷料井一般设置在主流道及分流道的末端，它的作用是用来储存注射间歇期间喷嘴前端由于散热而产生的冷料。在注射时，冷料如果进入流道，将堵塞流道并减缓料流速度；冷料如果进入型腔，将在塑件上出现冷料痕，影响塑件质量。同时主流道的冷料井还起到将主流道的凝料从浇口套中拉出的作用。冷料井的长度约为主流道或分流道直径的 1.5~2 倍。

（2）排气系统[34]

在充填过程中，模腔内除了原有的空气外，还有塑料含有的水分在注塑温度下蒸发而形成的水蒸气、部分低分子挥发性气体等，型腔内的气体在高速成型过程中，高温的塑料熔体将其压缩至死角，形成高温高压的气室，这些气室阻止熔体的正常充填，而高温也可能引起塑件局部炭化、烧焦。因此型腔内气体迅速、有序而顺利地排出是十分有必要的。

1）流道排气

流道排气设置在每条分流道的末端，并沿着流道流动方向设置。ABS 排气道深度为 0.05mm，排气沟深度为 0.2mm 以上，排气道长度 1.5mm 左右。排气道、排气沟的宽度与流道宽度相等，如图 5-10 所示。

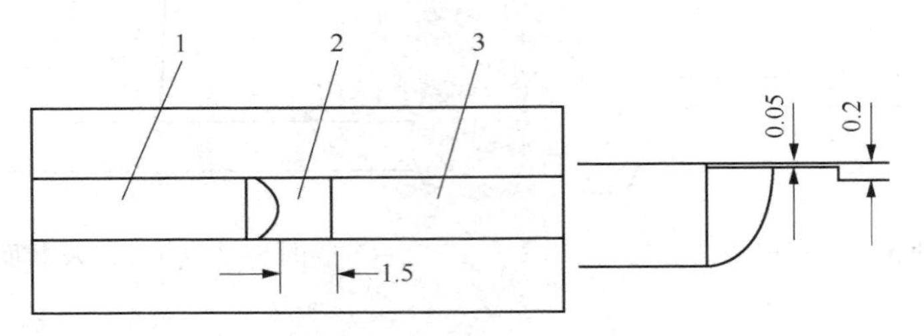

图 5-10　流道、排气道、排气沟排气示意

1—流道；2—排气道；3—排气沟

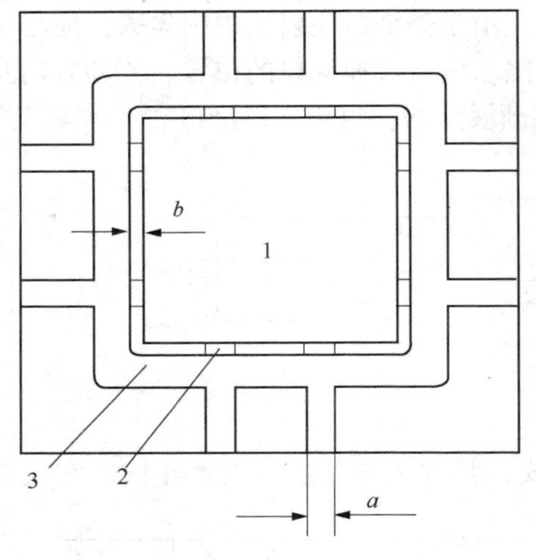

图 5-11　分型面排气

1—型腔；2—排气道；3—排气沟

2）分型面排气

分型面又叫 PL 面，型腔内气体大多由分型面缝隙排出。但部分改性 ABS 树脂成型时会释放较多的气体，如阻燃 ABS，仅仅是分型面缝隙排气是不够的，通常要开排气槽使气体能够迅速有效地排除。图 5-11 中排气道深度为 0.03～0.06mm，长度 b 为 1～3mm，排气沟深度为 0.2～0.4mm，宽度 a 视产品大小而定。

3）型芯排气

型腔内大部分气体由分型面排出，但熔体流动末端或熔接线的区域，高速的塑料熔体将气体压缩至死角形成高温高压的气室，为了防止熔接线明显或局部炭化、烧焦，需在该区域追加排气入子排气。见图 5-12。

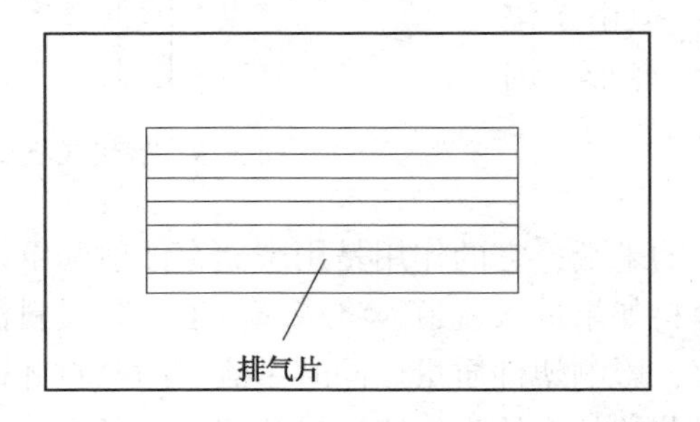

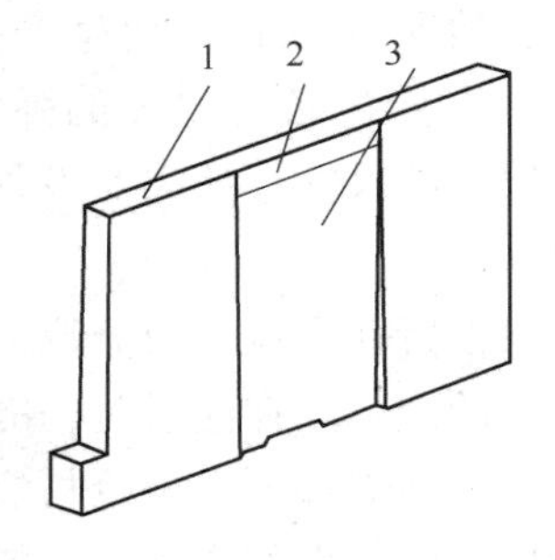

图 5-12　排气入子排气

1—成型面；2—排气道；3—排气沟

（3）温度调节系统[5]

1）调节模具温度的主要目的

在注塑成型过程中，模具温度直接影响熔体的流动及注塑件的成型，也直接影响制件质量和生产效率。因此通过模具的温度调节系统，使模具温度保持在理想的范围内。

2）冷却系统设计要点

模具温差越大，产生不对称应力越大，特别是塑件厚的方向变形影响更大，而影响变形主要是收缩不均匀造成，因此设计合理均衡的温度调节系统很重要。根据塑件的具体情况和实践经验，模具冷却系统设计要点如下：

① 冷却水道到成型面各处应取相同的位置，并使水道的排列与成型面的形状相符，如图 5-13(b)所示。图 5-13(a)的布局形式，则使冷却不均匀，容易产生塑件变形。

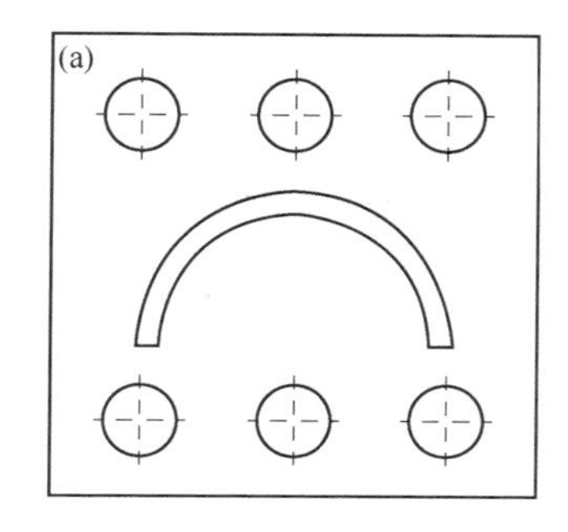

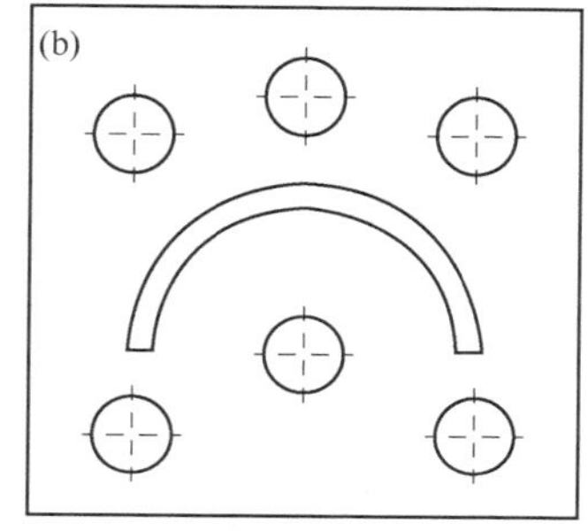

图 5-13　模具水路排布示意

② 冷却水道的传热面积要尽量大，其直径一般在 8~12mm 之间。但直径也不能过大，否则会使流速减慢，雷诺系数降低，传热系数降低。另外，要使冷却介质在水道中产生紊流，如增加内壁粗糙度等，因为紊流的冷却效果是层流的数倍。

③ 水道距离应适当。如图 5-14 水道直径为 d，水道与成型面距离 D 为 $2d$，水道间的距离 P 为 3~5d。

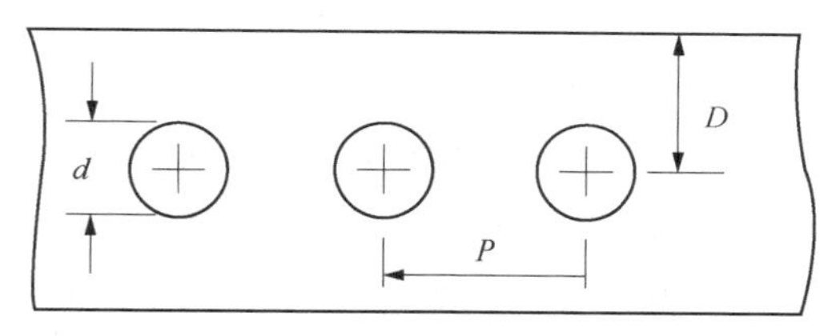

图 5-14　模具水道距离控制

④ 模具浇注部位由于经常接触注塑机射嘴，熔料也从浇口进入，所以该部位温度是最高的。为了达到模温平衡，冷却水应首先通过浇口，而熔融料流方向也是冷却水的流动方向，即冷却水应该从模温高的区域流向模温低的区域。

（4）顶出系统[5]

塑料制品注射成型并在模腔内冷却固化后开模，将其从模具内顶出，是靠模具顶出系统来完成的。常见的顶出系统有简单脱模机构（如顶针、司筒）和侧向脱模机构（如滑块、斜顶等）。设计时应参照以下原则：

① 保证制品外观完美无缺，一般顶出机构设计在制件内表面及不显眼的地方。

② 避免顶出损伤，顶出装置力求平衡，顶出力的作用点应在制品承受顶出力最大部位，防止制品在顶出过程中变形或损伤。

③ 顶出机构应平稳顺畅，灵活可靠，顶出零部件要有足够强度和耐磨性能，在长时间运作周期内顺畅，无卡滞现象，并力求简单，维修方便。

④ 顶出系统最好能兼顾排气作用。

5.1.2.3 ABS 树脂的注射成型工艺[7,8]

操作时，注射成型是一个循环过程，包括合模、注射、保压、塑化、冷却、开模、顶出，同时还有成型前的准备工作，每一过程对应的工艺参数如图 5-15 所示。

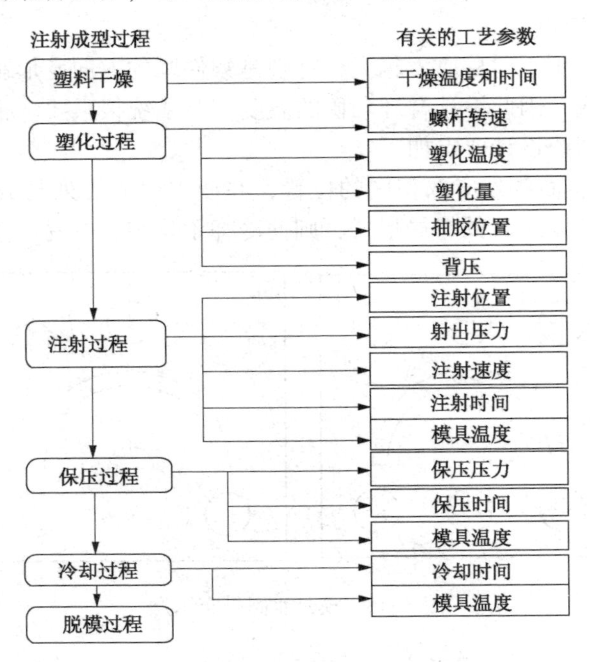

图 5-15 注射成型过程及相关工艺参数

（1）ABS 注射成型工艺要点

1）材料干燥

ABS 因为含有腈基而有一定的吸湿性，其吸湿性要大于聚苯乙烯等非极性聚合物，一般为 0.2%~0.5%。所以在成型前应在 80℃±5℃干燥 2~4h，使其含水量小于 0.05%。对于电镀 ABS 和高光泽 ABS 制件表面要求高的材料，还建议使用除湿干燥机，使其含水量小于 0.02%。表 5-2 列出了部分 ABS 成型前的干燥工艺。

表 5-2 部分 ABS 成型前的干燥工艺

材料特性	干燥温度/℃	干燥时间/h	最大含水量/%
通用良流动	75~85	2~3	0.05
超高光泽	75~85	3~4	0.02
高耐热	80~90	2~3	0.05
阻燃	70~80	3~4	0.05
电镀级	80~85	3~4	0.02

2）注塑温度

ABS 是无定形接枝共聚物，熔融温度较低，而加工温度要稍高于熔融温度，在 180~250℃之间。温度的设定主要考虑材料的热稳定性及对二次加工的影响，阻燃 ABS 加工温度应取低值，耐热 ABS 和电镀 ABS 加工温度可以高一些，但极限温度控制在 260℃以内较为合适，高于 260℃易导致 ABS 树脂分解。

注塑温度高，可以提高材料流动性、改善制品的表面光泽。但 ABS 中存在不饱和的聚丁二烯橡胶，其热稳定性较差，因此在 ABS 成型过程中，要严格控制料筒温度，尽量减少停留时间，并在完成注塑后清理料筒；特别注意计量段温度和喷嘴温度，这两部分温度的任何变化都会反映到制品上，引起流延、银丝、变色、光泽不良、熔接痕明显等问题。

3)模具温度

模具温度对提高 ABS 制品表面光泽度、减少制品内应力有着重要的作用。模具温度高，熔体充模容易，制品的表观光泽度好，内应力小，同时对制品的二次加工如电镀或喷涂也有帮助，但也存在着制品成型收缩大、成型周期长、容易顶白等问题。

一般 ABS 制品成型的模具温度不会设定很高，通常在 30~60℃之间，如要求表观光泽度和性能较高的制品，模具温度也可设定在 60℃以上，当然模具温度的均匀性也十分重要，要求模腔与模芯之间的温差应不超过 10℃。表 5-3 列出了部分 ABS 的注塑温度和模具温度。

表 5-3　部分 ABS 树脂的参考成型温度

材料特性	通用良流动	超高光泽	高耐热	阻燃	电镀级
注塑温度/℃	180~220	200~240	210~240	180~210	210~240
模具温度/℃	30~60	60~90	50~80	40~60	60~90

4）注射压力

注射压力包括物料射出压力和保压压力，保压压力一般稍低于注射压力。

注射压力增加，ABS 充模性会更好，但对制品成型收缩率影响显著。图 5-16 为注射压力与制品成型收缩率的关系，从中可以看出，注射压力越大制品收缩率越小。因此，从减少制品收缩凹痕、改善收缩率上看，注射压力的增加是有利的，但对制品内应力、注射压力的增加是不利的。内应力过大会导致制品在使用过程中发生开裂，所以在选择注射压力时应视制品的特点、原料流动性、模具设计以及设备条件等情况综合考虑，大致在 60~150MPa 较宽的范围内选取。浇口大，厚壁制品注射压力可低些，而薄壁长流程复杂制品或大面积小浇口制品注射压力则要求大些。

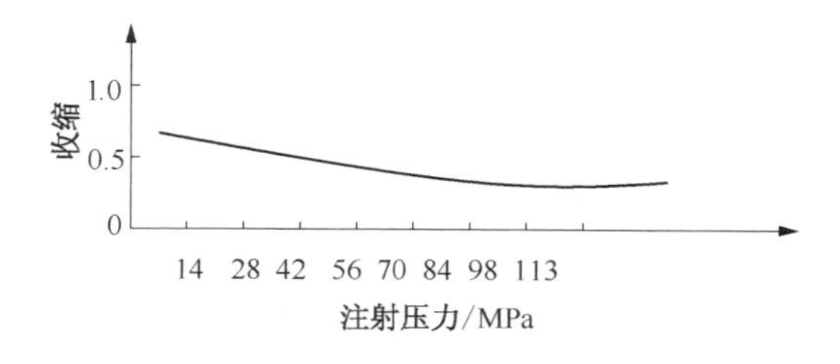

图 5-16　注射压力与制品成型收缩率的关系

5）注射速度

ABS 的熔体黏度对剪切应力比较敏感，注射速度对 ABS 熔体流动性的改变有比较大的影响。注射速度快，充模迅速，但易出现浇口痕和排气不良等情况；而注射速度慢，制品表面会出现波纹、熔合不良等现象。一般情况下，多采用分段阶梯式注塑速度控制模式，以利于消除浇口不良和提高充模效率。

6）螺杆转速

螺杆转速会影响 ABS 熔体在螺杆中输送和塑化的加热历程和剪切效应，随着螺杆转速的提高，预塑时的螺杆扭矩也相应加大，剪切作用加强，熔体温度也有所上升。因此在注塑过程中，除了要考虑料筒温度外，也要注意螺杆转速对 ABS 材料加工的影响。

7）背压的控制

背压也称为塑化压力，是螺杆头部熔融物料在塑化时所受的压力。背压提高可提高螺杆的塑化能力和与色粉的混合均匀性，排除熔体中的气体，使熔体更密实，以减少制品气泡、色纹、气痕等问题。但过高的背压会使剪切热过高或剪切应力过大，使物料发生分解；同时喷嘴容易出现流延现象，也会使熔胶时间加长。

背压的调校应视原料的性能、干燥情况、模具结构及喷嘴种类而定，背压一般调校在 0.3~1.5MPa。当产品表面有混色、缩水时，可适当增加背压；当喷嘴出现漏胶、流延、熔料过热分解、产品变色时，可适当减低背压。

8）时间的控制

注射成型时间包括注射时间和冷却时间，而注射时间又包括射出时间和保压时间。合理的注射时间，特别是保压时间，有助于熔体理想填充，而且对于提高制品的表面质量以及减小尺寸公差有着非常重要的意义。保压时间的设定以射出时间和压力为基准，然后渐渐延长时间来测定制品的质量，制品质量不再变化时间即是设定的保压时间。

冷却时间的设定主要取决于制品的厚度、模具的结构以及模具温度。冷却时间过短，产品会发生变形；而过长，则会增加成型周期。以产品不再变形的冷却时间为最佳冷却时间。

（2）阻燃 ABS 的成型加工[4]

1）阻燃 ABS 加工特点

与普通 ABS 相比，阻燃 ABS 因含有不同类型的阻燃剂，在注射成型过程中容易产生分解，从而导致制品出现黑点、银丝、黑条纹等外观不良，甚至会引起制品机械性能的下降；另外，阻燃 ABS 与色粉的混合效果不好，经常会出现混色和色差问题。所以在其注射过程中需要注意以下几个方面：

① 阻燃 ABS 的干燥：与普通 ABS 相比，阻燃 ABS 在加工前更需要干燥充分，同时阻燃 ABS 的热变形温度比较低，干燥温度要低一些，所以需要延长时间来充分干燥。建议在 75℃左右烘干 3~4h。

② 控制成型工艺参数，避免材料分解。

成型时温度过高，材料很容易分解；而温度过低，除会产生塑化不良外，也会使剪切加大，导致剪切热使材料实际温度比较高。建议成型温度为 180~210℃。

注射速度可根据产品的结构灵活设置，一般采用多级注塑，第一段速度要考虑熔体经过浇口时所产生的剪切力，特别是点浇口，防止因剪切过大造成分解，应选择低速进胶；中段速度可适当高一些以利于充模，原则上以充满模腔、不产生欠胶为宜；后段速度也须低一些，以利于排气。

螺杆转速不能过快、背压不能太高，否则材料受剪切过大产生分解，背压设定尽量地低，螺杆转速能保证在冷却时间内回料即可。

阻燃 ABS 的分解也与材料的受热时间有关。温度不是非常高但物料在螺杆中停留时间较长也会发生分解，所以必须控制好成型周期，避免停留时间过长。建议最长停留时间小于

5min。阻燃 ABS 注塑加工时容易出现黑点、黄变、黑线等问题，排除注塑机螺杆清理因素外，常见原因是阻燃剂降解。

③ 模具的排气。阻燃 ABS 在成型过程中会产生大量气体，充填模腔时熔体前端携带的气体必须通过各排气结构排出，如分型面、排气槽、顶针间隙等。因此注塑机的锁模力不需要设置很大，以不出现飞边为佳，有利于气体从分型面排出，流动末端开设深度不大于 0.04mm 的排气槽。在生产过程中，挥发性气体残渣会造成模垢堵塞排气槽，所以需要定期清理模具分型面及排气槽。

④ 停机和清机注意事项：

阻燃 ABS 含有阻燃剂、易分解，分解产生的有害及腐蚀性气体会腐蚀料筒、螺杆和模具。对于需作 20min 以上的停机时，在停机前必须一方面将料筒温度降低至 100℃以下，另一方面排空料筒内的物料，并最好以通用 ABS 清机。

如果停机时间更长，或一批制品加工完成后，同样需要及时将料筒中的阻燃 ABS 排空，并必须用 GPPS、SAN 等清机料清洗螺杆，完全清除残余阻燃 ABS。同时还要清洗模具，并喷上防锈油。

2）阻燃 ABS 加工成型常见问题

① 阻燃剂分解产生变色或银丝。阻燃剂热稳定性较差，如工艺控制不当会引起制品变色和产生银丝。注塑温度设定，只要能保证顺利充模，越低越好；其次是降低螺杆转速和成型周期；如果是点浇口，还要考虑物料经过点浇口时的摩擦生热，则要降低注射速度；背压不宜过高。

② 黑点。制品黑点的产生，首先是阻燃剂在料筒内受到热和剪切摩擦的作用分解，或在料筒内停留时间过长而分解焦化，再随同熔料注入型腔形成黑点。还可能是系统污染引起的，需要区别对待。采取的对策是：在制作浅色及白色产品之前，务必对所有可能引起污染的环节做清理工作，且一定要做彻底。必要时拆洗螺杆，清洗模具、热流道、下料口、输送机、烘料桶等。避免阻燃 ABS 料过热的方法主要有降低料温，减少成型周期和停留时间。

（3）高光泽 ABS 的成型加工

高光泽 ABS 广泛应用于平板电视、显示器、音响等家电产品的外框上，具有高光泽、免喷涂、经济环保等特点，是目前 ABS 产品和技术发展最快的一个分支，如上海锦湖日丽的 ABS728。引入 PMMA 与 ABS 制成合金，还可以提高产品的耐划擦性能，如上海锦湖日丽的 HAM8541。

当然，要实现高光泽 ABS 制品的最佳性能，还需模具、注塑工艺以及模温控制系统的配合。

1）高光泽 ABS 加工特点

① 成型工艺参数。高光泽 ABS 流动性较好，可快速充模，制品表面光泽度高。加工温度与普通 ABS 相同或稍高一些，一般在 220~240℃之间。较高的成型温度对高光泽 ABS 的成型与制品外观都比较有利。

在设备和模具条件允许的情况下，从改善熔体充模性及获得制件高光泽表面出发，宜采用较高的注射压力，要求在 90MPa 以上，保压压力比注射压力小，在 60~80MPa 之间。

为了使制品外观更加良好均一，需控制注射速度，避免浇口处剪切过大。但在充模时要快速充满模腔，否则很容易出现制品表面光泽不均，可以看到一条泾渭分明的分界线，影响制品的整体外观。通常选用的注射速度以不产生飞边和困气为佳，范围大致在60%~95%之间。

② 模具温度的控制。为了获得优异的制件表面效果，成型时模具温度必须足够高，一般采用油温模温机，设定温度在75℃以上。但此种方法冷却较慢，成型周期较长，因此出现了较先进的RHCM高低温模温控制技术，具代表性的有蒸汽模和E-MOLD两种。前者通过蒸汽来加热模具，模具温度可达到100℃以上；而后者利用更为简便的电加热，模具温度一般在120℃以上。充填完成后用冷水模温机冷却，以达到快速冷却缩短成型周期的目的。

③ 镜面模具。高光泽ABS只有在镜面模具的配合下才能达到高光泽效果，而镜面模具的设计要考虑表面的镜面抛光处理、耐高温设计、适用水路设计等因素。

高光泽ABS的成型过程是高温或骤冷骤热的成型过程，因此，对模具钢的选择很重要，模具材料要求高抛光性、耐腐蚀性、低的热膨胀系数以及高耐磨性，目前使用较多的镜面模具材料有日本大同NAK80或S-STAR、瑞典一胜百(ASSAB)的S136或S136H等。

高光泽模具镜面加工的标准分为四级：$A_0=R_a0.008\mu m$，$A_1=R_a0.016\mu m$，$A_3=R_a0.032\mu m$，$A_4=R_a0.063\mu m$，根据产品的要求，选择不同的标准。一般采用机械抛光的方法，最高可达到$R_a0.008\mu m$的表面粗糙度。

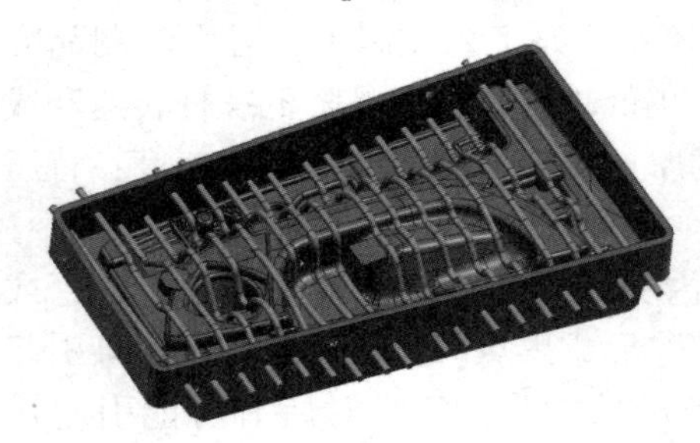

图5-17 随形水道示意

为保证模具表面温度的均匀性和快速变化，模具内部必须开设合理的管道确保快速升温和降温。一般采用贴近型腔的随形水道，如图5-17所示，并在背面增加隔热层或利用空隙隔热。

2）常见加工问题

① 表面白雾。在模具抛光达到镜面效果的前提下，模具温度如果低于75℃，制品表面特别是射胶末端明显无光泽，发雾；注射速度太慢也会出现这种情况；注塑压力也要大一些，以便熔体完全贴合，复制高光模具表面。

② 熔合线。市场上比较好的高光泽ABS都含有PMMA成分，两相结构材料容易出现相容性问题，工艺上必须配合才能解决熔合线形成的表观不良问题。通常是在熔合线附近产生局部不规则白色云状物，主要原因在于熔体在熔合线处产生相分离所致。从制品外观表现出来的问题就是在黑色高光泽ABS制品表面局部发白。工艺上解决的方法是在熔体熔合线位置设置比较低的注射速度和压力，并且保证注射时间，使其充分平稳地融合。设置较高的模温有利于材料在模腔内更好地融合，也可避免熔合线过于明显。

（4）耐热ABS的成型加工

1）耐热ABS加工特点

耐热组分的加入赋予了ABS树脂更高的耐热性，但也显著降低了流动性。耐热ABS的熔体流动速率较通用ABS低很多，一般在10g/10min(220℃，10kg)以内。因此耐热ABS有以下加工特性：

① 加工温度较高，在230~250℃，以提高流动性和提高塑化质量。

② 模具温度要高，建议模温为60~90℃，模温太低产品内应力大，导致制品耐热温度下降、涂装开裂等。

③ 为了使物料注满长流程、小浇口型腔，制得形状复杂、薄壁制品，要求注射压力较

高，可达 110~130MPa。为了获得内应力较少的制品，保压压力不宜过高，60~80MPa 比较适宜。注射速度要求较高，才能顺利将熔胶充入模腔，特别是容易欠注的位置如螺丝柱、薄筋等。

④ 耐热 ABS 较普通 ABS 的热变形温度高 10~30℃，因此干燥条件必须微作调整。干燥温度 85~100℃，时间 2~4h。

2）常见加工问题

① 制品脆性开裂。耐热组分玻璃化转变温度较高，引入耐热组分的同时也导致 ABS 的韧性变差，需要在耐热性和韧性之间找到平衡。同时成型温度较低时，产品内应力较大，很容易发生脆性开裂，因此，注塑时要采用较高的成型温度和模具温度，尽量减少产品内应力。

② 充填困难。填充困难主要是因为耐热 ABS 流动性差。在注塑结构较复杂，形状较大的制品例如汽车部件时，使用的工艺条件往往已经达到设备允许上限，如注塑机成型压力上限 140MPa，而设定压力为 120~130MPa，容易导致生产工艺不稳，增加不良品发生，使设备使用寿命降低。

耐热 ABS 是假塑性流体，具有剪切变稀的流动特性，在温度设定已达上限，不能通过升温提高熔体流动性的情况下，采用较高的注射速度成型，可以使容易欠注的薄壁结构打满，降低对设备成型压力的要求。

（5）电镀 ABS 的成型加工[9]

电镀 ABS 组成和电镀工艺对镀层结合力影响很大，制件注塑成型工艺同样不容忽视。影响电镀 ABS 可镀性的成型工艺参数如下：

① 原材料的干燥：对电镀 ABS 含湿量要求更高，最大含湿量应在 0.02%以下。如果材料水分含量过高，成型时会在制件表面产生气泡、银丝、光泽差等缺陷，影响镀层外观和结合力。干燥温度应在 80~85℃，干燥时间应在 3~4h，并建议使用除湿干燥机。

② 成型温度：成型温度高，有利于熔体的流动，并可以保证橡胶组分分布更均匀；同时，可以减少橡胶微粒的剪切变形。电镀 ABS 的加工温度稍高于普通 ABS，但低于耐热 ABS，一般设定在 220~240℃之间。

③ 注射速度：也会影响电镀 ABS 镀层的结合力，充模速度慢，可以增加制品的密实性，从而提高镀层结合力，反之亦然。因此，除了充模有困难时需要较高的注射速度外，一般成型电镀 ABS 最好采用中、低注射速度。

④ 注塑压力：注塑压力过大，特别是保压压力过大，会在制件内部留下残余应力，还容易造成制品脱模困难和脱模拉伤，所以应尽量选择较低注塑压力和保压压力，以表面不出现缩水为佳。同时，保压时间过长同样会造成内应力过大。改善制件表面缩水可以通过改进模具设计，如加大浇口等，而不宜采用提高压力的办法。

⑤ 模具温度：对电镀 ABS 来说，基材的表面致密性非常重要，而这离不开模具温度的控制，模具温度高，熔体充模容易，制品表观光洁度好，内应力小，制品电镀性有改善，如图 5-18 所示。所以成型电镀 ABS 时必须使用模温机控制模具温度，模温可设定在 60~80℃之间。

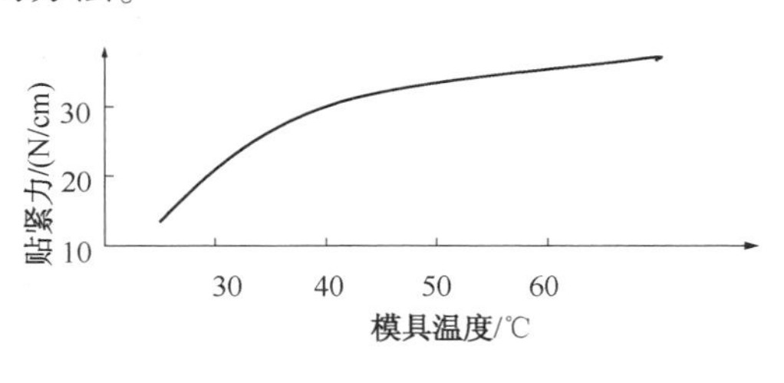

图 5-18　模具温度与电镀层贴紧力的关系

⑥ 产品的后处理：由于注塑条件、注射机

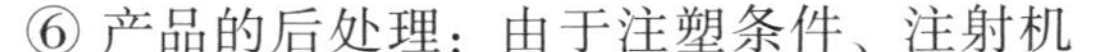

的选择及制品的形状、模具设计不当等原因，会使制品在不同部位的内应力存在差异，造成局部粗化不足，使活化和金属化困难，最终会造成镀层结合力下降。试验表明，热处理可以降低甚至消除内应力，使镀层结合力提高20%~60%。对ABS塑料件进行热处理的条件：在70~75℃的温度下，加热2~4h。

5.1.2.4 注射成型过程中常见问题及解决方案

（1）概述

ABS的注塑成型加工是一门知识面广、技术性和经验性强的行业，它涉及塑料性能、注塑模具结构、注塑机功能、注塑工艺调校、着色技术、水口料合理再利用、品质控制及生产管理等方面的知识。在注塑过程中，会经常出现一些异常现象及产品质量缺陷，如何快速有效地改善这些注塑不良现象，需要全面系统地掌握注塑技术知识和积累丰富的经验，学会正确发现、分析和处理问题的方法及技巧。

（2）ABS成型常见问题及解决方案

ABS成型常见问题有：欠注；飞边；缩水和气孔；熔接痕；产品发脆；塑料变色；银丝和斑纹；翘曲和收缩；尺寸偏差；顶白等。

下面一一叙述其产生的原因及解决的办法。

1）欠注

熔融ABS充填不足造成制件不满即是欠注。这是个经常遇到但又比较容易解决的问题。如果确实用工艺手段解决不了，从模具设计制作上考虑进行改进，一般都是能解决的。具体原因与对策见表5-4。

表5-4 欠注的原因与对策

原因分类	原因与对策
设备原因	①塑化量不够；②加料控制系统不正常；③注塑机塑化容量太小
注塑条件原因	①注射压力太低；②注射压力损失太大；③注射时间太短；④注射速率太慢
温度原因	①料筒温度太低；②喷嘴温度太低；③热电偶、电阻电热圈断路；④模温太低；⑤模温控制不良
模具原因	①流道太小；②浇口太小；③喷嘴孔太小；④浇口位置不合理；⑤浇口数不足；⑥冷料穴太小；⑦排气不足
材料原因	物料流动性太差

2）飞边(毛边)

飞边在很大程度上是由于模具贴合不良或机台锁模力不够造成。当ABS熔融料在模腔内的压力太大，其产生的张开力大于锁模力时，便胀开模具，使塑料溢出，造成飞边。具体原因与对策见表5-5。

表5-5 飞边的原因与对策

原因分类	原因与对策
设备原因	①制品的投影面积超过了注压机的最大注射面积；②模具安装不正确；③锁模力不能保持恒定
注塑条件原因	①锁模力太低；②注射压力太大；③注射时间太长；④注射速率太快；⑤加料量太大
温度原因	①料筒温度太高；②喷嘴温度太高；③模温太高
模具原因	①型腔和型芯未闭紧；②型腔和型芯偏移；③模板不平行；④排气不足；⑤排气孔太大
材料原因	①物料流动性太好；②材料已经分解

3) 缩水和气孔

ABS 制品缩水通常由于模腔压力不够、物料充模不足以及制品设计不合理造成，缩水常出现在壁厚不均的厚壁部分。气孔的造成是由于紧贴模壁的外表面塑料已经冷却固化，而内部塑料还在收缩形成真空。具体原因与对策见表 5-6。

表 5-6 缩水和气孔的原因与对策

原因分类	原因与对策
设备原因	增大注塑机的塑化容量
注塑条件原因	①注射量不足；②提高注射压力；③增加注射时间；④提高注射速度；⑤增加注射时间
温度原因	①物料太热造成过量收缩；②物料太冷造成充料压实不足；③模温太高造成模壁处物料不能很快固化；④模温太低造成充模不足；⑤改变冷却方案
模具原因	①浇口太小；②分流道太细；③主流道尺寸不足；④喷嘴孔太小；⑤模具排气不好；⑥充模不平衡；⑦浇口位置不合理；⑧制品壁厚差异太大
材料原因	①物料流动性不好；②润滑剂量不足；③物料中挥发物太多

4) 熔接痕(熔合线)

熔融 ABS 在型腔中流动时，由于遇到嵌件、孔洞等流速不连贯的区域而以多股形式汇合时，因不能完全熔合而形成的细线即熔接痕。因此，提高熔胶流动性和加强模具排气是解决熔接线问题的关键。具体原因与对策见表 5-7。

表 5-7 熔合线形成的原因与对策

原因分类	原因与对策
设备原因	塑化容量太小
注塑条件原因	①注射压力太低；②注射速度太慢
温度原因	①料筒温度太低；②喷嘴温度太低；③模温太低；④熔合线处模温太低；⑤塑料熔体温度不均
模具原因	①熔合线处排气不良；②分流道太小；③浇口太小；④流道直径太小；⑤喷嘴孔太小；⑥浇口离熔合线处太远，可增加辅助浇口；⑦制品壁厚太薄，造成过早固化；⑧制件在熔合线处太薄
材料原因	①原料流动性不好；②物料热稳定性不好；③物料熔点太高

5) 产品发脆

ABS 韧性较好，但添加了阻燃剂的阻燃 ABS 和添加耐热助剂组分的耐热 ABS 就很容易出现产品发脆的问题。具体原因与对策见表 5-8。

表 5-8 制品发脆的原因与对策

原因分类	原因与对策
设备原因	料筒内有其他杂料未清理干净
注塑条件原因	①注射速度太低；②注射压力太低；③注射时间太短；④保压时间太短；⑤制件内应力大
温度原因	①料筒温度低，提高料筒温度；②如果物料容易热分解，则降低料筒、喷嘴温度
模具原因	①制品设计太薄；②浇口太小；③分流道太小；④制品增加加强筋、圆内角
材料原因	①物料冲击强度低；②物料未干燥好；③物料中有挥发物；④物料中回料太多或回用次数太多

6) 制品变黄、烧焦、炭化

ABS 树脂在注塑过程中由于受到高温、强剪切等作用而导致材料降解，形成制品变黄、烧焦、炭化等缺陷。另外未排出的高压空气产生的高温也会导致材料变色。具体原因与对策见表 5-9。

表 5-9　变色的原因与对策

原 因 分 类	原因与对策
设备原因	①设备不干净；②温度控制系统失灵
注塑条件原因	①降低螺杆转速；②减小背压；③减小锁模力；④降低注射压力；⑤减慢注射速度；⑥缩短注射周期
温度原因	①料筒温度太高；②喷嘴温度太高
模具原因	①考虑模具排气；②加大浇口尺寸，降低剪切速率；③加大喷嘴孔、主流道及分流道尺寸
材料原因	①物料污染；②物料干燥不好；③物料易分解；④着色剂分解；⑤添加剂分解

7）银丝与斑纹

银纹的形成，是由于 ABS 熔体在充模过程中受到气体的干扰，而出现在制品表面熔料流动方向上的缺陷。气体的主要来源分别为：

① 塑料本身含有水分，在生产、储运过程中吸入水气，或者添加的小分子物质挥发，熔胶时过热产生较多气体。

② 材料受高温或强剪切作用降解产生的气体。具体原因与对策见表 5-10。

表 5-10　银丝与斑纹生成原因与对策

原 因 分 类	原因与对策
设备原因	喷嘴太细，剪切过强引起原料分解
注塑条件原因	①物料分解，降低料筒温度，降低螺杆转速，降低背压力；②调整注射速度
温度原因	①料筒温度太低或太高；②模温太低；③模温不均；④喷嘴温度太高会流延
模具原因	①增大冷料穴；②增大流道；③抛光主流道、分流道、浇口；④增大浇口尺寸或改为扇形浇口；⑤改善排气；⑥提高模腔光洁度；⑦清洁模腔；⑧润滑剂过量
材料原因	①物料中有杂料；②物料未干燥充分；③提高原料热稳定性；④提高原料流动性

8）翘曲和收缩

塑料制品出现翘曲，主要是由于成型时流动方向的收缩率比垂直于流动方向的收缩率大，使制件各方向收缩率不同。具体原因与对策见表 5-11。

表 5-11　翘曲的原因与对策

原 因 分 类	原因与对策
设备原因	修缮顶出机构
注塑条件原因	①加长注射周期；②不过量充模情况下增大注射压力；③不过量充模情况下加长注射时间；④不过量充模情况下增加注射量
温度原因	①物料温度高，制品收缩小，但翘曲大，反之制品收缩大、翘曲小；②模具温度高，制品收缩小，但翘曲大，反之制品收缩大、翘曲小
模具原因	①改变浇口尺寸；②改变浇口位置；③增加辅助浇口；④增加顶出面积；⑤保持顶出均衡；⑥增加壁厚加强制件；⑦增加加强筋及圆角
材料原因	①模量不足；②结晶和加纤物料易出现各向异性收缩

9）尺寸偏差

ABS 制品尺寸的变化本质上是其成型加工过程中产生的收缩造成的。具体原因与对策见表 5-12。

表 5-12　尺寸偏差的原因与对策

原因分类	原因与对策
设备原因	①加料量不稳定；②螺杆转速不正常；③热电偶失灵；④塑化容量不足
注塑条件原因	①注射压力低；②充模不足，加长注射时间及保压时间；③料筒温度太高；④操作造成的注射周期不稳定
温度原因	①模温不均；②喷嘴料筒温度不稳定
模具原因	①不合理的模腔尺寸；②制品顶出时变形；③物料充模不均；④不合理的浇口尺寸；⑤不合理的分流道尺寸
材料原因	①物料收缩率差异；②物料流动性波动

10）顶白

制件顶白其实就是应力发白，主要是脱模困难、模芯不光滑时，制件在顶出脱模时受到应力影响其表面（顶针位）会出现顶白的现象。轻微顶白可用电吹风来改善或消除。另外，ABS 的橡胶粒径也对顶白有影响，橡胶粒径大的本体 ABS 较易发生顶白现象，在模具设计时注意加大排气槽和增加脱模斜度。具体原因与对策见表 5-13。

表 5-13　顶白的原因与对策

原因分类	原因与对策
设备原因	喷嘴太小
注塑条件原因	①注射压力和保压压力过大；②顶出速度过快；③注射速度过快；④冷却时间太短或太长
温度原因	①模温过高，冷却不够；②料筒温度太高
模具原因	①顶出不平衡；②顶针不够或位置不当；③脱模时模具产生真空现象；④脱模斜度过小
材料原因	①刚性不足；②物料中加脱模剂

5.1.3　ABS 树脂的挤出成型

ABS 具有苯乙烯系树脂的优良加工性能，其熔体流动速率（MFR）一般在 0.2～10 g/10min（200℃，5kg）之间。MFR 小于 1g/10min 的 ABS 就适合挤出成型。

挤出成型过程分三个阶段进行：第一阶段是塑化，塑料在挤出机内加热和混炼后变成熔融的黏性流体；第二阶段是成型，即黏流态的塑料在螺杆推动下，以一定的压力和速度连续通过装在挤出机上的成型口模，获得一定断面形状的连续体；第三阶段是定型，通过适当的方法冷却、定型，使连续体的形状固定下来，得到所需制品。

挤出成型与其他塑料成型方法相比，拥有许多突出的特点：

① 可以连续化生产，生产效率高。

② 挤出产品均匀密实、应用广泛，可一机多用。

③ 原料的适应性强，几乎所有热塑性塑料都能用于挤出。

④ 设备简单，成本低，安装调试方便，对厂房及配套设施要求不高。

⑤ 设备自动化程度高，劳动强度低。

正因为挤出成型具有以上特点，所以广泛应用于合成树脂管材、型材、板材、片材、薄膜、单丝、扁丝、电线电缆的包覆等的成型，还可用于混合、塑化、造粒和着色等半成品加工。

5.1.3.1 ABS 树脂的挤出成型设备

(1) 挤出成型设备的组成

挤出成型设备通常由主机、辅机及控制系统组成，统称为挤出机组。按不同挤出制品的工艺条件及特点，根据制品的规格形状、原料的差异和产量的要求，选用不同的挤出主机及辅机，并可以组成多种形式的挤出生产线，以生产多种挤出制品。

1) 挤出机主机

挤出成型的主要设备是挤出机，即主机。它由四部分组成：挤出系统、传动系统、加热和冷却系统以及控制系统。

① 挤出系统：包括加料装置、料筒和螺杆等，是挤出机的核心部分。它的作用是将塑料塑化成均匀的熔体，并在螺杆所建立的压力下，使其通过口模，而被连续地定压、定量、定温地挤出。

② 传动系统：通常由电动机、调速装置和减速装置组成，其作用是驱动螺杆转动，保证足够的转矩和稳定的转速。目前，挤出机大多采用齿轮减速器，也有部分采用摆线针轮减速器。而调速方法常用的是滑差电机调速和三相交流电机与变频器结合调速；目前最先进的技术还有无刷永磁直流电机直接驱动螺杆，无需齿轮减速。

③ 加热和冷却系统：该系统位于料筒和机头外部，它通过加热和冷却的不断变化，达到调节塑料熔体温度之目的，使之稳定在工艺要求的范围内。加热和冷却系统一般是分段控制的。

挤出机的加热方式通常有电阻加热、电感加热和载热体加热三种，使用最普遍的是电阻加热。挤出机的冷却包括料筒和螺杆的冷却，螺杆芯部冷却方式有油冷和水冷，料筒冷却方式有风冷和水冷。

④ 控制系统：由电器、仪表和执行机构组成。其作用是调节控制螺杆转速、料筒温度、机头压力等，并检测主辅机的各个控制流程，以实现对整个挤出机组的自动控制和对产品质量的控制。

2) 挤出机辅机

辅机的组成要根据制品的种类而定，一般包括挤出机头(挤出口模)及冷却、定型、牵引、切割、卷取等辅助装置。可根据挤出工艺流程的不同，对以上装置进行优化组合。

① 机头：熔融塑料通过机头得到所需的几何截面和尺寸，是确定制品形状规格的最主要部件。机头与定型装置统称为挤出模具。

先进的挤出设备、高效流畅的机头、合理的挤出工艺是现代挤出成型的三要素，而机头的好坏往往起决定性作用，因为挤出制品的更新换代，往往都是由机头所决定的。

② 定型装置：将机头挤出的塑料制品形状固定下来，并通过冷却和抽真空、压光、压花等方法，进行修整，以得到尺寸精确、表面美观的制品。

③ 冷却装置：包括定型阶段的冷却及对定型后的制品进一步冷却，以获得最终形状和尺寸。如常用的水槽式冷却和喷淋式冷却等。

④ 牵引装置：其作用是给机头挤出的制品提供一定的牵引力和牵引速度，均匀地牵引产品，并通过调节牵引速度调节制品的截面尺寸。牵引速度要求十分均匀，并能无级调速。

⑤ 切割装置：将连续挤出的制品切成一定长度或宽度。

⑥ 卷取装置：用于打包硬的制品或收卷软的挤出制品。

(2) 挤出机种类及特性[10~12]

随着挤出成型的广泛应用和发展，作为挤出成型设备核心部分的挤出机，其类型也日益增多。如按螺杆数目的多少，可以分为单螺杆挤出机、双螺杆挤出机和多螺杆挤出机；按功能可分为排气型、发泡型、混炼型等挤出机；按螺杆在空间的位置，可分为卧式挤出机和立式挤出机。

目前在生产实际应用中最常用的是卧式单螺杆挤出机和双螺杆挤出机。由于结构的差别，它们的特性存在较大的差异，具体见表 5-14。

表 5-14　单、双螺杆挤出机的差异

项　　目	单螺杆挤出机	双螺杆挤出机
结构	一根螺杆在料筒中，螺杆组合比较简单	在截面“∞”字形料筒内，装有两根互相并排的螺杆，可以形成各式各样的组合
物料的传送方式	物料传送是拖拽型的。固体物料的摩擦性能和熔融物料的黏性决定了输送行为。比如粉料，其摩擦性能不良，较难将物料喂入螺杆。所以单螺杆挤出机不适合加工粉料	物料的传送是正向位移传送，紧密啮合的螺杆几何形状能得到高度的正向位移输送特性，形成了强制进料，同时适合加工粉状原料和粒料
生产工艺控制	①温度控制一般采用温度逐步升高的控制方法，物料在加料段应处于未熔化的固体状态以利于达到固体输送的能力，如果物料过早熔化会抱在加料段的螺杆上与螺杆同步转动，阻止物料向前移动，不能形成固体塞的输送能力，使挤出机挤不出料； ②螺杆转速控制需根据进料能力、塑化能力、机头阻力及电机负荷决定	①温度控制是采用强制进料的方法，物料一进入两螺杆之间的径向间隙时，就受到强烈的剪切、搅拌和压延作用，很快塑化，而后进入排气段排气，所以下料口处的第一段温度应该达到塑化温度； ②螺杆转速控制应与加料速度相匹配，达到最好的塑化质量和机头压力
挤出能力	混炼效果差，输送效率低，对物料剪切作用小，但在料筒内停留时间长	塑化效果好、螺杆输送能力大，挤出稳定，排气性能优异，螺杆有自洁作用
其他	造价低廉，安装使用简单	造价相对较高，使用控制复杂

在 ABS 树脂的挤出成型中，多使用单螺杆挤出机，使用双螺杆挤出机比较少。下面仅就单螺杆挤出机做简单介绍。

(3) 单螺杆挤出机[11~13]

单螺杆挤出机是由一根阿基米德螺杆安装在料筒中构成的。主要零部件包括螺杆、料筒、分流板。

1）螺杆

螺杆是挤出机的心脏，其作用是输送、传热、塑化、混合、均化物料。根据塑料在螺杆各部位所处状态不同，通常将螺杆分为加料段、输送段(压缩段)和计量段(均化段)三段。

普通螺杆结构类型，按螺槽容积大小是否变化，分为渐变型螺杆和突变型螺杆，其中还分三种形式：等深变距型、等距变深型和变深变距型。对于 ABS 挤出，一般选择等距渐变型螺杆。

2）料筒

料筒是挤出机中与螺杆同样重要的部件，它和螺杆组成了挤出系统的基本结构。料筒的结构设计是否合理，对 ABS 挤出效果影响很大。料筒结构分整体式和组装式两种，ABS 挤出成型多使用整体式结构。通常料筒是由钢制外套和合金钢衬套组成，具有耐磨性好、耐腐蚀性好、节约成本、易更换、寿命长等优点。料筒与螺杆装配时，应考虑配合间隙及对中性，它们直接影响挤出机挤出能力、功率消耗、加工装配难度、机器使用寿命等。

3）分流板

在料筒和机头之间设有分流板，其作用一是使料筒来的熔料由旋转运动变为直线运动，以保证挤出工艺稳定；二是防止杂质等不熔物进入机头；三是设置料流障碍，以增加背压来保证制品密实。目前使用最多的是平板形分流板，它结构简单、制造方便。对 ABS 挤出，分流板的孔眼数目设计为中间疏、周边密，但孔眼大小相等，以保证熔料经分流板后挤出速度一致。

分流板孔眼尺寸及板的厚度取决于螺杆直径，直径大，孔眼尺寸相应增加。孔眼的分布为同心圆或六角形。

5.1.3.2 ABS 树脂挤出成型模具设计

（1）挤出成型模具的组成和设计

挤出成型模具是挤出成型效果的关键部件，包括两部分：挤出机头和定型模。挤出机头还包括口模，有时它们是一个整体，一般统称为机头；定型模又分为定径套和定径芯模。

挤出成型模具按挤出制品的形状可分为管材挤出模、板材挤出模、棒材挤出模、型材挤出模、中空吹塑挤出模和造粒机头。ABS 的挤出制品，以管材、板材和型材最多，下面仅就这三类制品挤出模具作具体介绍。

挤出成型模具的设计重点在于挤出机头的设计[14,15]，在设计时应遵循如下原则：

① 模具内腔呈流线型，构件的连接处不应有死角和致使物料停滞的区域。

② 应设置压缩区及有足够的压缩比，主要是为了使制品密实及消除因分流器支架所造成的熔体熔接痕。压缩比的大小与所定型的制品形状和品种有关，一般 ABS 管材的压缩比在 3~8 的范围内选取。

③ 模具成型区应有正确的截面形状及尺寸。

④ 结构紧凑，方便加工和装配，选材合理(耐磨、耐腐蚀等)。

⑤ 要设计调节机构，以调节制件的形状、尺寸和质量；同时机头温度应单独控制。

（2）ABS 管材挤出模具

1）模具结构形式[15,16]

常用管材挤出模具的机头结构有直通式、直角式与旁侧式三种形式。

① 直通式机头：结构最简单、最经济，在 ABS 管材挤出中应用最广。具有分流器支架，会产生熔接痕；芯模加热困难，定型长度长，适于小口径管材。其组成如图 5-19 所示。

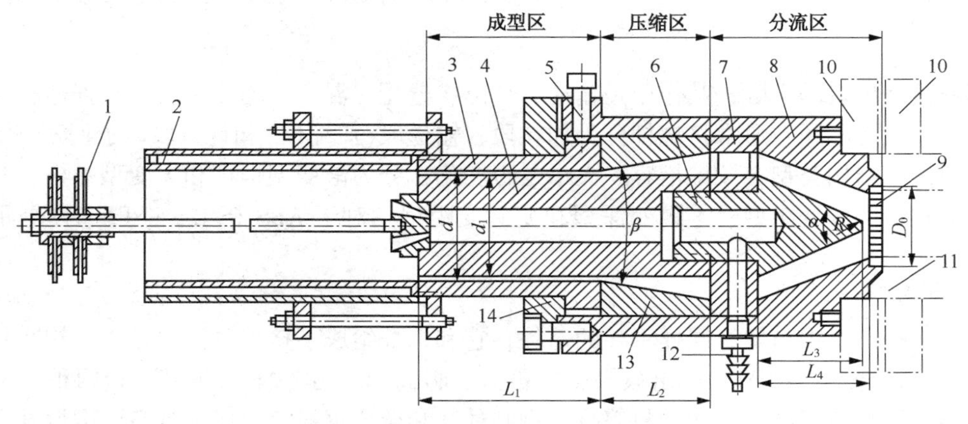

图 5-19　直通式机头

1—堵塞；2—定径套；3—口模；4—芯棒；5—调节螺钉；6—分流器；7—分流器支架；8—机头体；9—过滤板(栅板)；10—连接法兰；11—挤出机料筒；12—通气嘴；13—连结套；14—压环

② 弯管式机头：结构复杂，无分流器支架，芯模易加热，定型长度不长，适于大、小口径管材。ABS 大口径管材应用较多。其结构如图 5-20 所示。

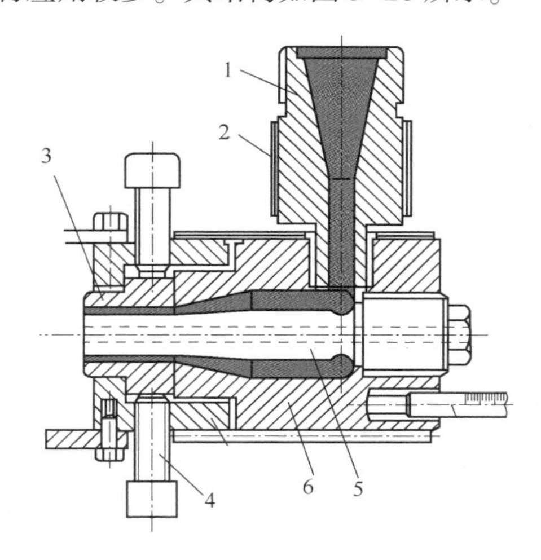

图 5-20　弯管式机头

1—机头法兰；2—加热器；3—口模；4—调节螺钉；5—芯模；6—机头体

③ 旁侧式机头：结构复杂，无分流器支架，芯模可加热，定型长度不长，适于大、小口径管材。其结构如图 5-21 所示。

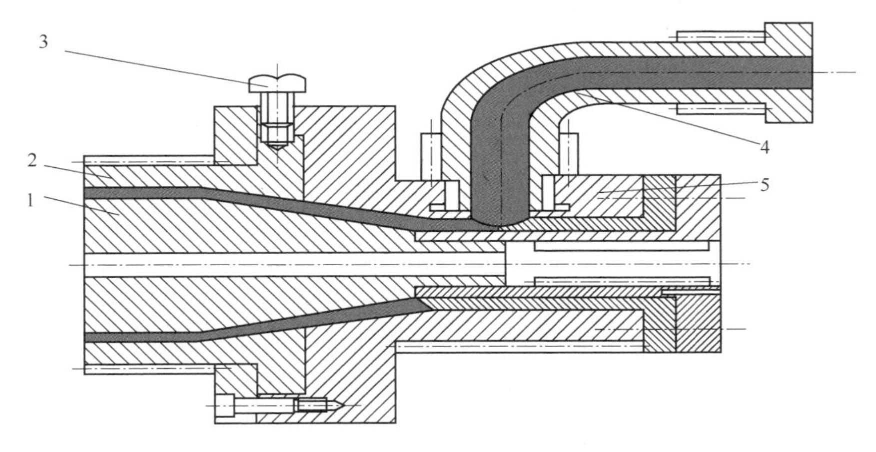

图 5-21　旁侧式机头

1—芯模；2—口模；3—调节螺钉；4—机头；5—机头体

2）零件设计[14~16]

管材挤出模具主要零件包括口模、芯模、分流器和定型模。

① 口模：口模用以成型制品的外表面。物料通过口模时，料流阻力增加，使制品密实；同时也使料流稳定均匀。设计时需确定的主要尺寸是口模的内径和定型长度。ABS 挤出口模内径可按 ABS 的拉伸比（1.0~1.1）来确定，并通过调节口模和芯模的环隙，得到合理值。定型长度需要保证将分束的料流完全汇合，它与材料性能、管材形状、壁厚、直径及牵引速度有关，一般约为管材直径的 1.5~3.0 倍。

② 芯模：是成型管材内表面的零件，结构及参数如图 5-22 所示，其结构应有利于熔体

流动，有利于消除熔体流经分流器后形成的熔合纹。在设计时需要确定的主要尺寸有芯棒外径(d_1)、定型长度(L'_1)、压缩段长度(L_2)和压缩角(β)。

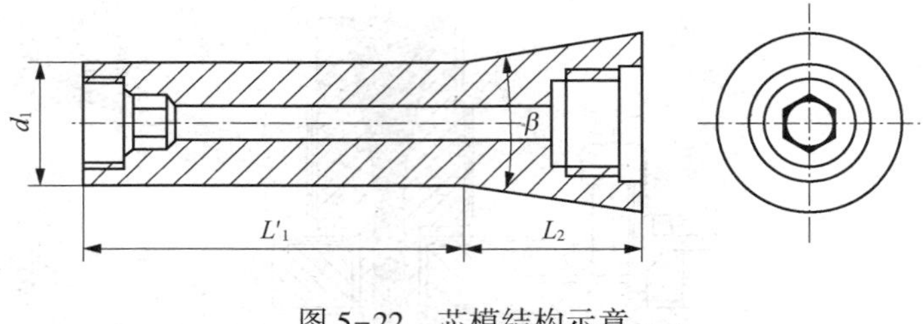

图 5-22　芯模结构示意

③ 分流器：塑料通过分流器，使料层变薄，这样便于均匀加热，以利于塑料的进一步塑化。其结构如图 5-23 所示。

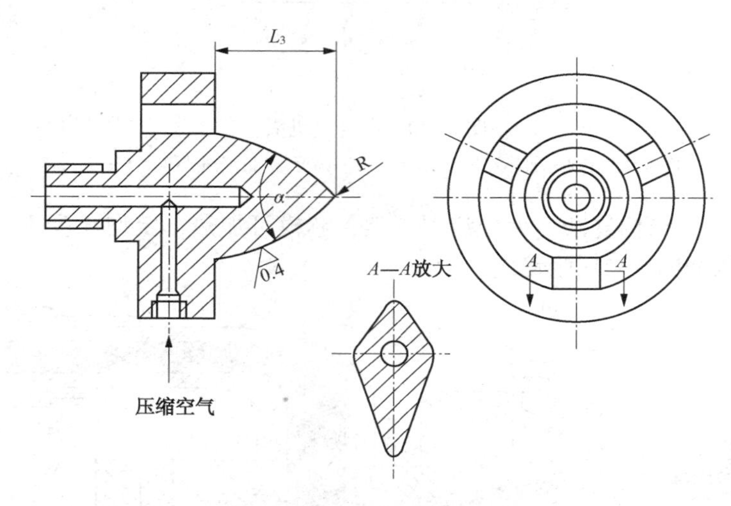

图 5-23　分流器结构示意

分流器设计时的主要参数包括扩张角(α)、尖角处圆弧半径(R)、锥形长度(L_3)。分流器表面需抛光，表面粗糙度 $R_a<0.4\mu m$。分流器与过滤板之间的间隔，可以使通过过滤板的熔体汇集，一般取 10～20mm。间隙过小则会使料流不均，过大则物料停留时间长而引起 ABS 降解。

④ 定型模具：为了能获得准确的尺寸、几何形状及较低的表面粗糙度值，必须采取定径和冷却措施。管材的定径和初步冷却通常由定型模来完成，之后再进入水槽继续冷却。一般采用外径定径和内径定径两种方法。外径定径适用于管材外径尺寸精度要求高、外表面粗糙度值要求低的情况，其通过使管坯外表面在压力作用下与定径套内壁紧密贴合的方法来达到定径的目的。按照压力产生方式的不同，外径定径又分为内压法和真空法两种。内径定径适用于管材内径尺寸要求准确、圆度要求高的情况。ABS 管材挤出一般采用外径定径法。

(3) ABS 板、片材挤出模具

挤出板材和片材的模具结构基本相同，差别在于厚度不同，厚度在 0.25～1mm 之间的称为片材；厚度在 1mm 以上的称为板材。该模具的特点是流道由圆柱形变为窄缝形，其几何形状变化很大，出料宽而薄，所以保证料流在整个宽度上的速度一致是模具设计要解决的主要问题。为解决流速一致的问题，挤出板材机头[1,6,7]可分为支管式机头、鱼尾型机头、衣架型机头及螺杆分配型机头。

1）支管式机头

该机头可分为直型和弯型两种。图5-24是一种直型支管机头。直型支管机头结构简单，能调整幅宽并加工宽幅产品，多用于PE、PP和ABS的挤出。弯型支管机头具有良好的流线型，无死角，既可加工PP、PE，也可加工热敏性的PVC。

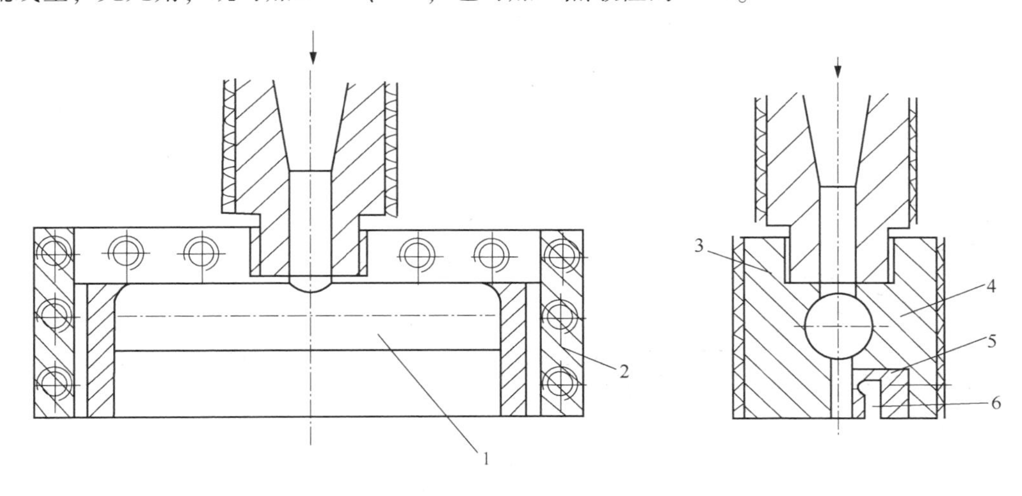

图5-24　直型支管式机头

1—支管流道；2—幅宽调节块；3、4—上下机头体；5—模唇；6—调节螺钉

2）鱼尾型机头

该机头流道形状似鱼尾形，如图5-25所示。熔融物料从机头中部进入流道，向两侧流到口模处挤出。此种机头流道向两侧扩展呈流线型，使料流阻力小而流道顺畅，进而使物料在机头内停留时间缩短，并且结构简单，制造容易，适用于加工熔体黏度较高、热稳定性较差的塑料，但不适合生产宽幅大、厚度较厚的板材。

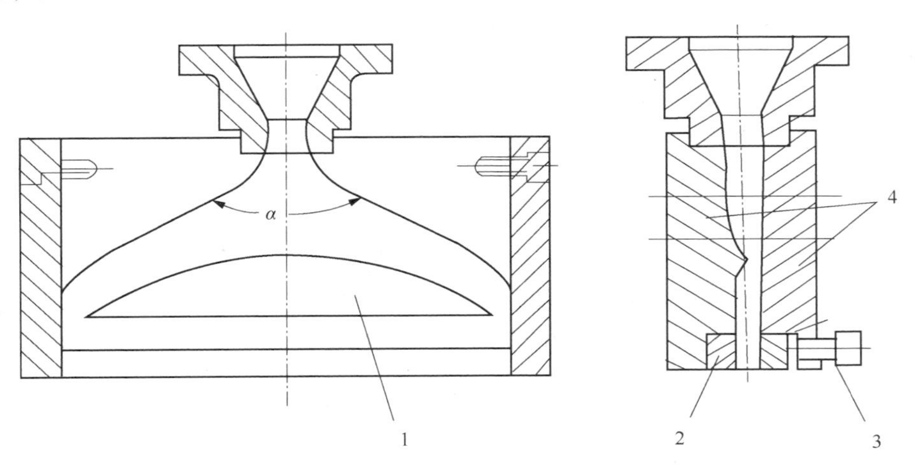

图5-25　鱼尾型机头

α—扩张角；1—阻流器；2—模口调节块；3—调节螺钉；4—上下机头体

3）衣架型机头

它是支管机头与鱼尾机头的组合设计，结构如图 5-26 所示。它利用支管式圆筒形槽，使积料减少，压力稳定，缩小截面，减少停留时间，又采用了鱼尾型机头的伞形流道结构，弥补板材厚度不均的缺点。衣架型机头扩张角可增大到 160°~170°，使机头尺寸减小，并能加工幅宽 2m 以上的板材，是目前 ABS 板材挤出中应用最广的机头。

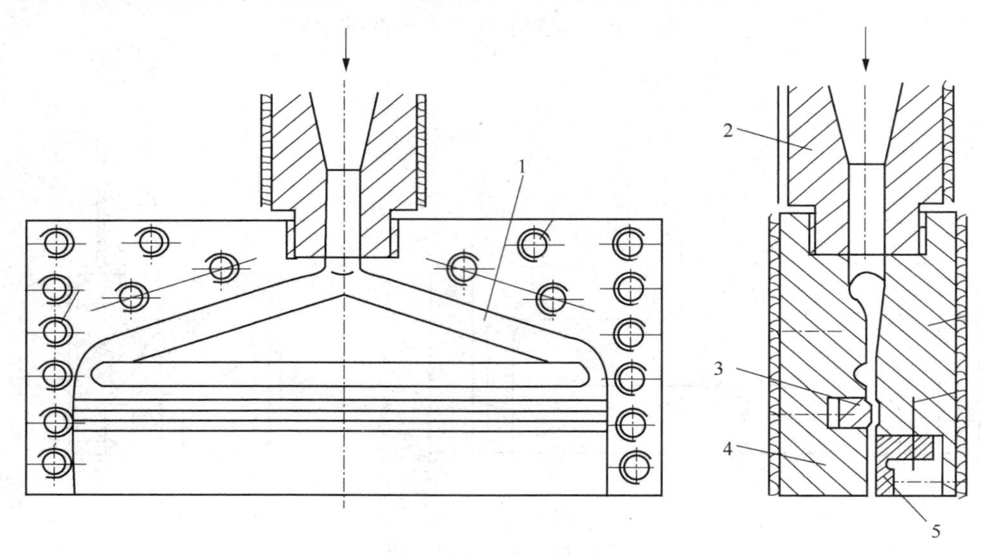

图 5-26　衣架型机头

1—支管流道；2—挤出机；3—阻力块；4—机头体；5—模唇

设计要点：

① 扩张角可以达到 160°~170°。

② 机头设置可调节阻力器，其凸起高度为 0.5mm 即可。

③ 需要设置模唇开度调节装置。

④ 机头内部需要镀铬，以提高其耐腐蚀性。

4）螺杆分配型机头

其结构如图 5-27 所示，特点是在支管机头里插入一根分配螺杆，螺杆靠单独的电机带动旋转，使物料不停滞在支管内，并均匀地将物料分配在机头整个宽度上。改变螺杆转速可以调整板材的厚度。但该机头在实际生产中应用不多。

（4）ABS 型材挤出模具

型材挤出成型模具可分为孔板式、多级式和流线型三大类，而流线型模具包括分段式和整体式两种。在 ABS 型材实际生产中多采用流线型，本书仅就此类型做介绍。

型材相比管材和板材，有着复杂的截面形状，其模具设计要特别注意壁厚的均匀性、圆角及加强筋的设计。同时，流道设计是挤出型材机头设计的关键，其结构的合理性直接影响到挤出型材的质量和生产效率。

1）机头流道的典型结构[15,17]

型材挤出机头流道的典型结构如图 5-28 所示。整个流道采用流线型，无任何死角，避免造成物料的滞留分解。按照物料流动过程可分为发散段、稳定段、压缩段和定型段四个区域：

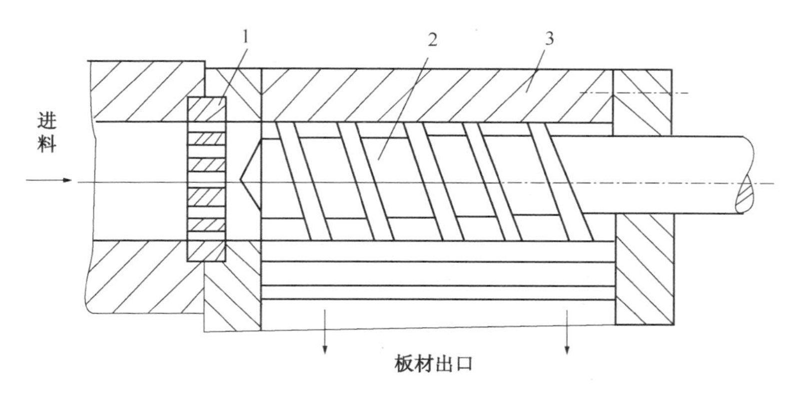

图 5-27　螺杆分配型机头

1—过滤板；2—分配螺杆；3—机头体

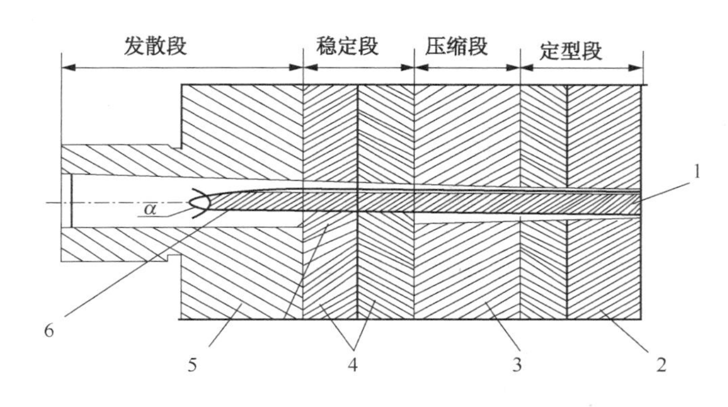

图 5-28　型材挤出机头典型流道

1—芯模；2—口模板；3—压缩套；4—支承板；5—机颈；6—分流锥

① 发散段：将挤出的熔体由旋转流动变为稳定的直线水平流动，并且通过分流锥，将熔体截面形状由挤出机出口处的圆形向制品形状逐渐转变。

② 稳定段：此段中的分流支架将流动分为几个特征一致的简单单元流道，使熔体流动行为更加稳定，从而保证制品的均匀性。

③ 压缩段：使物料产生一定的压缩比，以保证有足够的挤压力，消除由于支撑筋而产生的熔接痕，从而使制品塑化均匀，密实度良好，内应力小。压缩角不能过大，否则容易引起内应力加大，造成挤出不稳定，使制品表面粗糙，降低外观质量。

④ 定型段：口模定型段除了赋予制品规定的形状外，还提供适当的机头压力，使制品具有足够的密度，并进一步消除熔接痕及内应力。

2）机头设计原则

在进行机头设计时，应遵循以下几点基本原则：

① 型材重心轴线应位于螺杆的轴线上。

② 各模板的型腔及型芯成型面粗糙度 $R_a \leq 0.2\mu m$，且光滑过渡，无死角、台阶等缺陷，以避免熔体挤出时发生停滞、破裂乃至分解。

③ 流道交汇处设置分流筋，或在分流段采用"多腔独立供料系统"，以减少料流间的相互干扰，使流动更加稳定。

④ 应有足够的压缩比和定型长度，以消除熔接痕。

⑤ 口模设计应有合理的截面形状和尺寸精度，并具有足够的定型长度。

⑥ 机头结构应尽量紧凑，易于加工制作和装卸维护。

⑦ 尽量少用拼镶块，必须用时要设计好衔接与强度。

5.1.3.3 ABS 树脂的挤出成型工艺[10,18,19]

(1) ABS 管材挤出成型工艺

塑料管材是挤出成型的主要产品之一，而挤出法生产管材具有生产过程连续、产量大、效率高等优点。挤出管材的生产工艺流程为：

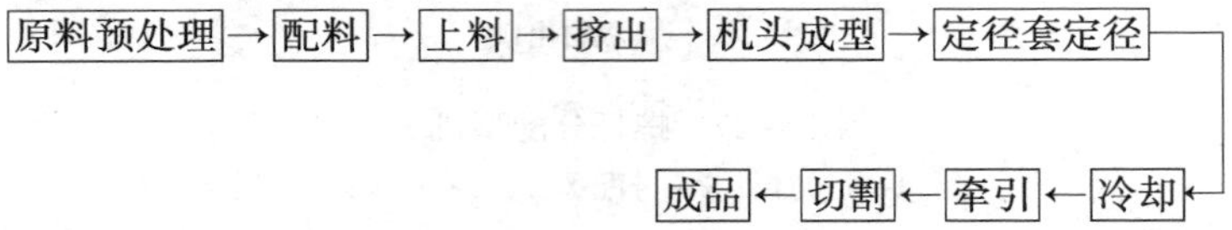

原料预处理→配料→上料→挤出→机头成型→定径套定径→冷却→牵引→切割→成品

ABS 管材挤出成型生产线由挤出机、挤出模具、定径装置、冷却装置、牵引装置和切割装置等组成，各装置的组成会由于产品的不同而有所差异。

1) 工艺控制要点

① 原料与设备准备。ABS 树脂因含有腈基而易于吸湿，吸水率为 0.3%左右，因而在挤出成型前需进行干燥，一般可采用鼓风干燥方式，干燥温度为(80±5)℃，干燥时间为 2~3h。

ABS 管材挤出成型主要采用单螺杆挤出机，螺杆的结构一般应选用等螺纹距，螺纹深度为渐变型，长径比一般在 25~35 范围内选取。

成型管材用模具为直通式通用型结构。

② 温度控制。温度是促使塑料塑化和熔体流动的必要条件，是影响产品质量的重要因素。ABS 管材挤出温度包括料筒温度、机头温度和口模温度。温度过低时，塑化不良，管材外观粗糙无光泽，力学性能差；温度过高时，物料容易分解，产生变色等现象。机头温度的波动会直接影响挤出质量，使塑件产生残余应力、各点强度不均匀、表面暗无光泽等缺陷。所以应尽可能减少或消除温度波动。

通常 ABS 管材挤出成型料筒的温度控制为：料筒后段 160~170℃、中段 170~180℃、前段 170~175℃；机头 175~185℃；口模的分流器 185~190℃，口模出口 180~190℃。

表 5-15 给出了几种挤出级 ABS 的成型温度，可供参考。

表 5-15 挤出级 ABS 塑料管材成型温度

材料特性	料筒温度/℃			机头温度/℃	口模温度/℃
	后段	中段	前段		
通用	160~170	170~180	170~175	175~185	185~195
耐候性好	170~180	180~190	180~185	185~195	190~200

③ 螺杆转速。螺杆转速的调节可根据螺杆结构、ABS 材料牌号的差异、管材外径和辅机的冷却速度而定。螺杆转速提高，挤出速率增加，可提高产量，但容易产生塑化不良，造成管材内壁粗糙，强度下降。依据管材外径的不同和挤出机的差异，ABS 挤管时的螺杆转速一般为 10~30r/min。

④ 牵引速度。牵引速度直接影响产品壁厚、尺寸公差、性能及外观，牵引速度必须稳定，且牵引速度与管材挤出速度要相匹配。牵引速度与挤出线速度的比值反映出制品可能发

生的取向程度，该比值称为拉伸比，其数值必须等于或略大于 1。如牵引速度过快，制品残余内应力较大，管材容易弯曲变形；牵引速度越快，管材壁厚越薄，冷却后的制品其长度方向的收缩率也越大；如牵引速度过慢，由于离模膨胀，管材壁厚增大，甚至导致口模与定径套之间积料，影响正常挤出生产。牵引速度一般比挤出速度快 1%~10%。

⑤ 压力控制。挤出过程中最重要的压力参数是熔体压力，即机头压力。一般来讲，增加熔体压力，使制品密实度增加，有利于提高制品质量。但压力过大，会使设备部件连接部位出现溢料，甚至带来安全问题。熔体压力大小与原料性能、螺杆结构、螺杆转速、工艺温度、过滤网的目数、多孔板等因素有关。熔体压力通常控制在 10~30MPa 之间。

⑥ 定径和冷却控制。定径时主要控制真空度，通常在满足管材外观质量的前提下，真空度应尽可能低，这样管材内应力小，产品在存放过程中变形小。冷却时主要控制冷却温度，ABS 管材挤出成型一般采用室温水冷却。

2）ABS 管材挤出常见问题及对策

在 ABS 管材挤出成型过程中，由于材料、模具、工艺条件等因素的影响，制品的机械性能和外观会出现不同，常见的问题包括表面无光泽、管壁厚度不均、表面有鱼眼、内外表面粗糙和气泡等。表 5-16 列举了管材挤出过程中常见的问题及对策。

表 5-16　ABS 管材挤出常见问题及对策[13]

常见问题	原因及对策
管材表面暗淡、无光泽	① 原料水分过高，需加强干燥控制； ② 口模温度过低，应适当提高； ③ 冷却速度过快，应调节冷却水量； ④ 定径套过短，需加长
管材外表面有鱼眼	① 机头温度过高，要适当降低； ② 冷却不足或不均匀，调节冷却水量
内表面粗糙	① 芯模温度过低，适当提高； ② 料筒温度偏低，适当提高； ③ 螺杆温度过高，需通冷却水冷却； ④ 口模定型段过短，应加长
管材圆度不好、弯曲	① 口模、芯模中心位置不正，应重新调整； ② 机头温度四周不均匀，调整适当的温度； ③ 冷却水离口模太近，调整冷却水位置； ④ 冷却水喷淋不适当，应调整； ⑤ 牵引机压力过大，调小压力
管材壁厚不均	① 芯模与口模的定位不同心，出料快慢不一致，应调节芯模和口模的同心度； ② 机头加热不均匀，应检查加热器有无损坏，将温度调节均匀； ③ 牵引速度不均匀，应检查牵引装置，适当调整； ④ 冷却定型不稳定，应调节压缩空气或冷却水，使冷却均匀
管材管壁有裂纹	① 芯模温度过低，应适当提高； ② 料筒温度偏低，适当提高； ③ 牵引速度过快，应适当减低； ④ 熔料塑化不良，提高机头压力，加强塑化
内外表面有气泡	① 原料水分过高，加强干燥； ② 料筒温度过高，适当降低； ③ 口模温度过高，应降低

（2）ABS 板材、片材挤出成型工艺[19~21]

ABS 板材、片材的生产工艺流程为：

原料干燥→混料→机头挤出成型→压光机压光→冷却定型→后加工→切割→成品

ABS 挤出板材机组由挤出机、挤出模具、三辊压光机、切边装置、冷却输送辊、牵引机、切割或卷取装置组成。

1）工艺控制要点

① 原料准备。挤出板材用的 ABS 树脂，成型前要对物料进行干燥处理。干燥条件同管材挤出。干燥时，要求实际温度严格按照设定值控制。同时检查风量是否正常，要切实保证有足够的循环风量。

② 挤出温度。包括料筒温度和机头温度。料筒温度应根据原料牌号、挤出机型号而定，通常进料段温度不宜太高，以防粒料熔化太早，影响送料；排气段温度宜高一些，有利于排气；而计量段温度不宜过高，以减少熔体压力波动。机头温度一般高于料筒最高温度 5~10℃。机头温度通常中间低、两边高，这样可使机头两边的物料容易流动。为保证板、片材厚度的均匀，挤出温度波动建议控制在±2℃。

③ 三辊压光机温度。为防止板材产生内应力而弯曲变形，应使板材缓慢冷却，这样三辊压光机应加热，并设有调温装置。加热介质可用油或水。三辊压光机温度直接影响板材的表面粗糙度和平整度，辊筒温度应保证熔融物料与辊筒表面完全贴合，温度控制应合理，温度过高会使板料太软而离辊，形成细密的横纹；而温度过低则使板料边离辊，造成折边或辊痕，板材表面无光泽。

各辊的温度应该分别控制，并根据挤出坯料进辊位置不同，调整三辊温度，尽量使上下表面的降温速度一致，以免造成板材翘曲变形。ABS 坯料如果从上辊和中辊间隙进入，经中辊和下辊间隙、最后从下辊半圈导出，则温度可设定为上辊温度 90~100℃，中辊温度 80~90℃，下辊温度 70~80℃。表 5-17 列出了挤出板材 ABS795 的挤出温度和三辊压光机的温度。

表 5-17　挤出板材 ABS795 各区温度　　℃

挤出机料筒	1 区	2 区	3 区	4 区	5 区	6 区
	165~175	170~180	180~190	185~195	195~200	195~200
机头	左一 195~205	左二 185~195	中 185~190	右二 185~195	右一 195~205	—
三辊压光机	上辊 90~100	中辊 80~90	下辊 70~80	—	—	—

④ 牵引速度与三辊压光机线速度。理论上，牵引速度与挤出速度和三辊压光机线速度是一致的，但实际操作中，往往牵引速度要快 5%~10%，这样可对物料产生一定拉伸作用，提高制品的性能。不过，如果牵引速度过大，板材会产生大的内应力，导致翘曲，在二次成型时甚至会破裂；如果牵引速度过小，则板材会变形。

三辊压光机各辊的线速度必须保持一致，否则会使板材出现波浪纹。

⑤ 模唇间隙和三辊间距的控制。在 ABS 挤出过程中，离模膨胀现象不是很明显，模唇间隙一般稍大于板材厚度，通过牵引作用最终达到板材所要求的厚度。

至于三辊间距，主要控制物料进入的第一道间距，此值应等于或稍大于板材厚度。辊间距沿板材幅宽方向应调节一致，并注意辊间存料量。

2）ABS 板片材挤出过程中常见问题及对策

ABS 板、片材挤出成型过程中，产生问题的原因很多，需要调整的工艺参数也很多，应根据具体情况，先调整一方面的参数，视其变化稳定后，再调整其他参数。生产中常出现问题包括表面不光滑、表面斑纹、制品厚薄不均、板材翘曲变形等内在或外观问题。表 5-18 为板、片材挤出成型中常见的问题及对策。

表 5-18　ABS 板材挤出常见问题及对策[13]

常见问题	原因及对策
板材断裂	① 料筒或机头温度过低，需适当提高； ② 模唇开度太小，应调节螺钉增加开度； ③ 牵引速度过快，应减少； ④ 挤出速度过快，塑化不良，降低挤出速度
板材翘曲不平	① 压光辊温度控制不当，要适当调整辊温； ② 冷却不足或不均匀，调节冷却水量
板材厚薄不均	① 机头温度不均匀，物料塑化不良，应检查加热器； ② 模唇开度不均匀，阻力块调节不当，应调节螺钉； ③ 三辊轴向间距不均匀，需重新调整； ④ 牵引速度不均匀，检修牵引设备
表面凹凸不平、光泽不好	① 机头温度偏低，需升高； ② 压光辊表面不光洁，需抛光； ③ 机头平直部分太短，应增加长度； ④ 压光辊温度偏低，应适当升高； ⑤ 模唇表面不光洁，应抛光； ⑥ 原料水分含量高，加强烘料
表面粗糙，有橘皮纹	① 物料混炼塑化不良，需提高温度； ② 三辊机堆料太多，减慢螺杆转速； ③ 板材厚薄相差过大，调整模唇开度； ④ 压光辊压力过大，加大辊间距
挤出方向出现条纹	① 模唇受损或有杂质，检修模唇表面； ② 三辊压光机辊筒表面受损，更换辊筒； ③ 口模温度过高，有物料分解，应适当减低； ④ 过滤网破裂，重新更换
表面有气泡	① 原料水分过高，加强干燥； ② 料筒温度过高，适当降低； ③ 口模温度过高，应降低

（3）ABS 型材挤出成型工艺[17,23]

除了管材和板、片材，横截面是非圆形的挤出制品都可以统称为型材。ABS 型材的挤出与管材的挤出工艺流程基本相同，不同之处主要是机头、定型模和冷却装置的区别。所以它们的挤出成型工艺比较接近，但因为型材的种类比较多且形状比较复杂，其工艺控制相对要复杂一些。

1）工艺控制要点

① 原材料干燥。ABS 树脂有一定的吸湿性，加工前需对其进行干燥处理，一般将 ABS 树脂在 80~85℃恒温干燥 2~4h 左右即可。若干燥不足，则制品表面会出现瘢痕、水纹或起泡现象。若干燥时间过长或干燥温度偏高，会造成树脂结块、制品发黄。

② 挤出设备。采用单螺杆挤出机挤出，螺杆的长径比（L/D）为 25~35，压缩比为 3~4；挤出机料斗可配置干燥预热装置，料筒可采取排气式结构。

③ 挤出机料筒与机头温度。依据 ABS 型号的不同，料筒温度一般设定为 160~200℃，机头温度 180~200℃。温度偏高时，熔体流动性好，但挤出波动大、不稳定，难以保证挤出制品质量，还易造成原料降解。设备部件连接部位的温度一般比螺杆头部均化段的温度低 5℃，或者同温。表 5-19 列出了挤出型材用 ABS 及 ASA 的挤出成型参考温度。

表 5-19　挤出型材用 ABS 及 ASA 挤出成型温度

料筒温度/℃				机头温度/℃
1 区	2 区	3 区	4 区	
160~165	165~170	170~175	175~180	175~180
165~170	170~175	175~185	180~190	180~190

④ 冷却定型的控制。ABS 型材需采用合理的冷却定型方式，才能得到理想的制品。ABS 型材挤出过程中冷却水温在 14~18℃较为理想，有效水压应大于 0.2MPa，且最好采用净化水，以免水中杂质进入定型模而刮伤制品表面。在生产过程中，如果冷却水水温过高或水压偏低、水流量偏小，使型材在出定型模后温度偏高甚至发生后变形，应适当调低水温或加大水的流量；如果冷却水温过低，会形成骤冷，容易使型材内部残留有内应力，在自然存放过程中产生后变形。

定型真空度应保持在 0.075~0.01MPa 之间。定型真空度过低，对型坯的吸附力不足，会导致严重变形或不成型，无法保证型材的外观质量及尺寸精度；定型真空度过高，型坯表面易拉伤导致制品条纹缺陷，并且会增加牵引负荷，有时甚至会造成牵引颤车。

⑤ 牵引速度的控制。牵引速度应与挤出速度相匹配，过快会使型材拉断，而过慢则会在挤出机和机头连接处积料导致表面皱纹甚至无法成型。牵引速度可以无级调速。

2）ABS 型材挤出过程中常见问题及对策

ABS 型材挤出过程中会产生很多不良现象，主要有表面熔接痕、斑点和鱼眼、收缩过大、弯曲变形以及壁厚不均等。产生的原因往往也不是单一的，比如壁厚不均匀，可能的原因有：由于机头内模板定位不准，从而导致口模间隙不均匀，冷却后最终导致制品的壁厚不均匀；口模的成型长度短，导致出口处料流不均匀，制品就会出现壁厚不均；由于机头加热温度不均，使得机头内各处聚合物熔体黏度不一致，待冷却收缩后，便产生不均匀的壁厚；还有口模磨损及杂质堵塞流道都会导致壁厚不均。表 5-20 列出了型材挤出过程中常见问题及对策。

表 5-20　型材挤出成型常见问题及对策[22]

故障名称	原因及对策
表面熔接痕	(1) 口模结构设计不良 ① 在设置口模内的流道时，应使熔料流量均匀； ② 应适当增加口模前端的压力； ③ 应适当增加口模定型段长度； ④ 应在模芯支架后设置熔料池； ⑤ 应适当增大口模入口处的流道截面 (2) 材料选择与成型条件不一致 ① 应选用熔体黏度较低、流动性能较好的原料； ② 应适当提高料筒温度，降低口模温度； ③ 应适当降低挤出速度
表面不平	① 冷却不充分，导致各部分冷却速度不一致，局部在定型后引起制品表面不平，应疏通水道，增加水孔，加大流量； ② 真空度不够，物料没有与型腔完全吻合，导致制品表面不平，应检查密封性，疏通气道，提高真空度； ③ 牵引速度过快，与挤出速度不一致，型坯拉伸比过大，冷却后产生表面不平，应适当调整牵引速度
表面斑点及鱼眼	(1) 原料不符合成型要求 ① 应防止混用不同的原料； ② 应防止混用熔体黏度不同的树脂； ③ 应控制再生料的掺混比例及混合工艺 (2) 成型条件控制不当 ① 应选用适当的螺杆类型，需防止螺杆过热； ② 在挤出过程中，应严格控制混入异物杂质； ③ 应采用金属网过滤熔料，同时增大熔料压力
型材整体收缩太大	(1) 牵引收缩率太大 ① 应尽量减小口模的牵引收缩率； ② 牵引收缩率太大时，应尽量提高熔料温度 (2) 冷却不充分 ① 型材固化定型后，仍应充分冷却到室温以下； ② 应适当降低冷却水的温度； ③ 对于中空型材和厚壁件，应适当增加冷却长度； ④ 应适当降低挤出及牵引速度
筋部收缩太大	(1) 口模筋槽内熔料流动太慢，筋槽受到拉伸 ① 应不增加筋部间隙，将熔料入口处扩大，提高熔料在筋槽中的流动速度； ② 应尽量提高熔料在筋槽末端部分的流动速度 (2) 筋槽内熔料太多 ① 应在口模筋槽内设置隔板使熔料分流； ② 应加快牵引，并采用滑移定型模； ③ 应采用真空定型模，使筋部拉伸冷却 (3) 成型速度太快 ① 应尽量减小口模的拉伸收缩率； ② 应减小端部定型段的长度

续表

故障名称	原因及对策
型材弯曲变形	(1) 口模出料不均 ① 应修正口模，使口模出口处熔料的挤出速度均一，可增加口模定型段长度及增设阻流块； ② 应减小拉伸收缩率 (2) 冷却方法不当 ① 应提高厚壁处的冷却效率，加快固化速度； ② 应减少薄壁处的冷却量或以热风加热，减慢固化速度； ③ 冷却水应保持一定的温度； ④ 定型模和牵引辊的中心位置应对正 (3) 型材形体结构设计不良 ① 应尽量使型材周边的壁厚对称均匀； ② 应在厚壁截面内设置小面积的中空； ③ 壁厚悬殊不能太大 (4) 牵引速度不恒定，应检修牵引机，调整牵引速度

5.1.4 ABS 树脂的吹塑成型

吹塑成型是生产塑料制品最常用的三大塑料加工方法之一，同时也是发展较快、应用较广的一种塑料成型方法。这种成型方法所用的模具简单，成本低廉；与注塑成型相比，其设备造价低、适应性强，可以一次成型制件内部有较大空间的复杂、不规则形状的制品。用三维中空成型方法还可成型具有复杂三维空间曲线的中空制品，其产品应用领域包括民用，如瓶、桶、罐、壶等容器；工业应用，如汽车、化工、运输等领域。

5.1.4.1 吹塑成型简介

(1) 中空吹塑成型黏弹性原理

利用聚合物推迟高弹形变的松弛时间的温度依赖性，在聚合物玻璃化转变温度以上的 T_f 附近，使聚合物半成品管状型坯快速变形，然后在压力下保持形变，在较短时间内冷却到玻璃化转变温度或结晶温度以下，使成型物的形变被冻结下来，这就是中空成型的黏弹性原理。由此原理可以看出，当吹塑制品使用温度高于其玻璃化转变温度时，制品中被冻结的分子链容易发生可逆形变，制品就易出现翘曲变形。所以为减小使用中的热变形，就应该提高成型温度和模温，成型温度越高，制品中不可逆形变所占比例越大，成型物的形状稳定性越好。

(2) 吹塑成型定义与分类

塑料中空吹塑成型，就是将塑料熔融后挤出或注塑成型坯，然后将型坯置于中空模具中，在型坯中吹入一定压力的压缩空气将其吹胀，再经过压缩空气保压冷却定型后脱模，得到中空成型制品。

按型坯制作方法的不同，将吹塑成型分为注射吹塑与挤出吹塑；按产品容器壁的组成，分为单层吹塑与多层吹塑；按成型工艺分类方法还有单工位和多工位之分；按机头种类有储料机头和非储料机头之分；按型坯拉伸与否分为普通吹塑和拉伸吹塑，拉伸吹塑又分为注射-拉伸-吹塑与挤出-拉伸-吹塑两大类。

(3) ABS 树脂吹塑成型

ABS 树脂各项性能均衡，通过配方调节各组分的比例可以改变其加工性来适应不同的加工方法，其中高熔体强度 ABS 非常适合用来生产吹塑成型制品。

ABS 吹塑成型包括注射吹塑和挤出吹塑两大类。ABS 注塑吹塑法一般用来生产小型包装制品，例如瓶口有螺纹等密封要求的化妆品瓶、药品瓶等，此方法在 ABS 吹塑中占比不大，本书不作阐述。挤出吹塑法生产 ABS 制品目前应用较广泛，如民用的大型花盆、净水器材、中空桌椅、汽车上的一些零件如汽车座椅、汽车通风管、汽车扰流板等。本书主要介绍 ABS 树脂挤出吹塑成型工艺。

挤出吹塑过程包括型坯的挤出与预吹、模具闭合、型坯吹胀、保压冷却、开模取出制品、修整飞边、后加工、包装入库等。其中主要挤出吹塑工序如图 5-29 所示。

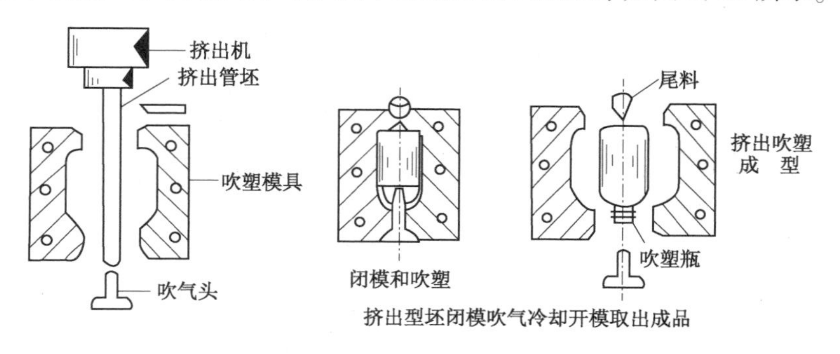

图 5-29　挤出吹塑工序示意

5.1.4.2　ABS 树脂挤出吹塑成型设备

挤出吹塑成型系统由挤出机主机、储料机头、壁厚控制系统、合模装置、吹胀装置、制品取出装置、电器液压控制系统、辅助设备等组成。

本节主要介绍与制品性能关系密切的关键设备如挤出机、储料机头、壁厚控制系统等。

挤出吹塑系统主要组成如图 5-30 所示。

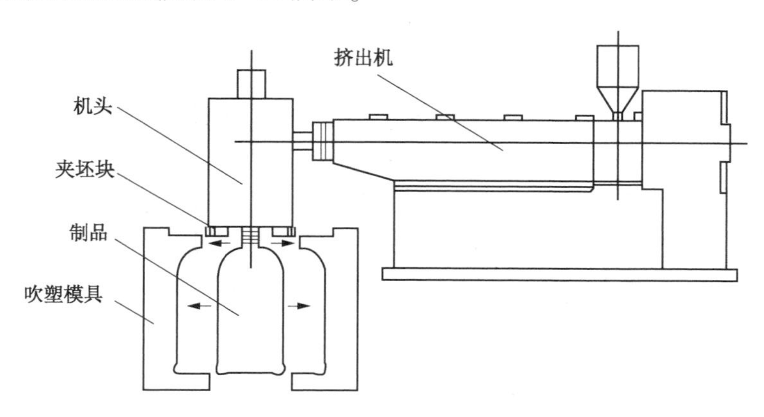

图 5-30　挤出吹塑机基本结构

（1）挤出机

挤出机是挤出吹塑机组的最重要组成部分，其构造与挤出成型用的挤出机基本一致，主要包括物料塑化装置的螺杆料筒、电气控制系统、加热冷却系统、液压系统等。目前 ABS 树脂的挤出吹塑一般用普通单螺杆挤出机。

挤出机螺杆：由于 ABS 树脂对剪切敏感性较聚烯烃大，并且为非结晶性原料，因此推荐采用剪切较低、压缩比为(3∶1)~(4∶1)、长径比为(20∶1)~(30∶1)的单螺杆来加工。

(2)机头[24]

机头是挤出吹塑成型型坯的装置，熔融的塑料就是通过机头的口模挤出成为圆筒形的型坯。按型坯挤出的机头结构分为直通机头、直角机头、储料缸机头。不同的机头结构如图5-31和图5-32所示。其中直通机头结构最简单，但挤出机与机头位置不好布置；直角机头机构稍复杂，挤出机与机头成直角布置，操作方便；储料机头中间带储料腔，适合生产大型制品。本节我们主要详细介绍与ABS大型挤出吹塑件密切相关的储料式机头。

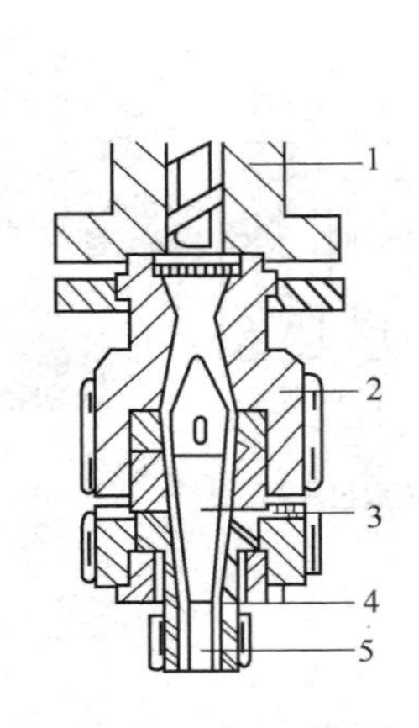

图5-31　直通式机头

1—挤出机；2—机头；3—分流器；4—口模；5—芯模

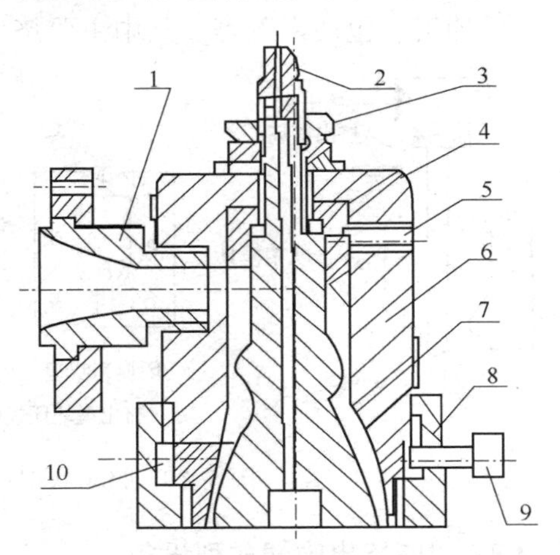

图5-32　直角机头

1—挤出机；2—气嘴；3—螺母；4—过渡连接；5—定位螺钉；6—机头体；7—芯模；8—托圈；9—调节螺钉；10—口模

1）储料机头的作用

储料机头的储料缸设置在机头的流道内，挤出机挤出的熔料进入机头环形储料缸中储存，待储料量达到设定位置时，由压料活塞一次性压出形成连续型坯，可以使挤出速度更稳定、压力均匀一致，型坯质量可得到很大提高，还实现了可以用较小的挤出机生产较大的制品。

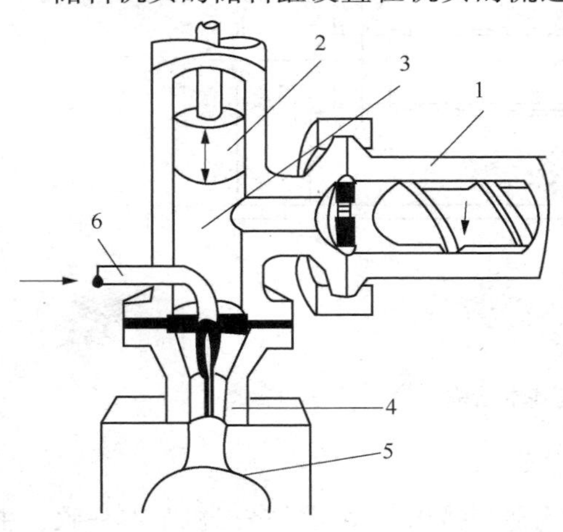

图5-33　储料机头示意

1—挤出机；2—压料柱塞；3—储料缸；4—口模；5—吹塑制品；6—吹气管

储料机头的组成包括：机筒、压料活塞、芯棒、口模、芯模、压料液压缸、伺服液压缸、电加热器、热电偶、位移传感器等。储料机头如图5-33所示。

2）储料机头分类及特点

储料式机头按流道形式分类有三种，包括单层心型包络流道、双层心形包络流道和螺旋流道。

早期对成型制品要求不高，中空机头较多采用单层心形包络流道。随着客户对容器质量要求的不断提高，针对单层心形包络流道熔合缝的强度不足的缺陷，设备厂家研发出了双层心形包络流道和螺旋流道，避免了单层心形包络流道挤出的型坯在圆周上存在明显的熔合缝区，双层心形包络流道或螺旋流道挤出的型坯熔合缝区的强度得到大大提高。现在大多数大中型储料机头都采用双层心形包络流道结构。

（3）壁厚控制系统

1）壁厚控制器的作用[25]

型坯壁厚控制是挤出中空成型制品的关键技术之一，现代吹塑技术中，型坯壁厚控制已经发展成为一项专门的技术，其作用在储料机头式吹塑成型方面尤其显著。型坯壁厚控制分为轴向控制和径向控制两种形式。目前的大中型挤出中空成型机一般都具有轴向型坯壁厚控制功能，其控制点从64点到256点不等。轴向壁厚控制的作用是使注射压出的型坯根据制品截面形状、吹胀比的不同沿轴向预设不同的厚度，从而保证最终制品壁厚准确、均匀。径向壁厚控制多为手动螺栓调节，现在也有挤出机配备有自动控制的径向壁厚控制系统。一般情况下，制品截面积越大，长度越长，形状越复杂，型坯壁厚控制就越能发挥出其优势。

采用轴向壁厚控制系统后，可生产厚薄更加均匀的制品。耐冲击力试验表明，壁厚均匀的制品不仅强度有很大提高，同时也节省了原料，缩短了制品冷却时间，提高了成品率。

2）壁厚控制原理[26]

型坯壁厚控制系统主要由显示装置及控制和电液伺服（比例伺服阀和伺服油源）系统组成，其工作原理如图5-34所示。壁厚控制系统采用闭环反馈设计，其组成部分包括壁厚控制器、电液伺服阀、动作执行机构和作为信号反馈装置的电子尺。用户在壁厚控制器的面板上设定型坯壁厚轴向变化曲线，控制器根据曲线输出大小变化的电压或者电流信号至电液伺服阀，由电液伺服阀驱动执行机构控制模芯的上下移动，从而造成口模缝隙随预先设定的曲线而变化。通过电子尺测量实际口模缝隙的大小，得出相应的电压信号反馈给壁厚控制器，就构成了型坯壁厚闭环控制系统。

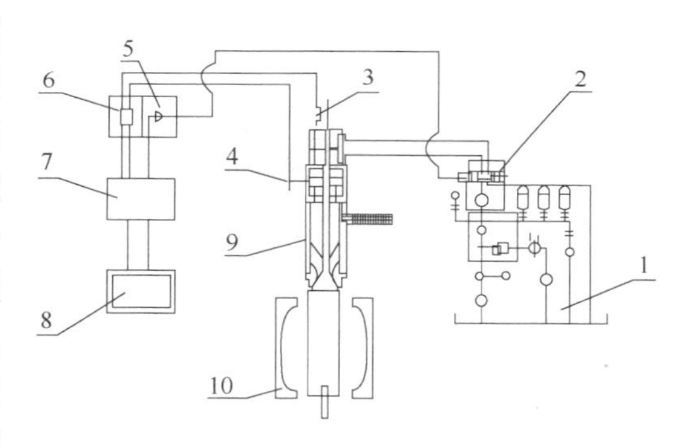

图5-34 轴向型坯壁厚控制系统示意

1—伺服液压系统；2—电液伺服阀；3—芯模开口位移传感器；4—储料缸位移传感器；5—伺服阀放大器；6—位移传感器变送器；7—PLC数模转换器；8—触摸屏显示器；9—储料机头；10—模具

（4）吹塑辅机

吹塑辅机也是吹塑成型中的重要设施，吹塑辅机的合理使用可以提高生产效率、改善制品质量、减小劳动强度，是吹塑生产中不可缺少的重要辅助生产设备。吹塑辅机主要包括原料混合机、原料干燥机、自动上料机、模温机、型坯自动封边机、制品夹取机、废品锯切机、粉碎机等。

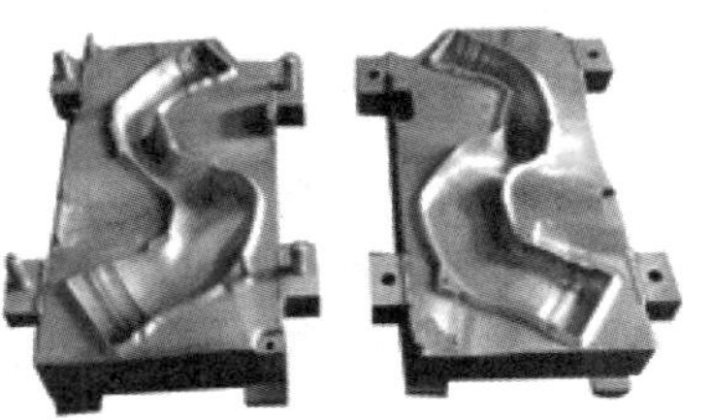

图5-35 汽车通风管道吹塑模具

5.1.4.3 ABS树脂的吹塑成型模具

（1）吹塑成型模具的作用

塑料吹塑成型离不开吹塑模具，模具的内部轮廓成就了制品的形状。吹塑制品质量的好坏，直接与模具的设计、加工、装配、维护水平相关。图5-35所示为汽车通风管道模具实物图。

(2) 吹塑成型模具特点[27]

① 吹塑模具一般只有凹模，没有凸模，结构比较简单。

② 吹塑模具锁模力主要有切口(夹坯口)承受，模腔所受压力较小。所以夹坯口强度要求较高。

③ 模具材料一般用轻质铝合金，很少采用强度更高的合金钢材。

④ 吹塑模具都有气针吹气装置，一般采用顶吹、下吹或气针射入的侧吹形式。

⑤ 吹塑模具由于运行速度较慢，结构简单，一般不易损坏，使用寿命较长。

(3) 吹塑成型模具设计要点[28]

ABS 树脂的吹塑模具设计主要考虑模具切口和吹气系统，其他如冷却系统及排气系统基本与注塑模具类似。

1) 吹气装置

吹气形式可分为顶吹、下吹、侧吹三种形式，如图 5-36 所示。顶吹、下吹可通过型坯上下两端的开口插入吹气棒进行吹气，侧吹要从型坯侧面用气针刺破型坯插入针头进行吹气。侧吹装置包括进气杆与进气针，进气针一般做成医用注射针头形状，吹气时通过与进气杆相连的气动装置将进气针射穿到型坯内部进行吹气。进气杆或气针孔径大小会影响型坯吹胀质量，气针孔径较大、吹气时间可缩短。要根据制品容积来选择合适的气针孔径。

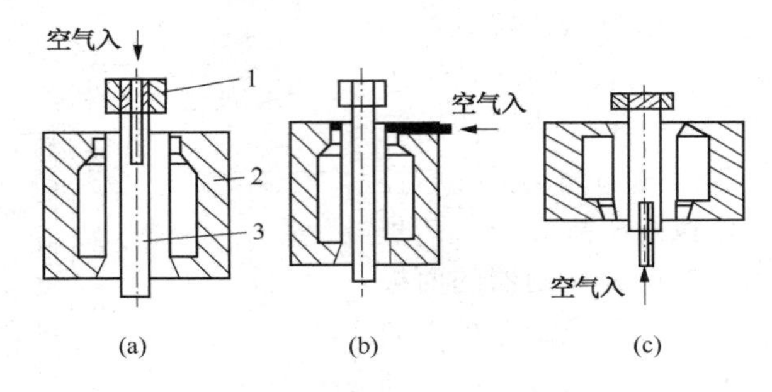

图 5-36　型坯的三种吹塑方法

(a)上吹法；(b)侧吹法；(c)下吹法

1—机头；2—模具；3—型坯

2) 模具切口设计[29]

模具切口也称模具夹坯口，其作用是夹住型坯两端开口部分形成封闭容器，是一种重要部件。模具锁模力都压在夹坯口上，所以对其材质韧性、硬度都要求较高。夹坯口要用高强度钢材制作。在夹坯口外侧增设尾料槽，可使吹塑制品局部增厚，这样可大大加强型坯封口熔合处的强度。

图 5-37(a)和(b)显示两种不同形式的夹坯口及尾料槽设计。这里给出了两种用于增厚吹塑产品合缝处尾料槽的结构，它们是在模具即将合模到底时，将尚未切断的余料熔体向合缝处内挤入一部分，以适当加厚合缝处的厚度和增强制品的强度。其中图(a)已经在许多大型吹塑产品上得到了比较广泛的应用，效果较好。图(b)是图(a)的改进形式，合缝处增厚效果更为明显，主要是在模具的一边设置了可以挡料的装置，它可以使塑料熔体向模具外部尽量地少排出，而能够使其向制品方向挤出更多，达到吹塑制品合缝处局部增厚的目的。其中前夹角多为 30°，后夹角多为 90°，其他尺寸需根据制品的需要确定。

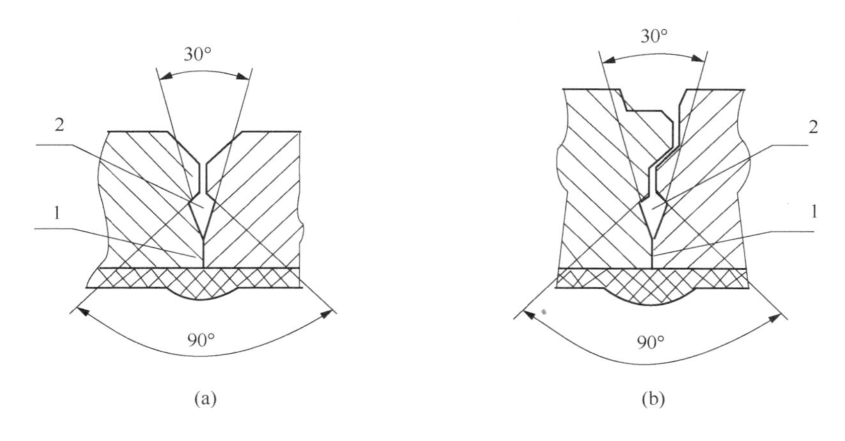

图 5-37　夹坯口及尾料槽示意

1—夹坯口；2—尾料槽

5.1.4.4　ABS 树脂的吹塑成型工艺

(1) 典型 ABS 树脂的吹塑成型工艺流程

典型 ABS 树脂的挤出吹塑成型过程可以分为：型坯形成、型坯吹胀以及冷却固化三个阶段。图 5-38 为挤出吹塑流程示意。

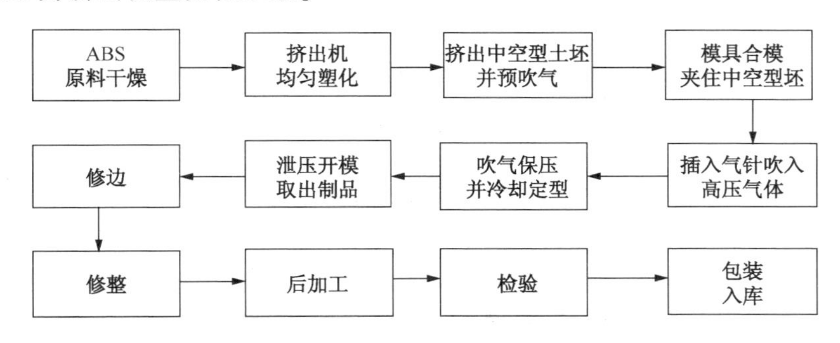

图 5-38　ABS 树脂挤出吹塑工艺流程

(2) ABS 挤出吹塑工艺要点[29,30]

挤出吹塑工艺对 ABS 制品质量影响较大的因素有：塑化温度、螺杆转速、储料缸储料时间、射料速度、吹气压力、保压时间、模具温度、型坯壁厚控制等，下面分别加以介绍。

1) 料筒与机头温度

吹塑成型过程中，温度的高低直接影响型坯的形状稳定性和吹塑制品的质量。温度越高，制品外观越光滑，光泽度越好，温度高些可以提高熔合缝强度，更好地消除制品内应力，提高喷漆优良率和可以耐受更大的爆破压力，但材料容易分解、变黄；温度设定过低，挤出机负载变大，造成塑化不良，熔体黏度过大，流动困难，同时也会造成型坯壁厚不易控制，塑件易破裂，熔料的"模口膨胀"效应会变得更严重，内应力增大，甚至出现熔接不良、模面轮廓花纹不清晰等问题。

储料机头温度太高，型坯强度会明显降低，易发生型坯切口处料丝牵挂，型坯褶皱，挤出过程中型坯易产生自重下垂现象，制品上、下端厚度偏差会加大，同时收缩也会变大，冷却时间延长等缺陷，严重时会造成熔料分解、致型坯出现气泡、黑线等缺陷。

ABS 树脂的软化温度一般为 170~190℃，一般料筒温度控制在 170~210℃。螺杆直径小于 80mm 取较高的温度，螺杆直径大于 80mm 取较低的温度。机头储料桶温度一般为 160~200℃，直径较大取较低的温度，反之亦然。不同牌号的 ABS 树脂加工温度会有变化，如耐热 ABS 加工温度一般会高出 20~30℃。上海锦湖日丽生产的普通吹塑级 ABSBM510 建议料筒温度为 190~210℃，而耐热级吹塑 ABSBM530 建议料筒温度为 210~230℃。

2）螺杆转速

螺杆转速直接影响挤出机产量和型坯质量，高转速时螺杆对物料剪切作用增强，会提高物料的塑化效果，改善制品外观。但螺杆转速的提高应受到限制，转速过高，塑料在机筒内停留时间短，有可能造成熔体温度不均匀，型坯表面质量反而下降。而且转速提高时，大量摩擦热的产生使塑料有降解的风险。通常在满足储料周期的情况下调节螺杆转速，使刚好储料完毕后就开始射出型坯。

3）储料缸储料量及储料时间

储料机头中的储料量要根据产品大小、直径以及壁厚来调节。储料量太少，射出压力不稳定，挤出量容易出现波动；储料量太多，每次用不完的余料在机筒中反复受热容易降解，并且内外表面温差变大，从而吹胀比就会发生变化，影响产品质量。储料量最好占机头容积的 60%~80%。用较大的机头生产小直径的产品，所需的储料量只占机头容积的 20%~40% 是不合适的。要备用一些不同容量的机头，供生产大小不同的产品时调换使用。

储料时间也要仔细调节，其大小与螺杆转速有直接关系。螺杆转速加快，储料时间会缩短；储料时间太长，会加大机头内部熔体的停留时间，其径向与轴向温差也会加大，型坯的各方向吹胀率会发生变化，影响工艺控制的稳定性。

4）射出速度

射出速度即型坯在射料油缸作用下挤出口模时的速度。只有合适的射出速度才能生产质量好的制品。为减少因自重而引起的型坯下垂与缩径，一般要求型坯射出尽可能快。但是射出速度过快，熔体压力增大，型坯表面质量会下降，尤其是剪切速率过大可能出现熔体破裂的现象。射出速度太慢，型坯上下温差加大，型坯下部熔体冷却，温度下降太多不易吹胀，容易在制品下部留下疤痕、皱褶或收缩痕；射出速度太慢型坯下垂加大，上部壁厚变薄，壁厚尺寸不均匀，产生废品。挤出速度的调节主要是根据储料筒温度、熔体强度、预吹气速度、工人操作熟练程度来调节。总的要求是，在不影响挤出吹胀操作的前提下，速度越快越好，因为速度快，可以减小型坯各部分温差、缩短成型周期、提高制品表面质量、减小制品内应力。

5）吹气压力

生产一般的 ABS 树脂吹塑制品，吹气压力通常为 0.4~0.6MPa。对于用于工程塑料级的 ABS，如耐热 ABS、PC/ABS 合金，其流动性较差，吹气压力一般要达到 1MPa 以上。对于表面有精细花纹的制品，如果要求花纹清晰，吹气压力也要提高。对于吹塑汽车尾翼等后续要喷漆处理等表面要求比较高的制品，吹塑时要求制品紧贴模具以便复制抛光的模具表面，往往要求吹气压力达到 1.5~2.0MPa。制品面积越大、制品越复杂、壁厚较薄时取较高的吹气压力，反之亦然。较大的吹气压力也可获得较高的表面光洁度与尺寸稳定性。实践表明，使用较高的吹气压力，工艺调节会比较容易，容易获得较高的表面质量的制品。

6）吹气速度

采用较高的吹气压力和使用较大孔径气针可以提高吹气速度，从而提高成型效率，制品表面也会更光滑，因为可以在型坯温度下降较少的情况下使其迅速贴近模壁。较大的吹气速度也可提高壁厚的均匀性。当然吹气速度也不能过快，过快的吹气速度也会使型坯来不及膨胀而吹破制品。另外，速度过快吹气针附近容易形成负压，过大的负压会使气针附近表面塌陷甚至破裂。

7）吹气保压时间

吹气保压时间，就是从吹气开始一直到制品冷却定型后泄压时的时间。保压时间与模具温度、型坯温度、材料热变形温度、吹气速度、制品大小、制品壁厚等有关。合适的保压时间的判断标准是：制品出模后不变形、无缩水、表面光滑。在挤出吹塑制品的一个成型周期中，冷却和固化的时间占整个成型周期的60%，厚壁制件达90%。冷却时间过长，会降低生产效率，制品出模后过低，飞边也不易切除。冷却时间过短，导致制品出模后尺寸不稳定，收缩大，甚至引起翘曲变形。此外，冷却和收缩影响最终制品的残余应力，进而影响制品的机械性能。

8）吹胀比

吹胀比就是制品的最大外径与管坯直径之比，通常吹胀比在1.5~2.5之间。吹胀比过小，制品表面容易发生皱褶且不光滑；吹胀比过大，制品壁厚偏差太大，薄壁处刚度不足容易变形。对于容积较大、器壁较薄的制品选较小的吹胀比，反之亦然。

9）模具温度

ABS树脂吹塑时，模具温度一般应保持在40~60℃。欲提高制品表面光洁度，须提高模温。较高模温也可减小制品内应力，提高喷漆合格率，减小熔接痕及转角处的脱漆开裂现象。但模温也不能太高，过高的模温会延长成型周期，也容易造成制品脱模后变形。

10）型坯壁厚设定

中空制品的型坯壁厚设定合适与否，对于产品质量的提高和成本的降低非常重要。对壁厚控制系统的要求是灵敏度高、能够依据各点壁厚设定快速可靠地调节口模开度。工艺人员设定厚度曲线时，要求设定的壁厚各点光滑，不能突然变高或变低；要求理论与实际型坯曲线重复度高，无明显滞后。要根据塑料制品各部位强度要求与厚度的不同，找出其在型坯长度方向上的对应位置，合理设定各点厚度，要充分考虑下一工序如吹胀压力、吹起速度、时间等对型材厚度的影响等。

5.1.4.5 ABS树脂的吹塑成型常见问题及解决对策

吹塑成型过程中常见问题有：表面麻点、表面流痕、喷漆开裂、制品变形、表面条纹、表面凹坑气泡、表面斑点鱼眼等，具体原因及解决对策详述如下：

（1）表面麻点

ABS树脂吹塑制件表面麻点，就是制品表面有凸起的小点或凹坑引起的表面不平的现象，由于喷漆后制品表面亮度增加，麻面现象会更严重。麻点形成的原因很多，主要是：原料中混进了其他不相容杂料、料温过低或过高、模温过低、熔体滞留时间过长等。解决办法，生产过程中避免原料切换时杂料混入或回收料粉碎时进入杂质；严格控制料温（料筒温度过低时原料塑化不良会有麻点现象，而温度过高时原料出现凝胶现象也会形成麻点，另外原料分解后产生气体在型坯表面形成细小气泡破裂后也会出现类似麻点现象）；严格控制熔体滞留时间（熔体在机头中滞留时间过长时，贴近料筒表面的熔体受热时间较长也会形成部分凝胶颗粒造成麻点）。

（2）表面流痕

流痕就是在型坯表面出现平行于流动方向的痕迹，形成原因是：原料流动性较差、机头温度过低、挤出速度过快等。可根据不同情况调解工艺，一般调解顺序是：升高机头温度、降低挤出速度、加大吹气速度、提高模具温度。如果以上措施都不能解决，就要考虑原料流动性问题，或者机头内部是否有容易造成滞料的死角，或者彻底打磨抛光口模内部，或对其重新进行电镀处理。

（3）喷漆开裂

汽车件等许多工业制品对表面要求较高，一般需在成型后进行后加工，如打磨、抛光、喷漆等。有些制件由于成型不当会在喷漆时或喷漆后烘干时，制品表面出现细小裂纹，这种裂纹称之为应力开裂。开裂的原因是制品中有内应力，在油漆中溶剂的溶解作用或烘干温度过高，制品内应力急剧释放造成了制品龟裂。解决办法是尽量减小成型制品内应力，即提高成型温度或模具温度，来提高原料流动性，减少制品的内应力。如果制件已经做好，在喷漆前放置一段时间，释放残余应力或者放入烘箱进行退火处理，也会有一定效果，但要注意退火后的缓慢冷却，如果急冷，会重新引入新的应力，退火效果就会大打折扣。

（4）常见问题及对策

ABS树脂吹塑成型过程中常见问题及对策见表5-21。

表5-21　ABS树脂吹塑成型过程中常见问题及对策

故障名称	原因及对策
制品变形	① 熔料坯管温度偏高，应该降低温度； ② 吹胀成型制品降温冷却时间不够，调整冷却时间； ③ 模具温度过高，调整模具温度
表面条纹	① 料筒或储料机头温度过低，升高温度； ② 吹气压力不足或吹气速度过慢，应增大吹气压力、速度或保压时间； ③ 模具温度过低，应该升高模具温度； ④ 原料流动性太差，提高原料流动性； ⑤ 口模内表面不光，应抛光口模或清理杂质
表面麻点	① 料温太低，升高料筒或机头温度； ② 熔体在机头中停留过久，优化工艺减小停留时间； ③ 塑化不好，提高螺杆转速，升高料筒温度； ④ 原料流动性不好，重新选择原料； ⑤ 吹气压力不足，增大吹气压力或提高模具温度
喷漆开裂	① 制品残留内应力，型坯退火减小制品内应力； ② 底漆溶剂对基材刻蚀过强，改善溶剂刻蚀性或提高原料耐溶剂性； ③ 成型工艺不当，提高料温、模温、吹气速度，尽量减小内应力； ④ 底漆干燥不好：提高喷漆环境温度，加强底漆干燥效果
凹坑及气泡	① 原料未充分干燥，ABS树脂需在80~85℃条件下干燥3h； ② 机头或料筒内有异物、杂质，应清洗料筒和机头； ③ 挤出机真空度不够，应清理排气口，防止堵塞； ④ 机头或料筒温度过高，原料受热分解，应该降低温度； ⑤ 原料在料筒、机头中停留时间过久，应该尽量减小停留时间

故障名称	原因及对策
斑点及鱼眼	(1) 原料不符合成型要求，检查原料 ① 有混料现象，应防止混用不同原料； ② 应防止混用熔体黏度不同的树脂； ③ 应控制再生料的掺混比例及混合工艺 (2) 成型条件控制不当 ① 周期过长，降低成型周期； ② 温度过高，降低加工温度； ③ 应采用滤网过滤熔料，同时增大熔料压力

5.1.5　ABS 树脂的二次加工

ABS 树脂制品可以像其他工程塑料制品一样进行二次加工，以赋予其新的性能，拓宽其应用领域。二次加工如通过机械加工、热成型、电镀、喷涂、焊接等，来实现 ABS 制件的复杂结构、可装配性以及得到美化外观的目的。同时，又可以改善 ABS 制品表面硬度、导电性、光泽度、耐候性等性能。

5.1.5.1　ABS 树脂的电镀

由于 ABS 树脂体积电阻率很高，属于电绝缘材料，因此对 ABS 制品的电镀不同于金属电镀，它在电镀前必须在材料表面包覆一层导电层才能进行。所以，ABS 制品电镀的流程也比金属电镀更为复杂，对电镀质量的影响因素也更多。除了电镀工艺条件外，ABS 材料中丁二烯的含量、制品的设计以及注塑加工工艺条件都会对电镀质量产生较大的影响[31]。

(1) 电镀制件的设计及成型注意事项

在电镀制件的设计阶段，不仅要考虑成型方便、易于控制质量，还要考虑电镀制品的质量和良品率，具体注意事项及设计原则如下[32]：

① 避免大面积的平面，因电镀后的制件光的反射率高，很容易暴露出表面的些微不平，应尽量采用皮纹、滚花等装饰或略带弧形的凸顶表面，如图 5-39(b)所示。

② 避免直角和尖角，否则容易产生应力集中，影响镀层的结合力，也会引起尖端放电，形成突棱、结瘤等现象，应将角和棱的部位倒圆，圆角 $R=0.2\sim0.3$mm，如图 5-40~图 5-43 所示。

③ 避免过深的凹部，不要有小孔和盲孔，因这些部位电镀和清洗困难，若遇不可避免的长圆盲孔，应在中间留缝，如图 5-41 和图 5-44 所示。

④ 过渡要圆滑，厚度不应太薄，避免突变，否则容易引起应力集中、镀层厚薄不均等，大片形工件的厚度应不小于 3mm，厚度差不应超过 2 倍，如图 5-43 所示。

⑤ 脱模斜度一般为 1°~1.5°，当侧面有皮纹等花纹时，应为 4°~6°。

⑥ 为防止冷料进入模腔，应设置较大的冷料井；为防止冷却过快，浇口应比普通的大 50%，最好用圆形截面；为消除模腔内的空气和熔料中的气体，必须开设足够的排气槽。

⑦ 制件设计要考虑到电镀工艺的需要，由于电镀一般在 60~70℃ 的温度进行，在吊挂的条件下，结构不合理，会产生变形的问题，所以在塑件设计时对水口的位置要关注，同时要选择合适的吊挂的位置，防止在吊挂时对有要求的表面带来伤害。

塑件中应没有金属嵌件存在，由于两者的膨胀系数不同，在温度升高时，电镀液体会渗到缝隙中，对塑件结构造成一定的损伤。

以下图形中的(a)为不好的设计，(b)为改进的设计。

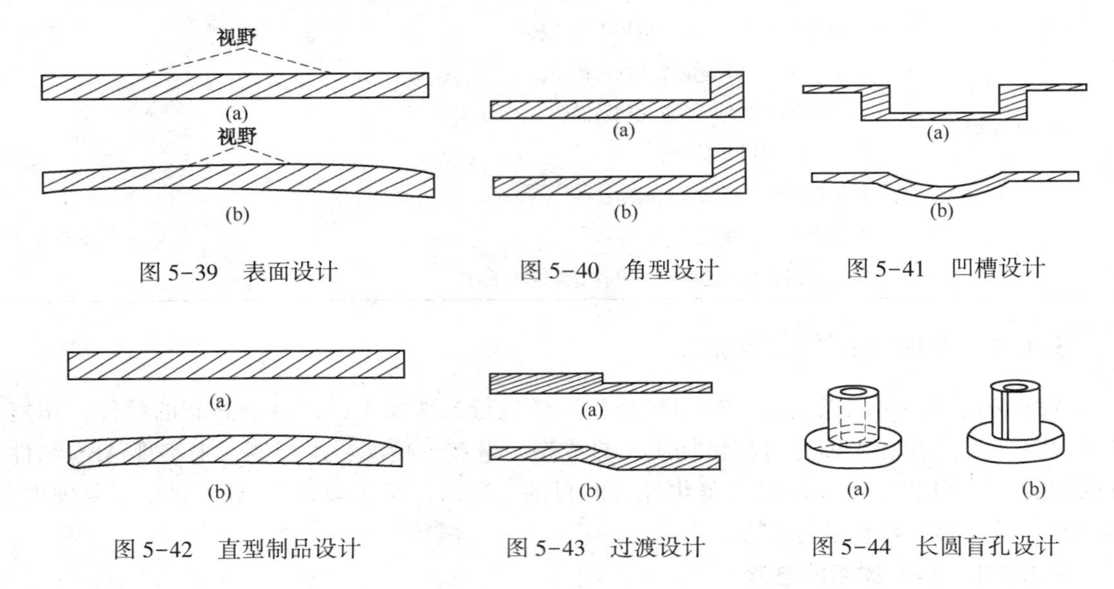

图 5-39　表面设计　　图 5-40　角型设计　　图 5-41　凹槽设计

图 5-42　直型制品设计　　图 5-43　过渡设计　　图 5-44　长圆盲孔设计

除了以上设计注意事项外，成型时还应注意：

① 原料要充分干燥，否则容易引起银丝、起泡、结合力不良等缺陷。

② 必须保证制件表面的清洁，否则容易出现漏镀或结合力不好，尽量避免使用脱模剂，特别是不要用硅油类的脱模剂。

③ 在材料不分解的前提下，成型温度尽量高些，这有利于降低内应力，提高镀层剥离强度。

④ 模具表面温度尽量高些，有利于熔融树脂在模具内的流动和熔合、降低内应力和减轻熔接线。

⑤ 成型速度不宜太快，也不宜太慢，否则熔料在注射过程中易冷却，使制品内应力偏大；保压压力在保证制品质量的前提下，越低越好。

(2) 电镀的一般流程[18,34,35]

要在塑料制件表面电镀，首先要使制件表面形成导电层，此过程即为化学镀。化学镀的原理是利用化学还原的方法，在原来不导电的塑料表面沉积薄薄一层导电膜，根据需要再进行电镀。化学镀的好坏直接影响后面电镀的质量，也是塑料电镀有别于金属电镀的最大特点之一。现将化学镀之前的环节做一介绍。

图 5-45 为 ABS 制品电镀的一般流程。

1) 除油

为使塑料工件表面易被浸润、均匀腐蚀，必须去除其表面的油污、脱模剂和其他杂物，即除油。除油过程一般不使用有机溶剂，而是使用除油溶液，除油溶液一般分碱性和酸性两种，其中最常用的是碱性溶液。

2) 粗化

ABS 制件形成导电层之初，需经过一番处理程序，称之为前处理，其第一步骤便是粗

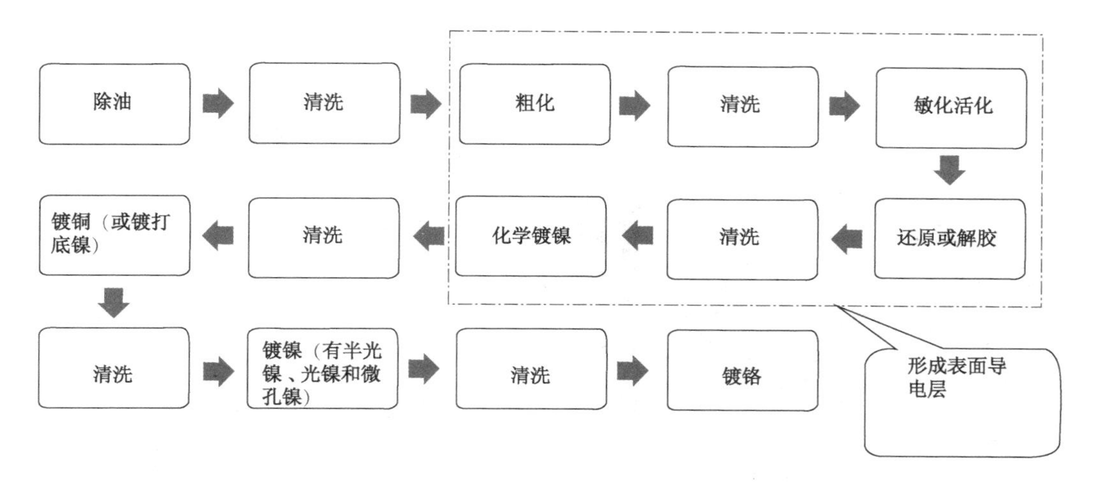

图 5-45　电镀一般流程示意

化，即利用化学腐蚀的方法提高塑料表面的粗糙度，加大表面积，并使塑料表面由憎水转变为亲水，使处理溶液能均匀地润湿表面。粗化的效果直接影响化学镀层的沉积、镀层与塑料工件的结合力、镀后的外观等。除此之外，粗化还可消除 ABS 塑料成型加工的残留应力。粗化液的主要成分是重铬酸钾及硫酸的混合液，为了使铬酸的溶解度增加，有时加入磷酸。粗化的一般工艺条件：温度在 55~65℃，处理时间 5~30min。粗化会使塑料表面之镀层结合力增加，其原理[3]如下：

① 使 ABS 塑料表面亲水，以便均匀吸附金属离子。

② 使 ABS 表面的丁二烯被侵蚀掉，表面形成极微细的锚状凹坑，制品表面被粗化，此过程对镀层与塑料表面之附着力非常有益，如图 5-46 所示。

从以上两个因素来看，当化学腐蚀时间不够时，不能产生锚状效果，及良好化学结合力；但是太久氧化过度，反而使表面变质，如图 5-47 所示，从而降低化学结合力，浪费时间，降低生产率。可见粗化时间非常重要，通常是 5~10min，最常见的是 7~10min。

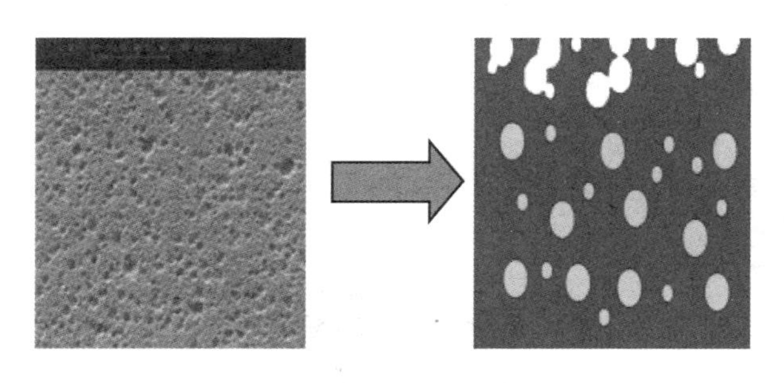

图 5-46　ABS 表面粗化锚状示意

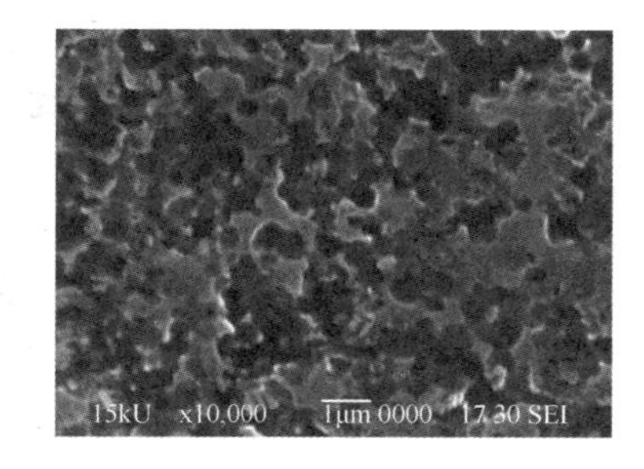

图 5-47　ABS 表面粗化过度示意

3）胶体钯活化

经粗化的 ABS 制件表面呈微孔状，通过活化，可在其表面吸附上一层均匀的胶体，为后面的化学镀提供催化中心——细微的钯金属小颗粒。见图 5-48。

胶体钯活化液活性的高低，并非取决于溶液中钯含量的高低，而是取决于胶体颗粒的细度及数量的多少。也就是说，相同钯含量的活化液，制备出的胶体颗粒越细、胶体数量越多，则活化液体现出的活性越高，越不容易产生漏镀。活化条件一般为：温度 30~40℃，时间 3~7min。见图 5-49。

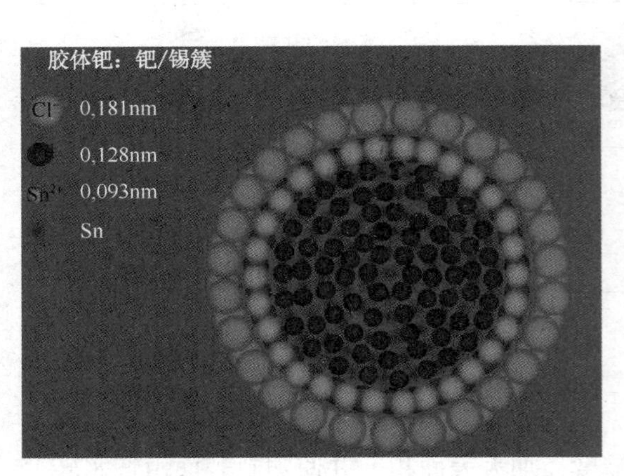

图 5-48　胶体钯结构示意

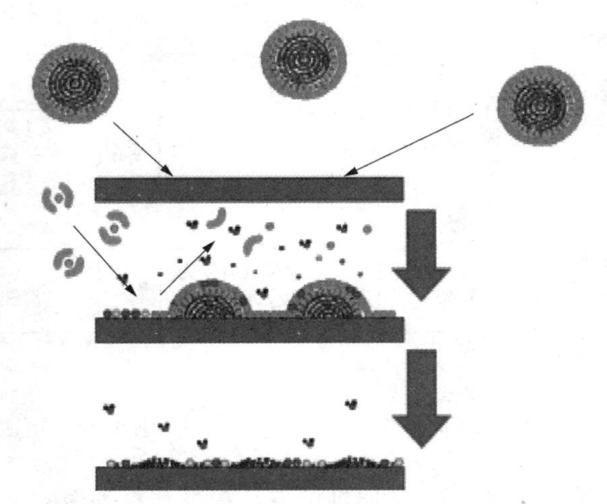
图 5-49　ABS 表面活化过程示意

4）解胶

解胶可去除胶团表面的两价锡，使钯暴露出来成为化学镀的催化活性点。吸附在塑料表面的胶体是以钯为核心，外围为二价锡的粒子团，而活化后的清洗工序使二价锡水解成胶状，把钯严实地裹在里面，使钯催化作用无法体现。如何有效去除两价锡，而又不损耗塑料表面吸附着的钯，是解胶溶液及解胶条件设定的关键，条件一般为：温度 35~50℃，时间 3~4min。

5）化学镀

在经活化处理的基体表面上，镀液中金属离子被还原形成金属镀层的过程，在塑料电镀上多为低温碱性化学镀镍工艺（图 5-50），条件一般为：pH 值 8~10，温度 25~45℃，时间 5~8min。

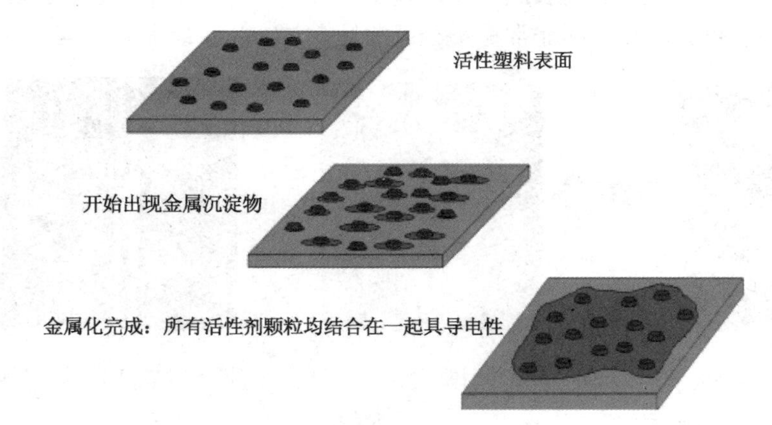

图 5-50　ABS 表面化学镀过程示意

（3）ABS 电镀易产生的缺陷及解决方案

ABS 制品电镀时容易出现的缺陷有露塑、针孔、结合力差、起泡、麻点、开裂等，其中最常见的就是露塑和针孔。

1）露塑

露塑是指电镀制件局部没有镀层，而露出塑材表面的现象，其产生的原因有：

① 材料：可能丁二烯的含量过低，最好保证 ABS 中丁二烯的含量在 18%~23%。

② 注塑工艺：应力过大或制品表面有油污。

③ 电镀工艺。

粗化不足，导致局部亲水性差，难于吸附活化中心粒子，化学镀层难于形成；粗化过度，比表面积变大，化学镀层铺展困难。因此需严格控制粗化液的浓度、粗化时间和粗化温度。

敏化活化液能力差，导致制件表面活性差，化学镀进行困难，应定期检查敏化活化液浓度及是否失效，严格控制溶液的温度及活化时间。解胶不足，导致胶体中的钯金属不能充分裸露，使其催化能力不足，因此化学镀层形成困难；解胶过度，导致胶体钯吸附于制品表面的能力变差，而脱离制品表面，失去催化中心，因此化学镀层难于形成。所以应严格控制解胶时间和解胶温度，保证解胶充分而又不过度。

2）针孔

针孔是指镀层表面有针眼大小的区域无镀层或出现凹穴的现象，其产生的原因有：

① 材料烘干不充分或其中低分子挥发物多，导致制品表面有小银丝或小气泡，或模具表面不平整，导致制品表面有凹坑存在，电镀时由于气体的存在导致此处无镀层形成，建议保证电镀 ABS 材料的热稳定性，成型前应充分烘干，制品、模具表面应光洁、平整。

② 制品表面有油污或析出物，除油过程不彻底，局部形成弱界面层，亲水性变差，很难吸附催化活性中心，导致化学镀层难于形成，所以尽量保证制品表面的洁净，保证除油的效果。

③ 电镀时阴极析氢副反应导致镀层形成时有氢气析出，使镀层难于形成，因此在电镀初期应先快速镀一层氢过电位大的镀层金属，然后再按正常规定的电流密度进行电镀，即可减少氢气的析出。

④ 粗化时形成的胶体含量过多，吸附在制件表面，阻挡镀层的形成，应加强镀液过滤。

⑤ 镀液中的防针孔剂含量过低，应保证防针孔剂的含量。

表 5-22 为电镀时一些缺陷的原因分析及解决方案。

表 5-22　电镀缺陷及解决方案

缺　陷	产 生 原 因	解 决 方 案
粗化后亲水性差	① 制件被油污或脱模剂污染，脱脂不彻底； ② 粗化温度过低或粗化时间不够； ③ 粗化液搅拌不均匀； ④ 粗化液失效； ⑤ 制件叠压； ⑥ 粗化液不适用	① 制件成型过程中避免使用脱模剂，加强净化； ② 提高粗化温度或延迟粗化时间； ③ 充分搅拌； ④ 更新粗化液； ⑤ 适当翻动制件； ⑥ 调整粗化液配方和工艺条件
粗化后发黄、变脆、粗糙过度	① 粗化液温度过高或粗化时间过长； ② 粗化液中硫酸浓度过高； ③ 退镀次数过多	① 适当降低粗化温度或缩短粗化时间； ② 调整粗化液配方； ③ 控制退镀次数
制件活化后不变色	① 活化温度过低； ② 活化液浓度偏低； ③ 敏化液失效或配比不当	① 适当提高活化温度； ② 适当提高活化液浓度； ③ 换新液或调整配比

续表

缺　陷	产生原因	解决方案
露塑	① 制件表面有油污或异物； ② 粗化不良； ③ 敏化、活化液失效，温度太低或时间太短； ④ pH 值太低； ⑤ 胶体钯活化时解胶不足； ⑥ 粗化不够或粗化过度； ⑦ 镀液不适合； ⑧ 挂件的接触导线太细或弹性不足，导致接触点处电阻过大，电流过小，引起化学镀层被溶蚀而露塑； ⑨ 制件太多	① 彻底清除油污或异物； ② 调整粗化工艺条件，保证足够的粗化时间和温度； ③ 更新液体，提高溶液温度或延迟处理时间； ④ 调节溶液 pH 值； ⑤ 调整解胶液配比或提高温度； ⑥ 调整粗化工艺条件； ⑦ 更换适宜的镀液； ⑧ 将导线改粗，比金属电镀大一倍； ⑨ 减少制件数量
表面起泡、脱皮或结合力差	① 净化不好，表面有杂质或脱模剂； ② 粗化不良； ③ 活化不良； ④ 镀液温度过高； ⑤ 沉积速度过快，出现海绵状化学镀层； ⑥ 镀层钝化； ⑦ 电流密度太大； ⑧ 原料干燥不够，制件表面出现线状或点状鼓泡； ⑨ 镀件存放不当； ⑩ 制件内应力大； ⑪ 注射压力过高或浇口设计不当，造成浇口处起泡	① 加强净化，避免脱模剂及杂质污染； ② 调整粗化液组分、粗化温度和时间； ③ 调整敏化活化液组分或换新液； ④ 严格控制温度； ⑤ 调整镀液，并降低沉积速度； ⑥ 改善镀后的活化处理，如化学镀后立即闪镀光亮酸性铜、铜层酸洗条件改进等； ⑦ 适当降低电流密度，调整电镀工艺条件； ⑧ 原料充分干燥； ⑨ 存放环境的温度变化不能太大； ⑩ 减少制件内应力； ⑪ 调整成型工艺条件和模具设计
麻点	① 空气搅拌太剧烈； ② 阴极电流密度过大； ③ 粗化过度和水洗不良； ④ 挂具的金属落入镀液； ⑤ 催化剂使用不当	① 停用空气搅拌，改用阴极移动搅拌； ② 适当减小，应控制在 2~3A/dm^2； ③ 适当调整粗化和水洗工艺； ④ 认真选择挂具； ⑤ 调整催化工艺条件
针孔或凹陷	① 硫酸含量多，溶液有温差，粗化过度； ② 敏化或活化液配比不当； ③ 化学镀液中有杂质或析出物； ④ 镀液中防针孔剂不足或胶质太多； ⑤ 制件表面的光洁度太差	① 调整粗化液配比，消除温差； ② 调整配比； ③ 过滤化学镀液； ④ 调整配比； ⑤ 提高模具光洁度
化学镀镍层表面浮有黑色粉末	① 反应速度过快，使镍的结晶粗松； ② 胶体钯活化时，活化液带入镀液，引起镀液分解	① 降低镀液中镍离子浓度、镀液温度和 pH 值； ② 活化后注意清洗，如镀液已被污染破坏，换用新液

(4) ABS电镀工艺不良典型案例

因电镀工艺本身工序多且工艺规范难以控制，ABS树脂电镀中极易出现问题。最常见的问题就是电镀件起皮、皱褶。这一般与电镀层厚度相关。如汽车散热格栅，其电镀层一般分为三层：铜、镍及镉，厚度一般分别为15~20μm、10~20μm、0.2~1μm。如果电镀层厚度不够，极容易导致电镀层起皮、皱褶等，如图5-51所示。

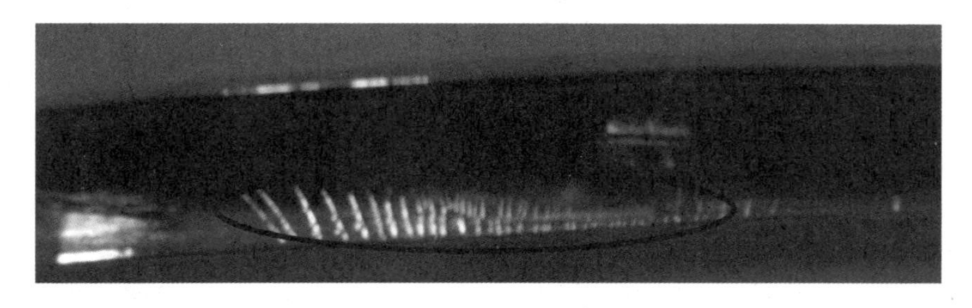

图5-51　因电镀层厚度不够导致的起皮、皱褶

5.1.5.2　ABS树脂的喷涂(涂装)

ABS制品的喷涂广泛应用于家电制品、电子电器、汽车及其配件和摩托车及其配件。喷涂主要采用丙烯酸清漆、丙烯酸-聚氨酯、聚酯-聚氨酯以及金属闪光漆等涂料。根据涂料的性能，可进行热固化喷涂或UV光固化喷涂。按客户不同的要求，可分别实现制品表面颜色的多样化、金属感、珠光闪光效果、耐候耐磨及表面硬度等。

(1) 涂装的一般流程(图5-52)

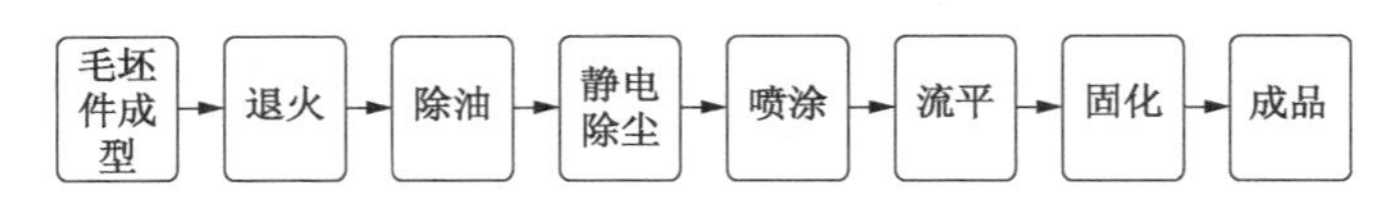

图5-52　涂装一般流程示意

1) 退火

塑料成型时易形成内应力，特别是高耐热ABS更易产生内应力，涂装后应力集中处由于应力快速释放而易导致开裂。可采用退火处理或整面处理，消除应力。退火处理是把ABS塑料成型件加热到热变形温度以下10~20℃，保温1~2h。为了减少设备投资，可采用整面处理来改善表面状况。整面处理配方及工艺如表5-23所列。

表5-23　整面处理配方及工艺

项　目	工艺参数
丙酮/份	1
水/份	3
温度/℃	室温
处理时间/min	15~20

2) 除油

ABS塑料件表面常沾有油污、手汗和脱模剂，它会使涂料附着力变差，涂层产生龟裂、起泡和脱落。涂装前应进行除油处理。对ABS塑料件通常用汽油或酒精清洗，然后进行化学除油。工艺配方如表5-24所列。

表 5-24 除油配方及工艺

项　　目	工 艺 参 数
氢氧化钠/%	50~70
磷酸钠/%	20~30
碳酸钠/%	10~20
表面活性剂/%	5~10
温度/℃	50~60
处理时间/min	10~15

化学除油后应彻底清洗工件表面残留碱液，并用纯水最后清洗干净，晾干或烘干。

3）静电除尘

ABS 制品是绝缘体，表面电阻一般在 $10^{16}\Omega$ 左右，易产生静电。带电后容易吸附空气中的细小灰尘而附着于表面。因静电吸附的灰尘用一般吹气法除去十分困难，采用高压离子化空气流同时除电除尘的效果较好。

4）涂料选择

喷涂工序中的涂料的选择最为关键，要达到涂料在 ABS 制件表面润湿和铺展的基本条件，需遵从"相似相溶"原则，即涂料中的成膜树脂选择其化学结构、溶解度参数与底材相近，表面张力小于 ABS 临界表面张力的聚合物树脂才能达到最好的附着，以保证 ABS 与涂料树脂、溶剂的混溶性良好，使涂膜和塑料表面形成一个很薄的互溶层，增强黏着力。ABS 涂装多采用丙烯酸或聚氨酯涂料。为了获得优质装饰保护性涂层，一般用双组分聚氨酯底漆喷涂 2~3 次，流平 5min 后，再喷涂双组分聚氨酯面漆。ABS 塑料表面溶解度参数 δ 约为 9.6，临界表面张力 γ_c 约为 37mN/cm，而聚氨酯的溶解度参数约为 10.0，丙烯酸的溶解度参数约为 9.4，配成涂料的表面张力 γ 约为 30mN/cm。显然，这两种涂料体系与 ABS 底材的溶解度参数、表面张力匹配性较好，在 ABS 底材上具有良好润湿性和附着性。

涂料中溶剂主要起溶解涂料中成膜树脂的作用，所以溶解度参数应该与成膜树脂的溶解度参数差别越小越好，但这样又会造成溶剂的溶解度参数与 ABS 底材很相近，容易对底材造成溶蚀过度(最好程度应该为溶胀状态)，引起制品开裂、咬底、起泡等不良缺陷，因此在选择涂料时，在保证附着力的前提下，应加大其与 ABS 的溶解度参数之差，或以醇类为溶剂，其可以溶解丙烯酸酯涂料，却较难溶蚀 ABS 塑料表面(只能溶胀)。

（2）涂装 ABS 易产生的缺陷及改善方案

ABS 塑料制件表面易产生静电和吸附灰尘，在成型时容易产生内应力，这些都会影响涂装效果，产生一些涂装缺陷，如易产生漆膜裂纹、涂层光泽降低、附着力较小、起泡、咬底、麻点、颗粒纤维、油点等问题。其产生的原因往往是多方面的，现以油点和开裂为例，做一分析。

1）油点

油点是指涂层表面出现油渍状斑点的现象，油点的存在会影响制件的外观质量，降低涂层的附着力，其产生的主要原因为：

① 制件表面有油污或脱模剂，喷漆时未清理干净。

② 毛坯件加工时成型温度过高或材料热滞留时间过长，造成降解。

③ 原料在挤出造粒时的工艺温度过高造成材料热稳定性下降。

④ 原材料低分子挥发物过多，如色粉、润滑剂过量等。

⑤ 所使用的压缩空气油水分离不好。

⑥ 环境湿度过大。

如汽车车灯灯体在成型时，由于其结构复杂，往往容易产生应力，为避免产生应力及填充顺利，通常设定较高的成型温度，但较高的成型温度，容易使材料低分子挥发成分增多，导致产品在喷漆时出现油点或面积较大的油污缺陷。在这种情况下，就不能降低成型温度，可以通过降低原材料在挤出造粒时的加工温度，以减少材料挥发成分而得到改善。

2）开裂

开裂是指涂层表面出现目测可见的一条或多条裂纹的现象，开裂不但严重降低制件的外观质量和涂层附着力，还会造成其他各种性能下降或损失，是一种致命的缺陷。其产生的原因主要是涂料溶剂的溶蚀能力过强，或 ABS 树脂的耐所用溶剂能力差。针对此情况，一般选用的溶剂是：溶解度参数与 ABS 树脂溶解度参数差异大，但又能溶胀 ABS 树脂塑件表面的为最好。但有时溶剂的种类不能根据 ABS 树脂来选择，如汽车外饰件的喷涂，其选用的涂料及溶剂与车身金属所用的是同一种，溶剂的溶解能力一般都较强，此时只能通过改善 ABS 树脂的耐溶剂性来解决开裂问题。

表 5-25 为喷涂时一些缺陷的原因分析及解决方案。

表 5-25　涂装缺陷及解决方案

缺陷	产生原因	解决方案
橘皮	①出漆量少； ②涂料黏度高； ③干燥太快	①调整喷漆量； ②增加溶剂用量； ③增加高沸点溶剂用量
发白	① 喷涂室湿度太高； ② 溶剂的溶解力低	① 添加高沸点溶剂或防潮剂，降低湿度； ② 加热底材和涂料，或换用溶解力强的溶剂
起泡	① 底材表面有水分或其他低分子物； ② 漆膜太厚； ③ 干燥太快	① 清洁底材表面； ② 调整漆膜厚度； ③ 增加高沸点溶剂量
流挂	① 涂料黏度太低； ② 喷枪移动速度不均匀； ③ 温度过高； ④ 颜料相对密度太大	① 减少溶剂用量； ② 改善操作过程； ③ 降低施工温度或添加高沸点溶剂； ④ 更换颜料
油斑	① 脱模剂等污染； ② 压缩空气不洁净； ③ 外来污染； ④ 底材表面有低分子物质析出附着	① 选用无影响脱模剂或对底材表面事先处理； ② 过滤处理压缩空气； ③ 消除外来污染； ④ 改善原材料
溶蚀	① 模具排气不畅； ② 原料流动性差； ③ 底材内应力大	① 修改模具； ② 改用流动性适当的原料； ③ 消除内应力
附着力差	① 脱模剂等污染底材表面； ② 溶剂的溶解力低； ③ 漆膜太薄，施工不当	① 选用无影响脱模剂或对底材表面事先处理； ② 使用溶解力强的溶剂； ③ 调整喷漆量，检查施工过程
光泽不均	① 漆膜厚度不均匀； ② 溶剂选择不当； ③ 底材表面有应力裂纹	① 调整喷涂量和改善喷涂工艺； ② 选择适宜的溶剂； ③ 调整底材的成型工艺

5.1.5.3 ABS 树脂的热成型

热成型是先将热塑性板材或片材裁切成一定形状和尺寸，在一定温度下加热到软化状态，再通过施加外力使其达到所需形状的二次成型方法。在市场上，热成型产品越来越多，例如杯、碟、食品盘、玩具、帽盔，以及汽车部件、建筑装饰件、化工设备等。

(1) 热成型的一般流程

热成型一般流程见图 5-53。

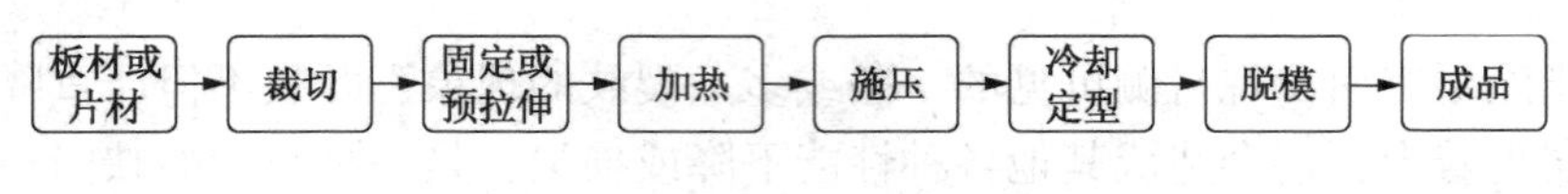

图 5-53 热成型一般流程示意

根据成型过程可将热成型分为简单热成型和预拉伸热成型。简单热成型加工过程就是经过一次拉伸变形就转变成制品；而预拉伸热成型是为了提高制品的强度及冲击性能，先对板材或片材进行预拉伸，然后再进行成型，其环节多了预拉伸过程，其他过程与简单热成型相同。

(2) 热成型的模具设计特点

热成型加工时有的不需要模具(极少数，如吹胀泡罩类产品)，有的需要模具。模具可分为阴模、阳模和对模，根据加工的需要，可以单用阴模成型，也可以单用阳模成型，有时也可以将阴模和阳模组合成对模来成型。模具是决定热成型制件形状和尺寸的最直接的成型设备，设计时应注意：

① 牵伸比(模腔深度和宽度的比值)应控制在一个极限范围内，单阴模不超过 0.5，单阳模可适当增大到 1，否则壁厚不均匀性增加。

② 转角应以圆弧过渡，避免内应力，曲率半径最低不小于片材厚度。

③ 制件拔模方向应有脱模斜度，单阴模一般为 0.5°~1°，单阳模为：2°~3°，有皮纹的再适当增大角度。

④ 为增加刚性，制件较薄部位设计加强筋。

⑤ 制件各部位厚度和粗糙度的要求：表面质量要求高的，应是接触模具的一面，由此可以决定应该选择阴模还是阳模成型。选单阴模时，制件顶部是壁厚最薄的区域；选单阳模时，制件侧边是壁厚最小的区域，制件顶部壁厚近似等于片材的厚度。如：要获得边缘较厚而中央较薄的制件，宜选阴模；反之，宜选阳模。原因是：先与模具接触的材料先冷却，壁较厚，反之较薄。

⑥ 选阳模成型时，各阳模之间需保持一段适当的距离，否则，边缘易出现折皱现象，阴模则无此现象。

⑦ 排气孔的设计：气孔直径随材料和制件厚度的不同而变化，既要保证排气顺畅、高效，又不会对制件外观质量造成不利影响。气孔的位置需均匀分布在制件各部，在转角或轮廓部位，可适当集中。ABS 材料的气孔直径一般为 0.6~1.0mm，最大不应超过片材厚度的 1/2。

⑧ 应充分考虑片材的收缩率，一般为 0.2%~2.5%。

(3) 热成型的分类及特点

根据热成型施压的动力主要分为真空成型、气压成型和机械加压成型三大类。根据加工产品的特点、要求及加工方式，又可细分为以下几种：

① 真空成型。采用真空使受热软化的片材紧贴模具表面而成型。此法最简单，但抽真空所造成的压差不大，只能用于外形简单的制品。

② 气压热成型。采用压缩空气或蒸汽压力，迫使受热软化的片材，紧贴于模具表面而成型。由于压差比真空成型大，可制造外形较复杂的制品。

③ 对模热成型。将受热软化的片材放在配对的阴、阳模之间，借助机械压力进行成型。此法的成型压力更大，可用于制造外形复杂的制品，但模具费用较高。

④ 柱塞助压成型。用柱塞或阳模将受热片材进行部分预拉伸，再用真空或气压进行成型，可以制得深度大、壁厚分布均匀的制品。

⑤ 双片材热成型。两个片材叠合一起，中间吹气，可制大型中空制件。

5.1.5.4 ABS 树脂制件的焊接

一件塑料成品可能由多种材料或部件构成，要将各部件结合起来，可使用机械固定、黏合剂及焊接工艺加工。三种接合方式中，以焊接工艺的效果最佳，而且焊接形式多样，可根据不同材料、尺寸、用途而使用不同的焊接工艺。

焊接就是利用加热熔融，使两塑料件需结合部位的界面黏合在一起，从而得到一定强度结合缝的操作过程。因此，凡是经过加热能呈熔融状态，冷却后又能保持一定强度的塑料，即热塑性塑料，都可以进行焊接。其基本的原理是热熔状态下的大分子在焊接压力作用下相互扩散，界面消失从而紧密地焊接在一起，因此塑料焊接的必要条件为：

① 焊接温度：造成塑料熔融和流动；

② 焊接压力：促进大分子相互扩散并挤出焊缝中的残余气体；

③ 作用时间：在这段时间里塑料从加热、熔融直至冷却硬化，建立起足够的焊接强度。

表 5-26 为 ABS 树脂制件与其他几种热塑性塑料制件可焊性一览表。

表 5-26　ABS 与其他树脂制件可焊性一览表

制件材质	PS	ABS	ASA	PMMA	PVC	PC	PC/ABS	PE	PP	PA	POM	PET	PBT	SAN
ABS	○	■	■	■	■	○	■	×	×	×	×	×	×	■

注：■表示可焊；○表示在某些情况下可焊；×表示不可焊。

为了保证焊接质量，除严格控制焊接工艺和保证制件表面清洁外，还应保证 ABS 树脂成型前的充分干燥，因为 ABS 树脂容易吸湿，焊接过程中可能产生松孔，导致焊缝强度差，所以应注意原材料的干燥和制件的防潮。

（1）塑料制件焊接的分类

根据塑料制件焊接工艺不同，可分为：

① 机械移动式焊接工艺：超声波焊接、摩擦焊接和振动焊接。

② 外部加热式焊接工艺：热板焊接、热气焊接和植入焊接。

③ 辐射焊接工艺：激光焊接。

其中超声波焊接既不要任何黏合剂、填料，也不消耗大量热源，具有操作简便、焊接速度快、焊接强度高、生产效率高等优点。因此，超声波焊接技术被越来越广泛地应用。

（2）超声波焊接

1）超声波焊接的工作原理

超声波焊接机将电能通过超声换能器转变成超声能，该能量通过焊头传导到塑料工件上，以每秒上万次的超声频率及一定的振幅使塑料工件的接合面剧烈摩擦后熔化，加上一定压力后，使其融合成一体。当超声波停止作用后，保持压力使其凝固成型，这样就形成一个坚固的熔合界面，达到焊接的目的。焊接缝强度接近于原材料强度。超声波焊接的好坏取决于换能器焊头的振幅、所加压力及焊接时间三个因素，焊接时间和焊头压力是可以调节的，振幅由换能器和变幅杆决定。这三个量相互作用有个适宜值，能量超过适宜值时，塑料的熔解量就大，焊接物易变形；若能量小，则不易焊牢，所加的压力也不能过大。

2）超声波焊接的方法

① 熔接法：超声波随焊头传导至焊件，由于两焊件处声阻大，因此产生局部高温，使焊件界面处熔化，同时在一定压力作用下冷却，使两焊件达到快速、坚固的熔接效果。

② 埋插法：螺母或其他金属欲插入塑料工件，首先将超声波传至金属，经高速振动，使金属物埋入塑件内的同时将塑件熔化，其固化后完成埋插焊接。

③ 铆接法：欲将金属和塑料或两块性质不同的塑料接合起来，可利用超声波铆接法，达到焊件美观、坚固、不易脆化的目的。

④ 点焊法：利用小型焊头将两件大型塑料制品分点焊接，或整排齿状的焊头直接压于两件塑料工件上，从而达到点焊的效果。

⑤ 成型法：利用超声波将塑料工件瞬间熔化成型，当塑料凝固时可使金属或其他材质与塑料结合牢固。

⑥ 切除法：利用焊头及底座的特别设计方式，当塑料工件刚射出时，直接压于塑料的枝干上，通过超声波传导达到切除的效果。

3）超声波塑料焊接机的组成及其作用

超声波塑料焊接机由气压传动系统、控制系统、超声波发生器、换能器、工具头和机械装置等组成。

① 气压传动系统包括有：过滤器、减压阀、油雾器、换向器、节流阀、气缸等。工作时首先由空压机驱动冲程气缸，以带动超声换能器振动系统上下移动。在中小功率的超声波焊接中，气压根据焊接需要调定。

② 控制系统：由时间继电器或集成电路时间定时器组成。主要功能：一是控制气压传动系统工作，使其焊接时在定时控制下打开气路阀门，气缸加压使焊头下降，以一定压力压住被焊物件，当焊接完后保压一段时间，然后控制系统将气路阀门换向，使焊头回升复位；二是控制超声波发生器工作时间。

③ 超声波发生器。功率较大的超声波塑料焊接机，发生器信号采用锁相式频率自动跟踪电路，使发生器输出的频率基本上与换能器谐振频率一致。功率在500W以上的超声波塑料焊接机所用发生器采用自激式功率振荡器，也具有一定的频率跟踪能力。

④ 换能器。超声波塑料焊接机的声学系统包括三个部分：驱动部分、固定部分、工作部分。在以上三个组成部分中，驱动是核心，一般采用螺栓夹紧的纵向振动换能器，有半波长纵向振子与四分之一波长纵向振子。半波长纵向振子与半波长聚能器相连接组成一个全波长塑料焊接换能器；而四分之一波长纵向振子与四分之一波长聚能器相连，组成一个半波长换能器。

⑤ 工具头。有带振幅放大的和不带振幅放大的两种。塑料焊接机用声学系统工具头，所用材料通常为铝合金，其端面镀硬质合金。功率较大时也有用钛合金材料制成的，该材料疲劳强度比铝合金高一倍多。对不同的焊接对象需要有不同工具头，不管是近场焊接还是传输焊接，只有半波长的工具头才能使焊接端面达到最大的振幅。

（3）其他塑料焊接技术

1）摩擦焊接

热塑性塑料摩擦焊接（也称为“旋转焊接”）与金属焊接的原理相同，在这种焊接工艺中，将一片基材固定，另一片基材以受控的角速度旋转。当部件压合在一起时，摩擦热导致聚合物熔融，冷却后即形成焊接层。主要焊接参数包括：旋转速度、摩擦压力、锻压压力、焊接时间和熔化长度。

摩擦焊接能产生优良的焊接质量，焊接工艺简单，重复性强，但仅适合于至少有一个部件是圆形且不需要角度对齐的应用领域。

2）振动焊接

振动焊接也称为线性摩擦焊接，两件热塑性部件在适当的压力、频率和振幅下相互摩擦，直到产生足够的热量使聚合物熔融为止。振动停止后，立刻把部件彼此对齐压紧，熔化的聚合物凝固后形成牢固的焊接层。振动焊接类似于旋转焊接，区别在于运动为直线运动而非旋转运动。这一焊接法十分快速，振动频率一般为100~240Hz，振幅为1~5mm。

此焊接工艺的主要优点在于能高速焊接大型复杂线性部件，其他优点还包括：能同时焊接多个部件，焊接工具简单，几乎能焊接所有热塑性材料，包括注塑部件、挤塑部件、吹塑部件、热成型部件、发泡部件和冲压部件。主要用于汽车和家用电器行业，例如汽车的进气歧管、仪表板、尾灯及保险杠等；航空用途如内饰灯及储存箱；家电则有洗碗机的泵及喷水臂、洗涤剂的喷洒器及吸尘器外壳等。

3）热板焊接

对于塑料接合来说，热板焊接是最常用的批量焊接技术。将高温热板夹在待焊接的两表面之间，等到焊接表面软化后，迅速将热板抽出，焊接面在受控压力之下紧紧贴合一定时间后熔融表面冷却，形成牢固的焊面。

焊接温度一般介于190~300℃之间，具体根据待焊接材料的厚度和类型而定。这种焊接方法常用于焊接塑料管材及化工行业所用塑料管的端头。一些日用品也采用这一焊接工艺，如吸尘器外壳、洗衣机和洗碗机部件等。汽车部件如前后车灯、仪表板等也常用热板焊接来生产。

热板焊接法的优点是设备简单，可以焊接复杂的大型曲面产品，其缺点是焊接速度较慢。

4）热气焊接

热气焊接法与氧乙炔金属焊接法相似，唯一的区别在于：塑料焊接时用热气流代替氧乙炔焊所用的明火。热气焊接法是一种热塑性材料的常用焊接工艺，利用加热气流（通常为空气）将热塑性塑料基材和热塑性塑料焊条加热至熔化，基材和焊条熔融后形成焊缝。为确保有效焊接，必须在焊条上施加适当的温度和压力，还应确保合适的焊接速度。

热气焊接法主要应用于化学品存储容器、通风管道和汽车保险杠等注塑件维修等。压缩空气能确保较好的焊接效果，成本低廉，因此，在热气焊接中被广泛采用。

这一焊接方法的主要优点在于能焊接大型、复杂的部件，但是焊接速度慢，焊接质量不稳定。

5）植入焊接

在植入焊接中，首先将金属嵌件夹在待接的部件之间，然后通过感应或电阻方式加热金属嵌件从而使焊接面受热熔化。热塑性塑料沿发热的植入件周围熔融，围绕其周边流动形成焊缝。植入焊接法已用于焊接大型部件的复杂接缝，包括汽车保险杠、电动汽车和游艇船壳等。

6）激光焊接

激光焊接适合于将片材薄膜和成型热塑性塑料焊接，焊接时，激光机发出强烈的辐射光束(通常位于电磁光谱的红外线区)集中于待接缝的材料表面，激光在焊接表面大分子中产生了共振，令焊接表面大分子温度升高熔化，冷却后产生牢固的焊接面。

激光焊接是可连续大批量生产的焊接工艺，其优点在于不产生振动，可将弧光灼伤降低到最低限度。其他优势包括：光束强度可控、可尽量避免部件变形或受损；激光光束集中，便于接缝准确成型；这种工艺属非接触式工艺，既清洁又卫生。激光焊接适用于单次焊接及连续焊接。近年来，激光焊接技术甚至可焊接透明材料。在激光焊接过程中，部件会吸收电磁能。聚合物激光焊接最常用的方法是在整个底部基材上喷洒炭黑，炭黑能吸收靠近界面的光，生成足够的热量以形成焊缝。遗憾的是，这一方法会影响塑料的透明性。

5.1.5.5　ABS 树脂制品的其他二次加工方法

ABS 制品二次加工的方法除以上介绍的几种外，还有很多，如机械加工、机械连接、粘结、表面印刷、烫印、真空蒸镀、溅镀等，可以根据客户不同的需要，选用不同的加工方法来满足其需求。其中，真空蒸镀方法已获得广泛应用，近几年随着汽车、电子、包装行业的发展，其应用的范围越来越广。

(1) 真空蒸镀的定义及原理

真空蒸镀就是在高真空及加热条件下，使金属材料蒸发并重新凝聚在塑料表面上，形成均匀、极薄的金属薄膜的过程。常用的金属是铝等低熔点金属，此种方法不存在对环境的污染问题，生产效率高，但存在镀层与塑料工件的附着力较差、镀层表面不耐磨等缺点。

在真空条件下可减少蒸发材料的原子、分子在飞向塑料制品过程中和其他分子的碰撞，减少气体中的活性分子和蒸发源材料间的化学反应(如氧化反应等)，从而提供膜层的致密度、纯度、沉积速率和附着力。通常真空蒸镀要求成膜室内压力等于或低于 0.01Pa(一般为 0.013~0.0013Pa)，对于蒸发源与被镀制品和镀膜质量要求很高的场合，则要求压力更低(10^{-5}Pa)。

加热金属的方法有：电阻加热、高频感应加热、电子束加热等。

真空蒸镀原理见图 5-54。

(2) 真空蒸镀对 ABS 树脂的要求

为保证镀层的质量，必须尽量减少 ABS 树脂内易挥发的低分子成分，以免影响镀层金属的沉积。另外因为 ABS 树脂容易吸湿，所以为避免镀层缺陷(如泛白和七彩)，成型制件前必须对 ABS 树脂进行充分干燥，尽量保证含水量在 0.05%以下。涂底漆有利于提高 ABS 制品表面光泽度，减少蒸镀时 ABS 树脂水分、残留单体和低聚物的挥发，提高成品率。近年来，随着环保和成本要求提高，已有免底涂 ABS 牌号推出，如锦湖日丽的 ABS2938G、ASA230G 等。

真空蒸镀的一般流程见图 5-55。

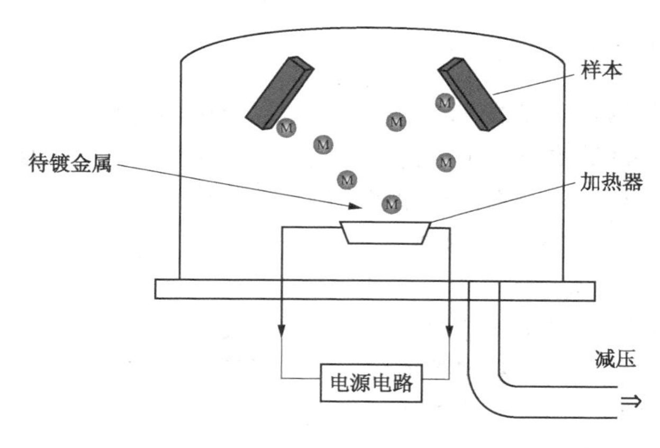

图 5-54　真空蒸镀原理示意

图 5-55　真空蒸镀一般流程示意

① 预处理：为保证镀膜表面质量，得到光亮的金属外观、极明亮的反射性能、有足够的粘附牢度，必须通过预处理去除塑料制件表面上的油污及脱模剂，消除制件的内应力。

② 涂底漆：为了获得镜面光洁度，必须对模具进行镜面抛光，如果模具表面粗糙度达不到要求，可以通过涂底漆来消除制件表面各种小的缺陷，代替镜面抛光得到光滑的表面。形成的漆膜必须经过彻底干燥固化，表面不应有任何残余的挥发物。

③ 真空蒸镀：此过程通过预抽真空、抽高真空、铝丝受热蒸发、铝蒸气凝固于被镀制品表面形成镀层四个环节完成，镀层的厚度一般控制在 0.04~0.1μm，太薄，则反射率低；太厚，镀层附着力差、易脱落、光亮度降低。

④ 上面漆：根据制件的使用环境和要求，面漆主要起保护和染色两种作用，必须注意，面漆对底漆不允许有蚀刻、溶胀、迁移等作用，否则会影响镀件质量。

⑤ 涂表层：主要起装饰性作用，如无特殊要求，此环节可省去。

（3）蒸镀制品常见缺陷及解决办法

真空蒸镀制品最易出现泛白和七彩问题。

① 泛白：泛白是指镀层表面产生云雾状白色镀膜的现象。

原因是：工作环境湿度高，制件表面潮湿，底漆未充分烘干，压缩空气中含水分，塑料制件耐溶剂性差，面漆溶剂溶解能力过强等。

对策：降低环境湿度、充分烘干制件和底漆、对压缩空气进行油水分离，选择合适的底漆、面漆溶剂。

② 七彩：七彩是指镀层表面出现七色彩虹的现象。

原因是：底漆干燥不充分，塑料基材不耐耐高温，真空室内洁净度不够，低分子挥发物较多，镀层厚度太薄等。

对策：加强底漆干燥，降低漆膜厚度，改善基材耐温性，减少低分子挥发物含量，保证真空室内的洁净度，增加镀层厚度等。

5.1.6 ABS 树脂成型加工新技术

随着世界范围内塑料成型新技术的发展与应用，ABS 树脂的成型加工技术也得到了日新月异的发展，特别是随着电子技术、自动控制技术、各种复合加工技术的发展，新的加工技术不断推陈出新。下面从几个方面对近些年出现的新加工技术加以阐述。

5.1.6.1 ABS 树脂注塑成型新技术

（1）高光无痕注塑成型技术[36]

高光无痕注塑成型是近年来在注塑行业中快速发展的一种新型技术。该技术采用高光泽塑料材料，使用精密高光模具，利用先进模温控制系统实现动态温度控制，以克服制件表面流痕和熔接痕等不良缺陷，使产品表面达到高光亮无痕镜面效果，提高制品质量。同时，可大幅缩短注射周期，提高生产效率。制品无需后续喷涂等二次加工，在保护环境的同时有效降低了成本，是一种绿色成型技术，广泛应用于音响面板、平板电视、液晶显示器、洗衣机、空调、汽车内外饰件、车灯、光学仪器等家电以及通信、医疗器械等领域。

高光无痕注塑成型技术，采用特殊速冷速热温控设备，在注射时快速且均匀地把模具表面加热到指定温度(达到甚至超过塑料黏流态温度)，使物料始终保持黏流态，几乎没有冻结层，来制造没有熔接线、表面良好的成型品；而在冷却时能快速转换为急剧冷却来缩短成型周期，解决翘曲、缩水问题，这就是高光无痕注射成型的技术原理。其控制过程如图 5-56 所示。

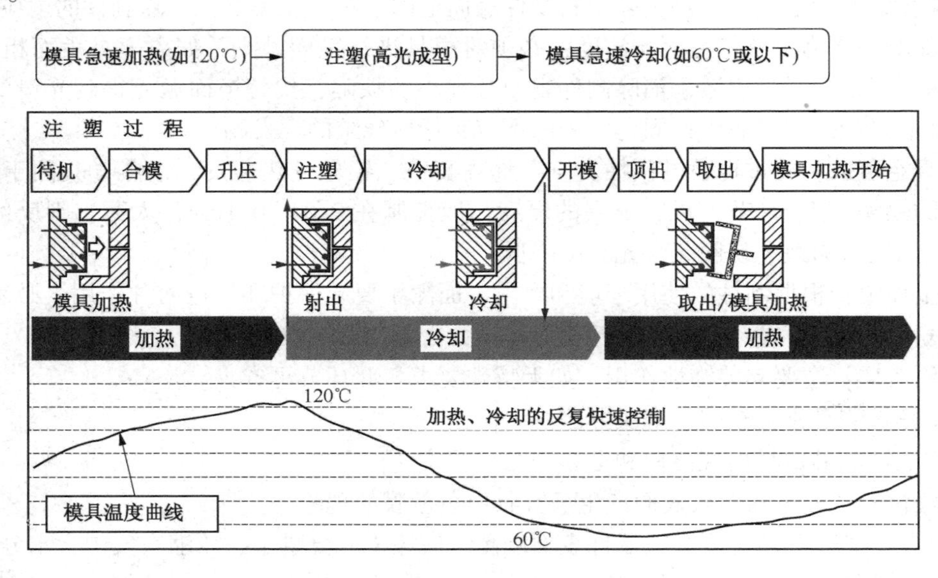

图 5-56 高光无痕注塑的控制过程

高光无痕注塑成型的技术关键点在于模温控制系统、高光泽塑料材料和高光注塑模具三方面。

1）先进的模温控制系统

模温控制系统是高光注塑成型最关键的技术，其设备由高速致热装置、快速冷却装置、温度控制装置组成，能够和注塑机信号互锁，实现闭环控制。按加热方式不同，可分为蒸汽式、电热式、热水式、高油温式和感应加热式模温控制技术，而目前使用较多的是蒸汽式和电加热式两种温控技术。

① 蒸汽快速模温技术：简称蒸汽模(steam mold)，模具的加热通过高压蒸汽实现，模具表面最高温度可达到160℃甚至更高。冷却时快速转换成低温水对模具进行冷却。该技术需要锅炉产生足够量的蒸汽，但由于生产过程中蒸汽不可循环利用，致使其运行成本较高。同时，锅炉使用需要许可证，存在一定的安全问题。

② 电加热快速模温技术：简称电加热模(electricity mold)，典型的为韩国NADA公司的E-MOLD技术。它利用电加热元件，加热速度快，温度范围宽，在15s内可把模具的表面温度加热到300℃，然后在20s之内又能把模温冷却到50℃以下。E-MOLD技术使用方便，由控制器来控制模温，并可以在模具的不同区域分别控制不同的温度，从而得到更完美的产品。E-MOLD目前广泛使用在家电、消费电子、汽车等行业。

表5-27列出了蒸汽模和电加热模的主要差异。

表5-27　电加热模与蒸汽模对比

项　　目	电加热模	蒸　汽　模
加热方式/冷却介质	电加热/冷却水	蒸汽/冷却水
模温可达最高温度/℃	140~200(300)	120(140)
所需加热时间/s	15(35)	45
冷却时间/s	25	45
最低模温/℃	40	60
总循环时间/s	30~60	50~100
模具寿命/模次	300000，加热器可每年更换	需频繁清洁模具，模具寿命较短
危险性	无	蒸汽压力
模温控制	同一模具一次可按区域设定几个温度	同一模具一次只能设定一个温度
模具制造成本	比普通模增加40%	比普通模增加50%

2)高光泽ABS材料[37]

要实现高光注塑还需要选用高光泽塑料材料，常用的材料有高光ABS、PMMA/ABS、高光PC/ABS。目前，使用最多的是PMMA/ABS，如三星的BF-0677F、锦湖日丽HAM8541等，它的铅笔硬度可以达到1H或以上，还可以做成半透效果，实现更炫的外观和LED光透视功能。如果要求阻燃性，可选用无卤阻燃PC/ABS，如锦湖日丽的HAC8250NH，也可选用阻燃高光ABS，如锦湖日丽的HFA705G。在不远的未来，客户将更倾向选择用于超薄LED电视的高刚性增强材料，这样既可以满足薄型设计的刚性要求，又可以保持高光外观，如锦湖日丽的HCG25X0FR。

3）高光注塑模具[37,38]

高光模具，根据塑件形状特征来设计模具的型腔结构和环绕型腔的随形冷却通道，以确保快速升温和降温，并使模具温度比较均匀。因高光模具需承受骤冷骤热的过程，内表面还需抛光到镜面效果，模具钢材必须具有抛光性好、热变形小及抗疲劳性好的特性；如果使用阻燃高光材料，模具钢还需耐腐蚀性好。目前多数工厂使用如瑞典ASSAB的S136或S136S、日本大同NAK80或同等级的钢材。对其他行位、配合、导向等部位要考虑高温的要求，注意隔热或冷却及精确配合。

虽然现在高光无痕注塑技术正在被大家广泛接受，但是从技术发展的角度看还有很多没有解决的问题，如高光制品表面的耐划性不是很好，还有高光模具设计制造的成本问题、模具的维护保养成本过高问题。如何结合 CAE(计算机辅助工程)进行高光模具设计等是业界人士面临的共同课题。

(2) 多组分注射成型技术[6,8,9]

多组分注射成型技术，就是用两个或两个以上注射单元的注射成型机，将不同品种或不同色泽的物料，同时或先后注入模具内而成型制品的注射成型新技术。该技术可一步成型多种颜色或材料的制品，在提高制品使用性能的同时，有效地提高了生产效率、降低了生产成本。并综合利用各种材料的特性来实现制品的多功能化，大大提高了产品设计的自由度。因此，多组分注射成型技术的应用已经越来越广泛。

多组分注射成型加工过程中，不同组分的塑料需要分别加以控制，包括成型温度、压力、时间等工艺参数，而后按设定的顺序注塑到模具中冷却定型。多组分注射成型的种类很多，最具代表性的有夹心注射成型、双色注射成型、包胶成型以及多色注射成型(最多可注塑 8 种颜色)，而双色注射成型是多组分注射中最简单的一种，也是目前应用最广泛的一种。

双色注射成型就是利用两个料筒，将两种不同颜色或材质的塑料分别在两个料筒中单独进行塑化熔融，先后分别注入模具型腔，成型出表面具有两种颜色的塑料制品。双色注射一般需要专用的双色注塑机以及专门的模具。

双色注塑机有两个独立的注射装置，分别塑化及注射两种不同颜色的塑料。另外，还需增加带动转盘转动的气动和液压系统，其结构如图 5-57 所示。目前多数注塑机厂都已经推出了各式双色注塑机。

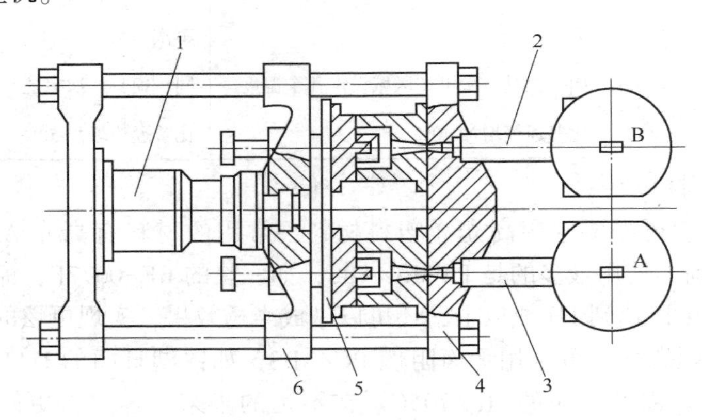

图 5-57　卧式双色注塑机

1—锁模油缸；2—注射系统 B；3—注射系统 A；4—定模板；5—模具回转板；6—动模板

双色注塑模具除具有一般注塑模的基本结构外，还具有两个互不干扰的浇注系统和浇口以及具有可收缩的型芯或可以旋转的动模回转板。目前最常采用的有收缩型芯模具和旋转模具。图 5-58 所示即为收缩型芯模具的模塑工艺。先注塑第一种塑料[图 5-58(a)]。等其固化后，通过液压装置的作用，活动型芯后退，此时由另一个料筒在型芯后退留下的空间中注射第二种塑料[如图 5-58(b)]，待其固化后开模取出制品即完成成型。

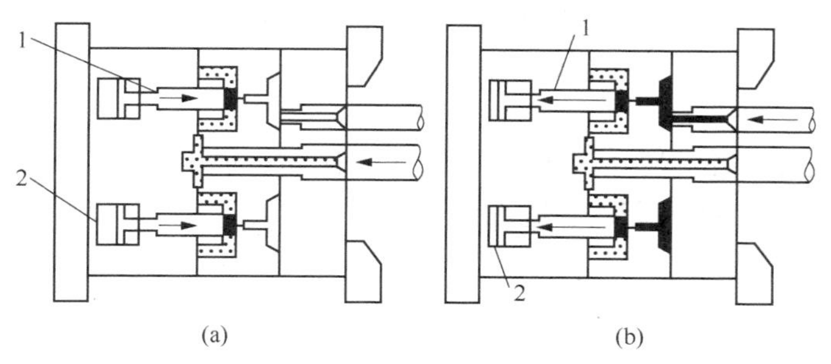

图 5-58 收缩模芯模具的注塑

1—活动型芯；2—液压装置

旋转模具模塑工艺如图 5-59 所示。先通过注射装置 2 向型腔 A 中注射第一种塑料成型出双色制品的第一部分，然后开模，动模旋转 180°，合模，则上一步成型的制品转入型腔 B 中成为嵌件；注射装置 4 向型腔 B 中注射另一种颜色的塑料，将塑料嵌件进行包封即可成型出双色塑料制品，同时，注射装置 2 向型腔 A 中注射第一种塑料成型出下一塑料嵌件，依次循环成型。

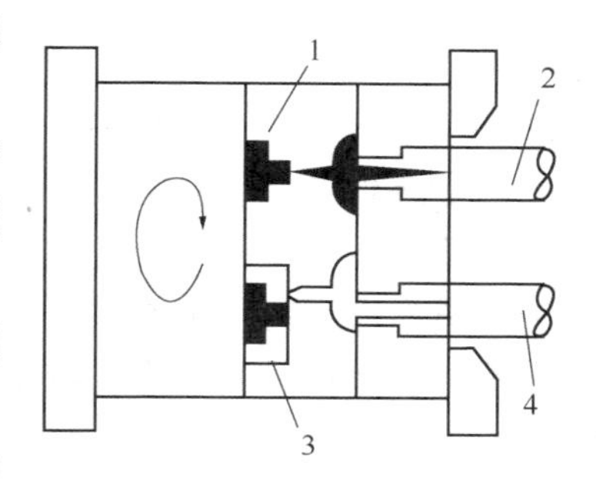

图 5-59 旋转模具的注塑

1—型腔 A；2—型腔 A 注射装置；3—型腔 B；4—型腔 B 注射装置

双色注射成型可以综合利用各组分材料的特性生产出功能多样、外表美观、色彩鲜艳的双色塑料制品。目前在平板电视面框的成型上，外层使用透明材料，里层使用彩色材料，利用旋转模具注塑，可以实现炫丽的渐变色效果。除此之外，双色注射成型还应用在汽车、电子、家电、包装、化工、光学和医疗器械等行业领域，例如计算机及通信工业中常用的字母按键、双色电器外壳、车辆前后灯罩、化妆品包装等。

（3）薄壁注射成型[39,40]

一般情况下，把壁厚少于 1mm 的制件定义为薄壁制件，其成型技术属于薄壁成型技术，薄壁成型要求更高的压力和速度，更短的冷却时间。薄壁注塑的发展促进了模具、设备和制品设计的发展。

1）注射机

新型注射机性能已经大大增强，材质改善、浇口设计水平以及制品设计的进步，均拓宽了标准注射机对薄壁制件的充模性。随着制件壁厚不断降低，要求使用具有高速和高压性能注射机。用于薄壁注塑的液压式注射机，设计有储压器进行注塑和合模。具有高速和高压性能的全电动注射机和电动/液压式注射机，在生产薄壁制品时，注塑速度和压力以及其他加工参数的闭环控制有助于在高压和高速下控制充模和保压。另外，当壁厚减少、注塑压力增加时，大型模板有助于减少弯曲。薄壁制品用注射机拉杆与模板厚度的比为 2 : 1 或更低。

关于塑料注射量，料筒不能太大，建议注射量为料筒容量的 30%～70%。薄壁制品成型周期大大缩短有可能将最小注射量减少到料筒容量的 20%～30%。较小的注射量代表着材料在机筒内的滞留时间更长，会导致制品性能下降。

2）工艺

速度是薄壁注塑成功的关键因素之一，快速和高压将熔融的热塑性熔体注入模腔中，从而防止浇口过快冷固。薄壁注塑制品的优点之一是厚度小，冷却时间少。随着厚度减少，又可以进一步将成型周期缩短，因此可以大大节约生产成本。

3）模具

热流道和浇道的合理设置，使熔体快速输送以便缩短成型周期。还应该考虑模具材质，由于薄壁注塑压力更高，模具必须制造得十分坚固，因此，H-13 和其他硬钢为薄壁模具增加了额外的安全系数。

（4）气辅成型[41~43]

1）气辅注射成型原理

气辅成型(GIM)是新的塑料注射成型技术，其原理是利用高压气体在塑件内部产生中空截面，来消除制品缩痕，完成注射成型保压过程。既可以在注塑过程中注入高压气体，也可在注塑完成后注入高压气体。注入气体压力必须大于模具内熔体压力，使其形成中空状态。当产品内部被气体充填后，气体作用于产品中空部分的压力就是保压压力，可大大减低产品的缩水。

2）气辅成型优势

气体辅助注塑技术的优点主要有：解决制件表面缩痕问题，大大提高制件表面质量；局部加气道增厚，可增加制件强度和尺寸稳定性，并降低制品内应力，减少翘曲变形；减轻制品的重量；降低模腔压力，减小锁模力，延长模具寿命；加快冷却，缩短生产周期等。

3）气辅制品和模具设计基本要求

气道应依循主要料流方向均衡地配置到整个模腔上；气道的截面形状应接近圆形；气道的截面大小要合适，气道太小可能引起气体渗透，气道太大则会引起熔接痕或者气穴；气道应延伸到最后充填区域；主气道应尽量简单，分支气道长度尽量相等；气道能直则不弯，气道转角处应采用较大的圆角半径；对于多腔模具，每个型腔都需由独立的气嘴供气，气体应局限于气道内，并穿透到气道的末端；制品各部分均匀冷却非常重要；在最后充填处设置溢料井，可促进气体穿透，增加气道掏空率，消除迟滞痕，稳定制品品质；气嘴应置于厚壁处，并位于离最后充填处最远的地方，气嘴出气口方向应尽量和料流方向一致。

（5）注塑模具表面处理新技术

模具制造企业主要应用的表面处理技术仍是以传统的表面淬火、渗碳/氮技术、电镀与化学镀技术为主，而这些技术都不同程度地存在表面硬度分布不均、热处理变形等难以解决的问题。目前，新技术的应用已经使表面处理有了很大进步，如表面涂层技术、TD 覆层处理技术、激光表面强化技术和电子束强化技术等大大提高了加工效率与使用效果。

CVD(化学气相沉积)和 PVD(物理气相沉积)技术均被广泛应用于模具表面处理，其中 CVD 涂层技术具有更卓越的抗高温氧化性能和强大的涂层结合力，在高速钢切边模、挤压模上应用效果良好。CVD 技术是一种热化学反应过程，是在特定的温度下，对经过特别处理的基体零件进行表面气态化学反应从而提高其表面性能如硬度、光洁度、耐腐蚀性等性能，利用含有膜层中各元素的挥发性化合物或单质蒸气，在热基体表面发生气相化学反应，反应产物沉积形成涂层。

与传统电镀相比，CVD 技术形成镀膜速度快，与基层粘接力强，能形成含有各种金属的镀层等，为模具表面处理提供了新的加工方法。

5.1.6.2 ABS 树脂挤出成型新技术

（1）多层共挤出工艺[45,47]

多层共挤出工艺，是使用数台挤出机分别供给不同的熔融物料，在一个复合机头内汇合共挤出，得到多层复合制品的加工过程。它能够使多层具有不同特性的物料在挤出过程中彼此复合在一起，使制品兼有几种不同材料的优良特性，在特性上进行互补，从而得到特殊要求的性能和外观，如阻隔能力、着色性、保温性、热成型和热黏合能力，以及强度、刚度、硬度等机械性能的平衡。这些具有综合性能的多层复合材料在许多领域中有极其广泛的应用价值。此外，还可以大幅度的降低制品成本、简化流程、减少设备投资。复合过程不用溶剂、不产生三废，因此多层共挤出技术被广泛用于复合板材、管材、异型材和电线电缆的生产。

PMMA 与 ABS 再与 PMMA 三层共挤是目前 ABS 共挤出中应用最广泛的成型工艺。有三台挤出机共挤出 ABS+PMMA 板材的生产线，比两台挤出机共挤方式控制的挤出工艺条件更准确，内外层的厚度尺寸更精确，因此可以获得性能更优异的板材，如整体浴缸、浴室等。

(2) 固态挤出工艺[46]

固态挤出工艺，即聚合物在低于熔点的条件下被挤出口模并成型。目前已成为获取高模量、高强度制品的一种独特工艺。

固态挤出主要分为静水压固态挤出和柱塞固态挤出。固态挤出可使物料移动产生正向位移和非常高的压力，挤出时口模内的聚合物发生很大的变形，使得分子严重取向，其效果远大于熔融加工，从而使得制品的力学性能大大提高。

采用固态挤出工艺生产 ABS 制品，不需要预先干燥，固态挤出能迫使小分子成分(如水汽)逆物料流动方向排出，达到干燥物料的目的。

(3) 新型螺杆的发展[44,47]

随着高分子材料及各种挤出制品的不断涌现，如多层复合制品、波纹管等新产品的开发，只通过改变单螺杆挤出机的螺杆长径比、压缩比已不能满足工艺要求了，因此，各种新型螺杆(目前已有 200 多种)研制开发比较活跃，有代表性的有如下几种：

1) 屏障型螺杆

又称屏障剪切型螺杆，是在计量段与熔融段之间或计量段上设置了剪切元件，包括直槽、斜槽或三角槽等形式。屏障棱可将固、液相分离，即流入槽中的液相会翻过螺棱经强剪切作用进入流出槽，并在流出槽中产生涡形环流，而固相则被屏障在流入槽中。这类螺杆可提高产率 20%~30%，塑化质量较高，混合均匀性好。

2) 分流型螺杆

分流型螺杆，是在常规螺杆螺槽内设置分流元件(如销钉、犁钉、凸台、分流沟槽、分流孔等)，其作用是打乱固液两相流动，增加固体和熔体间的剪切，促进熔融和混合，增强混炼和均化作用。主要结构型式为销钉型和 DIS 型。

3) 分离型螺杆

分离型螺杆，是在普通螺丝杆的加料段末端设置一外径小于主螺纹的副螺纹，并在固体物料熔融结束处与主螺纹相交，从而有效地避免常规单螺杆在熔融段后期出现的固相破碎，使熔融速率得到提高。分离型螺杆的熔体温度、压力和流率波动小，熔体塑化质量好，挤出量大。不仅适用于通用聚烯烃，也适用于 ABS、尼龙、聚碳酸酯和聚砜等工程塑料，还可用于 PVC 和聚甲醛等热敏性的塑料加工。分离型螺杆分为 BM 型、Barr 型熔体槽型、XLK 双层型、PM 型和 ICT 型等。

4) 其他新型螺杆

根据物料的性能和制品的不同，还开发出了各式各样的新型螺杆，包括变流道螺杆、捏合盘螺杆、排气式螺杆、组合型螺杆、强冷输送螺杆、空心螺杆、分段减压螺杆等。

(4) 挤出成型机头的新进展[46]

高效率的挤出机只有装上高效率的挤出机头和定型模具才能发挥其效能，为此，在生产实践中开发出了各种新型机头。应用于 ABS 树脂挤出加工的新型机头有如下两种：

1) 管材可变径机头

最早是德国 INOEX 公司推出的自动变径系统，可以在挤出生产线不停机的情况下自动改变管径的规格。该系统可以配置在已有的模头上，具有多种优势：有利于节省生产成本；可外接整个系统或其他部分元件；用户可以使用已有的模头；产品灵活性高，可减少库存和备件成本。

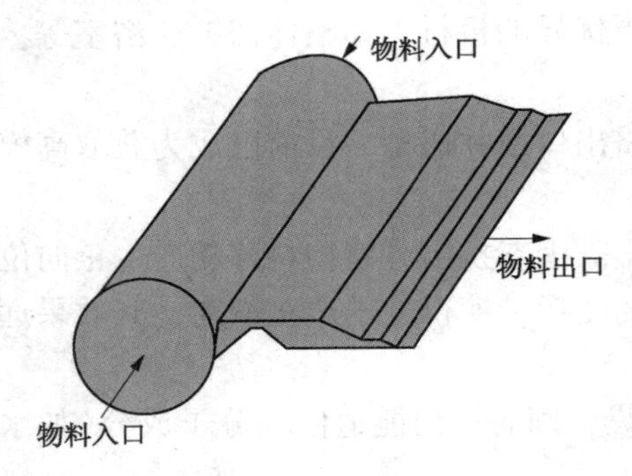

图 5-60　L 型机头

2) 挤出板材的 L 型机头

挤出机头在口模区域横向速度分布是否均匀将直接影响板材的横向厚度均匀性，L 型机头就是为了解决挤出均匀性而研发的新型机头。其结构主要包括主流道、小流道和阻尼板，其流道的几何模型如图 5-60 所示。

这种机头的阻尼块具有阻挡靠近入口的物料过早挤出、强迫物料沿往机头中心方向流动、充满主流道从而使物料沿宽度方向均匀分布，这样提高物料挤出时横向均匀性，有利于保证宽幅板材挤出时壁厚一致。

5.1.6.3　ABS 树脂吹塑成型新技术

(1) 吹塑机全电动、高速、节能、集成化

高速、高效、节能、高自动化的中空成型机，该设备采用全伺服驱动、模组化结构设计、全闭环电脑控制，可以全自动操作。

电动中空塑料成型机有两类：驱动机构以电动为主、液压或气动驱动为副；全电动驱动(包括伺服电机驱动，变频电机驱动)。电动中空塑料成型机是把电动注塑机的原理及成熟经验应用到中空塑料成型机上去，根据中空塑料成型机的特点再作特殊设计。电动中空塑料成型机具有精度高、重复性高、速度快、噪声低、自洁性高、维修保养费用低、能耗低等优点，中空塑料成型机又是附加值高的产品，所以在中空塑料成型机上研制和推广应用电驱动很有现实意义与推广价值。电动中空塑料成型机尽管目前应用领域还很有限，但已引起人们极大兴趣，正如电动注塑机刚推出时的情况。电动中空塑料成型机在国际上已有一定规模的发展。目前，电动中空塑料成型机还以生产 5L 以下的小型中空塑料成型机为主，国际上用于生产共挤出瓶的全电动中空塑料成型机已经成为主导产品。从驱动技术、设计水平及工业装备看，中空塑料成型机都可以设计为电动式。日本制钢所(JSW)正在将其注塑机的全电动应用到所有的中空成型机上，用于生产医药、化妆品和食品包装用 PP 和 HDPE 瓶。

(2) 强制进料冷却挤出机(IKV 结构挤出机)[43]

开槽型单螺杆挤出机，是按照新型单螺杆挤出理论基础设计开发的改进型螺杆挤出机。根据理论分析，喂料区机筒设置若干轴向凹槽可以有效地提高螺杆输送效率，提高挤出机产量。

大中型挤出吹塑中空塑料成型机，已经广泛采用带强制喂料强制冷却的“IKV”结构。“IKV”结构主要的特点是在机筒加料区的衬套上开有形状不同深而宽的纵向沟槽，同时在加料区设计有强制冷却夹套结构，可提高塑料的输送效率，可以由常规的0.3~0.5提高到0.6~0.85，螺杆加上合理的屏障段和混炼段的设计，其塑化能力可较常规设计挤出机提高40%以上，而且挤出量比较稳定，同时可降低单位能耗。“IKV”结构近几年来在国产挤出机上已经得到了较多的采用，“IKV”结构的螺杆机筒进料段结构如图5-61所示。

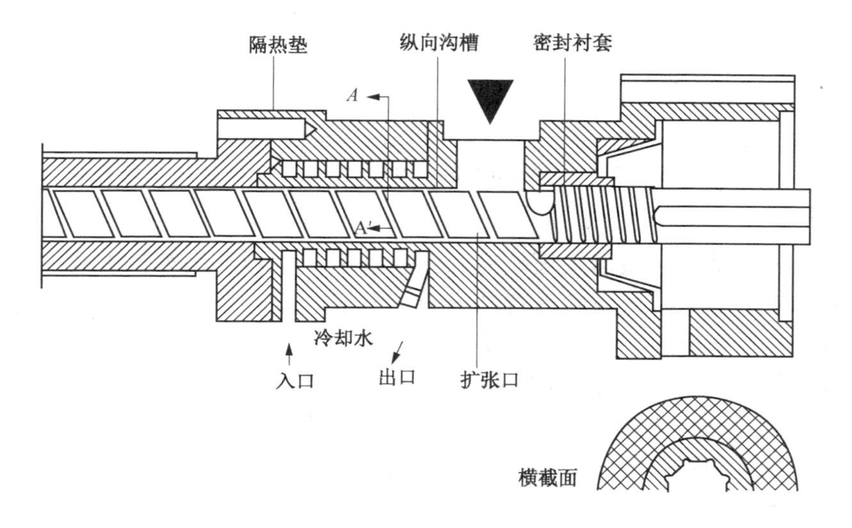

图5-61　强制喂料挤出机示意

(3) 吹塑成型模具发展方向[43]

① 成型模具高速化，要求模具有快速冷却能力。

② 由于汽车等工业件更新换代加快，要求模具有更短的加工周期。

③ 模具向高表面质量发展，要求生产的制品有更高的表面质量与尺寸精度。

④ 模具向自动化方向发展，要求模具生产中减少人工干预，封口、取件全部自动化进行，减小生产波动，提高制件质量与生产效率。

5.2　ABS树脂工业应用

5.2.1　概述

ABS树脂是一种普遍应用、综合性能优良的准工程塑料，具有抗冲击、耐低温、耐化学品腐蚀，易于着色和成型加工，制品尺寸稳定性和光泽度好等特点，而且喷涂、电镀、焊接等二次加工性能好。

通过调整ABS树脂的组成和添加相应的助剂，可以制得性能差异较大的ABS树脂。通常将ABS划分为通用ABS、板材ABS、高冲击ABS、电镀ABS、耐热ABS、阻燃ABS、吹塑ABS等。国内市场常见的ABS树脂牌号及特性见表5-28。

表 5-28　国内市场常见的 ABS 树脂牌号及特性

品　种	特　性	国内市场主要牌号
通用注塑级	中冲击	750、PA757、121H、0215A、15A1、301、D180、0215H
挤出级、管材级	高冲击、高分子量	ABS770、ABS795、PA709S、SV157、RS-656H、SP0170、ST-571
阻燃级	阻燃 UL-V0	HFA700、HFA705、PA-765、PA765A、PA765B、VH810、AF312
耐热级	HDT 95～108℃	H2938、650SK、650M、PA-777B、PA777D、PA777E
极超耐热 ABS	HDT 110～120℃	HGX4300、HGX4400、HGX4500
冰箱级	丙烯腈含量高	ABS772、ABS770SR、PA747S、ES0173、EG0763
电镀级	更高的胶含量	ABS710、MG37EP、PA727、EP-161
高流动级	低分子量	ABS780、HF380、PA756、HF-681
透明级	引入 MMA 单体	PA758、ABS920
高光泽	橡胶粒径小	ABS728、HG0760
低光泽	橡胶粒径大或添加助剂	ABS750Z、ABS3504
吹塑级	熔体强度高	BM510、BM530

注：HDT—热变形温度；MMA—甲基丙烯酸甲酯。

在我国，ABS 的消费领域涵盖面较广，深入到电子电器、汽车、机械、轻工、航空航天、建材等众多行业。ABS 树脂的消费结构中，电子电器占最大比例，主要应用于白色家电如液晶电视机、冰箱内胆、洗衣机面板、空调面板等，小家电如电风扇、吸尘器、电饭煲等；计算机和通信器材是第二大需求行业，如电脑机箱、液晶显示器、网络设备、电脑辅件等；商用设备和办公自动化行业对 ABS 的需求也占较大的比例，如打印机、复印机、传真机、碎纸机等；汽车和摩托车行业将成为 ABS 消费新的增长领域，摩托车领域的消费以通用 ABS 为主，而汽车领域主要以 ABS 改性及其合金的形式应用于汽车内饰、外饰、车灯等部件。我国 ABS 消费多年来居世界第一，消费量占全球消费量的 50%以上。

2019 年汽车行业由于限行政策和房地产市场挤压导致居民购买力下降，导致整体对 ABS 需求量下降。从 2020 年下游需求分布比例来看，家电市场依然是 ABS 最大的市场，2019—2021 年家电市场整体向好，虽然没有家电下乡的利好政策，但是居民生活品质的提升带动了家电市场的规模扩大和结构升级(表 5-29、图 5-62)。以城镇市场来说，洗碗机、智能马桶盖等提升生活品质的家电快速进入居民家中，立体冷柜、冰吧等细分行业产品也不断进入用户家中，不断贴合现代化生活需求。而对于中产阶级家庭来说，兼有保鲜互联功能的冰箱、健康静音的洗衣机、大吸力油烟机、智能彩电等高端产品进入其“快消品”名单。

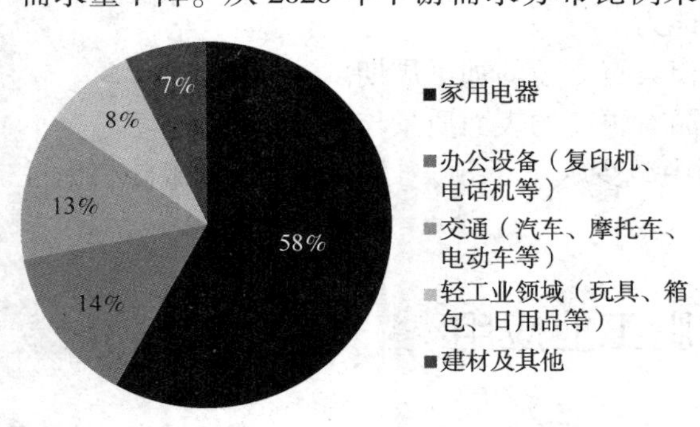

图 5-62　2020 年中国 ABS 消费结构分析

表 5-29　中国 ABS 消费趋势表

消费领域	2020 年	2021 年	涨跌
家用电器	58.0%	59.0%	+1%
办公设备(复印机、电话机等)	14.0%	12.0%	-2%
交通(汽车、摩托车、电动车等)	13.0%	14.0%	+1%
轻工业领域(玩具、箱包、日用品等)	8.0%	7.0%	-1%
建材及其他	7.0%	8.0%	+1%
	100%	100%	

ABS 下游需求方面，家用电器占比 58%，办公设备占比 14%，交通领域占比 13%，轻工业领域占比 8%，建材及其他占比 7%；家用电器占比最大，未来几年家用电器依旧是 ABS 最大下游消费领域，美的、格力、海尔等家电企业内销外销表现亮眼。另外 2018 年开始汽车行业产销量持续下降，在 ABS 下游消费领域中占比位居第三位，未来汽车行业消费量将受到国家政策的影响。

中国已经成为电子电器生产及出口大国，未来 ABS 树脂的总体消费结构不会有太大的变化，可能会随着各行业发展的差异而有所调整。但随着 HIPS、改性 PP 的竞争，未来通用 ABS 的需求会略微下降，而改性 ABS 凭借其优异的性能和成本优势，需求会稳步上升，特别是我国家电更新换代、汽车下乡政策的引导，这些领域进入了快速增长期，为改性 ABS 的增长创造了有利条件。表 5-30 列出了改性 ABS 在一些行业的消费情况[49]。

表 5-30 国内部分行业消费改性 ABS 的情况

类型	应用领域	单位用量/(kg/台)	2006 年产量/万台	消费量/kt	消费总量/kt
板材级 ABS	冰箱	5	3530	102	220
	冰柜	8	818	68.5	
	饮水机	1	3300	35	
	汽车	2	780	19.5	
阻燃级 ABS	普通显示器	3.5	3500	133	529
	液晶显示器	2	6000	120	
	打印机	1.5	3910	62	
	LCD 彩电	2.5	1292	35	
	风扇	0.75	17300	139	
	空调	0.2	6849	13	
	家用开关	0.05	50000	27	
耐热级 ABS	微波炉	0.4	5570	25.5	79
	汽车	2	780	16.5	
	电饭锅	0.3	8879	24	
	电吹风	0.1	12100	13	

5.2.2 ABS 树脂在汽车行业的应用

ABS 树脂具有良好的机械性能和优异的成型加工特性，在汽车行业得到广泛应用。如汽车内饰中的门板、仪表板、副仪表板、遮阳板，汽车外饰中的散热格栅、后视镜、车灯、牌照板等。ABS 塑料在汽车产品上有着极其重要的地位，表 5-31 为 ABS 树脂在某 A 级汽车中用量的情况，该车总重为 1135kg，其中 ABS 树脂及其合金用量达到 20kg。

表 5-31 非金属在某 A 级汽车中的用量

项目		质量/kg	占非金属材料的比例/%
塑料及其他非金属		125	—
其中	PP 树脂	41	33
	ABS 树脂及其合金	20	16

ABS 树脂后加工性能良好，适合进行喷涂、电镀、水转印、IMD(模内注塑)等二次加工，可以提高汽车的美观性和舒适性。汽车档次越高，ABS 及其合金材料的用量也越多。

通常汽车外饰对材料的耐热要求比汽车内饰低，中等耐热ABS材料(维卡软化点大于100℃)就可以满足汽车外饰的要求。车灯是汽车外饰件中耐热要求比较特殊的零件。车灯由于其具有密封的特点，可根据点灯温度来选择不同耐热等级ABS材料。通常刹车灯、后雾灯、转向灯、倒车灯等点灯温度高，要求材料具有更高的耐热性能，一般使用PC/ABS合金。由于ABS中有丁二烯的存在，耐候性差，不能直接用于汽车外饰件，其表面需要进行喷漆或者镀铬处理。但随着人们环保意识的增强，免喷涂材料开始在汽车行业广泛应用，部分汽车零件使用耐候性更好的ASA或者AES材料直接注塑成型，例如散热格栅、后视镜壳体、B柱和C柱饰板等使用耐热ASA材料。

这些免喷涂材料需要满足汽车外饰的耐候要求，以北美三大主机厂为例，材料的耐候等级要满足美国汽车协会内饰的标准SAEJ1960的要求，在经过氙灯2500kJ/m^2的能量辐射后，色牢度需大于4，色差小于3。在材料满足人工加速老化的前提下，还需要在美国亚利桑那州和佛罗里达州进行为期两年的自然曝晒实验。

汽车内饰用ABS树脂的耐热温度较高，尤其是仪表板零件。仪表板是内饰最重要的零件之一。在汽车密闭并且受到阳光直射的环境中，仪表板是汽车内饰件中温度最高的部件之一。因此，仪表板骨架需要使用高耐热的PC/ABS合金材料，要求其能经受110℃、500h的热老化实验，不产生任何变形。副仪表板在车内也是温度较高的区域之一，通常由高耐热ABS树脂注塑而成。汽车内饰中门板耐热要求不高，通常中等耐热的ABS树脂可以满足主机厂要求。在汽车内饰中，无论是耐热ABS还是PC/ABS合金，不仅要满足耐热的要求，同时还要考虑耐候的要求，特别是直接使用的免喷涂材料。根据零件在汽车中位置的不同，对材料的耐候性也有着不同的等级要求。例如通用、福特、克莱斯勒，要求汽车内饰能满足美国汽车协会内饰的标准SAEJ1885耐候标准。对于阳光直射的零件，如仪表板的上体材料、除雾格栅等等，要求照射1250kJ/m^2的能量后，色差ΔE值小于3.0，色牢度大于4级。对于汽车仪表板腰线以下的区域(以设计的要求为基准)，特别是这些阳光间接照射的零件，需要满足照射600kJ/m^2的能量后，色差ΔE值小于3.0，色牢度大于4级。对于汽车内某些阳光照射不到的区域的内饰件，如地毯、天花板等，通常要求满足照射225kJ/m^2的能量后，色差ΔE值小于3.0，色牢度大于4级。根据实际应用，通常黑色的ABS树脂耐候性比米色和灰色的耐候性好，一般能通过600kJ/m^2的能量照射。如果要满足阳光直射区域零件上的耐候要求，则必须经过喷漆等后加工来达到目的。

汽车用ABS及其合金牌号较多，常见牌号如表5-32所示。

表5-32　常见的汽车内外饰部件用ABS及其合金牌号

ABS产品	常用内饰零件	常用外饰零件	常用牌号
耐热ABS	门板、副仪表板、仪表板等装饰件	后视镜、尾灯壳体及其他信号灯	ABSH2938(锦湖日丽) HH1827(Ineos)
低气味ABS	内饰零件、门板、副仪表板等	—	ABS527A，ABSH2938(锦湖日丽)
低光泽ABS合金	门板上装、手套箱、出风口、时钟罩等	—	PC/ABSHAC8260Z，PA/ABSHNB0270(锦湖日丽)，LG9000(SABIC)
吹塑级ABS 吸塑级ABS	门内饰板、顶棚、行李箱等	尾翼(扰流板)	ABSBM530(锦湖日丽)

续表

ABS 产品	常用内饰零件	常用外饰零件	常用牌号
电镀级 ABS	出风口装饰圈、CD 面板装饰圈、内门拉手等	格栅、尾门拉手等	ABS710，HAC8244(锦湖日丽) MG37EP，MC1300(Sabic)
抗静电 ABS	后视镜装饰圈、眼镜盒	—	PC/ASAHSC7079V(锦湖日丽) SCHULABLEND® WR5UVCA(SCHULMAN)

5.2.2.1 耐热 ABS 树脂在汽车内饰的应用

汽车车内是一个密闭的空间，在阳光直射下，汽车内部的温度上升很快，因此要求汽车内饰材料具有较高的耐热性能。针对汽车上不同的零件，通用、大众等汽车主机厂都有相应的耐热要求，最低的耐热要求也要达到 85℃。一般组装好的汽车整车进行曝晒，或者模拟整车在室外玻璃罩盒内进行曝晒。汽车内饰零件必须满足汽车整车曝晒试验要求。汽车内饰零件曝晒实验标准主要有 GB/T3511、GM9538P 等。实验要求汽车整车在室外曝晒 1 年以上，汽车内饰件不得出现变色、裂纹、发黏、分离、脆化、渗析物、剥落、鼓起、分层等现象。

不同汽车内饰件所在位置不同，还需要满足颜色与光泽、环境和光照老化、耐刮擦、耐磨损、耐候、耐冲击、硬度、气味等性能要求。各个汽车主机厂对内饰件都有自己相应的标准。大众汽车对汽车内饰材料的耐热和耐候性能要求如表 5-33 所示。

表 5-33 大众汽车对汽车内饰材料的耐热和耐候性能要求

ABS 品级	使用标准	耐热要求	耐光照要求	零件名称
高抗冲，高流动 ABS	TL527	维卡温度大于 95℃	需要表面处理，在阳光间接照射区域，耐候一般需要 3 周期	座椅侧面护板、门板拉手、出风口电镀装饰圈等
中等耐热 ABS	TL527A	维卡温度大于 100℃	在阳光直接照射区域，耐候要求 5 周期	门板上装、副仪表板、后视镜、尾门拉手等
高耐热 ABS	TL527B	维卡温度大于 106℃	在阳光直接照射区域，耐候要求 5 周期	副仪表板、手套箱、仪表板装饰条、轮毂盖等

耐热级 ABS 在汽车内饰中应用广泛，针对不同内饰零件的耐热要求，国内外原材料厂商都有不同级别的耐热 ABS 供应，目前市场上常见的汽车内饰用耐热级 ABS 牌号如表 5-34 所示。

表 5-34 汽车厂企标及耐热级 ABS 的常见牌号

大众汽车的标准	锦湖日丽	英力士	巴斯夫	相当于通用汽车标准	标准关键点耐热要求
TL527	ABS730	LGA	GP22	GMP. ABS. 002	HDT>80℃
TL527A	ABSH2938	P2T/H605	HH106	GMP. ABS. 003	HDT>93℃
TL527B	ABSHU600	H801/HH1891	HH112	GMP. ABS. 014	HDT>101℃

5.2.2.2 低气味 ABS 树脂在汽车内饰的应用

刚出厂的汽车车内都会有“新车味”，主要来源：一是源于新车本身，汽车由很多零部件组成，若这些零部件的气味在装配前没有充足释放，装配后就会使车内有气味；二是源于车内装饰材料，其中含有挥发气体如苯、甲醛、丙酮和二甲苯等，污染车内空气；三是汽车空调或车舱密封不严，使部分含 SO_2、NO_x、CO、CO_2 的尾气进入车内，污染车内空气。

内饰材料所含挥发气体是新车味的主要来源。长时间在这样的环境下工作，容易对驾驶员身体造成伤害，甚至导致交通事故。因此需要控制汽车内饰件的气体挥发量，即控制 VOC 和 TVOC。所谓 VOC 指除了二氧化碳、碳酸、金属碳化物、碳酸盐以及碳酸铵等一些参与大气中光化学反应之外的含碳化合物；TVOC 指室温下饱和蒸气压超过了 133.32Pa 的有机物，其沸点在 50～250℃，在常温下以蒸发的形式存在于空气中。

对车内挥发性气体和气味的测试包括人的感觉测试和严格的仪器测试。表 5-35 为大众汽车控制汽车车内气味的标准 PV3900 的评价内容，评分分为 6 个级别。其方法是在一定实验条件下，将零件置于一个密封的器皿中，由专业人员凭嗅觉测试零件的气味。主观气味测试实验条件如下：

① 常温 23℃，模拟正常的驾驶条件；

② 高温 40℃，模拟夏天的驾驶条件；

③ 在 2h 内，高温 80℃的条件下，模拟极端温度和夏天暴晒后驾驶舱内的条件。

表 5-35　大众汽车内饰材料气味评价标准

级别	评　估	级别	评　估
1	无气味	4	有干扰性气味
2	有气味，但无干扰性气味	5	有强烈干扰性气味
3	有明显气味，但无干扰性气味	6	有不能忍受的气味

一般采取 3～5 人评价原则，可以评价半级，在 3 种测试条件下，平均值小于 3 级为合格。大众和福特汽车公司的气味测试标准均参考了德国标准 VDA270。通用汽车的气味测试标准则划分为十个级别，级别越高，气味越低，材料必须满足大于 6 级的要求。

除了主观测试气味以外，大部分汽车主机厂都对材料的 VOC 成分进行了检测。以福特汽车为例，检测项目包括苯、甲苯、二甲苯(邻二甲苯，对二甲苯，间二甲苯)、乙苯、苯乙烯(要求最大限值为 0.1μg/g)、甲醛、乙醛、丙烯醛(要求最大限值为 10μg/g)等多种有害气体。同时福特汽车对内饰材料的 TVOC 也有明确要求，如要求苯乙烯类材料 TVOC 值小于 50μg/g，其他材料要求在 100μg/g 以下。

ABS 树脂的 VOC 及 TVOC 主要来源有两个：一是 ABS 合成过程中，虽然经过脱挥、干燥等工艺，但还会残留少量单体，这些残留单体逐渐挥发，产生气味；二是 ABS 共混改性过程中，通常需要添加相应的填料和化工助剂，一般化工助剂的挥发温度相对较低，在制品的使用过程中挥发出气味；三是产品注塑过程中受热和螺杆剪切，发生降解，产生有味的低分子量的组分。

目前我国还没有专门针对汽车车内空气污染而制定的检测标准，但很多汽车公司已经开始针对汽车内饰材料、安装工艺的气味进行专项研究。国际知名汽车主机厂针对汽车内饰件所使用的材料都有严格的气味、挥发性气体的测试标准，这些标准正逐步被广大消费者接受，消费者的要求也相应提高。这要求材料生产厂商提供更低气味、更低 VOC 的产品来满足消费者的需求。一些公司已经成功地推出了新一代的低气味 ABS 树脂及其合金[50]。市场上常见低气味 ABS 及合金牌号如表 5-36 所示。

表 5-36　常见低气味 ABS 及其合金牌号

材料类别	锦湖日丽	英力士	SABIC
中等耐热 ABS	ABSH2938	Lustran H701	GDT2510
高耐热 ABS	ABSHU600ABSHU621	Lustran H801	X17/X37
通用级 PC/ABS 合金	HAC8250	T65XF	MC8002
高耐热 PC/ABS 合金	HAC8260	T85XF	XCY620

5.2.2.3　低光泽 ABS 树脂在汽车内饰的应用

汽车主机厂对内外饰零件外观要求严格，不仅要求颜色的和谐统一，而且对不同位置的内饰件有不同的光泽要求。通用汽车内饰件表面光泽度常规要求见表 5-37。

表 5-37 通用汽车常见汽车内饰件表面光泽度要求

光泽等级	色板光面(60°测试)	零件表面(皮纹面，60°测试)	零件的位置
GLD	3 左右	2 以下	内饰腰线以上区域
GLG	5 左右	3 左右	内饰基本要求
GLA	7 左右	5 左右	内饰天棚等及外饰
GLM	12 左右	>5	外饰零件

通常汽车内饰件表面都要求低光泽，这有利于减少驾驶员的视觉疲劳，提高驾驶安全性。例如仪表板表面光泽度过高，会在挡风玻璃上形成眩光和倒影，严重影响驾驶安全性。通常由 ABS 树脂及其合金制成的汽车内饰件表面光泽度都很高，需要通过喷涂或印刷工艺来降低表面光泽度。随着汽车 ELV 法令的出台，要求汽车上热塑性材料可以直接进行回收处理。在这种发展趋势下，ABS 及其合金材料的低光泽、免喷涂化成为其重要发展方向。低光泽免喷涂 ABS 及其合金加工的汽车内饰件，本身光泽度低，不需要使用喷涂等后处理工序，可以降低内饰件的生产成本，减少环境污染，完全符合汽车 ELV 法令[51]。

免喷涂汽车内饰件的生产需要模具、材料、注塑工艺的紧密配合。①模具表面光泽度直接影响制品光泽度，要求汽车内饰件模具皮纹面具有一定的哑光度。一般模具皮纹面越粗，制品表面的光泽越低。②流动性好的树脂在成型过程中能很好复制模具表面，产生低光泽的表面效果(图 5-63 和图 5-64 为不同材料对模具复制性演示图)。③材料本身光泽度要低，通过选择合适的 ABS 原料，添加无机填料或有机消光剂，使 ABS 树脂及其合金材料的表面形成特殊的微观结构，降低其光泽度。由于改性 ABS 树脂及其合金材料自身特殊的微观结构容易形成均匀柔和的表面，产生低光泽的“天鹅绒”表面(见图 5-65)。低光泽免喷涂 ABS 树脂还需要具有良好的耐候性和耐化学品性(清洁剂，香水等)，以满足汽车内饰的需要。

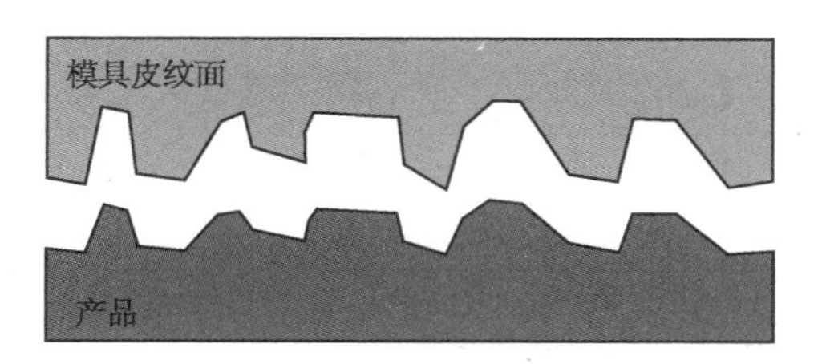

图 5-63 好的模具复制性

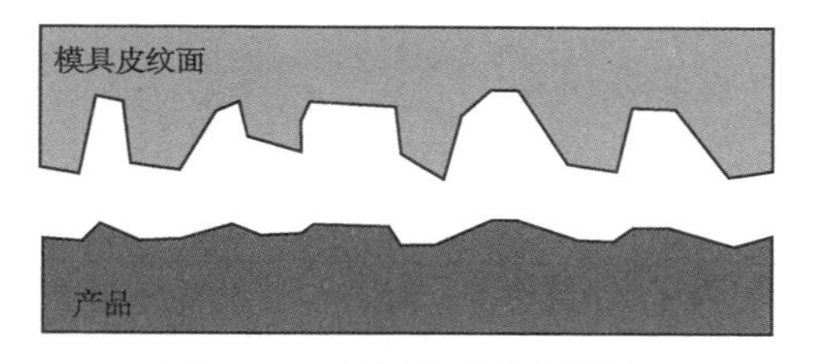

图 5-64 不好的模具复制性

材料生产厂家推出了不同种类的 ABS 及其合金低光泽材料，常见的有低光泽 PC/ABS 和 PA/ABS 合金。PC/ABS 低光泽材料耐热高、尺寸稳定性好、韧性高、耐候好，可以直接用于汽车仪表板面板、副仪表板等阳光间接照射的地方；PA/ABS 低光泽材料表面哑光效果好，结合了 PA 和 ABS 树脂的优势，具有优异的耐腐蚀性、热稳定性和尺寸稳定性、低温冲击性，同时结晶材料 PA 使得 PA/ABS 合金还具有良好的减震和吸声性能[33]。低光泽 ABS 及其合金材料在汽车内饰件的应用，可大大降低汽车内饰件的生产成本，目前 PC/ABS 低光泽材料已经在方向盘上下盖、遮阳板、手套箱等零件上得到成功应用；PA/ABS 低光泽材料已经应用于奥迪、雪铁龙、

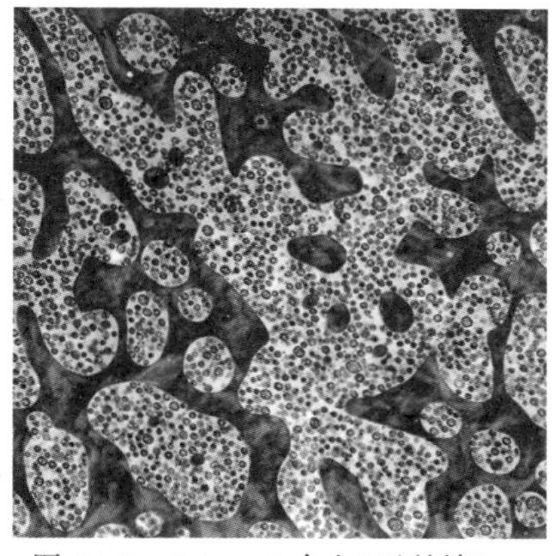
图 5-65 PA/ABS 合金“天鹅绒”表面下的微观结构

标致等汽车仪表板的控制面板、仪表盘罩、空调出风口等。ABS 低光泽材料不仅光泽低，而且相比喷涂成本更低，将会越来越多地应用于汽车内饰产品。表 5-38 是常见低光泽 ABS 及其合金的牌号、特点及应用情况，相应牌号及机械性能见表 5-39~表 5-41。

表 5-38 常见低光泽 ABS 及其合金的部分牌号、特点及应用情况

材料类别	特点	表面的光泽度①	主要应用零件	常见牌号
耐热 ABS	成本低，尺寸稳定性好	3 左右	门板、副仪表板等，以黑色为主	ABSH2938Z LGA
PA/ABS 合金	表面柔和的光泽，耐化学品性能优异	2 以下	门板拉手盒、时钟罩、出风口	HNB0270 N19
PC/ABS 合金	综合性能好，不易产生划痕	5 左右	转向柱上下罩盖，出风口，手套箱	HAC8260Z LG9000 KU2-1473

① 数据来源于大众汽车 K31 的皮纹的测试结果，K31 为典型的细皮纹。

表 5-39 常见部分低光泽 ABS 牌号及机械性能

测定项目	测试方法	测试条件	ABSH2938Z	LGA
拉伸强度/MPa	ISO527	50mm/min	42	39
弯曲模量/MPa	ISO178	2mm/min	2300	2430
Izod 缺口冲击强度/(kJ/m²)	ISO180	23℃	18	16.2
Izod 缺口冲击强度/(kJ/m²)	ISO180	-40℃	9	7.7
熔体流动速率/(g/10min)	ISO1133	220℃，10kg	12	21
热变形温度/℃	ISO75	0.45MPa	105	90
热变形温度/℃	ISO75	1.80MPa	90	76
维卡软化点/℃	ISO306	5kg/50℃/h	105	96
密度/(g/cm³)	ISO1183	23℃	1.06	1.05
光泽度/%	ASTMD523	60°，皮纹面	2~4	2~4

表 5-40 低光泽 PA/ABS 合金部分常见牌号及机械性能

测定项目	测试方法	测试条件	HNB0270	N11
拉伸强度/MPa	ISO527	50mm/min	45	43
拉伸模量/MPa	ISO527	1mm/min	2000	2000
弯曲模量/MPa	ISO178	2mm/min	2000	1800
Charpy 缺口冲击强度/(kJ/m²)	ISO179	23℃	65	70
Charpy 缺口冲击强度/(kJ/m²)	ISO179	-30℃	25	15
熔体流动速率/(g/10min)	ISO1133	240℃，10kg	30	18
热变形温度/℃	ISO75	0.45MPa	103	96
热变形温度/℃	ISO75	1.80MPa	75	71
维卡软化点/℃	ISO306	5kg/50℃/h	105	104
密度/(g/cm³)	ISO1183	23℃	1.07	1.07
光泽度/%	ASTMD523	60°，皮纹面	1~3	1~3

表 5-41　常见超低光泽 PC/ABS 合金部分牌号及机械性能

测定项目	测试方法	测试条件	HAC8260Z	LG9000
拉伸强度/MPa	ISO527	50mm/min	52	50
拉伸模量/MPa	ISO527	1mm/min	2200	2300
弯曲模量/MPa	ISO178	2mm/min	2300	2400
Charpy 缺口冲击强度/(kJ/m^2)	ISO179	23℃	40	35
Charpy 缺口冲击强度/(kJ/m^2)	ISO179	-30℃	20	15
熔体流动速率/(g/10min)	ISO1133	260℃，5kg	18	20
热变形温度/℃	ISO75	1.82MPa	102	97
维卡软化点/℃	ISO306	5kg/50℃/h	122	122
密度/(g/cm^3)	ISO1183	23℃	1.14	1.13
光泽度/%	ASTMD523	60°，皮纹面	3~5	3~5

5.2.2.4　吹塑级 ABS 树脂在汽车外饰的应用

吹塑级 ABS 主要用于制备汽车外饰扰流板。扰流板通常用于跑车或轿跑车等运动车型，一般高级轿车和跑车都装有扰流板。现在许多运动版的普通轿车上，也装有扰流板，它们大多数紧贴车厢，虽然很难发挥减少车辆尾部升力的作用，但可以很好地美化车身外观。汽车扰流板的材质通常为玻璃钢、铝合金、碳纤维和塑料。它们的优缺点如表 5-42 所示。

表 5-42　不同材质汽车扰流板的特点

材料类别	优点	缺点	常用车型
玻璃钢	刚性大，成本低	环保性差	最早的桑塔纳车型，目前已经淘汰
铝合金	导流效果好，成本较高	重量大	运动型高级轿车
碳纤维	刚性大，重量轻	价格昂贵	高级跑车，F1 赛车
塑料	质量轻，美观，设计自由度大，加工容易	导流效果不如碳纤维	运动版的普通轿车

塑料扰流板大部分由吹塑级 ABS 经过成型、喷涂后制作而成。吹塑级 ABS 具有熔体强度高、延伸率大，以及横向和纵向延伸平衡性好的优点，能够满足大型工业中空吹塑制品的成型要求，可广泛应用于汽车扰流板、侧踏板、座椅等中空吹塑制品。

锦湖日丽公司推出用于生产汽车外饰的吹塑级 ABS，如中耐热、高冲击 ABSBM510，具有良好的加工性能，制品表面平整，可减少抛光等后续加工，降低生产成本。高耐热 ABSBM530，可以满足大众汽车和通用汽车等主机厂较高的耐热试验要求。同时，ABSBM530 具有良好的延展性和抗冲击平衡性，加工成型性好，翘曲变形小，制品的尺寸稳定性好，有助于生产出壁厚更薄的产品。吹塑级 PC/ABS 合金耐热等级更高，具有更好的力学性能。目前锦湖日丽与大众汽车合作，开发了 PC/ABS 吹塑尾翼材料，其特点是耐热更高，强度更大。该产品已经成功应用在朗逸 1.4T 运动款车型上。

吹塑级 ABS 制备汽车扰流板，在实际生产过程中会产生较多的边角料，边角料占制品重量的 50%甚至更多，如何回收利用这些边角料困扰生产厂家。ABS 树脂生产厂家在积极开发可多次回收的吹塑级 ABS，如锦湖日丽的 BM510R、BM530R。随着整个行业技术的提高，吹塑级 ABS 将会有更广阔的发展空间。表 5-43 是国内外常见的吹塑级 ABS 及其合金的牌号。表 5-44 是常见牌号的典型物理机械性能。

表 5-43　常见的吹塑级 ABS 及其合金牌号

材料类别	锦湖日丽	SABIC	其他厂家
吹塑级 ABS	BM510	—	LN532
高耐热吹塑级 ABS	BM530	EX58	Royalite® R12
吹塑级 PC/ABS 合金	HAC8250B	MC8100	—

表 5-44　常见吹塑级 ABS 牌号的典型物理机械性能

测定项目	测试方法	测试条件	BM530	R12
拉伸强度/MPa	ASTM D638	50mm/min	41	41
弯曲模量/MPa	ASTM D790	3mm/min	2060	2070
Izod 缺口冲击强度/(J/m)	ASTM D256	23℃	246	267
熔体流动速率/(g/10min)	ASTM D1238	220℃，10kg	4.5	6
热变形温度/℃	ASTM D648	0.45MPa	104	104
热变形温度/℃	ASTM D648	1.82MPa	94	92
维卡软化点/℃	ASTM D1525	5kg/50℃/h	104	102
密度/(g/cm³)	ASTM D792	23℃	1.05	1.05

5.2.2.5　电镀级 ABS 树脂在汽车内外饰的应用

电镀级 ABS 广泛应用于汽车内外饰上，如汽车徽标、散热格栅、后视镜、排挡装饰件、轮毂罩等。与金属相比，塑料电镀制品不仅可以很好地实现金属质感，而且能减轻制品重量，有效改善塑料外观及装饰性，大大提高设计自由度，同时改善其在电、热、耐蚀等方面的性能。从近几年汽车设计发展趋势来讲，相比非电镀制件，电镀产品更能彰显汽车高贵华丽的品质，所以大量应用于高级车内饰上。除了电镀门把手，仪表板装饰件也开始使用塑料电镀产品，比如上海大众昊锐汽车使用电镀出风口装饰圈，上海通用君越汽车使用电镀中央控制台装饰圈及门板上的装饰条，2009 年上海通用的新君越甚至在后车灯上增加了电镀"眉毛"。随着中高级轿车追求豪华、美观的形象，ABS 电镀件将会越来越多地应用在汽车内外饰件上。

电镀材料选择要综合考虑材料的加工性能、机械性能、成本、电镀成本、电镀难易程度以及尺寸精度等方面。ABS 树脂不仅具有优良的综合性能，易于加工成型，而且其独特的化学结构使材料表面易于刻蚀，形成较大的镀层结合力，因此在电镀件中广泛应用。大部分 ABS 树脂都可以进行电镀，但普通 ABS 树脂电镀良品率低，镀层与基材结合力不能满足汽车高低温实验要求，因此汽车内外饰必须使用电镀级 ABS 专用料。对于电镀级 ABS 树脂，首先是丁二烯含量要高，一般应控制橡胶相含量在 18%~23%[53~55]；其次是橡胶相分散要好，增加锚固点的数量，提高镀层的结合力；最后还要求具有良好的成型性，减少制品内应力。

汽车用电镀材料既要满足汽车主机厂的材料标准，制成零件后还需要满足汽车零件的总成标准，包括高低温循环试验、镀层的剥离强度、镀层的厚度。针对不同的电镀制品，应该提供不同牌号的电镀级 ABS。表 5-45 是常见的电镀级 ABS 及其合金的应用情况，表 5-46 及表 5-47 是常见电镀 ABS 牌号的物理机械性能。

表 5-45　常用的电镀级 ABS 及其合金的特点及应用

材料种类	特　　点	满足的汽车材料标准	主要应用零件	常见牌号
电镀级 ABS	电镀效果优异，良品率高	GMP. ABS. 007	散热格栅、尾门拉手等外饰零件	ABS710 PG298 MG37EP
高耐热电镀级 ABS	高耐热，电镀效果良好	WSK-M4D-836A	出风口装饰圈等内饰零件	P2MC ABS730
电镀级 PC/ABS 合金	抗冲击性能好，高耐热	GMP. ABS. 007 WSB-M4D-813A	散热格栅、门把手等	HAC8244 T45PG MC1300

表 5-46　常见电镀级 ABS 牌号的物理机械性能

测定项目	测试方法	测试条件	ABS710	MG37EP
拉伸强度/MPa	ISO527	50mm/min	43	45
拉伸模量/MPa	ISO527	1mm/min	2200	2300
弯曲模量/MPa	ISO178	2mm/min	2300	2300
Charpy 缺口冲击强度/(kJ/m^2)	ISO179	23℃	32	31. 5
Charpy 缺口冲击强度/(kJ/m^2)	ISO179	-30℃	11	9. 65
熔体流动速率/(g/10min)	ISO1133	220℃，10kg	24	16
热变形温度/℃	ISO75	1. 80MPa	80	80
维卡软化点/℃	ISO306	5kg/50℃/h	95	96
密度/(g/cm^3)	ISO1183	23℃	1. 04	1. 04

表 5-47　常见电镀级 PC/ABS 合金牌号的物理机械性能

测定项目	测试方法	测试条件	HAC8244	T45PG
拉伸强度/MPa	ISO527	50mm/min	49	49
拉伸模量/MPa	ISO527	1mm/min	2100	2100
Charpy 缺口冲击强度/(kJ/m^2)	ISO179	23℃	45	40
Charpy 缺口冲击强度/(kJ/m^2)	ISO179	-30℃	35	36
熔体流动速率/(g/10min)	ISO1133	260℃，5kg	15	12
热变形温度/℃	ISO75	1. 80MPa	95	95
维卡软化点/℃	ISO306	5kg/50℃/h	110	110
密度/(g/cm^3)	ISO1183	23℃	1. 11	1. 11

5. 2. 2. 6　ABS 树脂在汽车工业上的应用及技术进展

汽车内饰材料的发展方向是美观化、舒适化、安全化、轻量化，其中舒适化是汽车的重要发展方向之一。ABS 树脂生产厂家不断地开发新的 ABS 改性产品，来满足汽车行业越来越高的要求。普通 ABS 树脂及其合金电绝缘性能良好，表面电阻率高，容易产生静电吸尘、火花放电等不良现象，用其制作的汽车内饰会影响舒适性。从 2009 年开始，德国大众汽车要求手经常触摸的汽车内饰件，如内后视镜边框、顶棚上的眼镜盒等，应该具有永久抗静电功能，并已经在大众汽车朗逸、领驭等多种车型的部分内饰件上应用了抗静电 ABS 树脂。抗静电是汽车内饰材料的基本要求，目前国内外只有少数改性材料厂家开发了永久抗静电

ABS 树脂及其合金。通常抗静电 ABS 树脂生产是在树脂中添加高分子型抗静电表面活性剂，利用抗静电剂分子由塑料内部向表面迁移，并在表面形成均匀的抗静电层。但是这种材料使用 1~2 年后便失去了抗静电效果，无法满足大众汽车的永久抗静电内饰件要求。市场上永久抗静电 ABS 产品有 SCHULABLEND®(PC/ASA) WR5UVCA，其基材是耐热 PC/ASA 合金。国内也有一些厂家在进行永久抗静电工程树脂的研究，上海锦湖日丽与上海大众合作共同开发的抗静电材料包括 ABS 及其合金，如 PC/ASA 合金、PA/ASA 合金、PC/ABS 合金等。商业化的牌号主要有 PC/ABSHAC8260V、PC/ASAHSC7079V，其性能见表 5-48。

表 5-48　常见抗静电 ABS 合金牌号的典型物性

测 定 项 目	测试方法	测试条件	SCHULABLEND® WR5UVCA	HSC7079V
拉伸强度/MPa	ISO527	50mm/min	50	51
拉伸模量/MPa	ISO527	1mm/min	2000	2000
Charpy 缺口冲击强度/(kJ/m^2)	ISO179	23℃	66	60
熔体流动速率/(g/10min)	ISO1133	230℃，10kg	35	37
热变形温度/℃	ISO75	1.82MPa	90	98
维卡软化点/℃	ISO306	5kg/50℃/h	109	119
密度/(g/cm^3)	ISO1183	23℃	1.18	1.15
表面电阻率/(Ω/cm^2)	IEC60093	23℃	5.2×10^{12}	6×10^{10}

5.2.3　ABS 树脂在家用电器上的应用

ABS 树脂在家电产品上的应用情况如表 5-49 所示。

表 5-49　ABS 树脂在家电产品上应用情况

家电	零部件	原料	性能要求
冰箱	门板 内胆、门内衬 抽屉、冰盒	耐化学品 ABS 抗菌 ABS 抗菌 ABS	抗环境应力开裂、高流动 抗菌、高抗冲 抗菌、高光泽
洗衣机	上盖板 观察窗、皂液盒	高光泽 ABS 透明 ABS	高光泽、易成型 透明、耐化学品
空调	外机格栅 内机面板 装饰条 挂机装饰板	耐热 ABS 高光泽 ABS 电镀 ABS PMMA/ABS 合金	高耐热、易成型 高光泽、高流动 适合电镀 高透明、易喷涂、高流动
电视机	前框、前框饰条 前框、前框饰条	高光泽阻燃 ABS PMMA/ABS 合金	阻燃、高光泽、高流动 高硬度、高光泽
微波炉	门板、把手	耐热 ABS	高耐热、易成型、易喷漆
吸尘器	外壳	抗静电 ABS	抗静电、易成型
家庭影音	外壳	高光泽 ABS	高光泽、易成型

目前，家电用 ABS 树脂市场受到了 PP、HIPS 的冲击，通用 ABS 树脂的用量有所下降。但随着 ABS 树脂新品的不断推出，新的应用也在不断扩大。如免喷涂 ABS 树脂在平板电视机外壳上的应用，透明 ABS 树脂在洗衣机、平板电视上的新应用，免喷涂特殊颜色效果 ABS 树脂的应用等。

5.2.3.1 高光泽 ABS 树脂在平板电视上的应用

随着欧盟 WEEE 法案的实施，出口家电生产厂商越来越重视回收成本。传统的电器塑壳回收方案面临喷漆后难回收、不环保以及较高的成本等问题，逐渐被家电生产商摒弃，因而催生了各种免喷涂的解决方案。免喷涂高光泽 ABS 是近两年在家电市场上出现的一种新产品，在特殊加工工艺的配合下，可以做出近似镜面烤漆的效果。

高光泽黑又亮 ABS 树脂及其合金的评价指标为光泽度、黑度、表面硬度。光泽度评价主要取决于光源和观察角度，高光泽免喷涂材料一般采用 60°的测量角度进行评估。光泽度越高则表面越光亮，一般要求光泽度大于 95。黑度用 *L* 值表示，*L* 值越低制品越黑。通常 *L* 值低于 26 时，制品呈现钢琴黑效果。表面硬度一般用铅笔硬度来表征，铅笔硬度越高制品表面的抗刮擦性能越好。高光泽 PMMA/ABS 合金的表面硬度，在 1kg 负荷下，可达 1～2H。目前市场上广泛使用的高光泽 ABS 产品系列有高光泽 PMMA/ABS 合金、高光泽 ABS、无卤阻燃高光泽 PC/ABS 合金、高光泽阻燃 ABS 等。市场上常见高光 ABS 及其合金的物理机械性能见表 5-50。

表 5-50 常见高光 ABS 及其合金的物理机械性能

项目	测试条件	ABS		PMMA/ABS 合金		PC/ABS 合金			FRABS
		SG-175	ABS728	BF0677F	HAM8541	3005HG	HCA8250NH	NH-1017	HFA705G
		LG	锦湖日丽	三星	锦湖日丽	拜耳	锦湖日丽	三星	锦湖日丽
冲击强度/(J/m)	ASTM D256	172	88	120	180	122	450	525	120
光泽度/%	ASTM D52360	98	96	98	100	95	96	97	96
铅笔硬度	ASTM D3393	HB	H	H	HB	HB	HB	HB	HB
密度/(g/cm^3)	ASTM D792	1.06	1.13	1.11	1.04	1.17	1.17	1.17	1.17

高光泽 ABS 系列产品已在平板电视机上广泛应用，但是不同国家相关法规及其企业的标准不同，在原材料选择上也存在较大差异。例如，欧盟和日本要求电视机的前框、前框装饰条、底座、后盖等外观件阻燃级别达到 UL-94 V0 级，而韩国和中国对平板电视材料阻燃性没有具体要求，所以各个平板电视机生产厂家所使用的材料有一定差异。常见的高光泽黑又亮 ABS 的特点及其应用见表 5-51。

表 5-51 常见的高光泽黑又亮 ABS 的特点及其应用

阻燃等级	材料	材料特点	典型应用
UL94 HB	ABS PMMA/ABS 合金	流动性较好 表面铅笔硬度高	电视机显示器前框、底座 电视机显示器前框、底座、后盖
UL94 V0	阻燃 ABS PC/ABS 合金	低成本，符合 RoHS① 阻燃，制件强度高	要求阻燃的家电零部件 日系厂商电视机前框、底座、后盖

① RoHS(Restriction of Hazardous Substances)：《关于限制在电子电器设备中使用某些有害成分的指令》。

高光泽 ABS 及其合金还可以应用于 DVD、音响等多媒体机壳、面板，洗衣机盖板，空调面板等。随着消费者越来越高的要求，在现有的高光泽 ABS 及其合金的基础上，材料厂家已经开发出了防尘的抗静电高光产品和耐磨的低指纹痕高光产品，如上海锦湖日丽塑料有限公司开发的高光泽高硬度 PC/ABS 合金 HAC8262NH、耐摩擦低指纹痕的高光泽 PC/ABS 合金 HAC8263NH 等。

5.2.3.2 阻燃 ABS 在电子电器上的应用

电子电器产品的外壳原料都有严格的阻燃要求。阻燃性能的评价，通常有氧指数法、燃烧法和锥形量热仪法等三种方法。由于燃烧法检测手段简单直观，试验结果可比性强，为大多数材料生产商及检测机构所采用。目前国际上常用的是美国保险商实验室(UL 实验室)所执行的阻燃级别判断标准和欧洲电子产品的工业标准。按照阻燃的能力从弱到强，UL 标准将塑料的阻燃级别划分为：HB、V2、V1、V0、5V 五个阻燃等级[56,57]。

通常在 ABS 树脂中添加阻燃剂会降低 ABS 树脂的冲击强度，所以在满足材料的阻燃要求时需要控制阻燃剂的添加量。应用到不同电子电器部件，阻燃要求也不同，表 5-52 为常见的 ABS 树脂应用场所及阻燃要求。

表 5-52 常见的 ABS 树脂应用场所及阻燃要求

应用场所	要求
对阻燃无要求的塑料制品	良好的流动性及成型性能，符合客户要求的冲击强度等物性要求，阻燃 HB 级
对阻燃要求较低的音响壳体、办公设备外壳等	良好的注塑性能，光泽好、易染色，符合客户的物性要求，阻燃 V2 级别
对阻燃有较严格要求的电脑显示器壳体等	优良的注塑性能，易染色，符合客户的物性要求，阻燃 V0 级别
对环保有要求的家电、消费电子产品的外壳等	良好的注塑性能，符合客户的物性要求，RoHS 标准，出口欧盟要求使用不含卤素的阻燃剂，阻燃 V0 级别

阻燃 ABS 热稳定性对产品的加工性能和产品的物理性能影响较大。阻燃 ABS 树脂通常使用复配的有卤阻燃剂体系，常用的阻燃剂有四溴双酚 A(TBBA)、溴化环氧树脂、溴化二苯基乙烷(FF-680)和交联阻燃剂。在使用过程中，FF-680 容易析出导致制品表面起霜，并且容易腐蚀模具，因此在实际生产中大多使用 TBBA 及溴化环氧树脂阻燃剂。无卤阻燃 ABS 更加迎合目前消费电子的环保需求，但是由于 ABS 结构和无卤阻燃剂品种的限制，目前无卤阻燃的 ABS 树脂还只能达到 V2 阻燃级别。阻燃 ABS 树脂生产厂家主要有中国台湾奇美、韩国乐天、LG 化学、锦湖石化、锦湖日丽等。各个厂家根据相应的产品要求开发出不同的阻燃产品。其中，LG 化学按照阻燃剂的种类划分产品牌号如表 5-53 所示。

表 5-53 LG 化学阻燃 ABS 牌号

阻燃剂	V2	V0	5VA
TBBA	AF-308	AF-312	AF-325
溴化环氧树脂	AF-348	AF-342	AF-345
FF-680	—	AF-302	AF-305
交联阻燃剂	EF-378	—	—

也有公司按照阻燃 ABS 产品的特性区分其规格，表 5-54 为锦湖日丽阻燃 ABS 牌号。

表 5-54 锦湖日丽阻燃 ABS 牌号

阻燃级别	通用	高抗冲	高耐热无析出	耐候无析出	无卤
V2	HFA452	—	—	—	HFA456
V0	HFA700	HFA707	HFA700HT	HFA705	—
5V	—	—	—	HFA460U	—

随着人们环保意识的提高，含卤阻燃剂有潜在的安全风险，欧美等发达国家先后颁布的相关法令，限制含卤阻燃剂的使用。因此 ABS 树脂的无卤阻燃将成为发展趋势。目前，无卤阻燃 PC/ABS 合金以及无卤阻燃 PPO/HIPS 合金可以满足客户的无卤化需求，但是由于成本较高，难以大规模地取代含卤阻燃 ABS。新型 ABS 用无卤阻燃剂将成为大家关注的热点。

5.2.3.3 透明 ABS 在家电上的应用

透明 ABS 具有优良的透明性、冲击韧性及良好的加工性能[58]。透明 ABS 的透光率约为 88%，仅次于 PMMA(91%)和 PC(90%)。透明 ABS 生产工艺的关键步骤是控制橡胶相的粒径，调整各个组分，使其折射率相匹配。和普通 ABS 一样，由于透明 ABS 耐候性较差，一般不用于户外制品上。透明 ABS 的主要生产厂家 LG 化学、东丽及日本电气化学(Denka)，其牌号及物理机械性能见表 5-55。

表 5-55 主要透明 ABS 牌号及物理机械性能

项目		测试条件	LG 化学		东丽		日本电气化学
			TR558A	TR557	920	900	TW-28
透明度	雾度	ISO14782	2.0	2.1	2.2	2.7	4.5
	透光率/%	ISO13468	90	89	88	87	90
Charpy 缺口冲击强度/(kJ/m^2)		ISO179	11	15.5	11	14.5	14.0
Charpy 缺口冲击强度(-20℃)/(kJ/m^2)		ISO179	6.1	7.1	6.2	7.2	2.1
熔体流动速率/(g/10min)		ISO1133	22	21	19	15	18
拉伸强度/MPa		ISO527	52	42	52	41	42
洛氏硬度(R)		ISO2039	112	107	111	105	103

由于许多化学品会侵蚀 ABS 树脂中的橡胶相，导致透明 ABS 树脂发雾，因此在使用透明 ABS 树脂时要注意加工和使用环境。目前透明 ABS 树脂主要应用于电视机、空调、电冰箱、洗衣机、小家电等领域，如透明视窗、双射成型电视机前框，背面喷涂的空调面板等[59]。

5.2.3.4 耐热 ABS 在家电上的应用

家用电器的小型化和轻量化，对材料的耐热性能提出了更高的要求，使得耐热 ABS 得到广泛的应用。相比普通 ABS，耐热 ABS 制品能在更高的温度下长期使用。根据使用温度的不同，可将耐热 ABS 划分为一般耐热和高耐热等级。

耐热 ABS 的制备方法是在分子链中引入高刚性基团。与通用 ABS 树脂相比，耐热 ABS 的熔体流动性较低，制品容易产生内应力，影响制品的使用。通常采用高模温、低压、退火等加工方法减少耐热 ABS 制品的内应力。

耐热 ABS 应用于吸尘器的外壳、空调出风口扇叶、微波炉前面板、电吹风外壳、电熨斗等等。

现在一些塑料改性厂家又开发出了高抗冲耐热 ABS、高流动耐热 ABS 等新产品。市场上常见耐热和高耐热 ABS 的牌号及物理机械性能如表 5-56 和表 5-57 所示。

表 5-56 常见耐热 ABS 牌号及物理机械性能

牌号	测试方法	PA-777B	PA-777D	XR-401	ABSH2938	ABS650SK	HH106
厂家		奇美	奇美	LG	锦湖日丽	锦湖日丽	BASF
HDT/℃	ASTM D648	95	105	98	95	103	96
维卡/℃	ASTM D1525	105	115	103	104	113	106
密度/(g/cm^3)	ASTM D792	1.03	1.06	1.05	1.05	1.06	1.05
缺口冲击强度/(J/m)	ASTM D256(3.2mm)	230	171	226	230	160	230
拉伸强度/MPa	ASTM D638	44	44	49	48	48	52
熔体流动速率/(g/10min)	ASTM D1238	7.5	5.5	9	12	6	7.5

表 5-57 常见高耐热 ABS 牌号及物理机械性能

牌号	测试方法	PA-777E	XR-409E	XR-474	ABSHU650	ABSHGX4500
厂家		奇美	LG	LG	锦湖日丽	锦湖日丽
HDT/℃	ASTM D648	109	104	111	108	115
维卡软化点/℃	ASTM D1525	119	110	118	118	125
密度/(g/cm^3)	ASTM D792	1.07	1.07	1.05	1.06	1.07
缺口冲击强度/(J/m)	ASTM D256(3.2mm)	117	147	155	150	130
拉伸强度/MPa	ASTM D638	45	47	51	50	45
熔体流动速率/(g/10min)	ASTM D1238	4	6	2	5	3

网格状、蜂窝状、薄壁化制品的设计不仅要求材料有较高的耐热性能，更对材料的流动性等提出了较高的要求。随着市场需求的变化，在常见的耐热 ABS 基础上，开发了超高耐热 ABS、高抗冲耐热 ABS、阻燃耐热 ABS、高光耐热 ABS、低光泽耐热 ABS，以及适合挤出、吹塑的耐热 ABS 产品。如锦湖日丽的超高耐热 ABSHGX4300、阻燃耐热 ABSHFA700HT、高光泽耐热 ABS2938G、吹塑耐热 ABSBM530、电镀级耐热 ABS600P 等。

5.2.3.5 ESCRABS 在冰箱上的应用

冰箱利用聚氨酯泡沫进行保温隔热，聚氨酯常使用氟利昂或环戊烷作为发泡剂，残留的发泡剂会引起 ABS 制件应力集中的部位发生开裂。因此冰箱的内胆用 ABS 树脂需要具有耐化学品性能。

为提高 ABS 的耐化学品性，开发了抗环境应力开裂 ABS(ESCRABS)，提高 ABS 丙烯腈含量、增加橡胶含量、增加丙烯腈-苯乙烯共聚物的分子量可以改善 ABS 耐化学品性能和抗应力开裂性能。但是，增加丙烯腈含量容易导致 ABS 加工时黄变，且降低 ABS 的加工流动性；增加橡胶含量和丙烯腈-苯乙烯的分子量也会导致 ABS 的流动性变差，因此它们之间的有效平衡是技术关键[13]。ESCRABS 常用于制作冰箱内胆。它除了具有传统 ABS 的优异性能之外，比普通 ABS 的耐化学品性更好，具有良好的真空成型性能、耐低温性能等。在一些特殊要求的场合，还可能要求有极好的薄壁成型性能和抗菌性能。表 5-58 为冰箱常用的 ABS 树脂牌号。

表 5-58　冰箱常用的 ABS 树脂牌号

项目	冰箱薄板			ESCR			抗菌	
	LG	锦湖日丽	三星	LG	锦湖日丽	三星	LG	锦湖日丽
注塑	RS650G	ABS722	SV0157	XR710	ER875	EG0673	HF380NB	ABS750KB
挤出	—	—	—	RS800	ER872	ES0613D	—	ABS700KB
高抗冲	RS656H	ABS700SR	SV0156T	—	—	—	—	—

根据客户的要求，可将这些材料用于生产冰箱的内胆、内衬、门内衬和门盖等部件。还可以根据冰箱的不同设计要求，选用超高冲击或薄壁成型级 ABS。

5.2.3.6　ABS 树脂在家用电器行业应用技术进展

随着低碳环保概念的深入人心，包括家电、消费电子、计算机等各个行业的生产商们均提出了可回收、可降解或者使用回收再生材料的绿色概念。

目前市场上常见的绿色环保标准有两种：一类是索尼等大型生产企业制定的企业标准，如索尼的绿色伙伴计划等；一类是由国家或者行业联盟推动的行业规范或法律法规，如美国 EPEAT 推出的金银铜牌计划。

目前 EPEAT 的认证工作已经在国内展开。认证分为三类，分别是针对产品的环境标志（Ⅰ型）、针对企业的自我环境声明（Ⅱ型）和针对产品的全生命周期的环境声明（Ⅲ型）。能够获得 EPEAT 的认证将有利于企业将其产品更好地推向市场，客户也可以更方便地辨识产品的环境标识，并规范市场行为。

常见的可循环利用的塑料有：一类是再生阻燃 PC/ABS 合金，它广泛存在于台式电脑、笔记本电脑等及其外设中。这些材料得到了诸如联想、DELL、HP、柯尼卡、美能达等企业的认可，可以在这个行业内反复循环利用。另一类是 ABS 新料和 ABS 回收料的合金。它的应用范围非常广，可以应用在所有原先使用 ABS 原材料的领域，如家电外壳、显示器面板等。还有一类则是 ABS 加再生 PET 的合金，非常适合大量生产的家电行业及消费品行业。另外，HIPS 的回收再利用也逐渐为各大计算机、办公设备生产商所接受。

出于对再生原料来源的可用性、广泛性及稳定性的考虑，PET 成为首选的可回收目标之一。再生 PET（R-PET）材料的来源广泛，PET 瓶的回收量大且稳定。以往 PET 的再生利用相对比较低级，仅用于制造对材料要求更低的再生瓶、拉丝、塑钢带、PET 胶纸等。而现在一些知名的塑料原材料生产商则利用 PET 回收料生产 ABS/PET 合金等，用以满足下游客户的需求。这种使用再生原料的“新”原料，不仅在环保要求上符合相关规定，而且在物性上能满足客户的要求，并在一定程度上降低客户的生产成本和社会成本。市场上常见的 ABS/PET 回收料牌号及机械性能如表 5-59 所示。

上海锦湖日丽已经开发了特殊色彩免喷涂树脂，该树脂的基材可以选择 ABS、PMMA/ABS 合金、PC/ABS 合金等。该特殊色彩 ABS 树脂制品外观靓丽、易于回收、良品率高、成本低，符合材料环保、可回收的发展趋势。目前该产品已成功应用于洗衣机面板、空调面板、吧台冰柜面板等。

表 5-59 常见的 ABS/PET 回收料牌号及机械性能

测试项目	测试条件	HS7000R	SE-750	PAE9730
		乐天	LG	锦湖日丽
拉伸强度/MPa	ASTM D638	40	44	40
断裂延长率/%	ASTM D638		21	60
弯曲强度/MPa	ASTM D790	60	60	58
弯曲模量/MPa	ASTM D790	1930	1920	1950
冲击强度/(J/m)	ASTM D256(1/4″)	140	60	120
冲击强度/(J/m)	ASTM D256(1/8″)	350	140	300
HDT/℃	ASTM D648(1.82kg)	82	82	86
维卡软化点/℃	ISOR306(5kg)	98	92	96
熔体流动速率/(g/10min)	ASTM D1238(265℃, 5kg)		82	50
熔体流动速率/(g/10min)	ASTM D1238(250℃, 5kg)	25	15	22
密度/(g/cm³)	ASTM D792	1.08	1.1	1.1
表面硬度 R	ASTM D785	106	103	107
R-PET 含量/%		28	30	30

5.2.4 ABS 树脂在建筑行业的应用

塑料建材是 20 世纪 50 年代发展起来的，现已成为继钢材、木材、水泥之后的第四大类建筑材料。塑料建材主要包括塑料管材、门窗型材以及新型建筑装饰材料。ABS 树脂的优点是强度大、密度小、耐腐蚀、导热系数低、绝缘性好、易着色、施工安装和维修方便、生产耗能低等，使得 ABS 树脂在建筑行业被广泛应用。另外，ABS 也可对 PVC 进行耐低温冲击改性，但 ABS 树脂中的丁二烯橡胶分子含有双键，容易被氧化，从而发生黄变，故 ABS 树脂不适于用于长期户外使用制品。ABS 树脂在建筑行业常用于制作地下管道、电气开关等对耐候要求不高的产品。

5.2.4.1 ABS 树脂在管材上的应用

管材的发展趋势是由重向轻。ABS 管材重量轻、强度高、耐腐蚀、容易加工及着色，广泛用于给排水管，如纯净水输送管、集排污水管、海水输送管、流体处理管、电气配管、游泳池用管、压缩空气配管、环保工程用管等。中国的塑料管业正快速发展，从 1990 年国内年总产量不到 200kt，到 2007 年塑料管材产量已经超过 3000kt[61]，到 2020 年塑料管材产量达到 16360kt。

ABS 管材密度只有铁管的 1/8、硬 PVC 的 5/6、镀锌管的 1/6~1/7，安装施工便利，表面硬度大，其机械强度、卫生指标等都优于硬 PVC 管材。ABS 管材韧性更好，无毒、无臭，抗蠕变性、耐磨性好，耐热性良好，而且内壁光滑，不生水垢、摩擦系数低、水流阻力小。ABS 管材因有着较高的冲击强度和耐热性能，能在较大的温度范围内保持高性能，使用温度范围为-40~80℃。ABS 管材可采用螺纹连接、冷熔连接、法兰连接装配，性能得到人们的高度认可[62,63]。ABS 管材与其他塑料管材性能比较见表 5-60。

表 5-60　几种塑料管材的性能比较

名　称	使用温度/℃	耐最小爆破压力/MPa		连接方式	优点	缺点
		23℃	93℃			
硬 PVC	-30~65	1.6	0.6	承插式、黏合式、法兰式	阻燃，价格便宜	强度低、质脆、有毒，只适合 65℃以下使用
铝塑复合管	冷-60~-40 热 75~110	7.0	3.5	夹紧式	强度高、阻燃、耐热和耐老化	价格高、成型工艺复杂，只适于生产 Φ63mm 以下管材，密封性不理想
PPR 管	-35~95	3.2	1.0	热熔式、夹紧式	耐化学腐蚀、耐高温	耐寒性与耐应力开裂性较差
PB 管	-30~100	6.9	3.5	黏合式	高温下力学性能优良，耐蠕变、耐腐蚀	低温使用性能差，原料主要靠进口
HDPE 管	-40~60	1.0	0.6	热熔式	价格便宜，交联后物理性能有较大提高	长期耐水压、长期耐蠕变性能差
ABS 管	冷-40~-60 热 20~95	8.0 7.6	2.0 6.0	冷熔式	冲击强度高，抗蠕变性、耐磨性、耐腐蚀性好，使用温度宽	耐候性差

管材专用 ABS 树脂要有较高的拉抻强度、静态弯曲强度、冲击强度，良好的耐静压性能，良好的长期抗蠕变性能、耐候性以及适当的熔体流动速率(MFR)。国内外常见的管材用 ABS 树脂牌号及机械性能如表 5-61 所示。

表 5-61　部分管材用 ABS 树脂牌号及机械性能

性能	SABIC-IP GPP4800	SABIC-IP GPP3900	LG HI-100H	Maplex M120	锦湖日丽 ABS795	锦湖日丽 ABS795KB
拉伸强度/MPa	36	40	37.3	35	41	43
弯曲强度/MPa	59	65	58.3	58	58	62
弯曲模量/MPa	1850	2050	1890	1900	1900	2100
Izod 冲击强度(23℃)/(J/m)	440	440	500	425	480	420
热变形温度/℃	79	93	85	85	81	85
熔体流动速率/(g/10min)	8.7	3	11	3	5.5	10
洛氏硬度(R)	—	99	94	88	95	104

目前国内 ABS 管材只占塑料管材用量的很小一部分，主要规格有公称通径 *DN*15~*DN*400 十多种，最高许可压力为 0.6MPa、0.9MPa 和 1.6MPa 三种规格。主要用于室内冷热水管和水处理的加药管道、耐腐蚀的工业管道等。目前国内有少量企业生产 ABS 管材，但是由于价格等方面的原因，预计未来 ABS 管材不可能像 PE 和 PVC 管材一样得到大量应用。

5.2.4.2　ASA 树脂在 PVC 共挤型材上的应用

ASA 树脂是 ABS 树脂家族中最特殊的产品。ASA 分子结构中用聚丙烯酸酯橡胶替代了 ABS 中的聚丁二烯橡胶。聚丙烯酸酯橡胶是以丙烯酸酯为主单体经共聚而得的弹性体，其主链为饱和碳链，侧基为极性酯基。由于其特殊结构赋予许多优异的特点，如耐热、耐老化（抗紫外线、耐臭氧）、耐油等。因此，ASA 树脂不但可抵抗紫外线照射引起的降解、老化、褪色，同时对大气中氧气的氧化和加工过程中的高温引起的分解或变色提供保护，极大地提升了 ASA 的抗老化与耐候性能。因此 ASA 树脂被广泛用于室外塑料制品。

由于 PVC 异型材传热性能仅为铝材的 1/1250、钢材的 1/357，而且 PVC 型材隔音性能、耐腐蚀、防火、抗风压强度优良，所以 PVC 型材在节能方面更符合发展趋势。但纯 PVC 耐候性差，通常添加一定比例的金红石型 TiO_2，作为紫外线屏蔽剂，来减缓 PVC 老化变色进程，因此市场上常见的 PVC 门窗型材以白色为主。但随着人们生活的改善，越来越青睐彩色门窗型材。常用的 PVC 型材彩色化方法有通体染色、与 ASA 或 PMMA 共挤出、覆膜和喷涂等，如表 5-62 所示。通体染色降低了 PVC 型材的耐候性；覆膜需要增加设备，并且所使用的膜成本高。目前 PVC 型材最方便的彩色化方法是与 ASA 共挤出。ASA 与 PVC 都是无定形材料，热膨胀系数相近，极性和流变性能相近。通过在 PVC 型材表面共挤一层 ASA，既可以使 PVC 型材色彩更鲜艳，又可以提高 PVC 型材的耐候性能。ASA/PVC 共挤型材韧性好，为提高 ASA/PVC 共挤型材的耐划伤性，国内外改性厂家开发了 ASA/PMMA 合金作为 PVC 共挤专用料[33]。国内市场常见的 PVC/ASA 共挤出专用料牌号及性能如表 5-63 所示。

表 5-62　PVC 型材彩色化方法比较

内　容	通体染色	PVC/PVC 共挤出	ASA/PVC 共挤出	PMMA/PVC 共挤出
耐候性	白色，彩色差	差	好	好
附着力	—	好	较好	较好
加工性	容易	容易	容易	容易
后加工	容易	容易	容易	容易
设备投资	少	中等	中等	中等
颜色多样性	局限于白色	多	多	多
外观效果	好	好	好	好
成本增加	低	较低	较高	较高

表 5-63　共挤 ASA 树脂牌号及机械性能

性　　能	GE ASAXTWE270M	UMG ASAE359	UMG ASA/PMMAU407	锦湖日丽 ASAXC190	锦湖日丽 ASA/PMMAXC191
拉伸强度/MPa	36.0	47	47	47	50
弯曲强度/MPa	56.0	61	60	63	65
弯曲模量/MPa	1830	2050	2000	2100	2100
Izod 冲击强度(23℃)/(J/m)	195	110	80	200	130
热变形温度/℃	69.0	77	—	85	86
熔体流动速率/(g/10min)	9.7	4.5	10	10	13

另外 ASA 还应用于 PVC 彩色共挤瓦片生产。ASA/PVC 共挤瓦片强度高，耐候性好，耐化学腐蚀性能好，噪声低，便于安装、搬运，运输成本低。ASA 在建材上新的应用在不断涌现，如 ASA 共挤木塑地板、护栏、雨排、墙壁装饰板和家具等。

5.2.5 ABS 树脂在其他领域的应用

5.2.5.1 ABS 树脂在安全帽、消防设备上的应用

安全帽是重要的头部保护用品，结构形式多种多样。按安全帽的用途可划分为一般作业类和特殊作业类两种。制作安全帽的原料树脂要求具有高抗冲击性和防穿刺能力。ABS 树脂具有优良的冲击强度、尺寸稳定性、电性能、耐磨性、染色性、成型加工性，另外 ABS 树脂耐水、无机盐、碱和酸类，不溶于大部分醇类和烃类溶剂，可用于生产通用型、乘车型、特殊型和运动员保护帽。目前市场上常用的安全帽用 ABS 树脂牌号及机械性能见表 5-64。

表 5-64　安全帽用 ABS 树脂牌号及机械性能

性　　能	LGHI-100h	奇美 747	锦湖日丽 ABS745
拉伸强度/MPa	35	40	40
弯曲强度/MPa	58.3	61	60
弯曲模量/MPa	1390	2100	2000
Izod 冲击强度(23℃)/(J/m)	500	450	550
热变形温度/℃	85	88	87

除此之外，ABS 还可用作强光防水防暴电筒、消防喷淋器、应急灯、烟感器、消防灯外壳等。

5.2.5.2 ABS 树脂在包装行业的应用

ABS 树脂无毒、无臭，尺寸稳定，抗跌落性能好，耐水、无机盐、碱和酸类，不溶于大部分醇类和烃类溶剂。可以注塑成型、挤出成型，ABS 板材还可以吸塑成型。常利用 ABS 板材热压、吸塑成型，制作旅行箱包的内衬。有些 ABS 品级还具有透明性，可注塑成包装盒。随着食品、饮料、药品、洗涤用品和化妆品行业的迅速发展，对容器、周转箱的要求很大，这也会增加对 ABS 材料的需求。相比注塑级 ABS，通常挤出级 ABS 的熔体强度更大，分子量分布更宽。市场上常见的挤出级 ABS 树脂牌号及机械性能如表 5-65 所示。

表 5-65　挤出级 ABS 树脂牌号及机械性能

性　　能	SABICCYCOLACEX39	奇美 ABS747S	锦湖日丽 ABS795
拉伸强度/MPa	35.9	38.1	41
弯曲强度/MPa	57.9	60.7	58
弯曲模量/MPa	1900	2070	1900
Izod 冲击强度(23℃)/(J/m)	465	347	480
热变形温度/℃	77.8	87.2	81
熔体流动速率/(g/10min)	4	7.2	5.5

5.2.5.3 ABS 树脂在体育娱乐用品上的应用

ABS 树脂适合制作滑雪板、冲浪板、跑步机、沙滩车、高尔夫球场车、游艇、棒球棒和活动房屋的外壳等。不同的制品要求不同 ABS 树脂，如健身器材、棒球棒，要求 ABS 树脂有高的冲击强度；沙滩车要求 ABS 树脂既有高的冲击强度，又耐候良好。用于体育娱乐用品的 ABS 树脂牌号及特点如表 5-66 所示。

表 5-66 体育娱乐用品常用 ABS 树脂牌号及特点

应用	特点	牌号
滑雪板、冲浪板	耐冲击性能极好	锦湖日丽 ABS744，乐天 SD-0170W
跑步机、训练机	综合性能好，强度高	锦湖日丽 ABS745，泰科纳 AX05
沙滩车、高尔夫球车	容易成型，耐候好，强度好	锦湖日丽 ABS750、AESHW603E
游艇、游轮	挤出成型，耐候好，耐冲击性能好	锦湖日丽 ABS790S，奇美 PA-747R，LGRS-650

5.2.5.4 ABS 树脂在机械仪表上的应用

ABS 树脂能满足机器仪表的要求，广泛用于机器仪表的壳体、组件等。高性能 ABS 树脂主要有抗冲击级(超高、高、中冲击级)、耐热级(超耐热、耐热级)、耐候级、电镀级、阻燃级、高光泽级和低光泽级、激光标识级、抗静电级等。透明 ABS 透明度高，韧性好，广泛用于机型仪表视窗。阻燃 ABS 在仪表上的应用比较广泛，可以用于制作电器的外壳和开关等。在机械仪表上常用的 ABS 树脂牌号及特点如表 5-67 所示。

表 5-67 机器仪表常用 ABS 树脂牌号及特点

应用	特点	牌号
仪表视窗	透明、强度高	奇美 ABS758，锦湖日丽 PMMA/ABSHAM8541
齿轮	高硬度、低收缩率	锦湖日丽 ABS745FSG
减震器	高冲击、高耐热、抗振动阻尼性好	锦湖日丽 PA/ABSHNB0270
天线盒	超高耐候，V0 阻燃	锦湖日丽 ASA200FR
除尘罩	防尘性好，高刚性	锦湖日丽 ABS720V，奇美 PA-707
风扇叶片	高冲击	锦湖日丽 ABSHAG5220
电器外壳、开关	阻燃、高刚性	锦湖日丽 ABSHFA700、ABSHFA705，奇美 PA-765、PA-764

参考文献

[1] 治明．聚合物熔体强度浅析[J]．海外塑料，2013，31(8)：45-46.

[2] 李超勤，刘波，张明连，等．ABS 流变性能的对比研究[J]．现代塑料加工应用，2000，12(4)：12-14.

[3] 丁磊，伍晓宇，李伟荣，等．高光无痕注射成型工艺与装置[J]．模具工业，2009，35(1)：45-48.

[4] 冼燃，吴春明．电加热高光注塑技术在平板电视面框成型中的应用[J]．机电工程技术，2009，38(8)：103-105.

[5] 张鹏，程永奇，宋财福．高光注射成型及其关键技术[J]．工程塑料应用，2009，37(4)：31-34.

[6] 朱计，娄彦威，张杰．共注射成型技术及其发展[J]．工程塑料应用，2007，35(4)：31-35.

[7] 杨卫民，丁玉梅，谢鹏程．注射成型新技术[M]．北京：化学工业出版社，2008.

[8] 吴生绪．塑料成型工艺技术手册[M]．北京：机械工业出版社，2008.

[9] 赵兰蓉．双色注塑成型技术及其发展[J]．塑料科技，2009，37(11)：92-95.

[10] 刘瑞霞．塑料挤出成型[M]．北京：化学工业出版社，2005.

[11] 吴清鹤．塑料挤出成型[M]．北京：化学工业出版社，2009.

[12] 吕柏源，唐跃登，等．挤出成型与制品应用[M]．北京：化学工业出版社，2002.

[13] 张丽叶．挤出成型[M]．北京：化学工业出版社，2002.

[14] 刘彩英．塑料模设计手册[M]．北京：机械工业出版社，2002.

[15] 洪慎章．实用挤塑成型及模具设计[M]．北京：机械工业出版社，2006.

[16] 卢少忠．塑料挤出机头设计经验点评[M]．北京：机械工业出版社，2005.
[17] 赵义平．塑料异型材生产技术与应用实例[M]．北京：化学工业出版社，2006.
[18] 黄立本，张立基，赵旭涛．ABS 树脂及其应用[M]．北京：化学工业出版社，2001.
[19] 王加龙．塑料挤出制品生产工艺手册[M]．北京：中国轻工业出版社，2002.
[20] 于瀛浩．ABS 板材挤出成型工艺及控制[J]．工程塑料应用，2002，30(10)：18-21.
[21] 李德泉．挤出工艺对 ABS 板材质量的影响[J]．现代塑料加工应用，2002，14(3)：23-27.
[22] 姚祝平．塑料挤出成型工艺与制品缺陷处理[M]．北京：化学工业出版社，2005.
[23] 贾志雄．ABS 型材挤出成型技术[J]．工程塑料应用，2006，34(4)：10-11，34-36.
[24] 陈海涛．塑料制品与加工丛书[M]．北京：化学工业出版社，2013.
[25] 伊建晖，罗飞，蔡文远，等．中空吹塑成型壁厚控制系统的发展[J]．工程塑料应用，2005，33(10)：58-60.
[26] 邱建成，徐文良，何建领．塑料挤出吹塑中空成型机的研发重点与技术进步[J]．塑料包装，2009，19(4)：34-41.
[27] 辛敏琦，李荣群，邱卫美．一种用于吹塑成型的耐热 ABS 树脂组合物及其制备方法．中国专利 CN 101250314，2008. 08. 27.
[28] 邱建成．大型工业塑料件吹塑技术[M]．北京：机械工业出版社，2009.
[29] 邱建成，曾令萍，唐彬．塑料中空成型加工禁忌[M]．北京：机械工业出版社，2009.
[30] 沈金华．200 升“L”环中空塑料桶成型工艺质量分析[J]．塑料包装，2008，18(6)：19-22.
[31] 赵军霞，蒋立君，蔡玲．ABS 树脂电镀影响因素分析[J]．甘肃石油和化工，2007，(4)：29-31.
[32] 栾华．塑料二次加工[M]．北京：中国轻工业出版社，1999.
[33] 焦宁宁，王建明．国内外 ABS 树脂发展态势分析与建议[J]．石化技术与应用，2000，18(6)：356-358.
[34] 王梅丽．王泳塑料装饰[M]．北京：化学工业出版社，2005.
[35] 黄锐．塑料工业手册[M]．北京：化学工业出版社，2004.
[36] 伍晓宇，程蓉，梁雄，等．局部薄壁塑件的高光无痕注塑成型[J]．塑料工业，2009，37(6)：44-46.
[37] 李小龙，张洋，薛新．基于蒸汽模技术的平板电视面框外观质量研究[J]．模具制造，2009，(12)：44-47.
[38] 彭芳，彭志荣，周文辉．应用于平板电视的高光蒸汽注塑模具的设计[J]．制造业自动化，2011，33(7)：122-125.
[39] 颜克辉．薄壁注塑成型技术 [J]．上海塑料，2007，(2)：35-37.
[40] 陈己明，彭响方．精密薄壁注塑成型的研究进展[J]．塑胶工业，2007，(1)：22-24.
[41] 张华，李德群．气辅注塑成型工艺过程及其关键技术[J]．塑料科技，1998，16(3)：11-17.
[42] 张晓黎，吴崇峰，等．气辅注塑成型技术进展[J]．中国塑料，2002，(8)：14-18.
[43] 彭芳，彭志荣，周文辉．应用于平板电视的高光蒸汽注塑模具的设计[J]．制造业自动化，2011，33(7)：122-125.
[44] 陈怡，刘延华．螺杆挤出装备技术现状及其进展[J]．塑料挤出，2002，(3)：3-9.
[45] 吴大鸣等．精密挤出成型原理及技术[M]．北京：化学工业出版社，2004.
[46] 贾润礼，李宁．塑料成型加工新技术[M]．北京：国防工业出版社，2006.
[47] 杨卫民，杨高品，丁玉梅．塑料挤出加工新技术[M]．北京：化学工业出版社，2006.
[48] 杜春华，李延生，顾浩良，等．ABS 树脂市场分析[J]．合成树脂及塑料，2001，18(5)：52-56.
[49] 王春娇，王红秋．ABS 市场供需现状及预测[J]．中国石油和化工经济分析，2014，(3)：60-62.
[50] 王斌，罗明华，辛敏琦，等．新一代高性能 PC/ABS 合金的研究[J]．工程塑料应用，2009，(8)：23-26.
[51] 叶南飚，宁方林．改性塑料绿色化发展的技术研究方向[J]．塑料工业，2013，41(9)：31-33.
[52] 王喜梅，杨超，张锐，等．2011 年我国工程塑料应用进展[J]．工程塑料应用，2012，40(6)：89-95.

[53] 金邦德，梁在浩，金兑昱．具有改进的抗冲击性、尺寸稳定性和吹塑成形性能的热塑性 ABS 树脂组合物．中国专利，CN100562533C，2009. 11. 25.
[54] 王尚义．汽车塑料件电镀工艺[M]．北京：机械出版社，2009.
[55] 邱卫美，陈伶，辛敏琦，等．一种电镀用 ABS 复合材料及其制备方法．中国专利 CN 101817967 B，2012. 05. 30.
[56] 梁基照，李锋华，郭荣基．阻燃 ABS 流动性与耐热性能的研究[J]．合成材料老化与应用，2001，(1)：4-6.
[57] 吴文敏．阻燃 ABS 的研究进展[J]．天津化工，2007，21(5)：16-18.
[58] 桂强，赵千丰，荔栓红，等．透明 ABS 的研究进展及应用现状[J]．塑料制造，2006，(7)：62-66.
[59] 赵丹阳，宋满仓．透明 ABS 制品的注射成型技术研究[J]．模具工业，2002，(9)：32-34.
[60] 车晟齐，安成泰，金东哲，等．耐化学性热塑性树脂组合物．中国专利 CN1989201A，2007. 06. 27.
[61] 龙柳媛，吴梅青．ABS 管的性能与应用[J]．工程塑料应用，2002，30(12)：32-33.
[62] 李明，伍小明．ABS 树脂的生产及国内外市场前景[J]．化工技术经济，2006，24(9)：26-29.
[63] 李先林，张晓文，张传贤．ABS 管材专用料的开发[J]．工程塑料应用，2003，31(4)：4-6.

第 6 章　ABS 树脂的分析与测试

6.1　概　　述

随着 ABS 树脂生产和应用的日益发展，尤其是 ABS 树脂的改性、复合技术蓬勃兴起，其应用范围不断扩大，对 ABS 树脂的分析与测试要求也日趋迫切。对 ABS 树脂进行分析和测试可以实现以下目的：

① 了解 ABS 树脂组成、结构和性能，为分子设计提供依据；

② 预测 ABS 树脂性能及特点，必要时通过破坏性实验寻找其失效点；

③ 为设计目标产品提供数据；

④ 对 ABS 树脂进行评价及失效分析；

⑤ 在 ABS 树脂生产过程中，作为中间控制手段，为工艺调整提供依据；

⑥ 分析 ABS 材料中特定环境关注物质的含量，为客户使用提供依据；

⑦ 作为原材料质量凭证，为产品购销双方仲裁提供依据；

⑧ 促进 ABS 产品质量及分析测试方法规范化和标准化。

对 ABS 树脂的组成、结构与性能进行分析，建立它们之间的联系，需要综合运用现代分析测试技术；对于预测性能试验，主要与 ABS 材料的使用相关[1]；以制品设计为目的，测试结果必须与几何形状和条件相关，必须测试多组条件下的数据；对于失效分析，则要求较高的鉴别能力；对于质量控制，测试要求简单快速和成本较低。因此，必须以分析测试目的为出发点，科学设计测试内容及程序，选择合适的测试方法，以最优的成本和最高的效率完成测试工作。

市场流行的 ABS 材料包括通用 ABS 树脂和改性 ABS 树脂，前者是由苯乙烯、丁二烯和丙烯腈经聚合得到的树脂产品。改性 ABS 树脂指以通用 ABS 树脂为主要成分，以能改善物理机械性能、阻燃性能等某一方面或某几个方面性能为目的，使用必要的添加剂，采用共混技术及设备，制得外观均一共混产品。目前对通用及改性 ABS 树脂进行表征的分析与测试项目、方法、标准较多，牵涉面很广。

“设计预测”和“质量预测”是分析与测试的主要目的，本章介绍的 ABS 材料的分析与测试包含以下相关内容：

①组成结构与性能研究相关的分析与测试；

②形态与性能研究相关的分析测试；

③加工与应用研究相关的分析测试。

本章仅对分析测试的基本原理做简要介绍；结合 ABS 树脂的特点，重点介绍分析测试实际操作及运用。

6.2 分析与测试标准

6.2.1 ASTM 与 ISO 差异

塑料工业常用和参考的标准有国际标准、国家标准、行业标准、地方标准和企业标准。

ABS 树脂常规性能包括熔体流动速率、拉伸强度、弯曲强度、冲击强度、热变形温度、维卡软化点、洛氏硬度等，目前采用的分析标准主要由 ASTM 和 ISO 制定，两种标准之间存在较大差异。两种标准的差异主要是试样尺寸和测试条件，另外试样制备方面也存在一些差异[3,4]。见表 6-1。

表 6-1 两种标准的差异[64~71]

测试项目	ISO 标准（单位：mm）	ASTM 标准（单位：mm）
拉伸强度	ISO 527 标准 1A 样条尺寸： 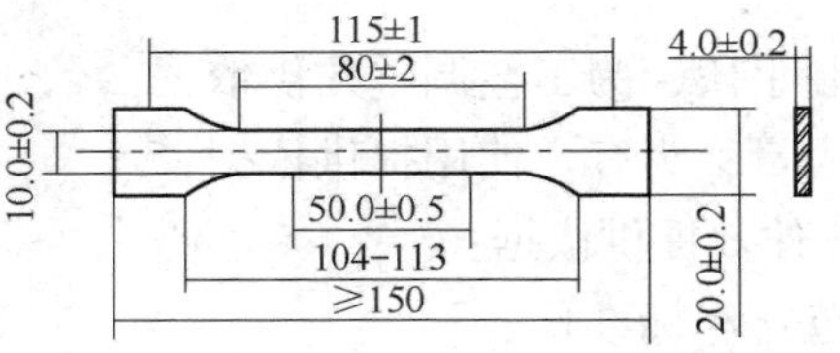 115±1 80±2 4.0±0.2 10.0±0.2 50.0±0.5 104~113 ≥150 20.0±0.2 测试速度：常用(5±5×20%)mm/min	ASTM D638 标准 1 型试样尺寸： 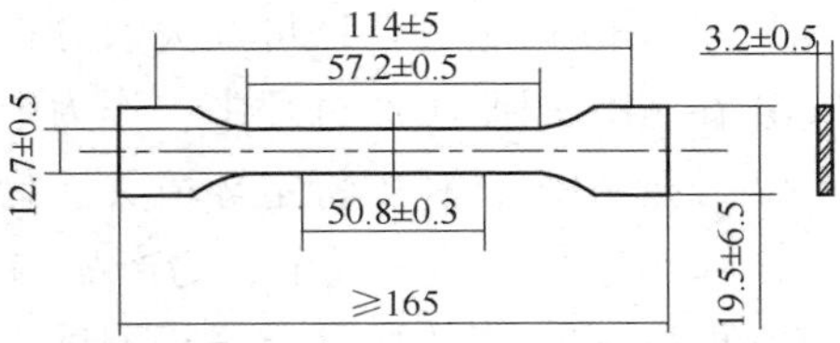 114±5 57.2±0.5 3.2±0.5 12.7±0.5 50.8±0.3 ≥165 19.5±6.5 测试速度：常用(5±5×25%)mm/min，(50±50×10%)mm/min
弯曲强度	ISO 178 标准样条尺寸： 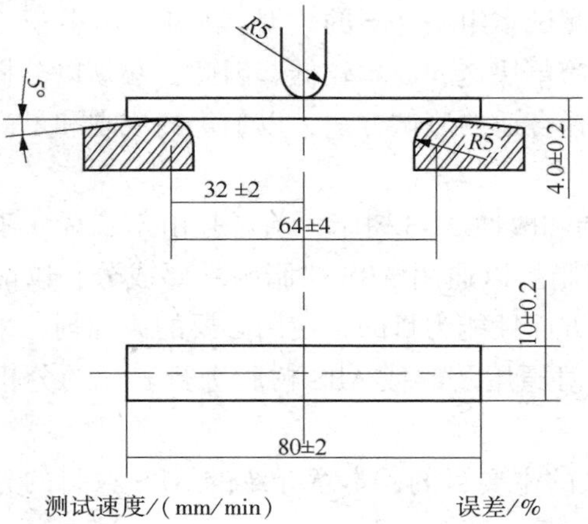 R5 5° R5 4.0±0.2 32 ±2 64±4 10±0.2 80±2 测试速度/(mm/min) 误差/% 1 ±20 2 ±20 5 ±20 10 ±20 20 ±10 50 ±10 100 ±10 200 ±10 500 ±10	ASTM D790 标准样条尺寸： 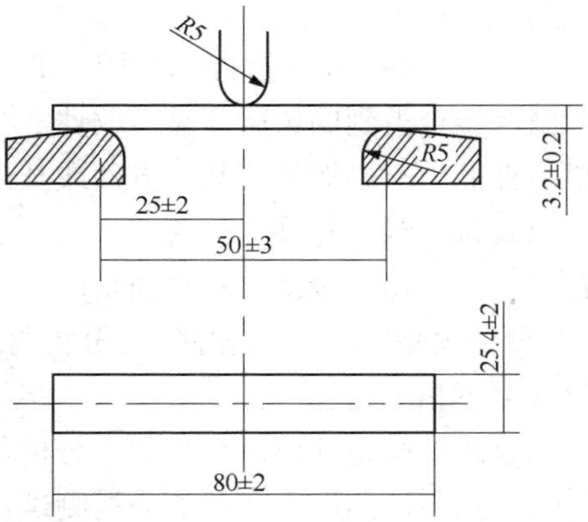 R5 R5 3.2±0.2 25±2 50±3 25.4±2 80±2 常用测试速度：1.3mm/min；2.8mm/min；15mm/min；

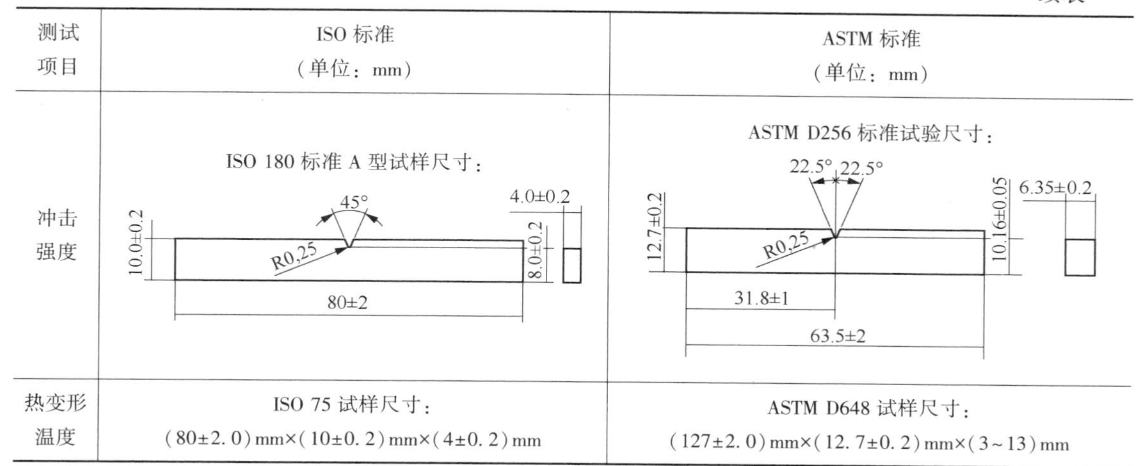

测试项目	ISO 标准 （单位：mm）	ASTM 标准 （单位：mm）
冲击强度	ISO 180 标准 A 型试样尺寸： 45°　R0.25　4.0±0.2　10.0±0.2　8.0±0.2　80±2	ASTM D256 标准试验尺寸： 22.5°　22.5°　R0.25　12.7±0.2　10.16±0.05　6.35±0.2　31.8±1　63.5±2
热变形温度	ISO 75 试样尺寸： （80±2.0）mm×（10±0.2）mm×（4±0.2）mm	ASTM D648 试样尺寸： （127±2.0）mm×（12.7±0.2）mm×（3～13）mm

ASTM 和 ISO 塑料材料通用测试方法在原理上是一致的，但由于它们是基于不同单位制（英制和公制）的标准体系，使得材料的拉伸、弯曲、冲击、热变形温度等性能测定的结果无可比性。

随着塑料工业的发展，改性塑料应用越来越广泛。由于各树脂生产企业、各行业用户采用的测试标准不同，给材料的对比带来困难。为便于数据的对比，减少不同标准重复测试造成的成本增加，国际上逐渐使用 ISO 标准代替 ASTM 标准。

即使使用同一种标准测试，如果试样尺寸及测试条件不同，测试结果没有可比性，甚至相同条件不同设备测试的结果也不具有可比性。

6.2.2　常用测试标准

ABS 树脂常用的测试标准见表 6-2。

6.2.3　ABS 树脂性能测试特点[2]

（1）应变率高、塑性区大

在常温下，合成树脂一般具有较高的弹性应变率，弹性很好的材料其应变率甚至可以达到 1000%。塑料是一种黏弹性材料，有很宽的塑性区，有不少性能检验必须注意到这一点，而不能像弹性区一样地去处理问题。

（2）温度效应明显

塑料的链段结构及其活动对温度的依赖性极明显，温度稍有改变就明显地出现性能的变化。

（3）时间效应明显

塑料具有黏弹性行为，其受力后的蠕变现象和应力松弛现象都较严重。另外，在光和热作用下，塑料会发生不同程度的老化现象，致使很多性能发生变化。以上这些现象不只是在使用场合要充分考虑到，在许多测试方法中亦不能忽略它们给测定结果带来的影响，从而使塑料测试工作在许多方面都较一般材料更显复杂。

（4）形变速度影响明显

在缓慢拉伸下表现出良好弹性的材料，在高速拉伸时会表现出脆性，即断裂强度增大，

表 6-2　ABS 树脂常用测试标准

项目	洛氏硬度 Rockwell Hardness	拉伸强度 Tensile Strength	断裂伸长率 Elongationat Break	拉伸模量 Tensile Modulus
标准	ASTM D785 ISO 2039-2 GB/T 9342	ASTM D638 ISO 527-2 GB/T 1040	ASTM D638 ISO 527-2 GB/T 1040	ASTM D638 ISO 527-2 GB/T 1040
项目	弯曲模量 Flexural Modulus	悬臂梁冲击强度 Izod Impact Strength	简支梁冲击强度 Charpy Impact Strength	落锤冲击强度 Falling Weight Impact Strength
标准	ASTM D790 ISO 178 GB/T 9341	ASTM D256 （有缺口） ASTM D4812 （无缺口） ISO 180 GB/T 1843	ASTM D6110 ISO 179-2 GB/T 1043	ASTM D5628 ASTM D5420(Gardner Impact) GB/T 11548 GB/T 14153
项目	模具收缩率 Mould Shrinkage	密度 Density	质量流动速率 Melt-Mass Flow Rate	体积流动速率 Melt Volume-Flow Rate
标准	ASTM D955	ASTM D792 ISO 1183-1 GB/T 1033	ASTM D1238 ISO 1133 GB/T 3682	ASTM D1238 ISO 1133 GB/T 3682
项目	热变形温度 Deflection Temperature of Plastics	维卡软化点 Softening Temperature of Plastics	热膨胀系数 Coefficient of Thermal Expansion	玻璃化转变温度 Temperature of Glass Transition
标准	ASTM D648 ISO 75-2 GB/T 1634. 1	ASTM D1525 ISO 306 GB/T 1633	ASTM D696 ASTM D3386 ASTM DE831	GB/T 19466. 2 ISO 11357

断裂伸长率减小，且断裂面也从柔性呈现为脆性破坏。这是由高分子分子链的结构和外力作用下滑动机理决定的。

（5）测定数据易显分散性

合成树脂分子量分布宽，链段结构各异，尤其改性塑料，其组成相对分散，在分布上难以实现较高均一性。因此，需对制备试样的条件、试样尺寸、一组试样的数量和测试数据的取舍等有明确规定，否则无法相比。即使这样，一组冲击性能的试验数据，其单个值之间的差异也可以达到100%。出现这种情况除了人为的偶然误差之外，确实是试样内部差异的反映。

因此，对于塑料性能检验中规定的各种条件是必需的，应该尽可能科学和合理。只有严格遵守这些规定，才能获得比较可靠和能够进行比较的数据。同时性能测试应尽量接近生产和使用条件，保证其针对性，通过测试结果，必须能够正确理解和掌握性能而不曲解和误用。

塑料性能测试结果的主要影响因素，包括试样制备条件、试样尺寸(标准试样)、试样的状态、测试环境(温度和湿度)和是否使用标准试验方法等。

塑料材料及制品性能测试已经有2000多种测试方法，既有基础的材料性能测试，又有很多模拟材料实际应用的针对性试验。因此，在进行测试时，既要选定试验方法，又要注意试验方法本身的标准化。标准化实验方法是根据塑料材料的特点和影响因素，通过严格的条件试验，选定合理的试验条件，试验人员要严格执行标准规定的条件。塑料检测标准中包括试样的形状、尺寸、制作方法、试样的预处理、试验条件(温度、湿度、作用力大小、升温速率等)、试验步骤、测试结果等内容。

6.3 组成与结构分析

6.3.1 通用ABS树脂

6.3.1.1 化学分析方法

ABS树脂是聚丁二烯接枝苯乙烯和丙烯腈共聚物与苯乙烯-丙烯腈共聚物的混合物，其中聚丁二烯接枝聚合物是分散相，对ABS的力学性能起到关键性作用，橡胶相含量决定ABS产品性能及应用范围。分析橡胶含量可以评价产品组成，分析接枝率可以判断橡胶相与连续相SAN的相容性。

（1）橡胶含量分析方法

分析橡胶含量及接枝率的方法较多，其中分离法测接枝率操作简单，结果准确，应用最广。ABS接枝粉料是在聚丁二烯分子链上接枝丙烯腈和苯乙烯单体，在接枝反应过程中难免有部分单体发生自聚和共聚现象，从而生成游离态SAN，根据游离态SAN溶于丙酮溶液，而接枝到聚丁二烯分子链上的单体不溶于丙酮溶液的原理，采用高速离心分离方法进行分离[5,6]。通过溶解ABS树脂或接枝粉料，分离出聚合物中游离SAN树脂，可以计算出ABS接枝橡胶含量或接枝率。

几种接枝橡胶的接枝率和接枝效率分析方法：

郑宝明等[7]将1.00g纯化的ABS接枝物溶于50mL四氢呋喃中，完全溶解后加入少量的蒸馏水，放置4h后，以1%的酚酞溶液为指示剂，先用NaOH-乙醇溶液滴定至过量，然后再用 HCl-异丙醇反滴至终点。根据两次滴定的体积和溶液的浓度计算接枝率和接枝效率。

许岩焱等[8]将精确称量的含甲基丙烯酸接枝物，溶于二氯乙烷中，加热回流冷却，用氢氧化钾-乙醇作溶液，用酚酞作指示剂，振荡 2h，最后用盐酸标准溶液滴定至无色，记录所消耗的盐酸体积，计算甲基丙烯酸的接枝率。

孙树林等[9]制备了环氧官能化的二元乙丙橡胶(gEPR)，采用红外光谱工作曲线法定性测量了 EPR 的接枝情况，即将接枝的聚合物用溶剂洗去未接枝单体及聚合物，利用红外光谱测量聚合物分子链上是否有被接枝官能团。

谭志勇等[10]在 GL-21M 型超速离心机上通过离心分离 ABS-丙酮溶液，测试接枝率。

(2)SAN 的分子量分析方法

ABS 树脂是两种聚合物的混合物，其中聚丁二烯接枝 SAN 已经发生交联或支化，而无法测量分子量，通常将 ABS 中接枝橡胶分离后再分析游离 SAN 分子量。

ABS 产品中大部分是 SAN 树脂，其分子量及分子量分布对 ABS 产品的性能具有决定性的影响，影响产品的流动性能、硬度、刚性、拉伸强度、耐热性能、冲击性能等。

分析 SAN 树脂分子量及其分布可以评价产品的远程结构，判断工艺控制精度；通过 SAN 结构分析，可以获得产品力学性能特点、加工性能特点、应用范围等信息。

测量高聚物分子量及其分布的方法很多，其中凝胶渗透色谱法(GPC)最常用。表 6-3 列举了部分分子量的分析方法。

表 6-3　部分分子量的测定方法

方法名称	适用范围	分子量意义	方法类型
端基分析法	3×10^4 以下	数均	绝对法
冰点降低法	5×10^3 以下	数均	相对法
沸点升高法	3×10^4 以下	数均	相对法
气相渗透法	3×10^4 以下	数均	相对法
膜渗透法	$2\times10^4\sim1\times10^6$	数均	绝对法
光散射法	$2\times10^4\sim1\times10^7$	重均	绝对法
超速离心沉降速度法	$1\times10^4\sim1\times10^7$	各种平均	绝对法
超速离心沉降平衡法	$1\times10^4\sim1\times10^6$	重均，数均	绝对法
黏度法	$1\times10^4\sim1\times10^7$	黏均	相对法
凝胶渗透色谱法	$1\times10^3\sim1\times10^7$	各种平均	相对法

GPC 法主要用于分析能够溶解在有机溶剂中的高聚物分子量及分子量分布，常用交联聚苯乙烯凝胶，洗脱溶剂为四氢呋喃等有机溶剂。

GPC 分析原理：将被测物溶解在溶剂中，加入垂直放置的凝胶色谱柱上端，利用溶液对色谱柱进行淋洗，溶液缓慢地流经凝胶色谱柱，各分子在柱内同时进行着两种不同的运动：垂直向下的移动和无定向的扩散运动。大分子物质由于直径较大，不易进入凝胶颗粒的微孔，而只能分布在颗粒之间，所以在洗脱时向下移动的速度较快。小分子物质除了可在凝胶颗粒间隙中扩散外，还可以进入凝胶颗粒的微孔中，在向下移动的过程中，从一个凝胶颗粒内扩散到颗粒间隙后再进入另一凝胶颗粒，如此不断地进入颗粒和扩散。小分子物质的下移速度落后于大分子物质，从而使样品中分子大的先流出色谱柱，中等分子的后流出，分子最小的最后流出，这种现象称为分子筛效应。具有多孔的凝胶就是分子筛。

通过分析不同时间淋洗出液体的浓度，与标准曲线对比，从而计算出被测物质的分子量。

不同分子量的被测物应选择不同凝胶色谱柱，以保证被测物质的分子大小与色谱柱凝胶微孔直径相匹配，避免色谱柱凝胶微孔过大或过小，造成被测物各种大小的分子扩散路径相近，而无法分离。GPC 法测定的 SAN NF2200 的分子量及其分布见图 6-1。

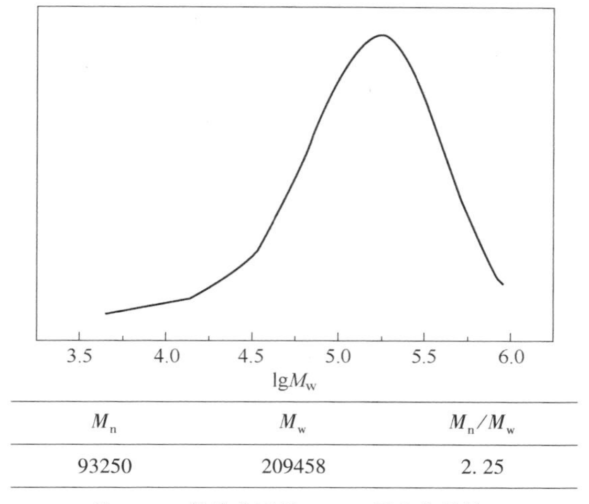

M_n	M_w	M_n/M_w
93250	209458	2.25

注：M_n—数均分子量；M_w—重均分子量。

图 6-1　SAN NF2200 分子量及其分布

宋振彪等[11]将几种常见 ABS 树脂用丙酮溶解，经高速分离后干燥，称量分离出的不溶物质量，利用 GPC 分析溶解在丙酮中的 SAN 分子量。

6.3.1.2　仪器分析方法

(1) 傅里叶红外光谱(FTIR)法

红外线和可见光一样都是电磁波，而红外线是波长介于可见光和微波之间的一段电磁波。红外光又可依据波长范围分成近红外、中红外和远红外三个波区，其中中红外区(波长 2.5~25μm；波数 4000~400cm^{-1})能很好地反映分子内部所进行的各种物理变化过程以及分子结构的特征，对解决分子结构和化学组成中的各种问题最为有效，因而中红外区是红外光谱中应用最广的区域，一般所说的红外光谱大都是指这一范围。

红外光谱属于吸收光谱，是由于化合物分子振动时吸收特定波长的红外光而产生的，化学键振动所吸收的红外光的波长取决于化学键动力常数和连接在两端的原子折合质量，也就是取决于分子的结构特征。这就是红外光谱测定化合物结构的理论依据。

红外光谱作为“分子的指纹”，广泛用于分子结构和物质化学组成的研究。根据分子对红外光吸收后得到谱带频率的位置、强度、形状以及吸收谱带和温度、聚集状态等的关系便可以确定分子的空间构型，求出化学键的力常数、键长和键角。从光谱分析的角度看主要是利用特征吸收谱带的频率推断分子中存在某一基团或键，由特征吸收谱带频率的变化推测临近的基团或键，进而确定分子的化学结构，当然也可由特征吸收谱带强度的改变对混合物及化合物进行定量分析。

傅里叶红外光谱(FTIR)反映了物质分子结构特点，可以用来鉴定物质的结构，吸收谱带的吸收强度与分子组成有关，可以对 ABS 材料进行定性分析和定量分析。

对于ABS树脂的红外光谱分析，必须熟悉特征峰的归属，具体见表6-4和表6-5，可以根据此表进行定性分析。

表6-4 各种化学键的红外吸收[12]

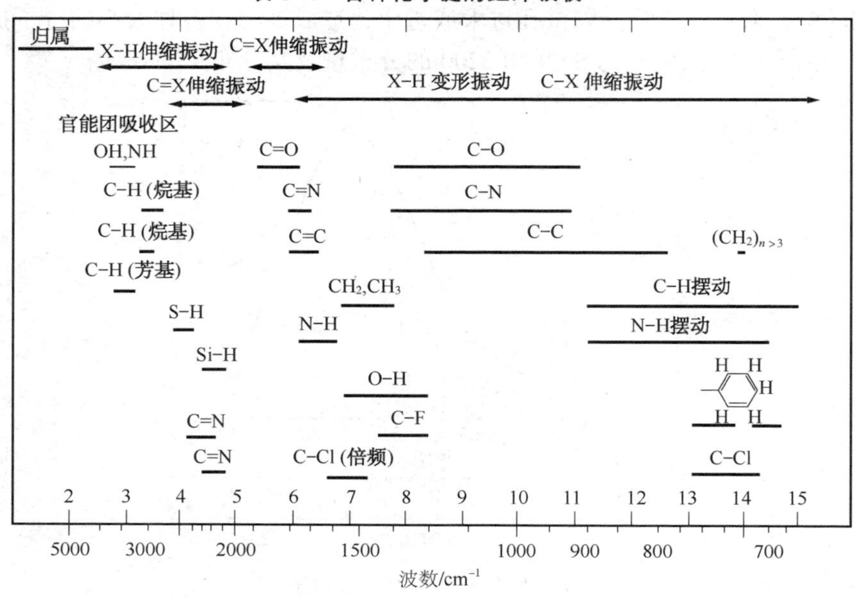

表6-5 ABS树脂红外光谱归属

波数/cm^{-1}	归 属
3098~3000	芳环不饱和C—H伸缩振动
2988~2825	饱和C—H伸缩振动
2236	C≡N伸缩振动
1942~1801	苯环═CH面外变形振动
1601，1582，1492，1450	苯环骨架伸缩振动
966	反式1,4-异构体C—H面外弯曲振动
910	乙烯基C—H面外弯曲振动
698	顺式1,4-异构体C—H面外弯曲振动
761，702	单取代苯环═C—H面外弯曲振动

本体法树脂ABS3453红外谱图见图6-2，乳液法ABS树脂PA-757K红外谱图见图6-3。

在苯乙烯系树脂组分的检测方面，Scheddle[13]提出了采用红外光谱技术来分析SAN的组分含量，并且分别采取了氰基和苯基的相对吸光度。Takeuchi等[14]利用外推基线法，获得了用于分析丙烯腈含量的线性标准曲线。杨捷[15]制备出不同比例的苯乙烯系列共聚物，对波数705cm^{-1}和2240cm^{-1}两个无重叠干扰的定量峰的吸光度比值和丙烯腈摩尔分数的倒数经回归建立了工作曲线。

对于SAN的定量分析[16]，在SAN的红外谱图中，C≡N的伸缩振动吸收峰在2250cm^{-1}，苯环伸缩振动吸收峰在1600cm^{-1}，这两个特征吸收峰可用于定量分析SAN中苯

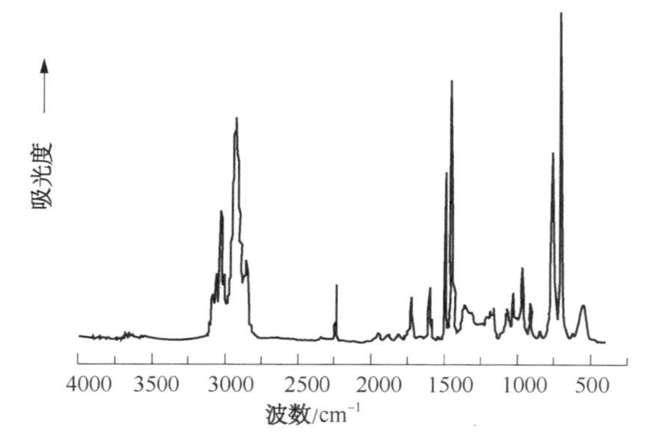

图 6-2　本体法树脂 ABS3453 红外谱图

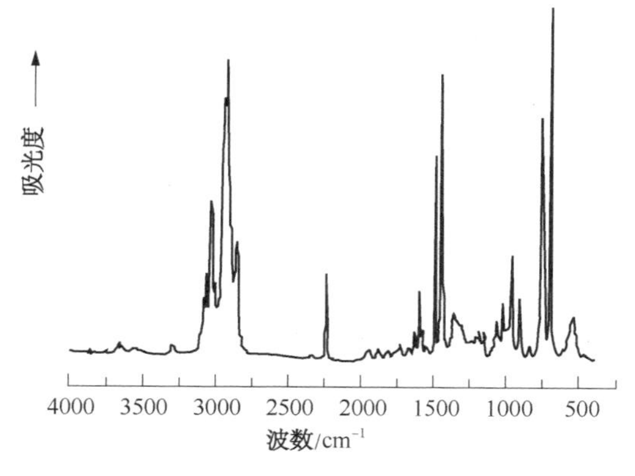

图 6-3　乳液法树脂 ABSPA-757K 的红外谱图

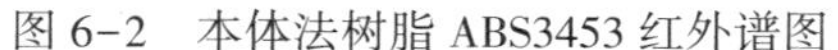

乙烯和丙烯腈含量。$2250cm^{-1}$和 $1600cm^{-1}$处的吸光度比值与 SAN 中苯乙烯和丙烯腈含量比值呈线性关系，可以得到工作曲线，从而定量分析 SAN 组成。具体见表 6-6 和图 6-4。

表 6-6　不同丙烯腈含量及不同波数时 SAN 的红外吸光度

丙烯腈含量/%	吸光度($2250cm^{-1}$)	吸光度($1600cm^{-1}$)
10	0.230	0.383
20	0.223	0.177
30	0.230	0.120
40	0.235	0.0909
50	0.227	0.0701
60	0.231	0.0592

而对于三组分 ABS 的红外分析，于志省等在建立定量分析 SAN 组成的基础上，计算单体的总转化率，结合聚合配方推算出橡胶总量，最后才能确定三组分各自的含量[17]。

程庆等[18]开发出一种 ABS 定量分析方法。该方法依据是，ABS 的红外光谱中，$2237cm^{-1}$的吸收峰为 C≡N 的特征吸收峰，$1602cm^{-1}$为苯环的特征吸收峰，$910cm^{-1}$为丁二烯的烯丙基 C—H 的特征吸收峰，D$2237cm^{-1}$和 D$1602cm^{-1}$的吸收峰强度比值与丙烯腈含量呈线性关系，D$910cm^{-1}$和 D$1602cm^{-1}$的吸收峰强度比值与丁二烯含量呈线性关系。

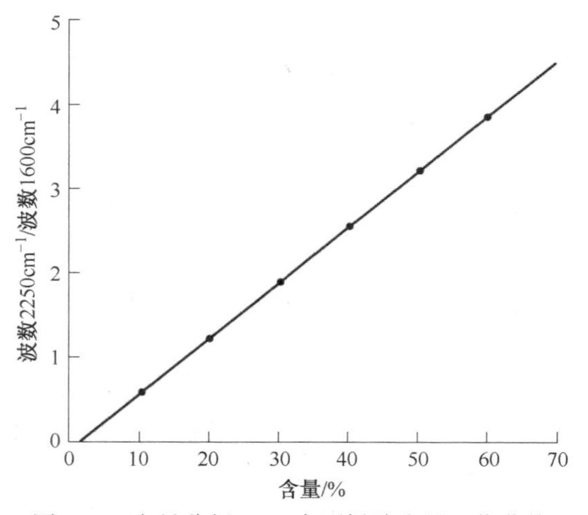

图 6-4　定量分析 SAN 中丙烯腈含量工作曲线

用已知组成的 SAN 树脂与未知组成的 ABS 高胶粉按不同比例共混，得到不同组成的 ABS 树脂。通过红外定量分析和数学处理可以得到 ABS 高胶粉的组成，同时建立了红外定量分析 ABS 组分的方法。但是该种方法也存在缺陷，对于本体法 ABS 的计算结果误差很大。见表 6-7。

表 6-7　常见 ABS 树脂组成（根据工作曲线计算）

ABS 树脂	丙烯腈/%	苯乙烯/%	丁二烯/%
750SW	0.186	0.699	0.116
D120	0.247	0.568	0.186
D120	0.270a	0.570a	0.163a
GP-22	0.155	0.692	0.152
AG15A1	0.187	0.661	0.153
121H	0.180	0.697	0.123
0215A	0.179	0.736	0.085
747S	0.202	0.562	0.236
PA757	0.225	0.648	0.127
PA757K	0.230	0.621	0.150
3100M	0.201	0.533	0.266
ABS60P	0.073	0.286	0.641
B338	0.048	0.221	0.731
B338	0.046a	0.216a	0.732a

注：表中 a 代表 ABS 树脂中丙烯腈、苯乙烯和丁二烯的含量通过元素分析方法得到。

（2）核磁共振（NMR）分析

核磁共振波谱是研究原子核在磁场中吸收射频辐射能量进而发生能级跃迁现象的一种波谱法。原子核的自旋量子数（I）不能为零，有自旋的原子核置于一个外加磁场 H_0 中，核磁能级发生分裂，外加的频率为 ν 的电磁辐射，当其能量正好是作旋进运动的原子核的两能级差时，原子核能够吸收其能量，从低能态跃迁到高能态，从而发生核磁共振吸收。

自旋原子核在外加磁场下有不同的取向，给它一定的射频辐射，原子核自旋能级会从低能态跃迁到高能态，如果这种跃迁继续下去，低能态的核总数就不断减少，如果高能态核没有什么途径回到低能态，那么经过一定的时间后，两种能级的核数量相等，达到饱和，即不再有净的吸收，这时将得不到核磁共振的信号。高能态的核以非辐射形式释放能量，回到低能态，致使核磁共振信号存在，这种过程称为“弛豫”。

在有机化合物中，各种氢核周围的电子云密度不同（结构中不同位置），共振频率有差异，即引起共振吸收峰的位移，这种现象称为化学位移。记录化学位移即可判断该原子在分子中所处的位置及相对数目，用于进行定量分析及分子量的测定，并对有机化合物进行结构分析。据此，对于通用 ABS 树脂可以计算其组成，但对于改性 ABS 树脂，由于其组成复杂，必须先进行分离和提纯，才能进行核磁共振分析。

典型的 ABS 树脂的 ^{1}HNMR 谱图如图 6-5 所示。

ABS 树脂结构示意图见图 6-6。

对谱图 6-5 进行归属分析，^{1}HNMR 谱峰的归属[19]见表 6-8。

根据 NMR 的测试原理，积分面积之比等于质子数之比，又根据各个单元化学位移对应积分面积除以各自质子数之比即可求得每单元在产品中的摩尔分数，从而估算出某牌号 ABS 三大单体质量分数，结果见表 6-9。

(3) 元素分析

元素分析仪由燃烧部分、热导池检测系统和数据采集分析系统组成。经高精度天平称量的样品经自动进样器进入石英燃烧管内，在高温下充分燃烧分解，样品中的各种元素分别转化为氧化物的混合气体，再以氦气为载体进入吸附-解吸附柱，通过吸附和解吸附作用将混合气体组分分离，分离后的气体随载气一起进入热导池检测器中进行检测，再与计算机保存的标准样品的校正曲线自动转化为待测样品中 C、N、H、S 等的质量分数。

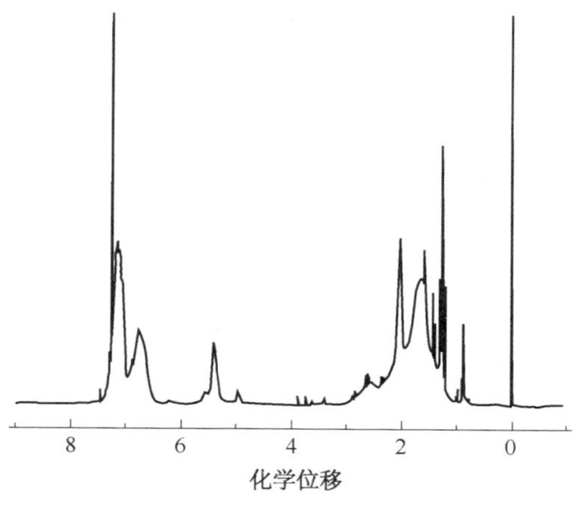

图 6-5　ABS 树脂的 ^{1}HNMR 谱图

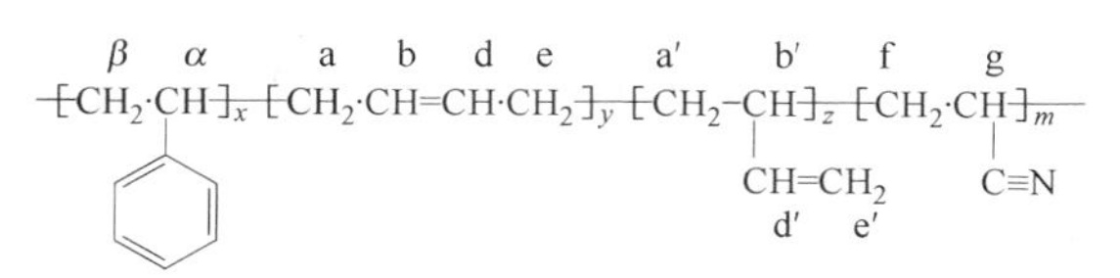

图 6-6　ABS 树脂结构

表 6-8　ABS 树脂 ^{1}HNMR 吸收峰归属

吸收峰	化学位移 δ
芳环	6.78~7.2
b, d, d′	5.4
α, β, a, e, f, g, a′, b′	1.4~2.5
e′	4.9

表 6-9　某牌 ABS 树脂主要组分含量

组　分	丙烯腈	丁二烯(1,4 结构)	丁二烯(1,2 结构)	苯乙烯
含量/%(质量)	26.9	17.5	2.9	52.7

ABS 树脂主要含有 C、N、H 元素，通过元素分析可以简单计算出 ABS 树脂中的丙烯腈、苯乙烯、丁二烯含量。

通过定氮仪分析 ABS 或 SAN 中氮含量并与元素分析结果比较，几种常见 ABS 的元素分析结果见表 6-10。

ABS 分子中只有丙烯腈含有氮元素，可能某些添加剂也含氮，但含量较小，对计算结果影响很小，可以忽略，因此丙烯腈含量可以按下式计算[20]。

$$\begin{aligned}\text{丙烯腈含量} &= (\text{丙烯腈分子量}/\text{氮原子量})\times\text{氮含量}\\ &= 3.7857\times\text{氮含量}\end{aligned}$$

王坚等[21]针对本体法 ABS 的工艺及产品特点，用元素分析仪测定了本体法 ABS、基体 SAN 树脂、接枝橡胶中的氮含量，通过计算得到橡胶表观接枝率及 ABS 中橡胶含量等数据。

表 6-10　元素分析结果

牌号	N	C	H	丙烯腈含量/%
757K	7. 22	83. 83	7. 36	27. 33
121H	6. 18	85. 15	7. 35	23. 40
750	6. 53	83. 9	7. 43	24. 72
8391	5. 8	84. 6	7. 7	21. 96
0215A	6. 2	85. 5	7. 4	23. 47

6. 3. 2　改性 ABS 树脂

改性 ABS 树脂以 ABS 树脂为基体，加入各种添加剂，通过共混制得复合材料。要对改性 ABS 进行分析和测试，必须在 ABS 树脂分析测试的基础上，结合改性 ABS 的特点，才可能得到可靠的分析测试结果。

改性 ABS 树脂的组成分析，一般通过红外光谱分析(FTIR)、差示扫描量热分析(DSC)和热失重分析(TGA)进行定性分析，同时通过测定密度、灰分、力学性能等进行辅助分析。红外光谱分析，可以确定改性 ABS 中的主要成分，一般含量大于 5%的组分才有可能出现红外吸收峰。DSC 分析，主要根据不同的高分子材料其玻璃化转变温度、结晶温度和熔融温度不同，来确认改性 ABS 中高分子材料的主要成分。而 TGA 针对 ABS 材料的热分解行为和残重进行分析，对于阻燃 ABS 和增强 ABS 具有较好的分析效果。为了取得满意的分析结果，一般需要将三种仪器分析结果进行相互验证，同时辅助密度、灰分、力学性能等测试。总之，对于改性 ABS 进行分析测试，既要熟悉 ABS 树脂的性能和特点，又要对改性 ABS 的配方有大致了解，通过长期的经验积累才能达到较高的水平。

下面举例说明某未知塑料分析测试及判别。

材料先进行 FTIR 分析，红外谱图如图 6-7 所示。

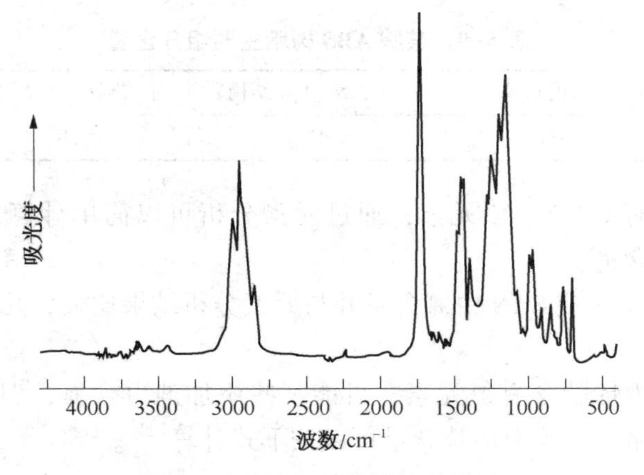

图 6-7　某未知材料的红外谱图

对红外谱图进行特征吸收峰的归属分析，如表 6-11 所示。

从红外谱图归属看，该材料与聚甲基丙烯酸甲酯相似度非常高，谱图中除了含有 C ═O 特征吸收外，还有 C≡N、C ═C、苯环骨架等特征吸收，初步判断该材料含有甲基丙烯酸甲酯、丙烯腈、苯乙烯和丁二烯，为 MABS 类材料。

表 6-11 未知材料的红外谱图归属

特征吸收峰/cm^{-1}	归 属
2992，2949，2844	O—CH_3 和—CH_3 中 C—H 伸缩振动
2237	C≡N 伸缩振动
1731	C ═O 伸缩振动
1637	C ═C 伸缩振动
1601	苯环骨架伸缩振动
1386	α-CH_3 的面内变形振动
1238	C—C—O 反伸缩振动，C—O 伸缩振动

再进行 DSC 分析，结果见图 6-8。

从该材料的 DSC 图可以看出，在 50～250℃范围只有一个约 100℃的玻璃化转变温度（T_g），而 PMMA 的 T_g 为 105℃[22]，SAN 的 T_g 为 102℃，因此该材料可能为甲基丙烯酸甲酯-苯乙烯-丙烯腈共聚物(MMA-St-AN)。

再做该材料的 TGA 分析，结果见图 6-9。

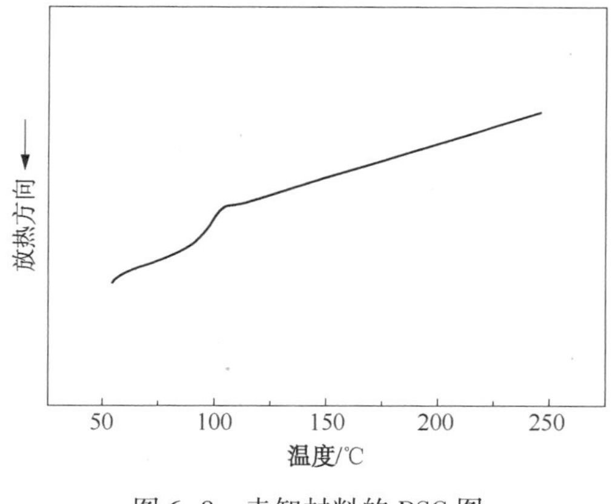

图 6-8 未知材料的 DSC 图

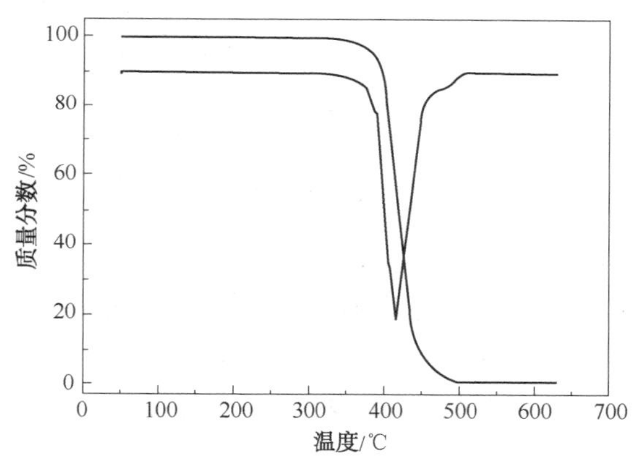

图 6-9 未知材料的 TGA 图

分析 TGA 曲线，该材料的分解温度为 396℃，500℃后基本没有残余物质，另外该材料至少含有两种组分，在 418℃和 480℃分解速度最快。

综合以上分析，结合材料的密度和力学性能等数据，判定该材料是橡胶增韧的 MMA-SAN 两相材料。

至于 ABS 合金，ABS/PC 合金是研究较多的材料，对其组分定量分析报道较多。

萧达辉等[23]采用裂解/气相色谱-质谱联用的方法，对制备的一系列已知配比的 PC/ABS 共混物进行分析。通过对已知 PC/ABS 配比的共混物的特征裂解碎片进行定量分析，发现当共混物中 ABS 和 PC 的质量比不大于 20∶100 时，特征裂解碎片苯乙烯与苯酚的峰面积之比与共混物中 ABS/PC 的配比呈线性关系，该现象可作为 PC/ABS 共混物定量分析的依据。

吴立军等[24]使用近红外光谱仪测定不同共混比的 ABS/PC 合金的近红外光谱数据，采用偏最小二乘(PLS)算法建立了测定 ABS 质量分数的校正模型，并对校正模型的准确性进行了验证。实际分析结果表明，该测试技术适用于 ABS 质量分数大于 10%的 ABS/PC 合金中 ABS 质量分数的定量分析，取得了较好的分析结果。

吴立军等[25]采用人工神经网络(ANN)算法建立了不同共混比的 ABS/PC 合金样品的近红外光谱数据与共混比的定量校正模型，并对校正模型的准确性进行了验证。实验分析结果表明，该方法适合于高分子材料共混比的测定。

6.3.3 ABS 树脂的剖析

ABS 树脂的剖析是指通过多种化学或物理分析测试手段的综合运用，对其化学成分进行定量和定性的分析工作，为科研及生产中调整配方、新产品研发、改进生产工艺提供科学依据。剖析工作需要完备的分析测试仪器设备，更需要分析技术人员有较高的理论知识和丰富的实践经验。下面列举几例：

例 1　李炳海等采用如下方法对 ABS 各组分含量进行测定：丙烯腈的测定用凯氏定氮法；丁二烯的测定用碘量法；苯乙烯的测定是样品在浓硝酸作用下，转化成硝基苯甲酸，然后与氢氧化钠作用生成硝基苯甲酸钠，在紫外分光光度计 273μm 处测定其消光值。

例 2　ABS 树脂的相分离，按下列顺序进行，分离出的各组分采用红外光谱进行表征。

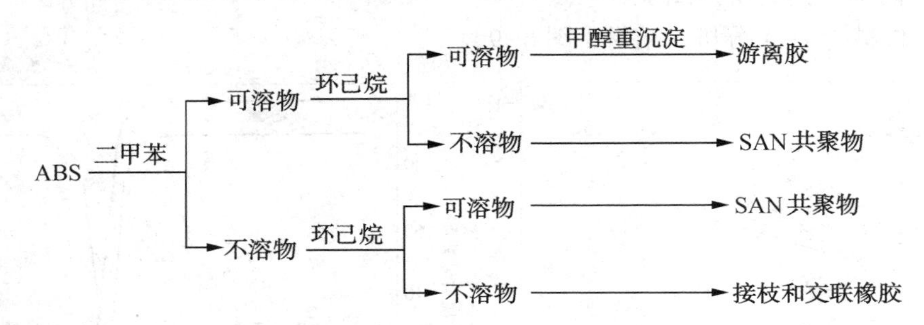

例 3　复旦大学学者对于 ABS 树脂的剖析，首先加入萃取添加剂，对萃取后剩余的组分进行红外定性分析，确定为何种 ABS 类材料，针对不同的类型，采取不同的两相分离方法，对于聚丁二烯和丁苯橡胶为主链，采取如下方法：

溶解相
AS (MS, AMS)共聚物
ABS(MBS或MABS)
丙酮
沉淀相
AS (MS或AMS)接枝的顺丁或丁苯胶+游离橡胶

对于丁腈橡胶为主链采取如下方法：

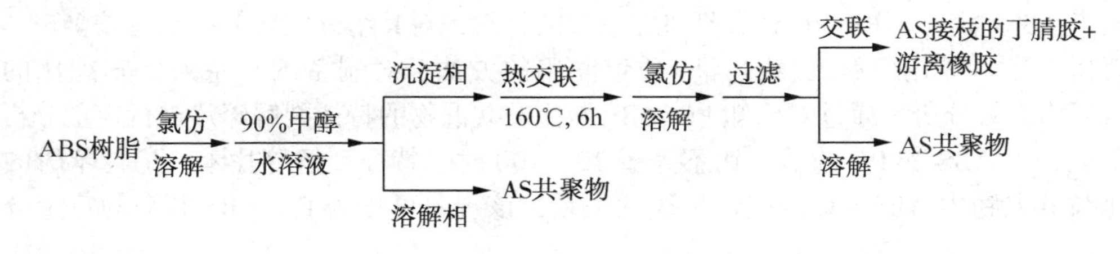

最后进行组分分析：丙烯腈采用凯氏定氮法；丁二烯用氯化碘加成法；苯乙烯采用紫外分光光度计法等。

例 4　宋振彪等[11]收集了国内市场上常见的几种 ABS 产品，通过力学分析以及组成结构分析，总结出各种产品特点及应用领域，考察组成 ABS 的接枝物含量以及 SAN 的分子量、氮含量对ABS性能的影响。ABS两相分离采取如下方法：称取ABS样品，加入丙酮常温条件下震荡溶解，常温下15000r/min高速离心，倒出丙酮溶液，用丙酮重复离心分离2次，分离出的丙酮溶液挥发后得到SAN样品进行组成剖析。不溶物于80℃真空干燥至恒重，得到接枝物质量。样品剖析结果见表6-12。

表6-12　部分ABS样品剖析结果

测试项目	757K	121H	750	8391	0215A
w(分离后接枝物)/%	19.5	23.3	22.0	19.3	19.0
w(胶)/%	13.4	16.1	15.2	13.3	13.1
SAN数均分子量	41635	50224	37143	35810	32292
SAN重均分子量	97003	115327	98501	120793	120722
SAN分子量分布	2.33	2.30	2.65	3.37	3.74

例5　改性ABS的剖析，由于其混合物的特性，一般采用如图6-10所示流程进行分析。

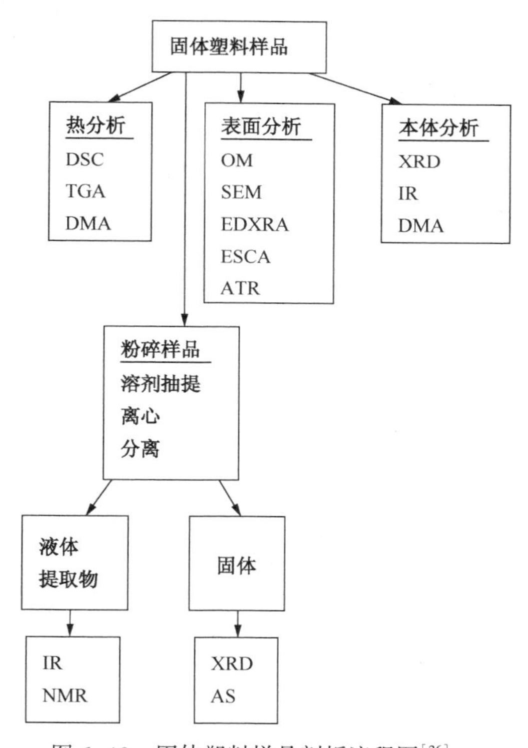

图6-10　固体塑料样品剖析流程图[26]

6.3.4　残留单体的测试

ABS树脂含有微量未反应单体，某些特殊应用场合需要严格控制残余单体含量，一般采用气相色谱法分析[27,28]。

使用N,N-二甲基甲酰胺(DMF)溶剂将ABS溶解或溶胀，溶剂中含有的已知量的异辛烷作为内标物，用微量注射器吸取适量溶液，直接注入色谱柱，使丙烯腈、苯乙烯和其他被测组分和异辛烷分离并进行定量测定(图6-11)。详细测试可以参考国标GB/T 8661《用气相色谱法测定丙腈/丁二烯/苯乙烯(ABS)树脂中残留丙烯腈单体含量》，GB/T 9353《用气相色谱法测定丙烯腈/丁二烯/苯乙烯(ABS)树脂中残留苯乙烯单体》，GB/T 16867《聚苯乙烯和丙烯腈-丁二烯-苯乙烯树脂中残留苯乙烯单体的测定气相色谱法》。

各组分含量按下式计算：

$$X = \frac{A \cdot C \cdot f}{B \cdot D} \times 10^6$$

式中　X——各组分含量，μg/g；

A——各组分的峰面积；

B——内标物的峰面积；

C——内标物的质量分数,%；

D——样品质量，g；

f——各组分校正系数。

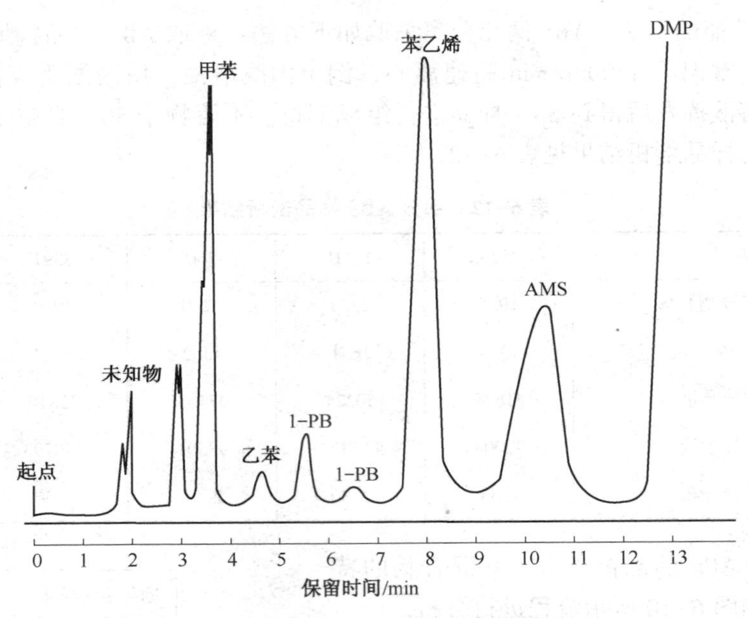

图 6-11　ABS 树脂气相色谱分析图谱

校正系数测定：

将各组分置于 3 个带磨口塞的 100mL 锥形瓶内，用 *N*,*N*-二甲基甲酰胺溶解，制备成符合如表 6-13 的标准溶液。

表 6-13　校正系数溶液配制

标准试样号	组分名称			
	AN	MMA	ST	AMS
1	0. 03	0. 03	0. 05	0. 5
2	0. 05	0. 05	0. 25	1. 0
3	0. 10	0. 10	0. 50	2. 0

按残单测试步骤进行测试，记录下各组分的色谱图，每一标样测 3 次，取 3 次平均值作为各组分峰面积。

按下式计算各组分校正系数，四舍五入至三位小数：

$$f_1 = \frac{A_s \cdot C_i}{C_s \cdot A_i}$$

式中　f_1——各组分校正系数；

A_s——内标物峰面积；

C_i——各组分理论浓度；

C_s——内标物浓度；

A_i——各组分的峰面积。

6. 3. 5　挥发性有机物的测试

ASTM D3960 将挥发性有机物(VOC)界定为任何能参加大气光化学反应的有机化合物。

美国联邦环保署(EPA)的定义：挥发性有机化合物是除 CO、CO_2、H_2CO_3、金属碳化物、金属碳酸盐和碳酸铵外，任何参加大气光化学反应的碳化合物。

世界卫生组织(WHO，1989年)对总挥发性有机化合物(TVOC)的定义为：熔点低于室温而沸点在50~260℃之间的挥发性有机化合物的总称。

有关色漆和清漆通用术语的国际标准ISO4618/1—1998和德国DIN55649—2000标准对VOC的定义是，原则上，在常温常压下，任何能自发挥发的有机液体和/或固体。同时，德国DIN55649—2000标准在测定VOC含量时，又做了一个限定，即在通常压力条件下，沸点或初馏点低于或等于250℃的任何有机化合物皆为VOC。

BASF公司则认为，最方便和最常见的方法是根据沸点来界定哪些物质属于VOC，而最普遍的共识认为VOC是指那些沸点等于或低于250℃的化学物质。所以沸点超过250℃的那些物质不归入VOC的范畴，往往被称为增塑剂。

关于VOC国际上还没有公认的定义，目前最常见的是世界卫生组织(WHO)规定的分类方法，它根据沸点对VOC进行了分类，见表6-14。本书将其统称为VOC。

表6-14　WHO对VOC的分类

沸　点	分类名称	VOC举例及其沸点
$T<50℃$	高挥发性有机化合物(VVOC)	甲烷(-161℃)、甲醛(-21℃)、甲硫醇(6℃)、乙醛(20℃)、二氯甲烷(40℃)
$50℃\leq T<260℃$	挥发性有机化合物(VOC)	乙酸乙酯(77℃)、乙醇(78℃)、苯(80℃)、甲乙酮(80℃)、甲苯(110℃)、三氯乙烷(113℃)、二甲苯(140℃)、苧烯(178℃)、烟碱(247℃)
$260℃\leq T<400℃$	半挥发性有机化合物(SVOC)	毒死蜱(290℃)、邻苯二甲酸二丁酯(340℃)、邻苯二甲酸二(2-乙基)己酯(390℃)
$T\geq400℃$	颗粒状有机化合物(POM)	PCB、苯并芘

VOC对人体健康有巨大影响。当居室中的VOC达到一定浓度时，短时间内人们会感到头痛、恶心、呕吐、乏力等，严重时会出现抽搐、昏迷，并会伤害到肝脏、肾脏、大脑和神经系统，造成记忆力减退等严重后果。

从国家室内装饰协会室内环境监测中心了解到，汽车室内空气污染状况日益严重。监测中心参照GB/T 18883《室内空气质量标准》对50辆行驶不到半年的新车进行甲醛、苯、甲苯、二甲苯、总碳挥发(TVOC)五项检测，70%的汽车室内有毒气体的浓度超标，其中甲醛和TVOC两项指标超标最严重。

为了控制车内的VOC，国内汽车企业制定了科学的检测方法和严格的验收标准。上海通用对内饰部件实施了一套严格的验收标准，涉及的检测项目包括：雾翳值、气味、甲醛含量、TVOC等。对雾翳值的测试方法是：将样品放置在容器内，加热使挥发性物质蒸发，然后使其冷凝在铝箔或玻璃上。通过对铝箔或玻璃的前后重量及反射率进行对比，对样品挥发出的雾翳值进行评价。对内饰散发出的气味的评价采取嗅觉反应。内饰中的甲醛含量检测方法是：将样品在60℃的水面上放置3h，在此过程中，样品中的甲醛会被水吸收。根据乙酰丙酮法对其进行光度分析，即可判断水中的甲醛含量。采用GC-MS法来测定内饰部件散发的挥发性有机物，通常使样品在玻璃瓶内加热到120℃并保留5h，通过GC-MS法对气相进行分析，以确定VOC的峰值和空气峰的比例，然后通过半定量的方法对VOC进行评价(相对散发值)。

对于改性ABS树脂的VOC测试，一般采取有机物释放量测试方法——环境试验袋法，分析仪器为热脱附气相质谱仪(TDS-GC/MS)和高效液相色谱仪(HPLC)。

6.3.6 环境保护关注物质的测试

6.3.6.1 RoHS

RoHS是由欧盟立法制定的一项强制性标准，它的全称是《关于限制在电子电器设备中使用某些有害成分的指令》(Restriction of Hazardous Substances)。该标准已于2006年7月1日开始正式实施，主要用于规范电子电气产品的材料及工艺标准，使之更加有利于人体健康及环境保护。制定该标准的目的在于消除电子电器产品中的铅、汞、镉、六价铬、多溴联苯和多溴联苯醚，并重点规定了铅的含量不能超过0.1%。

检测方法参考IEC62321—2008，其规定的电子电气产品中六种限用物质浓度的测定程序：

① 首先用X射线荧光光谱法(XRF)进行无损筛选。XRF快速高效，非破坏性，成本低，但干扰因素多，误差较大。

② 微波消解、酸消解后，利用原子吸收光谱法(AAS)或电感耦合等离子体原子发射光谱法(ICP-AES)测定Pb、Cd、Hg浓度。

③ 索氏提取后用气相色谱-质谱(GC-MS)测定多溴联苯、多溴联苯醚浓度。

④ 利用点测试法或沸水萃取法测定无色表层Cr^{6+}的浓度，或是用紫外可见光分光光度计按EPA3060A测试。

6.3.6.2 REACH

REACH是欧盟法规《化学品注册、评估、许可和限制》(Regulation Concerning the Registration, Evaluation, Authorizationand Restriction of Chemicals)的简称，是欧盟建立并于2007年6月1日起实施的化学品监管法规。

这是一个涉及化学品生产、贸易、使用安全的法规，旨在保护人类健康和环境安全，保持和提高欧盟化学工业的竞争力，以及研发无毒无害化合物的创新能力，防止市场分裂，增加化学品使用透明度，促进非动物实验，追求社会可持续发展等。REACH指令要求凡进口和在欧洲境内生产的化学品必须通过注册、评估、授权和限制等一系列综合程序，以更好、更简单地识别化学品的成分来达到确保环境和人体安全的目的。该指令主要有注册、评估、授权、限制等几大项内容。任何商品都必须有一个注明化学成分的登记档案，并说明制造商如何使用这些化学品以及毒性评估报告。所有这些化学品的信息将会输入到一个正在建设的数据库中，数据库由位于芬兰赫尔辛基的一个欧盟新机构——欧洲化学品局来管理。该机构将评估每一个档案，如果发现化学品对人体健康或环境有影响，他们就可能会采取更加严格的措施。根据对几个因素的评估结果，化学品可能会被禁止使用或者需要经过批准后才能使用。

据介绍，与RoHS指令相比，REACH涉及的范围要宽得多，事实上它会影响从采矿业到纺织服装、轻工、机电等几乎所有行业的产品及制造工序。REACH要求制造商注册产品中的每一种化学成分(大约有3万种)均要逐一衡量其对公众健康的潜在危害。REACH建立了这样的理念——社会不应该引入新的材料、产品或技术，如果它们的潜在危害是不确知的。

REACH法规要求虽极其复杂，但影响较大的是其对高度关注物质(SVHC)的要求。一旦某种物质被认为满足下述条件，其将被列为SVHC。

① 该物质在物品中的浓度大于0.1%(质量分数)；

② 每个制造商或进口商每年制造或者进口的物品中该物质的总量超过 1t；

③ 该物质作为此项用途尚未被注册过。

对于此类 SVHC，按照 REACH 法规第 7 条第(2)款的要求需要进行通告，即该物质已被列入须经许可才能允许使用的候选物质名单中。SVHC 清单实行动态管理，不断更新。

6.3.6.3 REACH 法规 SVHC 清单发布过程

2008 年 10 月 28 日，欧洲化学品管理署(ECHA)确认 15 种物质被归入 REACH 法规授权候选清单(SVHC 第一批)；

2010 年 1 月 13 日，ECHA 确认 14 种物质被归入 REACH 法规授权候选清单(SVHC 第二批)；

2010 年 3 月 30 日，ECHA 正式将丙烯酰胺列入 REACH 法规高关注物质清单(SVHC 第二批)；

2010 年 6 月 18 日，ECHA 确定将 8 种物质列入 REACH 法规授权候选清单(SVHC 第三批)；

2010 年 12 月 15 日，ECHA 正式公布 SVHC 第四批清单 8 种物质(SVHC 第四批)；

2011 年 6 月 20 日，ECHA 正式公布 SVHC 第五批清单 7 种物质(SVHC 第五批)；

2011 年 12 月 19 日，ECHA 正式公布第六批 20 项高关注物质清单(SVHC 第六批)；

2012 年 6 月 18 日，ECHA 正式公布第七批 13 项高关注物质清单(SVHC 第七批)；

2012 年 12 月 19 日，ECHA 正式公布第八批 54 项高关注物质清单(SVHC 第八批)；

2013 年 6 月 20 日，ECHA 正式公布第九批 6 项高关注物质清单(SVHC 第九批)；

2013 年 12 月 16 日，ECHA 正式公布第十批 7 项高关注物质清单(SVHC 第十批)；

2014 年 6 月 16 日，ECHA 正式公布第十一批 4 项高关注物质清单(SVHC 第十一批)；

2014 年 6 月 20 日，ECHA 正式公布第十二批 6 项高关注物质清单(SVHC 第十二批)；

2015 年 6 月 15 日，ECHA 正式公布第十三批 2 项高关注物质清单(SVHC 第十三批)；

2015 年 12 月 17 日，ECHA 正式公布第十四批 5 项高关注物质清单(SVHC 第十四批)；

2016 年 6 月 20 日，ECHA 正式公布第十五批 1 项高关注物质清单(SVHC 第十五批)，现 SVHC 总清单共有 169 种物质。

对于 SVHC 物质的测试，由于其种类极多，数量庞大，测试方法复杂，因此，一般由专业的测试机构开发测试方法，并提供测试服务。

6.4 形态分析

6.4.1 ABS 树脂

对于 ABS 树脂，一般用电子显微镜(简称电镜)来观察其表面或内部形态。电镜分析包括透射电镜(TEM)和扫描电镜(SEM)。透射电镜主要用来分析样品内部形态，如橡胶相大小、分布、形状、与 SAN 结合情况等；扫描电镜主要用来分析样品表面形态，如观察断裂面等。

(1) 透射电镜

透射电子显微镜的分辨率为 0.1~0.2nm，用于观察超微结构。常用的制样方法有：超薄切片法、冷冻超薄切片法等。使用 TEM 观察 ABS 的两相结构，必须对样品切片、染色，提高橡胶相与塑料相的反差。图 6-12 是经过染色的 ABS0215A 透射电镜照片。

图中黑色圆形粒子是橡胶相，白色部分是连续相 SAN 树脂。通过透射电镜照片可以看出橡胶相粒子尺寸、形状、分布、内接枝等信息。橡胶相分散在 SAN 连续相中，橡胶粒子是圆形，大小基本一致，橡胶粒子内部的白点说明橡胶内部有内接枝 SAN 树脂。

需要注意的是透射电镜是将样品切成薄片进行的分析，因此切片中的粒子一部分是沿直径方向切开，而另一部分只是切开橡胶球体的一部分，观察的时候需要区分。

图 6-12 与图 6-13 都是 ABS0215A 的透射电镜照片，由不同操作者进行分析的结果。图 6-12 中橡胶粒子为椭圆形，图 6-13 中橡胶粒子形状不规则。样品中粒子应该是圆形，图 6-13 中橡胶粒子已经变形，其原因是制样过程中橡胶相受到外力作用，因此样品的制备很关键。

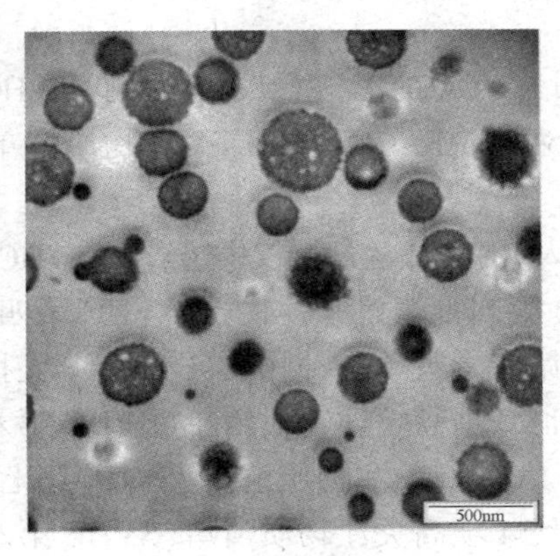

图 6-12　ABS0215A 透射电镜照片一

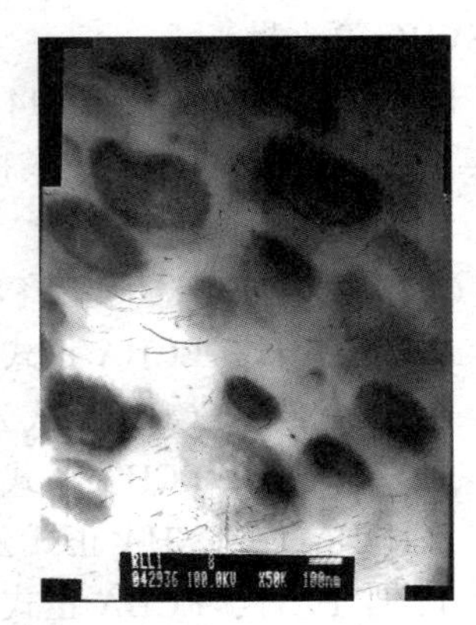

图 6-13　ABS0215A 透射电镜照片二

（2）扫描电镜

扫描电镜样品制备过程简单，能够直接观察样品表面结构，样品可以在样品室中平移和旋转，可以从各个角度对样品进行观察，图像景深大，富有立体感。

图 6-14 是对 ABS 样品冲击断面的扫描电镜图片。

6.4.2　改性 ABS 树脂

改性 ABS 树脂，以 ABS 树脂为基体，含有小分子助剂，且可以分子水平分散；合金化材料含有其他种类聚合物，还有填料和增强剂，甚至同时包含以上组分，形成多种成分的复合物。改性 ABS 形态的表征主要根据其尺度范围选择合适的分析方法[29]：对于分子级分散的阻燃剂，其分散形态可以用显微红外、能谱等表征；对于合金类，其分散相用扫描电镜和透射电镜表征；尺寸较大的填料和增强剂可以用光学显微镜表征。塑料材料结构尺寸范围详见表 6-15。

表 6-15　塑料材料结构对应的尺寸范围

尺寸范围	塑料材料结构
<1nm	小分子阻燃剂、助剂等，与基材相容性较好
1～10nm	高分子线团、晶核、无定形和微晶区，纳米填料等
10nm～1μm	多相体系中的孤立微区、乳液、颜料、填料、无机成核剂、微纤等
1～10μm	颜料或填料的聚集体、球晶、断裂表面的形态、玻璃纤维等
10μm～1mm	泡沫结构、织物结构、涂层结构等

改性 ABS 树脂中各种结构的测定方法列举如下：

（1）光学显微法

光学显微镜价格低廉，照片直观，应用非常广泛，其极限分辨率约为 0.2μm，最高放

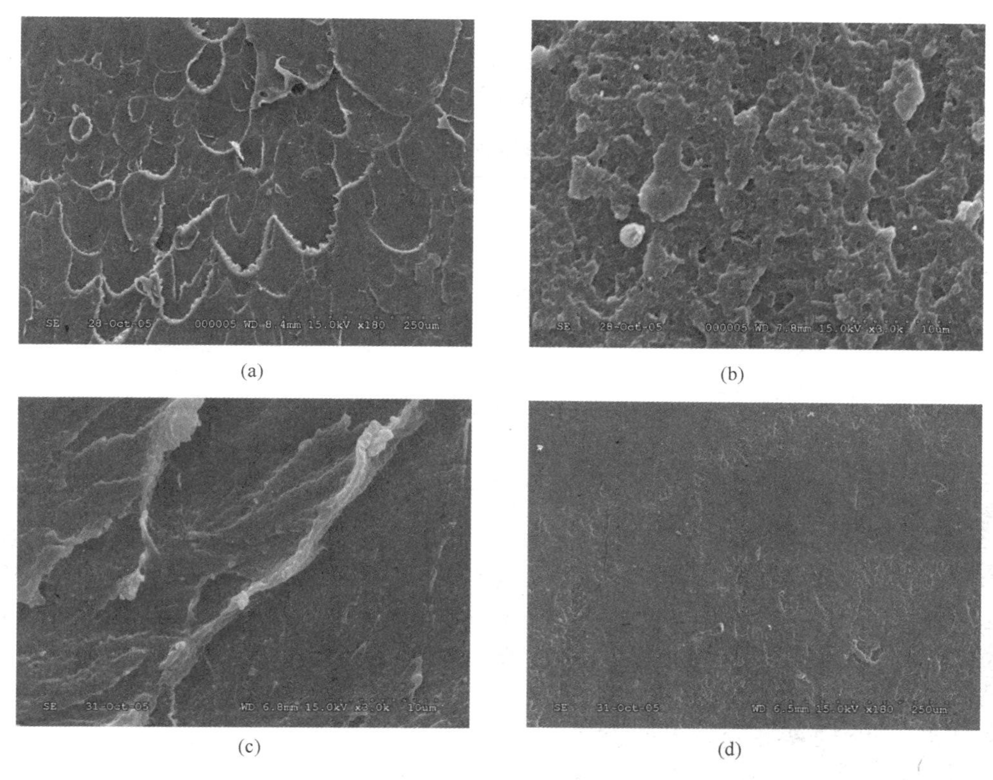

图 6-14　ABS 树脂样品不同断面的扫描电镜照片

大倍数为 1000~1500 倍，通常能分析的尺寸范围为 10μm~1mm。ABS 结构分析的许多内容都在该尺寸范围之内，例如填料、增强剂、色粉的分散情况等。制样方法包括热压膜法、切片法、打磨法和断裂法等[30]。图 6-15 为玻璃纤维增强塑料光学显微照片(×100 倍)。

通过该照片可以观察增强塑料中玻璃纤维的形态，同时可以统计其长度分布，对于研究材料的性能和加工工艺等具有重要的参考意义。图 6-16 为炭黑增强塑料色板表面的光学显微照片(×100 倍)。

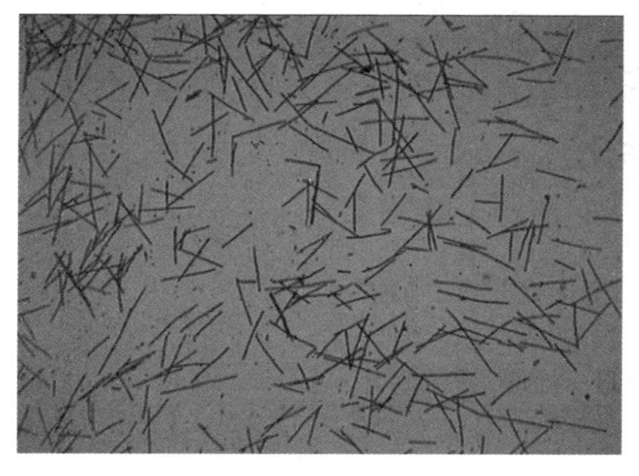

图 6-15　玻璃纤维增强塑料光学显微照片(×100 倍)

图 6-16　炭黑增强塑料色板表面的光学显微照片(×100 倍)

色板表面具有一些黑色凹坑，可能为炭黑的团聚物。如果炭黑分散不好，过多的团聚物出现在材料表面，会严重影响材料的光泽度。

（2）电镜法

在 ABS 材料分析中广泛应用。除了研究 ABS 树脂的微观结构外，在 ABS 合金研究中亦广泛使用电镜。电镜分析常需染色，表 6-16 为扫描电镜分析常用的染色剂。

表 6-16　扫描电镜分析常用的染色剂

聚合物	染色剂
二烯聚合物	OsO_4，Br_2，RuO_4
聚酯，共聚醚酯	Allyamine/OsO_4，RuO_4
聚酰胺	PTA，RuO_4
聚烯烃	Chlorosulfonicacid/Uranylacetate，RuO_4
聚苯乙烯，苯乙烯共聚物	RuO_4

ABS 合金的结构分析也常使用电镜，图 6-17 为 ABS/PC/PBT 三元共混物的透射电镜图。

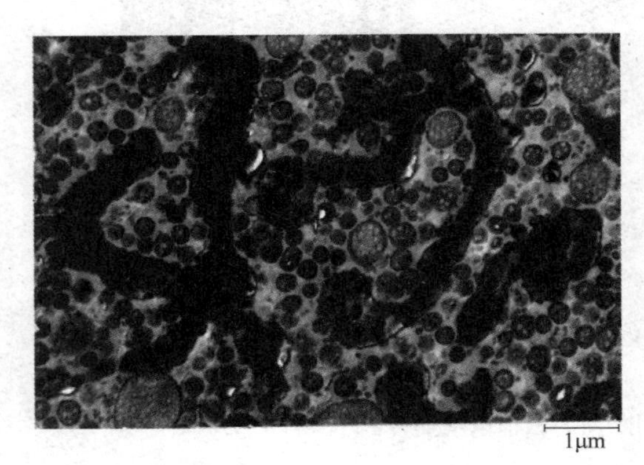

图 6-17　ABS/PC/PBT 三元共混物的透射电镜图

由图 6-17 看出，对于三元共混物 ABS/PC/PBT，使用 RuO_4 和 OsO_4 双重染色，圆形的橡胶粒子分散在 SAN 基体中，同时 PC 和 PBT 作为分散相，有的为球形，有的为带状。

图 6-18 为 50/50（质量）PC/ABS 合金的透射电镜图。

50/50PC/ABS 合金，采用 OsO_4 染色。图（a）中黑色区域为 SAN 连续相中的橡胶粒子；图（b）中黑色的橡胶粒子分散在 SAN 中，而 PC 相为白色，ABS 和 PC 呈现双连续相的结构。

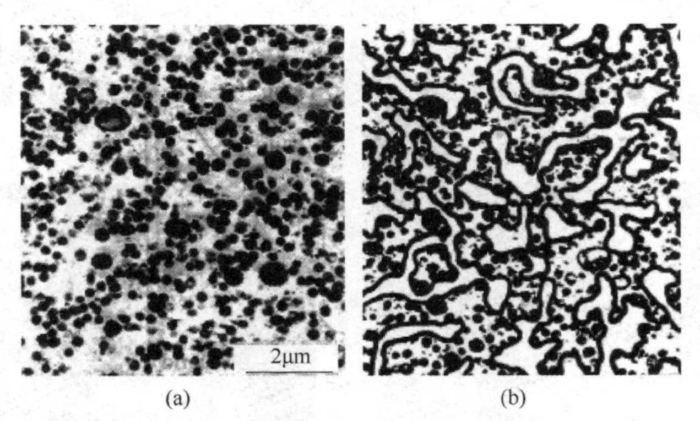

图 6-18　50/50（质量）PC/ABS 合金的透射电镜图

6.5　加工与应用分析及测试

6.5.1　加工性能

6.5.1.1　流变性能

ABS 加工过程，不论是注射成型还是挤出成型，材料的流动性能极其重要。目前表征

ABS 流动性能的主要指标是熔体流动速率和流动长度，即低剪切速率测试和高剪切速率测试数据[31]。

（1）熔体流动速率的测试

熔体流动速率有两种表示方式，体积流动指数（VFR）和质量流动指数（MFR）。具体测试可参考相关标准。

熔体流动速率并不是合成树脂的基本属性，它表征热塑性合成树脂熔体流动的性能，是由实验定义的，与合成树脂的融体黏度、分子量及其分布、分子结构以及测试温度等多种因素有关。不能简单地用熔体流动速率表征合成树脂的加工性能，熔体流动速率相同的材料，结构组成可能存在很大差异，加工性能可能相差很大。

（2）流动长度的测试

ABS 树脂流动不符合牛顿流体流动规律，其熔体黏度随剪切速率的增加而减小，存在剪切变稀现象。低剪切速率测量的熔体流动速率数据不能反映高剪切速率下加工时的流动行为。低剪切速率熔体黏度相近的高聚物，在高剪切速率加工时，分子量分布窄者比分布宽者熔体黏度要高些。分子量分布较宽的高聚物加工时，其中低分子量部分充当增塑剂，改善了材料的流动性能。

为了解决熔体流动速率不能完全反映塑料加工流动性能问题，更好地评价塑料注塑特性，采用流动长度来表示塑料的注射加工性能。即将注塑模具的型腔刻成厚度 1mm 的流动曲线，用注射机将塑料注射入模具型腔，在不同注塑条件下所形成的填充长度就可以用于研究和表征塑料的成型加工性能和塑料自身的流变及传热性质。流动长度将材料特性与加工条件结合在一起，能够更准确地评价材料的注射流动性能，以及注射条件对流动性能的影响[32,33]。

流动长度测定时，制件厚度 T 设定为 1mm，L（长度）$/T=L$，用户可根据制件形状判断最大 L/T 值，即用最长流程比制件厚度，根据比值对照流动长度测试结果，确定加工温度及注塑压力。流动长度测试结果只供参考，可能会因注塑机不同而异。通过流动长度曲线可以判断 ABS 能否满足注塑加工需要，以及大概的加工条件。见图 6-19。

注射条件对测试结果影响很大，操作过程中需要记录注射温度、注射压力、注射速度、注射时间、冷却时间、模具温度等条件，不同条件测试结果不能比较。温度对结果影响很大，设备温度达到均匀稳定需要时间。操作条件改变，如注射速度改变，都会改变温度平衡，因此操作循环稳定后再取样测试流动长度。

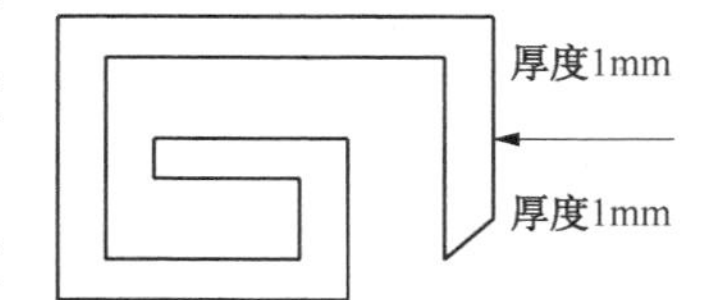

图 6-19　流动长度测试型腔

（3）毛细管流变测试

毛细管流变仪，既可以测定聚合物熔体在毛细管中的剪切应力和剪切速率的关系；又可以根据挤出物的直径、外观以及在恒定应力下通过改变毛细管的长径比来研究熔体的弹性和不稳定流动（包括熔体破裂）现象，从而预测聚合物的加工行为，作为选择复合物配方、寻求最佳成型工艺条件和控制产品质量的依据；还可为高分子材料加工机械和成型模具的辅助设计提供基本数据，并可用作聚合物大分子结构表征研究的辅助手段。

ABS 树脂的毛细管流变行为见图 6-20。随着剪切速率增加，熔体黏度几乎呈线性下降。

王菊琳等[34]用毛细管流变仪对 8 种常见的 ABS 树脂流变性能进行研究，发现 8 种树脂的非牛顿指数（n）都小于 1，属于假塑性流体；表观黏度随剪切速率、剪切应力的增加而降

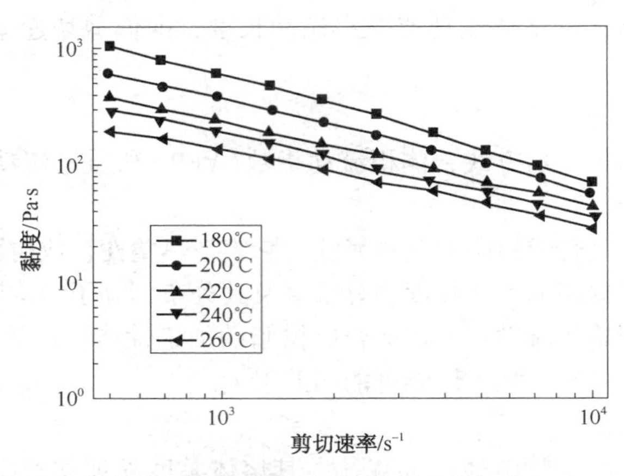

图 6-20 ABS 树脂的毛细管流变行为

低，当剪切速率和剪切应力足够高时，对表观黏度的影响趋于一致。

吴若等[35]采用毛细管流变仪研究了无卤阻燃 PC/ABS 合金的流变行为，得到了熔体表观黏度及切应力与剪切速率的关系。结果表明，无卤阻燃 PC/ABS 合金熔体为假塑性流体，表观黏度随剪切速率的增加而降低；在 230℃时，合金的非牛顿指数随着阻燃剂含量的增加而增加；在剪切速率为 20～3000s^{-1}时，合金熔体黏度对温度不敏感，即要实现黏度降低，采用升温法效果不佳。

(4)转矩流变

转矩流变仪是一种多功能、积木式流变测量仪，通过记录物料在混合过程中对转子或螺杆产生的反扭矩以及温度随时间的变化，可研究物料在加工过程中的分散性能、流动行为及结构变化(交联、热稳定性等)，同时也可作为产品质量控制的有效手段。由于转矩流变仪与生产设备(密炼机、单螺杆挤出机、双螺杆挤出机等)结构类似，且物料用量少，所以可在实验室中模拟混炼、挤出等工艺过程，特别适宜于生产配方和工艺条件的优选试验。

韩强等[36]利用 HAKKE 转矩流变仪对高桥石化、美国 Dow 和中化太仓生产的几种本体聚合 ABS 树脂的流变性能进行了对比研究，并从分子结构来验证试验结果，发现本体 ABS 的平衡扭矩与加工温度呈线性反比关系，随加工温度的提高，产品的平衡扭矩降低；与剪切强度呈正比关系，随剪切速率的提高，产品的平衡扭矩升高。说明本体 ABS 产品为温度敏感型热塑性塑料，在实际加工应用过程中可以使用提高加工温度来改善加工性能。

赵新亮等[37]采用转矩流变仪和毛细管流变仪研究了丙烯腈-丁二烯-苯乙烯(ABS)/聚碳酸酯(PC)共混体系的流变行为以及共混物组成对熔体流变行为的影响。结果表明：转矩流变仪平衡温度随着转速提高而增大，平衡转矩会在某一转速下达到峰值。两种测试方法得到的流变数据基本一致，共混物熔体呈现剪切变稀的假塑性流体特性。随着 PC 含量的增加，共混物熔体表观黏度逐渐增大，共混物熔体的非牛顿指数表现为负偏差，黏流活化能则表现出正偏差，说明 ABS 与 PC 间具有一定的相容性。

6.5.1.2 热稳定性

ABS 在加工过程中受到热和剪切作用，会发生部分降解，导致性能下降。因此，测试 ABS 的热分解温度，对于 ABS 树脂，尤其是阻燃类 ABS 树脂的加工非常重要。一般热分解温度采用热失重分析(TGA)测试。

热失重分析，是在程序控制温度及设定气氛下，测量样品质量随温度或时间变化的一种测量技术。质量变化可采用高灵敏度天平来记录。热失重分析能提供下列信息：易挥发性成分(水分、溶剂)、聚合物、炭黑或碳纤维组分、灰分或填充组分的组分分析；聚合物高温分解机理、过程和动力学。图 6-21 为 ABS 树脂热失重曲线。

热稳定性评价方法：

① 定温失重量法：规定一个温度值，求材料在该温度下的质量损失百分数，质量损失越大，热稳定性越差。

② 定失重量温度法：规定一个质量损失百分数，求材料在该质量损失百分数时的温度，温度越高，热稳定越好。

③ 始点温度法：求材料开始质量损失时的温度，温度越高，热稳定性越好。

④ 拐点温度法或最大失重速率法：求 TG 曲线上拐点或 DTG 曲线上峰点对应的温度。

⑤ 外推始点温度法：求 TG 曲线基线延长线与最大斜率点切线的交点的温度。

⑥ 半分解温度法：求材料在真空中加热 30min、质量损失到 50%的温度，也可以称为材料的半寿命。

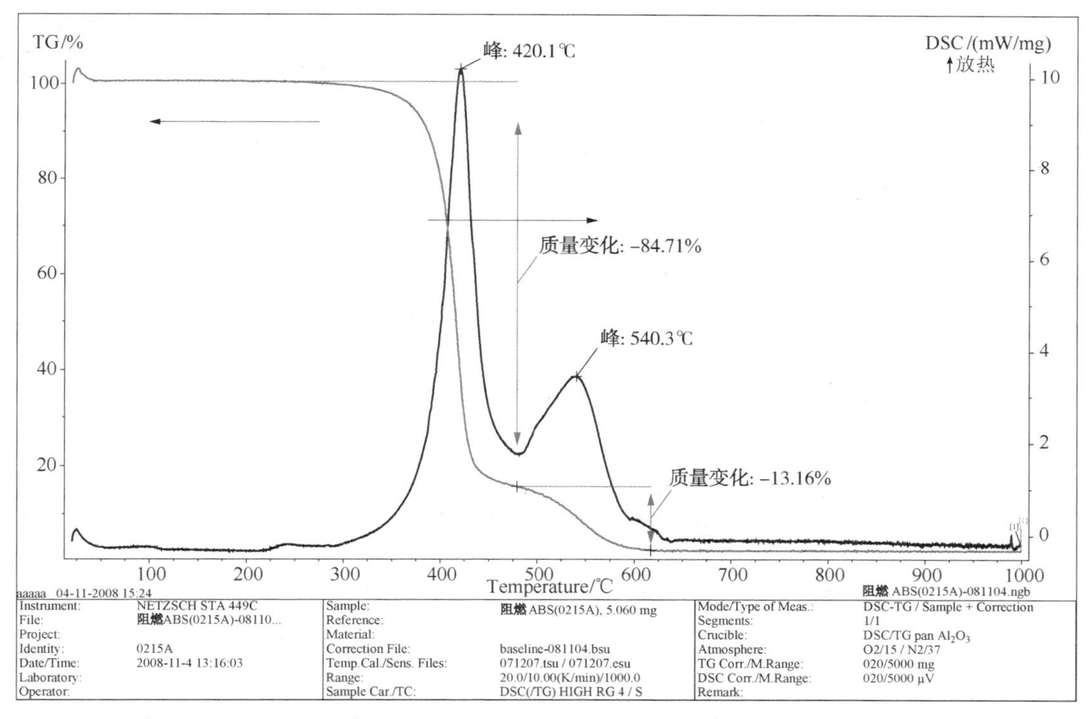

图 6-21　ABS 树脂热失重曲线

图 6-21 中左上角曲线 1 显示 ABS 样品开始分解的温度在 260℃左右，温度高于 340℃后材料迅速分解，从分解的曲线出现拐点可以看出 ABS 有两种组分组成，一种组分占 84.71%左右，另一种占 13.16%左右。

阻燃 ABS 的热失重曲线见图 6-22。

而阻燃 ABS 在 122℃水分蒸发有质量损失，说明阻燃 ABS 具有吸水性，从 250℃开始分解，在 DTG 曲线上有两个峰，说明材料存在两种热分解温度差异较大的组分，在 346℃分解最快的组分应该是阻燃剂，而在 439℃分解最快的组分是 ABS 树脂。

TGA 还能与傅氏转换红外线光谱分析仪(FTIR)联用，以研究材料的降解机理。杨有

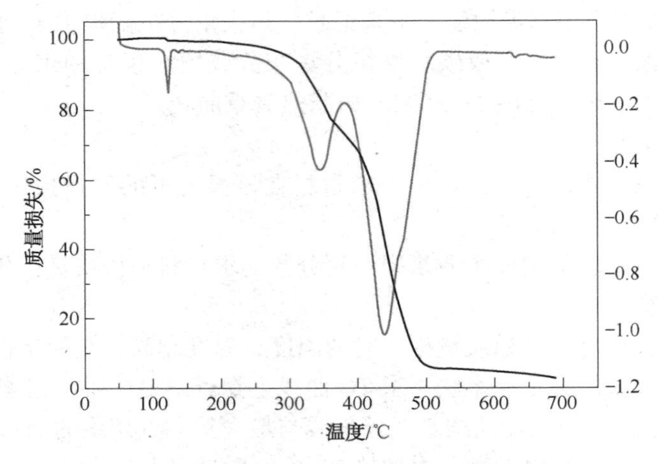

图 6-22　阻燃 ABS 的热失重曲线

财[38]采用 TGA-FTIR 研究空气气氛下 ABS 树脂的热稳定性及热氧降解质量损失，观察 ABS 在不同升温速率下的质量损失情况；采用 TGA-FTIR 联用对 10℃/min 等速升温下 ABS 质量损失过程中逸出气体进行分析；采用热分解动力学方法分析 ABS 的热氧降解过程，计算热分解活化能。结果表明，ABS 的 TGA 曲线有两个质量损失区间：第一区间是 ABS 的急剧氧化降解过程，活化能(E_a)为 191.8~262.8kJ/mol，第二区间是成炭产物的氧化，E_a 约为 139.7kJ/mol；升温速率越小，ABS 热氧降解速率越慢，交联成炭产物越多，有利于抑制 ABS 降解；由 FTIR 测试和 E_a 变化发现，热氧降解反应为多步复杂反应，初期氧化和氧化断链反应同时进行，并以氧化断链反应为主；随着分子链双键增多易发生交联反应；质量损失率大于 80%时开始炭化反应，最终交联炭层发生氧化反应生成 CO_2。Masanori 等[39]采用 TGA-FTIR 联用对比研究 ABS 与 PS，PB 和 PAN 的热分解行为，发现接枝 SAN 后的 PB 橡胶热稳定性提高，加入 PB-g-SAN 后 SAN 的热稳定性下降。

6.5.1.3　重复加工性

ABS 材料在注塑和挤出加工过程中，不可避免产生边角料，同时也会产生不合格品，对于客户来说，这些材料必须重新利用。因此 ABS 材料的重复加工性非常重要。评价 ABS 材料的重复加工性，一般是将材料重复加工，观察性能的保持率。

汪济奎等[40]通过研究一次回收料的添加比例、注射制品的模拟循环实验等对制品力学性能的影响，验证了一次回收料使用的可行性。见表 6-17、图 6-23~图 6-25。

表 6-17　环境测试前不同配方物料的物理性能对比

物理性能	m(新料)：m(回收料)						
	100：0	90：10	70：30	50：50	30：70	10：90	0：100
拉伸强度/(g/10min)	5.69	6.31	6.62	6.90	6.70	6.67	6.64
缺口冲击强度/(kJ/m^2)	21.83	20.07	20.15	20.47	19.62	21.46	22.34
拉伸强度/MPa	36.65	36.91	37.55	36.18	37.10	36.51	36.72
弯曲强度/MPa	62.64	63.37	62.91	62.58	63.00	60.20	63.28
密度/(g/cm^3)	1.1826	1.1816	1.1796	1.1786	1.1794	1.1765	1.1745
热变形温度/℃	70.2	70.3	—	70.2	—	70.2	70.9

回收料的加入，尤其是较低含量的回收料，对性能的影响较小。

对于 ABS 材料的回收性，也可以用双螺杆重复挤出，观察材料性能的变化。重复过机后，拉伸强度会先升高后下降，而冲击强度会一直下降，熔体流动速率也一直呈下降趋势。

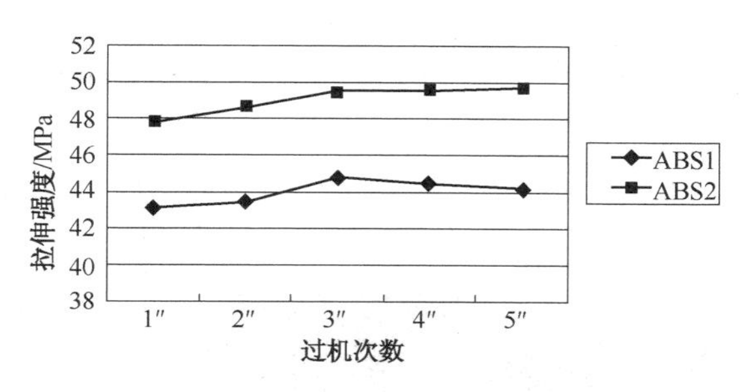

图 6-23　过机次数对拉伸强度的影响

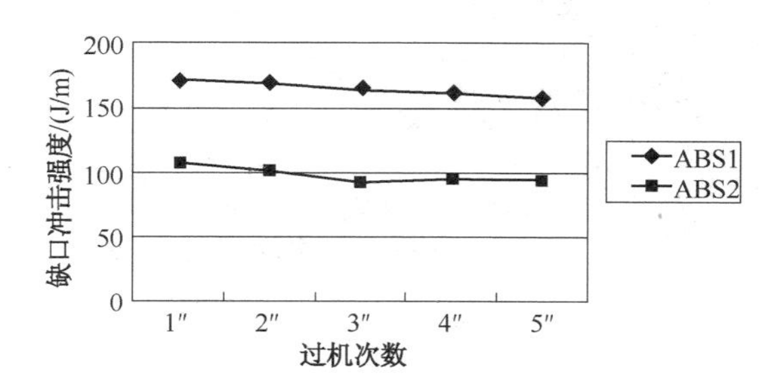

图 6-24　过机次数对缺口冲击的影响

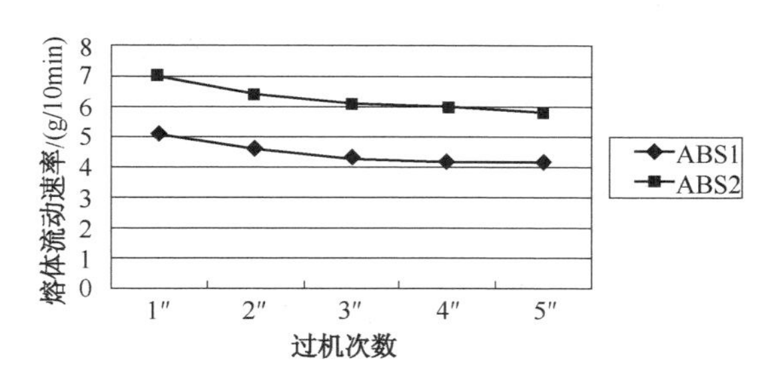

图 6-25　过机次数对缺口冲击的影响

6.5.1.4　加工仿真

计算机辅助工程分析(CAE)是应用计算机分析 CAD 几何模型之物理问题的技术，可以让设计者进行仿真以研究产品的行为，进一步改良或最佳化设计。目前在工程运用上，比较成熟的 CAE 技术领域包括：结构应力分析、应变分析、振动分析、流体流场分析、热传分析、电磁场分析、机构运动分析、塑料射出成型模流分析等。

应用 CAE 软件必须注意到其分析结果未必能够百分百重现所有的问题，其应用重点在于有效率地针对问题提出可行的解决方案，以争取改善问题的时效。

应用 CAE 工具时，必须充分了解其理论内涵与模型限制，以区分仿真分析和实际制程的差异，才不至于对分析结果过度判读。据估计，全球应用 CAE 技术的比例仅 15%左右，仍有广大的发展空间。影响 CAE 技术推广的主因有：

① 分析的准确性；

② 相关技术人员的养成；

③ 技术使用的简易性。

应用于塑料注射与塑料模具工业的 CAE 被称为模流分析。模流分析具有注塑成型仿真工具功能，能够帮助设计、验证和优化塑料零件、注塑模具和注塑成型流程，能够为设计人员、模具制作人员、工程师提供指导，通过仿真设置和结果阐明来展示壁厚、浇口位置、材料、几何形状变化如何影响可制造性，从薄壁零件到厚壁、坚固的零件。

具体案例如图 6-26 所示。

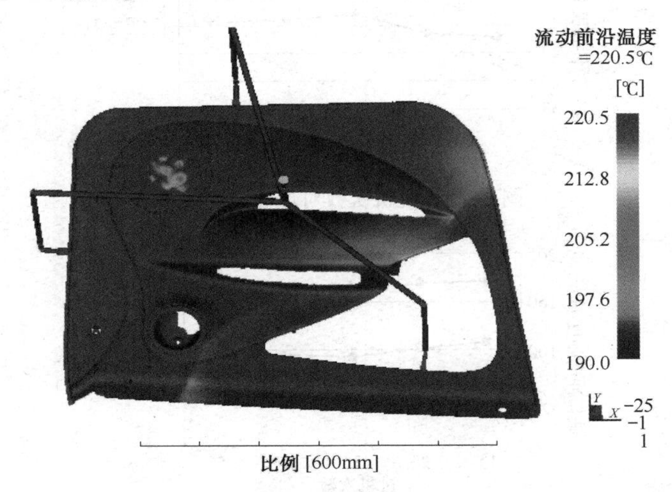

图 6-26　汽车门板的模流分析

在模流分析中，必须给出材料的相应参数，例如拉伸模量、泊松比、线性热膨胀系数、比热容、PVT 曲线等，这些参数必须由专业的测试机构进行测试，然后写入 moldflow 的软件数据库。

6.5.2　力学性能

（1）测试样条的制备

ABS 树脂原料多数以颗粒形式存在，为进行力学性能测试必须先制备测试样条，通常由两种方法制备：一种是将原料颗粒经过压塑成型，制成一定厚度的片材，再从片材上裁出测试所需的样条；另一种方式是通过注塑成型，利用注射机直接注塑出测试所需的样条。第一种方法操作复杂，对操作人员技术要求较高，效率低，制件尺寸误差大；第二种方法操作简单，效率高。目前制样方式多采用注塑成型，但由于不同原料的流动性、收缩性能不同，注塑成型的条件也不同。受到注塑过程材料流动取向的影响，测试结果与第一种制样方法有一定差异。

为保证制样质量，制样前需要对原料进行干燥处理，否则注塑件表面会出现水花。通常 ABS 树脂干燥条件为料层厚度不大于 3cm，在 80℃±5℃的鼓风烘箱中干燥 2h 以上，干燥后的含水量小于 0.1%；对于改性 ABS 树脂，根据其改性技术特点，适当调整烘干条件。对于阻燃 ABS 树脂，由于含有阻燃剂，耐热性下降，需要降低烘干温度；而对 ABS/PC 合金，由于加入 PC 后耐热性提高，同时 PC 容易吸水，因此要提高烘干温度。

（2）冲击强度的测试

试样缺口采用什么方法加工，其形状和尺寸对测试结果有很大的影响，因此制备缺口时需要保证操作条件一致，缺口深度一致。另外铣刀磨损后导致缺口角度发生变化，对冲击测试结果有影响，需要及时更换铣刀。

测试温度对冲击测试结果影响较大，并且对不同橡胶含量的 ABS 树脂影响程度不同。测试温度越低，冲击强度值越低；橡胶含量越高，温度的影响程度越大[41]。见图 6-27。

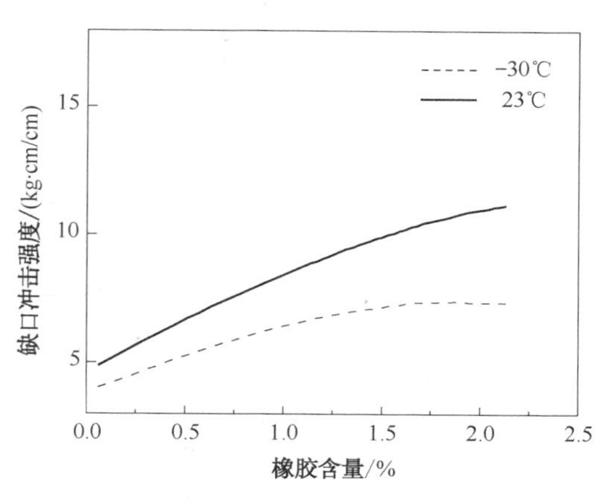

图 6-27　测试温度对 ABS 冲击强度测试结果的影响

缺口加工速度对冲击强度有很大影响。随着缺口加工速度增大，冲击强度测试结果明显增大。因为加工速度加快，铣刀与样条之间的摩擦生热使缺口处树脂熔化，随着铣刀快速前进，熔化的流体进入缺口顶端，减少了缺口的深度，即增大了冲击样条的剩余厚度，同时缺口顶端曲率半径增大，应力集中程度减小，测试冲击强度结果就增大[42]。但缺口加工速度低到一定程度后，对冲击强度无明显影响。

试样的厚度对冲击强度测试结果也有影响。如采用 ASTM D256 测量同一种样品的冲击强度，样品厚度由 3. 2mm 增加到 6. 4mm，测量的冲击强度值反而下降[43]。

(3) 落锤冲击或高速冲击测试

落锤冲击是让一定质量的锤从某一高度自由降落到试祥表面，以此试样的耐断裂程度来评价其耐冲击性能。试件断裂时锤的落下高度与质量乘积的最小值就是材料的落锤冲击强度。要根据材料的冲击强度、试样厚度，调整落锤质量和高度，保证落锤能够冲破试样。

高速冲击试验原理与落锤冲击相同。高速冲击试验仪通过液压油缸将一定形状的冲击头以一定速度冲击样品，记录冲击过程中试样应力变化情况。由于试验过程中冲击速度、冲击能量可调，简化了试验操作程序，并能记录试样破碎过程应力、应变变化，从而自动计算出试样吸收的冲击能。

两种测试方法大同小异，均采用一定能量的冲击头冲击试样表面，并且落锤冲击和高速冲击试验更能模拟材料在实际应用过程中的受力情况，更好地反映材料使用条件。

(4) 拉伸强度的测定

拉伸速度对测试结果影响很大。高分子材料存在应力松弛和蠕变现象，决定其拉伸强度受其分子链柔顺性及链段运动速度的影响。在较低的拉伸速度下，高聚物分子链段有充足的时间移动，表现出高弹态特征，拉伸曲线变得倾斜，拉伸模量变小，拉伸强度也变小，但断裂伸长率增加；相反，拉伸速度增加，高聚物分子链段来不及移动，材料表现出玻璃态特征，呈现拉伸强度增加、拉伸模量增加、而断裂伸长率降低的测试结果。图 6-28 显示不同胶含量 ABS 拉伸强度对拉伸速度的敏感程度，胶含量越高，材料越接近高弹态，应力松弛时间短，对拉伸速度越不敏感[44]。

(5) 弯曲强度和弯曲弹性模量的测定

同拉伸强度测试一样，测试速度快，测试结果偏高；测试速度慢，测试结果变低。4 种高聚物在不同测试速度下的弯曲强度见表 6-18。

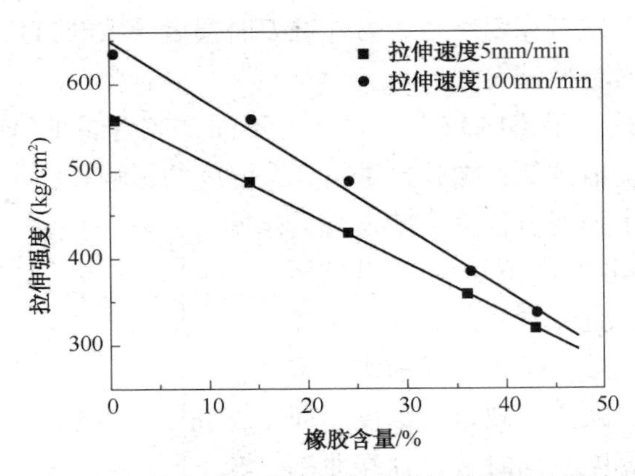

图 6-28　拉伸速度以及胶含量对拉伸强度的影响

表 6-18　测试速度对 4 种高聚物弯曲强度的影响[2]

试验速度/(mm/min)	POM	ABS	PS	PP
1.5	69.82	65.81	107.1	51.53
1.7	71.59	66.62	109.3	52.17
2.0	71.76	67.44	109.2	52.40
2.3	72.64	67.77	110.6	53.51
2.7	76.39	67.87	113.3	53.19

测试温度影响规律与拉伸强度测量过程相同。测量温度高，弯曲强度低；测量温度低，测试结果高。

(6) 洛氏硬度的测定

洛氏硬度测定，是用一定直径的钢球压头压入试样表面，先后施加初试验力和主试验力，在总试验力(初试验力与主试验力之和)作用下保持一定时间后卸除主试验力，保留初试验力，测量其压入深度 h 和在初试验力作用下压入深度 h_0 之差。该差数表示洛氏硬度值的高低，深度差大则硬度值低，深度差小硬度值高。洛氏硬度测量，不同硬度的材料应该选择不同直径的钢球，并设置不同标尺。ABS 硬度测试采用 R 标尺。见表 6-19。

表 6-19　洛氏硬度标尺与压头对应关系

标　尺	E	L	M	P	R	S	V
钢球直径/mm	3.175	6.350	6.350	6.350	12.700	12.700	12.700
初始试验力/N	98.07	98.07	98.07	98.07	98.07	98.07	98.07
总试验力/N	980.7	588.4	980.7	1471	980.7	980.7	1471

6.5.3　热性能

(1) 热变形温度的测试

热变形温度是衡量合成树脂耐热性能的重要指标之一，是用规定尺寸的矩形试样，按照简支梁静弯曲方式设置负载，施以规定负荷(1.81MPa 或 0.45MPa)，浸在导热的液体介质(如硅油)中，按照 120℃/h 的升温速率升温，当试样中点的变形量达到与试样高度相对应的规定值时的温度，就是该合成树脂的热变形温度。

硅油黏度对热变形温度的影响。硅油是传热介质，可保证样品不同方位受热均匀、稳定。当硅油使用时间比较长以后，会受到污染导致其黏度增加，进而对测量结果产生影响，需定期更换硅油[45]。

起始温度对热变形测试结果有影响(表6-20)。GB/T 1634—2004 规定每次试验开始温度应低于27℃。初始温度过高会使测试结果增高。

表6-20 初始温度对热变形温度的影响[45]

初始温度/℃	25	27	30	35	40
热变形温度测试结果/℃	76.5	76.7	78.3	80.2	81.2

另外，测试过程中升温速度对结果也有影响，由于热量在油浴中的扩散以及从测试件表面向内部扩散都需要时间，如果升温速度快，测试件内部温度滞后于测试温度，就会导致测试结果高于实际值。

(2) 维卡软化点的测试

维卡软化点，是合成树脂耐热性能另一种表征方法，指在合适的液体传热介质中，在一定的负荷及等速升温条件下，试样被 $1mm^2$ 针头压入1mm时的温度。其测试过程及设备与热变形温度测试相似。

(3) 长期耐热性的测试

在实际使用过程中，人们更关心的是ABS的长期性能评价，也有人称为长期耐用性或耐热老化性。而相对温度指数(RTI值)正是其中一项重要的技术参考指标。制造商通过专用于评估聚合物长期热老化特性的基础测试——长期热老化测试(LTTA)，以5000~10000h的加速热老化结果，来推断材料在 10^5h 能承受的最高温度，即RTI值。具有较高RTI值的材料，通常可以使用更长的时间，减少成品维修的机会与成本，能够帮助制造商满足高质量客户的需求，因而经权威认证机构认可的RTI值一定程度代表了材料的品质，成为业界普遍认同的参考依据。

UL764B就是考察一些关键或主要性能随时间和不断升高的温度而产生的变化，即测试材料在规定温度下的热老化，测试在不同温度下老化一定时间后的性能(一般做拉伸强度、冲击强度、电绝缘性三项)。将一定形状样品在四个不同温度下进行(不同塑料测试温度不同)测试，观察性能变化直至失效。样品分别在四个温度老化箱中进行老化试验，保持原有性能50%以上者，为未老化，得出每个温度对应时间。根据四个不同温度和时间结果作图，找出40000h仍能保持50%性能的温度，以温度定量判别材料是否可用，大致上确定材料的实际温度上限，这些温度指标一般都会登记在UL黄卡上，以RTI值表示。

为了帮助有良好信誉和强大技术能力的厂商更快速、更便捷地获得UL认证，UL首次在大中华地区引入了“实验室认可计划”。该项计划是UL客户测试实验室审核计划之一，将对厂家的实验室设备、人员、测试流程及管理系统等进行审核。取得认可后，厂家在该实验室对旗下产品测试所得的数据将会获得UL的承认继而进行认证。这样的安排不仅让厂家可以第一时间了解测试的进度及马上解决过程中遇到的问题，也可以更好地控制申请项目的周期、更有把握地获得UL的证书。

6.5.4 燃烧性能

6.5.4.1 塑料水平、垂直燃烧性能测试

在塑料燃烧性能试验方法中，最具代表性、历史最悠久、应用最广泛的方法为水平、垂直燃烧法，这两种方法属于塑料表面火焰传播试验方法。水平、垂直燃烧测试方法标准很多，其中有ISO1210《塑料水平和垂直试样与小火焰点火源接触时燃烧性能的测定》，该标准已经转化为国标。但在塑料产业界以美国保险业安全试验室(UL)制定的标准应用最广。

(1) 水平燃烧性测试

材料水平燃烧性能测试，是指将一定尺寸的试件水平放置，一端固定，在另一端点火，记录材料燃烧速度。ABS易燃，水平燃烧测试时其样条一般不能自然熄灭，火焰燃烧到第二标线后会继续燃烧。

(2) 垂直燃烧测试

垂直燃烧测试是阻燃ABS应用最多的测试，样条被垂直安放，上端固定在铁架台上，下端点火，测试试样燃烧情况。UL将材料垂直燃烧性能分为3个等级，按阻燃等级依次为V0级、V1级和V2级。

垂直燃烧测试包括有焰燃烧和无焰燃烧。有焰燃烧，是材料离开点火源后进行带火焰的燃烧。此时试样燃烧速度剧烈，产生火焰和大量的烟。无焰燃烧，是材料离开点火源后没有火焰的燃烧，此时试样燃烧速度较慢，发出辉光，并产生烟雾。

(3) 5V级测试

材料5V级测试是更加严格的测试，测试过程中每间隔5s施加125mm高火焰5s，测试材料的燃烧性能，5V级分为5VA、5VB两个等级。

6.5.4.2 烟密度

塑料在受热分解并继而燃烧的过程中，除产生大量热量外，还伴随烟雾产生。这些烟雾中包含炭及碳化物微粒、焦油微粒和一些气体，对环境和人身均构成极大威胁和危害，因此，控制和抑制烟雾成为当今消防和阻燃科技的重要组成部分。评价和检测塑料材料的烟密度，具有重大的现实意义[46]。

烟雾测试方法主要有两种，即烟雾的比光密度法和烟尘质量测定法。

比光密度法主要通过测量烟雾的透光率，计算烟的光密度而评价烟雾的产生量。由于比光密度法原理同真实火灾中的能见度有关，因此其测试结果在火灾安全逃生通道设计中有一定的参考价值。测试标准见表6-21。

表6-21 国内外烟密度测试使用的标准

国别及国际组织	比光密度法	烟尘称重法
美国	ASTM E-84 ASTM E662 ASTM D2848	ASTM D757 ASTM E162 ASTM D4100
日本	JIS A1321 JIS D1201	ASTM D2843 (Arapahoe法)
国际标准组织	ISO 5659	—
中国	GB 8323	—

NBS 烟箱法由美国国家标准局[NBS，现改为国家技术与标准研究院(NITS)]开发成功。它是长期以来被广泛应用的一种小型实验室方法，可测定材料明燃和阴燃两种情况下的生烟性，结果以比光密度表示。也常将积累烟密度对时间作图，得到材料生烟性曲线(比光密度-时间曲线)。

NBS 烟箱法细节可见 ASTME662 和 GB 8323，ABS 的烟密度曲线见图 6-29。

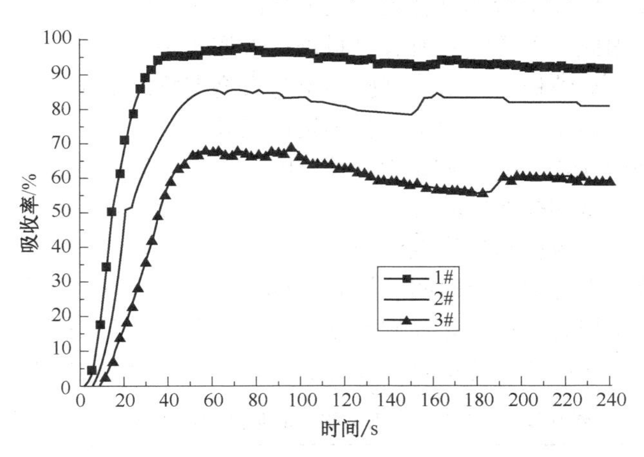

图 6-29　三种 ABS 树脂的烟密度

6.5.4.3　氧指数

塑料的极限氧指数(LOI)，定义为规定条件下，在氮、氧混合气体中，试样维持平衡燃烧时的最低氧浓度(体积分数)。LOI 测定法，由美国人在 1966 年提出，并在 1970 年制订了第一个 LOI 测定标准，即 ASTM D2863—1970。其后许多国家都制定了相关标准。如日本 HSK7201—1976、英国 BS2782. 1/141—1978、苏联 TOCT21793—76、国际标准化组织 ISO4589—1984 及 ISO4589—1981、国际电工委员会 IEC1144—1992、中国 GB 2406 等。GB/T 2406参照 ISO4589—1984，适用于均质固体材料、层压材料、泡沫材料、软片和薄膜材料等。

ISO4589、ASTM D2863 及 GB2406 都规定了测定 LOI 的标准方法。测定塑料氧指数使用氧指数仪，包括玻璃燃烧筒、试样夹及流量控制系统。燃烧筒底部填充一层玻璃珠用以平衡气流，其上有一金属网，用以承接试样燃烧时的滴落物。测试时，将试样垂直地装于试样夹上，从燃烧筒底部通入氧、氮混合气，用点火器从上端点燃试样，改变混合气中氧浓度，直至火焰前沿恰好达到试样的标线为止。由氧浓度计算氧指数，并以 3 次测试结果算术平均值为测定值。

氧指数测定结果受气体流速、试样厚度、气体压强、点火位置、试样夹持方式、温度等因素影响，测定应在严格规定的条件下进行，结果才会有良好的重现性和准确度。这里应该强调的是温度与氧指数的关系，温度升高，材料氧指数下降。测定不同温度下的氧指数，有助于理解材料的燃烧机理和分子结构。测定氧指数时，也可以采用氧以外的氧化剂气体，如 N_2O、Cl_2 等，这多用于阻燃机理研究，特别是用于区分气相阻燃还是凝聚相阻燃。

6.5.4.4　锥形量热仪

锥形量热仪(Cone Calorimeter，简称 CONE)是美国国家标准与技术研究院(National Institute of Standards and Technology，简称 NIST；原美国国家标准局，National Bureau of

Standards，简称 NBS）的 V. Babrauskas 等于 1982 年研制的、基于耗氧原理的材料燃烧性能测试仪器。经过 20 多年的不断改进和完善，锥形量热仪已经成为研究材料燃烧性能最重要的试验仪器之一。

传统表征材料燃烧性能的小型实验方法与实际火情相差比较大，实验结果只能应用于一定实验条件下材料之间燃烧性能的对比研究，不能作为评价材料在真实火灾环境中燃烧行为的依据。虽然大型实物燃烧试验能够客观反映材料的火灾危险性，试验结果真实，但是成本高，试验比较复杂。因此，不可能对所有材料进行大型实物燃烧试验。锥形量热仪试验容易进行，试验环境与实际火情极为相似，试验结果与大型实物燃烧试验结果之间存在非常好的相关性，因此，锥形量热仪广泛应用于材料燃烧性能评价。

目前，已经有 ISO5660、ASTME1354 以及英国、加拿大等国家相关标准将锥形量热仪法确定为材料燃烧性能测试的标准试验方法。非等效采用 ISO5660 标准，我国也制定了以锥形量热仪为试验仪器测试建筑材料燃烧性能的标准。

应用锥形量热仪可以得到点燃时间、燃烧时间、总热释放量、总耗氧量、总烟释放量、质量损失、平均比质量损失速率、热释放速率、有效燃烧热、质量损失速率、比消光面积、一氧化碳产量以及二氧化碳产量等材料燃烧性能参数[47]。见表 6-22。

表 6-22　以锥形量热仪测得的某些材料的释热特性

材　料	热流值/（kW/m²）	释热塑料峰值/（kW/m²）	平均释热速率/（kW/m²）	有效燃烧热/（MJ/kg）
阻燃 ABS	25	439.2	211.0	10.3
	50	413.5	247.2	10.0
	75	493.5	289.3	10.0
未阻燃 ABS	20	670.8	352.8	29.0
	50	1005.4	538.4	28.3
	75	1215.4	691.3	29.4
阻燃 PC/ABS 合金	25	351.1	226.4	17.8
	50	320.7	259.8	18.4
	75	453.1	313.3	17.0
未阻燃 PC/ABS 合金	20	436.1	316.9	22.4
	50	468.8	339.6	22.4
	75	590.3	416.4	22.4

6.5.4.5　UL 黄卡解读

燃烧性能是塑料安全性能的关键指标，塑料必须符合相关安全认证才能防止发生火灾。目前国际上关于燃烧性能测试方法和标准很多，其中以美国保险业安全试验室（UL）制定的标准应用最广，UL 建立了全球检测机构，以方便对材料的燃烧性能进行评定和认证。

通过 UL 认证的材料将获得黄卡标识，该标识主要传递如下信息[48]：

材料颜色、厚度和阻燃等级：颜色包括全色（ALL）、黑色（BK）、白色（WT）和本色（NC）；厚度可为指定的厚度范围；将燃烧等级分为 HB 级、V0 级、V1 级、V2 级、5VA 级、5VB 级等。

热金属丝引燃性（HWI）：将金属丝缠绕在样条上，通过规定的电流，计算从通电到样条开始燃烧的时间，进而将塑料的阻燃性进行分级。级数越低，材料的阻燃性越好。

高电弧引燃性(HAI)：将样条暴露在一系列电弧下，计算从试验开始到样条开始燃烧所需要飞过的高电弧的次数，将塑料的阻燃性进行分级，级别数越低，材料的阻燃性越好。

高电压电弧起痕速度(HVTR)：在标准试验条件下及单位时间内，高电压电弧痕迹在被试验的塑料样条上行进的距离，以 mm/min 为单位。按数值进行分类，级别数越低，行进的速度越慢。

漏电起痕指数(CTI)：是塑料耐漏电性的指标，在对塑料样条表面施加电压的情况下，将 50 滴电解液滴落于电极间的样条表面，观察到施加多少电压为止不发生漏电破坏，级别越小，材料耐漏电性越好。

耐电弧性能(D495)：按 ASTMD495 要求，进行固体电绝缘材料的耐高压低电流脉冲电弧性能测试，级别数越低，材料耐电弧性能越好。

相对温度指数(RTI)：一般包括做拉伸强度、冲击强度、电绝缘性三项。

6.5.5 光学性能

(1) 光泽度的测试

光泽度反映材料表面对光的反射情况。一定角度的入射光照到试样表面，在一定角度上的反射光线与入射光线通量的比值称为光泽度。ABS 光泽度测试通常选择入射角为 45°[49]。

注射工艺和模具表面质量对测试结果有影响。模具温度高，注射温度、速度、压力合适，模具表面光滑无污染，试样能够更好地复制模具表面的光泽度，测试结果高。

(2) 色度(白度、黄色指数)的测试

颜色是不同波长的光反射到人眼中引起的感官上的认识。影响颜色的主要因素包括物质自身结构特点、外界环境光的种类以及观察者感官特性等。国际上常用国际照明学会(CIE)所规定的测试方法来评价塑料的颜色。即在标准光源(D65)条件下，试件反射光经过色差计的三个感应器记录 X、Y、Z 值。通过三个数值推算出明度、白度、黄色指数等参数。将全反射试样定义为标准板，标准板对应 X_0、Y_0、Z_0。测试样品与标准板对比得出色差。

明度：

$$L = 116(Y/Y_0)^{1/3} - 16$$

$$a = 500[(X/X_0)^{1/3} - (Y/Y_0)^{1/3}]$$

$$b = 200[(Y/Y_0)^{1/3} - (Z/Z_0)^{1/3}]$$

色调：

$$H° = \mathrm{arctg}(b/a)$$

$$\Delta H = [(\Delta E)^2 - (\Delta L)^2 - (\Delta C)^2]^{1/2}$$

饱和度：

$$C = (a^2 + b^2)^{1/2}$$

白度：

$$W = Y + 800(X_0 - X) + 1700(Y_0 - Y)$$

黄色指数：

$$YI = 100(1.28X - 1.06Z)/Y$$

L 值越大，颜色越浅，样品发白；L 值越小，颜色越深，样品发黑。C 值越大，颜色越艳，饱和度越高；C 值越小，饱和度越小，颜色发淡。ΔH 表示试样与标准样的色调差，如标准样为红色时，ΔH 大于 0，试样比标准样黄；ΔH 小于 0，试样比标准样蓝。

（3）透光率和雾度的测试

对于透明 ABS 和 SAN 树脂，需要用透光率和雾度来表示材料的光学性能。透光率是指透过试样的光通量与入射光通量的比值。雾度是指材料对光线的散射能力，定义为透过试样并偏离入射光方向的光通量与透射光通量的比值。

6.5.6 密度的测定

塑料相对密度测定，常用两种方法：一是浸渍法，即在一定温度下，测量试样的质量与同体积水的质量，其比值即为试样的密度；二是密度梯度法，即利用两种密度不同的液体配成一定密度梯度的溶液，将被测树脂放入密度梯度管中，测量树脂悬浮高度从而计算出密度值。第一种方法简单快捷，经常被采用；第二种测试过程复杂，溶液密度梯度随温度和时间变化，因此不常用[50]。

6.5.7 电性能

材料的导电性能可以用电阻率(即单位材料的导电能力)来表示。电阻率小于 $10^6\Omega \cdot cm$ 的材料为导体，介于 $10^6 \sim 10^9\Omega \cdot cm$ 的材料为半导体，大于 $10^9\Omega \cdot cm$ 的材料为绝缘体。ABS 属于绝缘体。测量电阻率采用伏安法，但绝缘体电阻率测量需使用特殊仪器。区分材料内部和表面的不同导电性，分别用体积电阻率 ρ_V 和表面电阻率 ρ_S 表示[51,52]。

（1）体积电阻率

在试样的相对两表面上放置电极，电极间所加直流电压与流过两个电极之间稳态电流之比，称为体积电阻 R_V。单位体积内的体积电阻称为体积电阻率 ρ_V。

$$\rho_V = (R_V \times S)/d$$

式中 ρ_V——体积电阻率，$\Omega \cdot cm$；

R_V——体积电阻，Ω；

d——试样厚度，cm；

S——测量电极面积，cm^2。

（2）表面电阻率

在试样的某一表面上放置两电极，电极间所加直流电压与经过一定时间后流过两电极间的电流之比，称为表面电阻 R_S，单位面积内的表面电阻称为表面电阻率 ρ_S。

$$\rho_S = R_S \times 2\pi/\ln(d_2/d_1)$$

式中 ρ_S——表面电阻率，Ω；

R_S——表面电阻，Ω；

d_1——测量电极直径，cm；

d_2——保护电极的内径，cm。

6.5.8 环境适应性

（1）耐化学药品性

ABS 常与化学品、润滑油、洗涤用品等液体接触，并可能与它们的蒸气接触。ABS 在这些介质作用下会发生几种变化，一方面可能吸收这些化学品溶液，出现溶解、溶胀或使其中的可溶物被提取；另一方面还可能发生物理及化学变化。

评价 ABS 的耐化学药品性，就是测试其耐酸、耐碱、耐溶剂和其他化学品的能力。在规定温度下，将试样完全浸泡在试液中接受化学老化，通过老化前后试件外观及力学性能变化评价材料耐化学品性能，力学性能通常以弯曲强度为代表。试样内残余应力对测试结果影响很大，需要对样条进行前处理。

ABS 耐化学药品性测试的关键是有针对性地选择化学药品，要结合其使用环境考虑。

（2）环境应力开裂测试

应力开裂，指材料受到低于其屈服点或者短期强度的应力(包括内应力、外应力以及两种应力的组合)的长期作用，发生开裂进而破坏的现象。应力开裂可能需要很长时间才会发生。当材料置于化学介质中，发生应力开裂而破坏的时间会大大缩短。环境应力开裂就是指材料置于化学介质中，受到低于其屈服点或短期屈服强度的应力(包括内应力、外应力以及两种应力的组合)的长期作用，发生开裂进而破坏的现象。

塑料环境应力开裂的测量方法很多，不同测试方法对结果影响很大。通用电器公司给拉伸样条分别施加 0.3%、0.5%、0.7%、1.0%的应力，然后在试样中心滴 3cm 直径化学药剂，记录 1h 后试件是否断开、不断或开裂；吸收化学药剂后，测试样条拉伸强度，并和未滴化学药剂的试样对比[53,54]。LG 化学公司将拉伸样条置于夹具上，拉伸 1.5%，用豆油、10%硫磺酸、70%乙酸、异丙醇浸湿，并维持 2 天，观察结果，没变化标记为“OK”，出现裂纹标记为“C”，记录出现破裂的时间，以此评价材料的耐化学性能[55]。

根据试样置于介质中受到低于其短期强度的应力或应变的方式，可分为弯曲试条法、球或针压痕法、恒定拉伸应力法。ABS 一般采用弯曲试条法，ISO4599—1996 叙述了弯曲试条法的一般原理。将适用于测定表征性能的 ABS 试样的一个表面夹紧在固定半径的型条上，并放入试验环境介质中。由于应变的存在，经过一段与试验环境接触的时间后，试样可能产生银纹，松开夹具，用肉眼观察评价。

6.5.9 老化性能

ABS 在使用过程中会遇到老化的问题。评价 ABS 耐老化性能主要有两类方法，一类是自然老化试验方法，即直接在自然环境中进行的老化试验；另一类是人工加速老化试验方法，即在实验室利用老化箱模拟自然环境条件的某些老化因素进行的老化试验。鉴于老化因素的多样性及老化机理的复杂性，注定自然老化是最重要、最可靠的老化试验方法。但是，自然老化试验周期较长，不同年份、季节、地区、气候条件的差异导致试验结果不可比。而人工加速老化试验模拟、强化了自然气候中的某些重要因素，如氧气、阳光、温度、湿度、降雨等，缩短了老化试验周期，且试验条件可控，试验结果再现性强。

针对不同老化机理，建立了多种老化试验方法。ABS 最常使用热老化、光老化和氧化诱导期来评价其老化性能[56]。老化过程及结果受多种因素影响，人工加速老化过程的参数选择对测试结果影响很大，也直接决定人工老化对自然老化的模拟程度。测试前需认真选择老化试验方式、老化时间、老化过程的加速程度等关键参数。不同条件下的测试结果不可比。

老化程度判定标准很多，通常通过材料老化前后力学性能变化，或熔体流动速率变化，或采用黄色指数等项目进行评价。需要结合材料的使用情况选择评价项目，如 ABS 树脂使用在制品的外表面，需要考察其老化变黄情况，以黄色指数为判定标准；使用在结构件方面，可以力学性能变化作为评定项目[57]。

（1）热空气暴露法（空气热老化）性能测试

热空气暴露方法，是一种测定塑料在强制通风的热老化试验箱中进行加速老化程度的方法。其原理是：将塑料试样置于热老化箱中，使其在一定温度下经受热和氧的加速老化作用。通过测试暴露前后性能的变化，以评定塑料的热老化性能。具体测试请参看 GB/T 7141—2008《塑料热老化试验方法》。ABS 老化温度采用 180℃±5℃，恒温 30min，主要从老化前后颜色的变化来判断材料的耐热老化性。

不同人对颜色的判断不同，给实验重复性带来困难。为避免人为因素造成评价标准不一致，也可以采用光学或力学性能评价老化程度。

（2）大气暴露测试

塑料大气暴露实验，就是将试样置于自然气候环境下，使其经受日光、温度、氧等气候因素的综合作用，通过测定其性能的变化来评价塑料的耐候性。塑料大气暴露实验需采用暴露架，并按照 GB/T 3681 试验方法进行。

（3）氙灯老化性能的测试

氙灯老化是人工气候老化试验，人工模拟日光（紫外线）、降水、温度周期性变化，采用人工加速老化的方法，分析老化试验前后塑料重量、体积、外观颜色、表层状态结构、机械性能、电性能等的变化，以评价其耐候性能。

材料的耐候性，可用性能降至某一规定值（常取保留率 50%）时的暴露时间或辐射量表征，也可以用达到某一暴露时间或辐射量时的性能变化值表示。ABS 的耐候性可以用力学性能或黄色指数老化前后变化进行评价。

（4）紫外老化性能的测试

紫外老化性能测试，就是人工模拟雨水或露水以及阳光中的紫外能量所引起的材料的破坏，它不能用来模拟像大气污染、生物破坏和咸水作用等区域性天气现象所引起的破坏。此法少有应用。

（5）氧化诱导期的测试

采用示差扫描量热法（DSC），以高聚物分子链断裂时的放热为依据，测试高聚物在高温氧气中加速老化程度。将试样与惰性参比物（如氧化铝）置于差热分析仪中，在一定温度下用氧气迅速置换试样室内的惰性气体（如氮气），测试由于试样氧化而引起的 DSC 曲线变化，并获得氧化诱导期 OIT（min），以评定高聚物的耐老化性能[58,59]。一般用氧化诱导期表征 ABS 在加工过程中的热稳定性。

具体操作参考 GB/T 19466.6《塑料差示扫描量热法（DSC）》第 6 部分：氧化诱导时间（等温 OIT）和氧化诱导温度（动态 OIT）的测定。

氧气流量对氧化诱导期有影响。在氧化降解过程中，氧是主要的活性反应组分之一，随着氧气流量的增加，氧化诱导期呈缓慢缩短的趋势，即氧气流量的增加会提高材料的氧化反应速率。但氧气流量在（50±5）mL/min 范围内，影响并不显著。

对于测试氧化诱导时间（等温 OIT），测试温度的选择非常关键。老化过程是氧气分子对分子链的氧化和破坏，温度是促进氧化过程的关键因素，温度较高情况下，通入氧气后材料马上氧化放热，氧化诱导期可能测不出来，此时需要降低测试温度，减缓氧化速度，延长氧化诱导期；温度较低的情况下，材料氧化分解速度太慢，需要很长时间，一般选择测试温度 165℃[60]。

图 6-30 为不同温度 ABS 树脂的氧化诱导期（等温 DSC）。

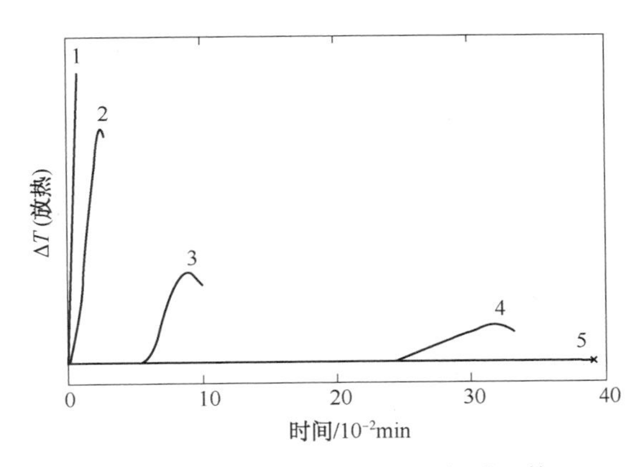

图6-30 不同温度ABS树脂的氧化诱导期(等温DSC)

在图6-30中，ABS含有45.0%聚丁二烯，0.48%的抗氧剂Irganox 1076，其中：

1—180℃(开始氧化，但没有测到诱导期)；

2—165℃(诱导期165min)；

3—150℃(诱导期820min)；

4—120℃(仅测量到放热)。

参 考 文 献

[1] 林明宝，朱宗瑞，等译．塑料测试方法手册[M]．上海：上海科学技术文献出版社，1994.

[2] 周维祥主编．塑料测试技术[M]．北京：化工工业出版社，1997.

[3] 周彦豪．塑料测试[J]．广东橡胶，2003，3：1-6.

[4] 周彦豪．橡胶塑料性能测试中值得注意的一些问题[J]．广东橡胶，2003，8：2-9.

[5] 宋振彪，等．接枝率对ABS产品性能的影响[J]．塑料工业，2008，6：233-235.

[6] C08F279/02.

[7] 郑宝明，杨荣杰．ABS溶液法接枝α-甲基丙烯酸的研究[J]．塑料，2004，33(1)：27-29，40.

[8] 许岩焱，夏英，李沉．甲基丙烯酸熔融接枝ABS树脂及其应用[J]．大连轻工业学院学报，2005，24(4)：243-247.

[9] 孙树林，等．二元乙丙橡胶的环氧官能化及其增韧尼龙6的研究[J]．高分子学报，2005，3：368-373.

[10] 谭志勇，等．PB-g-SAN接枝粉料的含胶量对ABS性能的影响[J]．工程塑料应用，2003，3(6)：11-13.

[11] 宋振彪，白延军，等．国内常见ABS产品对比剖析[J]．弹性体，2011，21(1)：49-53.

[12] Sandler S R，Karo W，Bonesteel J，Pearce E M. Polymer Synthesis and Characterization：A Laboratory Manual，Academic Press，1998.

[13] Scheddle R T. Analysis of styrene-acrylonitrile copolymers[J]．Analytical Chemistry，1958，30(7)：1303.

[14] Takeuchi T，Tsuge S，Sugimura Y. Nearinfrared spectrum photometric analysis of styrene-acrylonitrile copolymer[J]．Journal of Polymer Science PartA-1，1968，6：3415-3417.

[15] 杨捷，宋继梅，程延安，等．红外光谱分析二元聚合物[J]．理化检验-化学分册，2006，42(10)：818-823.

[16] Barbara H Stuart. Infrared Spectroscopy：Fundamentals and Applications[M]．John Wiley&Sons，Inc.，Chichester，2004.

[17] 于志省，等．红外光谱分析苯乙烯系树脂组分的含量[J]．塑料科技，2009，37(4).

[18] 程庆，等．金发科技技术交流论文集，2008.

[19] R Scaffaro，G Carianni，F P Mantia. On the modification of nitrilegroup of acrylonitrile/butadiene/styrene into oxazoline in the melt[J]. J. of Polym. Sci.：PartA：polym. Chem.，2000，(38)：1795-1802.
[20] 王正熙，等. 红外光谱标准加入法测定 PC/ABS 合金和 ABS 微结构组成[J]. 塑料工业，1994，6：44-46.
[21] 王坚，白瑜，等. 元素分析仪测定本体法 ABS 的组成[J]. 合成树脂及塑料，2010，27(4)：50.
[22] James E Mark. Polymer data handbook[M]. OXFORDUNIVERSITYPRESS，1999.
[23] 萧达辉，刘莹峰，等 .PC/ABS 共混物的 PGC-MS 定量分析[J]. 分析测试学报，2010，29(5)：515-518.
[24] 吴立军，尤瑜生，等. 近红外光谱法测定 ABS/PC 材料的共混比[J]. 工程塑料应用，2006，34(10)：52-56.
[25] 吴立军，尤瑜生，等. 人工神经网络方法用于 PC/ABS 材料定量分析[J]. 化学分析计量，2006，15(6)：26-29.
[26] Jan W Gooch. Analysis and Deformulation of Polymeric Materials Paints，Plastics，Adhesives，andInks[M]. Kluwer Academic Publishers，1997.
[27] 温海波. 气相色谱法测定 ABS 树脂中残留单体[J]. 化学工程师，2003，3：23-24.
[28] 袁丽凤，等. 丙烯腈-丁二烯-苯乙烯(ABS)塑料中残留单体的溶解沉淀-气相色谱法测定[J]. 分析测试学报，2008，10：1095-1098.
[29] L A Utracki. Polymerblends handbook[M]. KLUWERACADEMICPUBLISHERS，2002.
[30] 董炎明. 高分子分析手册[M]. 北京：中国石化出版社，2004.
[31] 宁武深. 测定聚苯乙烯树脂 MFR 用标准样品的研制[J]. 塑料加工应用，1998，2：11-15.
[32] 齐昆，黄锐. 用螺线流动长度法研究国产聚醚砜[J]. 广东塑料，1992，4：29-31，42.
[33] 王道宏. 注射成型螺旋模具中熔体流动比[J]. 中南大学学报，2008，6：1251-1257.
[34] 王菊琳，黄剑文. 八种常见 ABS 树脂的流变性能比较[J]. 塑料工业，2007，35(6)增刊.
[35] 吴若，等. 无卤阻燃 PC/ABS 合金流变行为的研究[J]. 中国塑料，2010，24(10).
[36] 韩强，等. 本体 ABS 树脂流变性能对比研究/中国工程塑料复合材料技术研讨会论文集，2009.
[37] 赵新亮，晋刚 .ABS/PC 共混物的转矩及毛细管流变行为[J]. 塑料，2011，40(2)：74.
[38] 杨有财，等. 基于 TGA-FTIR 联用技术研究 ABS 树脂的热氧降解行为[J]. 分析测试学报，2010，29(8)：777-781.
[39] Mosanori. The thermal degradation of acrylonitrile-butadiene-styreneter polymer asstudied by TGA/FTIR[J]. Polym. Degrade. Andstab.，1997，47：217-221.
[40] 汪济奎，等 .ABS 回收料的性能研究[J]. 上海塑料，2005，09.
[41] Yoon-Seung Don，Mi-ja Shim，Sang-Wool Kim. Fracture Behaviour of Lubricantsin ABS Terpolymer[J]. J. of KoreanInd. &Eng. Chemistry，1994，15(5)：878-888.
[42] 靳忠霞. 本体聚苯乙烯树脂冲击强度影响因素分析[J]. 石化技术与应用，2002，2：74-76.
[43] 赵玉梅. 制样条件对高抗冲聚苯乙烯树脂冲击强度影响的分析[J]. 广石化科技，2005，6：33-36.
[44] 陈光岩，等 .ABS 树脂工艺及产品质量攻关[J]. 弹性体，2006，16(1)：51-55.
[45] 饶湘. 塑料热变形温度测试影响因素的探讨[J]. 广东化工，2009，8：205-206.
[46] 葛世成. 塑料阻燃实用技术[M]. 北京：化学工业出版社，2004.
[47] 李建军，黄险波，蔡彤旻. 阻燃苯乙烯塑料[M]. 北京：科学出版社，2003.
[48] 卓云. 塑料材料的 UL 黄卡浅析[J]. 电器附件，2008，2.
[49] 吴晓红，武文远. 提高光泽度测量精度的研究[J]. 工兵装备研究，2003，4：25-28.
[50] 孔欣. 浅谈塑料密度和相对密度试验方法[J]. 质量天地，2002，2：37.
[51] 段玉平. 炭黑/ABS 高密度复合体的电性能与电磁特性[J]. 功能材料，2006，1：36-39.
[52] 吕广宏 .CF/ABS 树脂复合材料制备工艺对导电性能的影响及对屏蔽性能的理论预测[J]. 复合材料学

报，1996，5：1-8.
[53] CN1379797A.
[54] CN1803911A.
[55] CN1578795A.
[56] 张亚娟．塑料人工加速老化试验方法及老化失效分析[J]．结构强度研究，2009，2：22-26.
[57] 曹树东．黄色指数在塑料老化性能评价方面的应用[J]．齐鲁石油化工，2006，34(4)：446-448.
[58] 徐伟新．氧化诱导期法评价聚烯烃原材料的热稳定性[J]．材料科学，2007，15：38-39.
[59] 许向青．氧化诱导期法评价聚烯烃管材的抗热氧稳定性[J]．合成树脂及塑料，2002，19(5)：32.
[60] J Pospisil，Z Horak. Influence of testing conditi on son the performance and durability of polymer stabilizer sinthermal oxidation[J]．Polym. Degrad. And Stab.，2003，82：145-162.
[61] 李建军，蔡彤旻，袁绍彦．改性塑料标准手册[M]．北京：中国标准出版社，2011.
[62] ISO527.
[63] ASTMD638.
[64] ISO178.
[65] ASTMD790.
[66] ISO180.
[67] ASTMD256.
[68] ISO75.
[69] ASTMD648.

附录一　国内外部分生产企业产品牌号、性能、应用范围

一、连续本体法 ABS 树脂生产厂家、牌号、性能及应用范围

附表 1-1-1　国内外连续本体法 ABS 树脂生产厂家及牌号

主要生产商	主要产品牌号						
	通用级 注塑级	挤出级	耐热级	高流级	超高抗冲级	其他	备注
盛禧奥	MAGNUNM 275、8434、348、9010、9020	MAGNUNM 3404、3504、3513、3904、555	MAGNUNM 357HP、358HP	MAGNUNM 8391、3495、347EZ	MAGNUNM 941、9035、9030、9050	MAGNUNM 5200（阻燃级） FG960（管材级）	—
中国石化高桥石化公司	MAGNUN 275、8434、8434	MAGNUN 3504、3513、3453	—	MAGNUN 8391	—	MAGNUNM（汽车牌号） 342EZ、3325MT、3416SC、3616	见附表 1-1-2
北方华锦化学工业股份有限公司	MAGNUN 275、8434	MAGNUN 3504	—	MAGNUN 8391	—	—	见附表 1-1-3
奇美（镇江）公司	1730	—	—	—	—	—	见附表 1-1-5
三井化学公司	MT-80、GT-10	—	—	UT-61	—	—	

附表 1-1-2 上海高桥 MAGNUM ABS 树脂产品性能及用途一览表

性能及用途	测试方法	测试条件	单位	测量值										
				275	3453	3504	3513	8391	8433	8434	342EZ	3325MT	3416SC	3616
熔体流动速率	Q/SH 3165 829-2010	220℃，10kg	g/10min	8.5	12.5	6.0	8.1	26.7	15.8	16.9	20.6	7.6	6.4	6.0
维卡软化点	Q/SH 3165 855-2010	50N，50℃/h	℃	97.6	95.4	101.0	99.6	93.5	94	100.0	93.1	100.9	106.6	105.2
弯曲屈服强度	ASTM D790	—	MPa	—	—	—	—	—	—	—	—	—	—	—
弯曲弹性模量	ASTM D790	—	MPa	—	—	—	—	—	—	—	—	—	—	—
拉伸屈服强度	Q/SH 3165 854-2010	50mm/min	MPa	39.0	43.8	45.0	41.5	41.7	42.7	44.3	33.5	48.8	41.5	35.6
悬臂梁冲击强度	Q/SH 3165 854-2010	23℃	kJ/m^2	15.8	18.8	22.0	22.5	19.3	22.5	19.4	11.5	18.0	12.0	18.0
洛氏硬度	ASTM D785	—	—	—	—	—	—	—	—	—	—	—	—	—
热变形温度	ASTM D648	—	℃	—	—	—	—	—	—	—	—	—	—	—
应用范围	—	—	—	家电、哑光型玩具、电子电气行业等	家用电器、玩具、IT 行业等	家具、箱包、大型家电、汽车内件等	家具、箱包、大型家电等	家用电器、玩具、IT 行业等	家用电器、玩具、IT 行业等	汽车内配件、电镀件，玩具、家用电器等	汽车内件等需耐热部件等	汽车内件等需耐热部件等	汽车内件等需耐热部件等	汽车内件等需耐热部件等

附表 1-1-3　辽宁华锦本体 ABS 树脂产品性能及用途一览表

性能及用途	测试方法（ASTM）	测试条件	单位	测量值			
				275	8391	8434	3504
熔体流动速率	D1238	200℃，5kg	g/10min	7~12	23~33	11~17	4~6
维卡软化点	D1525	1kg，50℃/h	℃	≥97.5	≥92.5	98.5	99.5
弯曲屈服强度	D790	2.8mm/min	MPa	52	65	65	60
弯曲弹性模量	D790	2.8mm/min	MPa	1450	1800	2000	1650
拉伸屈服强度	D638	50mm/min	MPa	38	40	46	40
悬臂梁冲击强度	D256	63.5mm×12.7mm×6.35mm	kJ/m^2	12	15	19	15
洛氏硬度	D785	R 标尺	—	105	110	110	106
热变形温度	—	—	℃	—	—	—	—
应用范围	—	—	—	用于各类型哑光注射成型	应用家用电器和 IT 行业	应用家用电器、汽车内配件、电镀件	应用汽车业如：尾灯、仪表盘、门板、后视镜等

附表 1-1-4　镇江奇美本体 ABS 树脂产品性能及用途一览表

性能及用途	测试方法（ISO）	测试条件	单位	测量值
				1730
熔体流动速率	1133	200℃，5kg	g/10min	2.6
维卡软化点	306	B50	℃	105
弯曲屈服强度	178	2mm/min	MPa	70
弯曲弹性模量	178	2mm/min	MPa	2400
拉伸屈服强度	527	50mm/min	MPa	41
悬臂梁冲击强度	180	23℃	kJ/m^2	16
热变形温度	75-2	1.8MPa	℃	100
应用范围	—	—	—	电话机外壳、灯座、玩具、办公室用品、时钟外壳、家电按钮等

二、乳液接枝法 ABS 树脂生产厂家、牌号、性能及应用范围

附表 1-2-1 国内外乳液接枝-SAN 掺混法 ABS 生产厂家及牌号

序号	生产企业	产品牌号	技术来源	性能及用途
1	中国石油吉林石化公司	通用级：0215A、6215H、0215ASQ、GE-150	日本合成橡胶公司，三星，自有技术	见附表 1-2-3
		喷涂级：PT-151		
		电镀级：EP-161		
		高流动级：HF-681		
		板材级：ST-571		
		超高冲击：TH-191		
		高冲击：TH-171		
2	中国石油大庆石化公司	通用级：750A、750、750SW	自有技术	见附表 1-2-4
		板材级：770		
		高抗冲：740A		
		阻燃级：HFA-70、HFA-72、HFA-75		
		高抗冲高流动：780A、752A、755A		
3	宁波乐金甬兴化工有限公司	通用级：HI-121H	韩国 LG 技术	见附表 1-2-5
		极高冲击级：HI-140		
		阻燃级：FR-500		
4	天津大沽化工股份有限公司	DG-417、DG-MG29、DG-MG94、DG-FR15、DG-437、DG-MG37EP	GE 技术	见附表 1-2-7
5	中海油乐金化工有限公司	通用级：HP181　HP171；电镀料：MP210	韩国 LG 技术	见附表 1-2-8
		高冲击级：HP100；板材料：RS600、RS681		
		阻燃级：FR310A、FR310B、FR310C；非卤素阻燃：FR370		

附表 1-2-2　吉林石化 ABS 树脂产品性能及用途一览表

项目	测试方法	测试条件	单位	0215A	GE-150	0215H	0215A(SQ)	PT-151	ST-571	EP-161	HF-681	TH-191	TH-171
简支梁冲击强度	GB/T 1043.1—2008		kJ/m^2	19	19	23.5	19	24	42	23	24	45	30
熔体流动速率	GB/T 3682.1—2008	220℃、10kg	g/10min	20	21.5	21	22	22	6.5	20	42	9	18
维卡软化温度	GB/T 1633—2000	B50	℃	95	95	93	93	94.5	95	95.5	92	94	92
拉伸强度	GB/T 1040—2000	50mm/min	MPa	45	44	43	44	43	43	43	40	39	40
弯曲强度	GB/T 9341—2000	2mm/min	MPa	73.5	72	71	74.5	69	64	70	65	62	70
弯曲弹性模量	GB/T 9341—2000	2mm/min	MPa	2400	2400	2400	2400	2300	2100	2300	2500	2000	2200
洛氏硬度	GB/T 3398.2—2008	R	R 标尺	108	108	107	109	106	98	106	102	95	102
应用范围	—	—	—	家电、电子、办公用品、玩具	家电、玩具、小家电、轻工产品	空调、洗衣机等白色家电	家电、电子、办公用品、玩具	摩托车、电动车配件	箱包、挤出成型、安全帽等	良好的电镀性能，花洒、喷头、汽车外饰件等	高流动，改性用、大型薄壁制品	高冲击，鞋跟、头盔、线轴等	体育器材、摩托车配件

附表 1-2-3 大庆石化 ABS 树脂产品性能及用途一览表

性能及用途	测试方法	测试条件	单位	测量值										
				750A	750	750SW	770	740A	HFA-70	HFA-72	HFA-75	780A	752A	755A
熔体流动速率	GB/T 3682	温度：200℃；负荷：21.6kg	g/10min	25-36	36-50	45-60	12-20	15-27	130-170	40-60	35-55	60-90	≥28	≥15
维卡软化点	—	—	℃	—	—	—	—	—	—	—	—	—	—	—
弯曲屈服强度	ASTM D790	—	MPa，≥	60	60	60	65	63	55	55	55	—	—	—
弯曲弹性模量	ASTM D790	—	MPa，≥	1900	1900	1900	2200	2000	1800	1900	1900	—	—	—
拉伸屈服强度	ASTM D638	试验速度：(50±5)mm/min	MPa，≥	42	45	40	50	40	38	40	40	42	40	42
悬臂梁冲击强度	ASTM D256	冲击速度：3.35m/s	J/m，≥	167	167	167	260	280	98	120	155	170	130	170
洛氏硬度	ASTM D785	R 标尺	—	100	98	95	50	40	95	95	95	100	95	100
热变形温度	ASTM D648	表面弯曲应力：(1820±5)kPa；升温速率：(2±0.2)℃/min	℃，≥	78	80	80	85	80	68	75	75	78	78	78
阻燃性	GB/T 2408	垂直燃烧试验	级	—	—	—	—	—	FV-0	FV-0	FV-0	—	—	—
应用范围				生产家电、汽车部件、办公设备、杂货、室内装潢材料等产品			主要应用于生产冰箱板材	安全帽、头盔等	监视器壳、电视机壳、办公设备、电气/电子机械、室内装潢材料等要求具有耐用性和阻燃性的产品			大尺寸薄壁制品或复杂制件的生产，如大尺寸液晶电视、电冰箱和计算机外壳等		

附表 1-2-4　宁波乐金甬兴化工有限公司 ABS 树脂产品性能及用途一览表

性能及用途	测试方法（ASTM）	测试条件	单位	测量值		
				HI-121H	HI-140	FR-500
熔体流动速率	D1238	220℃，10kg	g/10min	22	13	50
维卡软化点	D1525	1kg	℃	100	101	88
弯曲屈服强度	D790	15mm/min 1/4′	kg/cm^2	800	620	670
弯曲弹性模量	D790	15mm/min 1/4′	kg/cm^2	26000	18000	23000
拉伸屈服强度	D638	50mm/min Type I	kg/cm^2	500	410	430
Izod 悬臂梁冲击强度	D256	Notched，1/4′	kg · cm/cm	22	40	20
洛氏硬度	D785	R-Scale	—	109	102	100
热变形温度	D648	Unannealed18. 5kg/cm²	℃	87	87	78
燃烧性	UL94	—	—	1/16′HB	1/8′HB	1/12′V-0 1/8′5VB
应用范围	—	—	—	高冲击、高白色性，如电器等	极高冲击性，如头盔、改性等	高流动、高冲击，V0级，如电器、开关等

附表 1-2-5　天津大沽 ABS 树脂产品性能及用途一览表

性能及用途	测试方法	测试条件	单位	测量值					
				DG-417	DG-MG29	DG-MG94	DG-FR15	DG-437	DG-MG37EP
熔体流动速率	ISO 1133	220℃，10. 0kg	g/10min	18~20	6~12	30~38	6~20. 0	18~20	9. 0~21. 0
维卡软化点	ISO 306	50N，50℃/h，(3~6. 5)mm	℃	100	100	100	82	110	99
弯曲屈服强度	ISO 178	4mm，2. 0mm/min	MPa	73	58	71	64. 6	78	62. 8
弯曲弹性模量	ISO 178	4mm，2. 0mm/min	MPa	2200	1800	2300	2200	2500	2000
拉伸屈服强度	ISO 527	50mm/min，4. 0mm	MPa	46	41	45	39	51	39
悬臂梁冲击强度	ISO 180	V 形切口，23℃，4. 0mm	kJ/m^2	18	35	16. 5	22	12	34
应用范围	—	—	—	普通注塑级	高抗冲汽车级	高流动注塑	阻燃级	普通注塑级	电镀级

三、国内改性 ABS 树脂的牌号及生产厂家

附表 1-3-1　国内改性 ABS 树脂生产厂家及牌号

序号	生产企业	产品牌号	性能及用途
1	金发科技股份有限公司	阻燃 ABS：HF-606，HF-630，FW-620T	见附表 1-3-2
		耐热 ABS：HR-527A，HR-527B，HR-527D	
		增强 ABS：GFABS-10，GFABS-20，GFABS-R10	见附表 1-3-3
		ABS/PMMA 合金：RS-300，RS-410	
		ABS/PVC 合金：PM01	
		ABS/PC 合金：MAC-601，JH960-6100	见附表 1-3-4
		AXS：ASA-W100，ASA-W200，AES-K100，AES-K200	
2	上海锦湖日丽塑料有限公司	阻燃 ABS：HFA700，HFA705，HFA471，HFA700HT，HFA705G	见附表 1-3-5
		耐热 ABS：730，H2938，HU600，650SK，650M	见附表 1-3-6
		电镀 ABS：710，713，H2938-P，HU600-P	见附表 1-3-7
		挤出 ABS：770，795	
		吹塑 ABS：BM510，BM530	见附表 1-3-8
		高光 ABS：728，722	
		耐环境开裂 ABS：ER875，ER875F	
		增强 ABS：HAG7210，HAG7220，HAG7230	见附表 1-3-9
		ABS/PMMA 合金：HAM8541，HAM8580	
		ABS/PA 合金：HNB0225，HNB0270，HNB0025G2	见附表 1-3-10
		AES：HW600G，HW610HT，HW603E	
		ASA：XC220，XC190，XC180，XC230，XC230G	见附表 1-3-11
		通用 PC/ABS：HAC8230、HAC8240、HAC8245、HAC8250、HAC8260	见附表 1-3-12
		耐候 PC/ABS：HAC8250W	

续表

序号	生产企业	产品牌号	性能及用途
2	上海锦湖日丽塑料有限公司	电镀 PC/ABS：HAC8244、HAC8244H、HAC8266	见附表 1-3-13
		喷涂 PC/ABS：HAC8245G、HAC8265G、HAC8265HR、HAC8265P	
		哑光 PC/ABS：HAC8250Z、HAC8260Z	见附表 1-3-14
		手机专用 PC/ABS：HAC8260H、HAC8265H、HAC8270HF	
		吹塑 PC/ABS：HAC8240B	见附表 1-3-15
		增强 PC/ABS：HAC8250TC、HAC5010G、HAC5020G、HAC5030G	
		高性能化升级产品：HAC8262、HAC8272	
		阻燃 PC/ABS：HAC8250NH、HAC8250NH(M)、HAC8250NH(H)、HAC8251NH、HAC8290NH	见附表 1-3-16
		阻燃增强 PC/ABS：HAC8250NH-DF10、HAC8250NH-DF30	
		PC/ASA：HSC7045、HSC7060、HSC7079、HSC7079Z、HSC7079NH	见附表 1-3-17
		PC/AES：HEC0245、HEC0275、HEC0255B	见附表 1-3-18
		PBT/ABS：HAB8740、HAB8740B	见附表 1-3-19
		增强 PBT/ABS：HBG5710、HBG5720、HBG5723	
		阻燃 PBT/ABS：HAB8710FR、HAB8720FR、HBG5710FR、HBG5723FR、HBG5730FR	见附表 1-3-20
		增强 ASA/PBT：HBA5810G、HBA5820G、HBA5830G	见附表 1-3-21
		Recycled ABS/PET：PAE9730	见附表 1-3-22

附表 1-3-2　金发科技改性 ABS 树脂产品性能及用途一览表

性能及用途	测试方法	单位	典型值					
			阻燃 ABS			耐热 ABS		
			HF-606	HF-630	FW-620T	HR-527A	HR-527B	HR-527D
拉伸屈服强度	ASTM D638	MPa	41	40	39	46	48	50
悬臂梁缺口冲击强度	ASTM D256	J/m	196	162	200	190	169	132
弯曲屈服强度	ASTM D790	MPa	65	62	62	70	72	75
弯曲弹性模量	ASTM D790	MPa	2350	2200	2300	2500	2600	2800
维卡软化点	ASTM D1525	℃	93	103	103	112	118	125
热变形温度	ASTM D648	℃	84	89	90	102	110	121
阻燃性	UL94	—	V0@ 1. 6mm	V0@ 1. 5mm	V0@ 1. 5mm	HB@ 1. 5mm	HB@ 1. 5mm	HB@ 1. 5mm
		—	5VB@ 2. 0mm	5VA@ 2. 0mm	5VA@ 2. 5mm	HB@ 3. 0mm	HB@ 3. 0mm	HB@ 3. 0mm
熔体流动速率	ASTM D1238	g/10min	4. 5	2. 5	3. 5	1. 1	0. 6	0. 4
密度	ASTM D792	g/cm^3	1. 18	1. 17	1. 18	1. 05	1. 06	1. 08
料筒温度	—	℃	160~210	200~240	190~230	190~240	210~245	210~250
模具温度	—	℃	30~60	30~60	30~60	30~60	30~80	30~80
干燥温度	—	℃	70~80	75~90	80~90	80~90	90~100	90~100
干燥时间	—	h	2~4	2~4	2~4	2~4	2~4	2~4
应用范围	—	—	家电、电子电气、安防等	家电、电子电气、安防等	家电、电子电气、安防等	汽车、家电等	汽车、家电等	汽车、家电等

注：缺口冲击强度厚度为 3. 2mm；维卡软化点负荷为 1kg；热变形温度负荷为 0. 45MPa；熔体流动速率条件 220℃，10kg。

附表 1-3-3　金发科技改性 ABS 树脂产品性能及用途一览表

性能及用途	测试方法	单位	典型值					
			增强 ABS			ABS/PMMA 合金		ABS/PVC 合金
			GFABS-10	GFABS-20	GFABS-R10	RS-300	RS-410	PM01
拉伸屈服强度	ASTM D638	MPa	75	80	70	54	60	50
悬臂梁冲击强度	ASTM D256	J/m	100	70	75	190	169	132
弯曲屈服强度	ASTM D790	MPa	105	120	100	78	78	70
弯曲弹性模量	ASTM D790	MPa	4200	5800	4800	2700	2700	2700
维卡软化点	ASTM D1525	℃	106	108	103	110	118	92
热变形温度	ASTM D648	℃	96	98	90	98	110	75
阻燃性	UL94	—	HB@ 1. 5mm	HB@ 1. 5mm	V0@ 1. 5mm	HB@ 1. 5mm	HB@ 1. 5mm	V0@ 1. 5mm
		—	HB@ 3. 0mm	HB@ 3. 0mm	V0@ 3. 0mm	HB@ 3. 0mm	HB@ 3. 0mm	V0@ 3. 0mm
熔体流动速率	ASTM D1238	g/10min	8	6	8	7	11	—
密度	ASTM D792	g/cm^3	1. 11	1. 18	1. 24	1. 12	1. 12	1. 19
料筒温度	—	℃	190~230	200~240	190~230	200~250	205~250	165~180
模具温度	—	℃	60~80	60~80	60~80	60~100	50~120	30~40
干燥温度	—	℃	80~90	80~90	80~90	80~90	80~90	60~70
干燥时间	—	h	2~4	2~4	2~4	2~4	2~4	2~4
应用范围	—	—	家电、计算机和办公用品等	家电、计算机和办公用品等	家电、计算机和办公用品等	家电、计算机和办公用品等	家电、计算机和办公用品等	家电、安防等

注：缺口冲击强度厚度为 3. 2mm；维卡软化点负荷为 1kg；热变形温度负荷为 0. 45MPa；熔体流动速率条件 220℃，10kg。

附表 1-3-4　金发科技改性 ABS 树脂产品性能及用途一览表

性能及用途	测试方法	单位	典型值					
			ABS/PC 合金		AXS			
			MAC-601	JH960-6100	ASA-W100	ASA-W200	AES-K100	AES-K200
拉伸屈服强度	ASTM D638	MPa	52	60	50	50	48	49
悬臂梁冲击强度	ASTM D256	J/m	550	400	100	110	100	180
弯曲屈服强度	ASTM D790	MPa	82	85	75	75	73	73
弯曲弹性模量	ASTM D790	MPa	2400	2600	2500	2400	2400	2400
维卡软化点	ASTM D1525	℃	118	100	104	104	108	906
热变形温度	ASTM D648	℃	108	90	96	98	100	96
阻燃性	UL94	—	HB@ 1. 0mm	5VB@ 1. 6mm	HB@ 1. 0mm	HB@ 1. 5mm	HB@ 1. 5mm	HB@ 1. 5mm
		—	HB@ 3. 2mm	5VA@ 3. 2mm	HB@ 3. 2mm	HB@ 3. 0mm	HB@ 3. 0mm	HB@ 3. 0mm
熔体流动速率	ASTM D1238	g/10min	15[a]	28[a]	12	8	8	12
密度	ASTM D792	g/cm^3	1. 12	1. 17	1. 07	1. 07	1. 06	1. 04
料筒温度	—	℃	240~260	225~250	190~230	190~230	190~230	190~230
模具温度	—	℃	60~80	40~60	30~60	30~60	30~60	30~60
干燥温度	—	℃	100~110	70~80	60~80	60~80	60~80	60~80
干燥时间	—	h	4~6	3~4	2~4	2~4	2~4	2~4
应用范围	—	—	家电、计算机和办公用品等	家电、计算机和办公用品等	汽车、家电和建材等	汽车、家电和建材等	汽车、家电和建材等	汽车、家电和建材等

注：缺口冲击强度厚度为 3. 2mm；维卡软化点负荷为 1kg；热变形温度负荷为 0. 45MPa；熔体流动速率条件 220℃，10kg；标注 a，熔体流动速率测试条件为 260℃，5kg。

附表 1-3-5　锦湖日丽阻燃 ABS 树脂产品性能及用途一览表

性能及用途	测试方法	单位	典型值				
			HFA700	HFA705	HFA471	HFA700HT	HFA705G
拉伸强度	ASTM D638	MPa	44	43	42	45	42
缺口冲击强度	ASTM D256	J/m	220	200	210	140	150
弯曲强度	ASTM D790	MPa	55	55	56	58	56
弯曲模量	ASTM D790	MPa	2100	2100	2150	2150	2200
维卡软化点	ASTM D1525	℃	82	88	92	101	92
热变形温度	ASTM D648	℃	74	78	82	94	83
阻燃性	UL94	—	V0@ 1. 6mm	V0@ 2. 0mm	V0@ 1. 6mm	V0@ 1. 6mm	V0@ 2. 0mm
		—	V0@ 3. 2mm	5VB@ 3. 2mm	V0@ 3. 2mm	V0@ 3. 2mm	—
熔体流动速率	ASTM D1238	g/10min	6. 5	5. 0	4. 5	1. 2	4. 5
密度	ASTM D792	g/cm^3	1. 18	1. 18	1. 17	1. 18	1. 18
料筒温度	—	℃	190~210	190~210	200~230	210~230	200~220
模具温度	—	℃	40~80	40~80	40~80	40~80	40~80
干燥温度	—	℃	80~90	80~90	80~90	80~90	80~90
干燥时间	—	h	2~3	2~3	2~3	2~3	2~3
应用范围	—	—	家电、电子电气、插排、开关等				

注：缺口冲击强度厚度为 3. 2mm；维卡软化点负荷为 5kg；热变形温度负荷为 1. 82MPa；熔体流动速率条件 200℃，5kg。

附表 1-3-6　锦湖日丽耐热 ABS 树脂产品性能及用途一览表

性能及用途	测试方法	单位	典型值				
			730	H2938	HU600	650SK	650M
拉伸强度	ASTM D638	MPa	44	44	45	48	45
缺口冲击强度	ASTM D256	J/m	250	230	180	160	150
弯曲强度	ASTM D790	MPa	60	65	65	62	66
弯曲模量	ASTM D790	MPa	2200	2200	2200	2300	2400
维卡软化点	ASTM D1525	℃	98	94	98	103	105
热变形温度	ASTM D648	℃	90	103	107	112	115
熔体流动速率	ASTM D1238	g/10min	16	12	8.0	6.0	5.0
密度	ASTM D792	g/cm^3	1.04	1.05	1.05	1.05	1.06
料筒温度	—	℃	240~260	240~260	240~260	240~260	240~260
模具温度	—	℃	50~80	50~80	50~80	50~80	50~80
干燥温度	—	℃	80~90	80~90	80~95	80~95	80~95
干燥时间	—	h	3~4	3~4	3~4	3~4	3~4
应用范围	—	—	汽车内饰、格栅、门板、后视镜、出风口、小家电等				

注：缺口冲击强度厚度为 3.2mm；维卡软化点负荷为 5kg；热变形温度负荷为 1.82MPa；熔体流动速率条件 220℃，10kg。

附表 1-3-7　锦湖日丽改性 ABS 树脂产品性能及用途一览表

性能及用途	测试方法	单位	典型值					
			电镀 ABS				挤出级 ABS	
			710	713	H2938-P	HU600-P	770	795
拉伸强度	ASTM D638	MPa	46	43	48	45	45	41
缺口冲击强度	ASTM D256	J/m	350	280	230	210	300	500
弯曲强度	ASTM D790	MPa	68	65	65	65	62	58
弯曲模量	ASTM D790	MPa	2250	2200	2300	2300	2200	1900
维卡软化点	ASTM D1525	℃	95	100	103	106	92	90
热变形温度	ASTM D648	℃	85	91	95	98	84	82
熔体流动速率	ASTM D1238	g/10min	25	15	12	8.0	8.5	5.0
密度	ASTM D792	g/cm^3	1.04	1.04	1.05	1.05	1.04	1.04
料筒温度	—	℃	200~230	240~260	240~260	240~260	180~210	180~210
模具温度	—	℃	50~80	50~80	50~80	50~80	50~80	50~80
干燥温度	—	℃	80~90	80~90	80~95	80~95	80~90	80~90
干燥时间	—	h	3~4	3~4	3~4	3~4	3~4	3~4
应用范围	—	—	汽车格栅、门把手、装饰圈、花洒、铭牌等				型材、管材、门板、片材等	

注：缺口冲击强度厚度为 3.2mm；维卡软化点负荷为 5kg；热变形温度负荷为 1.82MPa；熔体流动速率条件 220℃，10kg。

附表 1-3-8　锦湖日丽改性 ABS 树脂产品性能及用途一览表

性能及用途	测试方法	单位	典型值					
			吹塑级		高光		耐环境开裂	
			BM510	BM530	728	722	ER875	ER875F
拉伸强度	ASTM D638	MPa	48	42	50	52	47	45
缺口冲击强度	ASTM D256	J/m	320	300	200	150	350	280
弯曲强度	ASTM D790	MPa	65	63	67	70	68	65
弯曲模量	ASTM D790	MPa	2200	2100	2400	2300	2300	2300
维卡软化点	ASTM D1525	℃	94	103	94	94	95	94
热变形温度	ASTM D648	℃	85	94	85	85	86	85
熔体流动速率	ASTM D1238	g/10min	4. 5	3. 5	32	25	25	35
密度	ASTM D792	g/cm^3	1. 04	1. 05	1. 05	1. 08	1. 04	1. 04
料筒温度	—	℃	180~210	200~230	200~230	200~230	200~230	200~230
模具温度	—	℃	50~80	50~80	50~80	50~80	50~80	50~80
干燥温度	—	℃	80~90	80~95	80~90	80~90	80~90	80~90
干燥时间	—	h	3~4	3~4	3~4	3~4	3~4	3~4
应用范围	—	—	水桶、尾翼等		家电、消费电子、玩具、复读机等		空调、水处理设备、香水盒等	

注：缺口冲击强度厚度为 3. 2mm；维卡软化点负荷为 5kg；热变形温度负荷为 1. 82MPa；熔体流动速率条件 220℃，10kg。

附表 1-3-9　锦湖日丽改性 ABS 树脂产品性能及用途一览表

性能及用途	测试方法	单位	典型值				
			增强 ABS			ABS/PMMA	
			HAG7210	HAG7220	HAG7230	HAM8541	HAM8580
拉伸强度	ASTM D638	MPa	75	90	100	55	65
缺口冲击强度	ASTM D256	J/m	110	105	95	100	45
弯曲强度	ASTM D790	MPa	95	120	140	75	80
弯曲模量	ASTM D790	MPa	4000	5500	7200	2400	2600
维卡软化点	ASTM D1525	℃	98	102	106	90	94
热变形温度	ASTM D648	℃	94	97	100	83	103
熔体流动速率	ASTM D1238	g/10min	12	8.0	5.0	15	4.5
密度	ASTM D792	g/cm^3	1.11	1.20	1.30	1.12	1.17
料筒温度	—	℃	200~230	200~230	200~230	200~230	220~240
模具温度	—	℃	50~80	50~80	50~80	50~80	50~80
干燥温度	—	℃	80~90	80~90	80~90	80~90	80~90
干燥时间	—	h	3~4	3~4	3~4	3~4	3~4
应用范围			轴流风叶、支架、打印机等			LCD 外壳、底座、空调面板、CD 面板、音箱等	

注：缺口冲击强度厚度为 3.2mm；维卡软化点负荷为 5kg；热变形温度负荷为 1.82MPa；熔体流动速率条件 220℃，10kg。

附表 1-3-10　锦湖日丽改性 ABS 树脂产品性能及用途一览表

性能及用途	测试方法	单位	典型值					
			ABS/PA			AES		
			HNB0225	HNB0270	HNB0225G2	HW600G	HW610HT	HW603E
拉伸强度	ASTM D638	MPa	47	45	60	52	55	50
缺口冲击强度	ASTM D256	J/m	250	700	160	200	180	350
弯曲强度	ASTM D790	MPa	62	60	90	72	73	68
弯曲模量	ASTM D790	MPa	1900	1800	3000	2200	2300	2200
维卡软化点	ASTM D1525	℃	95	107	110	92	101	92
热变形温度	ASTM D648	℃	90	103	160	85	92	85
熔体流动速率	ASTM D1238	g/10min	60	40	20	20	15	8.0
密度	ASTM D792	g/cm^3	1.06	1.07	1.14	1.04	1.05	1.04
料筒温度	—	℃	240~255	240~255	240~255	200~240	230~255	180~200
模具温度	—	℃	60~80	60~80	60~80	50~80	50~80	50~80
干燥温度	—	℃	80~90	80~90	80~90	80~90	80~90	80~90
干燥时间	—	h	3~4	3~4	3~4	3~4	3~4	3~4
应用范围			电动工具、出风口、仪表面罩等			行李支架、后视镜、门柱板、建材、自动售货机等		

注：缺口冲击强度厚度为 3.2mm；维卡软化点负荷为 5kg；热变形温度负荷为 0.45MPa；熔体流动速率条件 220℃，10kg。

附表 1-3-11　锦湖日丽 ASA 树脂产品性能及用途一览表

性能及用途	测试方法	单位	典型值				
			XC220	XC190	XC180	XC230	XC230G
拉伸强度	ASTM D638	MPa	47	45	50	50	52
缺口冲击强度	ASTM D256	J/m	220	350	210	180	150
弯曲强度	ASTM D790	MPa	72	63	70	70	72
弯曲模量	ASTM D790	MPa	2300	2000	2300	2400	2400
维卡软化点	ASTM D1525	℃	94	92	99	103	102
热变形温度	ASTM D648	℃	85	83	90	94	92
熔体流动速率	ASTM D1238	g/10min	12	8.0	6.0	5.0	8.0
密度	ASTM D792	g/cm^3	1.07	1.07	1.07	1.08	1.08
料筒温度	—	℃	200~230	180~200	240~260	240~260	240~260
模具温度	—	℃	50~80	50~80	50~80	50~80	50~80
干燥温度	—	℃	80~90	80~90	80~95	80~95	80~95
干燥时间	—	h	3~4	3~4	3~4	3~4	3~4
应用范围	—	—	建材、卫星天线部件、汽车后视镜、散热格栅、三角块等				

注：缺口冲击强度厚度为 3.2mm；维卡软化点负荷为 5kg；热变形温度负荷为 1.82MPa；熔体流动速率条件 220℃，10kg。

附表 1-3-12 锦湖日丽 PC/ABS 树脂产品性能及用途一览表

项目	测试标准（ASTM）	测试条件	单位	典型值					
				通用 PC/ABS					耐候 PC/ABS
				HAC8230	HAC8240	HAC8245	HAC8250	HAC8260	HAC8250W
拉伸强度	D638	—	MPa	47	52	50	58	60	55
拉伸伸长率	D638		%	30	80	100	100	100	100
弯曲强度	D790		MPa	57	63	72	78	82	75
弯曲模量	D790		MPa	1600	1690	2000	2200	2500	2000
悬臂梁冲击强度	D256	3.2mm，Notched	J/m	350	700	500	600	650	600
热变形温度	D648	1.82MPa	℃	90	100	98	106	112	104
维卡软化点	D1525	B50	℃	101	114	112	120	128	118
熔体流动速率	D1238	230℃，10kg	g/10min	20	15	18	12	10	15
洛氏硬度	D785			105	111	114	116	118	115
密度	D792	—	g/cm^3	1.09	1.11	1.11	1.13	1.14	1.13
成型收缩率	D955		%	0.4~0.6	0.4~0.6	0.4~0.6	0.5~0.7	0.5~0.7	0.5~0.7
阻燃性	UL94	1.6mm	—	HB	HB	HB	HB	HB	HB
料筒温度	—	—	℃	230~250	240~260	240~260	250~270	260~280	250~270
模具温度	—	—	℃	50~80	50~80	50~80	60~90	60~90	60~90
干燥温度	—	—	℃	85~95	90~100	90~100	95~105	100~110	100~110
干燥时间	—	—	h	4~6	4~6	4~6	4~6	4~6	4~6
应用范围	—	—	—	路标、仪表零件、光学零件、大型薄壁制品等			车灯、电脑外壳、手机壳体、汽车零件等		车灯、电脑壳体、手机壳体等

附表 1-3-13　锦湖日丽 PC/ABS 树脂产品性能及用途一览表

项目	测试标准（ASTM）	测试条件	单位	典型值						
				电镀 PC/ABS			喷涂 PC/ABS			
				HAC8244	HAC8244H	HAC8266	HAC8245G	HAC8265G	HAC8265HR	HAC8265P
拉伸强度	D638	—	MPa	44	47	50	50	50	55	55
拉伸伸长率	D638		%	100	100	100	70	100	100	100
弯曲强度	D790		MPa	60	65	68	68	73	77	70
弯曲模量	D790		MPa	1700	1800	1950	2000	1850	2200	2200
悬臂梁冲击强度	D256	3. 2mm，Notched	J/m	600	600	600	550	600	700	600
热变形温度	D648	1. 82MPa	℃	97	100	105	96	105	110	100
维卡软化点	D1525	B50	℃	106	111	116	105	118	125	110
熔体流动速率	D1238	230℃，10kg	g/10min	12	13	13	30	16	10	20
洛氏硬度	D785			100	100	100	108	114	114	110
密度	D792	—	g/cm^3	1. 10	1. 11	1. 12	1. 12	1. 13	1. 13	1. 11
成型收缩率	D955		%	0. 4~0. 6	0. 4~0. 6	0. 4~0. 6	0. 4~0. 6	0. 5~0. 7	0. 5~0. 7	0. 5~0. 7
阻燃性	UL94	1. 6mm	—	HB	HB	HB	HB	HB	HB	HB
料筒温度	—	—	℃	240~255	245~265	250~270	230~250	240~260	250~270	250~270
模具温度	—	—	℃	60~90	60~90	60~90	50~80	50~80	60~90	60~90
干燥温度	—	—	℃	95~105	95~105	100~110	85~95	90~100	100~110	100~110
干燥时间	—	—	h	4~6	4~6	4~6	4~6	4~6	4~6	4~6
应用范围	—	—	—	安全帽、汽车部件、镀金用部件等			有喷涂要求的汽车零部件			

附表 1-3-14　锦湖日丽哑光、手机专用 PC/ABS 树脂产品性能及用途一览表

项目	测试标准（ASTM）	测试条件	单位	典型值				
				哑光 PC/ABS		手机专用 PC/ABS		
				HAC8250Z	HAC8260Z	HAC8260H	HAC8265H	HAC8270HF
拉伸强度	D638	—	MPa	55	60	56	56	60
拉伸伸长率	D638		%	100	100	100	100	100
弯曲强度	D790		MPa	70	75	80	78	82
弯曲模量	D790		MPa	2200	2300	2100	2100	2300
悬臂梁冲击强度	D256	3. 2mm，Notched	J/m	550	600	750	850	600
热变形温度	D648	1. 82MPa	℃	100	105	106	108	114
维卡软化点	D1525	B50	℃	116	122	118	122	128
熔体流动速率	D1238	230℃，10kg	g/10min	15	10	25	18	20
洛氏硬度	D785			116	118	114	114	116
密度	D792	—	g/cm^3	1. 13	1. 14	1. 12	1. 15	1. 15
成型收缩率	D955		%	0. 5~0. 7	0. 5~0. 7	0. 5~0. 7	0. 5~0. 7	0. 5~0. 7
阻燃性	UL94	1. 6mm	—	HB	HB	HB	HB	HB
料筒温度	—	—	℃	25	30	—	—	—
模具温度	—	—	℃	250~270	260~280	260~280	260~280	260~280
干燥温度	—	—	℃	60~90	60~90	60~90	60~90	60~90
干燥时间	—	—	h	95~105	100~110	100~110	100~110	100~110
应用范围	—	—	—	免喷涂汽车零部件等		手机外壳等		

附表 1-3-15　锦湖日丽吹塑、增强、高性能化 PC/ABS 树脂产品性能及用途一览表

项目	测试标准（ASTM）	测试条件	单位	典型值						
				吹塑	增强				高性能化	
				HAC8240B	HAC8250TC	HAC5010G	HAC5020G	HAC5030G	HAC8262	HAC8272
拉伸强度	D638	—	MPa	45	55	70	100	110	55	58
拉伸伸长率	D638		%	90	50	7.0	4.0	3.0	100	100
弯曲强度	D790		MPa	61	80	110	140	160	78	82
弯曲模量	D790		MPa	1750	2700	4000	5400	7000	2200	2500
悬臂梁冲击强度	D256	3.2mm，Notched	J/m	680	400	130	120	100	600	650
热变形温度	D648	1.82MPa	℃	98	100	110	120	130	106	112
维卡软化点	D1525	B50	℃	110	115	122	128	132	122	128
熔体流动速率	D1238	230℃，10kg	g/10min	7	10	—	—	—	28	25
洛氏硬度	D785	—		105	115	115	116	120	116	118
密度	D792		g/cm^3	1.12	1.18	1.21	1.30	1.36	1.13	1.15
成型收缩率	D955		%	0.4~0.6	0.3~0.5	0.3~0.5	0.2~0.4	0.1~0.3	0.5~0.7	0.5~0.7
阻燃性	UL94	1.6mm	—	HB	HB	HB	HB	HB	HB	HB
料筒温度	—	—	℃	—	—	—	—	—	250~270	260~280
模具温度	—	—	℃	240~260	250~270	250~270	250~270	250~280	60~90	60~90
干燥温度	—	—	℃	50~80	60~90	50~80	50~80	60~90	95~105	100~110
干燥时间	—	—	h	90~100	95~105	100~110	100~110	105~115	4~6	4~6
应用范围	—	—	—	汽车保险杠、尾翼等中空吹塑制品	电动工具外壳、汽车部件等	办公用品部件、电动工具外壳、汽车部件			对抗化学品、低 VOC、蒸镀有特殊要求的汽车部件等应用场合	

附表 1-3-16　锦湖日丽阻燃、阻燃增强 PC/ABS 树脂产品性能及用途一览表

项目	测试标准（ASTM）	测试条件	单位	典型值					
				阻燃增强 PC/ABS		阻燃 PC/ABS			
				HAC8250NH-DF10	HAC8250NH-DF30	HAC8250NH	HAC8250NH（M）	HAC8250NH（H）	HAC8290NH
拉伸强度	D638	—	MPa	58	60	55	60	63	65
拉伸伸长率	D638		%	30	15	70	70	60	50
弯曲强度	D790		MPa	85	90	82	85	85	85
弯曲模量	D790		MPa	2800	3300	2400	2450	2500	2550
悬臂梁冲击强度	D256	3. 2mm，Notched	J/m	200	150	500	550	600	600
热变形温度	D648	1. 82MPa	℃	88	90	80	85	90	95
维卡软化点	D1525	B50	℃	60	50	90	75	60	45
熔体流动速率	D1238	230℃，10kg	g/10min	114	115	115	117	118	118
洛氏硬度	D785			1. 22	1. 30	1. 17	1. 18	1. 19	1. 19
密度	D792	—	g/cm³	0. 3~0. 6	0. 25~0. 5	0. 5~0. 7	0. 5~0. 7	0. 5~0. 7	0. 5~0. 7
成型收缩率	D955		%	V0	V0	V0	V0	V0	V0
阻燃性	UL94	1. 6mm	CLASS	—	—	5VB V0	5VB V0	5VB V0	5VB V0
料筒温度	—	—	℃	—	—	—	—	—	—
模具温度	—	—	℃	—	—	5VA V0	5VA V0	5VA V0	5VB V0
干燥温度	—	—	℃	245~265	255~275	240~260	240~265	240~270	250~280
干燥时间	—	—	h	50~80	60~90	50~80	50~80	60~90	60~90
应用范围	—	—	—	家电、办公用品、手机、笔记本等					

附表 1-3-17　锦湖日丽 PC/ASA 树脂产品性能及用途一览表

项目	测试标准（ASTM）	测试条件	单位	典型值				
				HSC7045	HSC7060	HSC7079	HSC7079Z	HSC7079NH
拉伸强度	D638	—	MPa	50	60	63	60	60
拉伸伸长率	D638		%	60	80	80	80	80
弯曲强度	D790		MPa	75	79	83	70	85
弯曲模量	D790		MPa	2100	2200	2300	2100	2500
悬臂梁冲击强度	D256	3. 2mm，Notched	J/m	550	600	600	400	500
热变形温度	D648	1. 82MPa	℃	100	106	110	110	85
维卡软化点	D1525	B50	℃	112	120	129	125	100
熔体流动速率	D1238	230℃，10kg	g/10min	20	18	15	15	70
洛氏硬度	D785			105	110	110	110	118
密度	D792	—	g/cm^3	1. 11	1. 13	1. 15	1. 15	1. 17
成型收缩率	D955		%	0. 5~0. 7	0. 5~0. 7	0. 5~0. 7	0. 5~0. 7	0. 5~0. 7
阻燃性	UL94	1. 6mm	CLASS	—	—	—	30	—
料筒温度	—	—	℃	HB	HB	HB	HB	V0
模具温度	—	—	℃	230~270	230~270	230~270	230~270	230~270
干燥温度	—	—	℃	60~90	60~90	60~90	60~90	50~80
干燥时间	—	—	h	90~100	100~110	100~110	100~110	80~90
应用范围	—	—	—	汽车部件、日用品、建材、运动器材、子电器、户外用品等				

附表 1-3-18　锦湖日丽 PC/AES 树脂产品性能及用途一览表

项目	测试标准（ASTM）	测试条件	单位	典型值		
				HEC0245	HEC0275	HEC0255B
拉伸强度	D638	—	MPa	53	60	55
拉伸伸长率	D638		%	60	100	80
弯曲强度	D790		MPa	70	80	75
弯曲模量	D790		MPa	1900	2200	2100
悬臂梁冲击强度	D256	3. 2mm，Notched	J/m	450	700	600
热变形温度	D648	1. 82MPa	℃	100	115	106
熔体流动速率	D1238	230℃，10kg	g/10min	20	13	12
洛氏硬度	D785			115	120	115
密度	D792	—	g/cm^3	1. 08	1. 15	1. 11
成型收缩率	D955		%	0. 4~0. 6	0. 5~0. 7	0. 4~0. 6
料筒温度	—	—	℃	220~265	240~280	220~265
模具温度	—	—	℃	50~80	60~90	50~80
干燥温度	—	—	℃	90~100	100~110	95~105
干燥时间	—	—	h	4~6	4~6	4~6
应用范围	—	—	—	薄壁制品、汽车零件、汽车尾翼、保险杠等		

附表 1-3-19　锦湖日丽 ABS/PBT 树脂产品性能及用途一览表

项目	测试标准（ASTM）	测试条件	单位	典型值				
				ABS/PBT		增强 ABS/PBT		
				HAB8740	HAB8740B	HBG5710	HBG5720	HBG5723
拉伸强度	D638	—	MPa	47	46	80	100	125
拉伸伸长率	D638		%	150	140	10	9.0	8.0
弯曲强度	D790		MPa	65	64	90	140	150
弯曲模量	D790		MPa	1700	1850	4000	5000	6500
悬臂梁冲击强度	D256	3.2mm，Notched	J/m	700	650	65	80	110
热变形温度	D648	1.82MPa	℃	90	90	110	130	150
熔体流动速率	D1238	230℃，10kg	g/10min	20	5	30	25	20
洛氏硬度	D785	—		105	106	115	120	115
密度	D792		g/cm^3	1.13	1.15	1.15	1.24	1.30
成型收缩率	D955		%	0.5~0.8	0.5~0.8	0.3~0.5	0.2~0.4	0.2~0.4
阻燃性	UL94	1.6mm	—	HB	HB	—	—	—
料筒温度	—	—	℃	220~250	230~260	230~260	230~260	230~260
模具温度	—	—	℃	50~80	50~80	50~80	50~80	50~80
干燥温度	—	—	℃	90~100	90~100	100~110	100~110	100~110
干燥时间	—	—	h	4~6	4~6	4~6	4~6	4~6
应用范围	—	—	—	汽车、办公用品、电子电器等部件				

附表 1-3-20　锦湖日丽阻燃 ABS/PBT 树脂产品性能及用途一览表

项目	测试标准（ASTM）	测试条件	单位	典型值				
				HAB8710FR	HAB8720FR	HBG5710FR	HBG5723FR	HBG5730FR
拉伸强度	D638	—	MPa	47	35	60	80	120
拉伸伸长率	D638		%	40	30	4.0	10	3.5
弯曲强度	D790		MPa	62	550	90	95	190
弯曲模量	D790		MPa	1900	1600	3300	4700	9500
悬臂梁冲击强度	D256	3.2mm，Notched	J/m	200	180	65	75	80
热变形温度	D648	1.82MPa	℃	85	88	110	140	160
熔体流动速率	D1238	230℃，10kg	g/10min	40	35	30	25	20
洛氏硬度	D785			104	102	108	107	114
密度	D792	—	g/cm^3	1.18	1.18	1.40	1.32	1.50
成型收缩率	D955		%	0.5~0.8	0.5~0.8	0.3~0.5	0.2~0.4	0.2~0.3
阻燃性	UL94	1.6mm	—	V2	V0	V0	V0	V0
料筒温度	—	—	℃	220~250	220~250	230~260	230~260	230~265
模具温度	—	—	℃	50~80	50~80	50~80	50~80	50~80
干燥温度	—	—	℃	90~100	90~100	100~110	100~110	100~110
干燥时间	—	—	h	4~6	4~6	4~6	4~6	4~6
应用范围	—	—	—	汽车、办公用品、电子电器等部件				

附表 1-3-21 锦湖日丽增强 ASA/PBT 树脂产品性能及用途一览表

项目	测试标准（ASTM）	测试条件	单位	典型值		
				HBA5810G	HBA5820G	HBA5830G
拉伸强度	D638	—	MPa	75	95	110
拉伸伸长率	D638		%	3. 5	3	3
弯曲强度	D790		MPa	120	135	150
弯曲模量	D790		MPa	5000	6000	7000
悬臂梁冲击强度	D256	3. 2mm，Notched	J/m	110	110	110
热变形温度	D648	1. 82MPa	℃	160	180	190
熔体流动速率	D1238	230℃，10kg	g/10min	22	16	12
密度	D792	—	g/cm^3	1. 33	1. 38	1. 42
成型收缩率	D955		%	0. 4~0. 8	0. 4~0. 8	0. 3~0. 6
料筒温度	—	—	℃	230~250	230~260	240~270
模具温度	—	—	℃	50~80	50~80	50~80
干燥温度	—	—	℃	100~110	100~110	100~110
干燥时间	—	—	h	4~6	4~6	4~6
应用范围	—	—	—	汽车车灯灯体、汽车除雾格栅、汽车天窗框架、插头连接器、传感器外壳等		

附表 1-3-22　锦湖日丽 Recycled ABS/PET 树脂产品性能及用途一览表

项目	ASTM	测试条件	单位	典型值
				PAE9730
拉伸强度	D638	—	MPa	50
拉伸伸长率	D638		%	40
弯曲强度	D790		MPa	65
弯曲模量	D790		MPa	1850
悬臂梁冲击强度	D256	3. 2mm，Notched	J/m	400
热变形温度	D648	0. 45MPa	℃	80
熔体流动速率	D1238	265℃，2. 16kg	g/10min	15
密度	D792	—	g/cm^3	1. 15
成型收缩率	D955	—	%	0. 6~0. 8
料筒温度	—	—	—	230~265
模具温度	—	—	—	50~80
干燥温度	—	—	—	100~110
干燥时间	—	—	—	4~6
应用	—	—	—	家电外壳等

附录二　ABS 树脂生产及加工应用的单体及主要助剂

一、ABS 树脂生产及加工应用中用到的主要单体

附表 2-1　ABS 树脂生产及加工应用的单体汇总

单体名称	性质
丙烯腈	详见单体 1
苯乙烯	详见单体 2
丁二烯	详见单体 3
甲基丙烯酸甲酯	详见单体 4

单体 1　丙烯腈(AN)

丙烯腈用作 ABS 接枝聚合单体，为无色液体，发烟，有氧或光照时能自行聚合，有浓碱存在时能剧烈聚合，中等毒性，半数致死量(大鼠，经口)93mg/kg。

别名：氰乙烯，乙烯基氰

英文名：acrylonitrile，cyanoethylene，vinylcyanide，2-propenenitrile

分子式：C_3H_3N

结构式：

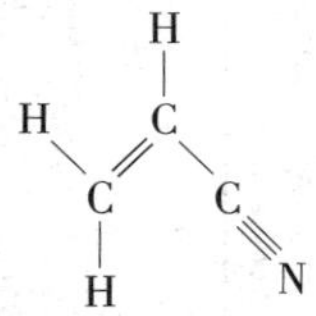

H
|
H　C
╲ //　╲
C　　C
|　　　\\\
H　　　N

分子量：53.06

常压下沸点：77.3℃

常压下熔点：-84℃

液体密度(25℃)：0.8g/cm^3

爆炸极限：3.05%~17%(体积分数)

闪点：0℃

燃烧热：176.05kJ/mol

汽化热：32.66kJ/mol

单体 2　苯乙烯 (St)

苯乙烯用作 ABS 接枝聚合单体，为无色、有特殊香气的油状液体，可燃，易在空气中形成爆炸性混合物。苯乙烯的液体和蒸气对眼睛和呼吸道有刺激作用，高浓度的苯乙烯有麻醉作用，空间最大允许浓度为 40mg/cm^3。

分子式：C_8H_8

结构式：(苯环)—CH=CH_2

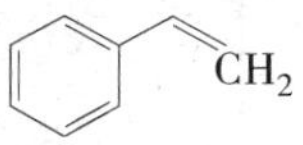

分子量：104.14

沸点(101kPa)：145.2℃

熔点(9.3kPa)：-30.63℃

液体密度(25℃)：0.9019g/cm^3

爆炸下限(29.3℃)：1.1%(体积分数)

爆炸上限(65.2℃)：6.1%(体积分数)

闪点：31℃

汽化热：43.54kJ/mol

燃烧热：(4.396±0.586)kJ/mol

单体 3　丁二烯(Bd)

丁二烯是具有共轭双键的最简单的二烯烃，是一种极易液化的无色气体，与空气形成爆炸性混合气体，稍溶于水，易溶于丙酮、苯等有机溶剂，易聚合，有氧存在下更易聚合，聚合热 79.55kJ/mol，储存温度应在 0~25℃之间。

结构式：$H_2C{=}CH{-}CH{=}CH_2$

分子式：C_4H_6

分子量：54.09

中文名称：丁二烯、1,3-丁二烯

英文名称：1,3-butadiene

相对密度：0.6211(20℃下的液体)

熔点：-139℃

沸点：-4.41℃

自燃点：414℃

闪点：-76℃

冰点：-108.9℃

爆炸极限：2.16%~11.47%(体积分数)

单体 4　甲基丙烯酸甲酯(MMA)

甲基丙烯酸甲酯是生产透明塑料聚甲基丙烯酸甲酯(PMMA)的单体，也用于生产甲基丙烯酸甲酯-丁二烯-苯乙烯树脂(MBS)的共聚物。产品为无色易挥发液体，并具有强辣味。溶于乙醇、乙醚、丙酮等多种有机溶剂，微溶于乙二醇和水。在光、热、电离辐射和催化剂存在下易聚合。

中文名称：甲基丙烯酸甲酯

英文名称：methyl methacrylate；methacrylic acid，methyl ester

别名：异丁烯酸甲酯；牙托水；有机玻璃单体

分子式：$C_5H_8O_2$；$CH_2C(CH_3)COOCH_3$

分子量：100.12

蒸气压：5.33kPa/25℃

闪点：10℃

爆炸极限：1.7%~8.8%(体积分数)

熔点：-50℃

沸点：101℃

溶解性：微溶于水，溶于乙醇等

相对密度：0.9440

稳定性：稳定

二、ABS树脂生产过程中所用的部分助剂

附表 2-2 ABS 树脂生产所用的部分助剂汇总

助剂	单体名称	作用	性质
ABS 接枝聚合用助剂	过氧化氢异丙苯	引发剂	详见助剂 1
	乙二胺四乙酸四钠	活化剂	详见助剂 2
	葡萄糖	活化剂	详见助剂 3
	焦磷酸钠	活化剂	详见助剂 4
	雕白粉	活化剂	详见助剂 5
	硫酸亚铁	活化剂	详见助剂 6
	二甲基二硫代氨基甲酸钠	终止剂	详见助剂 7
	抗氧剂 2246	抗氧剂	详见助剂 8
	抗氧剂 1076	抗氧剂	详见助剂 9
	抗氧剂 1010	抗氧剂	详见助剂 10
	硫酸镁	凝聚剂	详见助剂 11
	硫酸	凝聚剂	详见助剂 12
丁二烯聚合过程所用助剂	歧化松香酸钾皂	乳化剂	详见助剂 13
	叔十二烷基硫醇	分子量调节剂	详见助剂 14
	过硫酸钾	激发剂	详见助剂 15
	二甲基二硫代氨基甲酸钠	终止剂	详见助剂 7
	N,*N*-二乙基羟胺	终止剂	详见助剂 16
	十二烷基磺酸钠	乳化剂	详见助剂 17
	碳酸钾	电解质	详见助剂 18
	氯化钾	电解质	详见助剂 19
	油酸钾	辅助乳化剂	详见助剂 20

助剂 1 过氧化氢异丙苯(CHP)

过氧化氢异丙苯用作 ABS 接枝聚合引发剂，无色液体，在温度 70~90℃时稳定，在 145℃以上会分解。该物质对于无机强碱或有机盐溶液是稳定的，但是与酸和金属接触极易引起分解，不允许与无机酸、氧化剂、还原剂以及类似物质接触，同时不得放在加热器、蒸汽管以及类似的设备旁，不要长期储存或暴晒在阳光下，应储存在清洁和干燥的容器内，避免与铜、铅接触，可以使用不锈钢、聚乙烯、铝和镍等容器。

英文名称：cumyl hydroperoxide

别名：氢过氧化枯烯，枯基过氧化氢，枯烯基过氧化氢，异丙苯过氧化氢，氢过氧化异丙苯，过氧化羟基异丙苯，过氧化羟基茴香素，异丙苯基过氧化氢

结构式：$C_6H_5-C(CH_3)_2-O-OH$

分子式：$C_9H_{12}O_2$

分子量：152. 18

相对密度：1. 0175(20℃)

黏度：5. 98mPa · s

熔点：-30℃

沸点：153℃

助剂 2　乙二胺四乙酸四钠

乙二胺四乙酸四钠作为 ABS 接枝聚合活化剂成分之一，白色结晶性粉末，溶于水和酸，不溶于醇、苯和三氯甲烷，能与多种金属离子作用生成螯合物。

英文名：ethylene diamine tetraacetic acid tetrasodium

别名：EDTA 四钠，EDTA 四钠盐

分子式：$C_{10}H_{12}N_2O_8Na_4 \cdot 4H_2O$

分子量：452

pH 值：10.0~10.5

熔点：240℃

助剂 3　葡萄糖

葡萄糖用作 ABS 接枝聚合活化剂成分之一，白色结晶或颗粒状粉末，味甜，易溶于水，微溶于醇和丙酮，不溶于醚。

别名：右旋糖，无水葡萄糖，血糖

英文名：dextrose，dextrose，cornsugar，grapesugar，bloodsugar

分子式：$C_6H_{12}O_6$

结构简式：$CH_2OH—CHOH—CHOH—CHOH—CHOH—CHO$

分子量：180

相对密度：0.7~0.75

熔点：83℃

助剂 4　焦磷酸钠

焦磷酸钠用作 ABS 接枝聚合活化剂成分之一，白色粉状或结晶，易溶于水，其水溶液呈碱性，不溶于醇。

别名：磷酸四钠，无水焦磷酸钠

英文名：sodium pyrophosphate，tetra-sodium pyrophosphate decahydrate，TSPP decahydrate，sodium pyrophosphate decahydrate

分子式：$Na_4P_2O_7$

分子量：266

相对密度：2.45

熔点：880℃

助剂 5　雕白粉

雕白粉用作 ABS 接枝聚合活化剂成分之一，白色粒状粉末，易溶于水，微溶于醇，无水盐较稳定，但在潮湿空气中会逐渐分解，高温下具有强还原性。

别名：甲醛次硫酸氢钠，雕白块，吊白块

英文名：sodium formaldehyde sulfoxylate，rongalite

分子式：$NaHSO_2 \cdot CH_2O \cdot 2H_2O$

分子量：154.13

熔点：59℃

相对密度：0.970

熔化热：54.84kJ/mol

助剂 6　硫酸亚铁

硫酸亚铁用作 ABS 接枝聚合活化剂成分之一，氧化还原体系的一个组分，蓝绿色单斜结晶或颗粒，无气味，在干燥空气中风化，在潮湿空气中表面氧化成棕色的碱式硫酸高铁，并且表面产生白色风化物，储存时必须避免潮湿和光照。

分子式：$FeSO_4 \cdot 7H_2O$

分子量：278.03

相对密度：1.899(15℃)

pH 值：3.7

助剂 7　二甲基二硫代氨基甲酸钠

二甲基二硫代氨基甲酸钠用于聚合反应的终止剂。琥珀色至浅绿色结晶，或淡黄色至橘黄色液体，与氧接触质量下降，长时间储存变质，但在低温下储存可缓解变质速度。

别名：福美钠，敌百亩，*N*,*N*-二甲氨基二硫代甲酸钠，二甲氨二硫代甲酸钠，二甲氨基荒酸钠，二甲基二硫代氨基甲酸钠盐

分子结构：$(CH_3)_2N-C(=S)-S^-\ Na^+$

分子式：$C_3H_6NNaS_2$

分子量：143.20

英文名：sodium *N*,*N*-dimethyl dithiocarbamate，SDDC

熔点：120~122℃

相对密度：1.17

助剂 8　抗氧剂 2246

作为 ABS 抗氧剂，纯品为白色粉末，长期暴露于空气中略有黄粉红色，稍有酚臭，易溶于苯、丙酮、石油和许多有机溶剂，不溶于水，正常情况下无毒。储存性能良好，长期储存颜色呈粉红色，但不影响其效能，对氧、热和日光引起的老化有防护效能。

别名：2,2′-亚甲基双-(4-甲基-6-叔丁基苯酚)，MPB，2,2′-甲撑双-(4-甲基-6-叔丁基苯酚，2,2′-亚甲基双(4-甲基-6-叔丁基苯酚)，抗氧剂 NS-6

英文名：2,2′-methylenebis(6-tert-butyl-4-methyl-phenol)

分子式：$C_{23}H_{32}O_2$

分子量：340.51

相对密度：1.04

熔点：125~133℃

助剂 9　抗氧剂 1076

白色粉末或颗粒，耐热和耐水抽出性好，溶于苯、丙酮、环己烷等，微溶于甲醇，不溶于水，基本无毒。

别名：*β*-(4-羟基-3,5-二叔丁基苯基)丙酸正十八碳醇酯

英文名：*n*-otadecyl-*β*-(4-hydroxy-3,5-di-tert-butyl-phenyl)-propionate

分子式：$C_{35}H_{62}O_3$

分子量：530.86

熔点：50~55℃

助剂 10　抗氧剂 1010

白色结晶粉末，毒性极低，加入制品中不迁移、不喷霜、无污染，热稳定性高，持效性大，具有优良的抗热、氧效能，加入 ABS 中可以保证其热成型加工过程稳定，并延长制品的使用期限，是抗氧剂中性能较优的品种之一。

别名：四[*β*-(3,5-二叔丁基-4-羟基苯基)丙酸酯]季戊四醇酯

英文名：pentaerythritol tetrakys 3-(3,5-ditert-butyl-4-hydroxyphenyl) propionate

分子式：$C_{73}H_{108}O_{12}$

分子量：1177.63

熔点：110.0~125.0℃

相对密度：1.15

助剂 11　硫酸镁

硫酸镁作为 ABS 胶乳凝聚剂，白色风化性针状结晶或粉末，有苦咸凉味，在常温干燥空气中失去 1 分子结晶水，70~80℃失去 4 分子结晶水，100℃时失去 5 分子结晶水，120℃失去 6 分子结晶水，放置于潮湿

空气能重新吸收水分，易溶于水，慢溶于甘油，微溶于醇，水溶液呈中性。

别名：七水硫酸镁，苦盐，硫苦，泻利盐

英文名：magnesium sulfate，epsom salt，bitter salt

分子式：$MgSO_4 \cdot 7H_2O$

分子量：246.67

相对密度：1.67

助剂12　硫酸

硫酸用作ABS胶乳凝聚剂，无色透明油状液体。硫酸是活泼的无机酸之一，几乎能与所有的金属及其氧化物和氢氧化物反应生成硫酸盐，具有极强的吸水性和氧化性，能使棉布、纸张、木材等碳水化合物脱水炭化，接触人体能引起严重烧伤。硫酸能以任何比例溶解于水，溶解过程放出大量热，因此操作中只能将硫酸往水里加，切不可将水往酸里加，以防止酸液表面局部过热而引起爆炸喷酸事故。

英文名：sulfuric acid

分子式：H_2SO_4

分子量：98.08

熔点：10℃

沸点：290℃

密度：1.840 g/mL（25℃）

助剂13　歧化松香酸钾皂

歧化松香酸钾皂是常用的乳化剂，是丁二烯聚合和ABS接枝聚合的主要乳化剂。

沸点：102℃（15%水溶液）

相对密度：1.294（15%水溶液，20℃）

冰点：-5～-3℃（15%水溶液）

浊点：3.5℃（15%水溶液）

pH值：9～10（15%水溶液，25℃）

助剂14　叔十二烷基硫醇

叔十二烷基硫醇一般作为分子量调节剂，无色至淡黄色黏性液体，溶于甲醇、乙醚、丙酮、苯、汽油和乙酸酯，不溶于水。

分子式：$C_{12}H_{26}S$

分子质量：202.3974

中文名称：叔十二烷硫醇，叔十二硫醇，叔十二碳硫醇，叔十二烷基硫醇

英文名称：*tert*-dodecanethiol，2,3,3,4,4,5-hexamethyl-2-hexanethiol，dodecanethiol tertiaire；sulfole 120，*t*-ddm

闪点：97℃

相对密度：0.86

助剂15　过硫酸钾

过硫酸钾作为引发剂，无色或白色结晶，无气味，在空气中逐渐分解释放出游离氧，在高温时分解更快，在100℃时全部分解，能溶于水，水溶液呈酸性，不溶于乙醇。

分子结构：$K^+\ O^- - \overset{\overset{O}{\|}}{\underset{\underset{O}{\|}}{S}} - O - O - \overset{\overset{O}{\|}}{\underset{\underset{O}{\|}}{S}} - O^-\ K^+$

分子式：$K_2S_2O_8$

分子量：270.31

英文名：potassium persulfate

别名：potassium peroxydisulfate

水溶性：5g/100mL（20℃）

相对密度：2.47

助剂 16　*N*,*N*–二乙基羟胺

N,*N*–二乙基羟胺作为丁二烯聚合反应终止剂。纯品为无色透明液体，工业品为淡黄色透明液体，随储存时间延长，颜色会逐渐变黄，阳光直射、大气储存，变色速度快，激烈摇动后会暂时混浊，数小时后自然澄清，有胺味，溶于乙醇、乙醚、氯仿、苯等有机溶剂。

分子式：$(C_2H_5)_2NOH$

相对密度：0.896~0.902(20℃)

分子量：89.14

折射率：1.4173(25℃)

沸点：125~133℃

熔点：−25℃

助剂 17　十二烷基磺酸钠

十二烷基磺酸钠具有优良的乳化性能，作为乳化剂使用，也是日用洗涤剂的主要原料，其临界胶束浓度为 1.2×10^{-3}mol/L，固体，白色或淡黄色粉末。

分子式：$C_{18}H_{29}NaO_3S$

分子量：348.48

简称：SDBS

溶解性：易溶于水，易吸潮结块

毒性：无毒

助剂 18　碳酸钾

碳酸钾作为丁二烯聚合电解质，能提高乳化剂效率。为白色粉末状或细颗粒状结晶，吸湿性很强，在空气中易潮解，应密封包装。

分子式：K_2CO_3

分子量：138.19

英文名称：carbonic acid，dipotassium salt，potassium carbonate，potassium carbonate，carbonate de potassium，carbonate of potash，dipotassium carbonate，kalium carbonicum，kaliumcarbonat

熔点：891℃

相对密度：2.428

溶解性：易溶于水，不溶于乙醇和醚

助剂 19　氯化钾

氯化钾作为电解质，无色细长菱形或立方晶体，或白色结晶小颗粒粉末，外观如同食盐，无臭、味咸，易溶于水，溶于甘油，微溶于乙醇。

分子式：KCl

分子量：74.55

英文名称：potassium chloride（AS），ensealpotassium chloride

相对密度：1.98

熔点：770℃

沸点：1500℃(部分升华)

助剂 20　油酸钾

油酸钾作为辅助乳化剂，淡黄色至浅棕色黏稠液体，或淡黄色软质固体，易溶于水，水溶液呈碱性。

英文名称：potassium oleate

中文别名：十八碳烯酸钾

分子式：$C_{18}H_{33}KO_2$

分子量：320.5517

黏性：800~1500mPa·s(25℃)

折射率：1.1500~1.550(n_D^{20})